Inhaltsverzeichnis

Vom Bau der Moleküle

1 Wie sich Moleküle bilden

1

2

3

4

In unserer Umwelt kommen die Stoffe
unter Normalbedingungen
in den drei Aggregatzuständen
fest, flüssig und gasförmig vor.

Das ist natürlich nichts Neues.
Aber kannst du erklären, *warum* z. B. Wasserstoff oder Sauerstoff
unter diesen Bedingungen gasförmig sind?

Die Elektronenpaarbindung (Atombindung) am Beispiel von Wasserstoff

Du weißt schon, weshalb Metalle und Salze unter Normalbedingungen (Temperatur 0 °C, Luftdruck 1013 hPa) feste Stoffe sind. Das ergibt sich aus der *Art*, dem *Zusammenhalt* und der *Anordnung* der Teilchen (Atome bzw. Ionen), aus denen diese Stoffe aufgebaut sind.

Du weißt auch, dass Wasserstoff, Sauerstoff, Stickstoff und Chlor unter Normalbedingungen Gase sind, die *zweiatomige Moleküle* aufweisen.

Bei diesen **Gasen** müssen wir zwei Arten von Teilchen betrachten: die *Moleküle*, aus denen die gasförmigen Stoffe bestehen, und die *Atome*, aus denen sich diese Moleküle zusammensetzen.

Wie ist hier jeweils der Zusammenhalt und die Anordnung der Teilchen?

Der Zusammenhalt zwischen den *Molekülen* innerhalb jedes Gases muss sehr gering sein. Wäre das nicht so, lägen die Moleküle dichter beieinander, und die Stoffe wären nicht gasförmig.

Aber wie steht es um den Zusammenhalt zwischen den *Atomen* in den Molekülen? Hier kann uns die Modellvorstellung vom Bau der Atome helfen:

Nach der Edelgas- oder Oktettregel sind alle Atome bestrebt die Außenschale ihrer Atomhülle mit der größtmöglichen Zahl an Elektronen zu besetzen.

Bei den *Edelgasen* ist das bereits der Fall. Deshalb sind sie *einatomige* reaktionsträge Gase.

Jedes **Wasserstoffatom** besitzt nur ein Elektron. Die Schale, in der sich dieses Elektron aufhält, ist jedoch erst mit

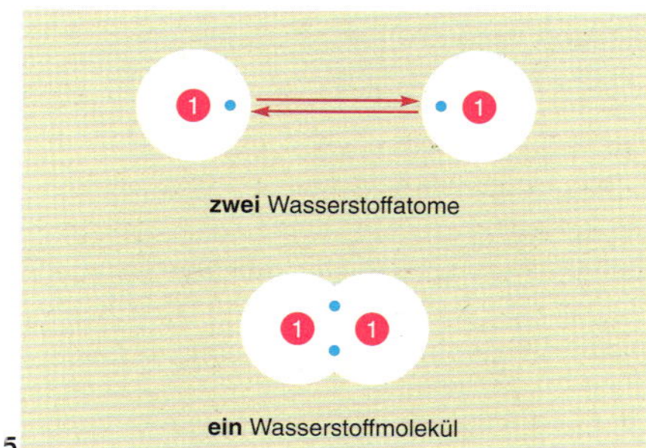

5

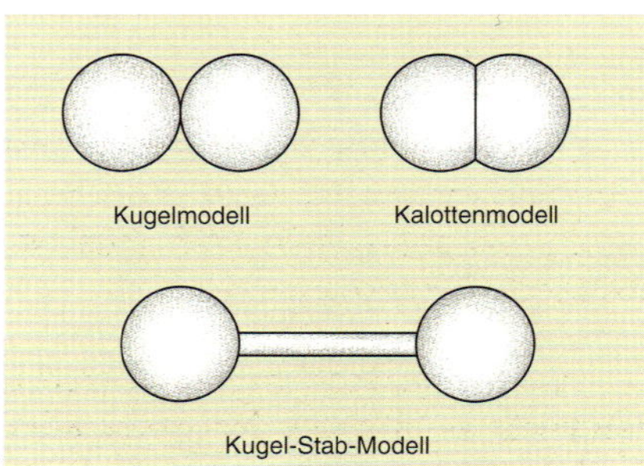

6

zwei Elektronen (wie beim Heliumatom) voll besetzt.

Wir stellen uns nun vor, dass im zweiatomigen Wasserstoffmolekül die Elektronen beider Atome *ein gemeinsames Elektronenpaar* bilden (Bild 5). Auf diese Weise erreichen beide Wasserstoffatome die Elektronenanordnung des Heliumatoms.

Eine solche Bindung heißt **Elektronenpaarbindung**. Da auf diese Weise zwei *Atome* miteinander verbunden sind, wird die Bindung auch einfach **Atombindung** genannt.

Das Wasserstoff*molekül* ist elektrisch neutral: Die positiven Ladungen der beiden Atomkerne werden nämlich durch die negativen Ladungen der beiden Elektronen ausgeglichen.

Mit unseren bisher verwendeten Modellen lässt sich diese Bindung nur wie in den Bildern 5 u. 6 darstellen.

Atommodelle sind Gedankenkonstruktionen. Sie machen es möglich, dass wir uns Teilchen vorstellen können, die man nicht sehen kann.

Es gibt verschiedene Modelle, mit denen sich Moleküle veranschaulichen lassen. In Bild 6 ist das Wasserstoffmolekül mit Modellen aus drei verschiedenen Bausätzen gebaut worden.

6393R

Die Elektronenpaarbindung am Beispiel von Chlor, Sauerstoff und Stickstoff

Das **Chloratom** ist zwar – wie das Wasserstoffatom – einwertig, es hat jedoch 7 Außenelektronen. In seiner Außenschale haben 8 Elektronen Platz.

Wenn das Chlor nun zweiatomige Moleküle bildet, erreichen beide beteiligte Atome voll besetzte Achterschalen.

Betrachten wir dazu das Modell von Bild 7: Im *Chlormolekül* bilden wieder zwei Elektronen ein *gemeinsames Elektronenpaar*. Dieses gehört zu beiden Elektronenschalen; dadurch haben beide Schalen 8 Elektronen.

Beim **Sauerstoff** liegen ähnliche Verhältnisse vor wie beim Chlor. Jedem Sauerstoffatom fehlen aber bis zu einer vollen Achterschale *zwei* Elektronen.

Diese erhält es von einem anderen Sauerstoffatom. Jedes Sauerstoffatom benutzt zwei Elektronen des anderen Atoms um seine eigene Außenschale aufzufüllen.

Es verbinden sich hier also zwei Sauerstoffatome durch **zwei Elektronenpaarbindungen** zu einem Sauerstoffmolekül. Diese Bindung wird als *Doppelbindung* bezeichnet. Sie lässt sich mit den bisher verwendeten Modellen nicht mehr zeichnerisch darstellen.

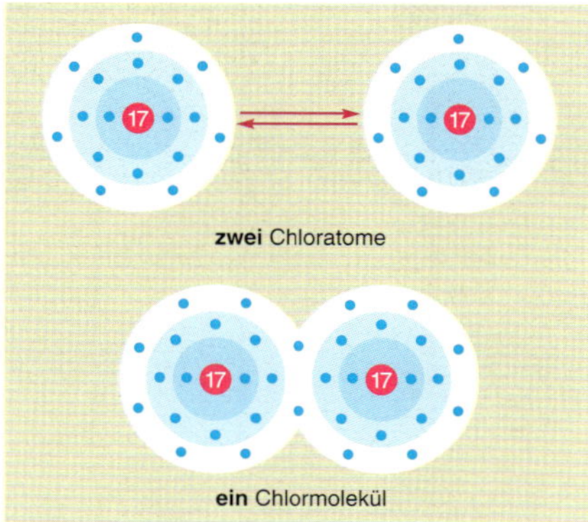

7

Um zu zeigen, dass in einem Molekül Elektronenpaarbindungen (Atombindungen) vorliegen, setzt der Chemiker für jedes bindende Elektronenpaar einen Strich zwischen die Symbole der Atome – bei unseren Beispielen also:

Wasserstoff: H_2	H–H
Chlor: Cl_2	Cl–Cl
Sauerstoff: O_2	O=O

Die Außenelektronen werden auch als **Valenzelektronen** (von lat. *valentia:* Kraft, Fähigkeit) bezeichnet, der Bindungsstrich auch als Valenzstrich.

Das **Stickstoffmolekül** wird aus zwei Stickstoffatomen gebildet, die durch *drei* bindende Elektronenpaare miteinander verknüpft sind. Man spricht daher hier von einer *Dreifachbindung*.

Stickstoff: N_2 $N \equiv N$

Dieses Molekül ist sehr stabil. Stickstoff ist deshalb ein äußerst reaktionsträges Gas; es geht bei Raumtemperatur weder mit Nichtmetallen noch mit Metallen (außer Lithium) Verbindungen ein.

Es trifft nicht grundsätzlich auf alle Moleküle mit Dreifachbindung zu, dass sie besonders stabil sind. Auch darf man nicht denken, die Dreifachbindung sei stets stabiler als die Doppelbindung.

Aufgaben

1 Im Wasserstoffmolekül liegt *eine* Elektronenpaarbindung vor, im Sauerstoffmolekül sind es *zwei*. Was ist damit gemeint? Erkläre!

2 Es gibt unter Normalbedingungen keine Moleküle von Edelgasen. Woran liegt das?
Erkläre den Sachverhalt am Beispiel des Neonatoms.

3 Das Halogen Brom bildet zweiatomige Moleküle. Zeichne die Elektronenverteilung und beschreibe die Bindung.

4 Stickstoffmoleküle werden mit drei Strichen zwischen den Symbolen dargestellt.
Wie sind die beiden Stickstoffatome also aneinander gebunden?

5 Erkläre folgende Schreibweisen für jeweils ein Chlormolekül.
Sieh dir dazu das Info auf der folgenden Seite an.

Cl_2 Cl–Cl |C̄l–C̄l| :C̈l:C̈l:

6 Die nicht an der Bindung beteiligten Valenzelektronen eines Moleküls heißen auch *freie* oder *nicht bindende Elektronen.*
Wie viele freie Elektronenpaare hat ein Chlormolekül?

7 Nicht nur Atome ein und desselben Nichtmetalls können Moleküle bilden, sondern auch die Atome unterschiedlicher Nichtmetalle.
So kann sich z. B. ein Kohlenstoffatom mit Wasserstoffatomen oder Sauerstoffatomen verbinden. Deute dazu folgende Darstellungen.

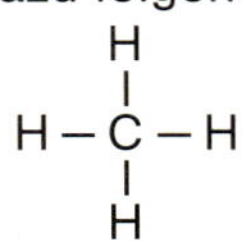

O=C=O

8 Ein Molekül mit zwei Elektronenpaarbindungen hat noch vier freie Elektronenpaare. Wie heißt das betreffende Element?

9 Wenn Stickstoff mit Wasserstoff reagiert, entstehen NH_3-Moleküle. Stelle eins der Moleküle in Lewis-Schreibweise dar (→ Info folgende Seite). Erläutere deine Darstellung.

10 Doppelbindungen und Dreifachbindungen werden auch *Mehrfachbindungen* genannt. Stelle das Wassermolekül H_2O in Lewis-Schreibweise dar (→ Info folgende Seite). Enthält es Mehrfachbindungen?

11 Aus der Anzahl der Elektronenpaarbindungen im Molekül kannst du die Wertigkeit eines Elements in der Verbindung ablesen. Erläutere dies anhand eines Beispiels.

12 Um die beiden Iodatome eines Iodmoleküls voneinander zu trennen, ist viel mehr Energie erforderlich als zum Abtrennen eines Iodmoleküls aus einem Iodkristall. Erkläre dies (→ Info nächste Seite).

13 Vergleiche die Schmelz- und Siedetemperaturen der Halogene (→ Info nächste Seite) mit den molaren Massen ihrer Moleküle. Welcher Zusammenhang besteht?

6394R

Die Bildung eines Wasserstoffmoleküls – energetisch betrachtet

Um die Bildung eines Wasserstoffmoleküls besser zu verstehen, kann man sich Folgendes vorstellen: Zwei einzelne Wasserstoffatome bewegen sich aus größerer Entfernung aufeinander zu. Beim Zusammentreffen werden sie ein Wasserstoffmolekül (H_2) bilden.

Der Abstand der beiden Wasserstoffatome verringert sich allmählich, sodass sich schließlich ihre Elektronenschalen gegenseitig überlappen (Bild 5 der vorhergehenden Doppelseite).

Im Überlappungsgebiet ist damit mehr negative Ladung konzentriert als in der restlichen Elektronenschale. Also werden beide Atomkerne – weg von der Mitte „ihrer" Atome – etwas zum Überlappungsgebiet hingezogen. Die Kerne bewegen sich so lange weiter aufeinander zu, bis die anziehende Wirkung des Überlappungsgebietes durch die wachsende gegenseitige Abstoßung der beiden positiv geladenen Atomkerne ausgeglichen ist. Beide Kerne halten nun einen Abstand von 74 pm ($74 \cdot 10^{-12}$ m) ein; das ist die *Bindungslänge.*

Sowohl zur Verringerung als auch zur Vergrößerung dieses Abstands müsste

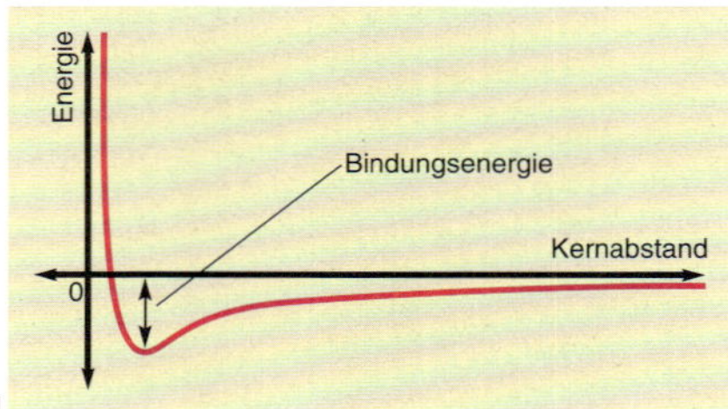

1

von außen her *Energie* zugeführt werden. Der oben geschilderte Zustand stellt also für das entstandene Wasserstoffmolekül ein **Energieminimum** dar.

Die grafischen Darstellung (Bild 1) zeigt die Gesamtenergie beider Wasserstoffatome in Abhängigkeit vom Abstand ihrer Atomkerne. (Als Nullpunkt wurde die Gesamtenergie der Wasserstoffatome bei sehr großem Abstand ihrer Atomkerne angenommen.)

Um die im Wasserstoffmolekül gebundenen Wasserstoffatome wieder zu trennen, muss Energie zugeführt werden. Man nennt sie **Bindungsenergie**.

Die Bindungsenergie von Wasserstoffmolekülen beträgt 436 kJ/mol.

Der gleiche Energiebetrag würde auch bei der Bildung der Moleküle frei.

Wie man Atome mit ihren Außenelektronen schreiben kann

Um die Anordnung der Außenelektronen der Atome bei chemischen Bindungen und Reaktionen übersichtlich darstellen zu können, verwendet man häufig die **Lewis-Schreibweise**.

Dabei werden nur die *Außenelektronen* (Valenzelektronen) dargestellt (→ Tabelle). Sie ist nach dem amerikanischen Chemiker *Gilbert Newton Lewis* benannt, der sie einführte.

Bei der Lewis-Schreibweise der Atome bezeichnet das Symbol des betreffenden Elements den Atomkern *und* die Elektronenhülle – mit Ausnahme der äußeren Elektronenschale.

Die Anzahl der Außenelektronen wird zusätzlich durch eine entsprechende Anzahl von Punkten um das Symbol herum angegeben.

Bis zu 4 Außenelektronen werden als Einzelpunkte dargestellt. Jedes weitere Außenelektron wird mit einem bereits vorhandenen Punkt zu einem Paar zusammengefasst; es kann auch durch einen Strich dargestellt werden.

An der Lewis-Schreibweise eines Elements erkennt man, zu welcher Hauptgruppe des PSE es gehört: Die Zahl der Außenelektronen gibt die Gruppe an.

Lewis-Schreibweise einiger Atome

Name des Elements	Lithium	Natrium	Calcium	Magnesium	Kohlenstoff	Sauerstoff	Chlor	Neon
Schreibweise mit Punkten	·Li	·Na	·Ca·	·Mg·	·Ċ̣·	:O̤:	:Ċ̤l:	:N̤̈e:
Schreibweise mit Strichen						|Ọ̇|	|Ċl| (Strich unten)	|Ne| (Striche oben und unten)

Molekülgitter und Van-der-Waals-Kräfte

Auch Stoffe, die aus Molekülen aufgebaut sind, können Kristalle bilden. Ein Beispiel dafür ist das Iod.

Im Iodkristall sind zweiatomige Iodmoleküle zu einem Kristallgitter angeordnet. Man spricht deshalb hierbei von einem **Molekülgitter** (Bild 2).

Die Anziehungskräfte zwischen den Molekülen – die sogenannten **Van-der-Waals-Kräfte** – sind aber nur klein. Sie betragen etwa 1/10 der Kräfte, die zwischen Ionen wirken. Deshalb geht das Iod schon bei leichtem Erhitzen in den gasförmigen Zustand über: Man sagt, es *sublimiert*.

Eine geringe Zunahme der Wärmebewegung der Moleküle reicht bereits aus um die Van-der-Waals-Kräfte zu überwinden – und schon trennen sich die Moleküle voneinander.

Aus dem gleichen Grund haben auch Molekülverbindungen, zwischen deren Teilchen nur geringe Van-der-Waals-Kräfte wirksam sind, verhältnismäßig niedrige Schmelz- und Siedetemperaturen. Sie sind erheblich niedriger als bei Stoffen mit Ionenkristallen.

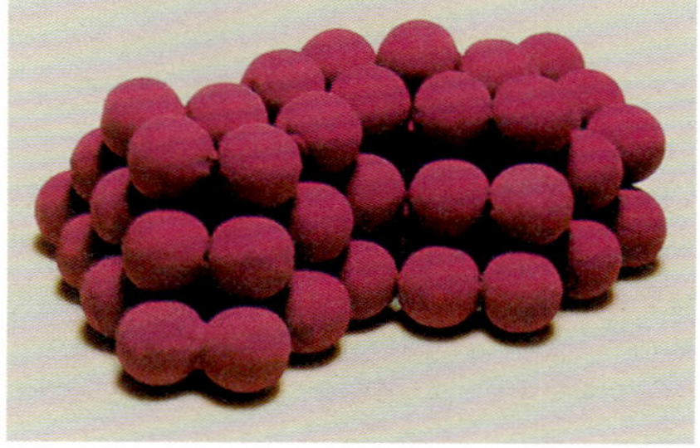

2

Schmelz- und Siedetemperaturen von Stoffen mit Molekülkristallen

Stoff	Schmelztemperatur	Siedetemperatur
Fluor	−219,6 °C	−188,5 °C
Chlor	−101,0 °C	−34,1 °C
Brom	−7,2 °C	+58,8 °C
Iod	+113,6 °C	+185,2 °C

7435RD

2 Methan – ein Bestandteil von Erdgas und Biogas

3

4

5

Hier spielt jedes Mal das Gas **Methan** eine Rolle.

V 1 *(Lehrerversuch)* Am besten entnimmt man Methan F+ einer Druckdose. Es lässt sich aus Aluminiumcarbid F und Wasser herstellen:

Um etwa 4 l Methan herzustellen, gibt man ca. 10 g frisches pulverisiertes Aluminiumcarbid in einen Gasentwickler und lässt langsam ca. 50 ml Wasser zufließen.

Sobald die Luft verdrängt ist, wird das entstehende Gas über Wasser aufgefangen (Bild 6). Je nachdem, wie viel Gas und wie schnell man es herstellen möchte, kann man das Gemisch im Gasentwickler etwas schütteln.

6
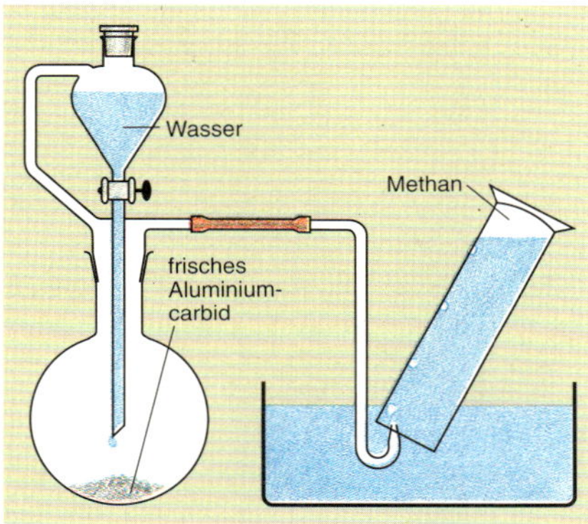

V 2 *(Lehrerversuch)* Ein ca. 20 cm hoher Standzylinder wird mit Methan F+ gefüllt und mit der Öffnung nach unten in ein Stativ gespannt. Dann wird das Gas entzündet.

Anschließend wird der Standzylinder mit einigen Millilitern Kalkwasser C ausgespült. Was kannst du aus der Beobachtung schließen?

Eigenschaften und Verwendung des Methans

Methan ist farblos, geruchlos und bei Raumtemperatur gasförmig. Seine Schmelztemperatur beträgt –182,5 °C und seine Siedetemperatur –161,4 °C. Methan ist brennbar und hat mit 0,72 g/l eine geringere Dichte als Luft. Es bildet mit Luft oder Sauerstoff explosionsfähige Gemische.

Bei der vollständigen **Verbrennung** von Methan entstehen Kohlenstoffdioxid und Wasser.

$$CH_4 + 2\,O_2 \rightarrow CO_2 + 2\,H_2O \quad | \quad \textbf{exotherm}$$

Das Methan löst sich praktisch nicht in Wasser. Dagegen ist es z. B. in Alkohol (Ethanol) gut löslich.

Methan ist ein wesentlicher Bestandteil z. B. von Erdgas und Grubengas. Immer wieder kommt es durch unbemerktes Ausströmen von Erdgas zu verheerenden Explosionen.

In Kohlenbergwerken können bei unzureichender Belüftung explosionsfähige Methan-Luft-Gemische *(Grubengas)* entstehen. Sie lassen sich schon durch einen winzigen Funken entzünden und rufen dann als sog. „schlagende Wetter" schwere Zerstörungen hervor.

Wegen seines hohen Heizwertes von 37 000 kJ/m³ wird Methan (im Erdgas) als **Heizgas** verwendet. Es ist umweltfreundlich, weil es keine Schwefelverbindungen enthält und sich so bei seiner Verbrennung kein Schwefeldioxid bildet.

Bei *unvollständiger* Verbrennung von Methan, bedingt durch Sauerstoffmangel, entsteht Ruß. Dieser kann z. B. bei der Herstellung von Autoreifen verwendet werden.

Methan ist auch Ausgangsstoff für die Synthese vieler anderer Verbindungen.

Der Bau des Methanmoleküls

Das **Methanmolekül** besteht aus einem Kohlenstoffatom, das mit vier Wasserstoffatomen verbunden ist (Bild 7). Das **Modell** lässt die *Tetraederform* des Moleküls erkennen (Bild 8). Bei dieser Anordnung der Atome befindet sich das Molekül in seinem energetisch günstigsten Zustand; es ist stabil.

Das Molekül lässt sich vereinfacht durch die **Strukturformel** darstellen: Sie wird aus dem räumlichen Modell über das *Schattenbild* abgeleitet (Bild 9). Wenn man nur die Zusammensetzung eines Stoffes angeben will, verwendet man die **Summenformel**. Für Methan lautet sie CH_4.

7
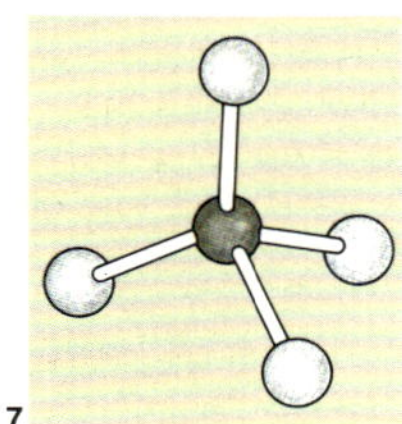
8
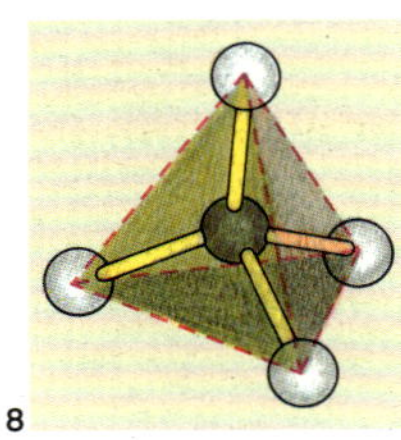
9
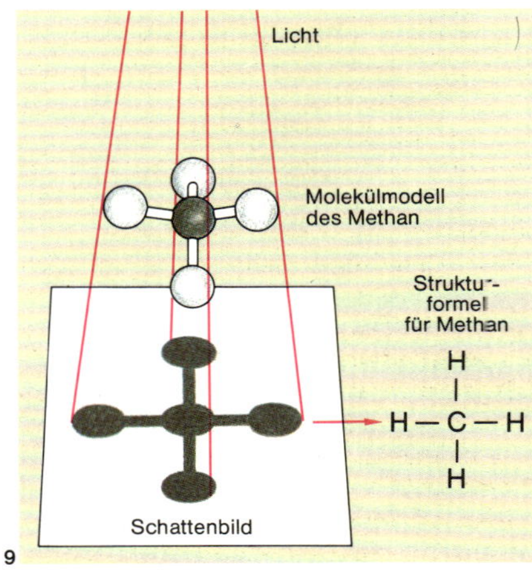

3 Der räumliche Bau einfacher Moleküle

Das Elektronenpaar-Abstoßungsmodell

Die Anordnung der Wasserstoffatome im Methanmolekül kann man weder mit unserem bisherigen Atommodell noch mit der Lewis-Schreibweise beschreiben oder erklären. Jedes Modell hat Grenzen. Wir brauchen ein Atommodell, mit dem man den räumlichen Bau der Moleküle darstellen kann, wenn man die Lewis-Schreibweise kennt.

Die Außenelektronen der Atome bilden in Molekülen Elektronenpaare. Jedes Elektronenpaar hält sich in einem Bereich des Moleküls auf, den man sich als **Elektronenwolke** vorstellen kann.

Die Form einer Elektronenwolke können wir mit einem prall aufgeblasenen Luftballon vergleichen.

Deutlich wird dieses Modell am Methanmolekül (Bild 1): Die vier Elektronenpaare bilden vier elektrisch negativ geladene Elektronenwolken; alle werden vom elektrisch positiv geladenen Kern des Kohlenstoffatoms angezogen.

Weil die Elektronenwolken gleichartige Ladungen haben, stoßen sie einander ab. Man nennt dieses Modell daher **Elektronenpaar-Abstoßungsmodell**.

Im Methanmolekül ordnen sich die Elektronenwolken in Form eines Tetraeders an, in dessen Mittelpunkt der Atomkern des Kohlenstoffatoms liegt.

Man kann sich vorstellen, dass vom Kern des Kohlenstoffatoms ausgehend Achsen durch die Elektronenwolken verlaufen. Zwischen ihnen besteht jeweils der *Tetraederwinkel* von 109,5 °. Dieser Winkel zwischen je zwei Wasserstoffatomen und dem Kohlenstoffatom wird *Bindungswinkel* genannt.

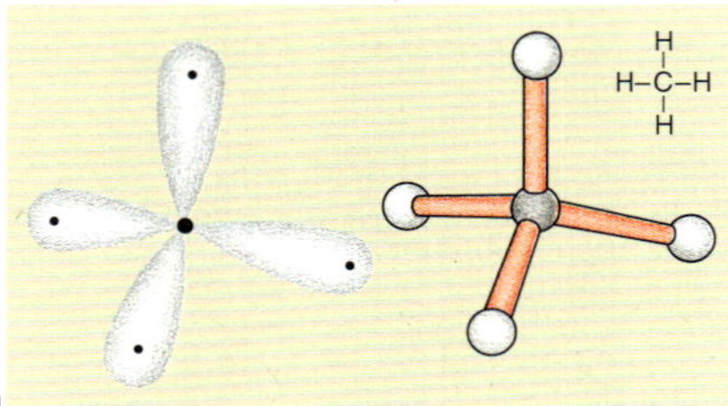

1

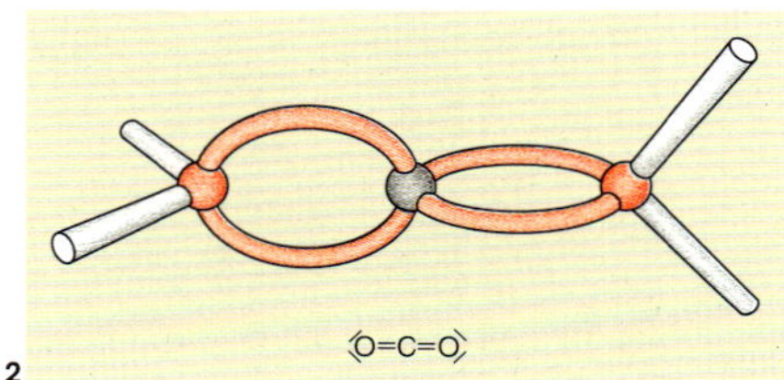

2

Auch mit dem Kugel-Stab-Modell lässt sich die Anordnung der Elektronenpaare darstellen (Bilder 1 u. 2). Jeder Stab entspricht einem Elektronenpaar.

Im Methanmolekül (Bild 1) sind alle Außenelektronen an den vier Bindungen beteiligt. Sie bilden *bindende Elektronenpaare*. Im Kohlenstoffdioxidmolekül (Bild 2) gibt es vier bindende Elektronenpaare. Außerdem befinden sich an jedem Sauerstoffatom noch zwei sog. *nicht bindende Elektronenpaare*. Sie erscheinen in der Lewis-Formel als Striche außen am Symbol.

Im Kohlenstoffdioxidmolekül befinden sich zwischen dem Kohlenstoffatom und jedem Sauerstoffatom zwei bindende Elektronenpaare. Da sich auch hier die Elektronenwolken abstoßen, ist das Molekül linear gebaut.

Fragen und Aufgaben zum Text

1 Auf welcher Vorstellung beruht das Elektronenpaar-Abstoßungmodell?

2 Blase vier gleiche Luftballons prall auf. Binde sie mit den Öffnungen aneinander. Wie ordnen sie sich an? Erkläre! Vergleiche mit dem Modell von Methan.

Aus der Geschichte: **Zu jung für „höchste Probleme der Chemie"?**

In der zweiten Hälfte des vorigen Jahrhunderts begannen einzelne Chemiker sich Gedanken über den räumlichen Bau der Moleküle zu machen – so z. B. auch der Holländer *Jacobus Henricus van't Hoff* (1852–1911).

Van't Hoff veröffentlichte 1874 seine Ansichten über den räumlichen Bau der Moleküle. Gleichzeitig, aber unabhängig von van't Hoff veröffentlichte der Franzose *Joseph Achille Le Bel* (1857–1930) die gleiche Theorie.

Van't Hoff hatte die Reaktion von Methan mit Chlor untersucht und war zu folgendem Schluss gekommen: Wenn bei der Reaktion zwei Wasserstoffatome im Methanmolekül gegen zwei Chloratome ausgetauscht werden, müssen zwei unterschiedliche Stoffe entstehen – vorausgesetzt, alle Atome im Methanmolekül sind in einer Ebene angeordnet.

Tatsächlich entsteht bei dieser Reaktion jedoch immer nur *ein* Produkt – das Methanmolekül muss also anders gebaut sein. Van't Hoff erklärte das experimentelle Ergebnis mit der *Tetraederstruktur* des Methanmoleküls.

Van't Hoff war 1874 erst 22 Jahre alt und noch unbekannt; Le Bel war sogar noch jünger. Deshalb hatten es beide schwer, ihre Theorie gegen die namhaften Chemiker und deren Ansichten durchzusetzen.

Professor Kolbe (1818–1884), ein führender deutscher Chemiker, bezeichnete sie als „Pseudo-Naturforscher" und machte sich über sie lustig:

... Ein Dr. J. H. van't Hoff, an der Thierarzneischule zu Utrecht angestellt, findet, wie es scheint, an exakter chemischer Forschung keinen Geschmack. Er hat es bequemer erachtet, den Pegasus zu besteigen (offenbar der Thierarzneischule entlehnt) und in seiner „la chimie dans l'espace" zu verkünden, wie ihm auf dem durch kühnen Flug erklommenen chemischen Parnass die Atome im Weltenraum gelagert erschienen sind.
... Es ist bezeichnend für die heutige kritikarme und Kritik hassende Zeit, dass zwei so gut wie unbekannte Chemiker ... die höchsten Probleme der Chemie, welche wohl niemals gelöst werden, speciell die Frage nach der räumlichen Lagerung der Atome, mit einer Sicherheit beurtheilen und deren Beantwortung mit einer Dreistigkeit unternehmen, welche den wirklichen Naturforscher geradezu in Staunen setzt ...

Der „Pseudo-Naturforscher" van't Hoff erhielt übrigens 1901 den ersten Nobelpreis für Chemie.

6397R

4 Moleküle als Dipole

3

In Bild 3 läuft
ein dünner Wasserstrahl
an einem elektrisch geladenen
Kunststoffstab vorbei.
In Bild 4 besteht der Strahl
aus Benzin.

Warum verhalten sich
die beiden Flüssigkeiten
so unterschiedlich?

4

Die polare Elektronenpaarbindung

Wenn man den Bau eines Wasserstoff- und eines Chlorwasserstoffmoleküls vergleicht, sind Unterschiede zu erkennen:

In der gemeinsamen Elektronenwolke des *Wasserstoffmoleküls* hält sich das bindende Elektronenpaar genau in der Mitte zwischen beiden Atomen auf (Bild 5). Die beiden positiv geladenen Kerne sind gleich weit von der Achse entfernt. Beide Atomkerne üben auf das bindende Elektronenpaar gleich große elektrische Anziehungskräfte aus. Deshalb ist die Verteilung der elektrischen Ladung im Molekül symmetrisch.

Das ist beim *Chlorwasserstoffmolekül* anders: Der Kern des Chloratoms zieht das bindende Elektronenpaar stärker zu sich hin (Bild 7). Das bewirkt, dass sich dieses Elektronenpaar nicht in der Mitte des Moleküls aufhält, sondern mehr auf der Seite des Chloratoms. Man könnte somit von einer „teilweisen" Elektronenübertragung vom Wasserstoffatom zum Chloratom sprechen.

Da das bindende Elektronenpaar elektrisch negativ geladen ist, wird so der negative Ladungsschwerpunkt zur Seite des Chloratoms hin verschoben. Das heißt: Im Chlorwasserstoffmolekül befindet sich auf der Seite des Chloratoms ein negativer Pol und auf der Seite des Wasserstoffatoms ein positiver Pol. Man sagt auch, es liegt eine **polare Elektronenpaarbindung** (oder *polare Atombindung*) vor. Das Molekül ist damit zu einem **Dipol** (lat. *di:* zwei) geworden.

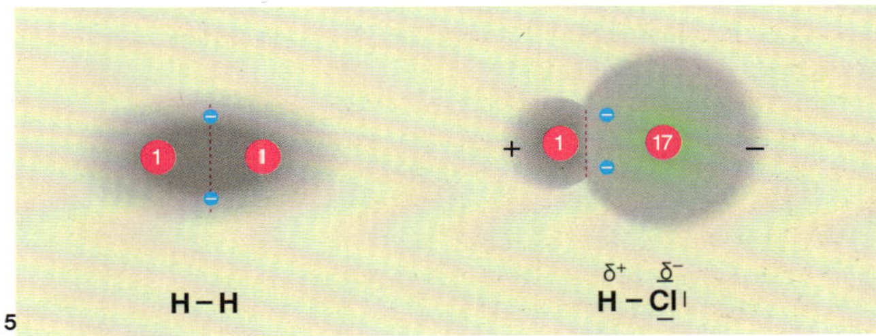

5

Die beiden Pole berücksichtigt man auch in der Strukturformel – und zwar mit Hilfe des griechischen Buchstabens Delta (δ). Über die entsprechenden Symbole der beteiligten Atome setzt man die Symbole δ^+ und δ^-. Dabei bedeutet δ^-: Das Chloratom hat im Chlorwasserstoffmolekül eine um den Differenzbetrag δ negativere elektrische Ladung als im Chlormolekül.

Zur polaren Elektronenpaarbindung kommt es, wenn Moleküle aus Atomen *unterschiedlicher* Nichtmetalle entstehen. Vor allem die Atome aus Fluor, Sauerstoff und Chlor ziehen bindende Elektronenpaare zu sich hin.

In Molekülen, die aus Atomen *ein und desselben* Nichtmetalls bestehen (z. B. H_2, O_2, Cl_2), liegt keine polare Elektronenpaarbindung vor. Die Moleküle sind keine Dipole.

So kann man prüfen, ob ein Stoff aus Dipolmolekülen besteht

Du weißt, dass ein Kunststoffstab durch Reiben mit einem Wolltuch elektrisch aufgeladen wird. Aufgrund dieser Ladung bildet sich rund um den Kunststoffstab ein elektrisches Feld aus.

Die Folge davon ist: In der Umgebung des Stabes gibt es Kraftwirkungen auf elektrische Ladungen. Flüssigkeiten, deren Moleküle Dipole sind, werden in das elektrische Feld hineingezogen. Auf Stoffe, deren Moleküle keine Dipole sind, hat das elektrische Feld keine Wirkung.

Das lässt sich in einem einfachen Versuch zeigen. Zunächst lässt man einen dünnen Wasserstrahl langsam aus einem Glasröhrchen laufen (Bild 3). Wenn man einen elektrisch geladenen Kunststoffstab in die Nähe des Wasserstrahls hält, wird er deutlich abgelenkt. Wassermoleküle sind also Dipole.

Wiederholt man den Versuch mit Benzin (Bild 4), passiert dagegen nichts: Die Moleküle im Benzin sind keine Dipole.

Fragen und Aufgaben zum Text

1 Auch die Moleküle des Chlorwasserstoffs sind Dipole. Chlorwasserstoff ist jedoch bei Raumtemperatur ein Gas. Wenn man dieses Gas auf auf −85 °C abkühlt, wird es flüssig.

Man könnte den flüssigen Chlorwasserstoff ebenfalls in einem dünnen Strahl durch ein elektrisches Feld leiten. Wie würde er sich verteilen?

2 Was muss man beachten, damit man bei dem Versuch nach den Bildern 3 u. 4 vergleichbare Ergebnisse erzielt?

3 Stelle die Ladungsverteilung im Wasserstrahl und im geladenen Kunststoffstab zeichnerisch dar.

Das Dipolmolekül des Wassers und die Wasserstoffbrückenbindung

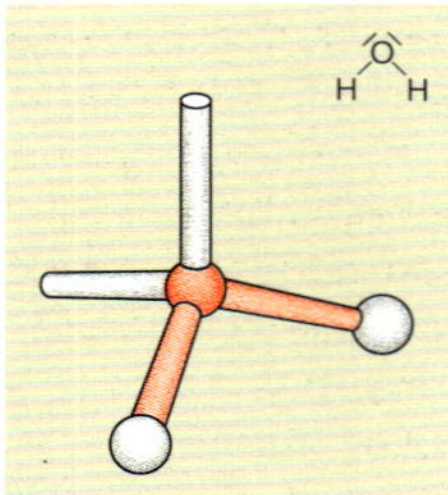

1

Wie sich aus dem Experiment (Bilder 3 u. 4 der Vorseite) ergibt, sind Wassermoleküle Dipole. Zwischen dem Sauerstoffatom und jedem Wasserstoffatom besteht eine polare Elektronenpaarbindung.

Kohlenstoffdioxidmoleküle sind *keine* Dipole, obwohl zwischen dem Kohlenstoffatom und den Sauerstoffatomen ebenfalls polare Elektronenpaarbindungen bestehen.

Die Bildung von Dipolmolekülen lässt sich nicht allein damit erklären, dass Moleküle polare Elektronenpaarbindungen aufweisen. Dazu muss man auch den räumlichen Bau des Moleküls betrachten. Hier können das Elektronenpaar-Abstoßungsmodell und das Kugel-Stab-Modell helfen (Bild 1).

Im Wassermolekül befinden sich am Sauerstoffatom acht Außenelektronen (Oktettregel). Die beiden bindenden und die beiden nicht bindenden Elektronenpaare bilden vier Elektronenwolken, die sich gegenseitig abstoßen – genauso wie beim Methanmolekül. Das Wassermolekül ist dadurch gewinkelt gebaut (Bild 2).

Das Wassermolekül ist ein Dipol, weil am Sauerstoffatom ein negativ geladener Pol und auf der Seite der beiden Wasserstoffatome ein positiv geladener Pol besteht. Der Bindungswinkel, den die beiden Wasserstoffatome und das Sauerstoffatom bilden, beträgt 105°.

Die Abweichung vom Tetraederwinkel lässt sich damit erklären, dass die nicht bindenden Elektronenpaare größere Elektronenwolken bilden als die bindenden. Dadurch werden die bindenden Elektronenpaare „zusammengedrückt".

Die Dipolmoleküle des Wassers üben anziehende Kräfte aufeinander aus: Die positiven Bereiche des einen Moleküls ziehen die negativen Bereiche anderer Moleküle an.

Die Kräfte wirken dabei im Wesentlichen zwischen der positiven Ladung der Wasserstoffatome und den nicht bindenden Elektronenpaaren. An jedes Wasserstoffatom eines Wassermoleküls kann sich daher ein weiteres Wassermolekül mit seinem nicht bindenden Elektronenpaar anlagern (Bild 3).

Durch diese **Wasserstoffbrückenbindung** (in Bild 3 jeweils durch Punkte dargestellt) halten die Wassermoleküle stärker zusammen als ohne sie. Deshalb sind Wassermoleküle schon bei Raumtemperatur zu gruppenförmigen Verbänden verknüpft: Das Wasser ist dadurch flüssig.

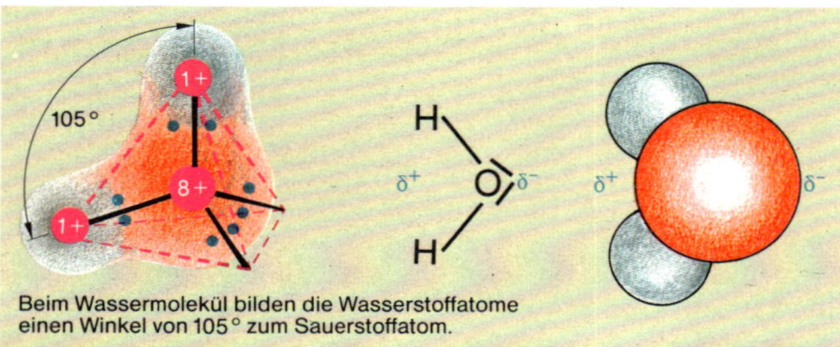

2 Beim Wassermolekül bilden die Wasserstoffatome einen Winkel von 105° zum Sauerstoffatom.

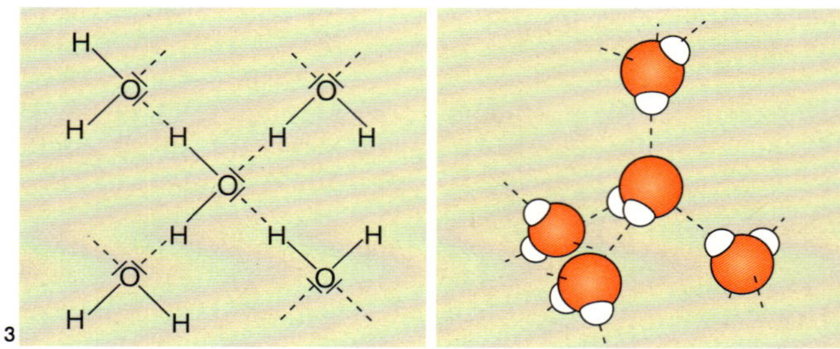

3

Das Dipolmolekül des Ammoniaks

Ammoniak ist ein farbloses, stechend riechendes Gas. Im Lehrerversuch kann es aus Ammoniumchlorid und Natriumhydroxid (oder Calciumoxid) hergestellt werden. Nach der Reaktion verrät der typische Geruch das Ammoniak.

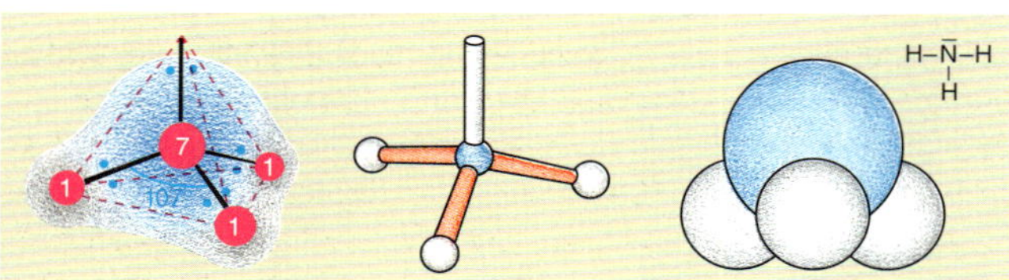

4

Ammoniak ist eine Verbindung aus Stickstoff und Wasserstoff. Es entsteht z. B. bei der Verwesung von Eiweißstoffen.

Das **Ammoniakmolekül** ist aus einem Stickstoffatom und drei Wasserstoffatomen gebaut (Bild 4); die Formel ist NH_3.

Ähnlich wie das Wassermolekül ist es ein Dipol; es hat ein freies Elektronenpaar. Ammoniakmoleküle bilden flache Pyramiden. Im Molekül beträgt der Bindungswinkel zwischen je zwei Wasserstoffatomen und dem Stickstoffatom 107°.

Aufgaben

1 Wie kommt es zur Bildung von Dipolen bei Molekülen?

2 Erkläre den Bau des Wassermoleküls mit Hilfe des Elektronenpaar-Abstoßungsmodells.

3 Ammoniakmoleküle sind Dipole. Wie kannst du das erklären?

4 Warum sind die Moleküle von Methan und Kohlenstoffdioxid keine Dipole?

5 Zwischen den Atomen *unterschiedlicher* Nichtmetalle kommt es zur Bildung *polarer* Elektronenpaarbindungen, während es zwischen den Atomen *desselben* Nichtmetalls *unpolare* Elektronenpaarbindungen gibt. Versuche das zu erklären.

6 Eine bestimmte Menge Wasser nimmt nach dem Gefrieren ein größeres Volumen ein als vorher, sodass das Eis auf dem Wasser schwimmt. Begründe! (→ auch den Text auf der Nachbarseite.)

6399R

Aus Umwelt und Technik: Die Besonderheiten des Wassers

Wasser zeigt **aufgrund des Dipolcharakters** seiner Moleküle wichtige Besonderheiten. Ohne sie wäre auf der Erde kein Leben möglich!

Die *Siedetemperatur* des Wassers ist – verglichen mit der anderer Nichtmetalloxide – außergewöhnlich hoch. Das liegt daran, dass beim Verdampfen von Wasser die Bindungskräfte der Wasserstoffbrücken zusätzlich überwunden werden müssen. Ohne Wasserstoffbrücken läge die Siedetemperatur des Wassers weit unter 0 °C. Bei Raumtemperatur wäre das Wasser dann also längst gasförmig und nicht flüssig.

In Eiskristallen sind die Wasserstoffbrückenbindungen ganz besonders regelmäßig ausgebildet: Jedes Sauerstoffatom ist von vier Wasserstoffatomen tetraedrisch umgeben. Dadurch entsteht eine sehr weiträumige Gitterstruktur (Bild 5).

Wenn das Eis schmilzt, bricht diese Struktur weitgehend zusammen; die Moleküle können sich dann dichter aneinander lagern. Das Schmelzwasser hat deshalb ein kleineres Volumen als das Eis vorher. Dies hat zur Folge, dass Eis auf Wasser schwimmt.

Aber auch im Wasser lagern sich häufig Moleküle in der gleichen Ordnung wie im Eisgitter aneinander. Es bilden sich immer wieder für kurze Zeit ganze Bereiche mit sperriger, eisähnlicher Struktur.

Mit steigender Temperatur werden diese Bereiche kleiner und seltener. Daher zieht sich Wasser beim Erwärmen zwischen 0 °C und 4 °C zusammen; seine Dichte nimmt also zu. Oberhalb von 4 °C gewinnt dann die übliche Wärmeausdehnung die Oberhand: Die Moleküle brauchen immer mehr Platz, weil ihre Eigenbewegungen heftiger werden.

Die Besonderheiten beim Schmelzen und Erwärmen bezeichnet man als **Anomalie des Wassers**. Auswirkungen zeigen die Bilder 6 u. 7:

Das Gestein wird allmählich „zersprengt"; so entstand auch der Boden, auf dem heute die Vegetation gedeiht. Die Fische überwintern am Grund von Seen bei 4 °C.

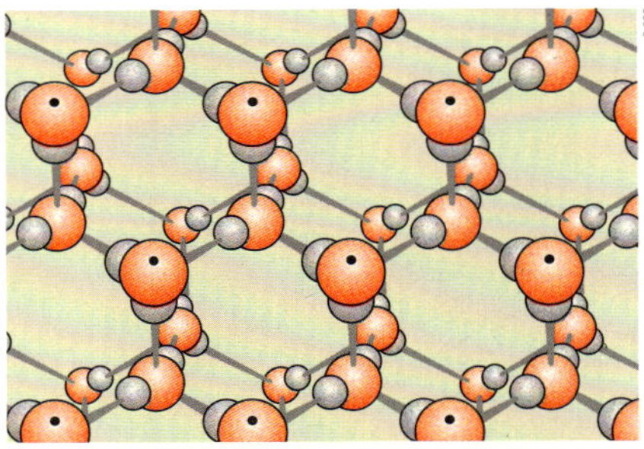

Die grauen Verbindungsstücke stellen die Wasserstoffbrückenbindungen dar.

5

6

Aus Umwelt und Technik: **Überleben im zugefrorenen Teich**

In einem Teich, der mindestens 1,20 m tief ist, können Süßwasserfische auch einen sehr harten und langen Winter überleben. Die Wahrscheinlichkeit, dass dieser Teich einmal bis zum Grund zufriert, ist äußerst gering.

Du weißt bereits, dass Wasser bei 4 °C seine größte Dichte hat. Es befindet sich daher am Boden des zugefrorenen Teiches. Dort überwintern die Fische.

Flüssiges Wasser von 0 °C weist eine Dichte von $0{,}9999\ g/cm^3$ auf, während Eis von 0 °C nur noch eine Dichte von $0{,}9168\ g/cm^3$ hat. Das Eis schwimmt daher an der Oberfläche.

Wenn der Teich zuzufrieren beginnt, geschieht das an seiner Oberfläche. Dort kommt das Wasser mit der kälteren Luft in Berührung. Wärme geht vom Wasser in die Luft über; dadurch kühlt sich das Wasser ab. Gleichzeitig geht am Boden des Teiches Wärme aus dem umgebenden Erdreich in das Wasser über.

7

Zu Beginn des Gefrierens wächst die Dicke der Eisschicht proportional zur Zeit. Die Differenz zwischen der Luft- und der Wassertemperatur bestimmt, wie viel Wärme pro Zeiteinheit abgegeben wird.

Bei längeren Kälteperioden nimmt die Eisbildung pro Zeiteinheit ab. Der wärmeisolierende Einfluss der allmählich dicker werdenden Eisschicht wächst. Deshalb wird die Eisschicht kaum über 75 cm dick.

Die Oberflächentemperatur des Eises nähert sich der Lufttemperatur an, während die Temperatur des Wassers an der Unterseite des Eises stets 0 °C beträgt.

5 Die Elektronegativität

Atome „im Kampf" um gemeinsame Elektronenpaare

Wie wir an Beispielen gesehen haben, werden Atome in Molekülen durch **gemeinsame Elektronenpaare** gebunden.

Das bindende Elektronenpaar befindet sich jedoch nur bei Molekülen aus gleichen Atomen genau in der Mitte zwischen den Atomkernen der Partner. Bei Molekülen aus unterschiedlichen Atomen befindet sich das bindende Elektronenpaar in der Regel näher bei einem der beiden Atomkerne. (Es wird von einem der beiden Kerne stärker angezogen.)

Die Fähigkeit eines Atomkerns, ein Elektronenpaar in einer Elektronenpaarbindung (Atombindung) an sich zu ziehen, heißt **Elektronegativität** (kurz *EN* genannt).

Die Elektronegativität der Atome ist unterschiedlich groß. Um sie besser vergleichen zu können, ordnete der amerikanische Chemiker *Linus Pauling* jedem Element eine Zahl zu. Dem Element mit der größten Elektronegativität, dem **Fluor**, gab er willkürlich die Zahl **4**. Die Zahlen für die anderen Elemente erhielt er aufgrund von Berechnungen. So konnte er im Jahr 1932 die nebenstehende Tabelle aufstellen. (Die Anordnung der Elemente entspricht der des PSE.)

Anhand dieser Tabelle kannst du Folgendes erkennen: Innerhalb einer *Gruppe* nimmt die Elektronegativität von oben nach unten ab; innerhalb einer *Periode* nimmt sie von links nach rechts zu. Nichtmetalle haben im Allgemeinen eine hohe Elektronegativität, Metalle eine niedrige.

Die Elektronegativität ist keine wohl definierte physikalische Größe. Deshalb wurden inzwischen von anderen Chemikern Vergleichswerte aufgestellt, die geringfügig von Paulings Werten abweichen. In der Chemie wird daher mit unterschiedlichen Elektronegativitätswerten gearbeitet. Wesentlich ist, dass die *Vergleichbarkeit* der Elektronegativität gewährleistet wird.

H 2,1	**Elektronegativitäten der Elemente** (nach Pauling)						He
Li 1,0	Be 1,5	B 2,0	C 2,5	N 3,0	O 3,5	F 4,0	Ne
Na 0,9	Mg 1,2	Al 1,5	Si 1,8	P 2,1	S 2,5	Cl 3,0	Ar
K 0,8	Ca 1,0	Ga 1,6	Ge 1,8	As 2,0	Se 2,4	Br 2,8	Kr
Rb 0,8	Sr 1,0	In 1,7	Sn 1,8	Sb 1,9	Te 2,5	I 2,5	Xe
Cs 0,7	Ba 0,9	Tl 1,8	Pb 1,8	Bi 1,9	Po 2,0	At 2,2	Rn

Wie man mit der Elektronegativität umgeht

Je größer die Elektronegativität ist, desto größer ist die Anziehungskraft des Atomkerns auf gemeinsame Elektronenpaare. Um die Position eines gemeinsamen Elektronenpaares in einem Molekül abzuschätzen, werden die Elektronegativitäten der beteiligten Atome verglichen. Das Elektronenpaar befindet sich jeweils näher bei dem Partner mit der größeren Elektronegativität.

Man kann aufgrund der Elektronegativität sogar abschätzen, welche Bindung zwei Atome eingehen werden. Dazu bildet man die **Differenz der Elektronegativitäten** (Δ EN):

- Wenn *keine Differenz* zwischen beiden Elektronegativitäten besteht, hält sich das bindende Elektronenpaar in der Mitte zwischen den Atomkernen auf. Es liegt eine **unpolare Elektronenpaarbindung** (Atombindung) vor (Bild 1).
- Wenn die *Differenz kleiner als 1,7* ist, hält sich das bindende Elektronenpaar näher beim Partner mit der größeren Elektronegativität auf. In diesem Fall liegt eine **polare Elektronenpaarbindung** vor (Bild 2). Die Zahl 1,7 ist ein Erfahrungswert; er wurde durch Experimente gewonnen.
- Wenn die *Differenz 1,7 oder größer* ist, hält sich das bindende Elektronenpaar ganz beim Partner mit der größeren Elektronegativität auf. Es sind dann Ionen entstanden; zwischen ihnen liegt eine **Ionenbindung** vor (Bild 3).

Du kannst dir sicher vorstellen, dass es zwischen der unpolaren Elektronenpaarbindung und der Ionenbindung fließende Übergänge gibt. Je größer die Differenz zwischen den Elektronegativitäten ist, desto polarer ist die Bindung.

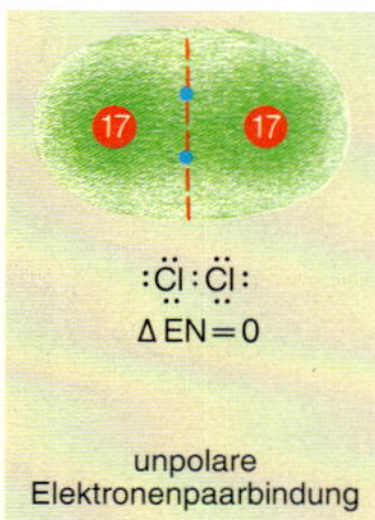

1

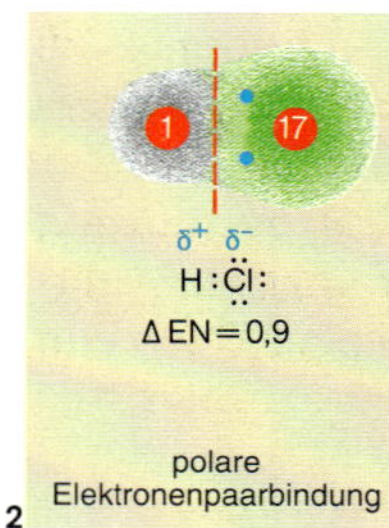

2

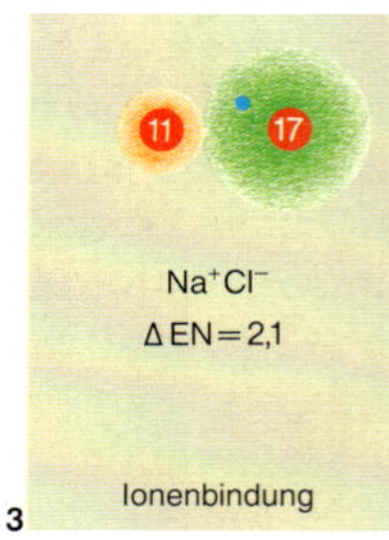

3

Fragen und Aufgaben zum Text

1 Erläutere den Begriff *Elektronegativität* am Beispiel eines Chlormoleküls sowie eines Chlorwasserstoffmoleküls. Zeichne dazu.

2 Wie verändern sich die Elektronegativitäten im PSE? Erkennst du eine Ordnung? Beschreibe!

3 Warum sind wohl in der Tabelle der Elektronegativitäten bei den Edelgasen keine Zahlen angegeben? Versuche dafür eine Erklärung zu finden.

4 Wie kann man mit Hilfe der *Differenz* der Elektronegativitäten abschätzen, welche Bindung zwischen den beteiligten Atomen vorliegt?

5 Das Element *Fluor* nimmt bei den Elektronegativitäten eine Sonderstellung ein. Erkläre!

6 Die beiden Elemente mit der höchsten und der niedrigsten Elektronegativität sollen miteinander reagieren. Was kannst du über die Art der Bindung in der entstehenden Verbindung sagen?

7 Vergleiche die Bindungen von Br_2, HBr und KBr. Begründe deine Aussage.

8 Kalium reagiert mit Chlor. Welche Bindung liegt im Kaliumchlorid vor?

6401R

Alles klar?

1 Man sagt: Der Kern des Sauerstoffatoms ist *achtfach positiv* geladen. Was ist damit gemeint?

a) Wie viele Elektronen umgeben insgesamt diesen Kern?
Wie viele davon befinden sich in der äußeren Schale?

b) Wird ein Sauerstoffatom bei einer Reaktion Elektronen aufnehmen oder abgeben? Begründe deine Antwort.

2 Magnesium reagiert nicht mit Neon. Begründe diesen Sachverhalt mit Hilfe eines Atommodells.

3 Begründe mit Hilfe der Elektronegativität, warum Chlorwasserstoff gasförmig ist, Natriumchlorid aber fest.

4 Welche Bindung liegt in *Magnesiumchlorid* vor?

5 Auch wenn sich unterschiedliche Atomsorten verbinden, können Moleküle entstehen. Ein Beispiel dafür ist die Verbindung von Wasserstoff und Chlor zu Chlorwasserstoff.

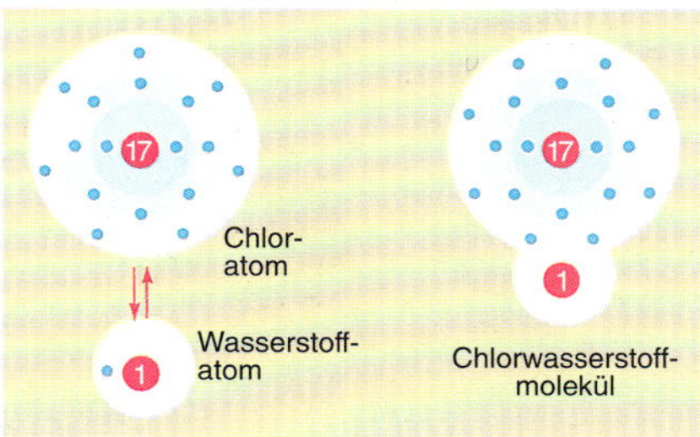

4

Wie kommt es zur Bildung des Chlorwasserstoffmoleküls (Bild 4)? Beschreibe!

6 Beschreibe den Bau des Wassermoleküls; fertige dazu eine Zeichnung an.

7 Bild 5 zeigt ein Molekül *Bromwasserstoff* (Modell). Beschreibe es. Wie müsstest du die Formel ergänzen?

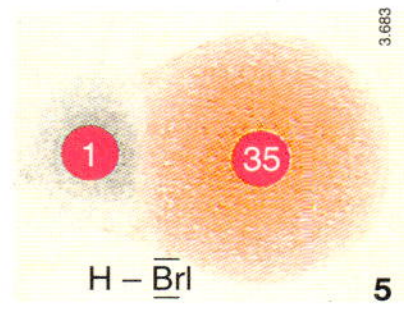

5

8 Das Methanmolekül (CH_4) ist wie ein Tetraeder gebaut. Kann es ein Dipolmolekül sein? Begründe deine Antwort.

9 Welche Folgen hätte es, wenn Wassermoleküle keine Dipole wären?

Auf einen Blick

Die chemischen Bindungen

Atome haben das Bestreben eine voll besetzte Außenschale *(Edelgasschale)* zu erhalten. Dadurch erreichen sie dann einen stabilen, energiearmen Zustand (**Edelgas-** oder **Oktettregel**). Das führt zu unterschiedlichen Bindungen.

Die Elektronenpaarbindung *(Atombindung)*

Die Atome einiger Nichtmetalle können zweiatomige **Moleküle** bilden (z. B. Wasserstoff und Chlor). Dabei erfolgt die **Bindung durch gemeinsame Elektronenpaare**. Jedes der beteiligten Atome erreicht durch den gemeinsamen Besitz eines oder mehrerer Elektronenpaare eine voll besetzte Außenschale und damit einen energiearmen Zustand.

Auch *unterschiedliche* Atomarten können durch Elektronenpaare miteinander verbunden sein. Wenn sich zwei Atome unterschiedlicher Nichtmetalle miteinander verbinden, zieht das Atom mit der größeren Elektronegativität das jeweils bindende Elektronenpaar stärker zu sich hin. Man bezeichnet das als **polare Elektronenpaarbindung**.

Moleküle mit ungleichmäßig verteilter elektrischer Ladung stellen **Dipole** dar (z. B. das Wassermolekül).

Zwischen Dipolmolekülen treten zusätzliche Bindungen auf, z. B. die **Wasserstoffbrückenbindung**.

Die Ionenbindung

Die Halogene (z. B. Chlor) bilden mit verschiedenen Metallen (z. B. Natrium) Salze.

Dabei werden durch die *Übertragung von Elektronen* z. B. aus Natriumatomen Natrium-Ionen sowie aus Chloratomen Chlorid-Ionen.

Die unterschiedlich geladenen Ionen ziehen einander an. Sie bilden auf diese Weise **Ionenkristalle** mit einem ganz regelmäßigen räumlichen **Ionengitter**. Im Ionenkristall liegt immer Ionenbindung vor.

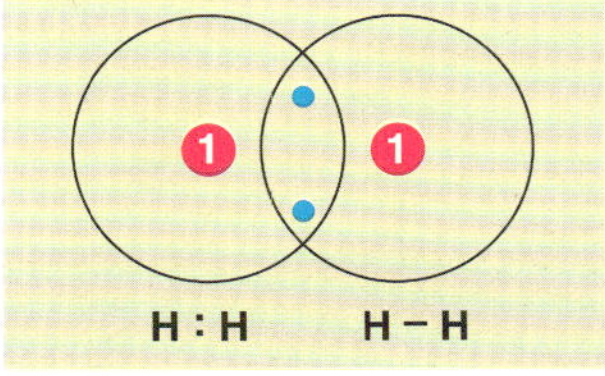

6

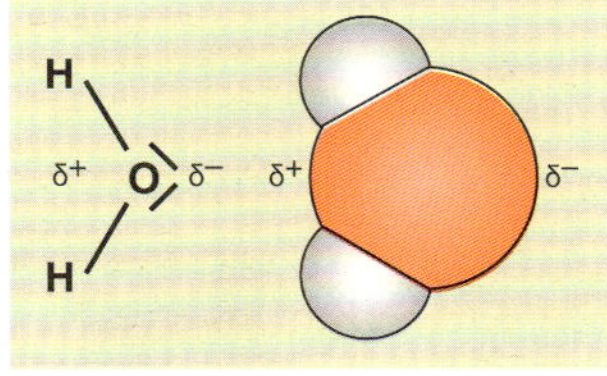

7

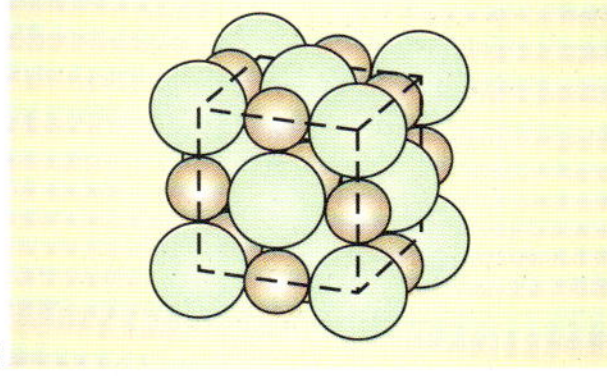
8

Die Fähigkeit eines Atomkerns, Elektronenpaare in einer Elektronenpaarbindung an sich zu ziehen, bezeichnet man als **Elektronegativität**.

Aus der *Differenz* der Elektronegativitäten (Δ EN) kann man die Art der Bindung zwischen zwei Atomen grob abschätzen.

Erste Begegnung mit Säuren

Den Säuren auf der Spur

Selbstversorger im Schullandheim 1

Viele Säuren wirken ätzend. Deshalb musst du beim Umgang mit ihnen folgende Hinweise beachten:
○ Schutzbrille tragen! ○ Säuredämpfe nicht einatmen!
○ Etwaige Säurespritzer auf Haut oder Kleidung sofort mit viel Wasser abwaschen!

V 1 Koste eine Zitronenscheibe, eine Rhabarberstange, saure Bonbons und ähnliche Lebensmittel.

Prüfe dann, wie diese und andere Stoffe (z. B. Essig, Öl, Milch oder Mineralwasser) mit Blaukrautsaft reagieren. (Jedes Mal frischen Blaukrautsaft nehmen!) Wie du den Blaukrautsaft herstellen kannst, zeigt Bild 2.

V 2 Wir untersuchen weitere Stoffe (Vorsicht, ätzend!):

a) Zunächst prüfen wir *Essigessenz* [C] und ein *Entkalkungsmittel* [C] mit Blaukrautsaft. Welches sind die Hauptbestandteile dieser Stoffe (→ Verpackungsaufdruck)?

b) Wie reagiert Blaukrautsaft mit Säuren aus der Schulsammlung? Wir füllen in 3 Reagenzgläser je 1 cm hoch stark verdünnte *Salzsäure* [Xi], stark verdünnte *Schwefelsäure* [Xi] und stark verdünnte *Salpetersäure* [Xi]. Hinzu kommt jeweils die doppelte Menge Blaukrautsaft.

c) Zum Nachweis von Säuren benutzt man z. B. Lackmus oder Universalindikator (→ Info rechts). Wir prüfen damit die Stoffe der Aufgabenteile a und b sowie reines Wasser.

V 3 Diesmal beobachten wir den Universalindikator beim Verdünnen einer Säure:

a) Zunächst prüfen wir den Geruch von Essig (z. B. Obstessig). Außerdem vergleichen wir die Färbung des Indikators mit der Farbskala auf seiner Verpackung.

b) Nun verdünnen wir in einem 2-l-Becherglas 2 ml Essig mit Wasser, und zwar nacheinander auf 20 ml, 200 ml und 2000 ml (= 2 l). Wir stellen jedes Mal den Geruch des Essigwassers und die Verfärbung des Indikators fest.

V 4 Wir füllen in ein 100-ml-Becherglas ca. 50 ml verdünnte Salzsäure (10 %) [Xi]. Dann entnehmen wir 5 ml und verdünnen sie in einem zweiten Becherglas mit Wasser wieder auf 50 ml. Das wiederholen wir, bis wir 5 Gläser mit zunehmend verdünnter Salzsäure haben.

Nun vergleichen wir die elektrische Leitfähigkeit der Säuren. Außerdem prüfen wir mit Universalindikatorpapier und geben jeweils eine Probe Zink in die Gläser.

V 5 Wir untersuchen weitere Eigenschaften von Säuren: Zu Essigessenz [C], verdünnter Salzsäure [Xi] und Schwefelsäure [Xi] geben wir Holz, Kalkstein (Marmor), Papier usw. Gib außerdem je einen Tropfen der Säuren auf etwas Baumwollstoff, Leinen, Wollstoff und Synthetikgewebe.

Wie verhalten sich Metalle (z. B. Magnesium, Eisen, Kupfer, Zink) in den gleichen Säuren? Wenn eine Gasentwicklung auftritt, versuchen wir die Gase zu bestimmen.

Leiten diese Säuren den elektrischen Strom?

V 6 Säuren in ungewohnter Form (Bild 3)! Du darfst sie vorsichtig kosten. Prüfe sie mit Indikatorpapier. Löse jeweils etwas Säure in Wasser auf und prüfe erneut.

2

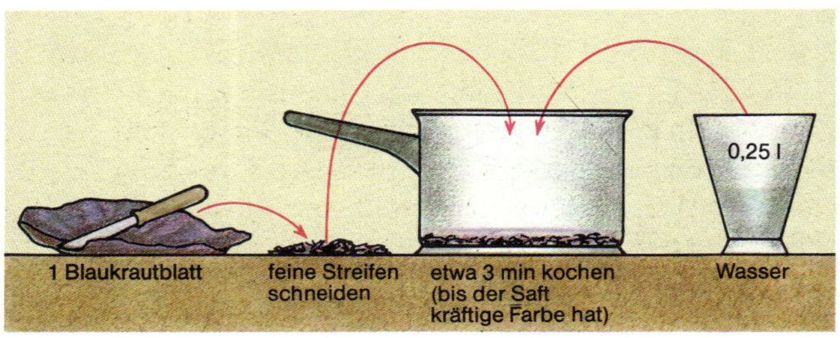

3

7534R

Wir weisen Säuren mit Indikatoren nach

Es gibt Stoffe, die bei Zugabe von Säuren ihre Farbe verändern; sie zeigen also Säuren an. Man bezeichnet sie deshalb als **Indikatoren** (lat. *indicator:* Anzeiger).

Bild 4 zeigt einige Indikatoren, die in der Chemie häufig verwendet werden.

Lackmus ist ein Farbstoff, der aus einer Pflanze gewonnen wird. Lackmus*papier* ist mit diesem Farbstoff getränkt.

Alle Lösungen, die Lackmus rot färben, sind Säuren. Man sagt, sie reagieren sauer.

Der **Universalindikator** ist ein Gemisch aus verschiedenen Farbstoffen. Deshalb kann er meh, als nur eine Säure anzeigen: Er gibt gleichzeitig einen Hinweis darauf, wie stark sauer die betreffende Säure wirkt.

Wenn man eine Säure verdünnt, lässt zum Beispiel ihre Wirkung auf Metalle nach. Entsprechend zeigt der Universalindikator bei einer verdünnten Säure eine andere Farbe als bei einer konzentrierten.

Auf der Verpackung des Universalindikators ist meistens eine **Farbskala** aufgedruckt. Wenn man die Farbe der geprüften Flüssigkeit oder des Indikatorpapiers mit dieser Farbskala vergleicht, kann man erkennen, wie schwach oder wie stark sauer die betreffende Säure wirkt.

Jeder Farbe auf der Skala ist eine Zahl zugeordnet. Man nennt sie den **pH-Wert.**

Bild 5 zeigt, wie die pH-Werte angelegt sind: Mit steigender Zahl lässt die Säurewirkung immer mehr nach; das heißt, die Säure reagiert dann nur noch schwach sauer. Bei pH 7 liegt keine Säure mehr vor; dies ist der pH-Wert von destilliertem Wasser, das *neutral* reagiert.

Mit einem pH-Meter kann ebenfalls der pH-Wert gemessen werden. Dabei zeigt das Gerät die Zahl entweder direkt an (Digital-pH-Meter; Bild 6) oder man liest an einer Zahlenskala ab (Bild 7). Dieses Messverfahren ist genauer als der Farbenvergleich mit einer Farbskala.

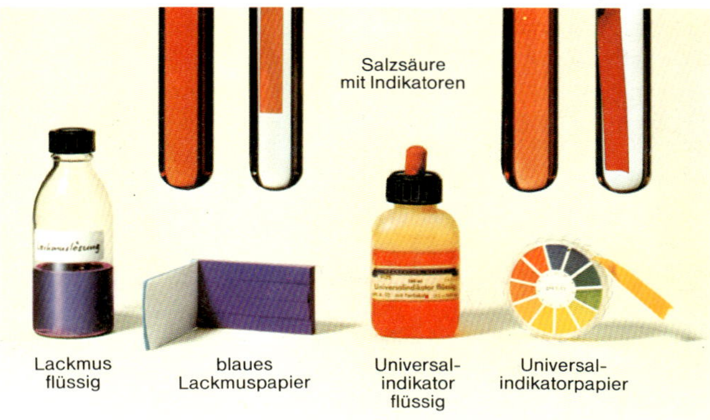

4

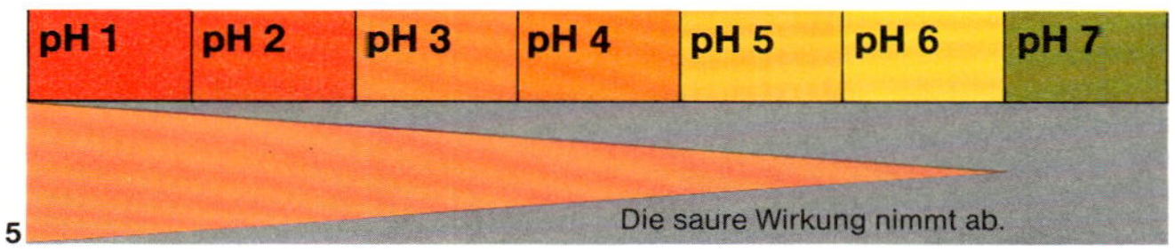

5

6

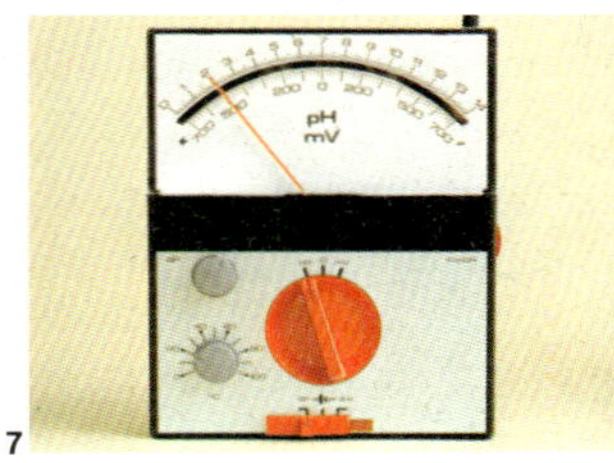

7

Aufgaben

1 Welchen Kniff kannst du anwenden, damit Rotkohl schön rot aussieht? Welche gemeinsame Eigenschaft besitzen alle Stoffe, die sich hierfür eignen?

2 Nenne einige Säuren. Gib auch ihre gemeinsamen Eigenschaften an.

3 Bild 8 zeigt zwei Möglichkeiten, wie man Limonade mit einem Indikator prüfen kann.

Welche Möglichkeit ist die günstigere? Begründe deine Meinung.

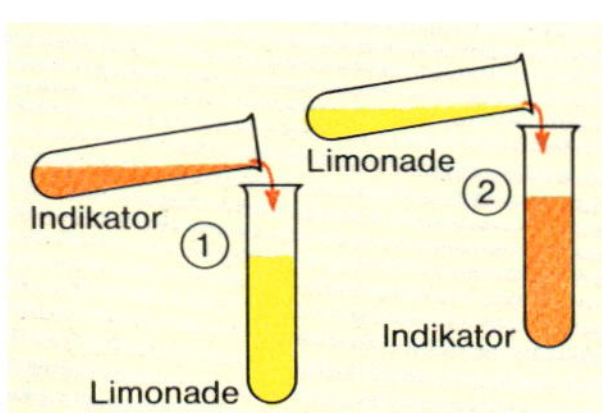

8

4 Gib Vor- und Nachteile der verschiedenen Möglichkeiten zur Bestimmung des pH-Wertes an.

5 Junge Blüten der Platterbse sind rot; sie werden kurz vor dem Verblühen blau. Wenn man die blauen Blüten auf einen Ameisenhaufen wirft, bekommen sie rote Tupfen. Versuche diese Erscheinung zu erklären.

6 Mit Hilfe von Säuren kann man kleine Mengen verschiedener Gase herstellen. Nenne zwei Möglichkeiten.

7 Hier wurden einige Stoffe so angeordnet, dass alle Stoffe einer Spalte dieselbe Säure enthalten:

?	?	?	?
Erdbeeren Zitronen Ananas	Joghurt Saure Gurken Grünfutter beim Gären	Gift der Ameisen Brennnesseln Gift der Bienen	Traubensaft Löwenzahn Vogelbeeren

Ordne jeder Spalte eine der folgenden Säuren zu: Ameisensäure, Milchsäure, Weinsäure, Zitronensäure. (Ein Stoff in jeder Spalte erleichtert dir die Zuordnung.)

8 Aus einem Buch über Pflanzenkunde: „Der Rhabarber verdankt seine erfrischende Wirkung dem hohen Gehalt an Fruchtsäuren. Die höchsten Zitronen- und Apfelsäurewerte liefern die grünfleischigen Sorten. Die Blätter sind allerdings aufgrund ihres hohen Anteils an Oxalsäure giftig und dürfen nicht verzehrt werden.“ Was erfährst du hier über Säuren?

1964R

Aus Umwelt und Technik: **Säuren im Haushalt**

Aus der Werbung für einen Spezialreiniger:

Dieser Spezialreiniger ist ein saurer Reiniger, der wenig schäumt, angenehm riecht und durch ausgesuchte Bestandteile mild und doch kraftvoll reinigt.

Das Entfernen von Kalk- und Schmutzablagerungen, leichten Zementschleiern, Rost, Wasserflecken usw. ist mit diesem Spezialreiniger kein Problem mehr.

Säureempfindliche Oberflächen (z. B. aus Email oder Marmor) mit stark verdünntem Spezialreiniger und nur kurz behandeln. Im Zweifelsfall immer erst an unauffälliger Stelle ausprobieren.

1

In diesem Spezialreiniger wirkt eine Säure. Sie reagiert mit dem Kalk und es entsteht ein wasserlöslicher Stoff.

Genauso ist es bei Mitteln zum **Entkalken** von Geräten, die mit heißem Wasser in Berührung kommen: Heißwassergeräte, Kaffeemaschinen, Eierkocher, Tauchsieder oder Einsätze von Wasserhähnen. Da es hier nur auf die saure Wirkung des Mittels ankommt, kann man in den meisten Fällen auch einfach Essig verwenden.

Eine Kaffeemaschine kann man z. B. *so* reinigen: Man gibt einen Teelöffel Essigessenz in einen halben Liter Wasser und lässt diese Flüssigkeit zweimal durch die Maschine laufen – so wie das Wasser bei der Kaffeezubereitung. Dann lässt man noch zweimal frisches Wasser zum Nachspülen durchlaufen.

Käufliche Mittel zum Entkalken enthalten heute kaum noch reine Säuren. Bei ihnen sind oftmals verschiedene Säuren miteinander vermischt, damit sie ihre Aufgabe möglichst gut erfüllen können.

Wichtig ist dabei auch, dass durch die Wahl geeigneter Säuren unerwünschte Nebenwirkungen vermieden werden. So soll zum Beispiel das Entweichen schädlicher Dämpfe verhindert werden. Auch soll der Entkalker zwar kräftig den Kalk lösen, die Metallteile darunter aber möglichst nicht angreifen.

Aus Umwelt und Technik: **Säuren haben „mehrere Gesichter"**

Säuren können lebensgefährliche Gifte oder angenehme Erfrischungen sein. Hier lernst du deshalb einige ihrer Eigenschaften kennen.

Eine Säure kann reizend oder ätzend sein. Diese Eigenschaften werden mit den entsprechenden Symbolen (Bilder 2 u. 3) gekennzeichnet.

2

3

„Reizend" bedeutet, dass auf der Haut Rötungen auftreten und es zu Schorfbildung kommt. Bei einer „ätzenden" Wirkung wird die Haut nicht nur oberflächlich zerstört; auch tiefer liegende Gewebeschichten werden in Mitleidenschaft gezogen. Beim Umgang mit Säuren ist also stets größte Vorsicht geboten.

Ein Säure wirkt in konzentrierter Form anders als in verdünnter. Beispielsweise ist reine, 100%ige Essigsäure stark ätzend und verursacht Blasen auf der Haut. Die verdünnte, 5%ige Essigsäure dient uns dagegen als Speiseessig.

Es gibt stark wirkende und schwach wirkende Säuren. Schwefelsäure wirkt selbst in starker Verdünnung noch ätzend. Die saure Wirkung der Kohlensäure ist dagegen immer sehr gering.

Es gibt giftige und ungiftige Säuren. So gehört z. B. die Blausäure zu den gefährlichsten Giften, die es gibt; sie wirkt tödlich. Ascorbinsäure – das Vitamin C – ist dagegen sogar lebensnotwendig.

Im Haushalt werden fast nur verdünnte Säuren verwendet. Trotzdem sind z. B. Essigessenz oder die Ameisensäure aus Entkalkungsmitteln noch so stark ätzend, dass ein versehentlicher Schluck lebensgefährlich ist.

In der folgenden Übersicht sind Säuren aufgeführt, die uns in unserer Umwelt häufiger begegnen können.

Die Säure ist ...	Name der Säure	Beispiele für die Verwendung
als reizend oder ätzend gekennzeichnet	Schwefelsäure	in Autobatterien; zur Herstellung und Reinigung von Chemikalien
	Salpetersäure	zur Herstellung von Düngemitteln und Sprengstoffen
als reizend oder ätzend oder gar nicht gekennzeichnet	Salzsäure	Lötwasser; Entkalker; zum Ätzen von Metallen
	Phosphorsäure	zur Herstellung von Düngemitteln; als Säuerungsmittel in Colagetränken
	Essigsäure	Konservierungsmittel; Speiseessig
nicht gekennzeichnet	Zitronensäure	in Brausepulvern (verdünnt); zum Entrosten und zur Tintenfleckentfernung
	Kohlensäure	in Erfrischungsgetränken

8175R

Um die Wirkung einer Säure beurteilen zu können, muss man wissen, um welche Säure es sich handelt und ob sie verdünnt oder unverdünnt vorliegt.

Das wiederum hängt vom Wasseranteil in der Säure ab. Enthält sie ganz wenig oder gar kein Wasser, ist die Säure unverdünnt. Man sagt: Sie ist *konzentriert* (franz. *concentrer:* anreichern). Wenn der Wasseranteil groß ist, sagt man: Die Säure ist *verdünnt*.

Die **Konzentration** einer Lösung kann auf unterschiedliche Weise beschrieben werden. In der Regel gibt man den Massenanteil (in g) oder den Volumenanteil (in ml) des gelösten Stoffes der gesamten Lösung an. Daraus resultieren dann die entsprechenden Angaben als *Massenkonzentration* bzw. *Volumenkonzentration*. Beispiel:

Wenn 1 kg einer verdünnten Schwefelsäurelösung 30 g Schwefelsäure enthält, beträgt ihre Massenkonzentration 30 g/kg. Enthält 1 Liter einer verdünnten Schwefelsäurelösung 30 ml konzentrierte Schwefelsäure, so beträgt ihre Volumenkonzentration 30 ml/l.

Je höher der Massenanteil bzw. der Volumenanteil an Säure in 1 l Lösung ist, desto größer ist die Konzentration.

Im alltäglichen Gebrauch wird die Konzentration einer Lösung meist **in Prozent** angegeben. Der Prozentsatz gibt dann Auskunft darüber, wie viel Gramm (g) bzw. wie viel Milliliter (ml) des gelösten Stoffes in **100 ml** der betreffenden Lösung enthalten sind.

4

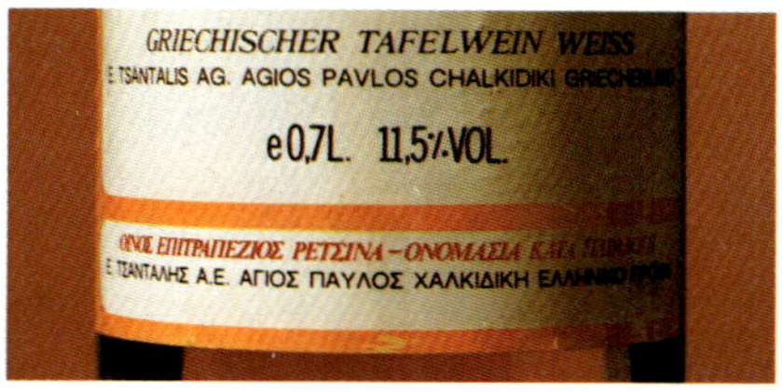

Demzufolge sind in 100 g verdünnter Schwefelsäure der Massenkonzentration 30 g/kg nur 3 g Schwefelsäure vorhanden. Man sagt: Die Lösung ist 3%ig.

Nicht nur bei Säuren ist es üblich, die Konzentration anzugeben. Auch in vielen anderen Bereichen sind Konzentrationsangaben zu finden.

Steht z. B. auf dem Etikett einer Weinflasche 11,5 %Vol. (Bild 4), so heißt das: In dieser Flasche sind 11,5 ml Alkohol in 100 ml Wein enthalten. Der Zusatz „Vol." hinter dem %-Zeichen sagt aus, dass es *Volumenprozent* sind.

Durch eine ständige Verfeinerung der Messmethoden ist es heute möglich, sehr geringe Konzentrationen genau zu bestimmen. Das ist z. B. für Schadstoffmessungen im Wasser und in der Luft sehr wichtig.

Aus Umwelt und Technik: **Vorsicht beim Umgang mit Säuren!**

Tödliche Verwechslung

Eine 87 Jahre alte Patientin eines Flensburger Krankenhauses ist an einer essigsäurehaltigen Flüssigkeit, die sie aus einer Mineralwasserflasche getrunken hatte, gestorben.

Eine 78-Jährige, die ebenfalls davon trank, erlitt lebensgefährliche Verätzungen. Das teilte ein Sprecher der Mordkommission am vergangenen Mittwoch in Flensburg mit.

In der auf dem Zimmer der beiden Patientinnen sichergestellten Wasserflasche habe sich nicht Mineralwasser befunden. Eine erste Analyse ergab, dass sich eine unter anderem aus Essigsäure bestehende klare Flüssigkeit in der Flasche befand. Diese werde bei verschiedenen chemischen Verfahren und auch für Reinigungszwecke benutzt. Wasserflaschen werden routinemäßig voll und verschlossen vom Klinikpersonal auf die Zimmer gebracht, hieß es.

Salzsäure in Flüsse gelaufen

Nach einem Unfall in einer Einbecker Teppichfabrik sind 3000 Liter Salzsäure in drei Flüsse gelaufen. Wie die Polizei am Mittwoch erklärte, war in der Fabrik ein Abfüllschlauch geplatzt: 32-prozentige Salzsäure lief aus und gelangte über die Kanalisation in die Flüsse Krummes Wasser, Ilme und Leine.

Die entstandene Gewässerverschmutzung verursachte ein Fischsterben von bisher nicht feststellbarem Ausmaß. Die Teppichfabrik und die Einbecker Feuerwehr leiteten sofort Säurebindemittel und Frischwasser in die Flüsse. Gegen den Verursacher wird zur Zeit ermittelt.

Giftige Dämpfe entwickelten sich gestern bei einem Verkehrsunfall auf der Autobahn 49 in der Nähe von Kassel. Ein mit Ameisensäure beladener Anhänger eines Lastwagens war aus ungeklärter Ursache umgestürzt. Wie die Polizei berichtete, entwickelten sich die Dämpfe beim Kontakt der pulverisierten, in 400 Säcke verpackten Ameisensäure mit dem Regen. Vier Polizisten mussten mit Atembeschwerden, Sehstörungen und Übelkeit zur ambulanten Behandlung ins Krankenhaus gebracht werden.

Explosion in Chemie-Stunde 15-Jähriger schwer verletzt

Ein 15-jähriger Junge aus Buchholz bei Hamburg, der bei einem Chemie-Experiment in einer Grund- und Hauptschule in Buchholz bei Hamburg schwer verletzt wurde, liegt immer noch auf der Intensivstation des Krankenhauses Harburg.

Seine sieben leicht verletzten Klassenkameraden konnten nach ambulanter Behandlung entlassen werden.

Die 15 und 16 Jahre alten Kinder hatten in der Buchholzer Waldschule beobachtet, wie ihr Lehrer eine Substanz aus Salzsäure und Zink in einem Erlenmeyerkolben erhitzte. Aus noch ungeklärter Ursache entstand dabei in dem Glaskolben ein so starker Überdruck, dass das Gerät platzte. Von den umherfliegenden Glassplittern wurden die Schüler verletzt.

Säure-Anschlag auf Dürer-Bilder

Einen Schaden von unschätzbarer Höhe hat ein 51-jähriger Mann durch einen Säure-Anschlag auf drei Werke Albrecht Dürers (1471–1528) gestern in der Münchner Alten Pinakothek verursacht.

Der Täter, der bereits im Januar 1979 wegen Säure-Anschlägen auf Kunstwerke zwischen März und Oktober 1977 vom Hamburger Landgericht zu fünf Jahren Freiheitsstrafe verurteilt worden war, wurde von Polizeibeamten am Tatort festgenommen. Restauratoren begannen an Ort und Stelle sofort damit, die auf Holz gemalten Bilder vor einer weiteren Beschädigung durch Säurefraß zu schützen.

Gegen 10.00 Uhr zog der Mann, der an der Garderobe seinen Mantel abgegeben hatte, zwei Fläschchen aus der Brusttasche seines Jacketts. Sie enthielten Schwefelsäure, die der 51-Jährige auf die Holztafeln schüttete. „Es ging so schnell, dass niemand etwas dagegen tun konnte", hieß es in der Pinakothek. Auch ein Aufseher, der den Anschlag bemerkte, habe nicht eingreifen können, da er sonst selbst Säure abbekommen hätte.

Säuren und ihre Eigenschaften

1 Salzsäure – eine Lösung von Chlorwasserstoffgas in Wasser

In Bild 1 siehst du, wie Wasserstoff in Chlor verbrannt wird. Dabei entsteht *Chlorwasserstoff.*

Leider lässt sich das Reaktionsprodukt nur schlecht untersuchen. Wie ist z. B. seine *Löslichkeit*?

1

V 1 Bild 2 zeigt, wie man größere Mengen an *Chlorwasserstoff* C herstellen kann (Schutzbrille!).

Alle Glasgeräte müssen trocken sein. Die Öffnung des Trichters endet *über* der Wasseroberfläche. Dabei darf der Trichter nicht nass werden!

a) Was kannst du im Rundkolben und im Becherglas beobachten?

b) Welchen Geruch stellst du nach kurzer Zeit fest?

c) Halte ein Stück feuchtes Indikatorpapier möglichst dicht an die Öffnung des Trichters.

V 2 Wir prüfen den pH-Wert der Lösung im Becherglas. Wie reagiert sie? Wie ist ihre elektrische Leitfähigkeit (Lämpchen: 4 V/0,04 A) und ihr Verhalten gegenüber Metallen?

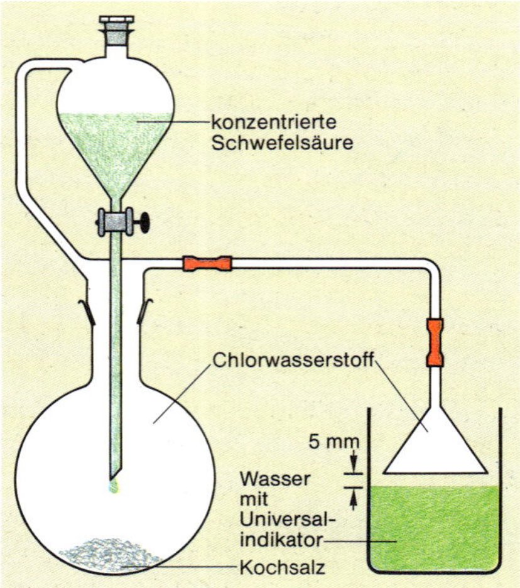

2

V 3 *(Lehrerversuch)* Zwei Glaskolben werden mit Chlorwasserstoff C gefüllt und verschlossen.

a) Der Versuch wird nach Bild 3 aufgebaut. Was geschieht, wenn man das Glasrohr ins Wasser taucht?

b) Wir befestigen eine Lage feuchtes Filterpapier mit einem Gummiring am Flüssigkeitsbehälter eines Thermometers (Bild 4). Dann führen wir das Thermometer in den anderen Kolben ein. Lies an der Skala ab.

c) Was sagen die beiden Teilversuche über die Reaktion von Chlorwasserstoff mit Wasser aus?

V 4 In einem Reagenzglas befindet sich nur ca. 1 cm hoch konzentrierte Salzsäure C (Stativ, Schutzbrille!).

a) Wie verändert sich ein angefeuchtetes Stück Indikatorpapier, das direkt über die Reagenzglasöffnung gehalten wird?

b) Der Versuch wird so wie in Bild 5 ergänzt und die Salzsäure etwas erwärmt. Was zeigt der Universalindikator an, wenn er nach 2 Minuten in das Wasser gegeben wird?

V 5 Den Versuch nach Bild 2 bauen wir noch einmal auf, nehmen jetzt aber ein längeres Winkelröhrchen. Anstelle des Wassers füllen wir etwa 2 cm hoch Aceton F aus der Schulsammlung in das Becherglas.

a) Prüfe das Aceton nach kurzer Zeit mit Indikatorpapier. Stelle fest, ob es den elektrischen Strom leitet.

b) Wir schütten nun etwas Wasser in das Aceton. Was beobachtest du?

Versuche deine Beobachtung zu erklären.

c) Was kannst du zur Löslichkeit von Chlorwasserstoff in Aceton sagen?

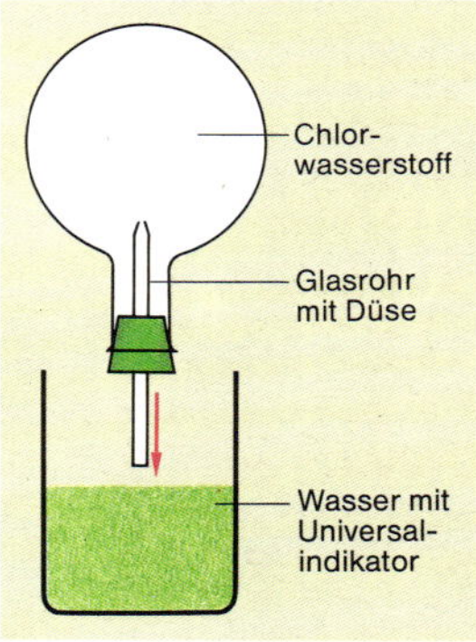

3

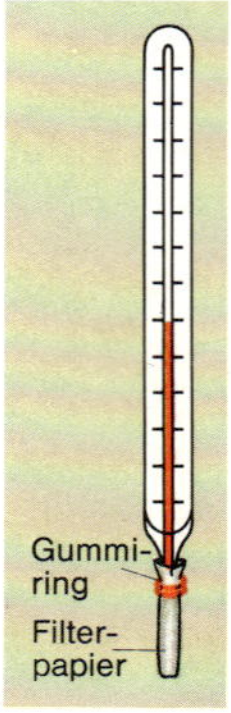

4

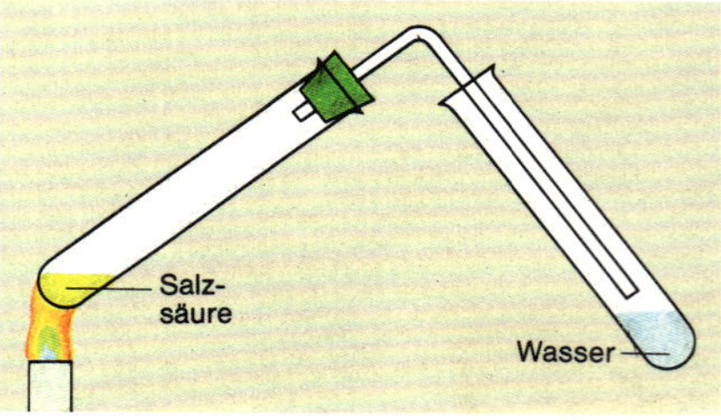

5

6523R

Die Zusammensetzung der Salzsäure

Chlorwasserstoff (auch *Wasserstoffchlorid* oder *Hydrogenchlorid* genannt) löst sich sehr gut in Wasser: Bei 20 °C lösen sich 442 Liter Chlorwasserstoff in 1 Liter Wasser. Die entstehende Lösung reagiert stark sauer; es ist **Salzsäure**.

Die Salzsäure leitet den elektrischen Strom; sie muss also **Ionen** enthalten.

Der schwedische Chemiker *Svante Arrhenius* nahm 1884 an, dass die Chlorwasserstoffmoleküle beim Lösen in Wasser in Wasserstoff-Ionen und Chlorid-Ionen zerfallen. Diesen Vorgang bezeichnet man als **Dissoziation** (lat. *dis:* auseinander; *socius:* Gefährte). Er kann durch die folgende Reaktionsgleichung (auch *Dissoziationsgleichung* genannt) angegeben werden.

$HCl \rightarrow H^+ + Cl^-$

Da die Lösung von Chlorwasserstoff in Wasser andere Eigenschaften hat als eine Chloridlösung, die ebenfalls Chlorid-Ionen enthält, zog Arrhenius den Schluss, dass die saure Reaktion der Chlorwasserstofflösung durch die Wasserstoff-Ionen bewirkt werden muss.

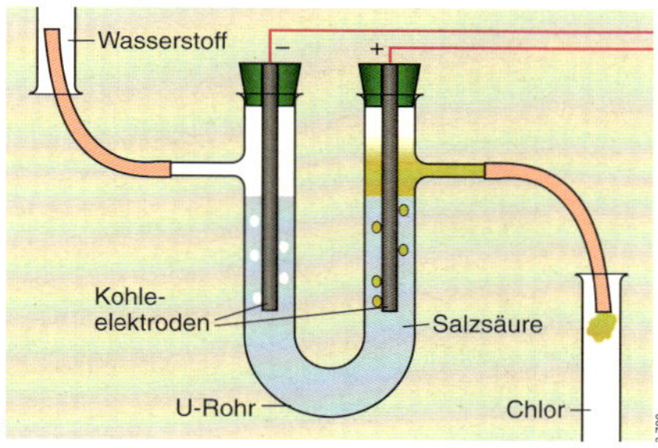

6

Wasserstoff-Ionen sind aber *Protonen* und in einer Lösung nicht beständig. Sie lagern sich an Wassermoleküle an.

Außerdem sind die Ionen immer von Wassermolekülen umlagert. Das kann man durch den Zusatz *aq* (lat. *aqua:* das Wasser) und die Schreibweise H^+ (aq) beziehungsweise Cl^- (aq) angeben.

Fragen und Aufgaben zum Text

1 Feuchtes Indikatorpapier wird über Salzsäure rot, trockenes nicht. Erkläre!

2 Unterscheide Salz*lösung* von Salz*säure*. Welche Teilchen liegen vor?

3 In Bild 6 wird die Leitfähigkeit von Salzsäure (mit Gleichstrom) geprüft. Wie ist das Ergebnis zu erklären?

Die Bildung von Salzsäure genauer betrachtet

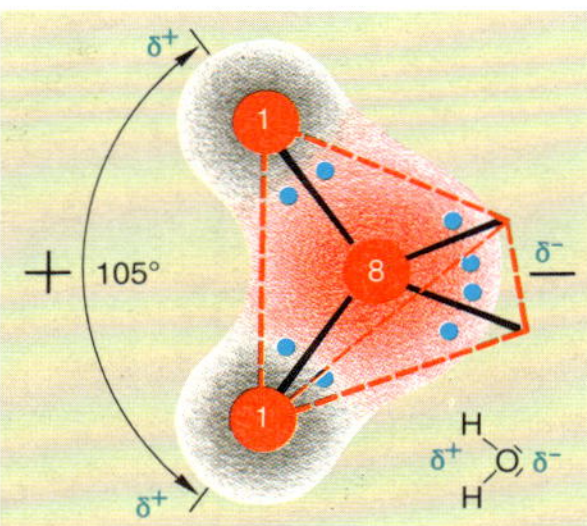

7

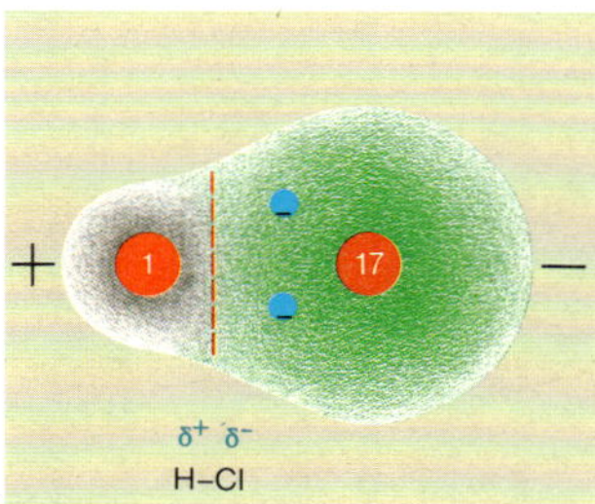

8

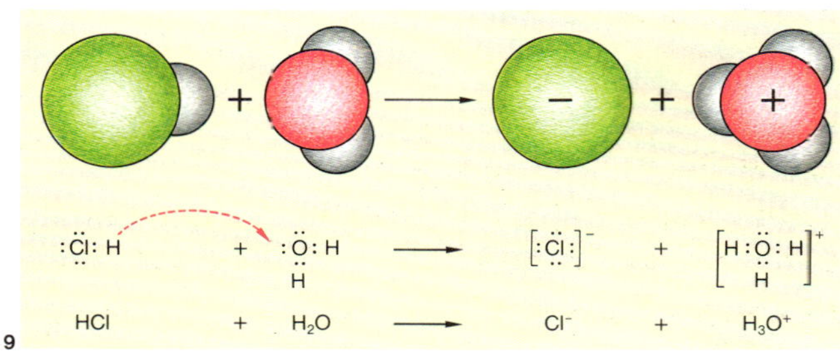

9

Wenn wir unser Wissen über den Bau von Wassermolekülen (Bild 7) und von Chlorwasserstoffmolekülen (Bild 8) anwenden, können wir die Bildung von Salzsäure genauer beschreiben.

In den Molekülen des Wassers sowie des Chlorwasserstoffs liegt jeweils **polare Elektronenpaarbindung** vor. Beide Moleküle sind **Dipole**.

Wenn sich nun Chlorwasserstoff in Wasser löst, zieht der negative Pol eines Wassermoleküls jeweils den positiven Pol eines Chlorwasserstoffmoleküls an. Der starke Dipolcharakter der beiden Moleküle bewirkt, dass von dem Chlorwasserstoffmolekül ein **Proton (Wasserstoff-Ion)** auf ein Wassermolekül übertragen wird. (Elektronen sind dabei nicht beteiligt.)

Das Proton lagert sich an ein nichtbindendes Elektronenpaar des Wassermoleküls an (Bild 9): Es entsteht ein *hydratisiertes Proton*. Dieses wird **Oxonium-Ion** genannt (früher auch *Hydronium-Ion*) und als H_3O^+ dargestellt.

Am Oxonium-Ion lagern sich aufgrund von Ion-Dipol-Wechselwirkungen noch weitere Wassermoleküle an.

Vom Chlorwasserstoffmolekül bleibt ein **Chlorid-Ion** übrig. Auch dieses umgibt sich mit Wassermolekülen. Sie weisen mit ihren elektrisch positiven Enden zum Chlorid-Ion hin. Das bezeichnet man als *Hydratisierung* (oder *Hydratation*) der Ionen.

Salzsäure ist also ein Gemisch aus Wassermolekülen, Oxonium-Ionen und Chlorid-Ionen.

Die Ionen bewirken die elektrische Leitfähigkeit der Salzsäure. Die Oxonium-Ionen bewirken außerdem die saure Reaktion der Lösung.

Nach einem Vorschlag des dänischen Chemikers *Johannes Nicolaus Brönsted* (1879–1947) gilt:

Chemische Reaktionen mit Protonenübertragung nennt man *Säure-Base-Reaktionen* oder *Protolysen*.

Teilchen, die *Protonen abgeben* können, heißen *Säuren*, Teilchen, die *Protonen aufnehmen* können, *Basen*.

Demnach ist das Chlorwasserstoffmolekül bei dieser Reaktion eine Säure, das Wassermolekül eine Base. Man sagt: Das Chlorwasserstoffmolekül reagiert hier als **Protonenspender** (in der Fachsprache: *Protonendonator*), das Wassermolekül als **Protonenempfänger** *(Protonenakzeptor)*.

Bei einer solchen *Reaktion mit Protonenübertragung* (Säure-Base-Reaktion) geschieht immer Folgendes: Ein Teilchen (die Säure) gibt ein Proton ab, ein anderes (die Base) nimmt dieses Proton auf.

Freie Protonen sind in einer Lösung nicht beständig: Ein Teilchen kann nur dann ein Proton abgeben, wenn ein anderes Teilchen dieses Proton aufnimmt.

Fragen und Aufgaben zum Text

1 Schreibe zwei Reaktionsgleichungen für die Reaktion von Chlorwasserstoff mit Wasser auf – in ausführlicher und in verkürzter Form. Vergleiche!

2 Welche Teilchen liegen in Chlorwasserstoff vor, welche in der Salzsäure?

3 Wenn man Chlorwasserstoff in andere Lösemittel als Wasser leitet (z. B. in Aceton, Benzin), tritt keine saure Reaktion auf. Was schließt du daraus?

Aus Umwelt und Technik: **Handelsformen und Verwendung der Salzsäure**

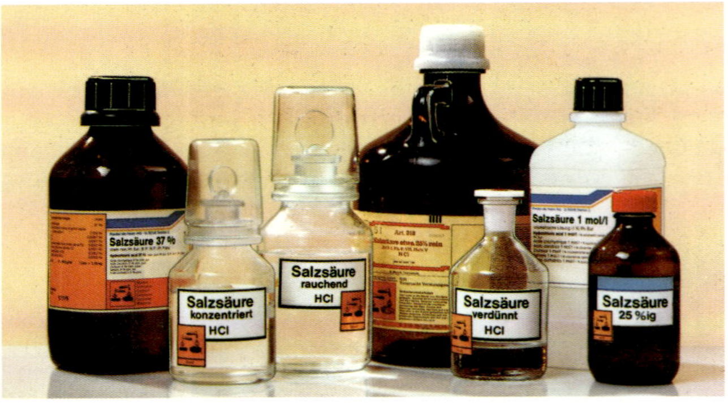

1

R 34: Verursacht Verätzungen.
R 37: Reizt die Atmungsorgane.

S 2: Darf nicht in die Hände von Kindern gelangen.
S 26: Bei Berührung mit den Augen gründlich mit Wasser abspülen und Arzt konsultieren.

2

Auf den Etiketten von Bild 1 erkennst du, dass es Salzsäure in verschiedenen Konzentrationen gibt. Für Versuche im Unterricht oder im Labor wird die Säure in anderen Konzentrationen verwendet als in der Industrie.

Beim Umgang mit dieser Säure sind die *Gefahrenhinweise* und *Sicherheitsratschläge* auf den Flaschenetiketten (ein Beispiel zeigt Bild 2) besonders zu beachten!

Du weißt, dass Salzsäure durch Reaktion von *Chlorwasserstoff* mit Wasser entsteht. In Deutschland wurden Mitte der 90er Jahre ca. 900 000 t Chlorwasserstoff hergestellt. Der größte Teil wird in der chemischen Industrie verbraucht, der Rest kommt als *Salzsäure* in den Handel.

Die wichtigsten **Handelsformen** sind die „Salzsäure chemisch rein" und die „Salzsäure fast chemisch rein".

Die *chemisch reine* Salzsäure (37–38%ig) wird auch *rauchende* oder *konzentrierte* Salzsäure genannt. Sie wird nur für spezielle Zwecke verwendet (z. B. in der Lebensmittelindustrie, im Labor und in der Elektronik)

Die Verwendung der *fast chemisch reinen* Salzsäure (30–32%ige) ist viel umfangreicher. Einen Überblick über die **Verwendung** der Salzsäure zeigt Bild 3.

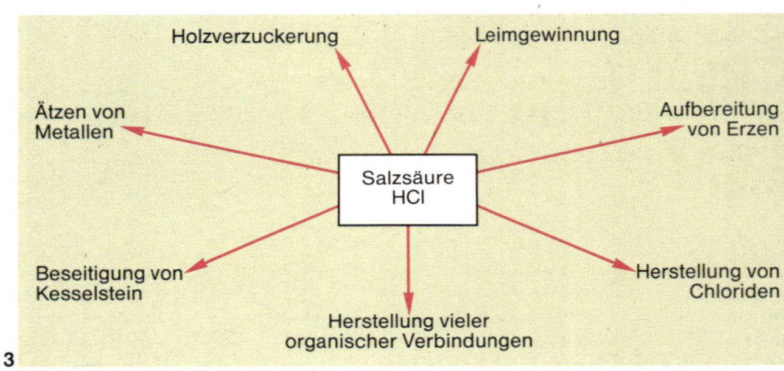

3

Aus Umwelt und Technik: **Salzsäure im Magen**

Aus einem Polizeibericht: „Die gerichtsmedizinische Untersuchung des Magens hat ergeben, dass der Tod 5–6 Stunden vor Auffinden der Leiche eingetreten sein muss." Wie konnte der Gerichtsmediziner das feststellen?

Der Magensaft enthält 0,5 % Salzsäure, die zwei wichtige Aufgaben im Magen zu erfüllen hat:

Zum einen tötet die Salzsäure die Bakterien ab, die wir ständig mit unserer Nahrung aufnehmen. Deshalb können Nahrungsmittel im Magen nicht gären oder faulen – auch nicht, wenn sie längere Zeit darin liegen.

Zum anderen spielt die Salzsäure eine wichtige Rolle bei der Verdauung: Im Magensaft befindet sich nämlich ein Stoff, der die Verdauung von Eiweißstoffen (z. B. in Fleisch oder Fisch) einleitet. Dieser Stoff wird aber nur in einer sauren Umgebung wirksam. Die Salzsäure im Magen stellt diese saure Umgebung her.

Weshalb wird aber der Magen selbst nicht angegriffen und wie anderes Fleisch verdaut?

Die Magenwand ist durch einen besonderen Schleim geschützt. Wenn dieser Magenschleim an einer Stelle fehlt (z. B. durch ungenügende Durchblutung der Magenwand), wird der Magen tatsächlich an dieser Stelle angegriffen. Es entsteht ein Magengeschwür.

Wenn der Tod eintritt, verliert die Magenwand ihren Schutz und wird nun ebenfalls vom Magensaft verdaut. Daraus, wie weit diese Verdauung fortgeschritten ist, kann der Gerichtsmediziner auf den Zeitpunkt des Todes schließen.

Auch das lästige *Sodbrennen* geht auf die Säure im Magen zurück. Wenn die Salzsäure einmal vom Magen her in die Speiseröhre gelangt, greift sie dort die empfindliche, nicht geschützte Schleimhaut an.

Der brennende Schmerz in der Speiseröhre entsteht also schon durch 0,5%ige Salzsäure. Du kannst dir jetzt sicher vorstellen, welche Auswirkungen ein versehentlicher Schluck einer stärker konzentrierten Säure hat!

2308R

2 Eigenschaften und Verwendung der Schwefelsäure

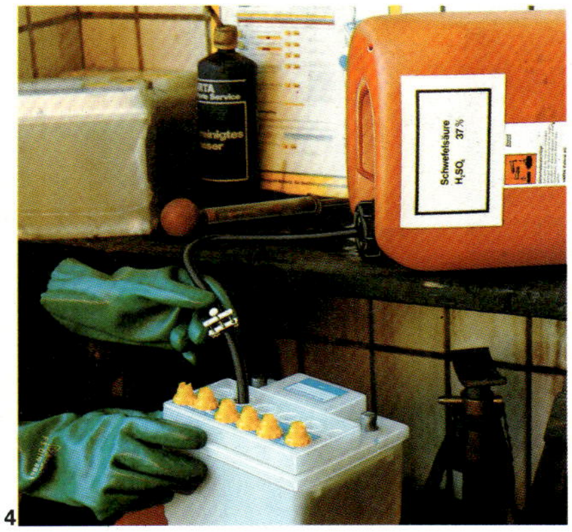
4

In Bild 4 siehst du die wohl einzige Möglichkeit, bei der du die Verwendung von Schwefelsäure direkt beobachten könntest: in einer Tankstelle. Hier gießt der Tankwart verdünnte Schwefelsäure in eine neue Autobatterie.

Was du nicht beobachten kannst: Die Schwefelsäure wird zur Herstellung neuer Stoffe (z. B. andere Säuren, Düngemittel) und zur Reinigung von Stoffen (z. B. Altöl) verwendet. Sie gehört zu den wichtigsten Säuren für die chemische Industrie.

Sicherheitsmaßnahmen, die beim Umgang mit konzentrierter Schwefelsäure unbedingt beachtet werden müssen: Schutzscheibe, Schutzkleidung, Schutzbrille.

V 6 Wir prüfen, ob eine verdünnte Schwefelsäure [Xi] den elektrischen Strom leitet.

V 7 Bariumchloridlösung ist ein Nachweismittel für die Sulfat-Ionen (SO_4^{2-}-Ionen) der Schwefelsäure.

Wir stellen zunächst eine verdünnte Lösung von Bariumchlorid her. Dazu lösen wir 1 Spatel Bariumchlorid [Xn] in ca. 20 ml destilliertem Wasser auf.

Dann füllen wir ein Reagenzglas ca. 3 cm hoch mit dieser Bariumchloridlösung und tropfen nach und nach ein wenig verdünnte Schwefelsäure [Xi] dazu (Bild 5). Wenn sich ein weißer Niederschlag bildet, sind Sulfat-Ionen vorhanden.

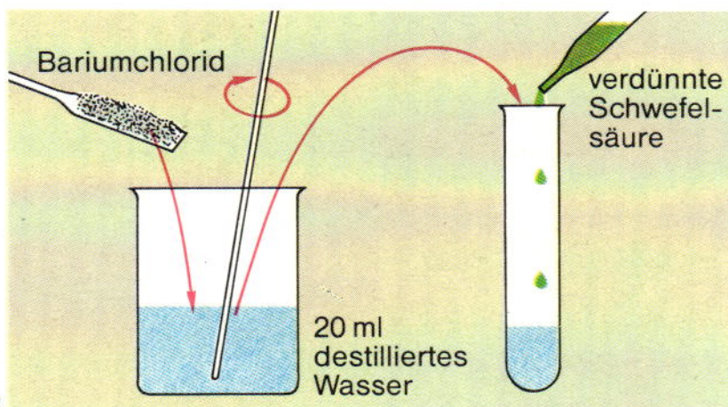

5

V 8 Wir füllen vier Reagenzgläser jeweils etwa 3 cm hoch mit verdünnter Schwefelsäure [Xi]. Wie reagieren Späne von Magnesium [F], Zink [F], Eisen und Kupfer darin?

Beobachte eine Zeit lang und beschreibe.

Eigenschaften der verdünnten Schwefelsäure

Eine Lösung von Schwefelsäure in Wasser (verdünnte Schwefelsäure) zeigt alle Reaktionen einer sauren Lösung; sie muss also Ionen enthalten.

Beim Verdünnen von konzentrierter Schwefelsäure reagieren Schwefelsäuremoleküle mit Wassermolekülen. Dabei werden Protonen von Schwefelsäuremolekülen auf Wassermoleküle übertragen. Je ein Proton lagert sich am freien Elektronenpaar eines Wassermoleküls an. So bilden sich in der Lösung **Oxonium-Ionen** H_3O^+ (Bild 3).

Gleichzeitig entstehen HSO_4^--Ionen; sie heißen **Hydrogensulfat-Ionen**.

Diese Reaktion verläuft stark exotherm; sie führt zu einer plötzlichen Erwärmung der Säurelösung.

Je mehr eine konzentrierte Schwefelsäure verdünnt wird, desto mehr Oxonium-Ionen bilden sich. Ihre steigende Zahl bewirkt eine Verstärkung der Säureeigenschaften der Lösung.

Schwefelsäure leitet deshalb bei sinkender Konzentration (bis ca. 30 %) immer besser den elektrischen Strom. Danach nimmt die Leitfähigkeit wieder ab.

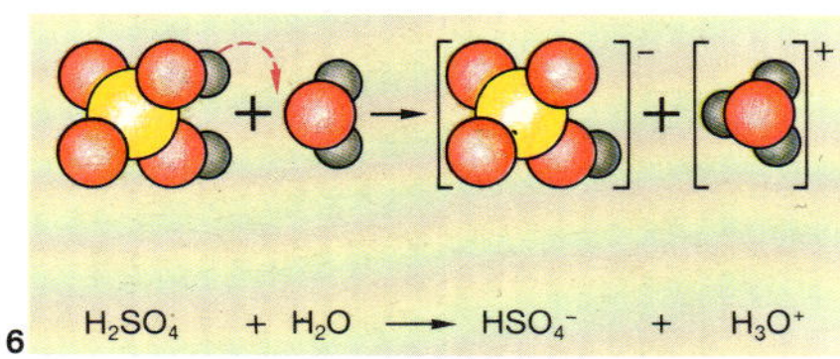

6

Wenn eine etwa 10%ige Schwefelsäure vorliegt, haben fast alle Schwefelsäuremoleküle H_3O^+-Ionen und HSO_4^--Ionen gebildet. Bei weiterer Verdünnung geben nun einige HSO_4^--Ionen jeweils ein weiteres Proton ab.

$$HSO_4^- + H_2O \rightarrow SO_4^{2-} + H_3O^+$$

Die dabei entstehenden SO_4^{2-}-Ionen heißen **Sulfat-Ionen**.

Verdünnte Schwefelsäure enthält also immer Oxonium-Ionen, Hydrogensulfat-Ionen und Sulfat-Ionen. Hydrogensulfat-Ionen und Sulfat-Ionen sind **Säurerest-Ionen** der Schwefelsäure.

Die Sulfat-Ionen können durch eine Reaktion mit Barium-Ionen nachgewiesen werden. Bei Zugabe von Bariumchloridlösung zu verdünnter Schwefelsäure bildet sich ein schwer löslicher, weißer Niederschlag von Bariumsulfat.

$$Ba^{2+} + SO_4^{2-} \rightarrow BaSO_4$$

Verdünnte Schwefelsäure reagiert mit unedlen Metallen, z. B. mit Magnesium.

$$Mg + 2\,H_3O^+ + SO_4^{2-} \rightarrow Mg^{2+} + SO_4^{2-} + H_2 + 2\,H_2O$$

Der entstehende Wasserstoff wird frei. Die Magnesium-Ionen und Sulfat-Ionen bleiben in der Lösung. Beim Eindampfen bilden sich daraus Kristalle von Magnesiumsulfat.

Mit Kupfer und Edelmetallen reagiert verdünnte Schwefelsäure nicht.

Fragen und Aufgaben zum Text

1 Wenn unedle Metalle mit verdünnter Schwefelsäure reagieren, entsteht ein Gas (Bild 1 der nächsten Seite). Plane einen Versuch, bei dem du feststellen kannst, um welches Gas es sich handelt.

2 Welche Ionen befinden sich in einer nur wenig verdünnten Schwefelsäure?

Die Bilder 1–6 zeigen **Ergebnisse von Lehrerversuchen** mit Schwefelsäure.

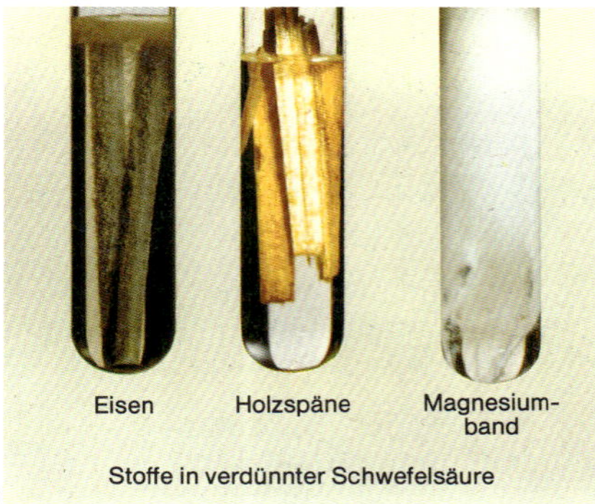

1 Stoffe in verdünnter Schwefelsäure

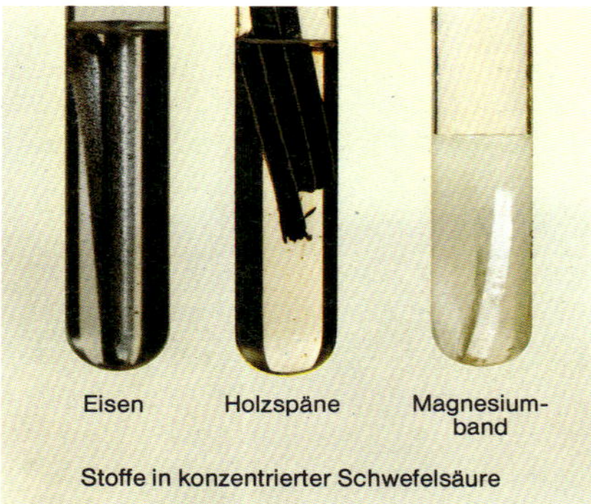

2 Stoffe in konzentrierter Schwefelsäure

3 Stoffe in konzentrierter Schwefelsäure (nach 2 min)

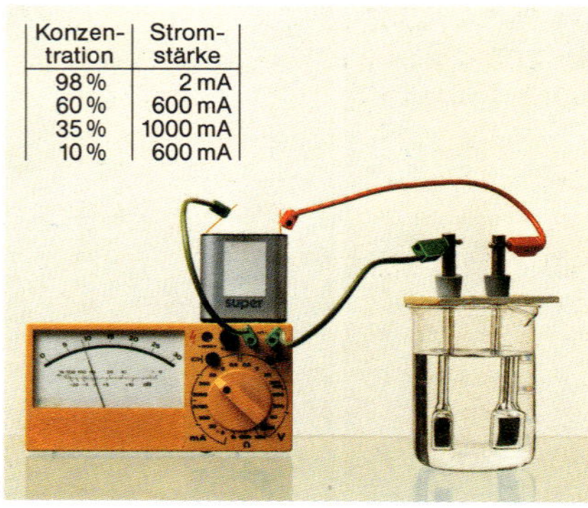

Konzentration	Stromstärke
98 %	2 mA
60 %	600 mA
35 %	1000 mA
10 %	600 mA

4

5

6

Eigenschaften der konzentrierten Schwefelsäure

Reine konzentrierte Schwefelsäure ist eine farblose, geruchlose, ölig fließende Flüssigkeit. Sie hat mit 1,84 g/cm³ fast die doppelte Dichte von Wasser und siedet bei 338 °C.

Konzentrierte Schwefelsäure zeigt die typischen Eigenschaften von sauren Lösungen nur sehr schwach (oder gar nicht) – ganz im Gegensatz zur verdünnten Schwefelsäure.

Wir können daraus schließen, dass konzentrierte Schwefelsäure **keine Ionen**, vor allem keine Oxonium-Ionen H_3O^+, enthält. Schwefelsäure besteht aus Molekülen mit der Formel H_2SO_4 (Bild 7).

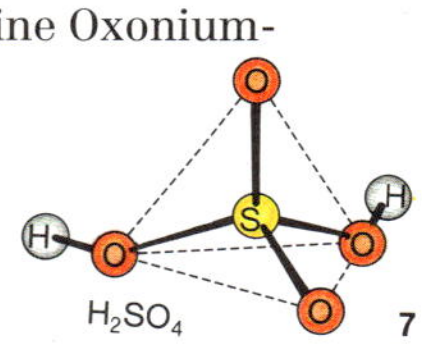

7

Konzentrierte Schwefelsäure nimmt „begierig" Wasser auf; d. h., sie ist stark **hygroskopisch**. Daher verwendet man sie z. B. zum Trocknen von Gasen.

Auch das Verkohlen von Holz, Zucker oder Fleisch hängt damit zusammen. Diese Stoffe sind Verbindungen aus Kohlenstoff, Wasserstoff und Sauerstoff. Die Schwefelsäure zersetzt diese Verbindungen: Aus Wasserstoff und Sauerstoff entsteht Wasser, das die Säure an sich reißt; Kohlenstoff bleibt zurück. Bei der Reaktion wird Wärme frei.

Konzentrierte Schwefelsäure ruft auf der Haut schmerzhafte, schlecht heilende Verätzungen und Verbrennungen hervor. Deshalb sind beim Umgang mit dieser Säure größte Vorsicht und Schutzkleidung erforderlich. (Solche Vorsichtsmaßnahmen gelten auch für andere stark wirkende Säuren.)

Eine hohe Unfallgefahr besteht beim Verdünnen der Schwefelsäure: Wenn sie mit Wasser vermischt wird, erwärmt sie sich sehr stark. Dabei können Wasser und Säure aus dem Gefäß spritzen.

Deshalb beim Verdünnen der Schwefelsäure die Säure langsam in Wasser gießen, dabei stets umrühren und die Temperatur beobachten (Bild 8)! Niemals Wasser in die Säure gießen!

Merke: *Erst das Wasser, dann die Säure – sonst geschieht das Ungeheure!*

Fragen und Aufgaben zum Text

1 Notiere zu den Bildpaaren 1/2 und 5/6 jeweils eine Eigenschaft der Schwefelsäure.

2 Konzentrierte Schwefelsäure lagert und transportiert man häufig in eisernen Behältern. Warum geht das nur bei der konzentrierten Schwefelsäure?

3 Welche Stoffe werden von konzentrierter Schwefelsäure stärker angegriffen als von verdünnter?

4 Was entsteht, wenn Schwefelsäure auf organische Stoffe einwirkt?

5 Welche Ionen befinden sich in der konzentrierten Schwefelsäure?

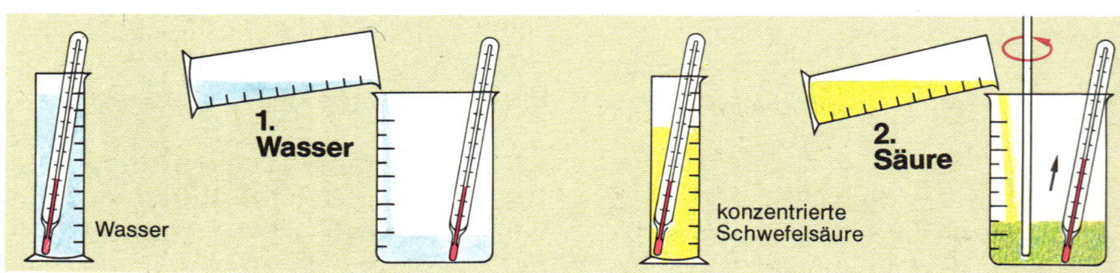

8

8132R

Die wichtigsten Oxide des Schwefels sind Schwefeldioxid und Schwefeltrioxid.

Schwefeldioxid entsteht nicht nur, wenn reiner Schwefel verbrennt. Es bildet sich auch bei der Verbrennung von Kohle, Heizöl und Benzin, da diese Stoffe stets auch geringe Mengen an Schwefelverbindungen enthalten.

Schwefeldioxid ist ein farbloses, stechend riechendes, giftiges Gas. Es ist nicht brennbar und unterhalb von –10 °C flüssig.

Das **Schwefeldioxidmolekül** (Bild 9) ist gewinkelt gebaut; es ist ein Dipol.

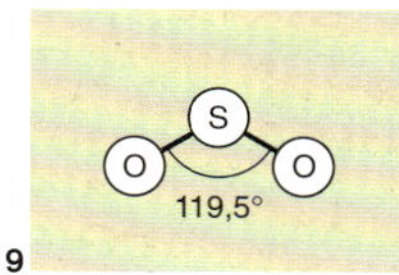

9

In einem Versuch kann man Schwefeldioxid [T] aus *Pyrit* (FeS_2), einem Schwefelerz, oder aus reinem Eisensulfid (FeS) herstellen. Dazu zerreibt man eine kleine Menge Pyrit sehr fein und erhitzt es kräftig auf einem Eisenblech (Abzug!). An dem dabei entstehenden typischen Geruch kann man erkennen, dass sich Schwefeldioxid gebildet hat.

Wenn man in einem weiteren Versuch ein Gemisch aus Schwefeldioxid [T] und Sauerstoff [O] über einen Katalysator leitet (→ den Versuchsaufbau in Bild 11), verbinden sich beide Gase zu **Schwefeltrioxid** [C].

Dazu muss zuerst das Pyrit kräftig erhitzt werden. Der Sauerstoff darf nur sehr langsam durch die Apparatur strömen. Dann wird die Platin-Quarzwolle (oder ein Perlkatalysator) erhitzt, bis sich Schwefeltrioxid (ein weißer Nebel) bildet.

Völlig reines Schwefeltrioxid bildet durchsichtige, eisartige, nadelförmige Kristalle, die bei +16,8 °C schmelzen.

Im **Molekül des Schwefeltrioxids** (Bild 10) befinden sich alle beteiligten Atome in einer Ebene. Im gasförmigen Zustand liegen diese SO_3-Moleküle vor, beim Kondensieren lagern sie sich zu $(SO_3)_3$-Einheiten zusammen.

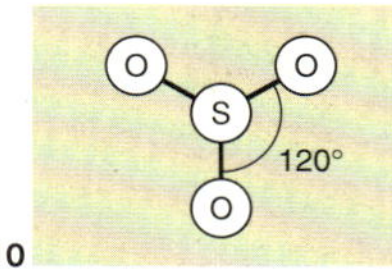

10

Im Versuch nach Bild 11 wird das entstehende *Schwefeltrioxid* etwa 2 Minuten lang durch etwas Wasser geleitet. Wenn man die Flüssigkeit dann mit einem Indikator prüft, zeigt er eine Säure an. Es ist **Schwefelsäure** entstanden.

Wenn man *Schwefeldioxid* in Wasser leitet, entsteht *schweflige Säure*. Sie darf nicht mit der Schwefelsäure verwechselt werden.

Sauerstoffhaltige Säuren wie die Schwefelsäure und die schweflige Säure entstehen bei der Reaktion von Nichtmetalloxiden wie Schwefeltrioxid oder Schwefeldioxid mit Wasser.

$$H_2O + SO_3 \rightarrow H_2SO_4$$
$$H_2O + SO_2 \rightarrow H_2SO_3$$

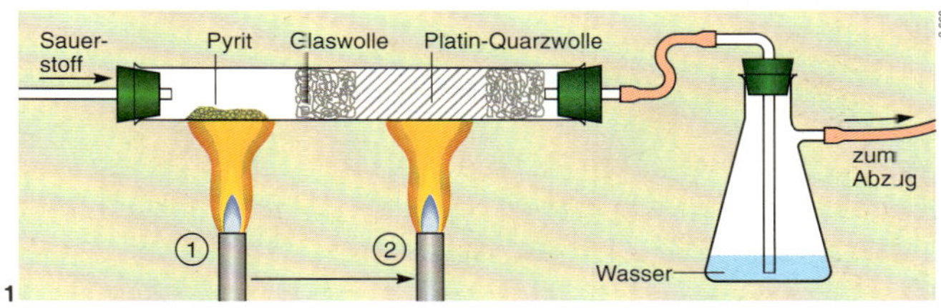

11

Fragen und Aufgaben zum Text

1 Schwefel und Schwefeldioxid reagieren mit Sauerstoff. Schreibe die Reaktionsgleichungen dazu auf.

2 Vergleiche die Moleküle von Schwefeldioxid und Schwefeltrioxid. Was lässt sich über die Wertigkeit des Schwefels in diesen Verbindungen sagen?

3 Vergleiche die Reaktionen von Wasser mit Chlorwasserstoff bzw. mit konzentrierter Schwefelsäure.
Welche Reaktionen laufen dabei zwischen den Teilchen ab?

4 Die Reaktion von konzentrierter Schwefelsäure mit Wasser nennt man *Protolyse*. Was ist damit gemeint?

5 Welchen Vorgang kann man als *Dissoziation* der Schwefelsäure bezeichnen? Beschreibe ihn und stelle die Reaktionsgleichung dazu auf.

Aus Umwelt und Technik: **Schwefelsäure in der Autobatterie**

Ein Auto wird mit Hilfe eines *Anlassers* gestartet. Das ist ein Elektromotor, der den elektrischen Strom aus der Autobatterie, dem *Bleiakkumulator* (Bild 12), bezieht.

In dem Kunststoffgehäuse befinden sich mehrere Bleiplatten. Diese sind entweder positiv oder negativ geladen und abwechselnd angeordnet. Dazwischen befinden sich isolierende Schichten.

Der Akku ist stets mit chemisch reiner, verdünnter **Schwefelsäure** von genau festgelegter Zusammensetzung gefüllt: Auf 740 cm^3 destilliertes Wasser kommen 260 cm^3 konzentrierte Schwefelsäure.

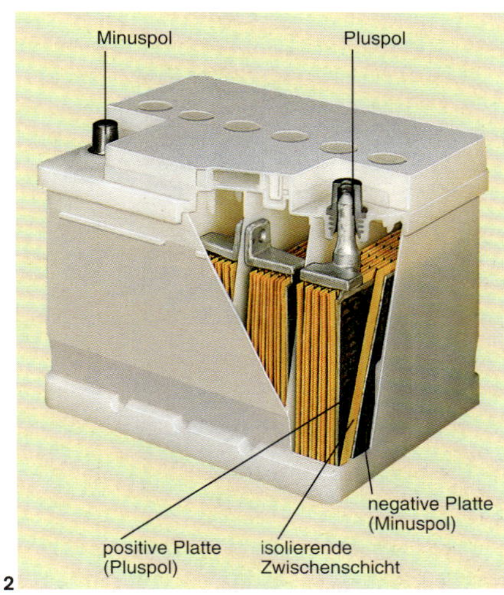

12

Wenn der Akku Strom liefert, wird er nach und nach **entladen**. Dabei verändert sich die *Konzentration* der Schwefelsäure: Ihr Anteil im Wasser wird immer geringer.

Der Akku muss also wieder **nachgeladen** werden. Das geschieht ständig während der Fahrt mit Hilfe der Lichtmaschine. Dabei nimmt die Konzentration der Säure wieder zu.

Moderne Bleiakkus sind meist wartungsfrei. Jedoch sollte bei besonderer Belastung der Säurestand geprüft werden. Wenn die Säure die Platten nicht vollständig bedeckt, muss *destilliertes Wasser* nachgefüllt werden.

3 Die Salpetersäure und ihre Salze

Im Zeitungsausschnitt rechts werden einige Eigenschaften der Salpetersäure genannt. Welche **Vorsichtsmaßnahmen** ergeben sich daraus für das Experimentieren mit Salpetersäure im Unterricht?

Giftige Gaswolke bedrohte Kassel

Giftige Dämpfe von Salpetersäure haben vorübergehend die Bewohner des Kasseler Stadtteils Bettenhausen bedroht. Die Dämpfe waren beim Umfüllen eines Kesselwagens aus einer defekten Absaugvorrichtung entwichen. Die Giftschwaden wurden von Feuerwehrmännern unter Einsatz schwerer Atemschutzgeräte und Säureanzügen mit Wassersprühern bekämpft.

V 9 In konzentrierte Salpetersäure [C] werden nacheinander eine weiße Feder, ein weißer Wollfaden und ein weißer Baumwollfaden eingetaucht (Abzug; Schutzbrille!).

Dann werden Feder und Fäden gründlich mit Wasser ausgewaschen und in verdünnte Natronlauge (bis 5 %) [Xi] getaucht. Beschreibe!

V 10 Wir geben ca. 3 cm hoch Wasser in ein Reagenzglas und einen Tropfen blaue Tinte dazu. Dann wird Salpetersäure [C] hineingetropft.

V 11 *(Lehrerversuch)* Ein sauberes Kupferblech wird in einen Standzylinder mit etwas 25%iger Salpetersäure [C] gegeben (Abzug!). Welche Farbe haben die entstehenden Gase?

V 12 Nun werden vier Reagenzgläser jeweils 2 cm hoch mit verdünnter Salpetersäure (etwa 5 %) gefüllt.

Hinzu kommen kleine Proben von Magnesium, Kupfer, Magnesiumoxid oder Kupferoxid.

Beschreibe und vergleiche die Reaktionen.

V 13 In einem Reagenzglas erhitzen wir kräftig einen Spatel Kaliumnitrat [O]. Wir prüfen das entweichende Gas mit einem glimmenden Holzspan. Was kannst du aus dem Ergebnis schließen?

V 14 *(Lehrerversuch)* Dies ist ein **Nachweis** für Nitrat-Ionen.

Eine Lösung von Eisen(II)-sulfat [Xn] wird im Reagenzglas mit der gleichen Menge Salpetersäure (5 %) gemischt. Dann unterschichtet man die Flüssigkeit mit Schwefelsäure (95 %) [C]. An der Grenzfläche entsteht die typische Farbreaktion (Bild 1).

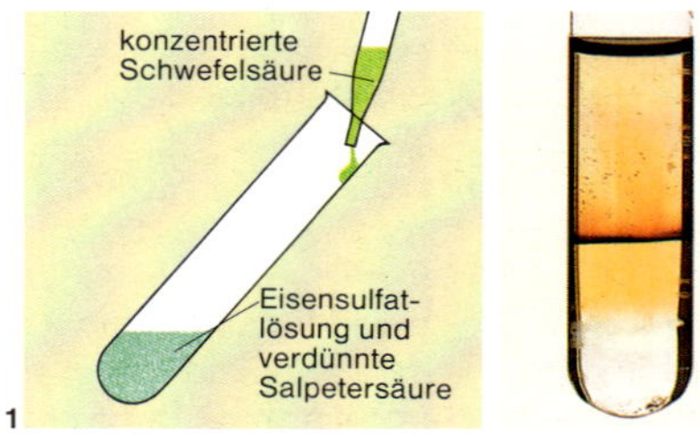

1

Einige Eigenschaften der Salpetersäure

Salpetersäure entsteht, wenn Stickstoffdioxid mit Wasser und Sauerstoff reagiert. $4\,NO_2 + 2\,H_2O + O_2 \rightarrow 4\,HNO_3$

Reine Salpetersäure ist eine farblose, ätzende Flüssigkeit. Wenn man sie bei Tageslicht stehen lässt, zerfällt sie in ihre Ausgangsstoffe. Das so entstehende Stickstoffdioxid löst sich in der Säure und verursacht eine leichte Gelbfärbung.

Wenn Salpetersäure verdünnt wird, entstehen durch Protonenübertragung Oxonium-Ionen und Nitrat-Ionen.

$HNO_3 + H_2O \rightarrow H_3O^+ + NO_3^-$

Die Salpetersäure lässt sich mit Wasser in jedem Verhältnis mischen. Die handelsübliche konzentrierte Säure ist meist 65%ig. Je nach ihrer Konzentration reagiert die Salpetersäure unterschiedlich mit Metallen:

Eine *sehr stark verdünnte* Salpetersäure reagiert mit unedlen Metallen (z. B. Magnesium, Zink; nicht aber mit Kupfer). Dabei wird Wasserstoff frei. Eine solche Reaktion ist dir auch von anderen sauren Lösungen her bekannt.

Je konzentrierter die Salpetersäure ist, desto heftiger reagiert sie mit Kupfer. Aber es finden andere Reaktionen statt als mit verdünnter Salpetersäure. Je konzentrierter die Salpetersäure ist, desto mehr entsteht nämlich statt Wasserstoff Stickstoffmonooxid bzw. Stickstoffdioxid.

$$2\,HNO_3 + 6\,H_3O^+ + 3\,Cu \rightarrow 2\,NO + 10\,H_2O + 3\,Cu^{2+}$$
$$2\,NO + O_2 \rightarrow 2\,NO_2$$

Konzentrierte Salpetersäure reagiert sogar mit Silber und Quecksilber unter Bildung von Stickstoffoxiden, jedoch nicht mit Gold oder Platin. Bei der Reaktion von Salpetersäure mit Metallen (bzw. Metalloxiden) entstehen Salzlösungen. Wenn man sie eindampft, bilden sich *Salze*, die **Nitrate**. Die wichtigsten zeigt die Übersicht.

Einige Salze der Salpetersäure

Name	Eigenschaften	Verwendung
Ammoniumnitrat NH_4NO_3	gut wasserlöslich; explosionsgefährlich; zerfällt beim Erhitzen in Stickstoff, Sauerstoff und Wasser	zur Herstellung von Sprengstoffen; als Düngemittel (z. B. mit Ammoniumsulfat vermischt)
Natriumnitrat $NaNO_3$	gut wasserlöslich; schmilzt beim Erhitzen; zersetzt sich dann zu Natriumnitrit ($NaNO_2$) und Sauerstoff	natürliche Vorkommen (sog. Chilesalpeter) als Düngemittel; früher: Herstellung von Salpetersäure
Kaliumnitrat KNO_3	gut wasserlöslich; schmilzt beim Erhitzen, zersetzt sich dann zu Kaliumnitrit (KNO_2) und Sauerstoff	als Düngemittel; früher zur Herstellung von Salpetersäure und Sprengstoff („Schwarzpulver")
Silbernitrat $AgNO_3$	gut wasserlöslich; die Lösung reagiert mit Halogenid-Ionen (Cl^-, Br^-, I^-) und dient zu deren Nachweis	in der Medizin als Ätzmittel („Höllenstein") für Hautwucherungen, z. B. Warzen

7849R

Aufgaben

1 In Bild 2 wurde die Salpetersäure gerade erst ins Becherglas gegossen. Woher stammt wohl die Verfärbung im Glas?

2 Salpetersäure wird in *braunen* Flaschen aufbewahrt. Warum ist das notwendig?

3 Welche Metalle reagieren nicht mit *konzentrierter* Schwefelsäure?
Welche Metalle reagieren mit *stark verdünnter* Schwefelsäure? Stelle zu einem Beispiel die Reaktionsgleichung auf.
Nenne auch ein Beispiel für die Reaktion eines Metalls mit konzentrierter Salpetersäure.

4 Erhitzt man Kaliumnitrat in einem Reagenzglas und gibt kleine Stückchen Holzkohle oder Schwefel auf die Schmelze, so verbrennen die Stoffe heftig und vollständig.

a) Woher erhalten sie den für die Verbrennung benötigten Sauerstoff? Stelle die Reaktionsgleichung auf.

b) „Schwarzpulver" ist ein Gemisch aus Kaliumnitrat, Schwefel und Holzkohle. Versuche zu erklären, warum man früher dieses „Schwarzpulver" als Schießpulver verwendet hat.

2

5 Sieh dir die Übersicht *Einige Salze der Salpetersäure* an.

a) Welche Eigenschaft ist allen Salzen der Salpetersäure gemeinsam?

b) Auch die Alkalinitrate (z. B. Natriumnitrat und Kaliumnitrat) haben eine gemeinsame Eigenschaft. Beschreibe sie.

6 Nenne die Stoffe, die bei der Reaktion in Versuch 11 entstehen.

7 Bei der Herstellung der Salpetersäure spielen die gleichen Gase eine Rolle wie in V 11.
Beschreibe in Teilreaktionen, wie die Gase entstehen.

Aus Umwelt und Technik: **Schmuck auf dem Prüfstand**

Schmuckstücken sieht man oft nicht an, aus welchem Material sie hergestellt wurden. Manche Schmuckstücke sehen z. B. aus wie Gold, bestehen aber nur aus Messing oder einer anderen Legierung.

Ein Juwelier oder Goldschmied kann jedoch genau feststellen, ob ein Schmuckstück aus Gold ist:

In seiner Werkstatt reibt er mit dem Schmuckstück vorsichtig über einen Prüfstein, sodass ein feiner, glänzender Strich entsteht (Bild 3). Darauf tupft er anschließend einen kleinen Tropfen **Salpetersäure**.

Wenn der Strich verschwindet (Bild 4), ist das Schmuckstück *nicht* aus Gold. Konzentrierte Salpetersäure löst nämlich alle bekannten Metalle außer Gold und Platin auf.

Mit Salpetersäure kann man auch Gold von Silber trennen. Früher sagte man dazu „scheiden"; daher wurde die Salpetersäure auch *Scheidewasser* genannt. Das Silber löst sich in dieser Säure auf und kann wieder daraus zurückgewonnen werden.

Der Goldschmied kann nicht nur angeben, ob ein Schmuckstück aus Gold ist oder nicht. Er kann mit Hilfe von Säuren sogar den Gold*gehalt* eines Gegenstands bestimmen:

Wenn konzentrierte Salzsäure mit Salpetersäure gemischt wird, entsteht das sog. *Königswasser*. Diese Mischung hat ihren Namen deshalb bekommen, weil sie sogar den „König der Metalle", das Gold (und Platin), auflösen kann.

Durch verschiedene Mischungsverhältnisse der beiden Säuren lässt sich der Goldgehalt eines Gegenstands ziemlich genau feststellen.

3

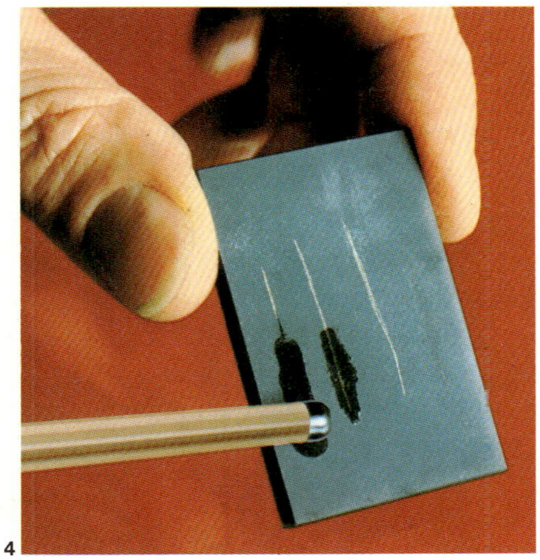
4

Fragen und Aufgaben zum Text

1 Welche Eigenschaften der Salpetersäure werden im nebenstehenden Text angesprochen?

2 Was für Flüssigkeiten sind *Scheidewasser* und *Königswasser*?

3 Oft kommen Silber und Gold miteinander vermischt im Erdboden vor. Man benutzte deshalb früher *Scheidewasser*, um die beiden Metalle voneinander zu trennen.
Wie ging man deiner Meinung nach bei diesem Verfahren vor?

4 Phosphorsäure und Phosphate

Herkunft der Phosphatbelastung der Oberflächengewässer (1988):

menschl. Ausscheidungen 35 %
Industrie 18,5 %
Waschmittel 17,6 %
Boden und Düngung 13,4 %
Viehhaltung 13,2 %
Niederschläge 2,3 %

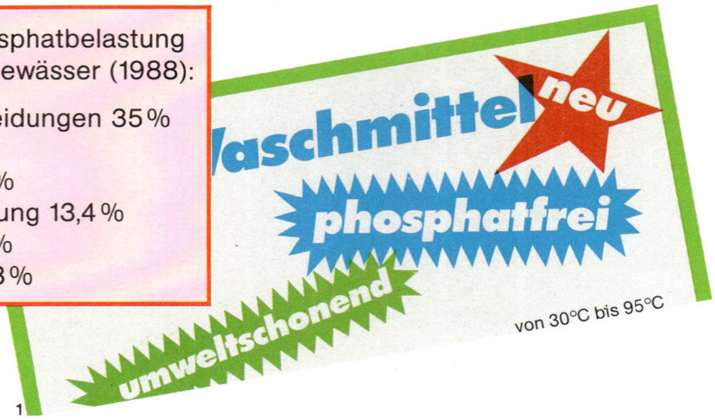

1

So war das noch vor etwa 10 Jahren (Bild 1).

Aufgrund von gesetzlichen Auflagen, die schon seit 1978 gelten, erfolgte eine schrittweise Verringerung des Phosphatgehalts vor allem in Waschmitteln.

In vielen europäischen Ländern (z. B. Deutschland, Schweiz, Italien) sind heute praktisch keine Phosphate mehr in Waschmitteln enthalten. Trotzdem gibt es noch immer Probleme mit Phosphaten in Gewässern.

Was für Stoffe sind Phosphate? Wie entstehen sie?

V 15 Etwas roter Phosphor [F] wird verbrannt (Bild 2).

a) Beschreibe den Stoff, der sich an der Innenwand des Standzylinders absetzt.

b) Nun gießen wir etwa 1 cm hoch Wasser in den Standzylinder. Dann schließen wir das Gefäß wieder und schütteln es.

Was kannst du feststellen, wenn die Lösung anschließend mit einem Indikator geprüft wird?

V 16 In ein Becherglas geben wir eine kleine Menge festes Phosphorpentaoxid [C]. Dann gießen wir etwas Wasser hinzu und rühren gut um. Anschließend wird die Flüssigkeit mit einem Indikator geprüft.

Vergleiche das Ergebnis mit dem von Versuch 15.

2

V 17 *(Lehrerversuch)* Zunächst wird ein Gemisch aus 4 Teilen Calciumphosphat (oder Knochenasche) und 1 Teil Magnesiumpulver [F] hergestellt. Damit wird ein Reagenzglas 1 cm hoch gefüllt und mit Glaswolle verschlossen.

Das Gemisch wird unter dem Abzug kräftig erhitzt. Beschreibe deine Beobachtungen.

V 18 *(Lehrerversuch)* Dies ist ein **Nachweis** für Phosphat-Ionen.

Zunächst werden 7,5 g Ammoniummolybdat in 50 ml Wasser gelöst (evtl. etwas erwärmen). Dann wird so lange konzentrierte Salpetersäure (65 %) [C] hinzugegeben, bis sich ein auftretender weißer Niederschlag gerade wieder löst.

Zu dieser sog. salpetersauren Ammoniummolybdat-Lösung werden einige Tropfen verdünnte Phosphorsäure (10 %) [Xi] oder Phosphatlösung gegeben und dann erwärmt. Beschreibe deine Beobachtungen.

V 19 Wir versetzen einige Magnesiumspäne [F] vorsichtig (am besten tropfenweise) mit verdünnter Phosphorsäure (10 %) [Xi].

Was für Stoffe entstehen bei dieser Reaktion?

Aufgaben

1 Woraus besteht der weiße Stoff, der sich in Versuch 15 an der Glaswand absetzt? Was entsteht, wenn er mit Wasser reagiert?

2 Erinnere dich an die Verbrennung von Schwefel und Kohlenstoff. Welche Ähnlichkeiten mit Versuch 15 kannst du feststellen?

3 Welches Versuchsergebnis ist in Bild 3 dargestellt? Beschreibe die abgelaufene Reaktion.

3

4 Nenne zwei Möglichkeiten, mit denen man nachweisen kann, ob eine Substanz Phosphor enthält.

5 Calciumphosphat ist Bestandteil von Knochen und Zähnen. Legt man Knochen einige Tage lang in Salzsäure, läuft folgende Reaktion ab:

$$Ca_3(PO_4)_2 + 6\,HCl \rightarrow 3\,CaCl_2 + 2\,H_3PO_4.$$

Beschreibe die Reaktion anhand der Reaktionsgleichung. Welche Stoffe entstehen dabei? (→ das Info rechts.)

6533R

Bei der Verbrennung von rotem oder weißem Phosphor entsteht ein lockeres weißes Pulver. Es ist ein Oxid des Phosphors, das **Phosphor(V)-oxid** (oft auch **Phosphorpentaoxid** genannt). Phosphor ist in der Verbindung fünfwertig.

$P_4 + 5\,O_2 \rightarrow P_4O_{10}$

Die Struktur des P_4O_{10}-Moleküls zeigt deutlich, dass die Tetraederform des Phosphormoleküls erhalten bleibt (Bild 4). Die Sauerstoffatome sind jeweils an den Kanten und Spitzen des Tetraeders eingebaut (Bild 5).

Bevor man diesen komplizierten Molekülaufbau kannte, wurde die Formel des Phosphor(V)-oxids mit P_2O_5 angegeben (daher der Name *Phosphorpentaoxid*). Aus Tradition wird sie heute noch häufig verwendet. Sie gibt nur an, in welchem *Zahlenverhältnis* Phosphor- und Sauerstoffatome miteinander verbunden sind.

Phosphor(V)-oxid reagiert „begierig" mit Wasser; es entsteht Phosphorsäure.

$P_4O_{10} + 6\,H_2O \rightarrow 4\,H_3PO_4$

Reine Phosphorsäure bildet bei Raumtemperatur wasserklare, harte Kristalle. Diese schmelzen bei 42 °C und lösen sich sehr gut in Wasser.

Eine konzentrierte Lösung der Phosphorsäure (z. B. die 80–85%ige handelsübliche Phosphorsäure) ist zähflüssig wie Sirup. Die verdünnte wässrige Lösung zeigt die typischen sauren Reaktionen. Sie ist jedoch nicht giftig und wird deshalb manchmal Erfrischungsgetränken zugesetzt, um ihnen einen säuerlichen Geschmack zu verleihen.

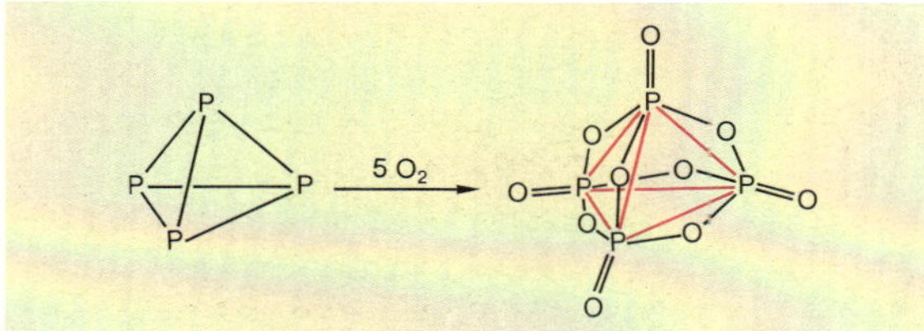

4

5

Ein Phosphorsäuremolekül kann bis zu drei Protonen abgeben. Daher kann die Säure drei Reihen von Salzen bilden:

Phosphate mit dem Säurerest-Ion PO_4^{3-},

Hydrogenphosphate mit dem Säurerest-Ion HPO_4^{2-},

Dihydrogenphosphate mit dem Säurerest-Ion $H_2PO_4^{-}$.

Alle Salze der Phosphorsäure werden unter der Bezeichnung **Phosphate** zusammengefasst.

Phosphat-Ionen können mit salpetersaurer Ammoniummolybdatlösung nachgewiesen werden. Es entsteht ein gelber Niederschlag (Ammoniummolybdatphosphat).

Einige Phosphate sind wichtige Bestandteile von Düngemitteln, z. B. das *Calciumphosphat*: Es kommt in der Natur in großen Lagerstätten vor; daraus werden andere Phosphorverbindungen und reiner Phosphor hergestellt. Calciumphosphat ist auch der Hauptbestandteil der Knochen und Zähne.

Fragen und Aufgaben zum Text

1 Erkläre die römische Zahl V bei Phosphor(V)-oxid.

2 Aus Phosphor lässt sich Phosphorsäure herstellen. Dabei laufen nacheinander zwei Reaktionen ab. Schreibe die Reaktionsgleichungen dazu auf.

3 Schreibe die Ionen auf, die sich in einer wässrigen Lösung der Phosphorsäure befinden. (Denke daran, dass die Moleküle der Phosphorsäure bis zu drei Protonen abgeben können.)

4 Ordne den folgenden Calciumsalzen der Phosphorsäure die Begriffe *Phosphat, Hydrogenphosphat* und *Dihydrogenphosphat* richtig zu:
$Ca_3(PO_4)_2$; $Ca(H_2PO_4)_2$; $CaHPO_4$.

5 Wenn Magnesium mit Phosphorsäure reagiert, entsteht Magnesiumphosphat $Mg_3(PO_4)_2$. Stelle dazu die Reaktionsgleichung auf.

6 Baue die Molekülmodelle des weißen Phosphors und des Phosphor(V)-oxids. Vergleiche!

7 Was gibt die Formel P_2O_5 an?

Aus Umwelt und Technik: **Phosphatbelastung in Oberflächengewässern**

Mit dem Abwasser aus Haushalten und Industriebetrieben gelangen große Mengen Phosphate in unsere Seen und Flüsse. Durch jeden Einwohner Deutschlands werden die Abwässer täglich mit durchschnittlich 2,6 g Phosphaten belastet. Davon stammen 1,8 g aus den Ausscheidungen, 0,3 g aus Nahrungsmittelresten und 0,5 g aus Wasch- und Reinigungsmitteln.

Da die Phosphate als Nährstoffe für Pflanzen dienen, bewirken sie in den Gewässern ein vermehrtes Wachstum der Algen und Wasserpflanzen.

Bis zu einem gewissen Grad ist eine solche Pflanzenvermehrung unschädlich. Oft ist jedoch bei langsam fließenden oder stehenden Gewässern eine zu starke Zunahme vor allem der Algen zu beobachten. Es kommt dann zur sog. **Eutrophierung** (griech. *eu:* gut; *trophe:* Ernährung; also „Wohlgenährtheit"). Mit diesem Begriff werden die Überdüngung von Gewässern und deren Folgen bezeichnet.

Durch das vermehrte Wachstum nehmen sich die Algen gegenseitig den Lebensraum und sterben schneller ab. Bei ihrer Zersetzung wird viel Sauerstoff verbraucht. Dadurch kann der gesamte Tier- und Pflanzenbestand eines Gewässers absterben: Das Gewässer „kippt um"

Man bemüht sich heute die Phosphatbelastung der Gewässer einzudämmen: In Kläranlagen mit *chemischen Reinigungsstufen* werden Phosphate durch Zugabe von Eisen(III)-salzen, Aluminiumsalzen oder Kalk gefällt.

In *biologischen Reinigungsstufen* werden spezielle Bakterien zugesetzt, die besonders viel Phosphate aufnehmen können. Etwa 90 % der Phosphate können auf diese Weise entfernt werden.

Außerdem hat die chemische Industrie *moderne Waschmittel* entwickelt, die ohne Phosphatzusätze auskommen. Der Phosphatgehalt in Wasch- und Reinigungsmitteln beträgt heute insgesamt weniger als die Hälfte dessen, was vor einem Jahrzehnt üblich war.

5 Kohlensäure und Carbonate

1

„... kohlensäurehaltiges Mineralwasser“ (Bild 1). Ist es denn nicht gefährlich, Kohlen*säure* zu trinken?

V 20 In einem Erlenmeyerkolben erwärmen wir etwas Mineralwasser (Siedesteinchen!). Das entstehende Gas leiten wir durch Kalkwasser [C].

Beobachte auch die Veränderungen im Mineralwasser.

V 21 In einen 100-ml-Kolbenprober geben wir 30 ml gekochtes und wieder abgekühltes destilliertes Wasser, das mit Lackmuslösung gefärbt ist.

Dann drücken wir noch 50 ml Kohlenstoffdioxid in den Kolbenprober. Was kannst du beobachten?

Wir geben die Flüssigkeit in ein Becherglas und erhitzen sie bis zum Sieden. Beobachte den Indikator.

V 22 Diesmal prüfen wir, ob sich die Leitfähigkeit von destilliertem Wasser ändert, wenn wir Kohlenstoffdioxid hineinleiten (Bild 2).

V 23 In eine Waschflasche füllen wir etwa 50 ml konzentrierte Natriumhydroxidlösung [C] und stellen die Temperatur der Flüssigkeit fest (Schutzbrille!). Dann leiten wir eine Zeit lang Kohlenstoffdioxid hindurch und messen wieder die Temperatur.

V 24 Diesmal füllen wir zwei Reagenzgläser zur Hälfte mit destilliertem Wasser. In das eine geben wir einen Spatellöffel Natriumcarbonat (Na_2CO_3), in das andere dann die gleiche Menge Natriumhydrogencarbonat ($NaHCO_3$). Umrühren. Prüfe beide Lösungen mit Lackmus.

V 25 Zum **Nachweis von Carbonat-Ionen** geben wir z. B. zu einer Lösung von Natriumcarbonat etwas Calciumchloridlösung. Es entsteht ein weißer Niederschlag.

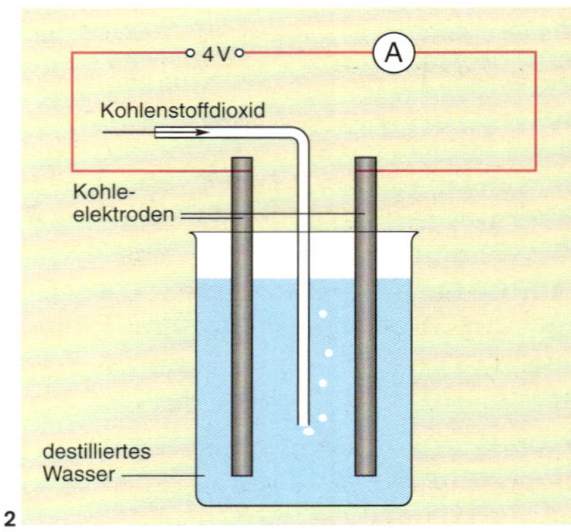

2

Die Kohlensäure – eine schwache Säure

Kohlenstoffdioxid CO_2 reagiert nur sehr langsam und in geringem Umfang mit Wasser zu **Kohlensäure**.

$CO_2 + H_2O \rightleftharpoons H_2CO_3$

Die Moleküle der Kohlensäure reagieren mit Wassermolekülen weiter zu Ionen.

$H_2CO_3 + H_2O \rightleftharpoons HCO_3^- + H_3O^+$

Die Lösung enthält nun Hydrogencarbonat-Ionen HCO_3^- und Oxonium-Ionen H_3O^+. Sie reagiert daher sauer und leitet den elektrischen Strom. Die Kohlensäure ist jedoch eine **zweiprotonige Säure**. Das bedeutet, dass die Hydrogencarbonat-Ionen mit weiteren Wassermolekülen reagieren.

$HCO_3^- + H_2O \rightleftharpoons CO_3^{2-} + H_3O^+$

Wenn man also Kohlenstoffdioxid in Wasser einleitet, enthält die Lösung neben Wassermolekülen und einigen Kohlensäuremolekülen Oxonium-Ionen, Hydrogencarbonat-Ionen und Carbonat-Ionen.

Dabei *reagieren* jedoch nur etwa 0,2 % der Kohlenstoffdioxidmoleküle mit Wassermolekülen. 99,8 % der Kohlenstoffdioxidmoleküle sind einfach im Wasser gelöst. **Die Säurewirkung der Kohlensäure ist daher nur sehr schwach.**

Reine Kohlensäure H_2CO_3 lässt sich nicht aus ihrer wässrigen Lösung gewinnen. Beim Erwärmen zersetzt sich die Kohlensäure wieder vollständig in ihre Ausgangsstoffe.

Bildung und Zerfall der Kohlensäure sind also *umkehrbare Reaktionen*. Das wird durch den Doppelpfeil in der Reaktionsgleichung ausgedrückt.

Wenn man Kohlenstoffdioxid in eine Natriumhydroxidlösung einleitet, bildet sich Natriumcarbonat Na_2CO_3 (Soda). Das ist in Wasser löslich. Bei dieser Reaktion wird außerdem viel Wärme frei.

$2\,Na^+ + 2\,OH^- + CO_2 + H_2O \rightarrow 2\,Na^+ + CO_3^{2-} + 2\,H_2O$

Eine gesättigte Natriumcarbonatlösung kann weiteres Kohlenstoffdioxid aufnehmen. Es fällt ein weißer kristalliner Niederschlag aus, das Natriumhydrogencarbonat $NaHCO_3$.

$2\,Na^+ + CO_3^{2-} + CO_2 + H_2O \rightarrow 2\,NaHCO_3$

Gibt man zu Lösungen, die Carbonat-Ionen enthalten, Calciumchlorid- oder Calciumhydroxidlösung, so entsteht ein Niederschlag aus schwer löslichem Calciumcarbonat. **Das ist ein Nachweis für Carbonat-Ionen.**

$Ca^{2+} + CO_3^{2-} \rightarrow CaCO_3$

Auch wenn man Kohlenstoffdioxid durch Kalkwasser leitet, entsteht ein Niederschlag aus schwer löslichem Calciumcarbonat. **Das ist der Nachweis für Kohlenstoffdioxid.**

$Ca(OH)_2 + CO_2 \rightarrow CaCO_3 + H_2O$

Fragen und Aufgaben zum Text

1 Mineralwasser enthält meist gelöstes Kohlenstoffdioxid. Ist dafür die Bezeichnung *Kohlensäure* gerechtfertigt?

2 Ist das Trinken von Kohlensäure nun gefährlich oder nicht? Begründe deine Meinung.

3 Die Kohlensäure ist eine *zweiprotonige Säure*. Deshalb kann sie zwei Arten von Salzen bilden. Nenne die beiden Salze. Vergleiche auch ihre Säurerest-Ionen.

4 Weise in deiner Atemluft Kohlenstoffdioxid nach.

8525R

Diese Aussage kannst du bestimmt bestätigen: *Mineralwasser* schmeckt gut, löscht den Durst und erfrischt so richtig. Außerdem ist es kein „Dickmacher", denn es enthält keine Stoffe mit „Kalorien".

Vor allem wenn man stark geschwitzt hat und dabei viele Mineralstoffe verloren gegangen sind, ist es wichtig, Mineralwasser zu trinken: Es enthält nämlich gelöste Salze (Bild 3), die der Körper braucht. In 1 Liter Mineralwasser können mehrere Gramm Salze gelöst sein.

Mineralwasser ist eigentlich nichts anderes als ein besonderes Grundwasser. Es entsteht aber nur in tiefen Erdschichten, die reich an löslichen Mineralsalzen sind. Wenn dann noch im Erdinnern durch vulkanische Aktivitäten Kohlenstoffdioxid freigesetzt wird, ist das Mineralwasser kohlensäurehaltig.

3

Oft tritt das Mineralwasser erst zutage, wenn man eine Quelle gebohrt hat. In den Betrieben der Mineralwasserindustrie wird das Wasser dann verarbeitet. Gesetzlich erlaubt ist die Filterung sowie die Entfernung von Eisen-Ionen und Schwefelwasserstoff. Diese Stoffe verleihen dem Wasser einen schlechten Geschmack.

Beim Entfernen dieser Stoffe verliert das Mineralwasser auch einen großen Teil seines Kohlenstoffdioxids. Dieses wird aufgefangen und gespeichert. Erst beim Abfüllen des Mineralwassers in Flaschen wird es wieder zugesetzt. Ein Mineralwasser ohne Kohlensäure würde nämlich ziemlich fade schmecken.

Das Kohlenstoffdioxid wird unter hohem Druck zusammen mit dem Mineralwasser durch Düsen in einen Vorratskessel gepresst. Bei einem Druck von 4–5 bar und einer Temperatur von 15 °C lösen sich 8–10 g Kohlenstoffdioxid in 1 l Mineralwasser.

Nun kann man dieses Wasser nicht einfach in Flaschen laufen lassen. Dabei würde sich das Gas wieder auf 1 bar „entspannen" und die Gasmenge auf 2 g/l sinken. Deshalb stülpt man immer mehreren Flaschen gleichzeitig eine besondere Füllvorrichtung auf.

Zunächst lässt man so lange Kohlenstoffdioxid einströmen, bis in den Flaschen der gleiche Druck herrscht wie im Vorratskessel. Dann wird das Ventil zum Vorratskessel geöffnet und das kohlenstoffdioxidhaltige Mineralwasser fließt in die Flaschen. Diese werden noch unter Druck mit einem Schraubverschluss verschlossen. Erst danach löst sich die Füllvorrichtung.

Die Flaschen mit kohlensäurehaltigem Mineralwasser stehen also unter hohem Druck. Man muss deshalb vorsichtig mit ihnen umgehen und vor allem darauf achten, dass sie nicht erhitzt werden. (Nicht auf die Heizung stellen und nicht in der Sonne stehen lassen!)

Versuchsvorschriften:

1. Geschmacksprobe bei Mineralwässern
Wähle z. B. ein Mineralwasser mit einem hohen Gehalt an Hydrogencarbonat-Ionen. Koste es gleich nach dem Öffnen der Flasche und nach einiger Zeit, wenn es sein Kohlenstoffdioxid weitgehend verloren hat.

2. Verdunsten lassen von Mineralwasser
Nimm dazu ein Mineralwasser mit hohem Gehalt an Calcium- und Magnesiumsalzen, dazu ein anderes, das nur wenig von diesen Salzen enthält. Lass jeweils eine Probe in einer Glasschale verdunsten (Boden der Schale nur eben bedecken). Vergleiche!

3. Gefrieren lassen von Mineralwasser
Lege eine Flasche Mineralwasser für ein bis zwei Stunden in die Tiefkühltruhe. Für den folgenden Versuch darf das Wasser jedoch noch nicht gefroren sein.

Öffne die Flasche. Bei richtiger Temperatur kannst du eine überraschende Beobachtung machen.

4. Prüfen von Mineralwasser mit Indikatoren

a) Diesmal wird ein saures Mineralwasser („Säuerling") gewählt. Fülle ein Glas zur Hälfte mit diesem Wasser und tropfe etwas *Rotkohlsaft* als Indikator hinzu. Beschreibe, wie sich der Rotkohlsaft innerhalb einer Stunde verändert. Rühre dabei öfter gut um.

b) 50 ml Mineralwasser werden in einem Becherglas mit 5 ml einer 0,1%igen Lösung von *Bromthymolblau* in Ethanol F vermischt. Die Flüssigkeit wird mit einem Magnetrührer gut gerührt, damit das Kohlenstoffdioxid ausgetrieben wird. Beschreibe, welche Farben der Indikator annimmt.

c) Wir kühlen eine Flasche Mineralwasser auf etwa 0 °C ab und gießen dann ein Glas halb voll. Anschließend fügen wir so lange *Bromthymolblaulösung* hinzu, bis die Lösung deutlich gefärbt ist. Präge dir diese Indikatorfärbung gut ein.

Wie verändert sich der Indikator, wenn die Flüssigkeit erhitzt wird? Beschreibe deine Beobachtungen.

6 Einige Gemeinsamkeiten von Säuren

Der gemeinsame Aufbau von Säuren

Nach einer Definition von Brönsted werden Teilchen, die Protonen abgeben können, Säuren genannt. Wenn die Protonen auf Wassermoleküle übertragen werden, entstehen **Oxonium-Ionen** (hydratisierte Protonen, H_3O^+). **Die Oxonium-Ionen sind einfach elektrisch positiv geladen.** Sie bewirken die gemeinsamen Eigenschaften saurer Lösungen.

Alle übrigen Elemente, die in einer bestimmten Säure mit Wasserstoff verbunden sind, bilden den Säurerest. **Säurereste sind stets elektrisch negativ geladene Ionen.**

Jede Säure hat einen anderen Säurerest. Deshalb kann man saure Lösungen an ihren Säurerest-Ionen unterscheiden (→ Tabelle). Die Säurerest-Ionen der verschiedenen Säuren haben unterschiedliche Namen.

Säuren, die z. B. in Früchten und anderen organischen Stoffen enthalten sind, zeigen einen komplizierteren Bau des Säurerest-Ions als die in der Tabelle aufgeführten Säuren.

Säuren lassen sich danach einteilen, wie stark sie wirken. Man spricht deshalb z. B. von *starken* und *schwachen Säuren*.

Nun könnte man annehmen, „starke Säure" sei gleichbedeutend mit „konzentrierter Säure". Das ist jedoch falsch. ***Starke Säuren* sind Teilchen, die leicht Protonen abgeben können. *Schwache Säuren* sind Teilchen, die ihre Protonen nur schwer abgeben.**

Wenn man also Säuren in Bezug auf ihre *Stärke* vergleichen will, muss man prüfen, wie leicht bzw. schwer sie Protonen an Wassermoleküle abgeben können. Zwei Beispiele:

Chlorwasserstoff ist eine *starke Säure*. Bei der Reaktion mit Wasser geben praktisch alle Chlorwasserstoffmoleküle ein Proton an Wassermoleküle ab. In verdünnter Salzsäure liegen deshalb keine Chlorwasserstoffmoleküle mehr vor. Dagegen ist der Anteil der Oxonium-Ionen sehr hoch.

Essigsäure ist eine *schwache Säure*. Eine Essigsäurelösung reagiert nicht annähernd so sauer wie eine Salzsäure gleicher Konzentration. Die Ursache dafür ist, dass in der Essigsäurelösung noch ein großer Teil Essigsäuremoleküle vorhanden ist. Nur ein kleiner Teil von ihnen hat ein Proton an ein Wassermolekül übertragen. Dementsprechend gering ist die Anzahl der Oxonium-Ionen in der Essigsäurelösung.

Bei verdünnten Lösungen sehr starker Säuren (diese Säuren haben alle Protonen an Wassermoleküle abgegeben) hängt der Gehalt an Wasserstoff-Ionen (H^+) unmittelbar mit der Konzentration der Säuren zusammen. So enthält zum Beispiel eine Salzsäure der Konzentration 10^{-3} mol/l ebenfalls 10^{-3} mol/l Wasserstoff-Ionen.

Man kann die Stärke einer Säure auch von ihrer *Wirkung* ableiten. Sie ist z. B. am Farbumschlag entsprechender Indikatoren und an der Geschwindigkeit der Reaktionen mit unedlen Metallen zu erkennen.

Säuren und ihre Säurereste

Säure	Formel der Säure	Säurerest-Ion	Name des Säurerest-Ions
Schwefelsäure	H_2SO_4	SO_4^{2-}	Sulfat-Ion
Salzsäure	HCl	Cl^-	Chlorid-Ion
Phosphorsäure	H_3PO_4	PO_4^{3-}	Phosphat-Ion
Salpetersäure	HNO_3	NO_3^-	Nitrat-Ion
Kohlensäure	H_2CO_3	CO_3^{2-}	Carbonat-Ion

Aus der Geschichte: **Wie der Säurebegriff entwickelt wurde**

Zunächst waren Säuren ganz einfach Flüssigkeiten, die sauer schmecken. Erst im Mittelalter, als man mehrere Säuren in größeren Mengen herstellen konnte, wurden weitere gemeinsame Eigenschaften der Säuren gesucht.

Eine Beschreibung solcher Eigenschaften gab 1663 der Brite *Robert Boyle*: „Säuren schmecken sauer, lösen Marmor und färben bestimmte Pflanzenfarbstoffe rot."

Mehr als hundert Jahre später schrieb der französische Chemiker *Antoine Laurent Lavoisier*: „Alle Säuren enthalten Sauerstoff und entstehen bei der Reaktion von Nichtmetalloxiden mit Wasser."

Dies war – wie du weißt – eine falsche Vermutung, denn Salzsäure enthält keinen Sauerstoff. Das Element Chlor wurde aber viele Jahre lang als ein Nichtmetalloxid angesehen, das mit Wasser die Salzsäure bildet.

Justus von Liebig lieferte 1838 eine Beschreibung, die tatsächlich auf alle sauren Lösungen zutrifft. Aus der Beobachtung der Reaktionen von Metallen mit Säuren schloss er, dass „Säuren Wasserstoff enthalten" müssen.

Alle diese Beschreibungen bezogen sich auf die Eigenschaften von Flüssigkeiten mit sauren Reaktionen. Man wollte eine allgemeine Erklärung und Begründung für diese Eigenschaften finden.

Knapp 50 Jahre später wurde der Säurebegriff verändert: Untersuchungen zur elektrischen Leitfähigkeit von trockenen Stoffen, wässrigen Lösungen sowie Mischungen der Säuren und Laugen führten dazu, dass der Schwede *Svante Arrhenius* die Bildung von Ionen als wesentlichen Vorgang bei der Entstehung von Säuren ansah.

Im Jahr 1884 formulierte er: „Säuren sind Stoffe, die beim Lösen in Wasser Wasserstoff-Ionen (H^+-Ionen) abspalten." Nach dieser Theorie bewirken die Wasserstoff-Ionen die saure Reaktion der Lösungen.

Der Säurebegriff von *Brönsted*, den wir kennen gelernt haben, zielt in eine andere Richtung. Hier kommt es nicht auf die Eigenschaften von Stoffen, sondern auf das Verhalten von Teilchen an: „Säuren geben Protonen ab, sie sind Protonenspender; Basen nehmen Protonen auf, sie sind Protonenempfänger."

Solche *Reaktionen mit Protonenübertragung* laufen in der Chemie nicht nur dann ab, wenn bestimmte Stoffe mit Wasser reagieren. Vielmehr können eine Vielzahl von Beobachtungen mit dieser Theorie erklärt werden. Nach Brönsted ist die Bildung einer wässrigen sauren Lösung durch Protonenübertragung nur ein „Spezialfall" eines bestimmten Reaktionstyps.

8527R

Aus Umwelt und Technik: **Wie man Säuren nachweisen kann**

experimentell

Säuren haben eine gemeinsame Eigenschaft: Sie reagieren sauer. Das kann man – wie du weißt – mit einem Indikator leicht zeigen. Sie färben z. B. Lackmuspapier rot (Bild 1).

Daneben gibt es aber Eigenschaften, die von Säure zu Säure sehr unterschiedlich sind. So ist z. B. die Schwefelsäure stark ätzend, die Phosphorsäure aber nur wenig. Die meisten dir bekannten Säuren sind flüssig, die reine Citronensäure ist dagegen fest.

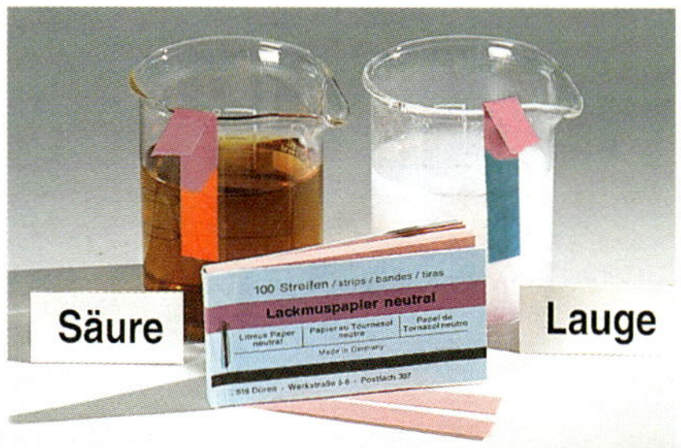

1

Säuren sind unterschiedlich gefährlich. Einige können reizend sein (wie verdünnte Salzsäure), andere stark ätzend (wie konzentrierte Schwefelsäure oder Salpetersäure). Die Flaschen der Säuren sind deshalb entsprechend gekennzeichnet. Sieh noch einmal auf solch einem Etikett nach, welche Angaben es enthält.

Verdünnte Essigsäure oder Citronensäure sind dagegen gar nicht gekennzeichnet; sie finden sogar als Bestandteile von Lebensmitteln Verwendung.

Anders als Essigsäure greift Citronensäure die Zähne an. Man kann Citronensäure aber nicht zum Ätzen von Metallen nehmen, da sie zu schwach sauer reagiert. Kupferstiche gelingen nur mit Salpetersäure.

Als Batteriesäure kommt nur Schwefelsäure infrage. Zum Entkalken von Wassertöpfen nimmt man Citronensäure, da Schwefelsäure das Metall angreift.

Du siehst: Man darf bei vielen Anwendungen nicht einfach auf jede beliebige Säure zurückgreifen.

Was kann man aber tun, wenn man nicht genau weiß, welche Säure man gerade im Gefäß hat?

Das passiert gar nicht so selten. Da hat z. B. der Laborant vergessen das Gefäß mit dem Namen und den Gefahrensymbolen zu versehen. Oder das Etikett ist abgefallen oder durch ausgelaufene Säure zerstört worden. Auch kann es durch Sonnenlicht ausgebleicht sein.

Im Labor, in der Schule oder zu Hause darf es jedoch keine Chemikaliengefäße ohne lesbare Etiketten geben! Die Gefahren beim Umgang mit Säuren sind nämlich sehr groß.

Aus diesen Gründen ist es wichtig, jede Säure erkennen zu können. Dazu führt der Chemiker bestimmte Nachweisreaktionen durch. Man sagt auch: Der Chemiker analysiert die unbekannte Lösung.

Zunächst stellt er fest, ob es sich bei der zu untersuchenden Flüssigkeit überhaupt um eine Säure handelt. Wenn eine Säure vorliegt, sind die Nachweisreaktionen auf *Oxonium-Ionen* positiv.

Anschließend führt er mit der Lösung mehrere Reaktionen durch, mit deren Hilfe man jeweils eine spezielle Säure erkennen kann. Diese Nachweisreaktionen zeigen den jeweiligen *Säurerest* an.

Auf diese Weise kann man nicht nur *eine* Säure in einer Lösung bestimmen, sondern einzelne Säuren auch dann nachweisen, wenn sie mit anderen vermischt sind.

Versuchsvorschriften:

1. Bestimmung der allgemeinen Säureeigenschaft

a) Der Säure entnimmt man mit einem Glasstab einen Tropfen und gibt diesen auf Indikatorpapier, oder man tropft etwas Indikatorlösung in einen Teil der Probe. Lackmus und Universalindikator färben sich rot.

b) Alle Säuren reagieren mit Kalksteinpulver; dabei wird Kohlenstoffdioxid frei (Aufbrausen der Probe).

2. Bestimmung einzelner Säuren

Man gibt in der Regel nur etwas stark verdünnte Säure ($c \approx 0{,}1$ mol/l) in ein Reagenzglas. Bis auf wenige Ausnahmen wird das Nachweisreagenz als Lösung und nicht als Feststoff mit einer Tropfpipette zugefügt.

a) **Salpetersäure** [Xi] wird mit konzentrierter Schwefelsäure [C] unterschichtet. Dann tropft man etwas einer kalt gesättigten Lösung von frischem Eisen(II)-sulfat [Xi] in verdünnter Schwefelsäure ($c = 2$ mol/l; [Xi]) hinein. Es bildet sich langsam ein brauner Ring („Ringprobe").

b) **Schwefelsäure** [Xi] wird mit Bariumchloridlösung [Xn] versetzt. Allmählich fallen weiße, sehr feine Bariumsulfatkristalle aus.

c) **Phosphorsäure** lässt sich nachweisen, wenn man zu 2 ml Phosphorsäure etwa 8 ml salpetersaure Ammoniummolybdatlösung [C] hinzufügt. Es bildet sich ein leuchtend gelber Niederschlag.

(Herstellung der Reagenzlösung: Man löst 1 g Ammoniummolybdat in 20 ml halb konzentrierter Salpetersäure [C] auf.)

d) **Essigsäure** färbt sich tiefrot, wenn etwas 10%ige Eisen(III)-chloridlösung [Xi] hinzugetropft wird.

e) **Salzsäure** [Xi] mit Silbernitratlösung [Xi] versetzt bildet einen weißen Niederschlag von Silberchlorid, der sich im Licht langsam dunkel färbt.

f) **Kohlensäure** (gesättigt) entwickelt ein Gas (Kohlenstoffdioxid), wenn man etwas Salzsäure [Xi] hinzufügt.

g) **Citronensäure** färbt sich nach Zugabe von 1%iger Kupfersulfatlösung tiefblau, wenn man zusätzlich etwas Natronlauge dazutropft.

Alles klar?

1 Beschreibe ein Verfahren zur Herstellung von Salzsäure. Gib dazu auch die Reaktionsgleichung an.

2 Welcher Bestandteil der verdünnten Säuren verursacht ihre saure Reaktion?

3 Erläutere den Begriff *Säurerest*. Gib Aufbau, Namen und elektrische Ladung einiger Säurerest-Ionen an.

4 Welcher Zusammenhang besteht zwischen Sauerstoff und Säuren?

5 Verdünnte Säurelösungen reagieren sauer. Welche gemeinsamen Eigenschaften werden unter dem Begriff „saure Reaktion" zusammengefasst?

6 Vergleiche die Bildung von Salzsäure mit der von sauerstoffhaltigen Säuren.

7 Chlorwasserstoff kann beim Einatmen Verätzungen der Atemwege verursachen. Wie kommt das?

8 Verdünnte Säuren leiten den elektrischen Strom. Erkläre!

9 Vergleiche den Bau von Wassermolekülen, Oxonium-Ionen und Wasserstoffmolekülen.

10 Vergleiche das Auflösen von Kochsalz und Chlorwasserstoff in Wasser.

11 Chlorwasserstoff und Wasser bestehen aus *Molekülen*. Wenn Chlorwasserstoff mit Wasser reagiert, enthält die entstehende Lösung *Ionen*. Wie kommt das?

12 Die Moleküle von Chlorwasserstoff und Wasser sind *Dipole*. Wie wirkt sich das bei der Reaktion aus? Was würde anders sein, wenn diese Moleküle keine Dipole wären?

13 Wenn man statt Chlorwasserstoff nur Wasserstoff durch Wasser leitet, entsteht keine saure Lösung. Woran liegt das? Erkläre.

14 Wie kann man zeigen, dass konzentrierte Schwefelsäure praktisch keine Ionen enthält? Schlage einen Versuch vor.

15 Nenne unterschiedliche Eigenschaften von konzentrierter und verdünnter Schwefelsäure.
Erkläre auch, wie es zu diesen unterschiedlichen Eigenschaften kommt.

16 Welche Regel ist beim Verdünnen von Säuren zu beachten? Begründe sie.

Auf einen Blick

Eigenschaften von sauren Lösungen

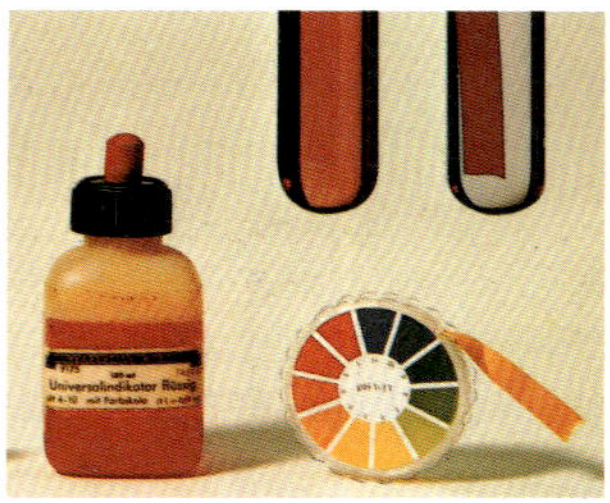

1

Saure Lösungen haben **gemeinsame Eigenschaften**:
- Sie färben Indikatoren in charakteristischer Weise (z. B. blaues Lackmuspapier rot);
- sie leiten den elektrischen Strom;
- sie reagieren mit unedlen Metallen; dabei wird Wasserstoff frei;
- sie reagieren mit Kalkstein (Calciumcarbonat); dabei wird Kohlenstoffdioxid frei.

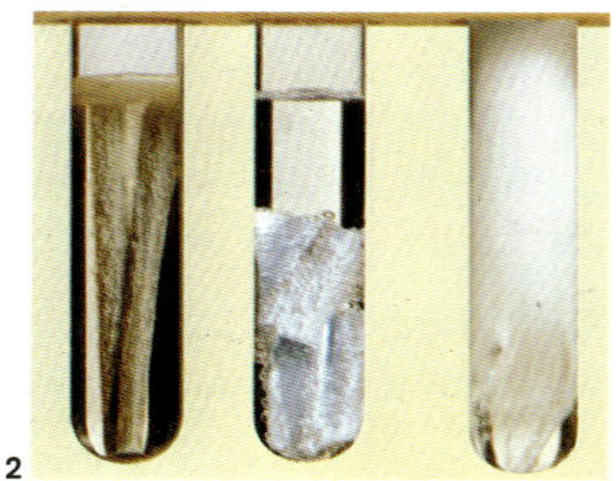
2

Entstehung und Zusammensetzung von sauren Lösungen

Salzsäure entsteht, wenn Chlorwasserstoff in Wasser eingeleitet wird.

Sauerstoffhaltige Säuren entstehen bei der Reaktion von Nichtmetalloxiden mit Wasser.

Saure Lösungen enthalten immer **Wasserstoff-Ionen** H^+, genauer **Oxonium-Ionen** H_3O^+. Sie bewirken die saure Reaktion dieser Lösungen. Die sauren Lösungen unterscheiden sich durch die **Säurerest-Ionen** der Säuren.

Der Säurebegriff nach Arrhenius und Brönsted

Wenn z. B. Chlorwasserstoff in Wasser eingeleitet wird, **dissoziieren** die Chlorwasserstoffmoleküle in Wasserstoff-Ionen und Chlorid-Ionen. Nach dieser Theorie von *Arrhenius* gilt allgemein: **Säuremoleküle dissoziieren** beim Lösen in Wasser **zu Wasserstoff-Ionen und Säurerest-Ionen**. Die Theorie ist jedoch inzwischen veraltet.

Nach den Erkenntnissen von *Brönsted* gilt Folgendes: Wenn z. B. Chlorwasserstoffmoleküle mit Wassermolekülen reagieren, findet eine **Reaktion mit Protonenübertragung** statt: Von einem Chlorwasserstoffmolekül wird ein Proton auf ein Wassermolekül übertragen.

Bei dieser Reaktion entstehen sowohl Chlorid-Ionen Cl^- als auch Oxonium-Ionen H_3O^+.

Eine solche Reaktion wird **Protolyse** genannt. In diesem Fall ist das Chlorwasserstoffmolekül der **Protonenspender** (Protonendonator), das Wassermolekül der **Protonenempfänger** (Protonenakzeptor).

Nach der Definition von Brönsted werden alle Teilchen, die Protonenspender sein können, als **Säuren** bezeichnet. Diese Teilchen können sowohl Moleküle als auch Ionen sein.

Säuren sind Protonenspender.

8529R

Besonderheiten einzelner Säuren

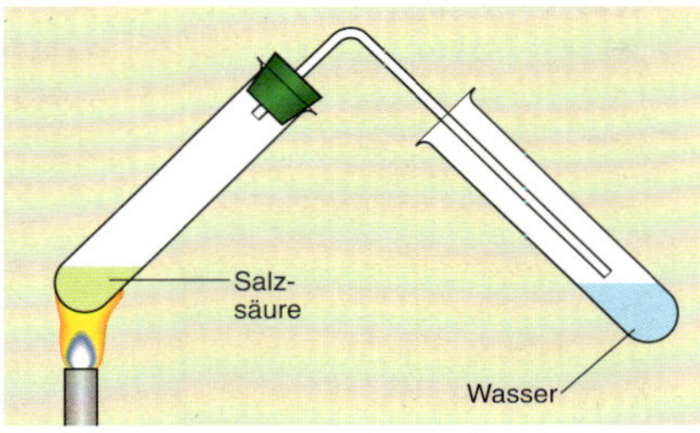

3

Chlorwasserstoff besteht aus Molekülen mit der Formel HCl. Es löst sich sehr gut in Wasser; dabei entsteht **Salzsäure**.

Die Salzsäure ist ein guter elektrischer Leiter; sie enthält nämlich Ionen. Die Ionen entstehen bei der Reaktion von Chlorwasserstoff mit Wasser. Dabei wird von einem Chlorwasserstoffmolekül ein **Proton** (Wasserstoff-Ion) auf ein Wassermolekül übertragen.

$HCl + H_2O \rightarrow Cl^- + H_3O^+$; vereinfacht: $HCl \rightarrow H^+ + Cl^-$

Die Salzsäure enthält also positiv geladene *Oxonium-Ionen* und negativ geladene *Chlorid-Ionen*.

Konzentrierte **Schwefelsäure** besteht aus Molekülen mit der Formel H_2SO_4. Man erhält sie z. B. nach folgender Reaktion:

$SO_3 + H_2O \rightarrow H_2SO_4$.

Die *konzentrierte Säure* leitet den elektrischen Strom nur in sehr geringem Maß. Beim Verdünnen der Säure wird die Leitfähigkeit erhöht. Es findet eine Reaktion zwischen Schwefelsäuremolekülen und Wassermolekülen statt: Durch Protonenübertragung entstehen Hydrogensulfat-Ionen.

$H_2SO_4 + H_2O \rightarrow HSO_4^- + H_3O^+$

Die Hydrogensulfat-Ionen spalten bei weiterer Verdünnung ebenfalls Protonen ab; es entstehen Sulfat-Ionen.

$HSO_4^- + H_2O \rightarrow SO_4^{2-} + H_3O^+$

Verdünnte Schwefelsäure reagiert aufgrund der Oxonium-Ionen stark sauer.

Da ein Schwefelsäuremolekül bis zu zwei Protonen abgeben kann, gibt es zwei Gruppen von Salzen der Säure: *Sulfate* und *Hydrogensulfate*.

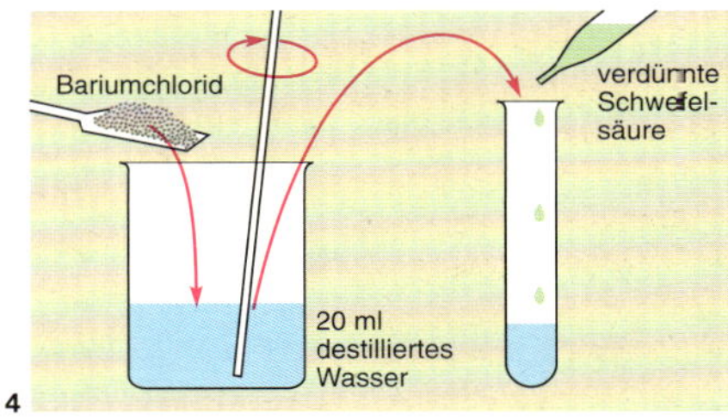

4

Sulfat-Ionen können durch eine Reaktion mit Barium-Ionen nachgewiesen werden.

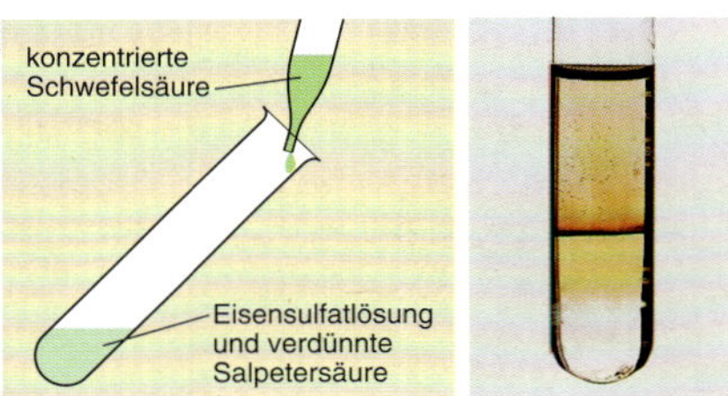

5

Salpetersäure entsteht, wenn Stickstoffdioxid mit Wasser und Sauerstoff reagiert. Reine Salpetersäure ist eine farblose, ätzende Flüssigkeit. Wenn man sie bei Tageslicht stehen lässt, zerfällt sie in ihre Ausgangsstoffe.

$4\,NO_2 + 2\,H_2O + O_2 \rightleftarrows 4\,HNO_3$

Wird Salpetersäure verdünnt, entstehen durch Protonenübertragung *Oxonium-Ionen* und *Nitrat-Ionen*.

$HNO_3 + H_2O \rightarrow H_3O^+ + NO_3^-$

Die Nitrat-Ionen lassen sich wie im nebenstehenden Bild nachweisen.

Ein Oxid des Phosphors ist das *Phosphor(V)-oxid*. Es reagiert begierig mit Wasser zu **Phosphorsäure**.

$P_4O_{10} + 6\,H_2O \rightarrow 4\,H_3PO_4$

Eine *konzentrierte Lösung* der Phosphorsäure ist ein elektrischer Nichtleiter. Die *verdünnte wässrige Lösung* leitet den Strom; sie ist aber weder ätzend noch reizend und auch nicht giftig (wird in Colagetränken verwendet).

Ein Phosphorsäuremolekül kann bis zu drei Protonen abgeben. Deshalb kann die Phosphorsäure drei Gruppen von Salzen bilden: Phosphate, Hydrogenphosphate und Dihydrogenphosphate.

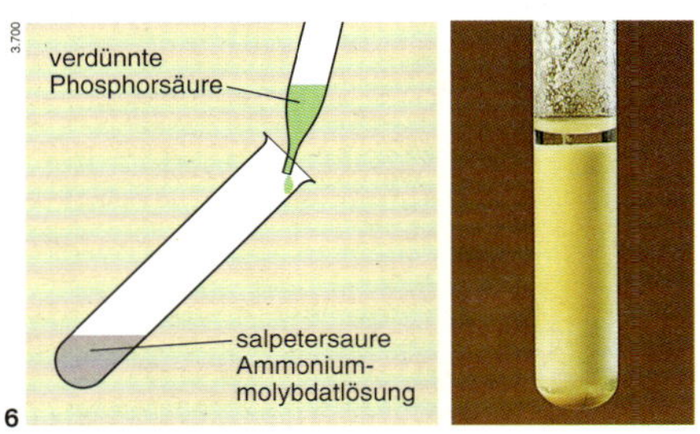

6

Wenn Kohlenstoffdioxid mit Wasser reagiert, entsteht **Kohlensäure**. Diese Reaktion verläuft jedoch nur sehr langsam und in geringem Umfang.

Reine Kohlensäure lässt sich nicht aus der wässrigen Lösung gewinnen. Beim Erwärmen zerfällt sie wieder in ihre Ausgangsstoffe.

$CO_2 + H_2O \rightleftarrows H_2CO_3$

Die Moleküle der Kohlensäure reagieren mit Wasser zu Ionen. Da die Kohlensäure eine **zweiprotonige Säure** ist, bilden sich dabei sowohl Hydrogencarbonat-Ionen als auch Carbonat-Ionen. Folglich gibt es auch zwei Gruppen von Salzen: Carbonate und Hydrogencarbonate.

$H_2CO_3 + H_2O \rightleftarrows HCO_3^- + H_3O^+$

$HCO_3^- + H_2O \rightleftarrows CO_3^{2-} + H_3O^+$

Saurer Regen

Ursachen und Auswirkungen des sauren Regens

1

2

Die Bilder 1 u. 2 weisen auf eines der größten Umweltprobleme unserer Zeit hin. Allein in Schweden sind etwa 4000 Seen durch *sauren Regen* schwer geschädigt: Fast alles Tier- und Pflanzenleben ist aus ihnen verschwunden.

Der saure Regen wird auch als eine der Ursachen für die weit verbreiteten *Waldschäden* angesehen.

Was ist eigentlich saurer Regen und wie entsteht er?
Sind daran vielleicht die Nichtmetalloxide beteiligt, die die Luft verschmutzen?

V 1 Wir stellen uns aus Schwefeldioxid [T] und Wasser eine kleine Menge Schweflige Säure her.

Dazu füllen wir zunächst 1 cm hoch Wasser in einen Erlenmeyerkolben. Dann entzünden wir etwas Schwefel in einem Verbrennungslöffel und führen ihn sofort in den Erlenmeyerkolben ein. (Dämpfe nicht einatmen! Abzug!)

Wir ermitteln mit Universalindikatorpapier den pH-Wert der entstandenen Säure.

V 2 Nun leiten wir etwa 2 Minuten lang Kohlenstoffdioxid z. B. aus einer Stahlflasche in ein Reagenzglas mit Wasser ein. Anschließend prüfen wir die Flüssigkeit mit Indikatorpapier. Welchen pH-Wert hat sie?

V 3 Wir fangen zu Beginn eines Regengusses und nach etwa 20 Minuten etwas Regenwasser auf.

Dann prüfen wir beide Proben mit Universalindikatorpapier und lesen den pH-Wert ab. Vergleiche!

V 4 Autoabgase sollen zur Entstehung des sauren Regens beitragen. Das soll untersucht werden.

Wir stellen uns aus 100 ml destilliertem Wasser und wenig Lackmusfarbstoff eine schwach gefärbte Indikatorlösung her.

Nun fangen wir in einer Plastiktüte (Inhalt ca. 5 l) bei laufendem Motor Autoabgase [T] auf. (Vorsicht! Abgase nicht einatmen!) Wir drücken die Abgase langsam durch die Indikatorlösung. Beschreibe!

Wie entsteht der saure Regen?

Der Regen war schon immer leicht sauer. Noch bevor erste Fabriken entstanden oder Autos zu fahren begannen, befand sich nämlich **Kohlenstoffdioxid** in der Luft. (Es entsteht bei der Atmung und bei der Verbrennung von Brennstoffen.)

Bei der Reaktion von Kohlenstoffdioxid mit Wasser entsteht **Kohlensäure** (H_2CO_3). Sie reagiert nur schwach sauer und zeigt keine schädigenden Wirkungen.

$$H_2O + CO_2 \rightarrow H_2CO_3$$

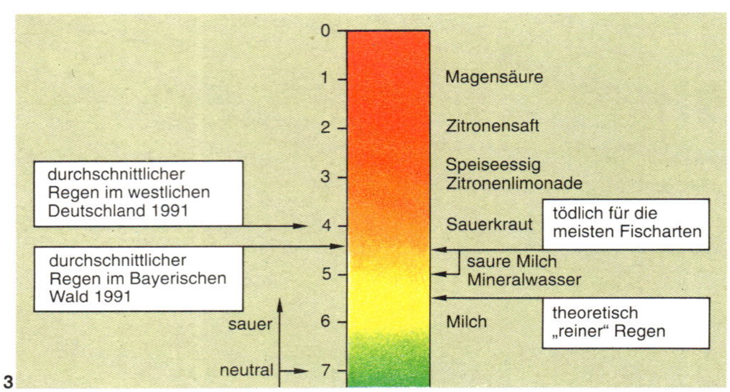

3

In den Feuerungsanlagen von Kraftwerken, Industrieanlagen und Haushalten werden Kohle oder Heizöl verbrannt. Da die Brennstoffe Schwefelverbindungen enthalten, entsteht dabei **Schwefeldioxid**. Dieses Gas reagiert mit der Luftfeuchtigkeit; es entsteht **Schweflige Säure** (H_2SO_3).

$$H_2O + SO_2 \rightarrow H_2SO_3$$

Unter Mitwirkung bestimmter Stoffe, die sich in der Luft befinden (z. B. Ozon), bildet sich auch **Schwefeltrioxid** (SO_3) und daraus mit Feuchtigkeit **Schwefelsäure** (H_2SO_4).

$$H_2O + SO_3 \rightarrow H_2SO_4$$

Der Stickstoff der Luft reagiert normalerweise nicht mit Sauerstoff. Durch einen elektrischen Funken (z. B. einen Blitz) verbinden sich beide Gase aber doch zu **Stickstoffoxiden**. Diese bilden mit Wasser Salpetersäure (HNO_3).

$$4\,NO_2 + 2\,H_2O + O_2 \rightarrow 4\,HNO_3$$

Die Stickstoffoxide in der Luft stammen zu einem großen Teil aus Autoabgasen. Sie bilden sich in Folge der hohen Verbrennungstemperaturen im Zylinder.

Diese Säuren in der Luft können den Regen ziemlich sauer machen (Bild 3).

8173R

Aus Umwelt und Technik: **Bauwerke leiden unter dem sauren Regen**

4

Aus einer Zeitungsnotiz von 1982:

> **An „Kopfschmerzen" ...**
>
> ... leidet Bremens Wahrzeichen, der *Roland*. Der Kopf des Steinmannes, der aus dem Jahre 1404 stammt, hat durch Umwelteinflüsse schon stark an Konturen verloren. Er soll durch eine Kopie ersetzt werden.

Der *Roland* vor dem Bremer Rathaus hat die vergangenen 500 Jahre recht gut überstanden. Nur in den letzten 50 Jahren hat er sehr gelitten. Saurer Regen, Abgase und die natürliche Verwitterung durch die Wirkung von Wasser und Frost haben sein Gesicht verändert (Bild 4). Kann diese wertvolle historische Figur noch gerettet werden?

Besonders Denkmäler und Bauten aus Naturstein zeigen in den letzten Jahrzehnten eine beschleunigte Verwitterung. Der saure Regen zerstört Sandstein und Kalkstein ganz besonders leicht.

Die Säure reagiert mit dem Gestein; es entstehen daraus wasserlösliche Stoffe. Sie werden vom Regen ausgewaschen und weggespült. Auf diese Weise wird die Oberfläche des Natursteins rau und später bröckelig. Schließlich brechen ganze Stücke ab und die Bauten verlieren ihre Form und Festigkeit (Bild 5: Säule an der *Bayerischen Staatsbibliothek* in München).

Es kostet viel Mühe und Geld, historische Bauwerke und Denkmäler vor weiterem Zerfall zu schützen. Trotzdem versucht man es:

Häufig werden verwitterte Gesteinsteile, die nicht mehr zu retten sind, durch neue ersetzt (Bild 6). Dazu verwendet man in den meisten Fällen *Basalt* (das ist vulkanisches Gestein). Es enthält keinen Kalk und wird deshalb durch den sauren Regen nicht angegriffen.

Außerdem sucht man nach Möglichkeiten, wie man Bauwerke oder Denkmäler, die noch nicht so stark zerstört sind, vor weiteren Umwelteinflüssen schützen kann.

Am *Kölner Dom* z. B. wurden mehrere große Flächen zunächst gereinigt und dann mit Steinschutzmitteln behandelt. Diese Mittel machen den Stein wasserabweisend; der Regen läuft daran wie an einem Regenmantel herunter.

Gesteinsteile, die man abnehmen und wieder aufsetzen kann (z. B. kleine Türmchen), werden mit flüssigem Kunststoff getränkt. Dadurch werden alle Poren an der Oberfläche des Gesteins abgedichtet, sodass kein Wasser mehr eindringen kann.

Also Chemie gegen Chemie! Der Sieger steht aber noch nicht fest.

5

6

Aus Umwelt und Technik: **Computer-Tomographie zur Untersuchung von Bäumen**

Häufig werden alte Bäume gefällt, weil man vermutet, daß ihre Stämme innen krank oder sogar hohl sind. Oft zeigt sich dann zu spät, dass diese Vermutung falsch war.

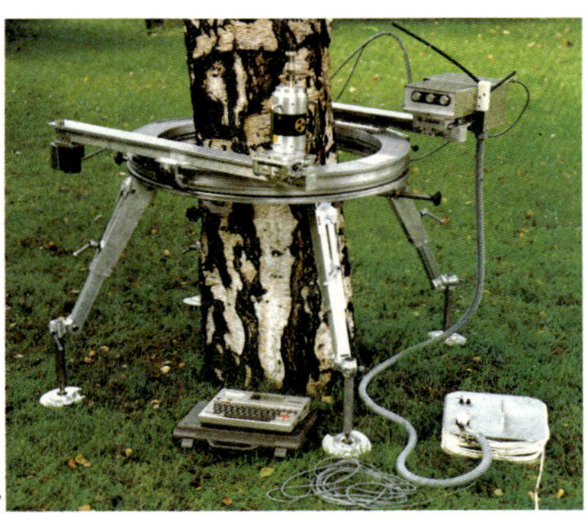
7

Mit einem neuen Messgerät kann man das Innere eines Baumes untersuchen ohne ihn zu verletzen (Bild 7): Eine Strahlenquelle sendet Strahlung aus. Sie wird auf ihrem Weg durch den Stamm unterschiedlich stark abgeschwächt – je nachdem, ob sie durch krankes oder gesundes Holz geht. Ein Empfänger misst die aufgefangene Strahlung.

Nach den Messwerten zeichnet ein Computer ein sog. farbiges *Tomogramm* (griech. *tome:* Schnitt; *gramme:* Geschriebenes; Bild 8).

Dieses Tomogramm zeigt, dass der Stamm innen faul ist. Es hat sich sogar schon ein Hohlraum gebildet.

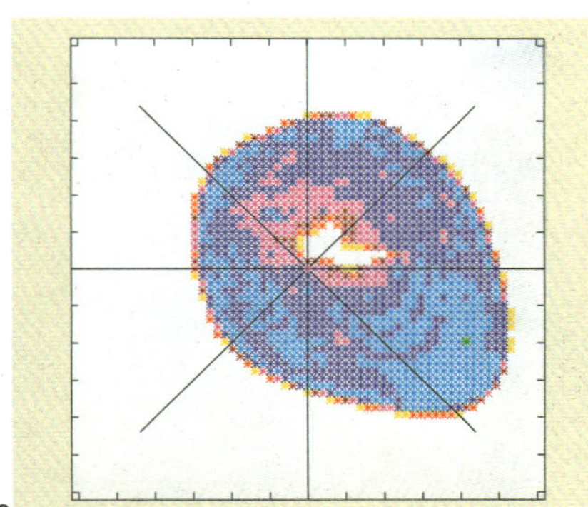
8

Aus Umwelt und Technik: **Waldschäden durch sauren Regen**

Luftverschmutzung – Ursache für die Waldschäden

Unsere Wälder sind krank. Besonders betroffen sind die Nadelbäume; aber auch an den Laubbäumen werden zunehmend mehr Schäden beobachtet.

Wissenschaftler vermuten, dass eine der Hauptursachen für die Waldschäden die Luftverschmutzung ist. Kraftwerke, Industrieanlagen, Kraftfahrzeuge und private Heizungsanlagen blasen jährlich Millionen Tonnen Staub und schädliche Abgase in die Luft.

Der Ausstoß von Schwefeldioxid – dem Hauptverursacher des „sauren Regens" – beträgt z. B. jährlich etwa 36 kg pro Kopf der Bevölkerung. Hinzu kommen vor allem Stickstoffoxide und Kohlenwasserstoffe, die für das Entstehen hochgiftiger Stoffe in der Atmosphäre – wie z. B. Ozon – verantwortlich sind.

Erste Untersuchungen haben gezeigt, dass die schädigende Wirkung der Luftverschmutzung vor allem auf einem komplizierten Zusammenwirken verschiedener Stoffe beruht. Die Folge ist eine Schädigung der Blätter und Wurzeln der Bäume und letztlich eine Herabsetzung ihrer natürlichen Widerstandskraft gegenüber tierischen und pflanzlichen Schädlingen.

Die Verantwortlichen bemühen sich um die Durchsetzung schnell wirkender Gegenmaßnahmen, wie z. B. den Einbau von Filteranlagen in Schornsteine von Kraftwerken und Industrieanlagen und die Herabsetzung des Schadstoffausstoßes bei Kraftfahrzeugen durch Katalysatoren.

Luftverschmutzung kennt keine Grenzen. Dauerhafte Abhilfe ist daher nur durch ein Zusammenwirken aller europäischen Industrieländer möglich.

Können wir in 20 Jahren noch einen Waldlauf oder einen Waldspaziergang machen? Diese Frage ist gar nicht so leicht zu beantworten, denn in unseren Wäldern sterben seit ein paar Jahren die Bäume.

Forstarbeiter sind seit langem damit beschäftigt, tote und fast tote Bäume zu fällen. Während sie früher die Baumbestände alle sieben Jahre durchforsteten, müssen sie heutzutage zwei- bis dreimal im Jahr in dieselben Reviere.

Nadelbäume, die schon sehr krank sind, erkennt man z. B. daran, dass ihre Kronen stark gelichtet sind. Das heißt, sie haben den größten Teil ihrer Nadeln verloren. Oft sind nur noch die Nadeln des letzten Triebes vorhanden (Bild 1). Gesunde Fichten tragen dagegen Nadeln von 6–7 Jahrgängen, Tannen von 10–12 Jahren!

Bei den geschädigten Tannen sind deutliche Verfärbungen der Nadeln zu erkennen (Bild 2), bevor diese ebenfalls abfallen. Die Verfärbungen reichen von gelb bis rotbraun.

Wenn eine stark geschädigte Tanne gefällt wird, findet man im Holz häufig einen Nasskern. Du siehst ihn in Bild 3. Dieser Nasskern ist eine braunrot verfärbte, übel riechende Zone; in ihr sammeln sich Fäulnisbakterien an. Daran wird deutlich, dass nicht nur Schadstoffe aus der Luft auf die Bäume einwirken; auch aus dem Erdboden nehmen die Bäume Schadstoffe auf (Bild 4).

Auch bei den *Laubbäumen* weisen die kranken Bäume starke Veränderungen auf: Die Blätter haben z. B. unregelmäßige braune Flecken oder sie rollen sich zusammen. Außerdem färben sich kranke Bäume im Herbst viel früher als gesunde.

Bei einer starken Schädigung des Baumes werden die Astspitzen und die Äste im oberen Bereich der Krone trocken. Die Baumkrone ist gegenüber gesunden Laubbäumen deutlich „verlichtet".

Außerdem zeigt die Rinde häufig tiefe Risse. Oder sie hat im unteren Bereich des Stammes schwarze Flecken, aus denen eine klebrige Flüssigkeit austritt. Es entstehen auch krebsartige Wucherungen.

1

2

3

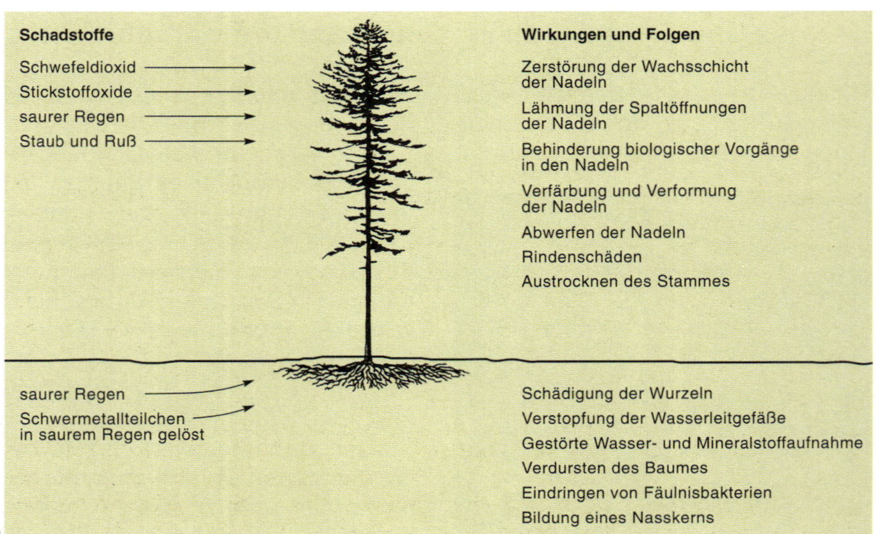

4

1995R

Aus Umwelt und Technik: **Der Anfang vom Ende eines Nadelbaumes**

Der in Heilbronn lebende Wissenschaftler *Ricardo Ojeda-Vera* versuchte vor einigen Jahren die Schädigungen an Bäumen mit Hilfe komplizierter Fotoverfahren sichtbar zu machen (Bilder 5–11). So wurde deutlich, wie Nadeln und Blätter von Schadstoffen ausgebleicht und verätzt, anschließend von Pilzen befallen und von Tumoren zerfressen werden. Dabei wirken vermutlich verschiedene Schadstoffe aus Luft und Erdboden zusammen.

5

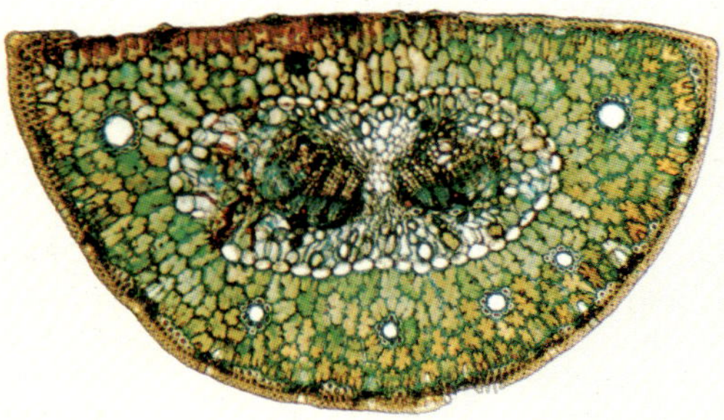
6

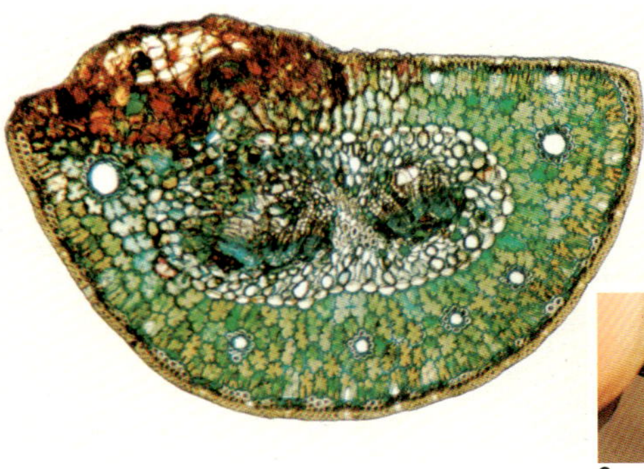
7

8

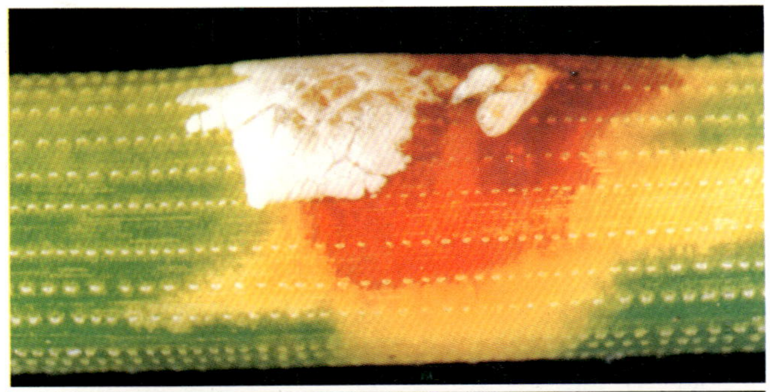
9

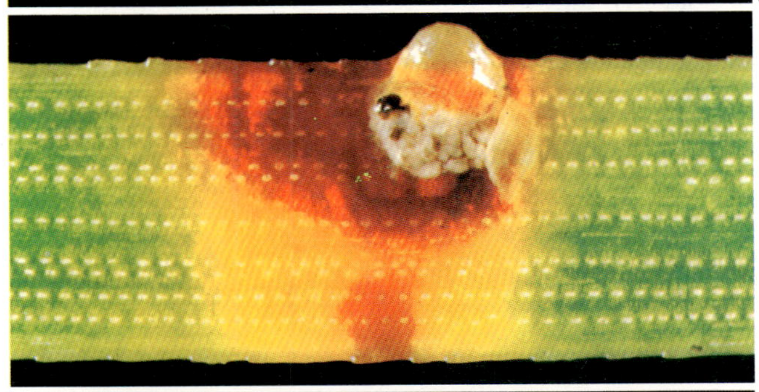
10

11

Die Bilder 5–7 zeigen dir Querschnitte durch die Nadel einer Schwarzkiefer (etwa 100fache Vergrößerung).

In Bild 5 ist eine gesunde Nadel dargestellt. Man erkennt mehrere dicke Hautschichten mit zahlreichen Spaltöffnungen. Damit atmet der Baum. Im grünen Gewebe liegen einige Harzkanäle. Das Zentrum der Nadel bildet ein Doppelstrang von Versorgungskanälen. In ihnen werden Wasser und Nährstoffe von den Wurzeln bis zu den Nadelspitzen transportiert.

In Bild 6 haben Schadstoffe die Hautschichten zerstört und einige Spaltöffnungen vernichtet. Die dunkelbraunen Verfärbungen in den Versorgungskanälen weisen darauf hin, dass auch mit dem Saftstrom Schadstoffe in die Nadel eingedrungen sind.

Die Krankheit schreitet fort (Bild 7): Ein Tumor frisst sich in das Gewebe der Nadel. Auf der Oberfläche der Nadel ist er in natürlicher Größe nur als winziger dunkler Fleck zu erkennen (Bild 8).

Die Bilder 9–11 zeigen, wie sich eine Kiefernnadel gegen die Zerstörung ihrer Oberfläche wehrt (etwa 75fache Vergrößerung).

Die kurzen weißen Striche sind die Spaltöffnungen. Eine 10 cm lange Nadel hat etwa 37 000 davon! Durch diese Öffnungen sind giftige Chemikalien in das Gewebe eingedrungen. Andere haben die Hautschicht zerstört. Die Nadel hat dagegen weiße Abwehrstoffe gebildet (Bild 9).

An dieser kranken Stelle ist die Nadel nun geschwächt. Dadurch wird sie besonders anfällig gegen Pilzbefall.

Der schwarze Fleck in Bild 10 ist solch ein Pilz. Die Nadel versucht durch einen Ausstoß von Harz den Pilzbefall abzuwehren.

In Bild 11 ist zu erkennen, wie sich der Pilz vermehrt hat. Die braunen Gewebeteile der Nadel sind bereits abgestorben, die roten und gelben zeigen verschiedene Stadien der Zerstörung. Der Kampf des Baumes gegen die Zerstörung ist also erfolglos.

1996R

Ein Nachweis für saure und alkalische Lösungen

Der pH-Wert

1

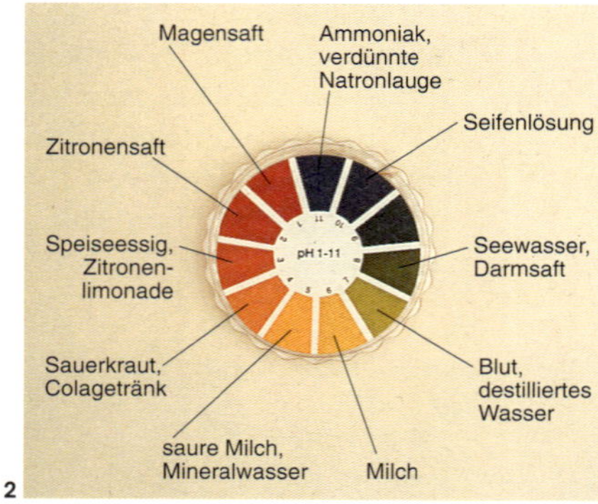

2

... Und der pH-Wert unterscheidet sich doch nur um eine einzige Stufe!

V 1 Wir füllen einige Reagenzgläser etwa 4 cm hoch mit Rotkohlsaft, andere mit schwarzem Tee.

a) Dann fügen wir jeweils eine Probe der folgenden Stoffe hinzu: Essig, Seifenlösung, den Saft eines sauren Apfels, Zitronensaft, Ascorbinsäure (Vitamin C), Kalkwasser [C], 5%ige Natronlauge [Xi] (Schutzbrille!).

b) Nun geben wir zu jeweils einer Lösung der genannten Stoffe einige Tropfen Universalindikator, Bromthymolblaulösung oder Phenolphthaleinlösung [F] (Schutzbrille!).

c) Lege eine Tabelle an und trage alle Ergebnisse ein. Vergleiche!

V 2 Wir prüfen folgende Flüssigkeiten mit Universalindikatorpapier: Salzsäurelösung (c = 0,1 mol/l), filtrierte Säfte von Zitronen, Orangen und Tomaten, frisches kohlensäurehaltiges Mineralwasser, Leitungswasser, frisches Regenwasser, destilliertes Wasser. (Die Reagenzgläser müssen sehr gut gereinigt sein.)

Die Messungen werden mit einem pH-Meter wiederholt. Vergleiche die Ergebnisse.

V 3 Nun prüfen wir etwas Kochsalzlösung, Seifenlösung, gelöstes Natron (in Backpulver enthalten oder in der Apotheke zu kaufen) sowie flüssiges Fensterputzmittel (mit Ammoniak) auf ihren pH-Wert.

V 4 Zu Beginn dieses Versuchs stellen wir eine saure Vergleichslösung mit dem pH-Wert 1 bereit.

a) Von der Vergleichslösung geben wir genau 1 ml in einen Messzylinder und verdünnen sie mit (neutralem) Wasser auf genau 10 ml. Welchen pH-Wert hat die verdünnte Lösung?

b) Nun geben wir von der Vergleichslösung wieder genau 1 ml in einen Messzylinder und verdünnen sie mit Wasser auf genau 100 ml.

Welchen pH-Wert hat die verdünnte Lösung jetzt?

c) Überlege, welchen pH-Wert die verdünnte Lösung zeigt, wenn wir 1 ml der Vergleichslösung auf genau 1000 ml verdünnen.

Prüfe nach, wenn dir ein 1000-ml-Messzylinder zur Verfügung steht.

(*Hinweis:* Falls der pH-Wert in dieser Versuchsreihe mit einem pH-Meter gemessen wird, treten bei den Messungen Abweichungen vom erwarteten Wert auf. Die Abweichungen sind umso größer, je niedriger der pH-Wert ist.)

Wie man den pH-Wert einer Lösung bestimmen kann

Bestimmte Farbstoffe verändern bei Zugabe einer sauren oder alkalischen Lösung ihre Farbe: Sie zeigen Säure- oder Hydroxidlösungen (Laugen) an. Man nennt sie deshalb *Indikatoren* (lat. *indicator:* Anzeiger). Einige sind schon bekannt.

Der **Universalindikator** ist ein Gemisch aus verschiedenen Farbstoffen. Zum Experimentieren kann man ihn in flüssiger Form verwenden oder man nimmt die mit dem Farbstoffgemisch getränkten Papierstreifen.

Auf der Verpackung des Universalindikators ist meist eine Farbskala wie in Bild 2 aufgedruckt. Vergleicht man die Indikatorfärbung mit dieser Farbskala, erkennt man, wie stark sauer bzw. wie stark alkalisch die untersuchte Lösung wirkt.

Jeder Farbe auf der Skala ist eine Zahl zugeordnet. Sie wird **pH-Wert** genannt. Die pH-Wert-Skala reicht von 0 bis 14 (in den Bildern 2 u. 3 jedoch nur von 1 bis 11).

Bei *pH 7* reagiert die untersuchte Lösung weder sauer noch alkalisch; sie ist **neutral**. Mit zunehmendem *Säuregrad* nimmt der pH-Wert ab. Eine Lösung mit dem *pH-Wert 1* ist *stark sauer.* Ist der *pH-Wert größer als 7*, so reagiert die untersuchte Lösung *alkalisch*. Bei pH 14 ist sie stark alkalisch.

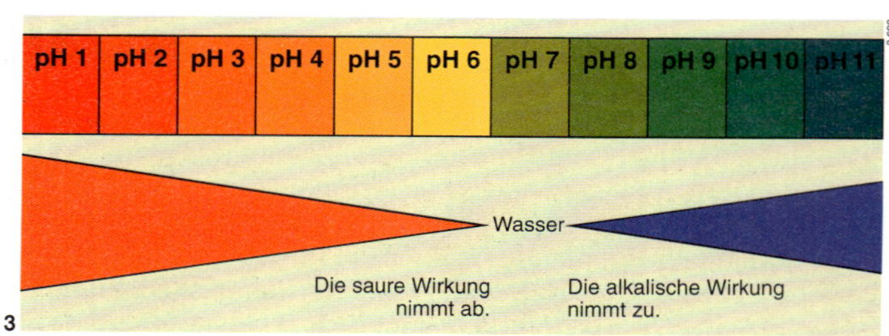

3

8531RD

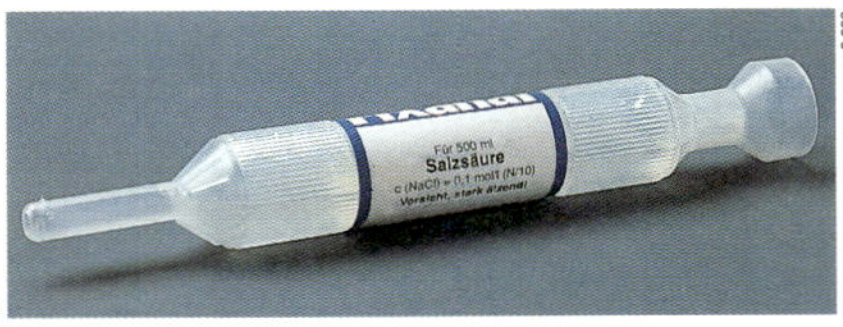

4

Eine Lösung wirkt umso stärker sauer, je mehr Oxonium-Ionen sie enthält. Bevor man Oxonium-Ionen kannte, schrieb man den *Wasserstoff-Ionen* die sauren Reaktionen zu. Daher auch der Name *pH-Wert*: lat. *potentia hydrogenii:* Potenzzahl von Wasserstoff.

Wenn man den pH-Wert einer **sauren Lösung** bestimmen will, muss man ihre Konzentration an Oxonium-Ionen messen. Dazu hat man Folgendes vereinbart: **Eine saure Lösung mit dem pH-Wert 1 enthält in einem Liter 0,1 mol Oxonium-Ionen.**

Lösungen mit dem pH-Wert 1 werden im Labor häufig verwendet. Sie dienen als *Vergleichslösungen* (Bild 4).

Wenn man eine solche Lösung mit Wasser fortlaufend auf das jeweils zehnfache Volumen verdünnt, erhält man Lösungen z. B. mit den pH-Werten 2, 3 und 4 (Bild 5).

Betrachtest du Bild 5 von rechts nach links, so kannst du Folgendes erkennen: **Wenn die Konzentration an *Oxonium-Ionen* auf jeweils das Zehnfache ansteigt, wird der pH-Wert um jeweils eine Stufe kleiner.**

Damit wird auch klar, was die Zahlenwerte für den pH-Wert angeben: Sie ergeben sich aus dem Exponenten im Nenner. pH-Wert 2 bedeutet:

$$c(H_3O^+) = 1/10^2 \text{ mol/l}.$$

Nun ist auch zu erklären, warum die unverdünnten Säfte von Zitronen und Orangen so verschieden sauer schmecken, obwohl sich ihre pH-Werte nur um eine Stufe unterscheiden: Der Zitronensaft enthält zehnmal so viel Oxonium-Ionen je Liter wie der Orangensaft.

In der Tabelle wurde berücksichtigt, dass saure Lösungen noch Spuren von Hydroxid-Ionen enthalten und auch alkalische Lösungen nicht frei von Oxonium-Ionen sind. So kannst du z. B. bei pH 7 ablesen, dass eine *neutrale Lösung* die gleiche Zahl Oxonium- und Hydroxid-Ionen enthält: jeweils $1/10^7$ mol/l.

Steigt die Konzentration an Hydroxid-Ionen um jeweils das Zehnfache, so verringert sich die Konzentration an Oxonium-Ionen auf jeweils ein Zehntel. Das schwach basische Meerwasser z. B. enthält zehnmal so viel Hydroxid-Ionen und nur ein Zehntel Oxonium-Ionen wie eine neutrale Lösung.

Um den pH-Wert **alkalischer Lösungen** anzugeben, wurde Folgendes vereinbart: **Wächst die Konzentration an *Hydroxid-Ionen* auf jeweils das Zehnfache, so steigt der pH-Wert um jeweils eine Stufe.** Wenn man also z. B. in der Lösung mit dem pH-Wert 9 die Zahl der Hydroxid-Ionen verzehnfacht, erhält man den pH-Wert 10.

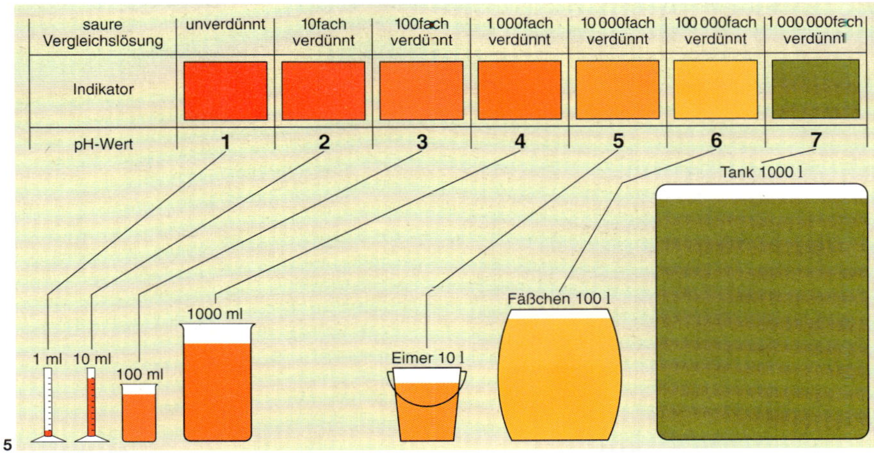

5

Konzentration von Oxonium-Ionen und Hydroxid-Ionen in Lösungen

pH-Wert der Lösung	Konzentration (in mol/l) Oxonium-Ionen	Hydroxid-Ionen	Beispiele
0	$1/10^0$	$1/10^{14}$	Salzsäure (c = 1 mol/l)
1	$1/10^1$	$1/10^{13}$	Salzsäure (c = 0,1 mol/l), Magensaft: ~1
2	$1/10^2$	$1/10^{12}$	Zitronensaft: ~2, Essig: 2,4–3,4
3	$1/10^3$	$1/10^{11}$	Orangensaft: ~3
4	$1/10^4$	$1/10^{10}$	Tomatensaft: ~4
5	$1/10^5$	$1/10^9$	Karottensaft: ~5
6	$1/10^6$	$1/10^8$	Kuhmilch: ~6,3–6,6
7	$1/10^7$	$1/10^7$	reines Wasser
8	$1/10^8$	$1/10^6$	Meerwasser
9	$1/10^9$	$1/10^5$	Seifenlösung: ~9–10
10	$1/10^{10}$	$1/10^4$	Magnesiumoxidlösung: ~10
11	$1/10^{11}$	$1/10^3$	Ammoniakwasser: ~11,5–12
12	$1/10^{12}$	$1/10^2$	Calciumhydroxidlösung: ~12
13	$1/10^{13}$	$1/10^1$	Natronlauge (c = 0,1 mol/l)
14	$1/10^{14}$	$1/10^0$	Natronlauge (c = 1 mol/l)

Fragen und Aufgaben zum Text

1 Eine Lösung hat den pH-Wert 1. Was bedeutet das?

2 Magensaft kann den pH-Wert 1 haben, Zitronensaft pH-Wert 2. Wie stark müsste man den Magensaft bis zum pH-Wert von Zitronensaft verdünnen?

3 Welche Konzentration an Hydroxid-Ionen hat eine Lösung mit pH-Wert 12?

4 Es werden 100 ml Natronlauge (pH-Wert 10) mit Wasser auf 10 l verdünnt. Welchen pH-Wert ergibt das?

5 Vergleiche die Konzentration an Oxonium-Ionen in einer Lösung mit dem pH-Wert 3 mit der von Hydroxid-Ionen in einer Lösung mit pH-Wert 11.

6 Sven meint: „Es schadet nichts, wenn man 1 l Säure mit dem pH-Wert 1 in den Ausguss kippt und mit etwas Wasser nachspült."

Wie viel Liter Wasser könnten mit dieser Säure so verunreinigt werden, dass es auf Fische tödlich wirkt (bei pH 5)?

7 Jemand hat 1 m^3 verbrauchte Akkusäure (pH-Wert 0) illegal „entsorgt".

Wie viel m^3 neutrales Wasser wären erforderlich um den pH-Wert 6 zu erreichen?

Die Neutralisation

Säurelösungen reagieren mit Hydroxidlösungen

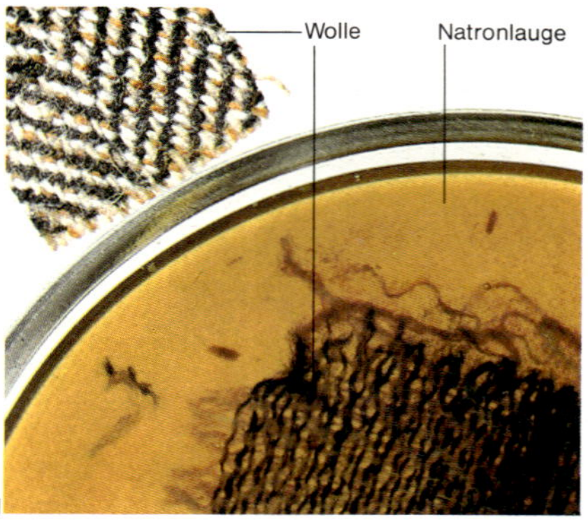

1

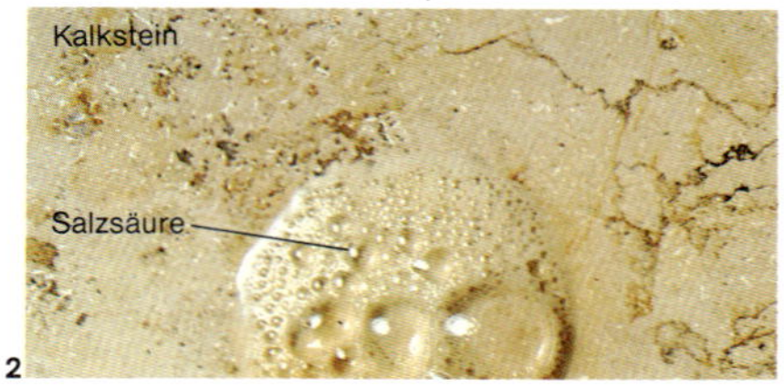

2

Viele Säuren und Laugen sind gefährliche Stoffe. Beim Umgang mit ihnen ist besondere Vorsicht geboten.

Wie gefährlich wird erst die *Mischung von Säuren und Laugen* sein?!

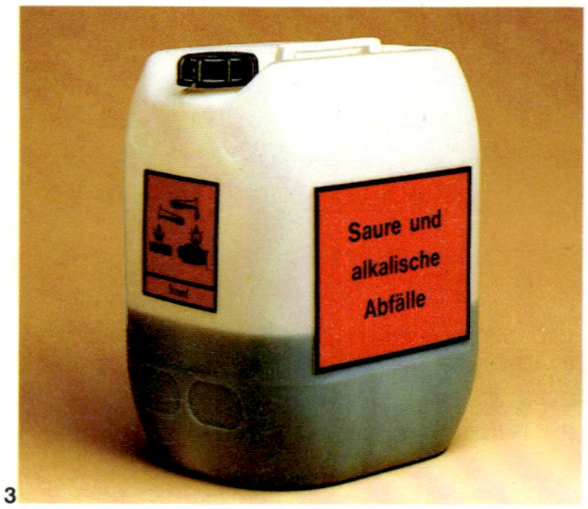

3

V 1 Was geschieht, wenn wir etwas verdünnte Natronlauge (bis 5 %) Xi mit verdünnter Salzsäure Xi mischen (Schutzbrille!)?

Um das zu untersuchen füllen wir etwa 20 ml der Lauge in ein Becherglas und geben etwas Universalindikator (oder Lackmusfarbstoff) hinzu.

a) Nun fügen wir mit einer Pipette tropfenweise verdünnte Salzsäure hinzu. Dabei beobachten wir die Temperatur der Flüssigkeit (Bild 4; gut umrühren!).

b) Das Hinzutropfen der Säure wird beendet, sobald der Indikator genau pH 7 anzeigt (Lackmus: violette Färbung). Wir prüfen die Flüssigkeit zwischen den Fingern.

c) Mit einer sauberen Pipette füllen wir ca. 3 ml der Flüssigkeit in ein Reagenzglas und geben Zink hinzu.

d) Nun geben wir einige Tropfen der Flüssigkeit aus dem Becherglas auf einen Objektträger. Wir lassen die Flüssigkeit verdunsten.

Betrachte den Rückstand unter dem Mikroskop (etwa 70fache Vergrößerung). Vergleiche mit dem Aussehen von Kochsalzkristallen.

e) Fasse alle Ergebnisse dieses Versuches zusammen.

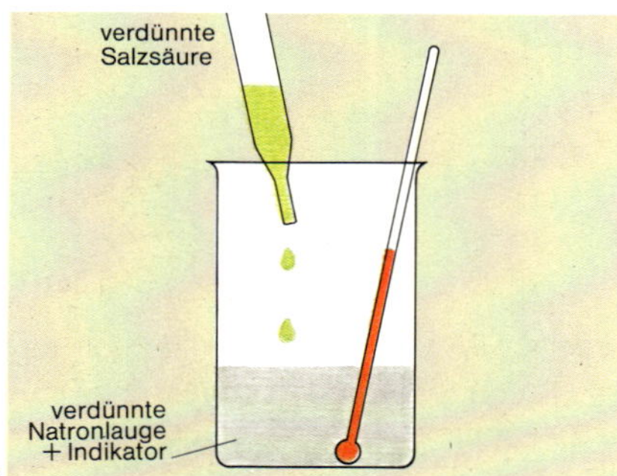

4

V 2 Wir wiederholen nun Versuch 1, nehmen aber statt der Salzsäure verdünnte Schwefelsäure Xi (Schutzbrille!). Vergleiche mit V 1.

V 3 Auch für diesen Versuch brauchen wir ein Becherglas (250 ml), eine Tropfpipette und einen Streifen Universalindikatorpapier.

a) Können wir durch Zugabe von Calciumhydroxidlösung (Kalkwasser) C zu verdünnter Schwefelsäure Xi eine Lösung herstellen, die weder die Eigenschaften einer Säure noch die einer Lauge hat?

b) Wir geben einen Tropfen der Lösung mit dem Niederschlag auf einen Objektträger und betrachten ihn unter dem Mikroskop.

c) Dann vergleichen wir mit den Rückständen der Versuche 1 u. 2.

Aufgaben

1 Aus der gefährlichen Natronlauge und der gefährlichen Salzsäure entsteht bei der **Neutralisation** ein harmloser Stoff. Erkläre, wie es zur Neutralisation kommt und was der Begriff *neutral* bedeutet (→ Info auf der nächsten Seite oben).

2 Überprüfe mit Hilfe eines Indikators, ob man Zitronensaft mit Zucker neutralisieren kann.

3 Nenne die allgemeine Reaktionsgleichung für eine Neutralisation.

4 Welches ist der wesentliche chemische Vorgang, der bei *jeder* Neutralisation abläuft?

5 Kaliumhydroxidlösung wird einmal mit Salzsäure und einmal mit verdünnter Schwefelsäure neutralisiert. Welche Salze erhält man beim Eindampfen der beiden Flüssigkeiten?

6 Wenn man beim Baden im Meer mit einer Feuerqualle in Berührung kommt, überträgt diese ein Säure auf die Haut: Die Haut rötet sich, schwillt an und schmerzt. Dagegen hilft das Betupfen der betroffenen Stelle mit verdünntem Salmiakgeist (Ammoniumhydroxidlösung). Erkläre, wie dieses Gegenmittel wirkt.

7 Welchen Sinn siehst du darin, dass man saure und alkalische Abfälle gemeinsam in einem großen Gefäß sammelt (Bild 3)?

8 Wie verhältst du dich, wenn deine Kleidung Spritzer von verdünnter Lauge abbekommen hat?

6552R

Die Vorgänge bei der Neutralisation

Wenn man z. B. eine bestimmte Menge verdünnter Salzsäure und eine bestimmte Menge verdünnter Natriumhydroxidlösung miteinander reagieren lässt, erhält man schließlich eine **neutrale Lösung**.

Die Natriumhydroxidlösung verliert dabei ihre alkalischen Eigenschaften, die Salzsäure verliert ihre Säureeigenschaften. *Welche chemische Reaktion läuft dabei ab?*

Jeweils ein Proton aus der Säurelösung und ein Hydroxid-Ion aus der Hydroxidlösung vereinigen sich zu einem Wassermolekül.

$H^+ + OH^- \rightarrow H_2O$

Genauer betrachtet werden Protonen von den Oxonium-Ionen der Salzsäure auf die Hydroxid-Ionen der Natriumhydroxidlösung übertragen (Bild 5).

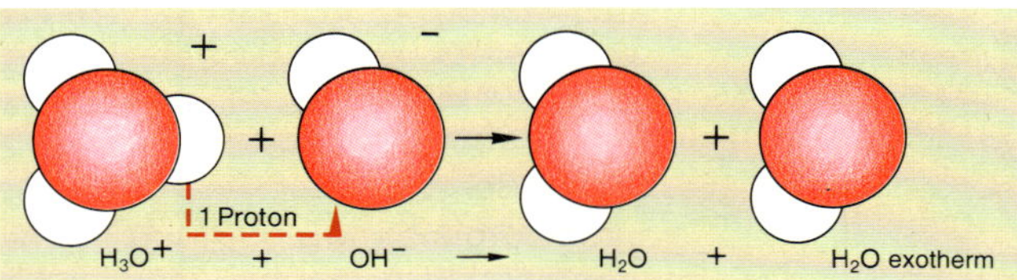

5

Diese chemische Reaktion wird als **Neutralisation** bezeichnet (lat. *neuter:* keiner von beiden).

Wenn andere Säurelösungen mit Hydroxidlösungen reagieren, laufen stets die gleichen Vorgänge ab: Oxonium-Ionen reagieren mit Hydroxid-Ionen zu Wassermolekülen. Die Neutralisation ist also eine *Reaktion mit Protonenübertragung*. Nach Brönsted ist die Neutralisation eine **Säure-Base-Reaktion** oder **Protolyse**.

Die Neutralisation verläuft exotherm; es wird **Energie** in Form von Wärme *(Neutralisationswärme)* frei. Da zwischen den beteiligten Ionen immer die gleiche Reaktion abläuft, ist die Neutralisationswärme stets gleich:

Bei der Neutralisation von 1 mol Oxonium-Ionen werden 57,3 kJ Wärme frei.

Die Metall-Ionen aus der Hydroxidlösung und die Säurerest-Ionen aus der Säurelösung bleiben zunächst in Lösung. Wenn man das Wasser verdampft, bilden die Metall-Ionen und die Säurerest-Ionen ein *Kristallgitter*. Es entsteht ein **Salz**.

So entsteht z. B. bei der Neutralisation einer Natriumhydroxidlösung mit Salzsäure Natriumchlorid (Kochsalz).

$Na^+ + OH^- + H^+ + Cl^- \rightarrow H_2O + Na^+ + Cl^-$ | exotherm

Ionen bewirken die Leitfähigkeit und den pH-Wert von reinem Wasser

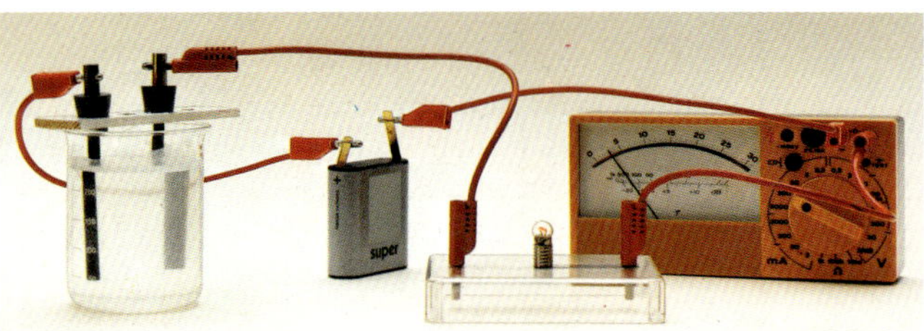
6

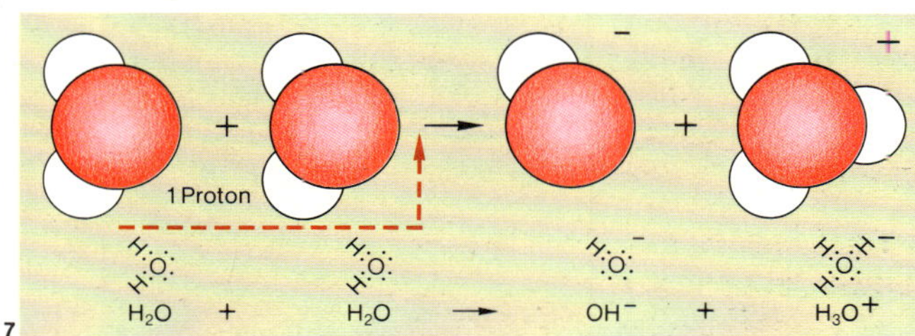

7

Bei jeder Neutralisation entsteht aus Oxonium-Ionen und Hydroxid-Ionen Wasser. Dieses hat den pH-Wert 7. Das heißt: Wasser zeigt weder eine saure noch eine alkalische Reaktion.

Reines Wasser (das ist Wasser, das mehrfach in Platingefäßen destilliert wurde) leitet aber ganz schwach den elektrischen Strom (Bild 6). Woran liegt das?

Wir müssen annehmen, dass sich im Wasser selbst – aus den Wassermolekülen – **Ionen** gebildet haben. Aber wie?

Bekanntlich sind die Wassermoleküle schon bei Raumtemperatur in heftiger Bewegung (Wärmebewegung); dabei stoßen sie miteinander zusammen. Beim Zusammenstoß zweier Wassermoleküle wird von einem dieser Moleküle ein Proton „abgeschlagen"; es wird auf ein anderes Wassermolekül übertragen. Dort lagert es sich an ein nicht bindendes Elektronenpaar des Sauerstoffatoms an (Bild 7). So wird aus einem Wassermolekül ein **Hydroxid-Ion** und aus einem anderen ein **Oxonium-Ion**. Die Reaktionsgleichung hierzu lautet vereinfacht:

$2\,H_2O \rightarrow OH^- + H_3O^+$

Nun enthält das Wasser Ionen und kann den elektrischen Strom leiten. Die sehr geringe Leitfähigkeit zeigt aber, dass nur wenige Wassermoleküle in dieser Weise miteinander reagieren. Aus der Messung der Leitfähigkeit lässt sich berechnen, dass (bei Raumtemperatur) von ca. 550 Millionen Wassermolekülen nur ein einziges beim Zusammenstoß mit einem anderen so reagiert.

Nehmen wir zur Veranschaulichung an, die 550 000 000 Wassermoleküle wären Erbsen. Dann könnte man mit ihnen 580 Badewannen füllen (Bild 8) – so hoch wie mit Wasser für ein Vollbad. Und nur *eine einzige* Erbse entspräche einem Oxonium-Ion!

1 Liter Wasser (mit pH-Wert 7) enthält nur 0,000 000 1 mol (10^{-7} mol) Oxonium-Ionen und die gleiche Anzahl Hydroxid-Ionen. Du kannst dir bestimmt vorstellen, dass das Vorhandensein so geringer Mengen Ionen in einer Flüssigkeit nur mit ganz empfindlichen Messgeräten festgestellt werden kann.

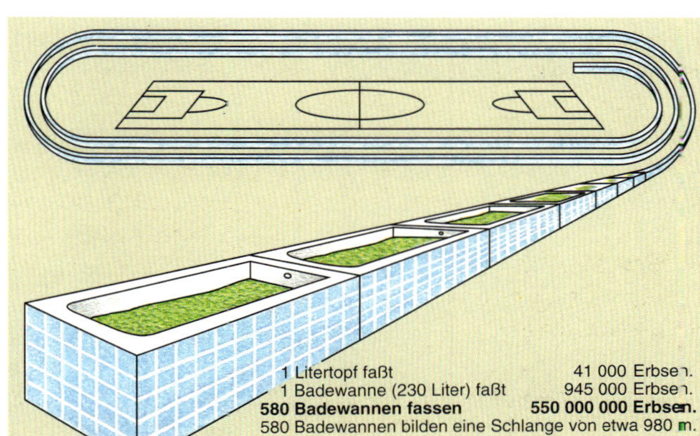

8

Aus Umwelt und Technik: **Der pH-Wert muss stimmen!**

Im **menschlichen Körper** spielt der pH-Wert eine wichtige Rolle. So besitzen z. B. die *Verdauungsorgane* ganz unterschiedliche pH-Werte: Der Speichel ist meist neutral, er kann aber auch leicht sauer oder alkalisch sein (pH-Wert 5–8,5). Im Magen findet man pH-Werte von 0,9–1,5. Der Darmsaft ist dagegen leicht alkalisch (pH-Wert etwa 8).

Die Haut hat einen pH-Wert von etwa 5; sie zeigt also eine saure Reaktion. Seife, die alkalisch wirkt, kann den schützenden Fett- und Säuremantel der Haut zerstören. Für besonders empfindliche Haut wurden daher bereits seifenfreie Reinigungsmittel entwickelt. Sie reagieren nicht alkalisch (Bild 1).

Sogar beim **Baden im Schwimmbad** kann der pH-Wert des Wassers zum Vergnügen beitragen – oder störend wirken. Du kennst z. B. das lästige Brennen in der Nase und in den Augen, das manchmal beim Baden auftritt. Das wird häufig nicht durch Chlor verursacht, sondern durch einen falschen pH-Wert des Wassers.

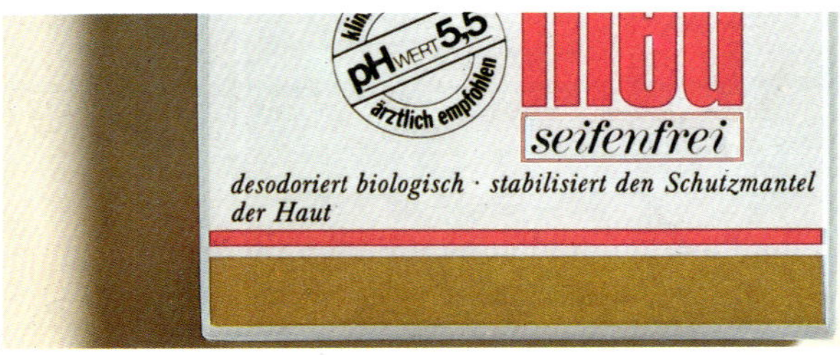

1

Dieser sollte möglichst zwischen pH 7,2 und pH 7,5 betragen. Liegt er darunter, so besteht die Gefahr, dass sich Metallteile im Wasser verändern. Liegt er darüber, werden Augen und Schleimhäute gereizt. Außerdem lagert sich leicht Kalk ab. Deshalb wird in Schwimmbädern neben dem Chlorgehalt in der Regel auch der pH-Wert des Wassers überwacht und richtig eingestellt.

Versuche aber nicht auch den Fischen im **Aquarium** ein für den Menschen ideales Wasser zu bereiten! Sie bevorzugen andere pH-Werte als der Mensch:

Für Seewasserfische ist der pH-Wert 8 bis 8,5 günstig, für Süßwasserfische etwa pH 6,5 bis 7. Da unser Leitungswasser fast neutral reagiert, kann man es meist für Süßwasserfische verwenden. Für empfindlichere Fische muss man jedoch besondere Mittel zum Einstellen des pH-Wertes kaufen.

Manchmal kommt es darauf an, den pH-Wert ganz genau einzuhalten. Ein Beispiel dazu aus dem häuslichen Bereich ist die **Herstellung von Marmelade**:

pH-Wert	Zustand der Marmelade
kleiner als 2,6	keine Gelierung
2,9	Flüssigkeitsaustritt
3,1	**fest**
3,3	weich
3,4	fast flüssig
größer als 3,5	keine Gelierung

Aus Umwelt und Technik: **Der pH-Wert und die Landwirtschaft**

Ein Landwirt will auf zwei Feldern Zuckerrüben anbauen, denn er hat sich zur Zusammenarbeit mit einer Zuckerfabrik entschlossen. Damit er gute Erträge erzielt, wurde eine **Bodenuntersuchung** seiner Felder durchgeführt.

Bei jeder Probe wurden die Bodenart und der Gehalt an Phosphor- und Kaliumverbindungen bestimmt. Das gibt dem Landwirt Auskunft darüber, ob eine Düngung erforderlich ist. Außerdem wurde bei der Untersuchung der pH-Wert festgestellt.

Einen Ausschnitt aus den Untersuchungsergebnissen zeigt die folgende Übersicht:

Proben-Nr.	Feldbezeichnung	Fruchtart	pH-Wert	Kalkbedarf kg CaO je ha bis pH 7
1	Broistedter Weg	Rüben	5,2	2 · 2200
2	Broistedter Weg	Rüben	5,4	2 · 2000
3	Krönig	Rüben	6,9	10
4	Krönig	Rüben	6,6	12
5	Krönig	Rüben	6,8	10
6	Lengeder Weg	Rüben	7,1	–

Der Untersuchungsbericht enthielt auch Anweisungen, für den Landwirt, wie er den für Zuckerrüben günstigsten Boden mit dem pH-Wert 7 erreichen kann.

Der pH-Wert des Bodens spielt immer dann eine Rolle, wenn bestimmte Getreidesorten, Pflanzen oder Blumen besonders gut gedeihen sollen (→ folgende Übersicht).

Umgekehrt können Pflanzen aber auch „anzeigen", welchen pH-Wert der Boden hat, auf dem sie wachsen. Beispielsweise wachsen Heidelbeeren nur in Wäldern mit saurem Boden.

Günstige pH-Bereiche für Pflanzen

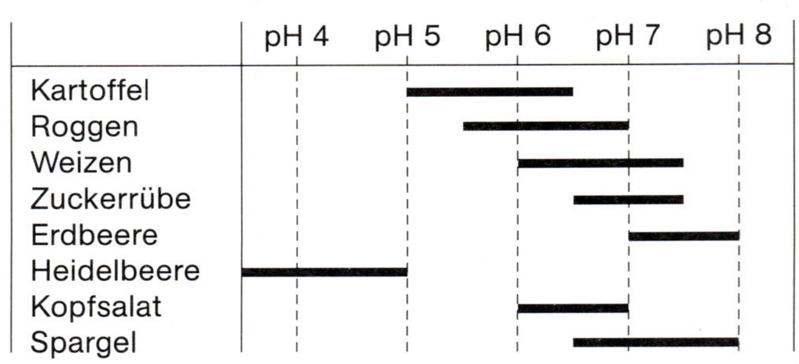

Aus Umwelt und Technik: **Neutralisation schützt Bakterien**

Zu den biologischen Reinigungsstufen moderner Kläranlagen gehören riesige *Belebtbecken.* Darin „verdauen" unzählige *Bakterien* den anfallenden Schmutz aus den Abwässern – das weißt du ja bereits.

Die Bakterien können jedoch nur leben, wenn die Abwässer annähernd neutral sind.

Besonders in der chemischen Industrie entstehen jedoch große Mengen an stark sauren oder alkalischen Abwässern. Sie müssen zum Schutz der Bakterien neutralisiert werden.

In den Kläranlagen vieler chemischer Betriebe befindet sich deshalb vor der biologischen Reinigungsstufe eine sogenannte *Neutralisationsstufe* (Bild 2). Diese Anlage besteht aus großen Kunststoffbehältern mit einem Rührwerk. Hier wird der pH-Wert des einströmenden Abwassers ständig überwacht. Dazu dient ein Messfühler mit pH-Meter.

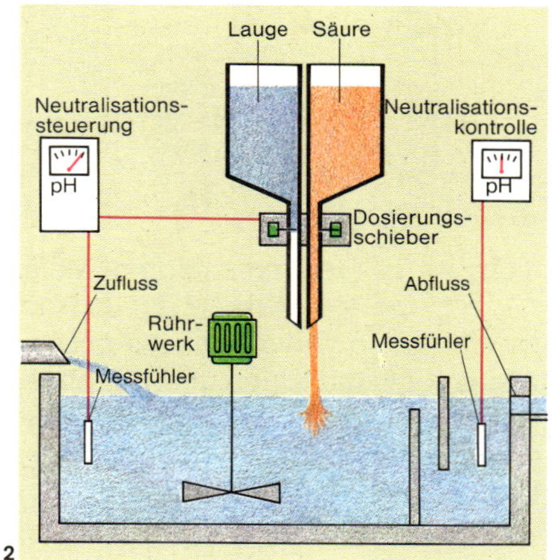

2

Wenn der angezeigte Wert vom sog. Sollwert abweicht, wird automatisch die zur Neutralisation erforderliche Menge an Säure bzw. Lauge berechnet und dem Abwasser zugeführt.

Zur Neutralisation von *Säuren* sind Natronlauge oder Calciumhydroxidlösung gebräuchlich, zur Behandlung *alkalischer* Abwässer Salzsäure oder Schwefelsäure.

Für die neutralisierten Abwässer ist ein pH-Wert-Bereich von 6–8,5 vorgeschrieben. Diese Werte müssen nicht nur eingehalten werden, damit die biologische Reinigung funktioniert. Ihre Einhaltung ist auch erforderlich um Wasserpflanzen und -tiere zu schützen, wenn die gereinigten Abwässer schließlich in Flüsse oder Seen eingeleitet werden.

Die Neutralisation

Alles klar?

1 Erkläre den Begriff „Neutralisation". Welche chemische Reaktion wird mit diesem Begriff gekennzeichnet? Gib dazu die Ionengleichung an.

2 Vergleiche Eigenschaften und Zusammensetzung von Natriumhydroxid und Natriumchlorid.

3 Kaliumhydroxidlösung wird mit Salzsäure neutralisiert. Anschließend wird die Lösung eingedampft. Gib den Namen und die Formel des Endproduktes an.

4 In Deutschland kalkt man seit einigen Jahren Waldgebiete, die besonders unter saurem Regen leiden. So werden z. B. im Harz 16 t Kalk pro Jahr und Hektar ausgestreut. Was will man damit erreichen?

5 Lithiumhydroxidlösung wird mit Salzsäure neutralisiert. Welche Stoffe erhält man beim Eindampfen?

6 Ein Schüler hat eine Säure mit einer Lauge vermischt. Er meint: „Davon könnte ich ruhig etwas trinken, der Lackmusstreifen zeigt ja eine neutrale Flüssigkeit an." Welche Gefahr hat er übersehen?

7 Warum sollte man bei einer Säureverätzung der Haut die betroffene Stelle nicht mit einer stark alkalischen Flüssigkeit behandeln?

8 Mückenstifte zeigen eine schwach alkalische Wirkung. Sie lindern den Juckreiz bei Insektenstichen. Was für Flüssigkeiten spritzen die Insekten demnach beim Stechen in die Haut?

Auf einen Blick

Säurelösungen reagieren mit Hydroxidlösungen

Lässt man eine verdünnte Säure mit einer bestimmten Menge einer Hydroxidlösung reagieren, gehen die sauren bzw. alkalischen Eigenschaften der beiden Flüssigkeiten verloren. Es entsteht eine neutrale Flüssigkeit. Diesen Vorgang nennt man **Neutralisation**.

Bei jeder Neutralisation reagieren Oxonium-Ionen aus der sauren Lösung mit Hydroxid-Ionen aus der alkalischen Lösung. Dabei entstehen **Wassermoleküle**.

Bei jeder Neutralisation wird *Neutralisationswärme* frei.

$H_3O^+ + OH^- \rightarrow 2\,H_2O$ | exotherm

Die neutrale Flüssigkeit ist eine *Salzlösung.* Sie enthält noch Metall-Ionen und Säurerest-Ionen.

Beim Eindampfen der Lösung bilden die Metall-Ionen und die Säurerest-Ionen ein *Kristallgitter.* Es entsteht also ein **Salz**.

Der Name des Salzes leitet sich aus den Namen der Metall-Ionen und der Säurerest-Ionen ab.

Reaktionen zur Bildung von Salzen

Wie Salze entstehen

1 

Offensichtlich gibt es hier verschiedene Meinungen ...

V 1 Zunächst lassen wir in einem Reagenzglas Säure auf Zink einwirken. Dazu geben wir geraspeltes Zink (Zinkspäne) in etwas verdünnte Salzsäure (bis 25 %) [Xi].

a) Wenn bei der Reaktion ein Gas entsteht, prüfen wir dessen Brennbarkeit mit einer Streichholzflamme.

b) Wir geben so lange Zink in die Säure, bis keine Reaktion mehr zu erkennen ist. Dann wird die Flüssigkeit abfiltriert und eingedampft.

V 2 Welche Stoffe entstehen, wenn andere *Metalle* mit Säure reagieren?

a) Wir geben Magnesiumband, Aluminiumfolie und Eisenspäne jeweils in ein Reagenzglas, das verdünnte Salzsäure (bis 25 %) [Xi] enthält.

Jedes Mal wird das entstandene Gas geprüft und nach Beendigung der Reaktion die Flüssigkeit eingedampft. Vergleiche!

b) Wir geben von den gleichen Metallen möglichst gleich große Proben in verdünnte Schwefelsäure [Xi].

Vergleiche die entstandenen Stoffe (z. B. ihre Kristallformen).

V 3 Mit diesem Versuch können wir feststellen, wie ein *Metalloxid* mit einer Säure reagiert.

Dazu geben wir nach und nach kleine Mengen von schwarzem Kupferoxid in ein Reagenzglas mit etwas verdünnter Schwefelsäure [Xi].

2 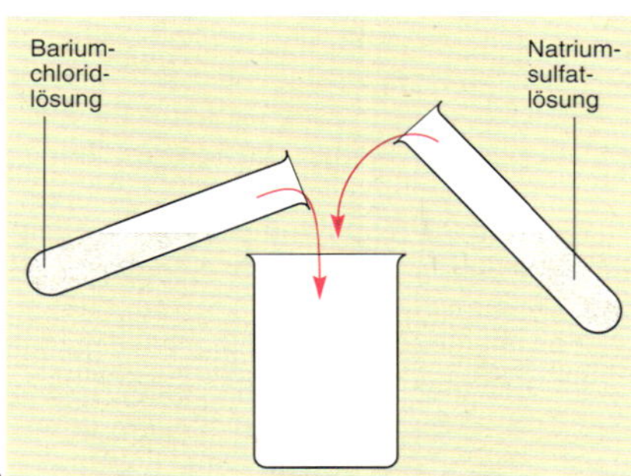

Gleichzeitig wird die Schwefelsäure vorsichtig erwärmt (das Reagenzglas dabei über der Flamme hin und her schwenken; Schutzbrille!).

Sobald kein Kupfer(II)-oxid mehr mit der Säure reagiert, wird die Flüssigkeit in ein anderes Reagenzglas abfiltriert.

Beobachte das Filtrat, während es abkühlt. Betrachte das getrocknete Filtrierpapier mit einer Lupe.

V 4 Nun sollen zwei Salze miteinander reagieren.

a) Wir lösen je eine Spatelspitze Bariumchlorid $BaCl_2$ [Xn] und Natriumsulfat Na_2SO_4 jeweils in 10 ml destilliertem Wasser auf.

b) Dann gießen wir beide Lösungen nacheinander in ein kleines Becherglas (Bild 2) und beobachten.

c) Nach etwa fünf Minuten wird die Flüssigkeit filtriert und eingedampft.

Aufgaben

1 Erhitztes Kupferblech reagiert mit Chlor. Beschreibe die Reaktion und stelle die Reaktionsgleichung auf.

2 Was sagen die folgenden Reaktionsgleichungen aus? Welche Reaktionsart liegt jeweils vor (→ Info)?

$Zn + H_2SO_4 \rightarrow ZnSO_4 + H_2$

$ZnO + H_2SO_4 \rightarrow ZnSO_4 + H_2O$

3 Es gibt mehrere Möglichkeiten, Zinkchlorid $ZnCl_2$ herzustellen. Beschreibe mindestens zwei davon.

4 Wenn ein Metall mit einer Säure reagiert, entsteht Wasserstoff.

Warum kann der Wasserstoff nur aus der Säure kommen?

5 Wie heißen die folgenden Salze: $ZnCl_2$, $NaNO_3$ und $MgSO_4$?

6 Kaliumchlorid ist durch Neutralisation herzustellen. Beschreibe!

7 Die Lösungen von Silbernitrat $AgNO_3$ und Natriumchlorid NaCl werden vermischt. Silberchlorid ist ein sehr schwer lösliches Salz.

Beschreibe die Reaktion und gib die Reaktionsgleichung an.

8 Beschreibe die Reaktion von Kupfer(II)-oxid mit Schwefelsäure.

9 Wenn man Salzsäure auf Kalkstein $CaCO_3$ gibt, bildet sich ein Gas. Außerdem entsteht Calciumchlorid.

Erkläre die Reaktion. Schreibe die Reaktionsgleichung auf.

6556R

Reaktionen zur Bildung von Salzen

Die Salze weisen ähnliche Eigenschaften auf: Sie haben hohe Schmelz- und Siedetemperaturen. Außerdem liegen sie bei Raumtemperatur im festen Aggregatzustand vor. In wässrigen Lösungen leiten sie den elektrischen Strom.

Die gemeinsamen Eigenschaften beruhen darauf, dass alle Salze im Prinzip den gleichen Aufbau haben: Sie sind aus elektrisch entgegengesetzt geladenen Ionen aufgebaut. In wässrigen Lösungen sind die Ionen frei beweglich.

An der Bildung von Salzen können unterschiedliche Ausgangsstoffe beteiligt sein. Die Reaktionen zur Salzbildung unterscheiden sich nicht nur in ihrem Ablauf; sie gehören auch zu verschiedenen Typen chemischer Reaktionen.

Reaktionen mit Elektronenübertragung

1. Metall + Nichtmetall → Salz

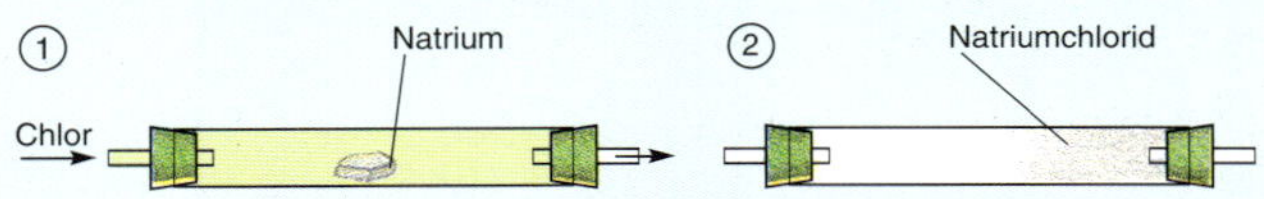

Natrium + Chlor → Natriumchlorid
$2\,Na + Cl_2 \rightarrow 2\,NaCl$ | exotherm

Die beiden Elemente reagieren direkt miteinander. Dabei werden Elektronen von Metallatomen auf Nichtmetallatome übertragen. Die Synthese eines Salzes aus den Elementen ist also eine *Reaktion mit Elektronenübertragung*.

2. Metall + Säure → Salz + Wasserstoff

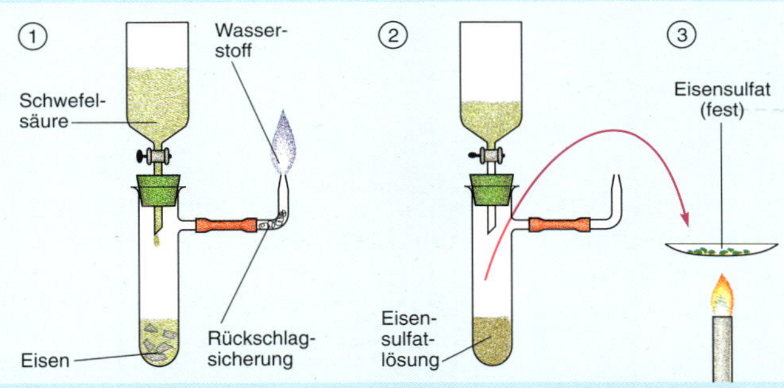

Eisen + Schwefelsäure → Eisensulfat + Wasserstoff
$Fe + H_2SO_4 \rightarrow FeSO_4 + H_2$ | exotherm

Von Metallatomen werden Elektronen auf Oxonium-Ionen übertragen. Wasserstoff wird frei. Die Säurerest-Ionen bleiben in der Lösung. Beim Eindampfen bilden sie mit den Metall-Ionen ein Kristallgitter; es bildet sich das Salz.

Fällungsreaktion

3. Salz A + Salz B → Salz C + Salz D

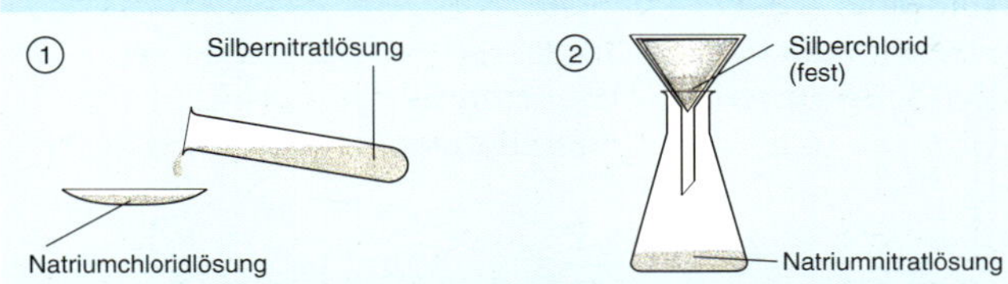

Natriumchlorid + Silbernitrat → Natriumnitrat + Silberchlorid
$NaCl + AgNO_3 \rightarrow AgCl + NaNO_3$ | exotherm

Metall-Ionen aus der einen Lösung bilden mit Säurerest-Ionen aus der anderen Lösung ein schwer lösliches Salz. Seine Kristalle „fallen" zu Boden. Ob eine *Fällungsreaktion* eintritt, richtet sich nach der Löslichkeit der Salze.

Reaktionen mit Protonenübertragung

4. Metalloxid + Säure → Salz + Wasser

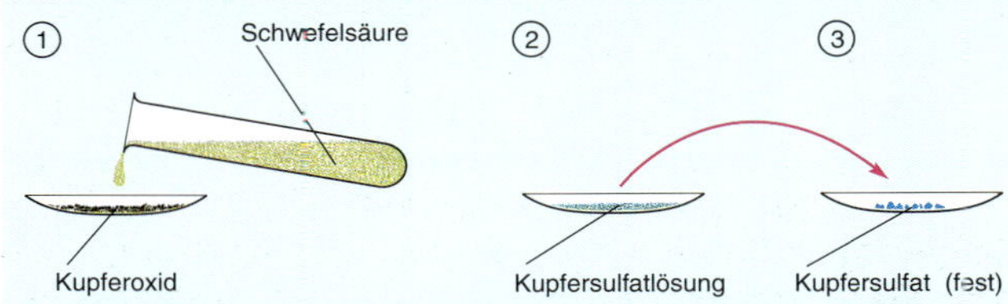

Kupfer(II)-oxid + Schwefelsäure → Kupfersulfat + Wasser
$CuO + H_2SO_4 \rightarrow CuSO_4 + H_2O$ | exotherm

Oxonium-Ionen aus der Säure und Oxid-Ionen aus dem Metalloxid reagieren unter Bildung von Wassermolekülen. Protonen werden von Oxonium-Ionen auf Oxid-Ionen übertragen. Es findet eine *Reaktion mit Protonenübertragung* statt, eine *Säure-Base-Reaktion*.

5. Säure + Lauge → Salz + Wasser

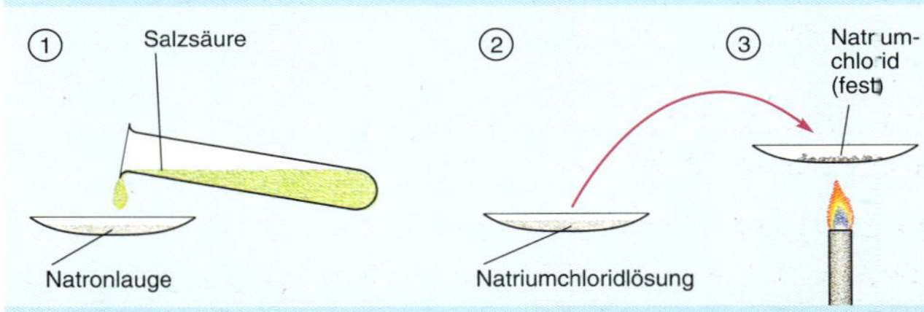

Natronlauge + Salzsäure → Natriumchlorid + Wasser
$NaOH + HCl \rightarrow NaCl + H_2O$ | exotherm

Von Oxonium-Ionen werden Protonen auf Hydroxid-Ionen übertragen. Es bilden sich Wassermoleküle. Säure und Lauge neutralisieren einander. Die *Neutralisation* ist eine *Reaktion mit Protonenübertragung*.

Fragen und Aufgaben zum Text

1 Ordne die folgenden Reaktionen den Reaktionsarten zu:
a) Bei einer Reaktion entsteht ausschließlich Magnesiumoxid.
b) Es bilden sich Magnesiumchlorid und Wasserstoff. (Gib auch die Ausgangsstoffe an.)
c) Beim sog. Beizen von Eisenoberflächen mit Salzsäure löst sich die Oxidschicht.
d) In einer Lösung bildet sich Silberchlorid. Das Filtrat enthält Salpetersäure. (Gib auch an, welche Stoffe reagiert haben.)
e) Schwefel reagiert auf einem Silberlöffel zu Silbersulfid.
f) Magnesium wird oxidiert.
g) Kohlenstoffdioxid reagiert mit Kalkwasser.

2 Aus welchen Metall-Ionen und Säurerest-Ionen bestehen folgende Salze: Magnesiumchlorid, Natriumsulfat, Natriumhydrogencarbonat, Aluminiumphosphat, Ammoniumnitrat?
Gib jeweils auch den Namen der Säure an, aus der die Säurerest-Ionen stammen.

Die Salze

1 Einige Eigenschaften von Salzen

Salz macht haltbar

Ohne die konservierende Wirkung von Salz wäre Europa in allen Jahrhunderten seiner Geschichte von Hungersnöten heimgesucht worden. Salz macht Fisch, Fleisch und Gemüse haltbar. Ohne Salz hätte kein Seefahrer zur See fahren, Columbus nicht Amerika entdecken können. Salz ist heute noch das wichtigste Naturprodukt, wenn man Nahrungsmittel länger aufbewahren will.

1

Salz macht krank

In der Bundesrepublik Deutschland werden jedes Jahr über 1,5 Millionen Tonnen Salz auf Straßen, Wege und öffentliche Plätze gestreut! Durch Streusalz werden Baumalleen zum Absterben gebracht und an Straßen gelegene Grundstücke schwer geschädigt. Allein in Stuttgart sind von den 21 500 Bäumen 8 500 krank, und jährlich werden 500 sterben.

2

Pro und kontra Salz!

V 1 Dieser Versuch zeigt die Wirkung von Kochsalz auf Pflanzen: Wir lösen 1 gestrichenen Teelöffel Kochsalz in 1/4 l Wasser auf, 2 Esslöffel dieser Salzlösung gießen wir in eine flache Glasschale (Deckel eines Einmachglases, Petrischale) und lassen darin Kressesamen (20–30 Körner) keimen und wachsen.

Zum Vergleich streuen wir die gleiche Menge Kressesamen in eine Glasschale, die 2 Esslöffel Leitungswasser enthält. Beobachte eine Woche lang. Ersetze das verdunstete Wasser durch Leitungswasser.

V 2 Kochsalz bildet Kristalle; diese kannst du dir selbst züchten. Dazu löst du zunächst in einem Glas Wasser nach und nach so viel Kochsalz auf, bis sich ein Bodensatz bildet: Diese Kochsalzlösung ist **gesättigt.** Damit die Lösung klar wird, gießt du sie ein- oder zweimal durch einen Kaffeefilter. Schließlich stellst du die Hälfte der Lösung in einer flachen Schale an einen ruhigen Ort, damit das Wasser verdunstet.

V 3 Den Rest von der gesättigten Kochsalzlösung aus V 2 gießt du in einen Plastikbecher. In einen zweiten füllst du gleich viel Wasser.

Nun stellst du beide Gefäße ins Tiefkühlfach eines Kühlschrankes oder in die Tiefkühltruhe. Sieh jede halbe Stunde nach, ob die Flüssigkeiten schon gefroren sind.

V 4 Bilden auch andere Salze Kristalle? Wir füllen ungefähr 1 cm hoch *Kupfersulfat* [Xn] in ein Reagenzglas und gießen Wasser dazu (4 cm hoch). Wenn wir kräftig schütteln, löst sich das Kupfersulfat auf. Die Lösung wird filtriert und dann in eine Kristallisierschale gegossen.

Was beobachtest du, wenn das Gefäß auf den Arbeitsprojektor gestellt wird?

V 5 Jetzt wird das Salz *Kaliumnitrat* [O] untersucht. Dazu füllen wir wieder ein Reagenzglas 4 cm hoch mit Wasser. Darin lösen wir nach und nach so viel Kaliumnitrat auf, bis die Lösung gesättigt ist.

a) Die gesättigte Lösung wird nun vorsichtig erwärmt und dabei ständig kräftig geschüttelt. Versuche deine Beobachtungen zu erklären.

Löst sich noch mehr Kaliumnitrat, wenn man weiter erwärmt?

b) Die Lösung wird nun langsam abgekühlt. Was beobachtest du?

Aufgaben

1 Wozu wird bei euch zu Hause Kochsalz verwendet?

2 Erkundige dich (z. B. bei älteren Leuten), auf welche Weise Kochsalz früher zum Haltbarmachen von Lebensmitteln verwendet wurde.

3 Große Teile der Alpen und einiger unserer Mittelgebirge bestehen aus einem Salz, das man als wasserunlöslich bezeichnen kann. Suche es in der Tabelle auf der Nachbarseite.

4 Weißt du noch, wie man eine *Kältemischung* herstellt? Du brauchst dazu die Dinge aus Bild 3. Beschreibe den **Versuch.**

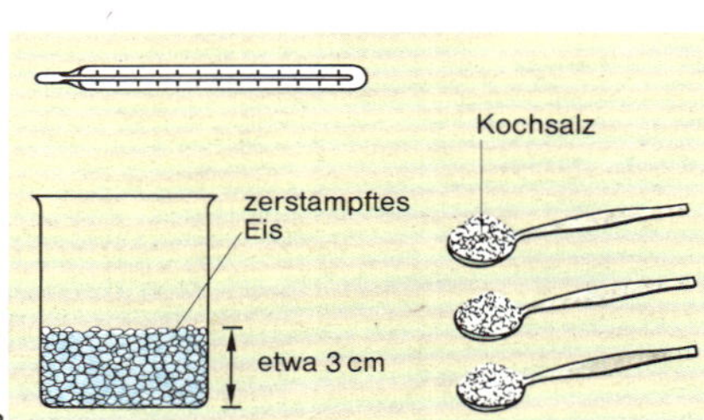

3

5 Diese Tabelle zeigt, wie die Löslichkeit des Kochsalzes von der Wassertemperatur abhängt.

Was kannst du aus ihr ablesen?

Löslichkeit in 100 g Wasser

Temperatur	Kochsalz
0 °C	35,6 g
20 °C	35,9 g
40 °C	36,4 g
60 °C	37,1 g
80 °C	38,1 g
100 °C	39,2 g

2753R

Salz ist nicht gleich Salz

Wenn wir von *Salz* sprechen, meinen wir meist Kochsalz. Es gibt aber viele Stoffe, die ähnliche Eigenschaften wie das Kochsalz haben: Sie alle gehören zur großen **Stoffgruppe der Salze**.

Um Salze zu unterscheiden gibt es mehrere Möglichkeiten:

Man betrachtet zum Beispiel ihre **Kristallform** (Bilder 4–6).

Oder man untersucht die **Löslichkeit des Salzes in Wasser**; dabei wird jeweils verglichen, wie viel Salz sich in 100 ml Wasser bei 20 °C löst (→ dazu die Tabelle rechts).

Löslichkeit einiger Salze in Wasser

Name des Salzes	In 100 g Wasser lösen sich bei 20 °C	bei 80 °C
Natriumchlorid (Kochsalz)	35,9 g	38,1 g
Kaliumnitrat	31,7 g	169,0 g
Kupfersulfat	21,0 g	53,6 g
Calciumcarbonat (Kalkstein)	0,0015 g	–
Magnesiumchlorid	54,6 g	65,9 g
Magnesiumsulfat (Bittersalz)	35,5 g	62,8 g
Calciumsulfat (Gips)	0,2 g	0,2 g
Ammoniumchlorid (Salmiaksalz)	37,5 g	65,6 g

4 Kupfersulfat

5 Chromalaun

6 Kalkspat

2 Kulturgeschichte des Salzes

Aus der Geschichte: **Salz – das „weiße Gold"**

Kannst du dir vorstellen, dass ganz gewöhnliches Kochsalz viele Jahrhunderte lang sehr kostbar war? Das liegt daran, dass es für den Menschen lebensnotwendig ist.

Wir müssen Salz mit der Nahrung zu uns nehmen. Das ist heute ganz einfach: Wir kaufen das Salz im Geschäft und würzen zu Hause die Speisen damit. Aber früher …

Salz gab es nicht überall. Deshalb hielten sich die Menschen zunächst hauptsächlich in den Gegenden auf, in denen z. B. salzhaltige Quellen aus der Erde sprudelten. Darum entstanden auch in der Nähe von Salzvorkommen die ersten größeren menschlichen Siedlungen.

Weil das Salz für den Menschen kostbar war, wurde es verehrt wie das Wasser oder das Sonnenlicht. Wenn die Menschen früher ihren Göttern Opfer brachten, gehörte auch das Salz als **Opfergabe** dazu.

Da es an einigen Stellen auf der Erde Salz gab und an anderen nicht, wurde es bald zu einer sehr wichtigen **Handelsware**. Es war in manchen Gegenden so kostbar wie Gold. Man konnte dafür z. B. Gewürze, Schmuckstücke, Tücher, Waffen oder Werkzeuge eintauschen.

Salz wurde sogar wie Geld verwendet: Als vor etwa 2000 Jahren ein Teil Deutschlands noch zum römischen Reich gehörte, erhielten die Soldaten als „salarium" eine Portion Salz, wenn sie „in die Provinzen" reisten. Später wurde das „salarium" dann in Münzen gezahlt.

Im afrikanischen Staat Niger findet noch heute ein Salzmarkt statt (Bild 7): Salzkegel und -kuchen werden gegen Getreide, Zucker, Textilien und Werkzeug getauscht.

Der Staat erhebt heute auf viele Dinge Steuern (z. B. auf Benzin, Alkohol und Tabak). Das war früher ähnlich: Die Landesherren oder Staaten erhoben schon sehr früh eine **Salzsteuer**; Salz war ja eine wichtige Handelsware. Auch heute noch wird beim Hersteller eine Steuer von etwa 12 DM je 100 kg Salz erhoben. Nur das Salz, das in der Landwirtschaft und im Gewerbe verwendet wird ist steuerfrei. Dazu gehört z. B. das Streusalz.

7

Aus der Geschichte: **Kochsalz – eine begehrte Handelsware**

1

Kochsalz war vor Jahrtausenden so kostbar wie Gold. Daher versuchten die Menschen, das Salz zu gewinnen – z. B. aus salzhaltigen Quellen.

Ergiebige Salzquellen gab es auch an der Saale, dort wo sich heute die Stadt Halle befindet. Diese Salzvorkommen wurden im Jahr 911 erstmals urkundlich erwähnt. Sie mussten jedoch schon früher genutzt worden sein, denn in ihrer Nähe hat man Tongefäße aus der Bronzezeit (ca. 1200–400 v. Chr.) gefunden.

Die Menschen, die sich an solchen Quellen ansiedelten, gewannen bald mehr Salz, als sie selbst brauchten. Deshalb wurde das Salz zum Tausch gegen andere Waren verwendet.

Auf Wasserwegen und Straßen gelangte das Salz zu den benachbarten Stämmen und Völkern. So entstanden im Laufe der Jahrhunderte überall in Europa die **Salzstraßen**.

In Süddeutschland hat man Gräber gefunden, die etwa 2000 Jahre alt sind. Darin lagen auch Dinge, die wahrscheinlich gegen Salz eingetauscht worden sind: Bernstein von der Ostsee, Bronze aus Oberitalien und sogar Elfenbein aus Afrika.

Das Salz wurde mit bepackten Pferden und wie in Bild 1 transportiert. Bewaffnete Reiter sorgten für Geleitschutz – so begehrt war die Ware. Häufig gab es sogar Kämpfe um Salzquellen und Salzstraßen.

Der Transport musste sich an genau vorgeschriebene Wege halten. An die jeweiligen Grundherren wurde nämlich Zoll gezahlt. Das war ein einträgliches Geschäft.

Im frühen Mittelalter war Halle an der Saale mit seiner „Thalsaline" neben Lüneburg und Reichenhall eines der Zentren der Salzgewinnung und des Salzmarktes. Diese Städte beherrschten über Jahrhunderte große Teile des europäischen Salzmarktes.

An der Salzgewinnung und am Salzhandel verdienten Landesherren, Bistümer und später auch einige Bürger. Noch heute ist vor allem in den Kirchen und Rathäusern der damals erworbene Reichtum zu sehen.

3 Gewinnung und Verwendung von Kochsalz

Aus der Geschichte: **Wie die Salzlager in der Erde entstanden sind**

Alle Ozeane und Meere enthalten Kochsalz. Ihr Salzgehalt ist aber nicht überall gleich. Das zeigt auch die folgende Übersicht:

Kochsalzgehalt in 1 l Meerwasser

Ostsee	etwa 15 g
Nordsee	etwa 30 g
Atlantik, Pazifik und Indischer Ozean	etwa 35 g
Mittelmeer	etwa 38 g
Rotes Meer	etwa 40 g
Totes Meer	etwa 260 g

Könnte man das gesamte in den Meeren gelöste Kochsalz herausholen und damit alles Festland auf der Erde bedecken, würde die Schicht 134 m hoch!

Das im Meerwasser gelöste Salz ist auch der Ursprung der Salzlager im Innern der Erde: Vor Millionen von Jahren waren die Ozeane ebenfalls salzhaltig; sie bedeckten weite Teile des heutigen Europas.

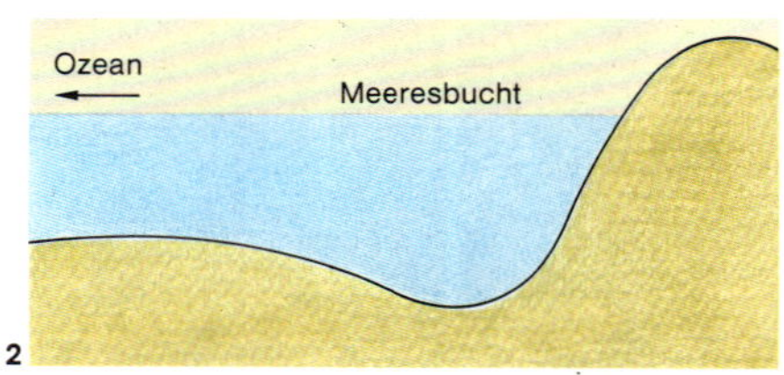

2

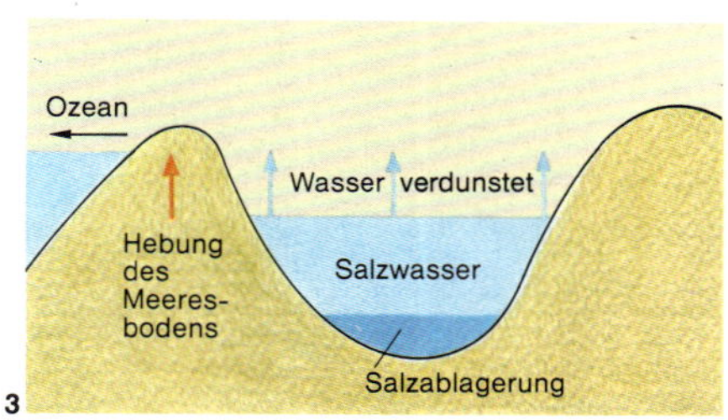

3

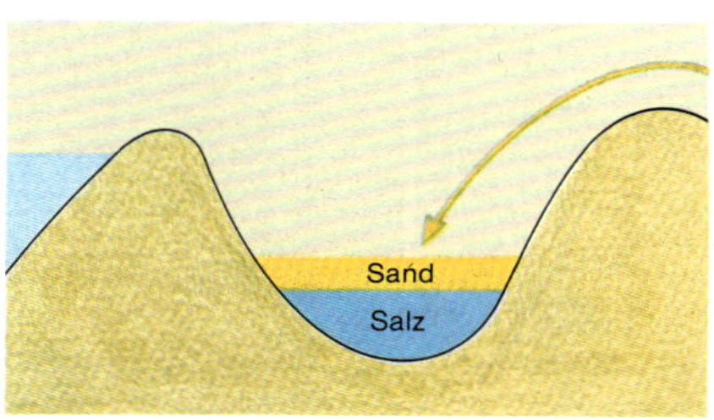

4

Durch Bodenverschiebungen hob sich an einigen Stellen der Meeresboden und teilte dadurch z. B. eine Bucht vom Ozean ab (Bild 2). Auf diese Weise entstand ein *Binnenmeer* ohne Abfluss. (Auch Deutschland liegt auf einem Gebiet, das früher zu einem großen Teil von solchen Binnenmeeren bedeckt war.)

Allmählich verdunstete das Wasser infolge der Sonneneinstrahlung. Der Salzgehalt stieg dabei ständig an, bis die Lösung gesättigt war. Es bildeten sich Salzkristalle im Wasser, die sich am Boden absetzten (Bild 3).

Schließlich verdunstete auch das restliche Wasser und das Salz blieb zurück. Der Wind blies dann Sand, Staub und Ton über die Salzschicht und deckte sie zu (Bild 4).

Unter Schichten, die *wasserdurchlässig* waren, wurde das Salz später wieder aufgelöst. Unter *wasserundurchlässigen* Schichten blieb es dagegen als fester Stoff erhalten.

4628R

Aus Umwelt und Technik: **Salzgewinnung aus Sole**

In Deutschland gibt es praktisch unerschöpfliche Salzlager; sie sind teilweise mehrere hundert Meter mächtig. Solche Lagerstätten findet man z. B. bei Lüneburg und Gorleben, im niederrheinischen Becken bei Wesel, bei Halle an der Saale (Bild 5), in Schwäbisch Hall und in Berchtesgaden.

Es gibt mehrere Möglichkeiten, dieses Salz zu gewinnen:

Bis ins Mittelalter wurde z. B. im *Raum Halle an der Saale* das Salz nur aus **Sole** gewonnen. Die Sole erhielt man aus den Solequellen durch Schöpfen oder Pumpen.

Da diese Sole meist weniger als 10 % Salz enthielt, wurde sie in Tongefäßen oder später in Siedepfannen über dem Feuer eingedampft. Das geschah in Siedehütten, die neben den Solequellen gebaut wurden.

Im Salinemuseum in Halle ist noch eine funktionsfähige Siedepfanne zu sehen, in der von Zeit zu Zeit ein Schausieden stattfindet.

Einen technischen Fortschritt stellten die **Gradierwerke** dar. Sie wurden erst im 18. Jahrhundert gebaut, und zwar in Orten, die heute meist als Kurorte bekannt sind (z. B. Bad Kösen, Bad Dürrenberg; Bild 5).

Ein Gradierwerk (Bild 6; Bad Kösen) ist etwa 100 m lang und 10 m hoch. Das stabile Balkengerüst ist mit Dornenbüschen von Schlehensträuchern (Schwarzdorn) gefüllt.

Über diese Dornenhecke rieselt langsam die Sole. Ein Teil des Lösemittels Wasser verdunstet dabei. Dadurch steigt der „Grad" des Salzgehaltes der Sole an (daher stammt das Wort „gradieren").

Für die Salzgewinnung ließ man die Sole mehrmals über die Dornenhecke rieseln. Auf diese Weise konnte man Heizmaterial sparen.

Heute dienen Gradierwerke nur noch medizinischen Zwecken. Menschen, die an einer Erkrankung der Atemwege leiden, halten sich bei Kuren täglich länger in der Nähe des Gradierwerkes auf. Die salzhaltige Luft erleichtert ihnen das Atmen.

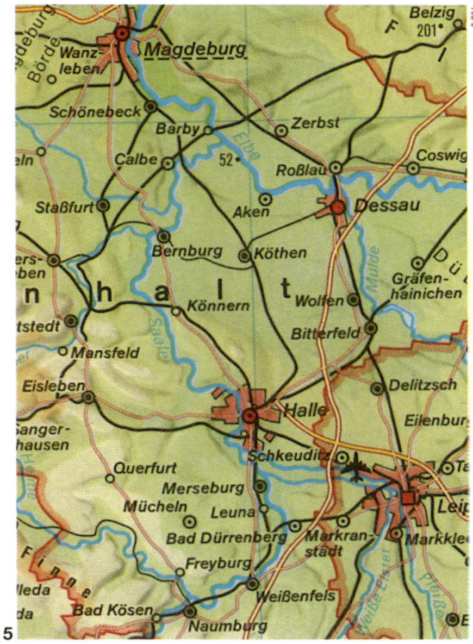

5

6

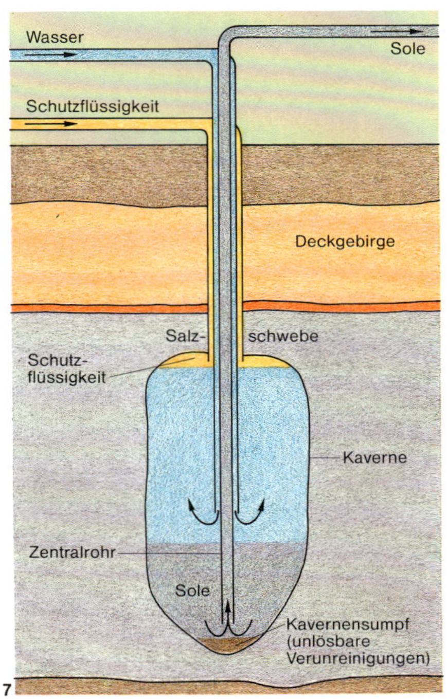

7

Salzbergwerke, in denen festes Salz abgebaut werden kann, wie z. B. in Bernburg und Staßfurt (Bild 5), gibt es erst seit dem 19. Jahrhundert.

Aber nicht jede Salzlagerstätte ist für den bergmännischen Abbau geeignet. Deshalb wendet man heute z. B. am nördlichen Ende des *niederrheinischen Salzbeckens* bei Epe und Lünten die **Bohrlochsolung** an (Bild 7). Bei diesem Verfahren geht man folgendermaßen vor:

Das Salzlager wird von der Erdoberfläche her angebohrt. Dann führt man zwei ineinander liegende Rohre ein. Nun wird Wasser mit Hilfe von Pumpen durch das äußere Rohr in das Salzlager gedrückt. Das Salz löst sich auf und es entsteht eine gesättigte Salzlösung.

Da man von über Tage her ständig weiteres Wasser in das Bohrloch pumpt, wird die gesättigte Sole im inneren Rohr, dem *Zentralrohr*, nach oben gedrückt.

Die so gewonnene Sole enthält kaum Verunreinigungen; diese bleiben im Salzlager zurück. Sie wird in riesigen, geschlossenen Kesseln eingedampft. So kann man sowohl das Salz als auch das Wasser gewinnen.

Damit Wasser und Sole nicht nach oben in andere Erdschichten dringen können, spritzt man auch eine „Schutzflüssigkeit" ein. Sie kann auf Wasser und Sole schwimmen.

Bei diesem Verfahren der Salzgewinnung braucht man viel weniger Mitarbeiter als im Steinsalzbergbau. Alle Vorgänge werden nämlich durch Computer gesteuert und überwacht.

Durch das Ausspülen des Salzlagers bildet sich mit der Zeit ein Hohlraum in der Erde, eine sog. *Kaverne*. Sie kann einen Durchmesser von 80 m haben und 300 m hoch sein.

Damit die Kaverne unter der Last des Deckgebirges nicht einbricht, lässt man oben eine Salzschicht von etwa 80 m Dicke stehen, die sog. *Salzschwebe*. Der Abstand zwischen zwei Kavernen beträgt etwa 160 m.

Die Kavernen können z. B. als *Vorratsspeicher* für Erdöl oder Erdgas verwendet werden.

Aus Umwelt und Technik: **Kochsalz in Haushalt und Industrie**

Kochsalz, das zum Würzen von Speisen geeignet ist, wird **Speisesalz** genannt. Das bedeutet: Dieses Salz ist so rein, dass es verzehrt werden kann. Je nach Herstellungsverfahren unterscheidet man *Meersalz* und *Siedesalz* (Salinensalz; Bild 1).

In vielen Industriebetrieben wird sog. **Gewerbesalz** verwendet. Es ist ebenfalls reines Kochsalz, das aber aus steuerlichen Gründen ungenießbar gemacht wurde. Um etwaige Verwechslungen mit Speisesalz auszuschließen, ist Gewerbesalz meistens eingefärbt (Bild 2).

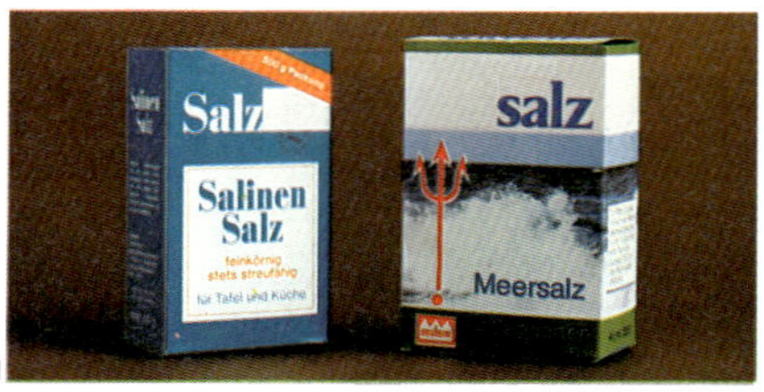

1

Es gibt viele Verwendungsmöglichkeiten für Gewerbesalz. Hier sind nur einige Beispiele aufgeführt:

- in Gerbereien zum Konservieren von Tierhäuten,
- in der Textilindustrie zum Färben von Stoffen,
- zum Einsalzen von Fischen in der Fischerei,
- zur Herstellung von Kraftfutter und Lecksteinen zur Vieh- und Wildfütterung,
- in der keramischen Industrie für Glasuren,
- zur Badesalzherstellung in der kosmetischen Industrie.

Kochsalz ist als Industriesalz ein wichtiger Ausgangsstoff für die chemische Industrie. Es wird zur Herstellung neuer Stoffe verwendet, aus denen wiederum andere Stoffe entwickelt werden (→ rechte Spalte).

Kochsalz dient zur Herstellung von	Der neue Stoff dient zur Herstellung von
Natrium (Na)	chemischen Verbindungen
Chlor (Cl_2)	Kunststoffen (z. B. PVC®)
Natriumhydroxid ($NaOH$)	Seife, Farbstoffen
Salzsäure (HCl)	Farbstoffen, Reinigungsmitteln
Soda (Na_2CO_3)	Glas, Waschmitteln

2

Aus Umwelt und Technik: **Streusalz – ja oder nein?**

Aus einer Werbung für Streusalz:

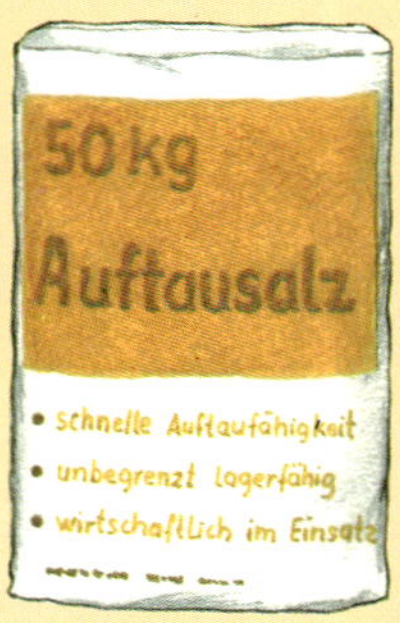

3

... Sieht denn keiner den immensen volkswirtschaftlichen Verlust durch die entstehenden Blechschäden, den Smog durch die bei Glätte dahinkriechenden und sich stauenden Autos, die verlorenen Arbeitsstunden durch unkalkulierbare Wegezeiten zum Arbeitsplatz? Ist denn die Ökologie einiger Stadtbäume wichtiger als die Verhinderung zahlreicher Oberschenkelhals- und sonstiger Knochenbrüche, besonders bei alten Leuten? ...

Glatteisunfälle: 9 Tote
Traurige Bilanz vom Wochenende

Tipps zum Salzstreuen

- Maximale Menge: 1 Esslöffel oder 2 Teelöffel pro m² genügen völlig!
- Salzstreuen in Schnee unbedingt vermeiden!
- Schnee, der Salz enthält, nicht auf Grünflächen oder auf Baumscheiben ablagern!

§ 6 der Polizeiverordnung Stuttgart:

Bestreuung

Bei Schnee- oder Eisglätte müssen die Gehwege und Gehbahnen mit Sand, Asche oder anderen geeigneten Stoffen lückenlos werktags bis 8 Uhr, sonn- und feiertags bis 9 Uhr bestreut sein.

Wenn Schnee- oder Eisglätte tagsüber (bis 21 Uhr) entsteht, ist unverzüglich, bei Bedarf auch wiederholt, zu streuen.

4

So wirkt Streusalz auf einen Baum:

- Das Salz gelangt im Winter in den Boden.
- Das Natrium verursacht eine Verkrustung und Verdichtung des Bodens. Die Wasser- und Nährstoffaufnahme wird behindert.
- Der Baum nimmt mit dem Wasser das Salz auf und transportiert es zu den Blättern.
- Durch das Salz sterben die Blätter vom Rand her ab. Das Salz zieht sich in die Zweige zurück und wird dort gespeichert. Im Frühjahr steigt es wieder in die Blätter. So wächst der Salzgehalt der Bäume allmählich von Jahr zu Jahr.

Schädigungen durch Streusalz

- verwundet Hundepfoten durch ätzende Wirkung;
- bildet auf Schuhen, Kleidern und Teppichen weiße Ränder, die nur schwer zu entfernen sind;
- Salzwasser fördert die Korrosion von Metallen; mehr Rost am Auto;
- schädigt Beton und Stahlbeton an Bauwerken;
- beeinträchtigt die Funktion von Kläranlagen (Korrosion, zerstört Bakterienkulturen);
- abfließendes Salzwasser belastet Bäche, Flüsse und Grundwasser.

884R

Aus Umwelt und Technik: **Ohne Kochsalz könnten wir nicht leben!**

Kochsalz ist nicht nur ein Gewürz, mit dem wir Speisen schmackhafter machen. Es ist auch ein lebenswichtiger Zusatz zu unserer Nahrung.

Die Körperflüssigkeiten eines Erwachsenen enthalten etwa 50 g Kochsalz. Das ist eine beachtliche Menge.

Welch wichtige Rolle das Kochsalz z. B. im Blut innehat, zeigt Folgendes: Wenn jemand z. B. bei einer Darmerkrankung mit heftigem Durchfall sehr viel Flüssigkeit verloren hat, lässt man ihm ganz langsam eine sog. **physiologische Kochsalzlösung** in die Venen tropfen. Sie enthält auf 1 Liter Wasser 9 g Kochsalz. Das entspricht etwa dem Gehalt des Blutes an Salzen. Auf diese Weise werden die wichtigsten Lebensvorgänge des Körpers aufrechterhalten.

Im **Magensaft** des Menschen ist Salzsäure enthalten. Sie spielt bei der Verdauung der Nahrung eine wichtige Rolle. Bestimmte Drüsen in der Magenwand produzieren pro Tag etwa 1,5 Liter Magensaft. Sie brauchen dazu Kochsalz, das sie dem Blut entnehmen. Wenn (z. B. nach starkem Schwitzen) zu wenig Salz im Blut vorhanden ist, können die Drüsen nur wenig Magensaft produzieren. Das kann unangenehme Folgen haben: Mit der Nahrung aufgenommene Bakterien werden dann nicht mehr abgetötet und können Darmerkrankungen hervorrufen (z. B. Durchfall).

Dem menschlichen Körper muss also täglich Kochsalz zugeführt werden. Beim Erwachsenen sind es pro Tag ca. 5 g. Da wir im Urin, im Schweiß und auch in den Tränen laufend Kochsalz ausscheiden, müssen wir es mit der Nahrung wieder aufnehmen – vor allem dann, wenn der Bedarf durch größere Absonderungen an Schweiß höher ist als normalerweise.

Auch beim Kochsalz gilt die Regel: „Allzu viel ist ungesund!" (→ den Zeitungsartikel). Der normale Tagesbedarf kann schon durch tierische Nahrung gedeckt werden – auch Tierkörper enthalten ja Kochsalz.

Manche Menschen nehmen gern stark gesalzene Speisen zu sich. Dadurch wird aber der Kochsalzgehalt des Blutes zu hoch. Der Körper wehrt sich dagegen und verlangt nach Wasser: Man wird durstig.

Nimmt man auf die Dauer zu viel Salz zu sich, droht zu hoher Blutdruck als Folge. Das ist eine ernste Erkrankung. Deshalb verwendet man heute weniger Kochsalz zum Würzen; man nimmt stattdessen mehr Küchenkräuter.

Kochsalz für Säuglinge lebensgefährlich

Salz ist für Säuglinge so gefährlich wie Alkohol. Bereits ein Gramm Salz pro Kilogramm Körpergewicht kann tödlich wirken.

Auf diese Gefahr wiesen Ärzte der Beratungsstelle für Vergiftungen in der Universitätsklinik in Berlin hin, nachdem ein Säugling an fünf Gramm Kochsalz in der Flaschennahrung gestorben war. Die Mutter hatte das Salz mit Zucker verwechselt.

Aber auch für Schulkinder kann eine zu hohe Salzzufuhr in der Nahrung schädliche Auswirkungen haben. Sie kann zu erhöhtem Blutdruck führen, verbunden mit bleibenden Gefäßverengungen.

Aufgaben

1 Weißt du noch, wie in einigen Mittelmeerländern Kochsalz aus Meerwasser gewonnen wird (Bilder 5 u. 6)? Beschreibe das Verfahren.

2 Das Tote Meer hat einen sehr hohen Salzgehalt. Kann zwischen seiner Lage (→ im Atlas) und dem Salzgehalt ein Zusammenhang bestehen? Begründe deine Antwort.

5

3 Das Wasser der Nordsee enthält etwa 3 % Kochsalz. Wie viel Gramm Kochsalz könnte man demnach aus 100 kg Nordseewasser gewinnen?

4 In Deutschland wird Kochsalz aus Salzlagerstätten im Erdboden gewonnen. Dabei wendet man folgende Verfahren an:

a) Steinsalz wird bergmännisch abgebaut. Was bedeutet das?

b) Das Salz wird in der Erde in Sole umgewandelt. Wie macht man daraus in den sog. Salinen Siedesalz?

c) Die aus der Erde stammende Sole enthält kaum Verunreinigungen (z. B. Gips, Ton, Gestein). Wie kommt das?

5 Die Verwendung von Kochsalz hat Positives und Negatives. Nenne jeweils einige Beispiele.

6 Jeder Mensch verbraucht etwa 4 kg Kochsalz im Jahr. Was meinst du, braucht sein Körper tatsächlich so viel? Begründe deine Antwort.

7 Wenn man den Urlaub in heißen Ländern verbringt, sollte man die Speisen etwas mehr salzen als zu Hause. Warum wird das manchmal von Ärzten empfohlen?

6

Ansetzen und Mischen von Lösungen

Methoden der Konzentrationsbestimmung

Die Konzentration von Säurelösungen und Hydroxidlösungen

Wir haben häufig mit *konzentrierten* oder *verdünnten* Lösungen gearbeitet.

Die **Konzentration** einer Lösung richtet sich nach der Stoffmenge des gelösten Stoffes und dem Volumen der Lösung.

Die Konzentration c (genauer: Stoffmengenkonzentration) wird durch den Quotienten aus der Stoffmenge n des gelösten Stoffes und dem Volumen V der Lösung angegeben. Es gilt also:

$$c = \frac{n}{V}, \qquad \text{Einheit: } \mathbf{mol/l}.$$

1

1. Wir stellen eine 1-molare Natriumhydroxidlösung her (Bild 1):

Die molare Masse M von Natriumhydroxid (NaOH) beträgt

$M(\text{NaOH}) = 39{,}997$ g/mol,
gerundet: 40 g/mol.

Wenn man also 40 g Natriumhydroxid in destilliertem Wasser löst und die Lösung nach dem Abkühlen in einem 1000-ml-Messkolben bis zur Markierung mit destilliertem Wasser auffüllt, beträgt ihre Konzentration

$c(\text{NaOH}) = 1$ mol/l.

Man sagt dann: **Die Natriumhydroxidlösung ist 1-molar.**

Wenn man auf die gleiche Weise nur 20 g (= 0,5 mol) Natriumhydroxid löst, beträgt die Konzentration der Lösung nur $c(\text{NaOH}) = 0{,}5$ mol/l.

Man sagt: Diese Hydroxidlösung ist nur 0,5-molar.

2. Wir errechnen, welche Masse an Chlorwasserstoff (HCl) in einem bestimmten Volumen Salzsäure gelöst ist:

Die molare Masse von Chlorwasserstoff beträgt

$M(\text{HCl}) = 36{,}4609$ g/mol,
gerundet: 36,5 g/mol.

Nehmen wir an, die Konzentration einer verdünnten Salzsäure sei $c(\text{HCl}) = 0{,}1$ mol/l. Dann befinden sich genau 3,65 g (= 0,1 mol) Chlorwasserstoff in 1 Liter dieser Lösung.

3. Wir stellen eine verdünnte Kaliumhydroxidlösung mit folgender Konzentration her: $c(\text{KOH}) = 0{,}2$ mol/l.

Das ist in folgenden zwei Schritten möglich:

a) Zunächst wird die benötigte Masse m an Kaliumhydroxid berechnet:

Die molare Masse von Kaliumhydroxid beträgt

$M(\text{KOH}) = 56{,}109$ g/mol,
gerundet: 56,1 g/mol.

$$m(\text{Kaliumhydroxid}) = 0{,}2 \text{ mol} \cdot 56{,}1 \text{ g/mol} = 11{,}22 \text{ g}$$

Diese Masse Kaliumhydroxid wird genau abgewogen. Dabei wird vorausgesetzt, dass das Kaliumhydroxid rein und trocken ist.

b) Die abgewogene Masse Kaliumhydroxid wird in einem 1000-ml-Messkolben gelöst und dieser bis zur Markierung mit destilliertem Wasser gefüllt. Die fertige Lösung ist dann 0,2-molar.

2
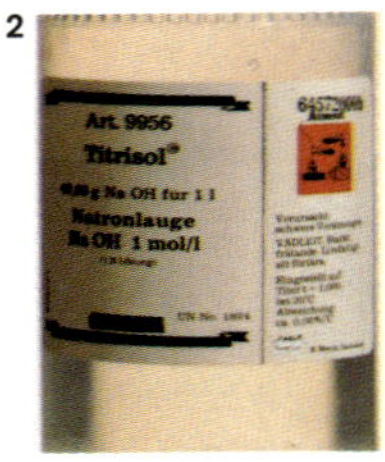

Für die Arbeit im Labor gibt es im Chemikalienhandel bereits fertige Lösungen mit genau eingestellten Konzentrationen, die **Maßlösungen** (Bild 2).

4. Wir stellen mit einer Maßlösung der Konzentration $c(\text{HCl}) = 0{,}1$ mol/l eine verdünnte Salzsäure der Konzentration $c(\text{HCl}) = 0{,}2$ mol/l her.

Der gesamte Inhalt der Ampulle wird in einen 500-ml-Messkolben gegeben und der Kolben bis zur Markierung mit destilliertem Wasser aufgefüllt. Dabei wird zugleich die Ampulle ausgespült.

Konzentrationsmessung durch Maßanalyse

In Chemie und Technik ist es oft notwendig, die Konzentration einer Hydroxidlösung (Lauge) oder einer Säurelösung zu messen. Das gelingt z. B. durch Neutralisation.

Bei einer solchen Neutralisation reagieren genau 1 mol Oxonium-Ionen H_3O^+ mit 1 mol Hydroxid-Ionen OH^- zu 2 mol Wassermolekülen:

$H_3O^+ + OH^- \rightarrow 2\,H_2O$.

Verwendet man Lösungen bekannter Stoffmengenkonzentration, so kann man statt Stoffmengen in g oder mol einfach handhabbare Volumina (sog. „Maße") verwenden. Dieses Verfahren heißt deshalb **Maßanalyse** oder **Titration** (franz. *titre:* Feingehalt).

Man gibt z. B. zu einer Hydroxidlösung *unbekannter* Konzentration so viel Säurelösung *bekannter* Konzentration, bis die Flüssigkeit neutral reagiert.

3

Die Konzentration einer Natriumhydroxidlösung soll bestimmt werden.

Mit Hilfe einer **Pipette** misst man zunächst z. B. 20 ml der Hydroxidlösung ganz genau ab. Dann gibt man diese Lösung in ein Becherglas und fügt etwas Indikator hinzu. Nun lässt man aus einer **Bürette** nach und nach z. B. 0,1-molare Säurelösung zufließen (Bild 3), zuletzt nur noch tropfenweise, bis die Indikatorfarbe umschlägt. Dann wird das verbrauchte Volumen Säure an der Bürette abgelesen.

Anschließend wird gerechnet. Dabei sind die Maßzahlen von Volumen und Konzentration Zahlenpaare mit umgekehrt proportionaler Zuordnung.

$$c(\text{Lauge}) \cdot V(\text{Lauge}) = c(\text{Säure}) \cdot V(\text{Säure})$$

Daraus folgt:

$$c(\text{Lauge}) = \frac{c(\text{Säure}) \cdot V(\text{Säure})}{V(\text{Lauge})}.$$

Nehmen wir an, es waren bei dieser Reaktion 32 ml Säurelösung erforderlich. Dann ist die Konzentration der Lauge:

$$c(\text{NaOH}) = \frac{0{,}1 \text{ mol/l} \cdot 32 \text{ ml}}{20 \text{ ml}} = 0{,}16 \text{ mol/l}.$$

Das bedeutet: 1 Liter dieser Lauge enthält 0,16 mol Natriumhydroxid gelöst.

Die Titration mehrprotoniger Säuren

Wenn man statt der Salzsäure andere Säuren (z. B. Schwefelsäure, Citronensäure) mit Natronlauge titriert, kann man etwas Erstaunliches feststellen: Bei gleicher Stoffmengenkonzentration benötigen wir bei deren Titration viel mehr Natronlauge als bei der Salzsäure.

Gehen wir z. B. von 50 ml *Salzsäure* ($c = 0{,}1$ mol/l) aus, so verbrauchen wir zu deren Titration 50 ml Natronlauge der Konzentration $c = 0{,}1$ mol/l. Zur Überprüfung dieses Ergebnisses stellen wir die bekannte Gleichung um.

$$c(\text{Säure}) \cdot V(\text{Säure}) = c(\text{Lauge}) \cdot V(\text{Lauge})$$

$$c(\text{Säure}) = \frac{c(\text{Lauge}) \cdot V(\text{Lauge})}{V(\text{Säure})}$$

$$c(\text{Säure}) = \frac{0{,}1 \text{ mol/l} \cdot 50 \text{ ml}}{50 \text{ ml}} = 0{,}1 \text{ mol/l}$$

Bei der Titration von 50 ml *Schwefelsäure* ($c = 0{,}1$ mol/l) verbrauchen wir bis zur Neutralisation jedoch 100 ml Lauge.

Wenn wir die Werte in die obige Gleichung einsetzen, erhalten wir eine doppelt so hohe Konzentration der Schwefelsäure wie die der Salzsäure.

$$c(\text{Säure}) = \frac{0{,}1 \text{ mol/l} \cdot 100 \text{ ml}}{50 \text{ ml}} = 0{,}2 \text{ mol/l}$$

Wie das kommt, können wir uns folgendermaßen erklären: Wir haben die Gleichung nicht richtig angewendet!

Wir sind nämlich davon ausgegangen, dass *Salzsäure* mit Natronlauge titriert wird. Dabei läuft bekanntlich die folgende Reaktion ab.

$$HCl + NaOH \rightarrow NaCl + H_2O$$

Hierbei reagiert letztendlich ein Oxonium-Ion H_3O^+ (ein Proton H^+) mit einem Hydroxid-Ion OH^-. Die einfache Proportionalität stimmt also.

Bei der *Schwefelsäure* ist das anders: Ihre Moleküle können nämlich *zwei Protonen* abgeben. Die Schwefelsäure ist bekanntlich eine *zweiprotonige Säure*. Deshalb sind zur Neutralisation von 1 mol Schwefelsäure 2 mol Natronlauge erforderlich.

$$H_2SO_4 + 2\,NaOH \rightarrow Na_2SO_4 + 2\,H_2O$$

Anders ausgedrückt:

1 mol Schwefelsäure enthält 2 mol Protonen und benötigt deshalb zur Neutralisation 2 mol Natronlauge.

Die Konzentrationsangabe in der Gleichung bezieht sich also nicht auf die Stoffmengenkonzentration der verwendeten Säure, sondern auf die Konzentration an titrierbaren Oxonium-Ionen (Protonen).

Es gibt auch *Laugen* mit zwei OH^--Ionen pro Formeleinheit. Dazu gehört z. B. *Kalkwasser*, die wässrige Lösung von Calciumhydroxid $Ca(OH)_2$.

Auch hier gilt, dass wir bei der Titration statt der Stoffmengenkonzentration der Lauge die der an OH^--Ionen berücksichtigen müssen.

Die allgemeine Gleichung für eine Säure-Base-Titration lautet deshalb:

$$c(H_3O^+) = c(OH^-) \cdot \frac{V(\text{Lauge})}{V(\text{Säure})}.$$

Diese Gleichung kann man auch nutzen, um zu ermitteln, wie viele Protonen eine Säure hat.

Beispiel: Zur Neutralisation von 50 ml Citronensäure ($c = 0{,}1$ mol/l) werden 150 ml Natronlauge ($c = 0{,}1$ mol/l) verbraucht. Daraus ergibt sich die Konzentration an Protonen mit 0,3 mol/l. Die Citronensäure setzt also pro Molekül drei Protonen frei.

Aufgaben

1 Die molare Masse von Chlorwasserstoff (HCl) beträgt

$M(HCl) = 36{,}4609$ g/mol,
$\approx 36{,}5$ g/mol.

Es werden 9,125 g Chlorwasserstoff in Wasser gelöst. Die Lösung wird auf genau 1 Liter aufgefüllt. Wie hoch ist dann die Konzentration der Lösung?

2 Um 20 ml einer Kaliumhydroxidlösung zu neutralisieren, werden 18 ml einer 0,1 molaren Salzsäure benötigt.

a) Wie groß ist die Konzentration der Kaliumhydroxidlösung?

b) Wie viel Gramm Kaliumhydroxid sind in 1 Liter dieser Lösung enthalten?

3 Es sollen 0,5 l einer 1-molaren Natriumhydroxidlösung hergestellt werden. Beschreibe, was ist der Reihe nach zu tun ist.

4 Beschreibe, welche chemische Reaktion bei einer Neutralisation stets abläuft.

5 Eine 1-molare Natriumhydroxidlösung wird mit einer 1-molaren Salzsäure neutralisiert. Wie groß ist zum Schluss die Konzentration der Lösung an Natriumchlorid NaCl?

6 Beschreibe das Prinzip der Maßanalyse.

7 Überprüfe die allgemeine Gleichung zur Säure-Base-Titration am Beispiel der Titration von Schwefelsäure mit Natronlauge.

8 Zur Neutralisation von 50 ml einer Lauge sind 50 ml Schwefelsäure ($c = 0{,}01$ mol/l) erforderlich. Um welche Lauge könnte es sich handeln?

9 So kannst du den Gehalt an Essigsäure im Haushaltsessig bestimmen und berechnen:

Entnimm einer Essigflasche mit einer Pipette genau 25 ml Essig und gib den Essig in einen Erlenmeyerkolben. Füge einige Tropfen einer alkoholischen Lösung [F] von Phenolphthalein hinzu. Titriere diese Probe mit Natronlauge ($c = 1$ mol/l) bis zur Rotfärbung des Indikators.

Angenommen es wurden bis zum Umschlag des Indikators 21 ml Natronlauge verbraucht. Setze die Werte in folgende Gleichung ein.

$$c(\text{Säure}) = \frac{c(\text{Lauge}) \cdot V(\text{Lauge})}{V(\text{Säure})}$$

Daraus kannst du die Masse m der Essigsäure in 1 l Haushaltsessig berechnen.

Bau und Eigenschaften der Metalle

1 Die Metallbindung

1

Etwa 80 % aller Elementsubstanzen auf der Erde sind **Metalle**.
Diese Stoffgruppe haben wir schon kennen gelernt.
An einige der Versuche kannst du dich vielleicht erinnern ...

V 1 Erhitze den Rand einer Münze mit einer Streichholzflamme. Was musst du zuerst loslassen, die Münze oder das Streichholz? Erkläre das Ergebnis.

V 2 Wir legen ein Metallstück (Kupfer, Blei oder Zink) auf eine feste, unempfindliche Unterlage, am besten auf einen Amboss. Dann schlagen wir mehrmals mit einem Hammer darauf. Wie verhält sich das Metall?

Wir wiederholen den Versuch mit einem größeren Schwefelkristall.

V 3 Plane zunächst einen Versuch, mit dem man verschiedene Metallproben (z. B. Kupferblech, Eisennagel, Magnesiumband, Zinkgranalie, Bleistück) und einen Schwefelkristall auf ihre elektrische Leitfähigkeit hin untersuchen kann.

Führe den Versuch dann durch und vergleiche die Ergebnisse.

Was kannst du anhand der Ergebnisse von V 2 und 3 über Metalle und Nichtmetalle sagen?

V 4 Jetzt soll untersucht werden, wie sich die elektrische Leitfähigkeit eines Metalls bei Temperaturerhöhung verhält.

Dazu stellen wir uns zunächst eine Wendel aus Eisendraht her, indem wir 1 m Draht (d = 0,2 mm) auf einen Glasstab wickeln. Die Wendel schalten wir in einen Stromkreis mit Lampe (6 V/5 W) und Strommesser ein. Lies die Stromstärke ab.

Dann erwärmen wir die Drahtwendel (z. B. wie in Bild 2). Beobachte dabei die Lampe und den Strommesser. Anschließend kühlen wir die Drahtwendel schnell ab. Überlege vorher, was passiert.

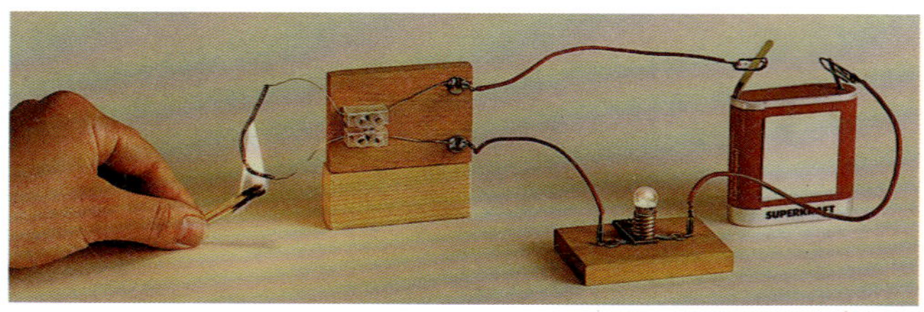
2

Aufgaben

1 Nenne die charakteristischen gemeinsamen Merkmale der Metalle.

2 Beschreibe die Bindung der Atome in den Metallen.

3 Haben Metalldämpfe auch die typischen Metalleigenschaften? Begründe deine Antwort.

4 Unter den Nichtmetallen gibt es eins, das auch metallische Eigenschaften hat. Um welches handelt es sich? Erkläre!

5 Quecksilber ist bei Raumtemperatur flüssig. Ist es ein Metall oder ein Nichtmetall? Begründe!

6 Wie viele Kugeln braucht man um ein einfaches Modell eines *kubisch flächenzentrierten Gitters* zu bauen (→ Info *Metallgitter*)? Und wie viele Kugeln braucht man für das *kubisch raumzentrierte Gitter*?

7 Gold ist so weich, dass man es zu Plättchen von 0,0001 mm Dicke ausschlagen kann; beim Silber „schafft" man nur 0,002 mm. Warum gelingt das bei Magnesium oder Zink nicht?

8 Reines Gold ist zwar sehr wertvoll, aber für Schmuckstücke kaum geeignet. Woran liegt das? Was setzt man stattdessen ein? Begründe!

9 Worin unterscheiden sich Metalllegierungen und -verbindungen.

10 Wie unterscheidet sich die Ablösbarkeit von Außenelektronen bei Metall- und Nichtmetallatomen?

8536RD

Wir unterscheiden Metalle und Nichtmetalle

Innerhalb aller Elementsubstanzen bilden die **Nichtmetalle** eine „Minderheitengruppe“: Nur 20 % der Elementsubstanzen gehören dieser Stoffgruppe an.

Die Nichtmetalle unterscheiden sich in ihren *Eigenschaften* zum Teil ganz erheblich.

So haben einige sehr niedrige Siedetemperaturen (z. B. Sauerstoff: –183 °C, Stickstoff: –196 °C und Wasserstoff: –253 °C). Andere sieden weit oberhalb der Raumtemperatur. Graphit und Diamant sind sogar bei 3500 °C noch fest.

Die meisten Nichtmetalle sind farblos; zu den farbigen gehören Schwefel (gelb), Brom (braun) und Iod (violett).

Fast alle Nichtmetalle sind Nichtleiter für elektrischen Strom und Wärme – mit Ausnahme von Graphit. Diamant leitet zwar nicht den Strom, hat aber von allen natürlich vorkommenden Stoffen die beste Wärmeleitfähigkeit.

Die meisten Nichtmetalle sind spröde; Diamant ist extrem hart, Graphit dagegen weich und blättrig.

Bei den **Metallen** ist das ganz anders. Obwohl es sehr viele Metalle gibt, haben alle recht ähnliche Eigenschaften.

Metalle haben mehrere *charakteristische gemeinsame Merkmale*, sofern sie fest oder geschmolzen vorliegen und ihre Oberfläche sauber ist.

○ Metalle haben einen typischen *metallischen Glanz*.
○ Metalle haben eine *gute Wärmeleitfähigkeit*. (Deshalb fühlen sie sich kalt an, wenn wir sie berühren.)
○ Metalle sind *gute elektrische Leiter*.
○ Metalle sind *undurchsichtig* (nicht transparent).

Wenn eine Elementsubstanz nur eine dieser typischen „Metalleigenschaften“ nicht aufweist, gehört sie nicht zur Stoffgruppe der Metalle.

Viele Metalle haben zusätzlich noch folgende Eigenschaften:

○ Metalle haben *hohe Schmelz- und Siedetemperaturen*.
○ Metalle sind *gut verformbar*; sie sind also nicht spröde.

Ohne Metalle könnte man sich den hohen Entwicklungsstand in der Technik von heute gar nicht vorstellen.

Die meisten metallischen Werkstoffe sind aber keine reinen Metalle, sondern **Legierungen**. Das sind „Metallmischungen“ aus mindestens zwei Metallen.

Die Eigenschaften von Legierungen (z. B. Härte, Dehnbarkeit, elektrische Leitfähigkeit, Rostfreiheit) lassen sich praktisch jedem gewünschten Zweck anpassen. Das erreicht man durch die Art und Menge der zum Grundmetall hinzugefügten Legierungsbestandteile.

Metalle und die meisten Nichtmetalle können Verbindungen eingehen.

Wenn sich *Nichtmetalle untereinander* verbinden, geschieht das in einem ganz bestimmten Atomzahlverhältnis. Das kann man z. B. an den Formeln der beiden Oxide des Kohlenstoffs ablesen:

CO: Atomzahlverhältnis 1 : 1,
CO_2: Atomzahlverhältnis 1 : 2.

Gehen *Nichtmetalle mit Metallen* Verbindungen ein, so geschieht das in der Regel ebenfalls in einem ganz bestimmten Atomzahlverhältnis.

In *Legierungen* liegen die verschiedenen Atomsorten meist nicht in einem bestimmten Zahlenverhältnis vor. Das kann in weiten Grenzen schwanken. Darin unterscheiden sich die Metalle grundsätzlich von den Nichtmetallen.

Wie die Atome in Metallen gebunden sind – die Metallbindung

Die gute Leitfähigkeit der Metalle für elektrischen Strom und Wärme lässt sich auf die **Art der Bindung in Metallen** zurückführen.

Eine Erklärung liefert das sog. **Elektronengasmodell**. Es wurde Anfang des 20. Jahrhunderts entwickelt.

Die Metalle stehen im Periodensystem bekanntlich links unten (in der entsprechenden Abbildung im Anhang blau gekennzeichnet). Ihre Atome haben meist ein bis vier Außenelektronen.

Nach dem Elektronengasmodell spalten die Metallatome mindestens *ein* Elektron ab und werden so zu elektrisch positiv geladen *Atomrümpfen*.

Die Atomrümpfe bilden ein *Gitter* (→ Info nächste Seite). Sie sind *ortsfest*, schwingen aber um ihre Ruhelage.

Die abgegebenen Elektronen kann man sich nach diesem Modell als **bewegliches *Elektronengas*** zwischen den Atomrümpfen vorstellen. Diese Elektronen gehören keinem bestimmten Atomrumpf an. Sie befinden sich in *ungerichteter Bewegung* (Bild 3; stark vereinfachte Darstellung). Dabei ziehen sich die Elektronen und die Atomrümpfe gegenseitig an.

Die Bindung der Metallatome untereinander – die sogenannte *Metallbindung* – erfolgt also mit Hilfe des Elektronengases.

Wird eine Spannung an ein Stück Metalldraht angelegt, so werden die Elektronen „angetrieben“; ihre Bewegung wird *gerichtet* (Bild 4). Sie beginnen im Stromkreis zu wandern; *es fließt elektrischer Strom*.

Die Atomrümpfe bleiben dabei an ihren Gitterplätzen. Somit fließt Strom, ohne dass sich das Metall verändert.

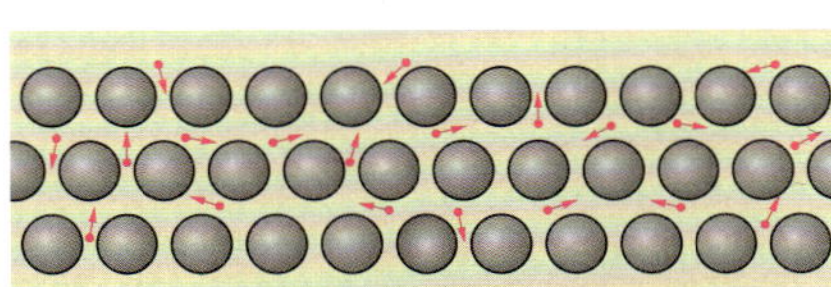

3 Die Pfeile geben an, in welche Richtung sich die Elektronen gerade bewegen.

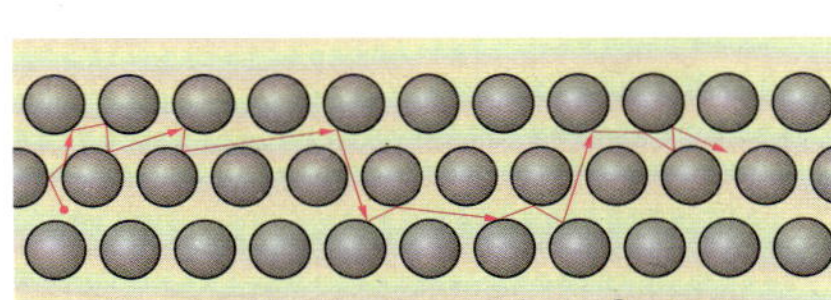

4 Weg eines Elektrons bei angelegter Spannung.

Der elektrische Strom im Metall sind wandernde Elektronen.

Die wandernden Elektronen bewegen sich zwischen den Atomrümpfen hindurch. Dabei stoßen sie immer wieder mit diesen zusammen, werden gebremst und von ihrer Bahn abgelenkt; sie werden also auf ihrem Weg durch das Metall behindert. Diese Eigenschaft der Metalle bezeichnet man als *elektrischen Widerstand*.

Wenn man nun ein Metall erwärmt, steigt sein Widerstand an. Die Atomrümpfe werden nämlich durch Energiezufuhr angeregt, heftiger um ihre Ruhelage herum zu schwingen.

Dadurch stoßen die Elektronen häufiger mit den Atomrümpfen zusammen. Die Behinderung der Elektronen beim Wandern nimmt mit steigender Temperatur zu und die elektrische Leitfähigkeit entsprechend ab.

Auch die *Wärmeleitfähigkeit* und die *Undurchsichtigkeit* der Metalle beruhen auf dem Verhalten der frei beweglichen Elektronen.

Inzwischen sind noch andere Modelle zur Erklärung der Metallbindung entwickelt worden.

Wie feste Metalle aufgebaut sind – die Metallgitter

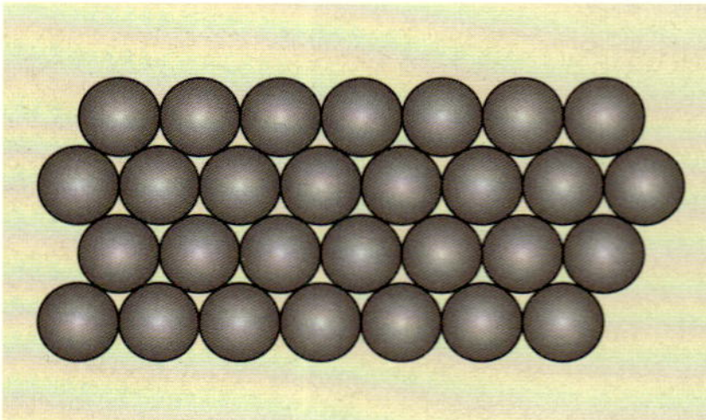
1

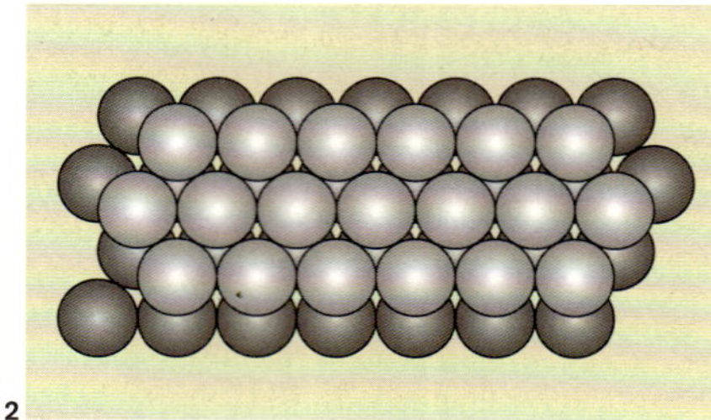
2

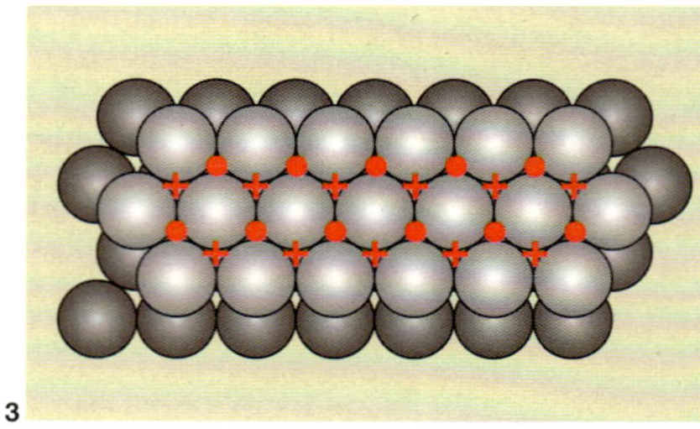
3

Betrachten wir nun die **Anordnung der Metallatome**:

Die Metallatome – eigentlich sind es nur die *Atomrümpfe* – lagern sich so dicht und raumsparend wie möglich aneinander. Wie das *in der ersten* Schicht aussieht, zeigt Bild 1.

Die *zweite Schicht* der Metallatome liegt über der ersten. Sie hat die gleiche „Sechseck"-Anordnung (griech: *hexagonon:* Sechseck) wie die erste Schicht, liegt jedoch etwas versetzt darüber: Ihre Atome liegen nämlich in den Lücken der unteren Schicht (Bild 2).

Für die Lage der Atome in der *dritten Schicht* gibt es zwei Möglichkeiten:

Entweder liegen die Atome in den mit einem Kreuz gekennzeichneten Lücken der zweiten Schicht (Bild 3); dann befindet sich die dritte Schicht genau über der ersten. Die Abfolge der Schichten lautet ABABAB usw.

Oder die Atome liegen in den mit einem Punkt gekennzeichneten Lücken der zweiten Schicht (Bild 3). In diesem Fall lautet die Abfolge der Schichten ABCABC usw.

In beiden Fällen ist jedes Atom der *mittleren Schicht* von 12 Atomen im gleichen Abstand umgeben: Sechs Atome liegen in der Schicht, je drei oberhalb und unterhalb der Schicht.

Diese Anordnung entspricht der optimalen Packungsdichte: Es gibt keine Anordnung von Kugeln, in der der zur Verfügung stehende Raum besser genutzt werden könnte (zu 74 %). Deshalb bezeichnet man diese Gitter auch als **dichteste Kugelpackungen**.

Bei den Kugelpackungen unterscheiden wir die *hexagonal dichteste Kugelpackung* (Schichtfolge ABABAB usw.) **von der *kubisch dichtesten Kugelpackung*** (Schichtenfolge ABCABC usw.), auch *kubisch flächenzentrierte Kugelpackung* genannt.

Um das zu verstehen, betrachten wir einen Würfel (griech. *kybos*), dessen Eckpunkte und Flächenmitten mit Atomen belegt sind. Diese Anordnung nennt man *flächenzentriert* (Bild 4; um in den Würfel hineinsehen zu können, sind hier nur die Mittelpunkte der Atome dargestellt).

Wenn wir durch den Würfel in Richtung der Raumdiagonale sehen (Pfeilrichtung; Bild 5), schauen wir direkt auf die Schichten von Bild 1–3 (in Bild 5 blau unterlegt). Die Abfolge der Schichten ist ABCABC usw.

Jeder Würfel hat jedoch vier Raumdiagonalen und senkrecht zu jeder dieser Richtungen liegen diese Schichten. Der Würfel – und damit das kubisch flächenzentrierte Gitter – ist also in allen Richtungen von diesen Schichten durchzogen.

Die Schichtenanordnung der Atome in den Gittern ist für die *mechanischen Eigenschaften* der Metalle von großer Bedeutung. Wenn die Metalle nämlich verformt werden, bleiben die Schichten erhalten. Sie werden lediglich gegeneinander verschoben (Bild 6). Die Atome der Schichten bekommen dabei neue Nachbarn, das Kristallgitter selbst bleibt jedoch erhalten.

Metalle mit *kubisch dichtester Kugelpackung* sind also „kreuz und quer" von diesen Schichten durchzogen. Sie lassen sich deshalb besonders leicht verformen. Das gilt z. B. für Kupfer, Silber und Gold.

Metalle mit *hexagonal dichtester Kugelpackung* haben diese Schichten nur in einer Richtung. Ihre Verformbarkeit ist deswegen geringer. Das gilt z. B. für die Metalle Magnesium, Zink, Cadmium und Titan.

Viele Metallatome können in den Kugelpackungen gegeneinander ausgetauscht werden; so lassen sich z. B. Goldatome durch Silberatome ersetzen. In diesem Fall bleibt das Kristallgitter erhalten. Auf dieser Austauschbarkeit der Atome beruht die Fähigkeit vieler Metalle Legierungen zu bilden.

Neben den dichtesten Kugelpackungen gibt es noch eine Anordnung der Metallatome, in der sie etwas weniger dicht gepackt sind und den Raum nur zu 68 % ausfüllen.

In ihr besetzt ein Metallatom den Mittelpunkt eines Würfels, dessen acht Ecken ebenfalls mit Atomen besetzt sind (Bild 7). Lithium, Natrium und Kalium liegen z. B. in diesem Gitter vor.

Die hohen Schmelz- und Siedetemperaturen der meisten Metalle lassen sich gut mit ihrer Gitterstruktur erklären: Es wird sehr viel Energie benötigt, um diese Gitter aufzubrechen und die Atome so weit voneinander zu trennen, dass sie das Gitter verlassen.

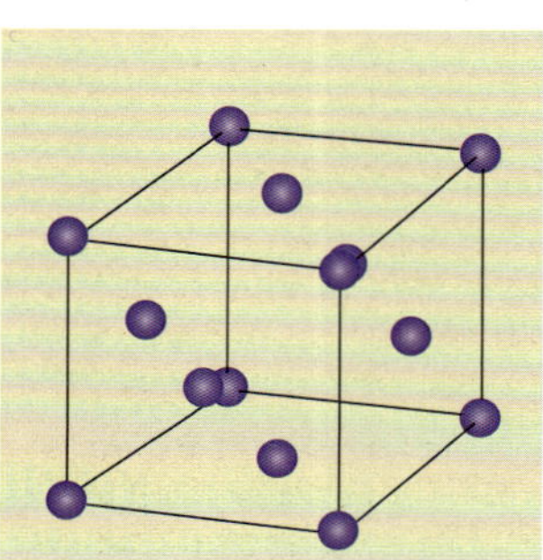
4

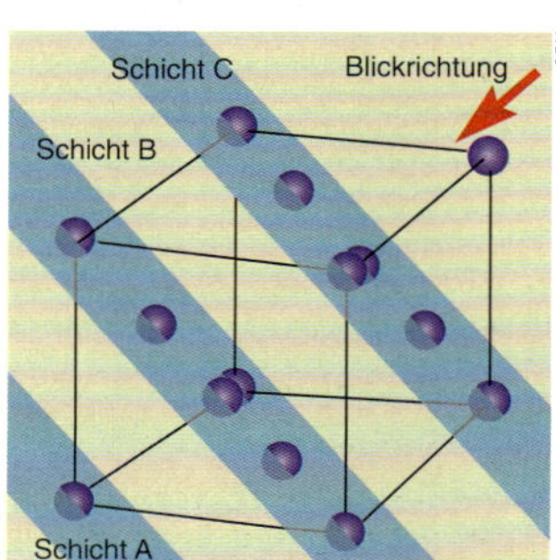

5

6

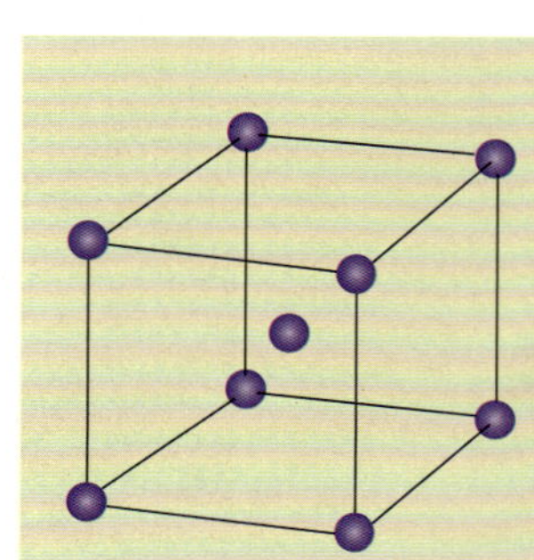
7

8538RD

2 Reaktionen von Metallen mit Säuren

8 Wenn man eine druckfeste wasserdichte Edelstahluhr in ein Glas mit heißer konzentrierter Salzsäure legt ...

9 ... stellt die Uhr nach etwa 16 Minuten die Zeitmessung ein. Die Edelstahloberfläche ist geschwärzt.

10 Nach weiteren 3 Stunden zerfällt die Uhr in Einzelteile.

11 Nach rund 8 Stunden hat sich die Uhr aufgelöst.

Nicht zur Nachahmung empfohlen! Aber wo ist das Metall geblieben?

V 5 Diese Versuchsreihe zeigt, wie sich Metalle gegenüber verdünnter Salzsäure verhalten.

a) Wir geben 3 cm hoch verdünnte Salzsäure [Xi] in ein Reagenzglas (Schutzbrille!). Wie reagieren darin Späne von Aluminium, Eisen, Kupfer, Magnesium [F] und Zink [F] sowie ein Stück Platindraht?

Wenn bei der Reaktion ein Gas frei wird, versuchen wir festzustellen, um welches Gas es sich handelt.

b) Am Ende der Reaktion geben wir so lange weitere Proben des jeweiligen Metalls in die Flüssigkeit, bis sich keine Gasbläschen mehr bilden.

Anschließend filtrieren wir jeweils die Flüssigkeit von den Metallrückständen ab.

c) Die Hälfte der jeweiligen Lösung dampfen wir in einer Porzellanschale ein. Zum Vergleich wird eine Probe der Salzsäure allein geprüft.

d) Den Rest der Lösungen lassen wir in großen Uhrgläsern oder in Petrischalen langsam verdunsten. Vergleiche anschließend mit den Rückständen in den Porzellanschalen.

V 6 Wir überprüfen nun (wie in Versuch 5), wie die Metalle mit anderen verdünnten Säuren – z. B. mit Schwefelsäure [Xi] oder mit Salpetersäure (etwa 5%ig) [C] – reagieren.

Lege eine Tabelle an und trage alle Ergebnisse – auch die von Versuch 5 – darin ein.

V 7 *(Lehrerversuch)* Ein Stück sauberes Kupferblech wird in einen Standzylinder gegeben, der etwas 25%ige Salpetersäure [C] enthält (Abzug!). Beschreibe deine Beobachtungen.

Wie unedle Metalle mit Säuren reagieren

Wenn man verdünnte Salzsäure auf ein unedles Metall (z. B. Zink) einwirken lässt, entweicht ein Gas. Das Zinkstück wird dabei allmählich kleiner und „verschwindet" schließlich vollständig in der Lösung.

Das Gas wird als Wasserstoff identifiziert. Dieser kann nur aus der Säure stammen, denn die Metalle sind ja bekanntlich Elementsubstanzen.

Im Reaktionsgefäß bleibt eine Lösung zurück. Wenn sie eingedampft wird, erhält man ein wasserlösliches Salz; in unserem Falle ist es Zinkchlorid. Bei der Reaktion von Salzsäure mit Zink läuft also folgende Reaktion ab:

Zink + Salzsäure → Zinkchlorid + Wasserstoff.

Beim Aufstellen der Reaktionsgleichung müssen wir berücksichtigen, dass in der Lösung Ionen vorliegen:

$$Zn + 2\,H_3O^+ + 2\,Cl^- \rightarrow Zn^{2+} + 2\,Cl^- + H_2 + 2\,H_2O$$

Wenn das Wasser verdampft, bleiben die Zn^{2+}-Ionen und die Cl^--Ionen zurück. Sie bilden dann das feste Zinkchlorid.

Wenn Magnesium mit verdünnter Schwefelsäure reagiert, entsteht ebenfalls ein Salz, das Magnesiumsulfat; Wasserstoff entweicht.

Magnesium + Schwefelsäure
→ Magnesiumsulfat + Wasserstoff

$$Mg + 2\,H_3O^+ + SO_4^{2-} \rightarrow Mg^{2+} + SO_4^{2-} + H_2 + 2\,H_2O$$

Entsprechend reagieren die *unedlen* Metalle auch mit anderen Säurelösungen:

unedles Metall + Säure → Salz + Wasserstoff.

Edlere Metalle, wie z. B. Kupfer und das Edelmetall Platin reagieren nicht mit verdünnten Säuren unter Wasserstoffbildung. Diese Metalle reagieren nur mit bestimmten halbkonzentrierten Säuren (z. B. Salpetersäure oder Schwefelsäure).

Da viele unedle Metalle mit verschiedenen Säurelösungen reagieren können, gibt es eine große Zahl unterschiedlicher Salze. Sie werden nach den Namen der beteiligten Metall-Ionen und Säurerest-Ionen benannt (→ Tabelle bei Aufgaben).

Die Reaktionen von Metallen mit Säuren genauer betrachtet

Wir wissen bereits, dass ein Metall aus einem Metallgitter besteht. Darin wiederholt sich die Anordnung der Atome nach allen Richtungen des Raumes.

Das Metallgitter besteht aus positiv geladenen *Atomrümpfen*. Das *Elektronengas* bewirkt dessen Zusammenhalt (Metallbindung).

Wenn man ein solches Metall (z. B. Zink) in eine Lösung eintaucht, die Oxonium-Ionen enthält – also in eine saure Lösung –, dann nimmt jedes Oxonium-Ion ein Elektron des Elektronengases auf. Dabei entstehen aus zwei Oxonium-Ionen zwei Wassermoleküle und ein Wasserstoffmolekül.

Zugleich verlässt ein zweifach positiv geladenes Zink-Ion den Gitterverband und geht in die wässrige Lösung über.

$$2\,H_3O^+ + 2\,e^- \rightarrow 2\,H_2O + H_2$$
$$Zn \rightarrow Zn^{2+} + 2\,e^-$$

Es findet eine *Elektronenübertragung* statt. Dabei werden Elektronen der Metallatome auf die Oxonium-Ionen der Säure übertragen.

Die *unedlen Metalle* geben besonders leicht Elektronen ab; deshalb reagieren sie mit den Oxonium-Ionen.

Edlere Metalle geben ihre Elektronen nicht so leicht ab. Um sie in Ionen umzuwandeln, müssen Reaktionspartner eingesetzt werden, die sehr leicht Elektronen aufnehmen. Solche Stoffe sind z. B. konzentrierte Salpetersäure und Schwefelsäure. Dabei sind dann jedoch nicht die Oxonium-Ionen die Reaktionspartner, sondern die Säuremoleküle „als Ganzes".

Wie viele Elektronen ein Metallatom innerhalb des Metallgitters *für das Elektronengas* abgibt, ist nur schwer zu ermitteln (im Durchschnitt sind es 1–1,3).

Wie viele Elektronen ein Metallatom abgibt, *wenn es eine Reaktion eingeht*, lässt sich dagegen leicht aus seiner Stellung im Periodensystem der Elemente ablesen.

Magnesium beispielsweise steht in der II. Hauptgruppe, hat also zwei Elektronen in seiner Außenschale *(Valenzelektronen)*. Ein Magnesiumatom kann also zwei Elektronen abgeben.

$$Mg \rightarrow Mg^{2+} + 2\,e^-$$

Für das Aluminiumatom in der III. Hauptgruppe gilt das entsprechend.

$$Al \rightarrow Al^{3+} + 3\,e^-$$

Bei den Metallen der Nebengruppen ist der Zusammenhang zwischen Gruppe und Valenzelektronen nicht so eindeutig. Im Allgemeinen geben sie zwei oder drei Elektronen pro Atom ab, z. B.

$$Zn \rightarrow Zn^{2+} + 2\,e^-$$
$$Fe \rightarrow Fe^{3+} + 3\,e^-$$

Metallgitter und Ionengitter im Vergleich

Wenn Metalle mit Säuren zu Salzen reagieren, laufen folgende Vorgänge ab: Die Atomrümpfe verlassen das *Metallgitter* und gehen als Kationen in die Lösung. Wenn z. B. beim Eindampfen der Lösung das Salz auskristallisiert, werden sie Teile des *Ionengitters*.

Zwischen beiden Gitterarten gibt es **Gemeinsamkeiten**: So sind die meisten Ionengitter wie die Metallgitter *dichteste Kugelpackungen*. Das erkennt man am besten am Gitter des Kochsalzkristalls (Bilder 1 u. 2). Betrachtest du *nur* die Natrium-Ionen (bzw. nur die Chlorid-Ionen), dann stellst du fest: Die Ionen haben die gleiche Anordnung wie im kubisch flächenzentrierten Würfel (Bild 4 der Vorseite). Kationen und Anionen bilden also für sich allein gesehen jeweils eine kubisch dichteste Kugelpackung, beide Kugelpackungen sind jedoch ineinander geschoben.

Zwischen beiden Gitterarten gibt es auch **Unterschiede**; diese zeigen sich z. B. darin, wie sich Metalle und Salze in einem Stromkreis verhalten.

Im *Ionengitter* befinden sich beide Ionensorten an festen Plätzen; das feste Salz ist also ein Nichtleiter. Erst in der Schmelze sind die Ionen frei beweglich und es kann ein Strom fließen. Dabei nimmt die Leitfähigkeit bei steigender Temperatur zu, da die Beweglichkeit der Ionen erhöht wird.

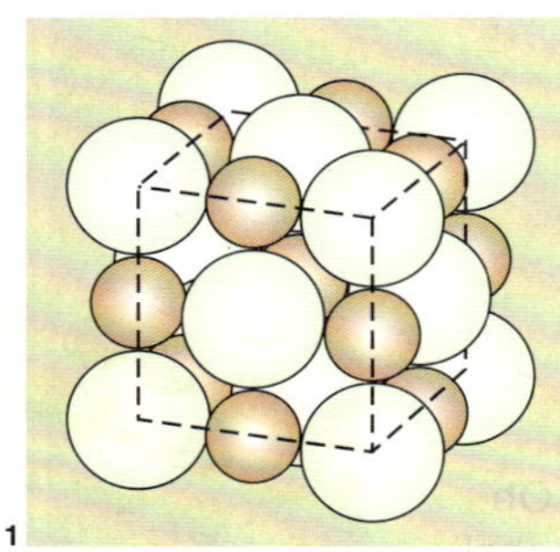
1

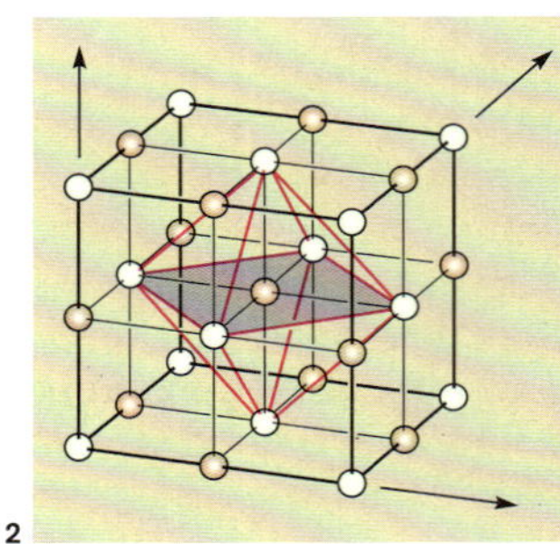
2

Wandernde Ionen sind der elektrische Strom in der Salzschmelze. Sie wandern zu den Elektroden und werden dort entladen. Dabei wird die Ionensubstanz zersetzt.

Im *Metallgitter* befinden sich die Atomrümpfe an festen Plätzen und sind von den frei beweglichen Elektronen (Elektronengas) umgeben. Beim Anlegen einer Spannung wandern nur die Elektronen, das Gitter selbst bleibt erhalten. Es findet also keine chemische Veränderung des Metalls statt.

Mit steigender Temperatur nimmt die Leitfähigkeit ab; die Bewegung der Elektronen wird durch die zunehmende Schwingung der Atomrümpfe erschwert.

Fragen und Aufgaben zum Text

1 Vergleiche, wie die kleinsten Teilchen in einem Metall und einer Ionensubstanz angeordnet sind.

2 Beschreibe, wie sich die kleinsten Teilchen in einem Metallgitter und einem Ionengitter verhalten, wenn z. B. mit einem Hammer auf das Metall bzw. den Salzkristall geschlagen wird.

Fertige dazu auch die entsprechenden Zeichnungen an.

3 Wenn man einen würfelförmigen Salzkristall spaltet, erhält man wieder Kristalle, die würfelförmig oder quaderförmig sind. Versuche das mit Hilfe deiner Kenntnisse über den Bau von Ionengittern zu erklären.

4 Welche Teilchen bilden den elektrischen Strom in Metallen und welche in Salzschmelzen?

5 Erkläre das elektrische Leitungsverhalten von Salzen und Metallen.

6 Warum sind Metalle elektrische Leiter, Nichtmetalle aber Isolatoren?

7 Beschreibe, wie sich eine Temperaturerhöhung auf die Leitfähigkeit einer Salzschmelze und eines Metalldrahtes auswirkt. Nenne die Ursachen für die Unterschiede.

8 Vergleiche die Gesamtladung der Ionen auf beiden Seiten der Reaktionsgleichung zur Reaktion von Zink mit Salzsäure (→ Info auf der Vorseite).

8540RD

Aufgaben

1 Salzsäure gilt für viele Menschen als *der* Vertreter der Säuren. Sie wurde seit 1650 als stark wirkende Säure eingesetzt. Welche Eigenschaften der Salzsäure spielen bei den folgenden Anwendungen jeweils eine Rolle?

a) Alte Blumentöpfe aus Kupfer oder Messing wurden mit einem Wattebausch abgerieben, der vorher in Salzsäure eingetaucht worden war.

b) Die Ablagerungen von Kesselstein in Heißwassergeräten wurden mit Salzsäure entfernt.

c) Bei der Herstellung von Namensschildern aus Eisen oder Aluminium wurde Salzsäure zum Herausätzen der Schrift verwendet.

2 Magnesium reagiert mit Salzsäure zu Magnesiumchlorid. Erkläre die folgende Reaktionsgleichung.

$$Mg + 2\,H_3O^+ + 2\,Cl^- \rightarrow Mg^{2+} + 2\,Cl^- + 2\,H_2O + H_2$$

Handelt es sich hier um eine Säure-Base-Reaktion oder um eine Reaktion mit Elektronenübertragung?

3 Zink reagiert mit verdünnter Schwefelsäure. Stelle dazu die Reaktionsgleichung auf.

4 Erkläre, warum unedle Metalle mit verdünnten Säuren reagieren, edle Metalle aber nicht.

5 Bestimme die Namen der folgenden Salze aus ihren Formeln: $CaCl_2$, $MgSO_4$, $NaNO_3$ (→ Tabelle).

Beispiele für die Bildung und Benennung von Salzen

Säure	Metall-Ionen	Säurerest-Ionen	Salz
Salzsäure, HCl	Zink-Ion, Zn^{2+}	Chlorid-Ion, Cl^-	Zinkchlorid, $ZnCl_2$
Schwefelsäure, H_2SO_4	Eisen-Ion, Fe^{2+}	Sulfat-Ion, SO_4^{2-}	Eisen(II)-sulfat, $FeSO_4$
Kohlensäure, H_2CO_3	Calcium-Ion, Ca^{2+}	Carbonat-Ion, CO_3^{2-}	Calciumcarbonat, $CaCO_3$
Salpetersäure, HNO_3	Kalium-Ion, K^+	Nitrat-Ion, NO_3^-	Kaliumnitrat, KNO_3
Phosphorsäure, H_3PO_4	Natrium-Ion, Na^+	Phosphat-Ion, PO_4^{3-}	Natriumphosphat, Na_3PO_4

Aus Umwelt und Technik: **Das Tiefätzen von Metallen**

Um ein solches Türschild wie in Bild 3 herzustellen, werden Teile aus der Oberfläche des Metalls herausgeätzt. Das geschieht durch ein chemisches Verfahren, das *Tiefätzen.*

Zunächst wird die gesamte Oberfläche des Metallstücks mit Asphaltlack bestrichen oder besprüht. Nach dem Trocknen wird die Schrift mit einem Stahlstift in den Lack eingekratzt, sodass wieder das blanke Metall erscheint. Beim anschließenden Ätzen trägt das Ätzmittel das Metall nur an den blanken Stellen ab. Die mit Asphaltlack bedeckten Flächen werden nicht angegriffen.

Nach diesem Verfahren werden in der Industrie nicht nur Schilder beschriftet, sondern auch besonders geformte Metallteile hergestellt.

3

Bastelanleitung: **Ein Namensschild aus Metall**

Du brauchst:

1 kleines Stück Aluminiumblech (Dicke: 0,5 mm),
1 starke Schere (Blechschere) zum Zerschneiden des Bleches,
Kerzenwachs,
1 Porzellanschale zum Erhitzen des Kerzenwachses,
1 Flachpinsel,
1 Glasschale für die Ätzflüssigkeit,
Ätzflüssigkeit (Salzsäure (20 %) Xi, vom Lehrer hergestellt),
Gefäß mit heißem Wasser,
Schutzbrille und feuerfeste Unterlage nicht vergessen!

So wird's gemacht:

Zunächst schneidest du dir das Schild in der gewünschten Größe zu. Dann bestreichst du es auf beiden Seiten sorgfältig mit flüssigem Wachs oder tauchst es darin ein. Die Wachsschicht sollte das Blech überall gut abdecken.

Wenn du ein Muster wie in Bild 4 auftropfen willst, darfst du nur mit verdünnter Salzsäure (7 %) arbeiten.

Mit dem Pinselstiel (oder einem Kunststoffspatel) ritzt du nun deinen Namen in die Wachsschicht ein. Achte darauf, dass der Schriftzug die Wachsschicht ganz durchdringt und das Metall an diesen Stellen völlig frei von Wachs wird.

Nun schüttest du die Ätzflüssigkeit in die Glasschale und legst das vorbereitete Aluminiumblech für ca. 20 Minuten hinein (Bild 5). Die Salzsäure reagiert jetzt mit dem Aluminium; das Metall wird geätzt.

Anschließend legst du das Schild in heißes Wasser, damit sich das Wachs wieder ablöst.

Nach diesem Verfahren kannst du dir auch größere Aluminiumplatten mit beliebigen Mustern ätzen.

4

5

Reduktionen und Redoxreaktionen

1 Oxide werden reduziert

1

2

Die meisten Metalle kommen in der Natur nur selten oder gar nicht rein vor. Man gewinnt sie aus ihren **Erzen** (Bilder 1 u. 2). Viele Erze enthalten als Hauptbestandteil das **Oxid** des betreffenden Metalls.

Wie kann man daraus das Metall gewinnen?

V 1 Bild 3 zeigt den Versuchsaufbau. Das Gemisch aus *Kupferoxid* und Holzkohlepulver muss kräftig durchglühen. Beschreibe, was mit dem Gemisch geschieht.

a) Worauf weist die Reaktion mit Kalkwasser [C] hin?

b) Welche Ausgangsstoffe waren an der Reaktion beteiligt und welche Reaktionsprodukte sind dabei entstanden? Stelle die Reaktionsgleichung zu dieser Reaktion auf.

c) Versuche die Vorgänge bei der Reaktion zu erklären.

d) Ob man Kupfer gewinnen kann, wenn man *nur* das Kupferoxid (ohne die Holzkohle) erhitzt?

V 2 Hier wird auf die gleiche Weise *Bleioxid* [Xn] untersucht:

Zunächst stellen wir ein Gemisch aus gleichen Teilen Bleioxid und Holzkohlepulver her. Das Gemisch wird so lange *kräftig* erhitzt, bis es glüht. Entsteht dadurch Blei?

V 3 Auch so ist eine Zerlegung von *Kupferoxid* möglich:

Wir geben in ein schwer schmelzbares Reagenzglas eine Spatelspitze Kupferoxidpulver und darüber ca. 1 cm hoch Zinkpulver [F]. Beide Stoffe werden vermischt und erhitzt, bis sie glühen. Was entsteht?

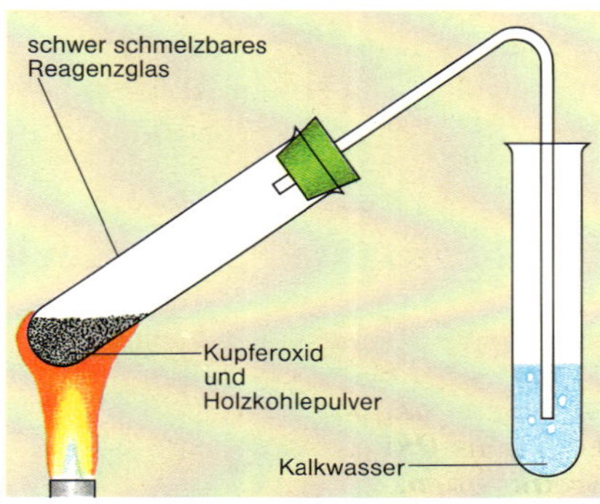

3

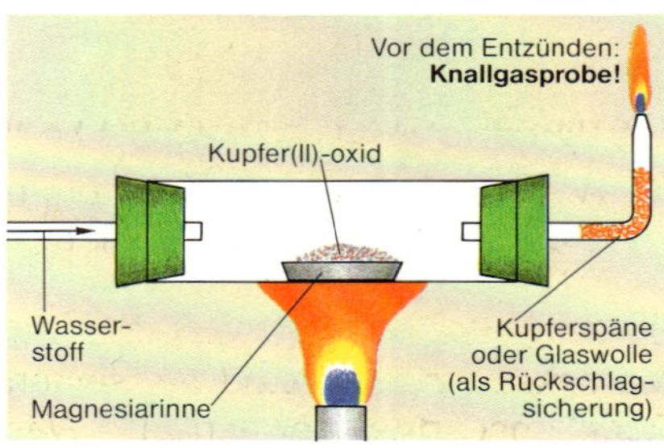

4

V 4 *(Lehrerversuch)* So kann Kupferoxid auch durch einen anderen Stoff zerlegt werden (Bild 4).

a) Zuerst lässt man *Wasserstoff* [F] durch das Verbrennungsrohr (und damit über das Kupferoxid) strömen.

Bevor er am Rohrende entzündet wird, muss unbedingt die Knallgasprobe durchgeführt werden!

b) Sobald die Wasserstoffflamme ruhig brennt, wird das Kupferoxid im Verbrennungsrohr erhitzt.

Beobachte die Wasserstoffflamme während des Erhitzens.

c) Welche Veränderungen im Verbrennungsrohr stellst du fest?

d) Das Pulver aus der Rinne wird nach dem Abkühlen auf eine weiße Pappe geschüttet. Was stellst du fest, wenn du es mit einem Messer unter leichtem Druck glatt streichst?

V 5 Diesmal füllen wir einen Glaskolben mit Kohlenstoffdioxid aus der Stahlflasche oder Druckdose.

Dann tauchen wir ein Stück brennendes Magnesiumband mit der Tiegelzange in das Kohlenstoffdioxid.

Wie erklärst du die Beobachtung, die du hierbei machen kannst?

V 6 *(Lehrerversuch)* Ein Reagenzglas wird etwa 1,5 cm hoch mit *Kaliumnitrat* (KNO_3) [O] gefüllt. Das Kaliumnitrat wird so lange erhitzt, bis eine Schmelze entstanden ist.

a) Was zeigt sich, wenn ein glimmender Holzspan ins Reagenzglas eingeführt wird?

b) Nun lässt der Lehrer ein kleines Stückchen glühende Holzkohle auf die Schmelze fallen (Schutzbrille, Schutzscheibe!). Anschließend wird die Glimmspanprobe wiederholt.

Versuche deine Beobachtung zu erklären.

2263R

Wenn Oxide reduziert werden ...

Nur wenige **Metalloxide** können einfach durch Erhitzen in ihre Ausgangsstoffe zerlegt werden.

Für die meisten Zerlegungen braucht man einen Stoff, der sich **leichter mit Sauerstoff verbindet** als das Metall des betreffenden Oxids. Bei der Zerlegung von Kupferoxid (Bild 3) ist dies z. B. der Kohlenstoff.

Während der Reaktion wird das Kupferoxid in Kupfer und Sauerstoff zerlegt. Das Kupfer wird dabei sichtbar. Den Sauerstoff können wir nicht nachweisen, da er sich sofort mit dem Kohlenstoff zu Kohlenstoffdioxid verbindet (Bild 5).

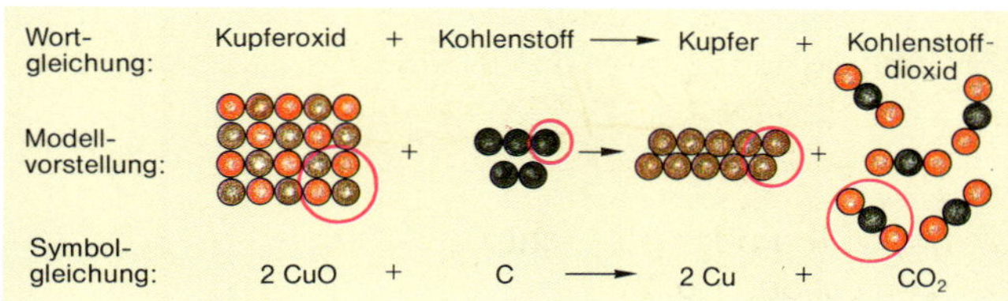

5

Deutung: Das Kupferoxid kann durch den Kohlenstoff zu Kupfer **reduziert** werden (lat. *reducere:* zurückführen). Der Kohlenstoff hat nämlich ein größeres Bestreben, sich mit Sauerstoff zu verbinden, als das Kupfer.

Wenn die Atome der beteiligten Stoffe durch Erhitzen aktiviert werden, verlassen sie ihre „alten" Atomverbände. Es lagern sich nun Kohlenstoff- und Sauerstoffatome zusammen.

Beim Zerlegen von Kupferoxid laufen also zwei chemische Reaktionen zugleich ab, nämlich

- eine **Reduktion**: Dem Kupferoxid wird der Sauerstoff entzogen (d. h., Kupferoxid wird zu Kupfer *reduziert*);
- eine **Oxidation**: Der Kohlenstoff verbindet sich mit Sauerstoff (der Kohlenstoff wird zu Kohlenstoffdioxid *oxidiert*).

Chemische Reaktionen, bei denen *zugleich eine Reduktion und eine Oxidation* ablaufen, werden **Red**uktions-**Ox**idations-**Reaktionen** genannt oder kurz ***Redoxreaktionen.***

Redoxreaktionen sind chemische Reaktionen, bei denen *Sauerstoff zugleich abgegeben und aufgenommen* wird.

Reaktionspartner, die dabei Sauerstoff *abgeben*, bezeichnet man als **Oxidationsmittel**. Reaktionspartner, die diesen Sauerstoff *aufnehmen*, heißen **Reduktionsmittel**. (In unserem Beispiel ist das Kupferoxid das Oxidationsmittel und der Kohlenstoff das Reduktionsmittel.)

Oxidationsmittel wird reduziert.

Kupferoxid + Kohlenstoff → Kupfer + Kohlenstoffdioxid

$$2\,CuO + C \rightarrow 2\,Cu + CO_2$$

Reduktionsmittel wird oxidiert.

Zur Reduktion von Kupferoxid sind auch **Metalle** und **Wasserstoff** geeignet. Die Metalle müssen sich leichter mit Sauerstoff verbinden als Kupfer. Ein Beispiel dafür ist das Zink.

Reduktion

Kupferoxid + Zink → Kupfer + Zinkoxid

$$CuO + Zn \rightarrow Cu + ZnO$$

Oxidation

Auch **Nichtmetalloxide** können reduziert werden. Ein Beispiel dafür ist die *Reduktion von Kohlenstoffdioxid mit Magnesium.* Dabei entstehen Kohlenstoff und Magnesiumoxid. Auch das ist eine **Redoxreaktion**.

Reduktion

Kohlenstoffdioxid + Magnesium → Kohlenstoff + Magnesiumoxid

$$CO_2 + 2\,Mg \rightarrow C + 2\,MgO$$

Oxidation

Aufgaben

1 Welcher Unterschied besteht zwischen einer *Oxidation* und einer *Reduktion*? Welche Reaktionen werden als *Redoxreaktionen* bezeichnet?

2 Stelle zu den Reaktionen in den Versuchen 1–4 die Wortgleichungen und Reaktionsgleichungen auf.

Überlege jeweils, welcher Stoff das *Reduktionsmittel* und welcher das *Oxidationsmittel* ist.

3 Welche Eigenschaften haben alle Reduktionsmittel gemeinsam?

4 Schreibe die Reaktionsgleichung für die Reduktion von Kupferoxid mit Wasserstoff auf.

Kennzeichne außerdem die Reduktion und die Oxidation.

5 Warum wird bei der Reaktion in V 4 die Wasserstoffflamme kleiner?

6 Zur Reaktion in Versuch 3 meint Martina: „Der Sauerstoff hat seinen Reaktionspartner gewechselt." Was meinst du dazu?

Gilt Martinas Überlegung auch für die anderen Versuche?

7 Du kennst schon die *Oxidationsreihe der Metalle* (→ auch in der Zusammenfassung). Welche dieser Metalle sind als Reduktionsmittel zur Reduktion von Kupferoxid geeignet?

8 Bleioxid lässt sich nicht mit Silber, wohl aber mit Zink reduzieren.

An welcher Stelle in der Metallreihe müsste Blei demnach stehen?

9 Was sagen die folgenden Reaktionsgleichungen aus?

$$ZnO + Mg \rightarrow Zn + MgO$$
$$CO_2 + 2\,Mg \rightarrow C + 2\,MgO$$

10 Welche Bedeutung hat das Kaliumnitrat (KNO_3) bei Versuch 6?

Welches Reaktionsprodukt muss dabei entstehen?

11 Versuch 6 gelingt auch mit einem kleinen Stück Stangenschwefel anstelle der Holzkohle. Welches Reaktionsprodukt entsteht dabei?

12 Zinkoxid lässt sich mit Holzkohle reduzieren. Kohlenstoffdioxid kann mit Magnesium reduziert werden. An welcher Stelle der Oxidationsreihe könnte man Kohlenstoff einordnen?

Aus Umwelt und Technik: **Wie Eisenbahnschienen verschweißt werden**

Es ist acht Uhr morgens auf dem Hauptbahnhof. Das schadhafte „Herzstück" einer Weiche soll ausgewechselt werden. In zwei Stunden muss die Arbeit getan sein.

Die Reparatur soll mit Hilfe des *Thermitverfahrens* durchgeführt werden. Du wirst gleich sehen, dass auch dabei eine **Redoxreaktion** abläuft.

Zu Beginn schneiden die Männer des Schweißtrupps das alte Schienenstück mit einem Schneidbrenner heraus. Der entstehende Spalt („Stoß") wird noch auf 25 mm verbreitert. Das ist notwendig, damit später beim Thermitschweißen der flüssige Stahl gut hineinfließen kann.

„Was ist eigentlich *Thermit*?" Diese Frage beantwortet der Oberbauschweißer so:

„Thermit ist ein Gemisch aus Eisenoxid und Aluminiumpulver. Wenn man es entzündet, reagieren beide Stoffe zu Eisen und Aluminiumoxid. Aus 1000 g Thermit entstehen dabei 425 g Eisen.

Bei dieser Reaktion wird sehr viel Wärme frei. Es entstehen Temperaturen bis zu 2400 °C. Das ist jedoch zum Schweißen zu heiß. Deshalb mischt man dem Thermitgemisch feinen Stahlschrott ‚zum Kühlen' bei. Außerdem kommen noch Vanadium, Mangan, Titan, Silicium und Kohlenstoff dazu. Der Schweißstahl wird dadurch etwas härter als der Schienenstahl selbst."

Währenddessen füllt der Schweißer eine Portion von 9 kg Thermitgemisch in den Gießofen.

An der Schweißstelle ist inzwischen eine vorgefertigte Gießform aus gepresstem Quarzsand über dem Schienenspalt befestigt worden. Mit einem Propangasbrenner werden nun die Form und die Schienenenden auf 900 °C vorgewärmt. Dann wird der Gießofen aufgesetzt.

„Einige Schritte zurücktreten!", heißt es plötzlich. Mit einer besonderen „Wunderkerze" wird das Thermitgemisch gezündet. Innerhalb weniger Sekunden glüht es im Ofen hellweiß auf. Nach etwa 3–4 Minuten fließt der weiß glühende Stahl in die Form. Dabei füllt er den „Stoß" zwischen den Schienenenden von unten nach oben.

Die Gießform wird schließlich zerschlagen und die Schweißnaht liegt frei. Überstehendes Eisen wird noch rot glühend „abgeschert" und die Schienenoberfläche glatt geschliffen.

Der ganze Schweißvorgang hat nur knapp 20 Minuten gedauert. Eine schnelle und saubere Arbeit! An drei Stellen wiederholt sich dieser Vorgang und kurz vor 10 Uhr rollt der erste Zug über das erneuerte Gleisstück.

Fragen und Aufgaben zum Text

1 Beschreibe, was auf den Bildern 1–6 gerade geschieht.

2 Um die Thermitreaktion in Gang zu bringen musste Aktivierungsenergie zugeführt werden. Wodurch geschah das?

3 Hast du erkannt, welche Redoxreaktion beim Thermitschweißen abläuft? Stelle dazu die Wortgleichung auf. Markiere dabei Reduktion und Oxidation. Gib auch Reduktions- und Oxidationsmittel an.

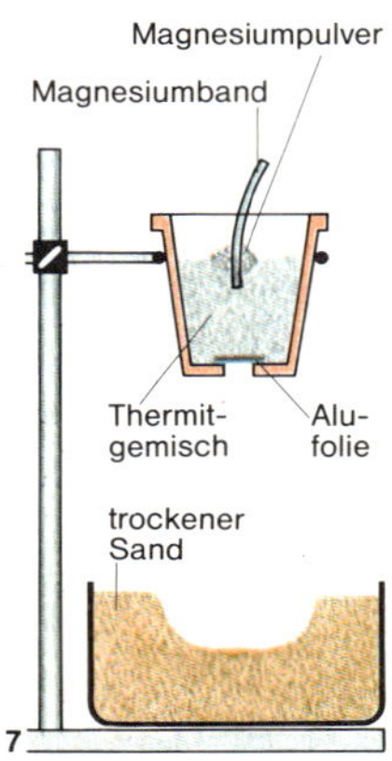

7

4 Im Freien lässt sich ein **Modellversuch** zum Thermitverfahren als *Lehrerversuch* durchführen (Bild 7):

Das Thermitgemisch besteht aus 40 g trockenem Eisen(III)-oxid und 14 g trockenem, frischem Aluminiumgrieß. Das Loch im Blumentopf wird vorher mit Aluminiumfolie abgedeckt. Das Gemisch lässt sich mit Magnesiumband oder einer Wunderkerze entzünden. Das flüssige Eisen fließt in ein Blechgefäß mit einer *trockenen* Sandschicht. (Vorsicht! Mindestabstand 3 m!) Nach dem Abkühlen kann man das Eisen mit dem Magneten prüfen.

1

2

3

4

5

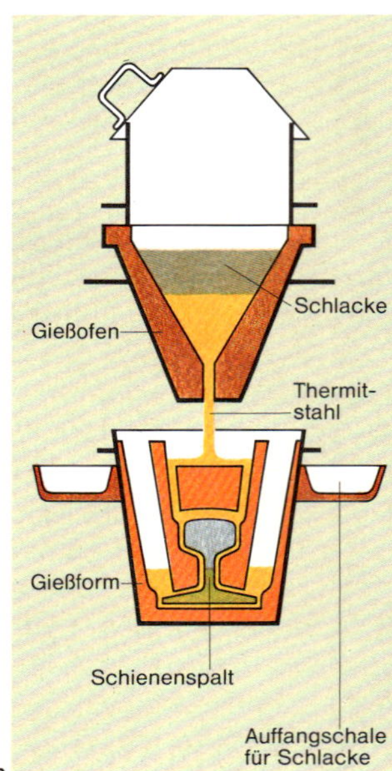

6

2265R

Alles klar?

1 Worin unterscheiden sich Oxidation und Reduktion grundsätzlich?

2 Erkläre den Begriff *Redoxreaktion* an einem Beispiel (mit Reaktionsgleichung).

3 Was geschieht bei einer Redoxreaktion mit dem Reduktionsmittel und mit dem Oxidationsmittel?

4 Mit Aluminium können viele Oxide reduziert werden. Was lässt sich daraus für das Reaktionsverhalten des Aluminiums gegenüber Sauerstoff ableiten?

5 Begründe, warum man Eisenoxid mit Aluminium reduzieren kann.

6 Magnesium + Zinkoxid → Magnesiumoxid + Zink
Was sagt diese Reaktionsgleichung aus?

7 Gibt es grundsätzliche Unterschiede bei der Reduktion von Metalloxiden und Nichtmetalloxiden? Begründe deine Antwort anhand von Beispielen.

8 Brände von Metallen dürfen nur mit Speziallöschern bekämpft werden. Was würde geschehen, wenn jemand brennendes Magnesium mit einem Kohlenstoffdioxidlöscher bekämpfen würde?

9 Kohlenstoffdioxid lässt sich mit Magnesium reduzieren. Eignen sich dazu noch andere Metalle aus der Reihe?

Auf einen Blick

Metalloxide werden reduziert

Die meisten Metalloxide können nur durch Reaktionen mit Hilfe von **Reduktionsmitteln** in ihre Ausgangsstoffe zerlegt werden.

Das Reduktionsmittel muss ein größeres Bestreben haben, sich mit Sauerstoff zu verbinden, als das Metall, das reduziert werden soll.

Zur Reduktion von Metalloxiden sind als *Reduktionsmittel* sowohl andere **Metalle** als auch **Kohlenstoff** und **Wasserstoff** geeignet.

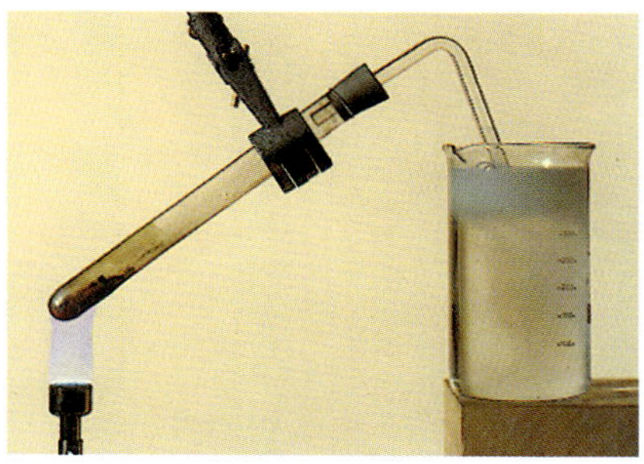

Bei jeder Reduktion (Sauerstoffabgabe) läuft zugleich auch eine Oxidation (Sauerstoffaufnahme) ab.

Solche Vorgänge bezeichnet man oft als **Redoxreaktionen**. Dabei wird das Oxid, das den Sauerstoff abgibt, *Oxidationsmittel* genannt; es ist jeweils der Stoff, der reduziert wird.

Bei jeder Redoxreaktion laufen zugleich eine Reduktion und eine Oxidation ab.

Reduktion (Kupferoxid → Kupfer)

Kupferoxid *(Oxidationsmittel)*	+	Wasserstoff *(Reduktionsmittel)*	→	Kupfer	+	Wasser
CuO	+	H_2	→	Cu	+	H_2O

Oxidation (H_2 → H_2O)

Die verschiedenen Reduktionen von Metalloxiden verlaufen unterschiedlich heftig. Daraus kann man auf das Reaktionsverhalten der Metalle gegenüber Sauerstoff schließen und eine **Oxidationsreihe der Metalle** ableiten:

Aluminium – Magnesium – Zink – Eisen – Kupfer – Silber – Gold – Platin

unedel — abnehmende Heftigkeit der Reaktion mit Sauerstoff → edel

Auch Nichtmetalloxide können reduziert werden

Ein Beispiel für die Reduktion von Nichtmetalloxiden ist die Reduktion von Kohlenstoffdioxid mit Hilfe des Reduktionsmittels Magnesium. Dabei entstehen Magnesiumoxid und Kohlenstoff. Auch das ist eine Redoxreaktion.

Reduktion (Kohlenstoffdioxid → Kohlenstoff)

Kohlenstoffdioxid *(Oxidationsmittel)*	+	Magnesium *(Reduktionsmittel)*	→	Kohlenstoff	+	Magnesiumoxid
CO_2	+	$2\,Mg$	→	C	+	$2\,MgO$

Oxidation ($2\,Mg$ → $2\,MgO$)

Chemische Reaktionen als Elektronenübertragung

1 Elektronenübertragung bei Reaktionen mit Magnesium

1

Hier reagiert Magnesium – einmal mit Sauerstoff (Bild 1) und einmal mit Chlor (Bild 2).

Laufen die beiden Reaktionen nach dem gleichen „Muster" ab?
Was spielt sich dabei im Bereich der kleinsten Teilchen ab?

2

Wir vergleichen die Reaktionen von Magnesium mit Sauerstoff und mit Chlor

Magnesium verbindet sich leicht mit **Sauerstoff**, es verbrennt; dabei entsteht *Magnesiumoxid*.

$2\,Mg + O_2 \rightarrow 2\,MgO$ | exotherm

Magnesium verbindet sich aber auch leicht mit **Chlor**; es entsteht *Magnesiumchlorid*, ein Salz.

$Mg + Cl_2 \rightarrow MgCl_2$ | exotherm

Das sind zwei ganz unterschiedliche chemische Reaktionen, auch wenn sie offensichtlich einiges gemeinsam haben. Ob diese Aussage richtig ist, lässt sich feststellen, wenn wir die jeweiligen **Vorgänge im atomaren Bereich** betrachten.

Du weißt bereits, dass an den Reaktionen nur die Außenelektronen der Atome beteiligt sind. Mit Hilfe der Elektronenschreibweise der Atome lassen sich die Vorgänge während der Reaktion übersichtlich darstellen.

Für die **Reaktion von Magnesium mit Sauerstoff** ergibt sich:

$$\cdot Mg \cdot + \cdot\ddot{\underset{\cdot\cdot}{O}}: \rightarrow Mg^{2+} + :\ddot{\underset{\cdot\cdot}{O}}:^{2-}$$

Für die **Reaktion von Magnesium mit Chlor** ergibt sich:

$$\cdot Mg \cdot + \cdot\ddot{\underset{\cdot\cdot}{Cl}}: + \cdot\ddot{\underset{\cdot\cdot}{Cl}}: \rightarrow Mg^{2+} + :\ddot{\underset{\cdot\cdot}{Cl}}:^{-} + :\ddot{\underset{\cdot\cdot}{Cl}}:^{-}$$

Wenn wir beide Darstellungen miteinander vergleichen, stellen wir die folgende *Gemeinsamkeit* beim Ablauf der Reaktionen fest:

In beiden Fällen gibt das Metall Elektronen ab und der Reaktionspartner nimmt sie auf. Die Elektronen werden also von den Atomen des einen Reaktionspartners auf die Atome des anderen Reaktionspartners übertragen. Man spricht deshalb hier von **Reaktionen mit Elektronenübertragung.**

Solche Reaktionen kommen in der Chemie häufig vor. Sie bilden einen besonderen Reaktionstyp, die **Redoxreaktion.**

Bei Redoxreaktionen laufen stets zugleich zwei Teilreaktionen ab:

Der eine Reaktionspartner gibt Elektronen ab; man sagt, er wird oxidiert: **Elektronenabgabe = Oxidation.** Dieser Reaktionspartner ist das *Reduktionsmittel* (auch *Elektronendonator* genannt).

Der andere Partner nimmt die Elektronen auf; man sagt, er wird reduziert: **Elektronenaufnahme = Reduktion.** Dieser Reaktionspartner ist das *Oxidationsmittel* (auch *Elektronenakzeptor* genannt).

Damit haben wir die ursprüngliche Bedeutung der Begriffe *Oxidation* und *Reduktion* erweitert.

Aufgaben

1 Magnesium reagiert einmal mit Sauerstoff, ein andermal mit Chlor. Was haben die Reaktionen gemeinsam? Worin unterscheiden sie sich?

2 Wie nennt man die Reaktionsprodukte bei beiden Reaktionen? Wie heißen ihre kleinsten Teilchen?

3 Die Reaktion von Magnesium mit Sauerstoff könnte man folgendermaßen formulieren:

„Während Magnesiumatome Elektronen abgeben, nehmen Sauerstoffatome Elektronen auf; während also Magnesium oxidiert, wird Sauerstoff reduziert."

Gib in ähnlicher Weise an, was bei der Reaktion von Magnesium mit Chlor geschieht.

4 Natrium reagiert mit Chlor zu Natriumchlorid. Läuft dabei eine Redoxreaktion ab?

Begründe deine Antwort mit Hilfe der Reaktionsgleichung.

5 Stelle jeweils ein Atom folgender Elemente in Elektronenschreibweise dar: Kalium, Aluminium, Stickstoff, Silicium, Schwefel und Argon (→ das PSE im Anhang).

6 Die Verbrennung von Zink kann man in Elektronenschreibweise folgendermaßen darstellen:

$$\cdot Zn \cdot + :\ddot{\underset{\cdot\cdot}{O}}: \rightarrow Zn^{2+} + :\ddot{\underset{\cdot\cdot}{O}}:^{2+}$$

Stelle die Reaktion von Zink mit Chlor entsprechend dar.

7 Vergleiche die ursprüngliche Bedeutung der Begriffe *Oxidation* und *Reduktion* mit der erweiterten Bedeutung dieser Begriffe.

6858R

2 Elektronenübertragung bei Reaktionen mit Zink

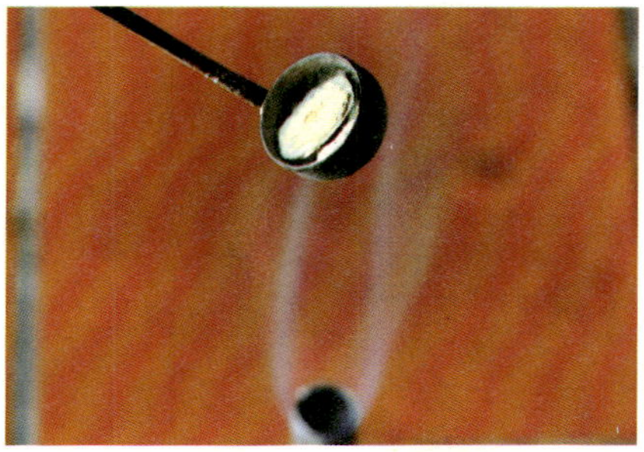

3 Zink wird verbrannt.

4 Heißes Zinkpulver reagiert mit Chlor.

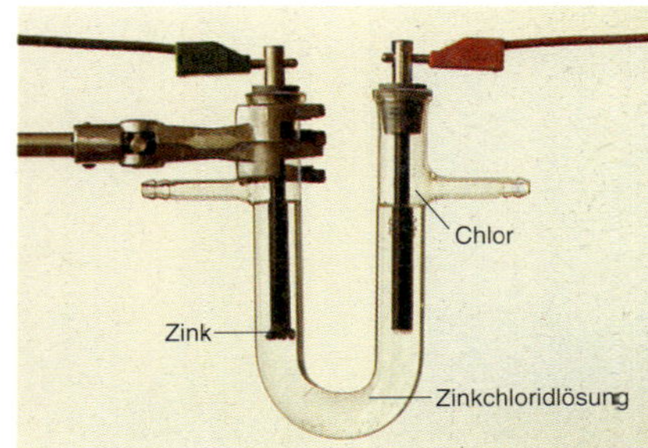

5 Elektrolyse einer Zinkchloridlösung.

Was haben diese sehr unterschiedlichen Reaktionen gemeinsam?
(Es ist nicht nur das Zink als gemeinsamer Reaktionspartner.)

Veränderungen im Bereich der kleinsten Teilchen

Zink reagiert bei höherer Temperatur sowohl mit Sauerstoff als auch mit Chlor. Mit Sauerstoff reagiert es zu *Zinkoxid*, mit Chlor zu *Zinkchlorid*. Beide Reaktionen verlaufen exotherm.

1. Zink reagiert mit Sauerstoff

$2\,Zn + O_2 \rightarrow 2\,ZnO$ | exotherm

Wir wollen die Veränderungen in den Außenschalen der beteiligten Atome genauer betrachten. Dabei hilft die Darstellung in *Elektronenschreibweise*:

$\cdot Zn \cdot + :\ddot{O}: \rightarrow Zn^{2+} + :\ddot{O}:^{2+}$

Darstellung in *Ionenschreibweise*:

Elektronenabgabe:	$2\,Zn \rightarrow 2\,Zn^{2+} + 4\,e^-$
Elektronenaufnahme:	$O_2 + 4\,e^- \rightarrow 2\,O^{2-}$
Elektronenübertragung:	$2\,Zn + O_2 \rightarrow \underbrace{2\,Zn^{2+} + 2\,O^{2-}}_{2\,ZnO}$

2. Zink reagiert mit Chlor

$Zn + Cl_2 \rightarrow ZnCl_2$ | exotherm

Wir betrachten die Veränderungen in den Außenschalen der Atome. Darstellung in *Elektronenschreibweise*:

$\cdot Zn \cdot + \cdot\ddot{Cl}: + \cdot\ddot{Cl}: \rightarrow Zn^{2+} + :\ddot{Cl}:^- + :\ddot{Cl}:^-$

Darstellung in *Ionenschreibweise*:

Elektronenabgabe:	$Zn \rightarrow Zn^{2+} + 2\,e^-$
Elektronenaufnahme:	$Cl_2 + 2\,e^- \rightarrow 2\,Cl^-$
Elektronenübertragung:	$Zn + Cl_2 \rightarrow \underbrace{Zn^{2+} + 2\,Cl^-}_{ZnCl_2}$

Ein Vergleich zeigt: Die Reaktionen verlaufen im Wesentlichen gleich. Es findet jeweils **Elektronenübertragung** statt: Bei der Oxidation werden Elektronen von Zink- auf Sauerstoffatome übertragen; bei der Chloridbildung werden Elektronen auf Chloratome übertragen.

In beiden Fällen entstehen **Ionen**. Die Zink-Ionen sind dabei stets elektrisch positiv geladen, die Oxid-Ionen bzw. die Chlorid-Ionen elektrisch negativ. Die Ionen ordnen sich jeweils zu **Ionengittern** an.

Entsprechend verlaufen chemische Reaktionen vieler Metalle mit Halogenen. Die Endprodukte sind stets **Salze** – die **Halogenide**.

Wir können feststellen, dass auch *Metalloxide* in der Regel *Ionenverbindungen* sind. *Sie können daher zur Stoffklasse der Salze gerechnet werden.*

3. Elektrolyse von Zinkchloridlösung

$ZnCl_2 \rightarrow Zn^{2+} + 2\,Cl^-$

In der Lösung befinden sich positiv geladene Zink-Ionen und negativ geladene Chlorid-Ionen.

Von der **Kathode** her werden Elektronen auf die Zink-Ionen übertragen *(Elektronenaufnahme = Reduktion)*.

$Zn^{2+} + 2\,e^- \rightarrow Zn$

Von der **Anode** her werden den Chlorid-Ionen Elektronen entzogen *(Elektronenabgabe = Oxidation)*.

$2\,Cl^- \rightarrow Cl_2 + 2\,e^-$

Auch hier findet also eine Reaktion mit Elektronenübertragung statt, also eine **Redoxreaktion**. *Diese Elektronenübertragung wird durch die Zufuhr elektrischer Energie erzwungen.* Bei den vorher betrachteten Reaktionen wurde die Elektronenübertragung durch die Gitterenergie erzwungen.

Fragen und Aufgaben zum Text

1 Zink reagiert mit Sauerstoff und mit Chlor. Vergleiche mit den entsprechenden Reaktionen von Magnesium.

Vergleiche auch die Vorgänge im atomaren Bereich. Schreibe die Ionengleichungen auf.

2 Sowohl bei der Oxidation als auch bei der Chloridbildung und der Elektrolyse findet eine Elektronenübertragung statt. Diese erfolgt jedoch nicht auf gleiche Weise. Nenne die Unterschiede.

3 Bei der Reaktion von Zink mit Chlor und der Elektrolyse von Zinkchloridlösung werden Elektronen übertragen. Gib die *Richtung* der Übertragung an.

4 Lithium, Kalium, Natrium, Calcium sowie Aluminium können mit allen Halogenen reagieren. Wie viele Salze können dabei entstehen? Gib auch ihre Namen und Verhältnisformeln an.

Die Elemente der I. und II. Hauptgruppe

Wir erkennen Alkali- und Erdalkalimetalle durch Flammenfärbung

1 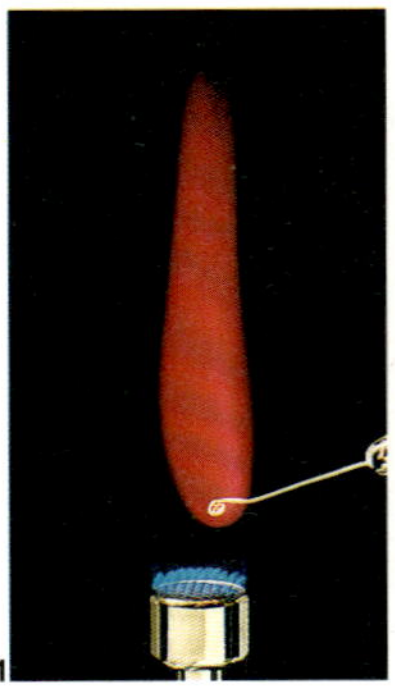
2 
3 
4 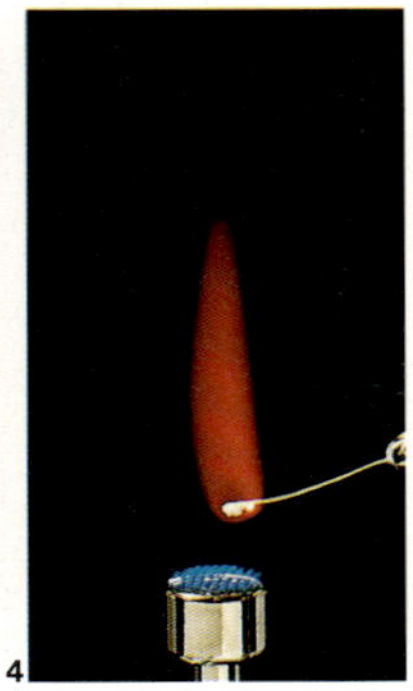
5 
6 

Flammenfärbungen durch die reinen **Alkalimetalle** Lithium, Natrium und Kalium sowie die **Erdalkalimetalle** Calcium, Strontium und Barium.

7 Lithium

8 Natrium

9 Kalium

10 Calcium

11 Strontium

12 Barium

Und so sehen die entsprechenden Metalle aus.
Lassen sie sich auch *in ihren Verbindungen* durch Flammenfärbung nachweisen?

V 1 Magnesiastäbchen werden geglüht, bis eine etwaige Gelbfärbung verschwunden ist. Dann werden sie noch heiß in Proben von Lithiumchlorid [Xn], Natriumchlorid, Kaliumchlorid, Calciumchlorid [Xi], Strontiumchlorid und Bariumchlorid [Xn] getaucht und in die heiße Brennerflamme gehalten.

(*Hinweise:* Um den Brenner nicht zu verunreinigen, ihn schräg in ein Stativ einspannen. Vom Magnesiastäbchen nach jeder Flammenprobe etwas abbrechen.)

Die entstehende Flammenfärbung wird mit der entsprechenden Abbildung oben verglichen.

V 2 Die Flammenprobe kann auch anders durchgeführt werden. Dazu werden Proben löslicher Salze auf Uhrgläschen gegeben und mit destilliertem Wasser versetzt.

Ein Magnesiastäbchen wird an der Spitze zu heller Glut erhitzt und unmittelbar vor dem Luftloch des Brenners in die Lösung getaucht. So werden die Dämpfe durch das Brennerrohr in die Flamme geleitet.

V 3 Wir prüfen andere Natriumverbindungen durch Flammenfärbung.

Dazu werden Proben von fein gepulvertem Natriumcarbonat [Xi], Natriumsulfat, Natriumhydrogencarbonat und Natriumphosphat wie in Versuch 1 oder Versuch 2 geprüft.

V 4 Untersuche auch kleine Proben von Glas, Waschpulver, Backpulver oder Brausepulver auf Natrium.

V 5 Kalium soll in folgenden Reinstoffen nachgewiesen werden: Kaliumchlorid, Kaliumhydrogencarbonat (Pottasche) und Kaliumnitrat [O].

V 6 Kalium soll in einer Probe nachgewiesen werden, die auch geringe Mengen Natriumverbindungen enthält. Dazu wird die Flamme durch ein Cobaltglas betrachtet.

Man kann auch durch einen kleinen Erlenmeyerkolben mit verdünnter ammoniakalischer Kupfersulfatlösung in die Flamme sehen.

V 7 Welche Stoffe sind in Pflanzendünger und Holzasche enthalten?

(*Hinweise:* Die Holzasche wird mit destilliertem Wasser aufgeschlämmt und abfiltriert. Mit dem Filtrat wird die Flammenprobe durchgeführt. Cobaltglas verwenden.)

V 8 Gips (Calciumsulfat) ist schwer flüchtig und zeigt keine deutliche „Calciumflamme". Man bläst deshalb etwas Gips*pulver* durch ein Glasröhrchen in die Flamme.

V 9 Ein Stück Kupferblech wird an einer Ecke in konzentrierte Salzsäure [C] getaucht und dann mit einer Tiegelzange in die Flamme gehalten.

8542RD

Elementsubstanzen „bekennen Farbe“

Besonders gut sichtbare Merkmale von Verbindungen der Alkalimetalle und Erdalkalimetalle sind ihre typischen Flammenfärbungen im Gaszustand. Sehr eindrucksvoll treten sie uns z. B. im grellgelben Licht der Natriumdampflampe und in der Farbenpracht eines Feuerwerks entgegen.

Der Chemiker macht sich diese Effekte für den Nachweis von Alkali- und Erdalkalimetallen zunutze.

Wie kommt es zu diesen Flammenfärbungen?

Bei Zufuhr von Energie werden die leicht ablösbaren Außenelektronen der Alkali- und Erdalkalimetalle auf ein höheres Energieniveau angehoben. Wenn sie wieder auf das niedrige Energieniveau zurückfallen, geben sie die frei werdende Energie als Licht ab.

Die Differenz zwischen den Energieniveaus ist für jedes Element charakteristisch. Von dieser Differenz hängen die Wellenlänge des ausgesandten Lichtes und damit auch dessen Farbe ab, die wir wahrnehmen.

Die Versuche zur Flammenfärbung gestalten sich einfach, wenn *reine Salze* untersucht werden, *die in der Flamme verdampfen*, z. B. Chloride.

Bei schwer flüchtigen Substanzen versagt die Flammenprobe meist. So zeigen z. B. Gipsstückchen statt der erwarteten ziegelroten Färbung die gelbe Natriumflamme; das liegt daran, dass Spuren von Natrium allgegenwärtig sind. Die intensiv gelbe Flamme des Natriums überdeckt auch das Violett des Kaliums in seinen Verbindungen.

Wenn man die Flamme jedoch durch ein Cobaltglas betrachtet, wird die Kaliumflamme deutlich erkennbar. Durch das blaue Cobaltglas wird nämlich das gelbe Natriumlicht absorbiert.

Die Flammenfärbung gibt dem Chemiker zwar Anhaltspunkte über bestimmte Elemente in einer Substanz, doch darf er sich niemals allein darauf verlassen. Wenn sich z. B. die Flamme grün färbt, kann Barium, aber auch Kupfer oder Bor in der Verbindung sein. Um sicher zu gehen, dass es sich um Barium handelt, muss noch der Nachweis mit Sulfat-Ionen durchgeführt werden.

Aufgaben

1 Erläutere die Gemeinsamkeiten der Alkalimetalle und die Unterschiede zwischen ihnen.

2 Warum bilden die Alkalimetalle einfach positiv geladene, die Erdalkalimetalle zweifach positiv geladene Kationen?

3 Die meisten Verbindungen der Alkali- und Erdalkalimetalle sind Ionensubstanzen. Erläutere diesen Sachverhalt mit Hilfe der Elektronegativitätstabelle. Wähle als Beispiele die Sauerstoffverbindungen.

4 2 mol Kalium reagieren mit Wasser zu 1 mol Wasserstoff; nur 1 mol Calcium reagiert zu 2 mol Wasserstoff. Erkläre, woran das liegt.

5 Eine Stoffprobe zeigt eine intensiv gelbe Flammenfärbung. Wie kann man feststellen, ob sie außer Natrium noch weitere Alkali- bzw. Erdalkalimetalle enthält?

6 Eine Probe Gips wird im Brenner erhitzt. Obwohl es sich um eine Calciumverbindung handelt, ist keine Flammenfärbung wahrnehmbar. Wie erklärst du das?

7 Welche Metallsalze werden für ein Feuerwerk mit grünem, gelbem und rotem Leuchtsatz verwendet?

Aus Umwelt und Technik: **Wie empfindlich ist die Flammenprobe?**

experimentell

In chemischen Labors sind täglich viele Substanzen zu untersuchen: Reinstoffe und auch Gemische.

Dabei dürfen die Chemiker keinen Bestandteil übersehen, auch dann nicht, wenn er nur in winzigen Mengen vorhanden ist. Es könnte sich ja um ein gefährliches Gift handeln, das bereits in kleinsten Spuren wirkt. Deshalb beginnen sie ihre Analysen oft mit sogenannten *Vorproben*, die Hinweise auf das Vorhandensein bestimmter Stoffe geben. Als Vorproben für Alkali- und Erdalkalimetalle dienen *Flammenfärbungen*.

Versuchsvorschrift

Wir verschaffen uns einen Eindruck von der „Empfindlichkeit“ des Natriumnachweises

Unter *Empfindlichkeit* versteht man den Anteil eines Stoffes, der mit der verwendeten Analysemethode gerade noch nachweisbar ist.

Zunächst werden Kochsalzlösungen unterschiedlicher Verdünnung hergestellt. Wir gehen von einer Lösung der Konzentration $c = 1$ mol/l aus.

Daraus werden jeweils 10 ml Lösung von 0,1 mol/l, von 0,01 mol/l, von 0,001 mol/l, von 0,0001 mol/l, von 0,00001 mol/l und von 0,000001 mol/l hergestellt.

Überlege, wie diese Lösungen zweckmäßig und mit dem geringstmöglichen Verbrauch an destilliertem Wasser bereitet werden können.

a) Prüfe zuerst die beiden ersten Proben. Stelle dann (mit anderen Gruppen) vier Brenner bereit und prüft die restlichen Lösungen gleichzeitig.

b) Welche Probe zeigt noch eine eindeutige Gelbfärbung? Errechne die Stoffmenge und die Masse Kochsalz in 1 ml dieser Probe. (*Hinweis:* In 10 ml Lösung mit $c = 1$ mol/l sind 0,01 mol NaCl enthalten.)

c) Lassen sich noch Chlorid-Ionen nachweisen?

8543RD

Gasvolumen bei chemischen Reaktionen

1 Das Gesetz von Avogadro und seine Anwendung

Aus der Geschichte: 2 + 1 = 2?

„Das kann doch nicht wahr sein: 2 + 1 = 2!" Der deutsche Naturwissenschaftler *Alexander von Humboldt* (1769–1859) und sein französischer Kollege *Joseph Louis Gay-Lussac* (1778–1850) standen vor einem Rätsel:

Es reagierten 2 Liter Wasserstoff vollständig mit 1 Liter Sauerstoff; dabei entstanden aber **nur 2 Liter Wasserdampf**! Nach *Adam Riese* mussten es aber 3 Liter sein! Wo war der dritte Volumenanteil geblieben?

Die beiden Naturwissenschaftler hatten sich im Jahr 1805 die Aufgabe gestellt den Sauerstoffgehalt der Luft genau zu bestimmen. Die bis dahin angewandten Methoden hatten sehr unterschiedliche Ergebnisse gezeigt.

Humboldt und Gay-Lussac kamen nun auf die Idee den Sauerstoff der Luft mit Wasserstoff reagieren zu lassen. Sie schrieben dazu:

„Wir legen uns daher folgende Fragen vor:
A: Kann, wenn man ein Gemenge aus Wasserstoffgas und Sauerstoffgas entzündet, eine dieser beiden Gasarten vollständig verbraucht werden?
B: Ist das Produkt der Verbindung dieser beiden Gasarten beständig von einer Natur?
C: Nach welchem Verhältnis vereinigen sich beide Gasarten zu Wasser?"

Zur Frage A fanden sie folgende Antwort:

„Es gibt Mischungsverhältnisse von Wasserstoffgas und Sauerstoffgas, bei denen ein vollständiges Verbrennen des Wasserstoffgases stattfindet. Es gibt andere Mischungsverhältnisse, bei denen das Verbrennen aufhört, bevor es vollendet ist."

Als Antwort auf die Frage B fanden sie:

„Das Wasser, welches diese Gase erzeugen, indem sie sich vereinigen, ist stets von ein und derselben Natur."

Zur Frage C schrieb Gay-Lussac:

„Dass 100 Maß Sauerstoffgas genau 200 Maß Wasserstoffgas verzehren, wenn beide sich verbinden und Wasser bilden, ist durch die Versuche dargestellt, welche Herr von Humboldt in Gemeinschaft mit mir angestellt hat."

Nach weiteren Untersuchungen anderer Gasreaktionen entwickelten sie das **Volumengesetz der Gase**: *Bei chemischen Reaktionen stehen die Volumina der beteiligten Gase im Verhältnis kleiner ganzer Zahlen.*

Musste es für diese „einfache" Gesetzmäßigkeit nicht auch eine einfache Erklärung geben? Sie wurde erst sechs Jahre später von dem italienischen Physiker *Amadeo Avogadro* (1776–1856) geliefert. Er schrieb:

„Gay-Lussac hat gezeigt, dass die Verbindungen der Gase untereinander stets nach sehr einfachen Volumenverhältnissen erfolgen. Man muss daher annehmen, dass auch zwischen den Volumina der gasförmigen Stoffe und der Anzahl der Moleküle, welche sie bilden, sehr einfache Zahlenverhältnisse bestehen.

Die Hypothese, welche sich hier auf den ersten Blick anbietet und welche sogar die einzig zulässige zu sein scheint, ist die Annahme, dass die Anzahl der Moleküle in jedem Gas bei gleichem Volumen stets dieselbe sei."

Die Richtigkeit dieser Hypothese konnte erst später bewiesen werden. Aus der Hypothese ist inzwischen ein Gesetz geworden: das **Gesetz von Avogadro**.

V 1 *(Lehrerversuch)* In einem Eudiometerrohr (Bild 1) werden über Wasser Gemische aus unterschiedlichen Mengen Wasserstoff [F] und Sauerstoff [O] hergestellt.

Die Gemische zündet man jeweils durch einen elektrischen Funken. Nach der Reaktion werden das Volumen und die Art des Restgases bestimmt.

In welchem Volumenverhältnis reagieren die Ausgangsstoffe?

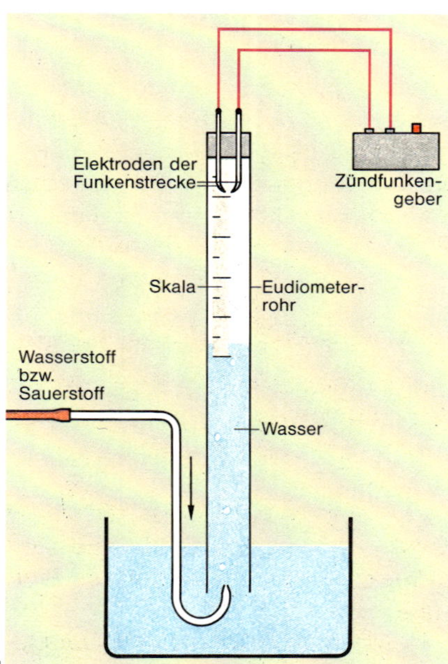

1

V 2 *(Lehrerversuch)* Nun soll Wasserstoff [F] mit Chlor [T] reagieren.

Dazu verbindet man zwei Kolbenprober mit einem Dreiwegehahn über kurze Schlauchstücke miteinander (Schlauch so kurz wie möglich). Die Kolbenprober werden mit 50 ml Wasserstoff bzw. Chlor gefüllt (Abzug!) und mit einem Manometer verbunden. Dann stellt man den Dreiwegehahn auf Gasdurchgang, sodass sich die beiden Gase vermischen können. Die Apparatur bleibt in diffusem Tageslicht zwei bis drei Tage lang stehen. Was ist zu beobachten? Beschreibe.

V 3 Diesmal wird Kohlenstoff (Holzkohle) in einem Verbrennungsrohr verbrannt, das mit zwei Kolbenprobern verbunden ist. In einem Kolbenprober befinden sich genau 100 ml Sauerstoff [O], der andere bleibt leer.

Der Sauerstoff wird über die glühende Holzkohle geleitet, bis sie nicht mehr reagiert. Nach dem Abkühlen wird das Volumen des restlichen Gases bestimmt. Vergleiche mit dem Ausgangsvolumen.

8153R

Wie wir das Gesetz von Avogadro anwenden können

Aus Versuchen ist bekannt, dass aus **1 Liter** Chlor und **1 Liter** Wasserstoff **2 Liter** Chlorwasserstoff entstehen. Das erscheint auch selbstverständlich. Merkwürdig ist jedoch, dass aus **2 Liter** Wasserstoff und **1 Liter** Sauerstoff ebenfalls nur **2 Liter** Wasserdampf entstehen. Wenn man die Volumina addiert, müssten es eigentlich *3 Liter* Wasserdampf sein.

Zur Erklärung dieses Sachverhalts ziehen wir das *Gesetz von Avogadro* heran: **Gleiche Volumina verschiedener Gase enthalten bei gleichem Druck und gleicher Temperatur gleich viele Teilchen.**

Die Synthese von Chlorwasserstoff

Wir mischen ein beliebiges Volumen Wasserstoff mit einem gleich großen Volumen Chlor. (Beim Mischen findet noch keine Reaktion statt!)

Nach dem *Gesetz von Avogadro* befinden sich in diesem Gemisch genauso viele Wasserstoffteilchen wie Chlorteilchen. Das Volumen des Gemisches ist folglich doppelt so groß wie das des Chlors bzw. des Wasserstoffs vor dem Mischen.

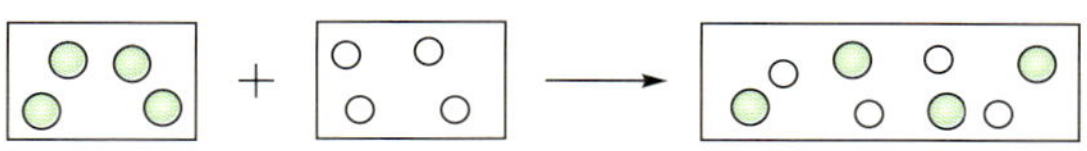

1 Volumen Chlor | 1 Volumen Wasserstoff | 2 Volumina Gemisch

Die Volumenverhältnisse stimmen mit dem Versuchsergebnis überein. Das „Endprodukt" besteht hier aus einem *Gemisch* von Chlor und Wasserstoff. Die Anzahl der Teilchen ist unverändert erhalten geblieben.

Nun betrachten wir die Volumina *nach der Reaktion* von Wasserstoff mit Chlor.

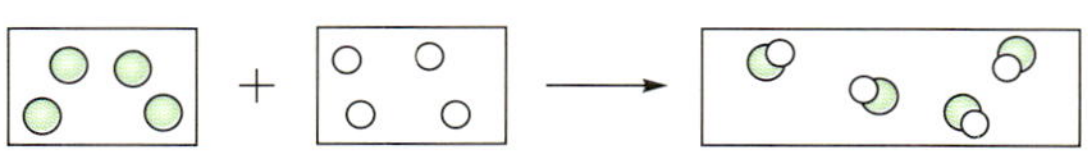

1 Volumen Chlor | 1 Volumen Wasserstoff | 2 Volumina Chlorwasserstoff

Am Volumen hat sich nichts geändert. Diesmal ist jedoch das Endprodukt kein Gemisch, sondern eine Verbindung: Chlorwasserstoff. Aber: Nach dem Gesetz von Avogadro müsste das Endvolumen 8 (statt 4) Chlorwasserstoffteilchen enthalten.

Wie können diese 8 Chlorwasserstoffteilchen aus 4 Chlor- und 4 Wasserstoffteilchen entstehen?

Das lässt sich erklären, wenn wir berücksichtigen, dass Chlorteilchen und Wasserstoffteilchen *zweiatomige Moleküle* sind – das wissen wir ja bereits. Dann ergibt sich für unsere Chlorknallgasreaktion die folgende Darstellung.

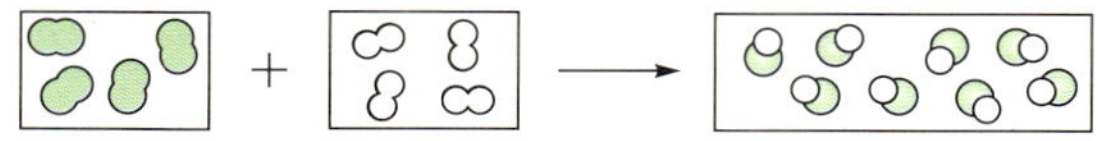

1 Volumen Chlor | 1 Volumen Wasserstoff | 2 Volumina Chlorwasserstoff

Dieses Bild gibt die Reaktion richtig wieder: Die Anzahl der Teilchen rechts und links des Reaktionspfeils ist gleich groß. Damit stimmt die Abbildung nach dem Gesetz von Avogadro.

Sie stimmt auch nach dem *Gesetz von der Erhaltung der Masse*, da die Anzahl der Atome ebenfalls erhalten bleibt.

Die Reaktion zur Synthese von Chlorwasserstoff lässt sich durch folgende **Reaktionsgleichung** beschreiben:

$4\,H_2 + 4\,Cl_2 \rightarrow 8\,HCl$

und „gekürzt": $H_2 + Cl_2 \rightarrow 2\,HCl$.

Die Synthese von Wasser

Wir berücksichtigen sofort, dass die Wasserstoffteilchen und die Sauerstoffteilchen stets zweiatomige Moleküle sind.

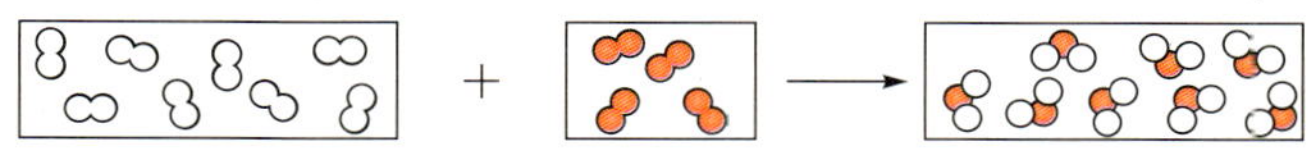

2 Volumina Wasserstoff | 1 Volumen Sauerstoff | 2 Volumina Wasserdampf

Für diese Reaktion gilt dann folgende Reaktionsgleichung:

$8\,H_2 + 4\,O_2 \rightarrow 8\,H_2O$

und „gekürzt": $2\,H_2 + O_2 \rightarrow 2\,H_2O$.

Die Synthese von Kohlenstoffdioxid

Wie in den bisherigen Beispielen, so lassen sich mit dem Gesetz von Avogadro alle Reaktionen zwischen Gasen erklären – auch solche, bei denen nur *ein* Ausgangsstoff gasförmig ist. Das ist z. B. der Fall, wenn Kohlenstoff und Sauerstoff miteinander zu Kohlenstoffdioxid reagieren.

Die Versuche zeigen: Wenn sich Kohlenstoff und Sauerstoff verbinden, ändert sich das Gasvolumen nicht. Aus 1 Liter Sauerstoff erhält man 1 Liter Kohlenstoffdioxid.

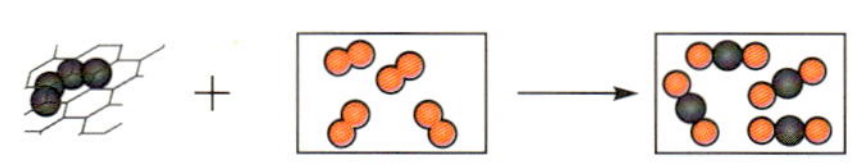

Kohlenstoff | 1 Volumen Sauerstoff | 1 Volumen Kohlenstoffdioxid

Die Reaktionsgleichung lautet:

$4\,C + 4\,O_2 \rightarrow 4\,CO_2$

und „gekürzt": $C + O_2 \rightarrow CO_2$.

Aufgaben

1 Erinnere dich noch einmal an die Zusammensetzung der Luft: Stickstoff besteht aus Molekülen, Edelgase kommen nur als Atome vor.

Was für Teilchen befinden sich in 1 l Sauerstoff, in 1 l Helium und in 1 l Luft? Vergleiche die Teilchenzahl.

2 Bei Reaktionsgleichungen von Gasreaktionen kannst du aus den Faktoren vor den Formeln direkt die Volumenverhältnisse ablesen. Erläutere diesen Zusammenhang.

3 In einem Eudiometerrohr wird Kohlenstoffmonooxid mit Sauerstoff vermischt und entzündet; es entsteht Kohlenstoffdioxid.

In welchen Volumina sind die Gase an der Reaktion beteiligt?

4 In einem verschlossenen Glaskolben wird reiner Kohlenstoff in Sauerstoff verbrannt.

Nach dem Abkühlen des Kolbens wird geprüft, ob darin Überdruck, Unterdruck oder gleicher Druck wie vor der Reaktion herrscht.

Was kommt wohl dabei heraus? Vergleiche auch die Volumina von Sauerstoff und Kohlenstoffdioxid.

2 Das molare Volumen

Moleküle werden „gewogen“

Mit dem Gesetz von Avogadro lassen sich nicht nur die Volumenverhältnisse bei Gasreaktionen erklären. Es können auch die unterschiedlichen **Dichten von Gasen** erklärt werden.

In der folgenden Tabelle sind die Dichten einiger Gase aufgeführt.

Gas	Dichte in g/l (bei 0 °C, 1013 hPa)
Wasserstoff	0,0899
Stickstoff	1,2505
Sauerstoff	1,429
Kohlenstoffdioxid	1,9768
Chlor	3,214

Mit Hilfe dieser Zahlen können wir z. B. die Dichten von Sauerstoff und Wasserstoff vergleichen.

1 l Sauerstoff : 1 l Wasserstoff
= 1,429 : 0,0899
= 15,9 : 1 ≈ 16 : 1

1 l Sauerstoff ist also ungefähr 16-mal so schwer wie 1 l Wasserstoff. Da beide Stoffportionen die gleiche Anzahl Moleküle enthalten, können wir schließen:

1 Sauerstoffmolekül ist ca. 16-mal so schwer wie 1 Wasserstoffmolekül.

Wir können also bei Gasen die Massen unterschiedlicher Molekülsorten bestimmen, indem wir sie mit der Masse bestimmter Moleküle vergleichen.

Hier wird Wasserstoff als Vergleichselement herangezogen. Er ist die Elementsubstanz mit der geringsten Dichte; die Moleküle haben die geringste Masse.

1 Wasserstoffatom hat die Masse 1 u: $m(H) = 1\,u$

Das Wasserstoffmolekül hat dann folgende *Molekülmasse:*

$m(H_2) = 2\,u.$

Die *Molekülmasse* ist die Summe der Atommassen aller im Molekül enthaltenen Atome. Wenn wir die Molekülmassen gasförmiger Verbindungen kennen, lassen sich daraus die Atommassen gasförmiger Elemente bestimmen und umgekehrt. *Beispiel* Sauerstoff:

Für das Sauerstoffmolekül gilt:

$m(O_2) = 16 \cdot 2\,u = 32\,u.$

Daraus folgt für die Atommasse:

$m(O) = 1/2 \cdot 32\,u = 16\,u.$

Durch einen zusätzlichen Schritt lässt sich auch die Atommasse von Elementen ermitteln, die bei Raumtemperatur nicht gasförmig sind, sondern fest – z. B. Kohlenstoff.

Dabei gehen wir von *Kohlenstoffdioxid* aus. Wir wissen: Ein Kohlenstoffdioxidmolekül ist etwa 22-mal so schwer wie ein Wasserstoffmolekül; es ist aus 1 Kohlenstoffatom und 2 Sauerstoffatomen aufgebaut.

Für die *Molekülmasse* gilt also:

$m(CO_2) = 22 \cdot 2\,u = 44\,u$
$m(CO_2) = m(C) + 2 \cdot m(O).$

Für die *Atommasse* von Kohlenstoff gilt:

$m(C) = m(CO_2) - 2 \cdot m(O)$
$m(C) = 44\,u - 32\,u$
$m(C) = 12\,u.$

Wir bestimmen das molare Volumen eines Gases

Gleiche Stoffmengen *fester Stoffe* nehmen einen unterschiedlich großen Raum ein. Wenn wir uns an das Gesetz von Avogadro erinnern, wird uns klar, dass sich *Gase* in dieser Beziehung ganz anders verhalten.

Wir wissen bereits: Alle Gase enthalten unter gleichen Bedingungen im gleich großen Raum dieselbe Anzahl Teilchen. Also müssen auch 1 mol Gasteilchen denselben Raum einnehmen, ganz gleich, um welches Gas es sich handelt.

Wie groß ist das Volumen, das 1 mol Teilchen jedes beliebigen Gases einnehmen? Um das herauszubekommen, brauchen wir nur das Volumen eines einzigen Gases zu berechnen. Dazu wählen wir den Wasserstoff: Die Dichte von Wasserstoff beträgt 0,0899 g/l. Somit haben 1 mol Wasserstoffmoleküle – also 2,0158 g dieses Gases – ein Volumen von

$$\frac{2{,}0158}{0{,}0899}\,l = 22{,}4\,l.$$

1 mol eines jeden Gases nimmt unter Normalbedingungen (1013 hPa und 0 °C) **etwa das Volumen 22,4 l ein** (Bild 1). Dieser Wert ist umso genauer, je niedriger die Siedetemperatur des betreffenden Stoffes ist.

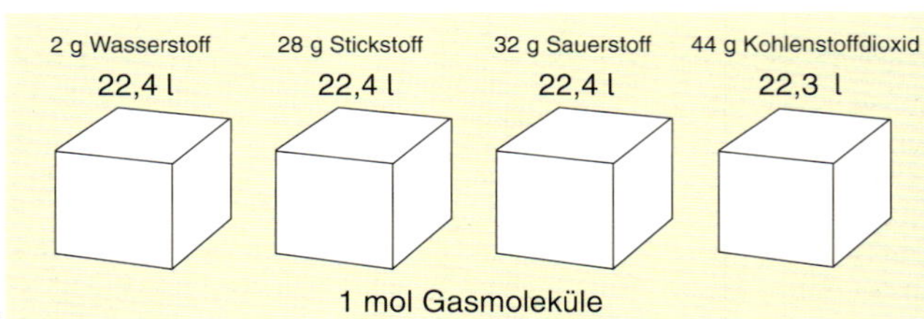

1

Nun wäre es sehr umständlich, immer mit dieser Gasportion zu rechnen und zu experimentieren. Da das Volumen eines Gases in gleicher Weise wächst wie seine Teilchenzahl, können wir auch diesmal den Quotienten bilden – und zwar aus dem Volumen und der Stoffmenge: **V_m = 22,4 l/mol.**

Dies ist das **molare Volumen V_m** eines Gases unter Normalbedingungen.

Da sich die Gase beim Erwärmen ausdehnen, beträgt das Volumen bei Raumtemperatur etwa 24 l. Damit ließe sich ein Würfel von ca. 29 cm Kantenlänge füllen. (Das entspricht etwa der Längsseite eines DIN-A4-Blattes.)

Fragen und Aufgaben zum Text

1 Schwefeldioxid (SO_2) hat die Dichte 2,926 g/l (bei 0 °C und 1013 hPa).

Berechne daraus die Molekülmasse von Schwefeldioxid und die Atommasse von Schwefel.

2 Berechne die molaren Volumina von Stickstoff und Sauerstoff.

3 Hier findest du unterschiedliche Volumina von Gasen: 44,8 l Wasserstoff, 22,4 l Sauerstoff, 11,2 l Stickstoff, 5,6 l Kohlenstoffmonooxid, 2,8 l Kohlenstoffdioxid, 1,4 l Chlorwasserstoffgas.
a) Wie viel Mol sind das unter Normalbedingungen?
b) Wie viel Mol sind das bei Raumtemperatur? Vergleiche!

4 Welches Volumen haben 100 g Sauerstoff unter Normalbedingungen?

5 Schreibe den Zusammenhang zwischen molarem Volumen, molarer Masse und Dichte eines Gases als mathematische Gleichung auf. Berechne aus den molaren Massen für Methan, Ammoniak und Chlor die Dichte der Gase.

8155R

Wie wir Volumenverhältnisse bei Gasreaktionen ermitteln

Wir wissen bereits, wie man Massenverhältnisse und Massen der Stoffe berechnen kann, die an einer chemischen Reaktion beteiligt sind. Wenn gasförmige Stoffe als Ausgangsstoffe verwendet werden oder als Reaktionsprodukte entstehen, ist es oft wichtiger, das *Volumen* zu kennen.

Natürlich kann man das Volumen eines Gases *berechnen*, wenn man die Masse errechnet und durch die Dichte des Gases dividiert. Doch das ist umständlich.

Sollen nur **Volumenverhältnisse von Gasen** ermittelt werden, können wir das *Gesetz von Avogadro* anwenden: Wenn gleiche Volumina von Gasen unter gleichen Bedingungen die gleiche Anzahl Teilchen enthalten, müssen auch gleiche Stoffmengen von Gasen unter gleichen Bedingungen gleiche Volumina haben. **Volumenverhältnisse von Gasen können direkt aus dem Stoffmengenverhältnis abgelesen werden.**

Wir gehen von der Stoffmengenangabe in der Reaktionsgleichung aus. So liefert uns z. B. die Reaktionsgleichung

$H_2 + Cl_2 \rightarrow 2\,HCl$

folgende Informationen: 1 mol Wasserstoffmoleküle reagieren mit 1 mol Chlormolekülen unter Bildung von 2 mol Chlorwasserstoffmolekülen. Daraus folgt: Wasserstoff und Chlor reagieren miteinander im Volumenverhältnis 1 : 1.

Wenn wir für eine Reaktion das **Volumen** eines gasförmigen Ausgangsstoffes oder eines Reaktionsproduktes berechnen wollen, wobei das Volumen eines anderen gasförmigen Ausgangsstoffes oder Reaktionsproduktes gegeben ist, dann gehen wir den im Grunde gleichen Rechenweg wie zur **Berechnung von Massenverhältnissen**. Jedoch setzen wir bei Gasen statt der molaren Masse das molare Volumen ein.

Es gilt die Beziehung $V = n \cdot V_m$.

Allgemein gilt damit (wie bei Masseberechnungen):

$$\frac{V(\text{Stoff A})}{V(\text{Stoff B})} = \frac{n(\text{Stoff A}) \cdot V_m(\text{Stoff A})}{n(\text{Stoff B}) \cdot V_m(\text{Stoff B})}$$

Wir isolieren wieder – wie bei der Masseberechnung – zuerst die gesuchte Größe:

$$V(\text{Stoff A}_{\text{gesucht}}) = \frac{n(\text{Stoff A}) \cdot V_m(\text{Stoff A})}{n(\text{Stoff B}) \cdot V_m(\text{Stoff B})} \cdot V(\text{Stoff B}_{\text{gegeben}})$$

oder – da V_m für alle Gase gleich ist:

$$V(\text{Stoff A}_{\text{gesucht}}) = \frac{n(\text{Stoff A})}{n(\text{Stoff B})} \cdot V(\text{Stoff B}_{\text{gegeben}})$$

Beispiel 1:

Bei einer vollständigen Verbrennung von Kohlenstoff entstehen 200 l Kohlenstoffdioxid. Welches Volumen Sauerstoff wird dazu verbraucht?

Zunächst entnehmen wir der Aufgabe die gesuchte und die gegebene Größe.

$$V(\text{Sauerstoff}) = \frac{n(O_2)}{n(CO_2)} \cdot V(\text{Kohlenstoffdioxid})$$

Aus der Reaktionsgleichung $C + O_2 \rightarrow CO_2$ lesen wir die Stoffmengen ab und setzen diese Größen ein:

$$V(\text{Sauerstoff}) = \frac{1\ \text{mol}}{1\ \text{mol}} \cdot 200\ \text{l}$$

Ergebnis: Bei der Bildung von 200 l Kohlenstoffdioxid werden 200 l Sauerstoff verbraucht.

Wie wir mit Massen und Volumina bei chemischen Reaktionen rechnen

Wasserstoff kann wie in Bild 2 dargestellt werden. Dabei muss man sich Folgendes überlegen: Reicht die verwendete Menge Magnesium aus um den Standzylinder zu füllen? Und ist das Volumen des Standzylinders groß genug um den entstehenden Wasserstoff vollständig aufzufangen?

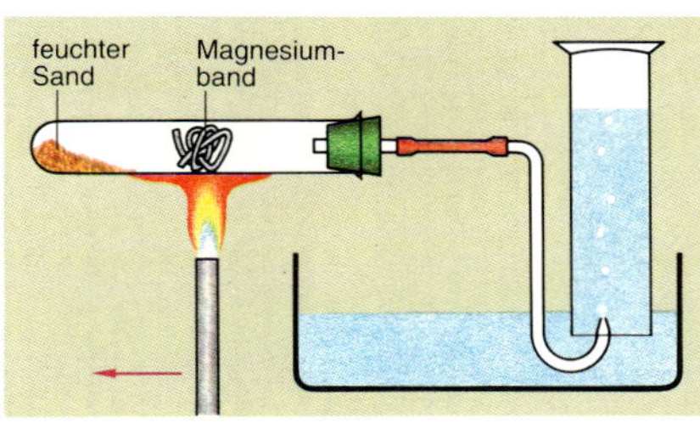

2

Oft muss man – wie in unserem Beispiel – das **Gasvolumen** oder die **Masse** eines Ausgangsstoffes oder eines Reaktionsproduktes berechnen, wobei nur ein Stoff gasförmig ist.

Da die Stoffmengen aller an einer Reaktion beteiligten Ausgangsstoffe und Reaktionsprodukte immer einander *proportional* sind, stützen wir uns auf folgende Beziehungen:

für feste Stoffe: $n = m/M$ oder $m = n \cdot M$ und

für Gase: $n = V/V_m$ oder $V = n \cdot V_m$.

Wir kombinieren die schon bekannten Größengleichungen und isolieren die gesuchte Größe.

Je nach Aufgabenstellung verwenden wir:

$$V(\text{Stoff A}_{\text{gesucht}}) = \frac{n(\text{Stoff A}) \cdot V_m(\text{Stoff A})}{n(\text{Stoff B}) \cdot M(\text{Stoff B})} \cdot m(\text{Stoff B}_{\text{gegeben}})$$

oder

$$m(\text{Stoff A}_{\text{gesucht}}) = \frac{n(\text{Stoff A}) \cdot M(\text{Stoff A})}{n(\text{Stoff B}) \cdot V_m(\text{Stoff B})} \cdot V(\text{Stoff B}_{\text{gegeben}})$$

Beispiel 2:

Gesucht ist das Volumen Wasserstoff, das bei der vollständigen Reaktion von 0,5 g Magnesium mit Wasser entsteht.

Die Reaktionsgleichung dazu lautet:

$Mg + H_2O \rightarrow MgO + H_2$

Wir setzen die gesuchten und gegebenen Größen ein:

$$V(\text{Wasserstoff}) = \frac{n(H_2) \cdot V_m(H_2)}{n(Mg) \cdot M(Mg)} \cdot m(\text{Magnesium})$$

$$V(\text{Wasserstoff}) = \frac{1\ \text{mol} \cdot 24\ \text{l/mol}}{1\ \text{mol} \cdot 24\ \text{g/mol}} \cdot 0{,}5\ \text{g}$$

$$V(\text{Wasserstoff}) = 0{,}5\ \text{l}$$

Ergebnis: Bei der vollständigen Reaktion von 0,5 g Magnesium mit Wasser entstehen 0,5 l Wasserstoff.

Fragen und Aufgaben zum Text

1 Für ein Experiment sollen 800 ml Wasserstoff durch Reaktion von Zink mit Salzsäure dargestellt werden. Welche Masse Zink wird dafür gebraucht?

2 Für die Untersuchung von Kohlenstoffdioxid sollen 4 Standzylinder (Volumen je 250 ml) mit Kohlenstoffdioxid gefüllt werden.

Das Kohlenstoffdioxid soll durch Reaktion von Calciumcarbonat und Salzsäure dargestellt werden. Die Reaktionsgleichung dazu lautet:

$CaCO_3 + 2\,HCl \rightarrow CaCl_2 + H_2O + CO_2$

Welche Masse reines Calciumcarbonat ist erforderlich?

Anorganische Chemie – ein Überblick

1 Elementsubstanzen

Elemente und Elementsubstanzen

Unsere Welt besteht aus weniger als 100 natürlichen *Elementen*. Es gibt aber viel mehr als 100 *Elementsubstanzen*. Einige Elementsubstanzen haben unterschiedliche Eigenschaften, obwohl sie aus nur einer Atomsorte bestehen (Bilder 1 u. 2).

Element: Kohlenstoff

Elementsubstanzen:

Graphit

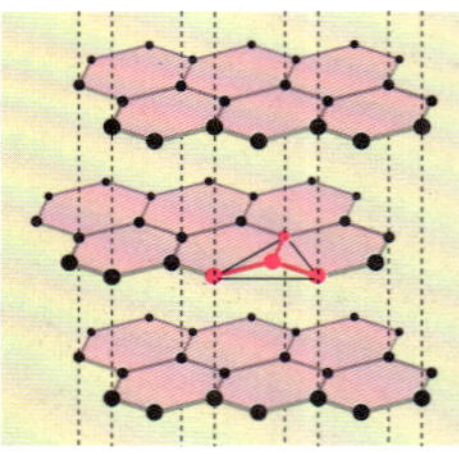

1

weich, elektrisch leitend

Diamant

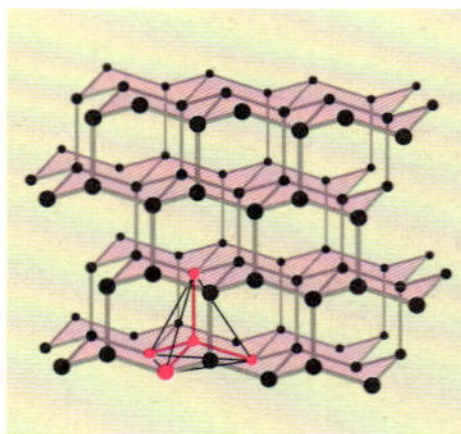

2

hart, elektrisch nichtleitend

Fullerene

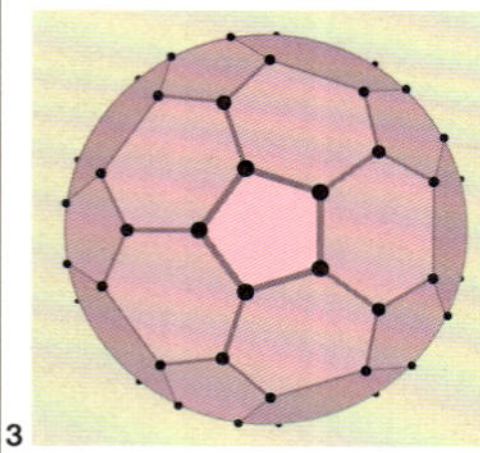

3

weich, löslich in Benzin, elektrisch nichtleitend

Element: Sauerstoff

Elementsubstanzen:

Sauerstoff O_2

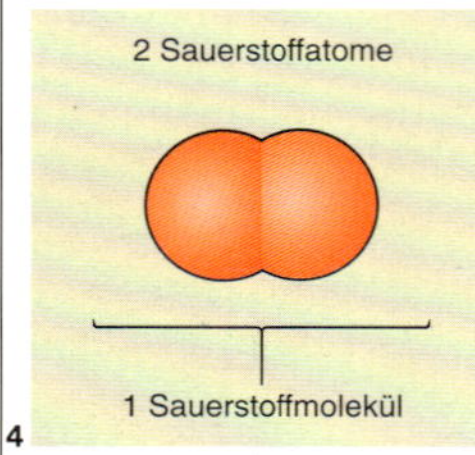

4

geruchlos, lebenswichtig (Atmung)

Ozon O_3

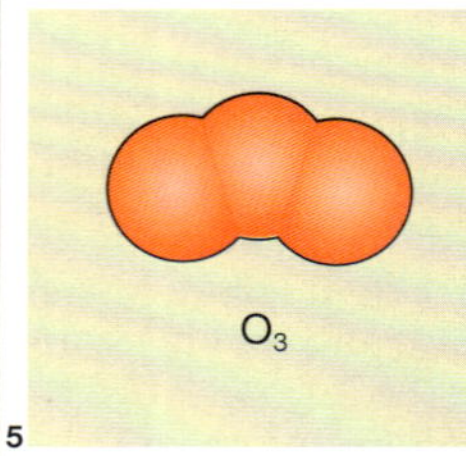

5

charakteristisch riechend, reizt u. schädigt Atemorgane

Der Bau der Elementsubstanzen bestimmt ihre Eigenschaften.

Metalle und Nichtmetalle

Elementsubstanzen ordnet man nach ihren Eigenschaften in *Metalle* und *Nichtmetalle*. Der Grund für die unterschiedlichen Eigenschaften der Metalle und Nichtmetalle ist ihr unterschiedlicher Bau.

Metalle sind – mit Ausnahme von Quecksilber – unter Normalbedingungen fest (Bild 6). Sie bestehen aus *Metallkristallen*, zeigen den typischen Metallglanz und leiten elektrischen Strom und Wärme.

Metallkristalle sind aus Metallatomen aufgebaut, die einen Atomverband bilden. Sie werden durch die *Metallbindung* zusammengehalten (Bild 7).

Metallatome können bei chemischen Reaktionen Elektronen abgeben und so zu *elektrisch positiv geladenen Ionen* werden (Bild 8).

6

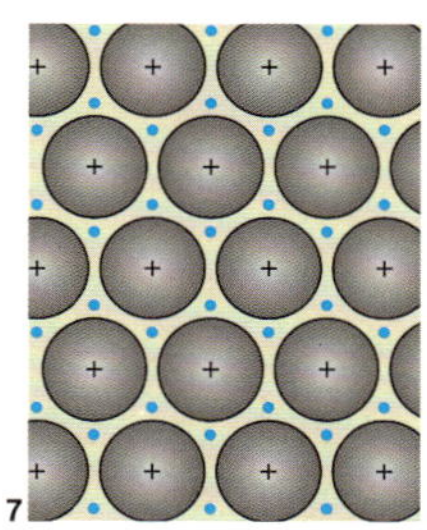

7

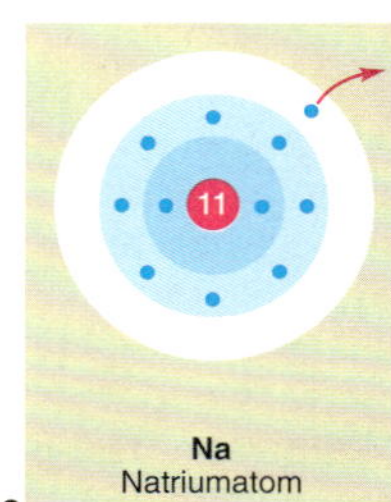

8

Nichtmetalle sind – außer den Edelgasen – aus unterschiedlich großen *Molekülen* aufgebaut. Sie haben deshalb unter Normalbedingungen auch unterschiedliche Aggregatzustände (Bilder 9–11).

Zwischen den Atomen der Nichtmetalle können Elektronenpaarbindungen ausgebildet werden. Dadurch entstehen unterschiedlich große *Moleküle* (Bilder 12–14).

Die Atome der Nichtmetalle können bei chemischen Reaktionen Elektronen aufnehmen oder abgeben, sodass aus ihnen *elektrisch geladene Ionen* entstehen (Bild 15).

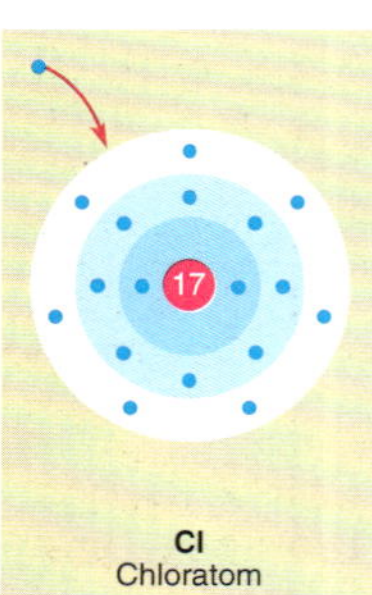

15

Die **Edelgase** (z. B. Helium, Neon, Argon) nehmen wegen des Baus ihrer Atome eine Sonderstellung ein. Sie bilden keine Moleküle, sondern kommen in Einzelatomen vor.

9

10

11

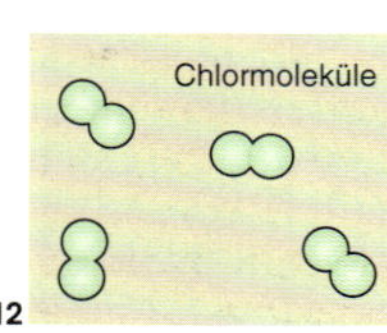

12

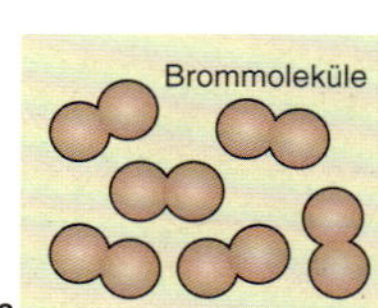

13

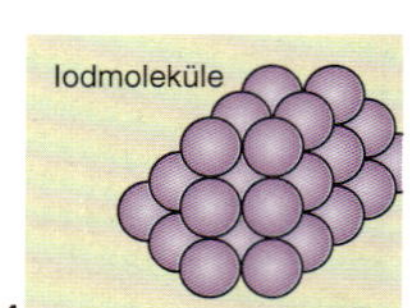

14

Nichtmetalle genauer betrachtet

Die Unterschiede zwischen den **Nichtmetallen** werden durch *Anzahl und Anordnung der Atome im Molekül* hervorgerufen.

Der Aggregatzustand eines Nichtmetalls hängt von der Größe der Moleküle ab und von den Anziehungskräften zwischen den Molekülen.

Nichtmetall Beispiel	**Aggregatzustand** (unter Normbedingungen)	**Teilchen** (Modell)	**Zusammenhalt** zwischen den Teilchen
Edelgase	gasförmig	einzelne Atome	Zusammenhalt sehr gering
Sauerstoff O_2	gasförmig	einzelne zweiatomige Moleküle 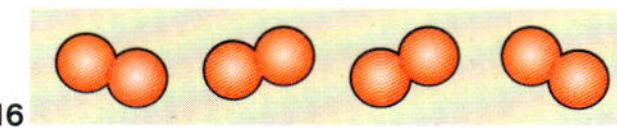 16	Atombindung in den Molekülen; Zusammenhalt zwischen den Molekülen sehr gering
Brom Br_2	flüssig, leicht verdampfend  17	zweiatomige Moleküle 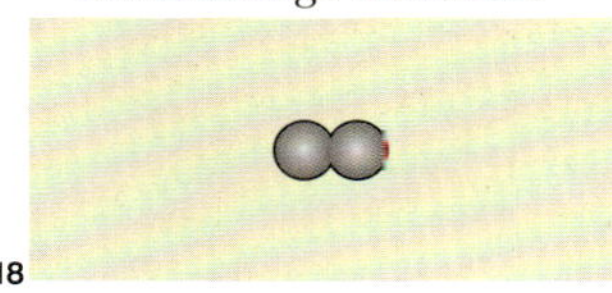 18	Atombindung in den Molekülen; geringer Zusammenhalt zwischen den Molekülen
Schwefel S_8	fest  19	achtatomige Moleküle 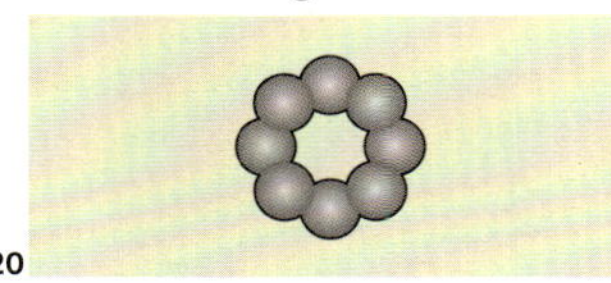 20	Atombindung in den Molekülen; starker Zusammenhalt zwischen den Molekülen
Kohlenstoff C_n *(Graphit)*	fest, blättrig, weich  21	Makromoleküle 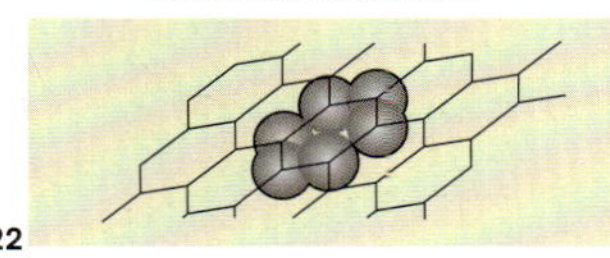 22	Atombindung in den Makromolekülen; Kristalle

2 Chemische Verbindungen

Wie wir chemische Verbindungen ordnen können

Chemische Verbindungen bestehen aus mindestens zwei Elementen.

Binäre Verbindungen, in denen *immer nur zwei* Elemente miteinander verbunden sind, werden nach diesen Elementen benannt. Beispiele sind die *Oxide*, *Sulfide* oder *Chloride*.

Die Verbindung erhält ihren Namen immer von dem Element mit dem höheren Elektronegativitätswert. So gibt es z. B. Schwefel- und Stickstoffoxide oder Kupferchlorid.

Verbindungen können aus Molekülen oder aus Ionen aufgebaut sein.

Danach gehören einige Verbindungen wie z. B. Kohlenstoffdioxid, Wasser (Wasserstoffoxid) und Chlorwasserstoff (Wasserstoffchlorid) zu den **Molekülsubstanzen**.

Die Atome werden in den Molekülen durch **Elektronenpaarbindung** (Atombindung) zusammengehalten. Wegen der unterschiedlichen Elektronegativitätswerte der beteiligten Elemente bestehen bei den meisten Verbindungen *polare Atombindungen* zwischen den Atomen.

Andere Verbindungen, z. B. Magnesiumoxid oder Natriumchlorid, werden den **Ionensubstanzen** zugeordnet. Sie sind aus elektrisch positiv geladenen Metall-Ionen und elektrisch negativ geladenen Nichtmetall-Ionen aufgebaut. Sie werden durch **Ionenbindung** zusammengehalten.

Stoffgruppe	**Teilchen**	**chemische Bindung**	**Beispiele**
Molekülsubstanzen	Moleküle 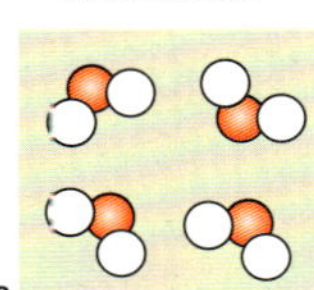 23	(polare) Atombindung	Wasser, Chlorwasserstoff, Kohlenstoffmonooxid, Phosphorpentaoxid
Ionensubstanzen	Ionen 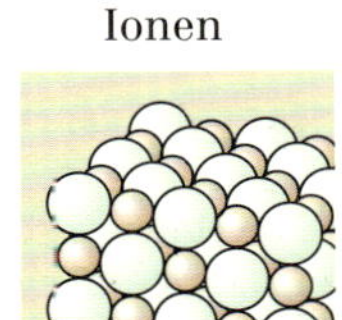 24	Ionenbindung	Natriumchlorid, Magnesiumoxid, Natriumhydroxid

Bindungsarten im Vergleich

	Atombindung	**Ionenbindung**	**Metallbindung**
Bindungspartner	Nichtmetallatome/ Nichtmetallatome	Metall-Ionen/Nichtmetall-Ionen	Metallatome/Metallatome
Darstellung im Modell	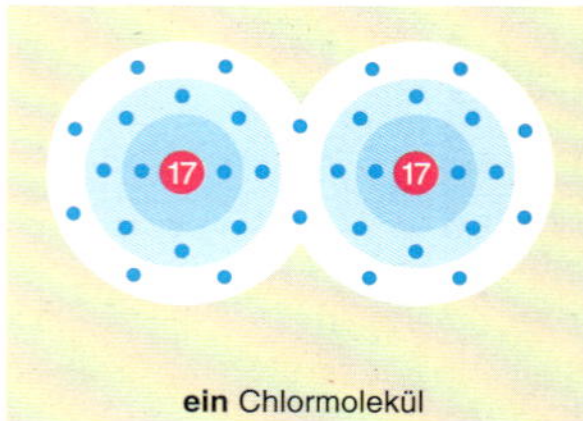 1 ein Chlormolekül	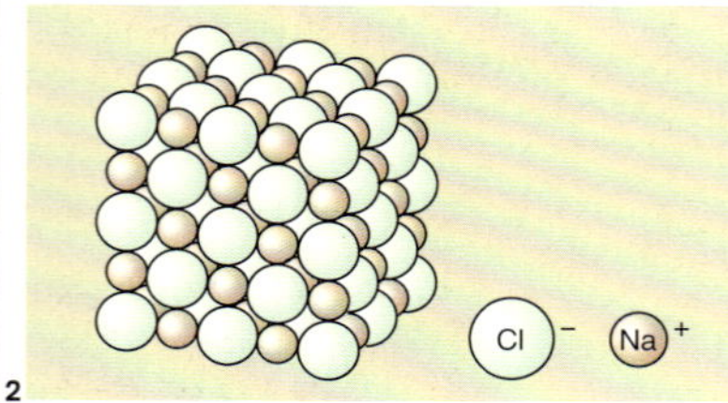 2	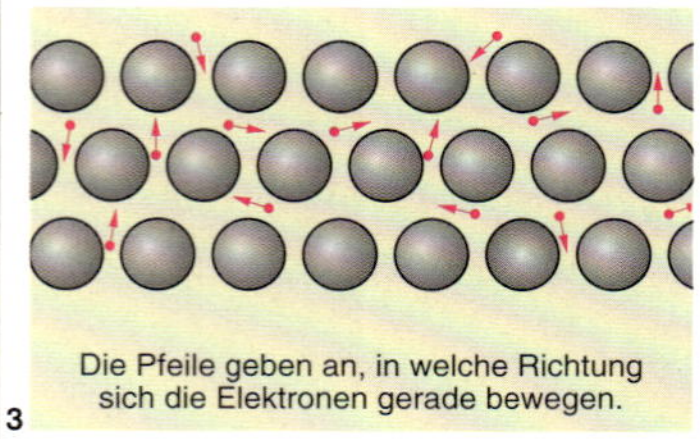 3 Die Pfeile geben an, in welche Richtung sich die Elektronen gerade bewegen.
Beispiele	H_2; O_2; N_2; Cl_2; CH_4; HCl; H_2O	NaCl; Fe_2O_3; MgO; KOH; Na_2SO_4	reine Metalle, Legierungen
Bindungsmechanismen	Überlappung der Elektronenschalen und gemeinsamer Besitz von Elektronenpaaren (deshalb auch *Elektronenpaarbindung* genannt).	Übertragung von Elektronen auf die einzelnen Atome unter Bildung von positiv geladenen Ionen (z. B. Metall-Ionen) und negativ geladenen Ionen (z. B. Nichtmetall-Ionen, Säurerest-Ionen, Hydroxid-Ionen). Ausbildung von Ionengittern durch deren gegenseitige Anziehung.	Die abgegebenen und frei beweglichen Außenelektronen (Elektronengas genannt) halten die positiv geladenen Atomrümpfe zusammen.
Besonderheiten	*Polare Atombindung:* Bei Elementen mit unterschiedlicher Elektronegativität entstehen Ladungsverschiebungen im Molekül. Das kann zu Dipolmolekülen führen. $\delta^+ H - Cl \delta^-$ δ^+ H_2O (H–O–H gewinkelt) δ^-	In Salzschmelzen und Salzlösungen sind die Ionen frei beweglich (Zerstörung der Gitterstruktur). Die elektrische Leitfähigkeit beruht auf der Bewegung von Ionen in der Flüssigkeit bei angelegter Spannung.	Die meisten Metalle lassen sich in beliebigen Mischungsverhältnissen miteinander verschmelzen (legieren). Metalle sind gute Leiter für Wärme und elektrischen Strom. Die elektrische Leitfähigkeit beruht auf der Elektronenbewegung im Leiter; dieser verändert sich dabei nicht.
Formelschreibweise	*Summenformel:* Sie gibt die Anzahl der Atome im Molekül an.	*Verhältnisformel:* Keine Moleküle; die Formel gibt das Zahlenverhältnis der Ionen im Ionengitter an.	–

Wir ordnen Säuren, Laugen (Hydroxide) und Salze

Wie können wir in unserer Ordnung **Säuren**, **Laugen (Hydroxide)** oder **Salze** unterbringen?

Stoffe dieser Gruppen lassen sich nach den Teilchen, aus denen sie aufgebaut sind, in **Molekülsubstanzen** und **Ionensubstanzen** einteilen:

Die *Säuren*, die wir kennen gelernt haben, sind *Molekülsubstanzen*. Sie reagieren mit dem Wasser; dabei entstehen *Oxonium-Ionen* H_3O^+ (vereinfacht: Wasserstoff-Ionen H^+). Beispiele dazu sind:

$HCl + H_2O \rightarrow H_3O^+ + Cl^-$

$HNO_3 + H_2O \rightarrow H_3O^+ + NO_3^-$

Wässrige Lösungen von Säuren enthalten immer Oxonium-Ionen und Säurerest-Ionen.

Als *Laugen* bezeichnen wir wässrige Lösungen, die *Hydroxid-Ionen* enthalten. Die gelösten Stoffe können zu den *Ionensubstanzen* gehören, wie die Hydroxide (z. B. Natriumhydroxid). Sie können aber auch zu den *Molekülsubstanzen* gehören, wie das Ammoniak.

Als *Salze* werden Verbindungen bezeichnet, die aus Ionen aufgebaut sind und die zu den *Ionensubstanzen* gehören. Man kann daher alle Ionensubstanzen als *salzartige Stoffe* bezeichnen, also z. B. auch die Oxide.

	Säure (die wässrige Lösung enthält H_3O^+-Ionen)	**Lauge** (die wässrige Lösung enthält OH^--Ionen)	**Salz** (die wässrige Lösung enthält meist Metall-Ionen und Säurerest-Ionen)
Molekülsubstanz: in Lösung:	HCl $H_3O^+ + Cl^-$	NH_3 $NH_4^+ + OH^-$	–
Ionensubstanz: in Lösung:	–	NaOH $Na^+ + OH^-$	NaCl $Na^+ + Cl^-$

8546RD

3 Chemische Reaktionen

Merkmale chemischer Reaktionen

Durch chemische Reaktionen entstehen chemische Verbindungen. Im einfachsten Fall reagieren dabei zwei Elementsubstanzen miteinander. Umgekehrt können chemische Verbindungen durch chemische Reaktionen wieder zerlegt werden. Jede chemische Reaktion ist durch bestimmte Merkmale gekennzeichnet.

Merkmale	Beispiele	
Stoffumwandlung: Ausgangsstoffe → Reaktionsprodukte	Bildung von Chlorwasserstoff: Wasserstoff + Chlor → Chlorwasserstoff	Zerlegung von Silberoxid: Silberoxid → Silber + Sauerstoff
Energieumwandlung: Der Energiegehalt der Stoffe und die Reaktionswärme können ineinander umgewandelt werden. Die Reaktionswärme ergibt sich aus der Differenz zwischen dem Energiegehalt der Reaktionsprodukte und dem der Ausgangsstoffe.	exotherm (Energie der Ausgangsstoffe > Energie der Reaktionsprodukte) ↓ (Wärmeabgabe an die Umgebung)	endotherm (Energie des Ausgangsstoffes < Energie der Reaktionsprodukte) ↓ (Wärmeaufnahme aus der Umgebung)
Veränderung der Teilchen: Teilchen der Ausgangsstoffe → Teilchen der Reaktionsprodukte	Wasserstoffmoleküle + Chlormoleküle → Chlorwasserstoffmoleküle $H_2 + Cl_2 \rightarrow 2\,HCl$ | exotherm	Silber-Ionen/Oxid-Ionen (im Silberoxidkristall) → Silberatome + Sauerstoffmoleküle $2\,Ag_2O \rightarrow 4\,Ag + O_2$ | endotherm

Wie chemische Verbindungen in andere umgewandelt werden können

Chemische Verbindungen können nicht nur aus Elementsubstanzen entstehen. Sie können auch durch chemische Reaktionen aus anderen Verbindungen hergestellt werden. Die folgende Übersicht beschreibt dafür Beispiele.

Elementsubstanzen reagieren durch Redoxreaktionen zu Verbindungen

Beispiele:

Die Oxide reagieren mit Wasser zu Hydroxiden oder zu Säuren

Beispiele:

Durch Neutralisation bilden sich daraus weitere Verbindungen

Beispiel:

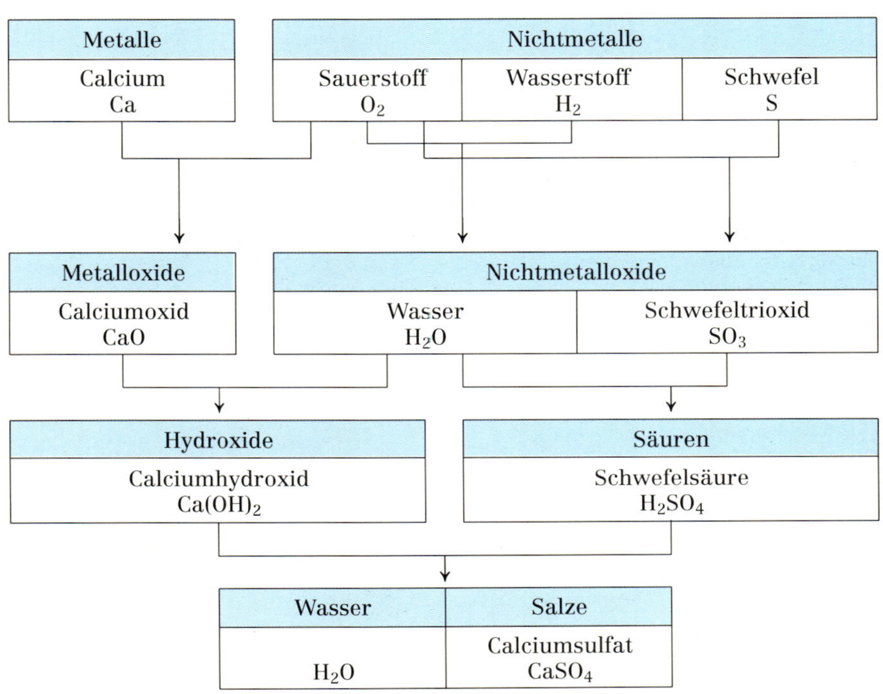

Arten chemischer Reaktionen

Redoxreaktionen

Die Bezeichnung Redoxreaktion hat in der Geschichte der Chemie einen Bedeutungswandel erfahren. Ursprünglich wurde sie nur auf chemische Reaktionen angewendet, an denen Sauerstoff beteiligt ist.

Seit die Veränderungen in der Elektronenhülle der Atome bei chemischen Reaktionen genauer untersucht wurden, erhielt die Bezeichnung Redoxreaktion eine erweiterte Bedeutung.

ursprüngliche Bedeutung	*erweiterte Bedeutung*
Oxidation = Sauerstoffaufnahme Eine Oxidation ist eine chemische Reaktion, bei der ein Stoff mit Sauerstoff reagiert. Dabei entsteht ein Oxid. *Beispiel:* Magnesium reagiert mit Sauerstoff zu Magnesiumoxid. Magnesium wird oxidiert. $2\,Mg + O_2 \rightarrow 2\,MgO$ **Reduktion = Sauerstoffabgabe** Eine Reduktion ist eine Reaktion, bei der z. B. ein Metall aus seinem Oxid durch Sauerstoffabgabe gewonnen wird. *Beispiel:* Quecksilber(II)-oxid wird durch Erhitzen in Quecksilber und Sauerstoff zerlegt. Dabei wird Quecksilberoxid zu Quecksilber reduziert. $2\,HgO \rightarrow 2\,Hg + O_2$ **Redoxreaktion:** Eine Redoxreaktion ist eine Reaktion, bei der Sauerstoff von einem Oxidationsmittel (dem Sauerstoffspender) auf ein Reduktionsmittel (den Sauerstoffempfänger) übertragen wird. Die Reduktion des Oxidationsmittels und die Oxidation des Reduktionsmittels laufen zugleich ab.	**Oxidation = Elektronenabgabe** Eine Oxidation ist eine chemische Reaktion, bei der Atome oder Ionen Elektronen abgeben. **Reduktion = Elektronenaufnahme** Eine Reduktion ist eine Reaktion, bei der z. B. Atome oder Ionen Elektronen aufnehmen. **Redoxreaktion:** Eine Redoxreaktion ist eine Reaktion, bei der Elektronen von einem Reduktionsmittel (dem Elektronenspender) auf ein Oxidationsmittel (dem Elektronenempfänger) übertragen werden. Elektronenaufnahme und -abgabe laufen zugleich ab. **Redoxreaktionen sind also im erweiterten Sinne Reaktionen mit Elektronenübertragung.** Das gilt nicht nur für Reaktionen mit Sauerstoff, sondern z. B. auch für die Bildung von Chloriden oder die Reaktion von Alkalimetallen mit Wasser oder von unedlen Metallen mit Säuren.

Wir wenden den erweiterten Redoxbegriff auf einige Reaktionen an.

Verbrennung eines Metalls in Sauerstoff

Nach dem erweiterten Redoxbegriff sind Verbrennungen in Sauerstoff Redoxreaktionen.

Beispiel: Zink verbrennt in Sauerstoff. Zink gibt Elektronen ab und wird zu Zink-Ionen oxidiert. Sauerstoff nimmt Elektronen auf und wird zu Oxid-Ionen reduziert.

	ursprüngliche Bedeutung	*erweiterte Bedeutung*
Oxidation	$2\,Zn + O_2 \rightarrow 2\,ZnO$	$2\,Zn \rightarrow 2\,Zn^{2+} + 4\,e^-$
Reduktion	–	$O_2 + 4\,e^- \rightarrow 2\,O^{2-}$
Redoxreaktion	–	$2\,Zn + O_2 \xrightarrow{4\,e^-} \underbrace{2\,Zn^{2+} + 2\,O^{2-}}_{2\,ZnO}$

Reaktion von Metallen mit anderen Nichtmetallen

Nach dem erweiterten Redoxbegriff sind auch Reaktionen von Metallen mit Chlor oder Schwefel Redoxreaktionen.

Beispiel: Magnesium verbrennt in Chlor. Magnesium gibt Elektronen ab; es wird zu Magnesium-Ionen oxidiert. Chlor nimmt Elektronen auf; es wird zu Chlorid-Ionen reduziert.

	ursprüngliche Bedeutung	*erweiterte Bedeutung*
Oxidation	–	$Mg \rightarrow 2\,Mg^{2+} + 2\,e^-$
Reduktion	–	$Cl_2 + 2\,e^- \rightarrow 2\,Cl^-$
Redoxreaktion	–	$Mg + Cl_2 \xrightarrow{2\,e^-} \underbrace{Mg^{2+} + O^{2-}}_{MgCl_2}$

Reduktion von Oxiden durch Metalle, Wasserstoff oder Kohlenstoff

Reduktionen von Oxiden durch Metalle, Wasserstoff oder Kohlenstoff sind nach der ursprünglichen sowie nach der erweiterten Bedeutung Redoxreaktionen.

Beispiel: Reduktion von Eisenoxid durch Zink.

	ursprüngliche Bedeutung	*erweiterte Bedeutung*
Oxidation	$2\,Zn + O_2 \rightarrow 2\,ZnO$	$2\,Zn \rightarrow 2\,Zn^{2+} + 4\,e^-$
Reduktion	$2\,FeO \rightarrow 2\,Fe + O_2$	$2\,Fe^{2+} + 4\,e^- \rightarrow 2\,Fe$
Redoxreaktion	$Zn + FeO \rightarrow ZnO + Fe$ (Oxidation: Zn → ZnO; Reduktion: FeO → Fe)	$Zn + FeO \xrightarrow{2\,e^-} \underbrace{Zn^{2+} + O^{2-}}_{2\,ZnO} + Fe$

8548RD

Weitere Beispiele für Redoxreaktionen nach dem erweiterten Redoxbegriff

Reaktion von unedlen Metallen mit Säuren

Beispiel: Zink reagiert mit Salzsäure.

Zink gibt Elektronen ab und wird zu Zink-Ionen oxidiert. Wasserstoff-Ionen (genauer: Oxonium-Ionen) nehmen Elektronen auf und werden zu Wasserstoff reduziert.

Oxidation	$Zn \rightarrow Zn^{2+} + 2\,e^-$
Reduktion vereinfacht	$2\,H_3O + 2\,e^- \rightarrow H_2 + 2\,H_2O$ $2\,H^+ + 2\,e^- \rightarrow H_2$
Redoxreaktion vereinfacht	$Zn + 2\,H_3O^+ \xrightarrow{2\,e^-} Zn^{2+} + H_2 + 2\,H_2O$ $Zn + 2\,H^+ \xrightarrow{2\,e^-} Zn_{2+} + H_2$

Elektrolysen

Beispiel: Elektrolyse einer Lösung von Zinkchlorid.

Zink-Ionen werden am Minuspol (Kathode) entladen. Sie nehmen Elektronen auf, werden also zu Zinkatomen reduziert. Das Zink setzt sich auf der Elektrode ab.

Chlorid-Ionen werden am Pluspol (Anode) entladen. Sie geben Elektronen ab; werden also zu Chloratomen oxidiert. Das Chlor entweicht aus der Lösung.

Oxidation (Pluspol)	$2\,Cl^- \rightarrow Cl_2 + 2\,e^-$
Reduktion (Minuspol)	$Zn^{2+} + 2\,e^- \rightarrow Zn$
Redoxreaktion	$\underbrace{Zn^{2+} + 2\,Cl^-}_{ZnCl_2} \rightarrow Zn + Cl_2$

Reaktionen mit Protonenübertragung

Wenn z. B. *Chlorwasserstoffmoleküle mit Wassermolekülen* reagieren, findet eine **Reaktion mit Protonenübertragung** statt. Dabei wird von einem Chlorwasserstoffmolekül ein Proton (H^+) auf ein Wassermolekül (H_2O) übertragen (Bild 1). Bei dieser Reaktion entstehen sowohl Chlorid-Ionen (Cl^-) als auch Oxonium-Ionen (H_3O^+).

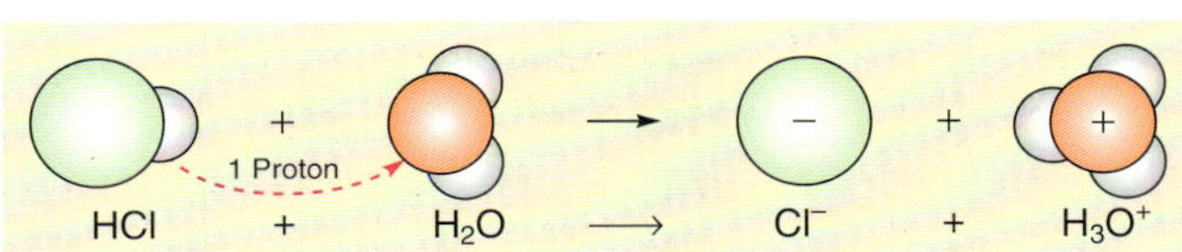

1

Eine solche Reaktion wird **Protolyse** genannt. In diesem Fall ist das Chlorwasserstoffmolekül der **Protonenspender** (Protonendonator), das Wassermolekül der **Protonenempfänger** (Protonenakzeptor).

Nach *Brönsted* werden alle Protonenspender als **Säuren** bezeichnet, alle Protonenempfänger als **Basen**.

Allgemein lässt sich die **Bildung von sauren Lösungen** folgendermaßen beschreiben:

Säuremoleküle + Wassermoleküle
→ Säurerest-Ionen + Oxonium-Ionen.

Beispiel: Salpetersäure reagiert mit Wasser.

$$HNO_3 + H_2O \rightarrow NO_3^- + H_3O^+ \quad (\text{1 } H^+ \text{ geht über})$$

Auch die **Bildung von alkalischen Lösungen** kann durch Protonenübertragung erfolgen. Ammoniak reagiert z. B. mit Wasser. Durch Protonenübertragung wird aus dem Wassermolekül ein Hydroxid-Ion und aus dem Ammoniakmolekül ein Ammonium-Ion. Die entstehende Lösung ist Ammoniumhydroxidlösung.

$$H_2O + NH_3 \rightarrow OH^- + NH_4^+ \quad (\text{1 } H^+ \text{ geht über})$$

Die **Neutralisation** ist ebenfalls eine Reaktion mit Protonenübertragung. Oxonium-Ionen reagieren mit Hydroxid-Ionen. Dabei wird von jedem Oxonium-Ion ein Proton (H^+) auf ein Hydroxid-Ion übertragen; es entstehen zwei Wassermoleküle (Bild 2).

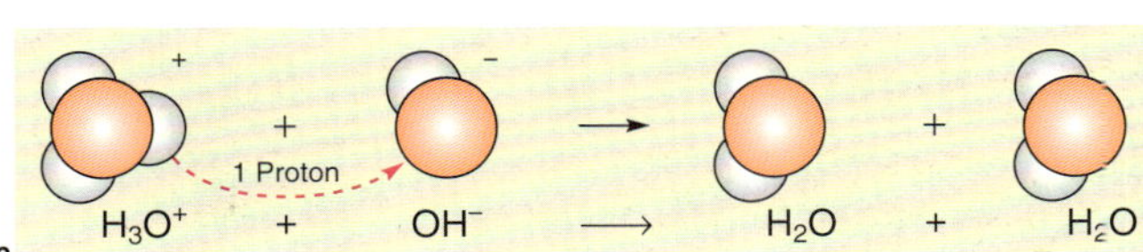

2

Fällungsreaktionen

Fällungsreaktionen erkennt man am Ausfallen eines Niederschlags aus einer klaren Lösung.

Ein Niederschlag entsteht immer dann, wenn bei Reaktionen in Lösungen eine schwer lösliche Verbindung entsteht.

In der Technik wendet man Fällungsreaktionen an um z. B. Schadstoffe aus Lösungen und Gasen zu entfernen. Fällungsreaktionen werden auch als *Nachweisreaktionen* genutzt.

Nachweis von Sulfat-Ionen (Bild 3): Mischt man Schwefelsäure (oder Sulfat-Lösung) mit Bariumchloridlösung, entsteht ein Niederschlag aus Bariumsulfat. Dabei verbinden sich Barium-Ionen mit Sulfat-Ionen zu schwer löslichem Bariumsulfat.

$$2\,Na^+ + \mathbf{SO_4^{2-}} + \mathbf{Ba^{2+}} + 2\,Cl^- \rightarrow \mathbf{BaSO_4} + 2\,Na^+ + 2\,Cl^-$$

Nachweis von Kohlenstoffdioxid (Bild 4): Wird Kohlenstoffdioxid in eine Calciumhydroxidlösung eingeleitet, so bildet sich ein Niederschlag aus Calciumcarbonat. Dabei reagieren die Kohlenstoffdioxidmoleküle mit den Hydroxid-Ionen der Lösung zu Wassermolekülen und Carbonat-Ionen.

$$2\,OH^- + CO_2 \rightarrow + H_2O + CO_3^{2-}$$

Diese Carbonat-Ionen verbinden sich mit den Calcium-Ionen zum schwer löslichen Calciumcarbonat.

$$\mathbf{Ca^{2+} + CO_3^{2-} \rightarrow CaCO_3}$$

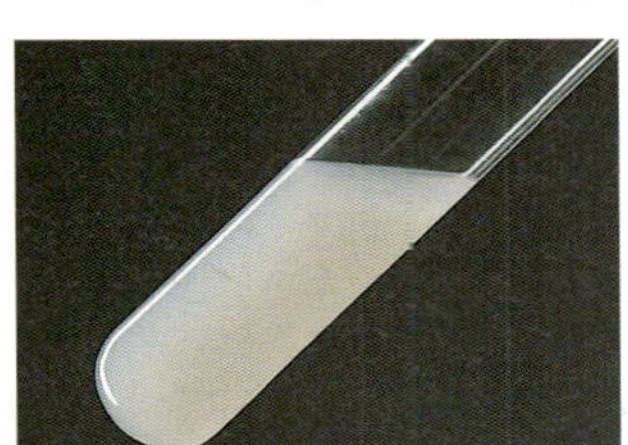
3

4

Einführung in die organische Chemie

Wir untersuchen organische Stoffe

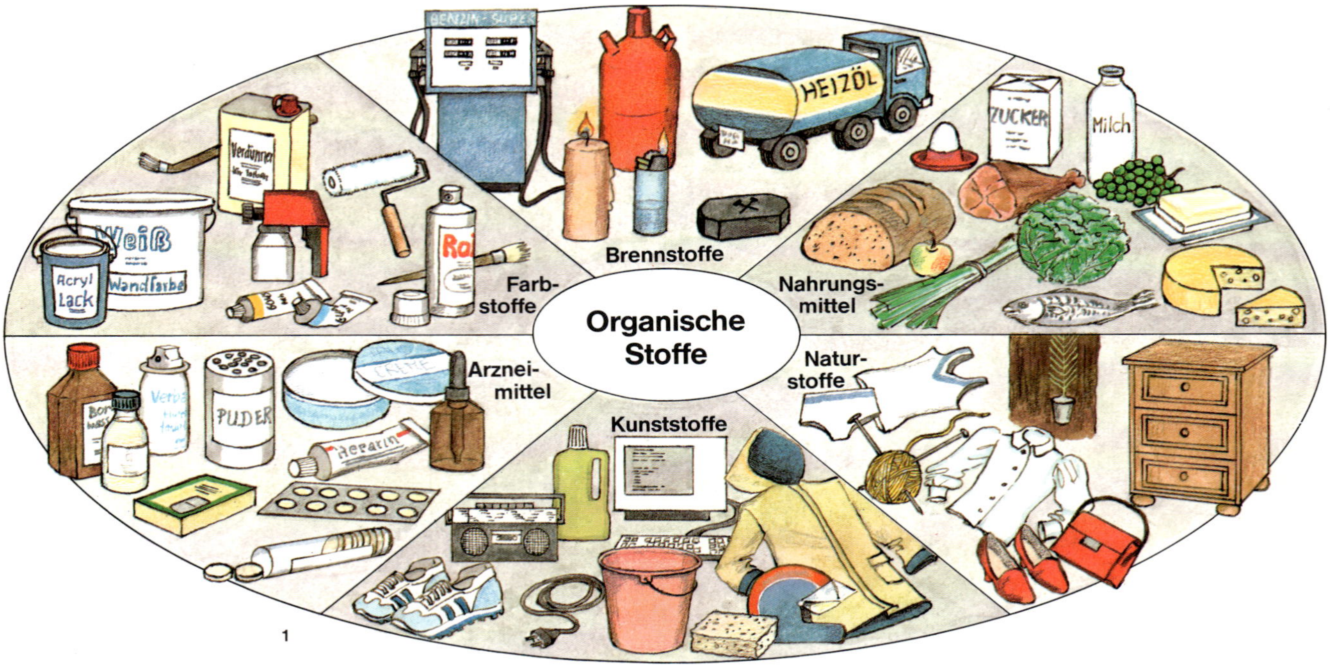

1

Alle abgebildeten Gegenstände und Stoffe haben eine Gemeinsamkeit, die man aber allein durch Anschauen nicht feststellen kann. Dazu sind schon nähere Untersuchungen nötig ...

V 1 Dieser Versuch zeigt einige Stoffe, die am Aufbau organischer Verbindungen beteiligt sind.

Wir füllen ein trockenes Reagenzglas etwa 2 cm hoch mit Zucker und erhitzen erst vorsichtig, dann stärker. Welche Stoffe entstehen?

In gleicher Weise prüfen wir Stärke, Mehl, Puderzucker, Hühnereiweiß, ein Stückchen Kartoffel und etwas Magnesiumoxid.

V 2 Auch ein Stück einer „Plastiktüte" (aus Polyethen) wird im Reagenzglas erhitzt. Welchen Stoff, den wir auch in Versuch 1 festgestellt haben, findest du hier wieder?

V 3 Nun prüfen wir verschiedene organische Stoffe auf ihren Geruch („chemisch" riechen!) und auf ihre Brennbarkeit.

Um festzustellen, welche Verbrennungsprodukte entstehen, halten wir ein kaltes Becherglas über die Flamme und anschließend eine Porzellanschale in die Flamme.

a) Wir geben in je einen Porzellantiegel 1 ml Wundbenzin F und 1 ml Ethanol F und fächeln uns die aufsteigenden Dämpfe vorsichtig zu. (Die Aufbewahrungsgefäße unbedingt verschließen und wegstellen!)

Dann versuchen wir die beiden Flüssigkeiten mit einer Streichholzflamme zu entzünden (Vorsicht, Abstand halten!).

b) Diesmal geben wir etwa 2 ml Petroleum in einen Porzellantiegel. Falls es sich nicht entzünden lässt, wird es etwas erwärmt (Vorsicht!).

c) Nun erhitzen wir ein Stück Paraffin (Kerzenwachs) im Porzellantiegel, bis es verdampft.

Vergleiche dann die Brennbarkeit und die Verbrennungsprodukte der untersuchten Stoffe.

V 4 Wenn ein Stoff schnell verdunstet, wird er als leicht flüchtig bezeichnet. Wir vergleichen die Flüchtigkeit von Wundbenzin F, Ethanol F und Petroleum.

Dazu geben wir jeweils die gleiche Anzahl Tropfen auf ein Uhrgläschen.

Wir beobachten dann, in welcher Reihenfolge die Stoffe schließlich vollständig verdunstet sind.

V 5 Die Löslichkeit einiger organischer Stoffe wird geprüft.

a) Wir geben jeweils eine kleine Menge Zucker, Paraffin, Kokosfett und Olivenöl in je 2 ml Wundbenzin F und Ethanol F. Vergleiche!

b) Nun versuchen wir etwas Benzin F und Olivenöl in Wasser zu lösen.

V 6 Hier geht es um die elektrische Leitfähigkeit organischer Stoffe.

Wir prüfen, ob Zucker und eine Lösung von Zucker in destilliertem Wasser elektrischen Strom leiten.

Auf gleiche Weise untersuchen wir festes und geschmolzenes Paraffin.

V 7 Wir untersuchen, ob sich Harnstoff in Wasser löst. Außerdem prüfen wir die elektrische Leitfähigkeit.

6200R

Wir unterscheiden anorganische und organische Stoffe

Die Chemie umfasst zwei große Teilbereiche: die **anorganische Chemie** und die **organische Chemie**. Die Namengebung dieser Teilbereiche ist eng mit der geschichtlichen Entwicklung der Chemie verknüpft.

Bis zum Beginn des 19. Jahrhunderts wusste man bereits, dass die Stoffe der *unbelebten* Natur (z. B. Mineralien, Gesteine und Erze) ganz anders aufgebaut sind als die der *belebten* Natur. Damals waren die Chemiker davon überzeugt, dass die Stoffe, aus denen Pflanzen, Tiere und Menschen aufgebaut sind (z. B. Eiweiß, Zucker, Fette), nur in einem lebenden Organismus gebildet werden könnten. Sie glaubten, dass dazu eine gewisse „Lebenskraft" erforderlich sei.

Der schwedische Chemiker *Berzelius* führte daher im Jahr 1806 die Bezeichnungen *anorganisch* für Stoffe aus der unbelebten Natur und *organisch* für Verbindungen tierischer oder pflanzlicher Herkunft ein.

Im Laufe der Zeit stellte man bei Untersuchungen fest: **Alle organischen Stoffe sind aus Kohlenstoffverbindungen aufgebaut.**

Die Bedeutung des Begriffs **organische Chemie** hat sich aus diesem Grunde verändert. Man versteht darunter heute die **Chemie der Kohlenstoffverbindungen**. (Ausgenommen sind die Oxide des Kohlenstoffs, die Kohlensäure und die Carbonate.)

Die organische Chemie befasst sich also mit Stoffen wie Erdgas, Erdöl, Nahrungsmitteln, Alkohol, Essig und mehr als *10 Millionen* weiteren Verbindungen. Dagegen kennt man in der anorganischen Chemie nur etwa 100 000 verschiedene Verbindungen!

Aus der Geschichte: **Friedrich Wöhler – Wegbereiter der organischen Chemie**

Wie du schon weißt, ist **Harnstoff** ein typischer *organischer Stoff.* Es entsteht als Abbauprodukt der Nahrung im menschlichen und tierischen Körper. Harnstoff ist stets im Urin von Menschen und Tieren enthalten. Wenn er sich zersetzt, entstehen Ammoniak und Kohlenstoffdioxid. Der Geruch von Ammoniak kann dir z. B. in einem Pferdestall begegnen.

Es gelang nun *Friedrich Wöhler* (1800–1882), den *organischen* Harnstoff aus zwei *anorganischen* Stoffen künstlich herzustellen: Aus *Cyansäure* HOCN und *Ammoniak* NH_3 entstand Harnstoff

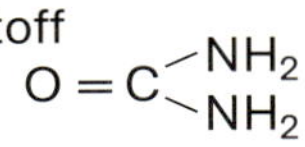

Niemand hatte diese Reaktion für möglich gehalten; auch Wöhler war von seinem Erfolg beeindruckt. So schrieb er bald darauf an seinen Freund *Jöns Jakob Berzelius*:

„... denn ich kann, so zu sagen, mein chemisches Wasser nicht halten und muß Ihnen sagen, daß ich Harnstoff machen kann, ohne dazu Nieren oder überhaupt ein Tier, sey es Mensch oder Hund, nöthig zu haben. Das cyansaure Ammoniak ist Harnstoff. –

... es bedurfte nun weiter Nichts als einer vergleichenden Untersuchung mit Pisse-Harnstoff, den ich in jeder Hinsicht selbst gemacht hatte, und dem Cyan-Harnstoff. Wenn nun, wie ich nicht anders sehen konnte, kein anderes Produkt als Harnstoff, entstanden war, so musste endlich zur völligen Bestätigung dieser paradoxen Geschichte, der Pisse-Harnstoff genau dieselbe Zusammensetzung haben, wie das cyansaure Ammoniak. Und dies ist in der That der Fall ..."

Damit hatte Wöhler den Nachweis erbracht, dass organische Stoffe nicht nur durch eine „Lebenskraft" im Tier- oder Pflanzenkörper erzeugt werden können.

Seine sogenannte **Harnstoffsynthese** war der Anfang zu umfangreichen Untersuchungen in der organischen Chemie. Wöhler arbeitete dabei mit *Justus von Liebig* zusammen.

Einige Jahre später veröffentlichten sie gemeinsam eine Arbeit; darin hieß es:

„Die Philosophie der Chemie wird aus dieser Arbeit den Schluss ziehen, dass die Erzeugung aller organischen Materien, in so weit sie nicht mehr dem Organismus angehören, in unseren Laboratorien nicht allein wahrscheinlich, sondern als gewiss betrachtet werden muss. Zucker, Salicin, Morphin werden künstlich hervorgebracht werden. Wir kennen freilich die Wege noch nicht, auf dem dieses Endresultat zu erreichen ist, weil uns die Vorderglieder unbekannt sind, aus denen sich diese Materialien entwickeln, allein wir werden sie kennen lernen."

Schon wenige Jahre danach gelang es anderen Chemikern, weitere organische Stoffe künstlich herzustellen. Daraus entwickelten sich bis heute die verschiedensten Produktionszweige in der chemischen Industrie.

Fragen und Aufgaben zum Text

1 Der Begriff *organischer Stoff* hatte früher eine andere Bedeutung als heute. Nenne die damalige und die heutige Bedeutung dieses Begriffes.

2 Mit welchen Stoffen befasst sich heute die *anorganische Chemie* und mit welchen die *organische Chemie?* Nenne jeweils einige Beispiele.

3 Sowohl die Oxide des Kohlenstoffs als auch die Kohlensäure und die Carbonate werden nicht zu den organischen Stoffen gezählt. Begründe!

1388R

Einige Kohlenwasserstoffe

1

1 Die einfachsten Kohlenwasserstoffe

Butangas wird zum Füllen von Gasfeuerzeugen und als Campinggas (Bild 1) gebraucht.

Propangas kann überall dort für Gasherde verwendet werden, wo Erdgas nicht zur Verfügung steht.

Das flüssige **Hexan** (Bild 2) und das feste **Paraffin** (Bild 3) sind mit den Gasen Propan und Butan verwandt.

3

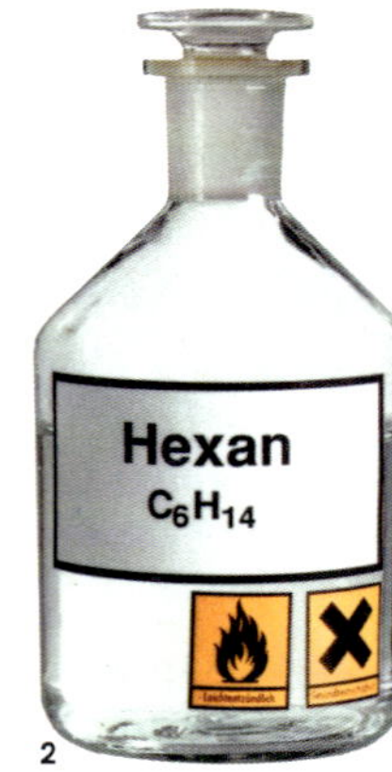

2

V 1 Wir halten die Öffnung eines trockenen, kühlen Becherglases einige Sekunden lang über die Flamme eines Gasbrenners (Butangas; F).

Beschreibe deine Beobachtungen. Welcher Stoff ist entstanden? Wie kannst du ihn nachweisen?

V 2 Nun wird ein Becherglas mit Kalkwasser C ausgespült, sodass kleine Tropfen innen am Glas hängen bleiben. Dann halten wir das Glas umgekehrt über die Gasflamme und beobachten die Kalkwassertropfen.

Was kannst du aus der Beobachtung schließen?

V 3 Diesmal halten wir eine Porzellanschale (oder ein Uhrglas) schräg über die *leuchtende* Gasflamme.

Was kannst du aufgrund der Ergebnisse von V 1–3 über die Zusammensetzung des Butans aussagen?

V 4 *(Lehrerversuch)* Methan F+, Butan F und Octan F sowie flüssiges und festes Paraffin werden verbrannt.

Beschreibe die Bedingungen, unter denen sich jeder dieser Stoffe entzünden lässt. Vergleiche außerdem die Flammenfärbungen und die sichtbaren „Abgase“.

V 5 Wir untersuchen die leuchtende und die nichtleuchtende (rauschende) Flamme eines Butangasbrenners. Damit eine leuchtende Flamme entsteht, muss das Loch für die Luftzufuhr am Brenner geschlossen sein.

Wir halten jeweils eine Porzellanschale schräg über die Flamme. Beschreibe!

Mit einem elektronischen Thermometer (Messbereich bis über 1000 °C) wird die Temperatur der Flammen an verschiedenen Stellen geprüft. Vergleiche die Werte innerhalb einer Flamme und die entsprechenden Werte beider Flammen.

V 6 Nun verbrennen wir Butan F und fangen die Verbrennungsprodukte wie in Bild 4 auf. Sie werden außerdem mit dem entsprechenden Teströhrchen auf Kohlenstoffmonooxid geprüft.

Welche Verbrennungsprodukte können auf diese Weise nachgewiesen werden?

V 7 *(Lehrerversuch)* Diesmal wird (statt Hexan) etwas Heptan F,Xn in einem Porzellantiegel verbrannt.

Zunächst halten wir eine Porzellanschale schräg in die Flamme. Dann werden die Verbrennungsprodukte wieder wie in Bild 4 aufgefangen. Vergleiche mit dem Versuchsergebnis zur Verbrennung von Butan.

V 8 *(Lehrerversuch)* Man gibt zu einigen Millilitern Heptan F,Xn eine kleine Portion Natrium C,F. Beschreibe!

V 9 Wir geben ein kleines Stück Kerzenwachs in ein trockenes Reagenzglas und darauf 4 cm hoch schwarzes Kupferoxid. Der Versuch wird nach Bild 5 aufgebaut.

Nun erhitzen wir erst vorsichtig, dann kräftig (in der Mitte des Glases beginnen, den Brenner langsam nach links schieben). Welche Reaktionsprodukte entstehen?

V 10 Hier geht es um die Löslichkeit von Kochsalz, Rohrzucker, Speiseöl und festem Paraffin. Wir untersuchen sie in Wasser und Heptan F,Xn. Beschreibe!

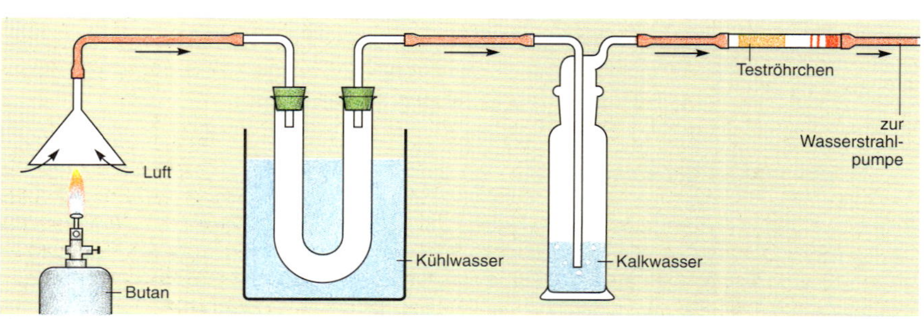

4

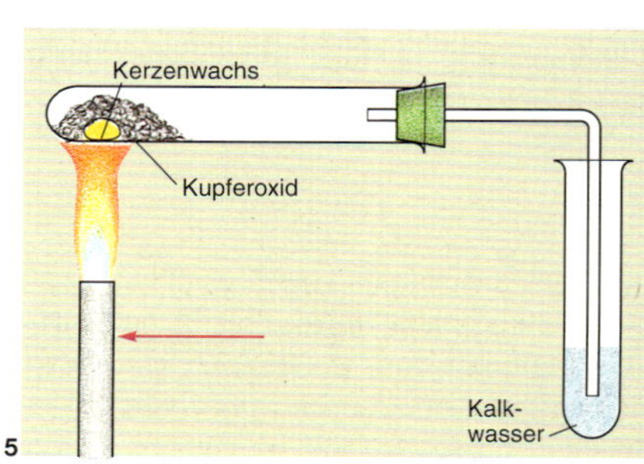

5

6403R

Die Gruppe der Alkane

Nicht nur Methan ist eine Verbindung aus Kohlenstoff und Wasserstoff. Auch in Propan und Butan sind nur diese beiden Elemente miteinander verbunden. Das Gleiche gilt für eine große Anzahl weiterer Stoffe. Sie alle werden deshalb *Kohlenwasserstoffe* (auch Kohlenstoffhydride) genannt.

Die Tabelle auf der folgenden Seite zeigt die von ihrem Molekülbau her *einfachsten Kohlenwasserstoffe*. Sie haben unverzweigte Molekülketten, bei denen die Kohlenstoffatome nur durch je *eine* Elektronenpaarbindung *(Einfachbindung)* verknüpft sind. Diese Kohlenwasserstoffe heißen **Alkane**.

In den Molekülen der Alkane sind alle Kohlenstoffatome mit der jeweils größtmöglichen Anzahl an Wasserstoffatomen verbunden. Man sagt auch, sie sind *gesättigt*.

Die Alkane gehören damit zu den gesättigten Kohlenwasserstoffen.

Die Namen der Alkane enden alle mit der Silbe **-an**. Mit Ausnahme der Alkane, die 1–4 Kohlenstoffatome haben, werden die Namen von griechischen oder lateinischen Bezeichnungen der jeweiligen Anzahl Kohlenstoffatome abgeleitet. *Hexan* bedeutet demnach ein Molekül mit 6 Kohlenstoffatomen, *Heptan* eins mit 7 und *Octan* eins mit 8 Kohlenstoffatomen.

Gesättigte Kohlenwasserstoffe werden auch als *Paraffine* bezeichnet (von lat. *parum affinis:* sinngemäß „wenig reaktionsfähig"). Ihr Name wird z. B. durch Versuch 8 bestätigt. Der Begriff wird heute nur noch für feste und hochsiedende Kohlenwasserstoffe verwendet.

Alkane sind Hauptbestandteile von Erdöl und Erdgas. Die gasförmigen Alkane werden als *Heizgase* verwendet. Propan und Butan können schon bei ganz geringem Druck verflüssigt werden (Flüssiggas).

Die bei Raumtemperatur flüssigen Alkane sind z. B. in Autobenzin, Dieseltreibstoff und Heizöl enthalten. Feste Alkane kommen in Schmierstoffen und als Kerzenparaffin vor.

Einige Reaktionen der Alkane

Eine wesentliche Eigenschaft der Alkane ist ihr reaktionsträges Verhalten. Sie reagieren z. B. nicht mit Säuren oder Laugen.

Ganz anders verhalten sie sich dem Sauerstoff gegenüber: **Alle Alkane sind brennbar, als Gemisch mit Luft oder Sauerstoff häufig sogar explosiv.** Da die Verbrennungsreaktionen exotherm verlaufen, gehören viele Alkane zu den bekannten Brennstoffen bzw. Energieträgern.

Wenn genügend Sauerstoff zur Verfügung steht, verbrennen die Alkane **vollständig**. Dabei entsteht als ein Verbrennungsprodukt **Kohlenstoffdioxid** (hier am Beispiel *Propan*).

$2\ C_3H_8 + 10\ O_2 \rightarrow 6\ CO_2 + 8\ H_2O$ | exotherm

Steht nicht genügend Sauerstoff zur Verfügung, verbrennen die Alkane **unvollständig**; es bildet sich dabei auch **Kohlenstoffmonooxid**, z. B. nach folgender Reaktionsgleichung.

$2\ C_3H_8 + 7\ O_2 \rightarrow 6\ CO + 8\ H_2O$ | exotherm

Bei der unvollständigen Verbrennung wird nur *ein Teil* der im Alkan „gespeicherten" Energie frei. Das entstehende Kohlenstoffmonooxid ist nämlich selbst noch brennbar und könnte beim Verbrennen weitere Energie liefern.

Wenn noch weniger Sauerstoff vorhanden ist, scheidet sich bei der Verbrennung **elementarer Kohlenstoff** als Ruß ab.

$2\ C_3H_8 + 4\ O_2 \rightarrow 6\ C + 8\ H_2O$ | exotherm

Bei der Verbrennung unterschiedlicher Alkane nimmt mit steigendem Kohlenstoffgehalt des Alkans das Leuchten der Flamme zu. Außerdem wächst ihre Neigung zur Rußbildung. Dieses Leuchten der Flamme wird durch glühende Kohlenstoffteilchen verursacht.

Damit man die Reaktion eines Alkans mit Sauerstoff besser steuern kann, nimmt man statt Sauerstoff *Kupferoxid* (V 9).

$61\ CuO + C_{20}H_{42} \rightarrow 61\ Cu + 20\ CO_2 + 21\ H_2O$

Wir erklären die Vielfalt der Kohlenstoffverbindungen

Das Element Kohlenstoff steht im Periodensystem der Elemente in der IV. Hauptgruppe und in der 2. Periode. Das Kohlenstoffatom hat 4 Elektronen in seiner Außenschale.

Nach der Edelgasregel (Oktettregel) sind alle Atome bestrebt eine stabile Außenschale zu erreichen. Also müsste das Kohlenstoffatom seine vier Elektronen abgeben oder vier andere aufnehmen. Dazu wäre jeweils ein hoher Energiebetrag erforderlich.

Weniger Energie ist nötig, wenn das Kohlenstoffatom mit seinem jeweiligen Bindungspartner *Elektronenpaarbindungen* (Atombindungen) eingeht. Dabei bilden die Außenelektronen des Kohlenstoffatoms mit den Elektronen anderer Nichtmetallatome gemeinsame Elektronenpaare. Besonders wichtig ist: Die Kohlenstoffatome können sich untereinander zu beliebig langen Ketten verbinden. Diese sind verzweigt oder unverzweigt. Kohlenstoffatome können auch Ringe bilden (Bild 6).

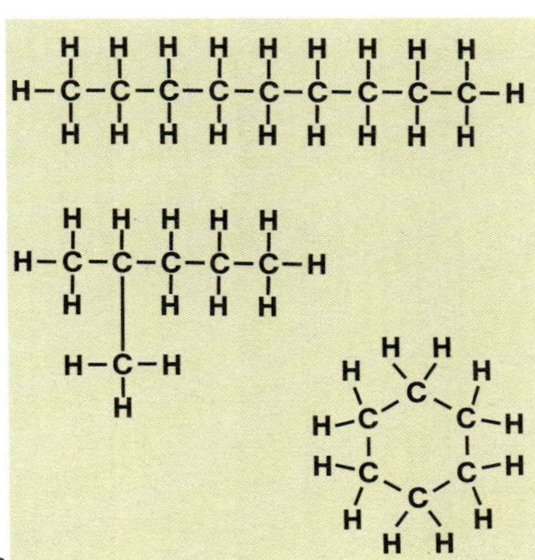

6

Die Bindung der Kohlenstoffatome untereinander (die sog. C–C-Bindung), ist besonders stabil. Um sie zu lösen, ist viel Energie erforderlich.

An die Kohlenstoffketten sind meist Wasserstoffatome gebunden, aber auch Atome anderer Elemente (z. B. Sauerstoff, Stickstoff und Halogene). Deren Bindungen an die Kohlenstoffatome sind im Allgemeinen weniger stabil als die C–C-Bindung.

Obwohl am Aufbau dieser Kohlenstoffverbindungen nur wenige Elemente beteiligt sind, ist eine unübersehbare Anzahl unterschiedlicher Verbindungen möglich. Das erklärt, dass es heute bereits mehr als 10 Millionen organische Verbindungen gibt.

Alkane bilden eine homologe Reihe

Wenn man den Molekülbau und die Summenformeln z. B. der vier gasförmigen Alkane vergleicht (→ Tabelle), kann man Folgendes feststellen:

Das Butanmolekül hat ein Kohlenstoffatom und zwei Wasserstoffatome (also eine CH_2-Gruppe) mehr als das Propanmolekül; dieses besitzt eine CH_2-Gruppe mehr als das Ethanmolekül und dieses wiederum eine CH_2-Gruppe mehr als das Methanmolekül.

Eine solche Reihe von Verbindungen, in der sich jede Verbindung von der folgenden durch die gleiche Atomgruppe unterscheidet, heißt **homologe Reihe**.

Die Alkane bilden solch eine homologe Reihe: Die aufeinander folgenden Moleküle unterscheiden sich durch eine CH_2-Gruppe (→ Tabelle unten).

Gasförmige Alkane

Name	Formel	Atomanordnung
Methan	CH_4	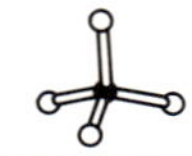
Ethan	C_2H_6	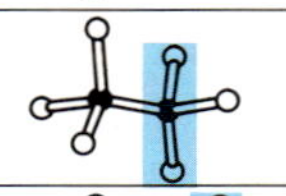
Propan	C_3H_8	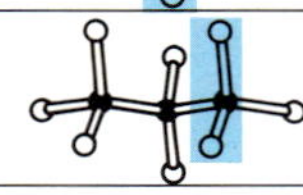
Butan	C_4H_{10}	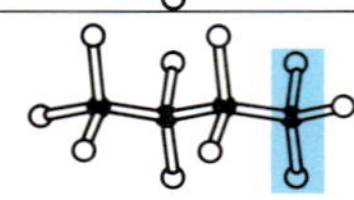

Wenn die Anzahl der Kohlenstoffatome im Molekül bekannt ist, lässt sich die Anzahl der Wasserstoffatome auf einfache Weise berechnen. Sie ist nämlich doppelt so groß wie die Zahl der Kohlenstoffatome, wobei noch 2 Wasserstoffatome (vom Anfang und Ende der Kette) addiert werden müssen.

Aus dieser Angabe lässt sich die **allgemeine Summenformel der Alkane** ableiten. Sie lautet:

$$C_nH_{2n+2}.$$

Dabei bedeutet n die Anzahl der Kohlenstoffatome im Molekül.

Unverzweigte gesättigte Kohlenwasserstoffe (Alkane)

Name	Molekülmodell	Strukturformel	Summenformel	Aggregatzustand bei Raumtemperatur	Siedetemperatur
Methan		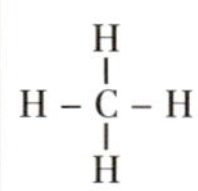	CH_4	gasförmig	–161,4 °C
Ethan	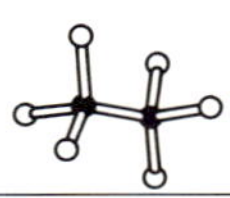	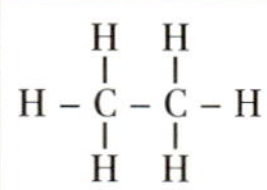	C_2H_6	gasförmig	–88,6 °C
Propan	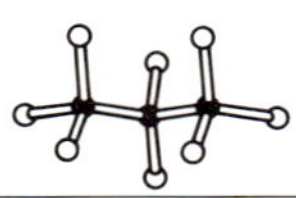	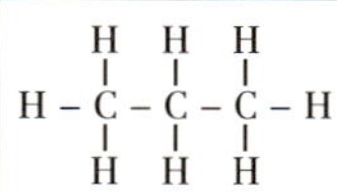	C_3H_8	gasförmig	–42,1 °C
Butan	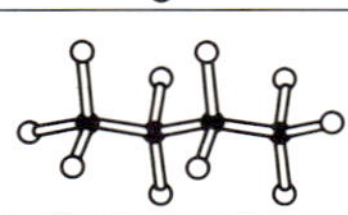	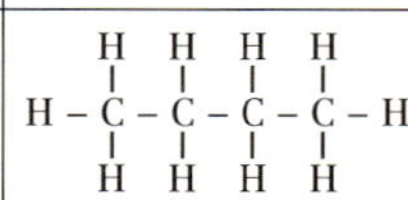	C_4H_{10}	gasförmig	–0,5 °C
Pentan	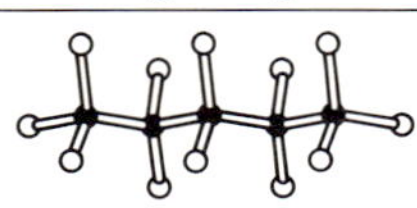	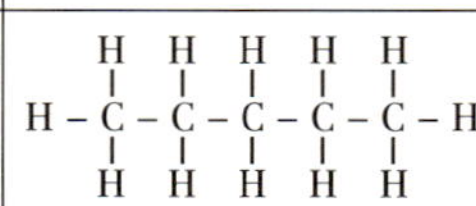	C_5H_{12}	flüssig	36,1 °C
Hexan	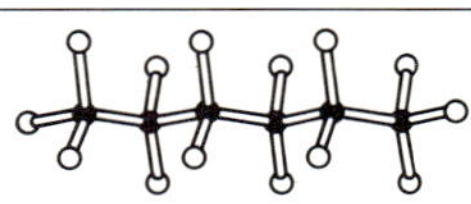	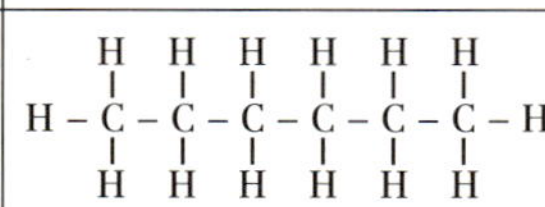	C_6H_{14}	flüssig	68,7 °C
Heptan	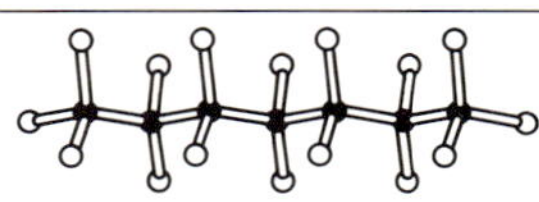	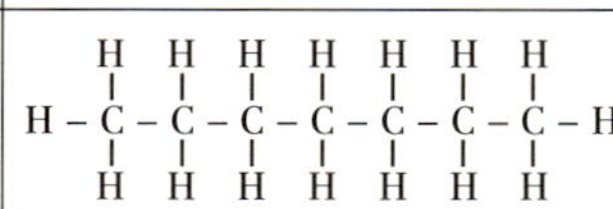	C_7H_{16}	flüssig	98,4 °C
Octan	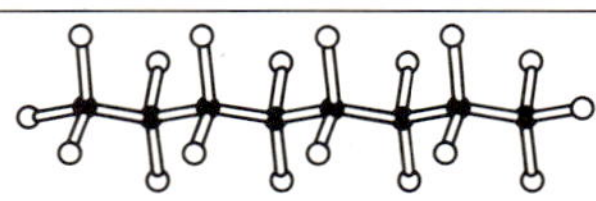	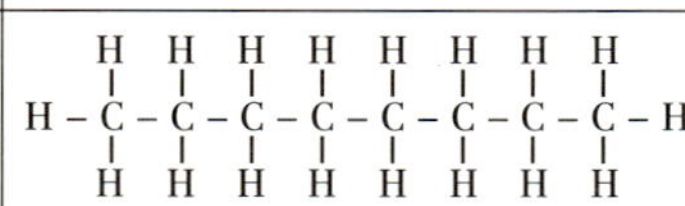	C_8H_{18}	flüssig	125,6 °C
Nonan	…	…	C_9H_{20}	flüssig	150,6 °C
Decan	…	…	$C_{10}H_{22}$	flüssig	174 °C
Hexadecan	…	…	$C_{16}H_{34}$	flüssig	287 °C
Heptadecan	…	…	$C_{17}H_{36}$	fest	303 °C
Eicosan	…	…	$C_{20}H_{42}$	fest	343 °C
…	…	…	…	…	…

6405R

Aggregatzustände und Van-der-Waals-Kräfte

Innerhalb eines Alkanmoleküls kommen immer nur **Elektronenpaarbindungen** vor, unabhängig davon, wie lang die Molekülkette ist. Wenn dadurch zwei Kohlenstoffatome miteinander verknüpft sind, ist die Bindung *unpolar*.

Zwischen einem Kohlenstoffatom und einem Wasserstoffatom ist die Bindung jedoch *schwach polar*. Als Ganzes gesehen wirken **Alkanmoleküle** nach außen hin aber **unpolar**.

Ein Blick in die Tabelle auf der Nachbarseite zeigt, dass die ersten vier Alkane in der homologen Reihe unter Normalbedingungen *gasförmig* sind. Die Alkane mit 5–16 Kohlenstoffatomen in ihren Molekülen sind *flüssig*, alle anderen *fest*.

Das ist darauf zurückzuführen, dass zwischen den Alkanmolekülen *Anziehungskräfte* bestehen. Man bezeichnet sie als **Van-der-Waals-Kräfte** – so benannt nach dem niederländischen Physiker *Johannes Diderik van der Waals* (1837–1923).

Die Van-der-Waals-Kräfte zwischen den unpolaren Molekülen sind sehr schwach (ca. 1/10 der Kräfte, die bei einer Elektronenpaarbindung auftreten); sie haben nur eine sehr geringe Reichweite. Diese Kräfte wirken zwischen nahe beieinander liegenden unpolaren Molekülen oder Atomen. Beispiele dafür: Kohlenwasserstoffe und andere unpolare Stoffe (z. B. Stickstoff, Kohlenstoffdioxid, Halogene, Edelgase).

Wie kommen die Van-der-Waals-Kräfte zustande? Sie werden durch die Bewegung der Elektronen um die Atomkerne verursacht. Diese Elektronenbewegungen führen dazu, dass sich innerhalb der Atome von nebeneinander liegenden Molekülen kurzzeitig Bereiche ausbilden, in denen die Elektronen entweder stärker oder weniger stark konzentriert sind.

Die dadurch entstehenden negativen oder positiven Bereiche innerhalb der Atome beeinflussen benachbarte Moleküle und führen zu wechselseitiger Anziehung.

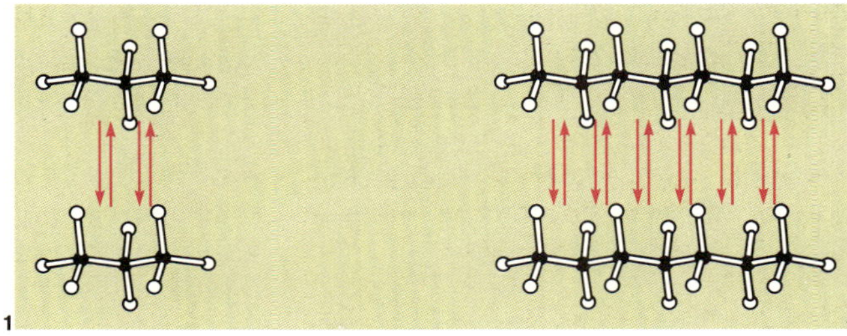

1

Je länger z. B. kettenförmige Moleküle sind, desto größer wird die Anziehung zwischen ihnen (Bild 1). Sie kann sogar größer werden als die einer Elektronenpaarbindung.

Ein Blick in die Tabelle zeigt, dass z. B. die *Siedetemperaturen* der Alkane mit der Größe der Moleküle zunehmen. Außer bei den kurzkettigen Alkanmolekülen steigt sie für jedes in der Kette hinzukommende Kohlenstoffatom um 20–30 °C an. Das ist folgendermaßen zu erklären:

Beim Sieden gehen die Stoffe vom flüssigen in den gasförmigen Zustand über. Die Moleküle werden dabei voneinander getrennt; ihre gegenseitige Anziehung (Van-der-Waals-Kräfte) muss überwunden werden. Dafür ist Energie erforderlich. Je größer die Moleküle sind, desto höher ist die erforderliche Energie und damit die Siedetemperatur des Stoffes.

Die Siedetemperaturen der Alkane reichen bis etwa 350 °C. Bei noch höheren Temperaturen beginnen die Elektronenpaarbindungen innerhalb der langkettigen Moleküle aufzubrechen; das betreffende Alkan zersetzt sich, bevor es siedet. Durch die Wirkung der Van-der-Waals-Kräfte ist hier der Zusammenhalt der Moleküle untereinander stärker als der Zusammenhalt der Atome innerhalb der Moleküle.

„Ähnliches löst sich in Ähnlichem"

Die Löslichkeit zweier Stoffe ineinander richtet sich nach der Art der Teilchen, aus denen sie bestehen. Je ähnlicher die Teilchen des Lösemittels und des zu lösenden Stoffes in Bezug auf ihre *Polarität* sind, desto besser lösen sich die beiden Stoffe ineinander.

Das lässt sich in folgender Regel ausdrücken: *Ähnliches löst sich in Ähnlichem.*

Demnach sind die flüssigen Alkane gute Lösemittel für andere unpolare Verbindungen, z. B. für Öle oder Fette. Die Alkane lösen sich aber auch ineinander (z. B. flüssige in flüssigen bzw. feste in flüssigen).

In Wasser lösen sich Alkane jedoch kaum. Das liegt daran, dass die Wassermoleküle stark polar sind (Dipole). Sie werden durch *Wasserstoffbrückenbindungen* zusammengehalten. Zwischen Wassermolekülen und z. B. Hexanmolekülen wirken dagegen nur äußerst schwache Anziehungskräfte.

Allgemein kann man sagen, dass sich Stoffe aufgrund ihrer Polarität *entweder* in Wasser lösen *oder* in Lösemitteln, die aus Alkanen bestehen.

Man nennt Stoffe, die gute Lösemittel für Fette sind oder sich selbst in Ölen bzw. Fetten lösen, **lipophil** (griech. *lipos:* Fett; *philein:* lieben; also „fettliebend", „fettfreundlich"). Diese Stoffe sind gleichzeitig **hydrophob** (griech. *hydor:* Wasser; *phobos:* Furcht; also „wasserfeindlich").

Stoffe, die sich in Wasser lösen, sind demnach **hydrophil** („wasserfreundlich"), aber **lipophob** („fettfeindlich").

Alle Alkane sind lipophil und hydrophob. Welche Auswirkungen das auf ihr Löseverhalten hat, kannst du der folgenden Übersicht entnehmen.

Löseverhalten von polaren und unpolaren Stoffen

	polarer Stoff	unpolarer Stoff
Molekül	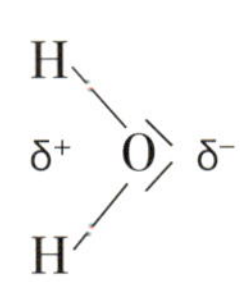	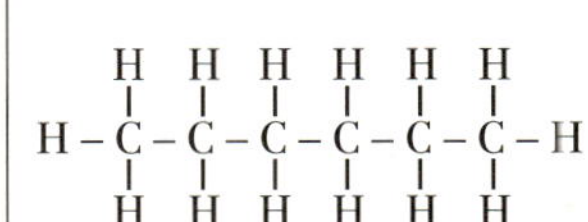
Löseverhalten	hydrophil (wasserfreundlich) lipophob (fettfeindlich)	hydrophob (wasserfeindlich) lipophil (fettfreundlich)
Beispiele	löslich in Wasser: Zucker, Alkohol, Eiweiß, Salze, Säuren	löslich in Hexan: Fett, Öl, Wachs, Benzin, Methan

Aufgaben

1 Die Alkane haben die allgemeine Summenformel C_nH_{2n+2}. Erkläre diese Formel anhand der Tabelle.

2 Stelle die Strukturformeln folgender Alkane auf und benenne sie: C_6H_{14}, C_9H_{20}, C_4H_{10}.

3 Nenne die Summenformeln von Alkanen mit 12, 18 bzw. 21 C-Atomen.

4 Ein Alkan besitzt im Molekül 28 H-Atome. Aus wie vielen C-Atomen besteht die Molekülkette?

5 Der Kohlenwasserstoff mit der längsten bisher bekannten Molekülkette hat die Formel $C_{390}H_{782}$. Was kannst du über die Eigenschaften dieser Verbindung sagen?

6 Beschreibe den Zusammenhang zwischen der Länge der Kohlenstoffkette und der Siedetemperatur von Methan, Ethan, Propan und Butan.

7 Die Alkane haben bei Raumtemperatur nicht alle den gleichen Aggregatzustand. Begründe!

8 Für Alkane mit sehr langen Kohlenstoffketten kann keine Siedetemperatur angegeben werden. Woran liegt das?

9 Wie wirken sich die Van-der-Waals-Kräfte auf die Siedetemperaturen der Alkane aus? Beschreibe!

10 Vergleiche *Van-der-Waals-Kräfte* und *Elektronenpaarbindung*.

11 Erkläre die Regel *Ähnliches löst sich in Ähnlichem* am Beispiel des Löseverhaltens der Alkane.

12 Womit kannst du einen Ölfleck aus der Kleidung entfernen? Warum ist Wasser dazu nicht geeignet?

13 Erkläre die Begriffe *hydrophob, hydrophil, lipophob* und *lipophil.*

Aus Umwelt und Technik: **Wachs – ein vielfältig verwendetes Produkt**

1

2

3

Vielleicht denkst du bei dem Wort „Wachs“ zunächst nur an Wachskerzen oder Wachsmalkreiden. Doch Wachs kommt viel häufiger vor.

Ursprünglich war **Wachs** gleichbedeutend mit *Bienenwachs*. Heute ist der Begriff jedoch eine *Sammelbezeichnung* aus der Warenkunde. Sie umfasst eine große Zahl natürlicher und synthetisch gewonnener Stoffe oder Stoffgemische mit bestimmten Eigenschaften:

Wachse sind bei Raumtemperatur knetbar und durchscheinend (jedoch nicht durchsichtig wie Glas). Sie schmelzen oberhalb von 40 °C ohne sich zu zersetzen. In geschmolzenem Zustand ziehen sie keine Fäden und beim Verbrennen hinterlassen sie kaum Rückstände.

Hauptbestandteil der meisten technisch verwendeten Wachse ist **Paraffin**. Das ist ein Gemisch zahlreicher fester Alkane mit 17–70 Kohlenstoffatomen im Molekül.

Paraffine werden heute vorwiegend aus Erdöl gewonnen. Sie unterscheiden sich – je nach ihrer Kettenlänge – in der Härte und der Schmelztemperatur.

Wer den Lack seines Autos nach dem Waschen besonders gut schützen will, der *konserviert* ihn z. B. mit einer Wachsschicht. Das Wasser perlt nun ab und außerdem glänzt das Auto mehr als ohne Wachs (Bild 1).

Aber nicht nur Autos werden mit Wachs behandelt. Auch Fußböden, Schuhe, Möbel, Ledersachen und viele andere Dinge werden damit *gepflegt*. Dabei dringt das Wachs in das Material ein, hält es elastisch oder verhindert das Austrocknen und Sprödewerden.

Pappe (z. B. von Milchtüten) oder bestimmte Papiersorten werden mit Wachsen *imprägniert*, d. h. Wasser abstoßend gemacht. Ganz ähnlich verfährt man z. B. mit Holzzäunen (Bild 2). Ihr Anstrich mit wachshaltigen Farben verhindert das Eindringen von Wasser und macht das Holz witterungsbeständig.

Auch manche Früchte werden mit Wachs *beschichtet* (Bild 3). So ersetzt man die natürliche Wachsschicht, die beim Waschen nach der Ernte verloren ging. Das Wachs dichtet die Schale ab und schützt die Früchte vor schnellem Verderb und vorzeitigem Austrocknen. Nachträglich gewachste Schalen sind nicht zum Verzehr geeignet.

Als *Bestandteil von Stoffen* hat Wachs noch weitere Aufgaben: In Druckfarben verhindert es den Abrieb der Farben nach dem Drucken. Im Kohlepapier ist Wachs das Bindemittel für den schwarzen Farbstoff. Sogar in der Kosmetik und in Arzneimitteln finden Wachse als Cremebestandteile oder Salbengrundlage Verwendung.

6407R

Aus der Geschichte: **Die Struktur der Kohlenstoffverbindungen – traumhaft**

August Kekulé von Stradonitz (1829–1896) war ein Chemiker durch und durch. Er war so besessen von seiner Arbeit, dass sie ihn oft bis in den Schlaf hinein verfolgte.

Für Verbindungen, deren Moleküle mehrere Kohlenstoffatome enthalten, nahm Kekulé an,
„... dass die Kohlenstoffatome selbst sich aneinander legen, wobei natürlich ein Teil der Affinität (Wertigkeit) *des einen gegen einen ebenso großen Teil der Affinität* (Wertigkeit) *des anderen gebunden wird.*

Der einfachste und deshalb wahrscheinlichste Fall einer solchen Aneinanderlegung von zwei Kohlenstoffatomen ist nun der, dass eine Verwandtschaftseinheit des einen Atoms mit einer des anderen gebunden wird. Von den 2 × 4 Verwandtschaftseinheiten der zwei Kohlenstoffatome werden also zwei verbraucht um die beiden Atome selbst zusammenzuhalten; es bleiben mithin sechs übrig, die durch Atome anderer Elemente gebunden werden können ... Treten mehr als zwei Kohlenstoffatome in derselben Weise zusammen, so wird für jedes weiter hinzutretende die Basizität der Kohlenstoffgruppe um zwei Einheiten erhöht.“

Wie er auf diese Gedanken kam, erzählt Kekulé selbst auf anschauliche Weise (→ Zitat rechts oben).

„Während meines Aufenthalts in London wohnte ich längere Zeit in Clapham Road in der Nähe des Common. An einem schönen Sommertage fuhr ich wieder einmal mit dem letzten Omnibus durch die zu dieser Zeit öden Straßen der sonst so belebten Weltstadt, „outside“ auf dem Dach des Omnibus, wie immer. Ich versank in Träumerei.

Da gaukelten vor meinen Augen die Atome. Ich hatte sie immer in Bewegung gesehen, jene kleinen Wesen, aber es war mir nie gelungen, die Art ihrer Bewegung zu erlauschen. Heute sah ich, wie vielfach zwei kleinere sich zu Pärchen zusammenfügten; wie größere zwei kleinere umfaßten, noch größere drei und selbst vier der kleinen festhielten und wie sich alles in wirbelndem Reigen drehte. Ich sah, wie größere eine Reihe bildeten und nur an den Enden der Kette noch kleinere mitschleppten. ...

Der Ruf des Kondukteurs „Clapham Road“ erweckte mich aus meinen Träumereien, aber ich verbrachte einen Teil der Nacht, um wenigstens Skizzen jener Traumgebilde zu Papier zu bringen.“

„Wer soll bloß diese Gedanken verstehen?“, magst du vielleicht denken. Das ist gar nicht so schwierig:

Ersetzt man z. B. im zweiten Satz das Wort „Verwandtschaftseinheit“ durch „Wertigkeit“, so zeigt sich, dass Kekulé hier vom *Ethan* „geträumt“ hat.

Die Summenformel von Ethan lautet C_2H_6. Die Strukturformel zeigt: „Von den 2 × 4 Wertigkeiten der beiden Kohlenstoffatome werden zwei verbraucht um die beiden Atome selbst zusammenzuhalten.“ Die sechs übrigen sind Einfachbindungen zu 6 Wasserstoffatomen.

Ersetzt man im letzten Satz „Basizität“ ebenfalls durch „Wertigkeit“, so wird klar: Kekulé denkt auch an die homologe Reihe der Alkane. In ihr kommen zu jedem „hinzutretenden Kohlenstoffatom“ im Molekül zwei Wasserstoffatome hinzu. Damit ist die allgemeine Summenformel der Alkane gemeint: C_nH_{2n+2}.

In Kekulés Gedanken steckt also ein großer Teil des Fundaments der **Strukturtheorie**, die bis heute gültig ist.

Aus Umwelt und Technik: **Hydrophil und hydrophob – beim Offsetdruck**

Wenn ein Buch (wie dieses Chemiebuch) gedruckt wird, wendet man das sog. **Offsetverfahren** an (engl. *to set off:* abziehen, absetzen). Es beruht darauf, dass auf einer *Druckplatte* (Bild 4) Stellen erzeugt werden, an denen die Farbe haftet, und Stellen, an denen sie nicht haftet.

Als Druckplatte dient meist eine dünne Aluminiumplatte. Wenn ihre aufgeraute, wasserfreundliche *(hydrophile)* Oberfläche mit Wasser benetzt wird, kann die fettähnliche Druckfarbe auf ihr nicht haften.

An den Stellen der Druckplatte, die drucken sollen, befindet sich eine dünne wasserabweisende *(hydrophobe)* Kunststoffschicht. Nur an diesen Stellen bleibt die fettähnliche Druckfarbe haften (Bild 5).

4

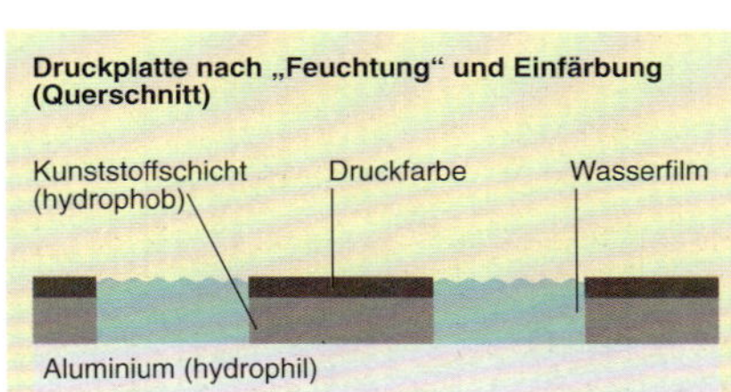

5

In der Druckmaschine laufen dann unter hoher Geschwindigkeit folgende Vorgänge ab:

Die Platte wird angefeuchtet und ein Farbwerk trägt auf die hydrophoben Stellen der Platte Farbe auf. Die Farbe wird mit Hilfe eines Gummituchs auf das Papier übertragen.

In einem **Versuch** kann man dieses „Zusammenspiel“ von hydrophilen und hydrophoben Stellen während des Druckens so veranschaulichen:

Man lässt Wassertropfen auf eine fettfreie (hydrophile) und auf eine fettige (hydrophobe) Glasplatte fallen. Die einen verteilen sich auf der Glasplatte (sie *benetzen* sie), während die anderen sich zu kleinen Kugeln zusammenziehen.

2 Kohlenwasserstoffe mit verzweigten Kohlenstoffketten

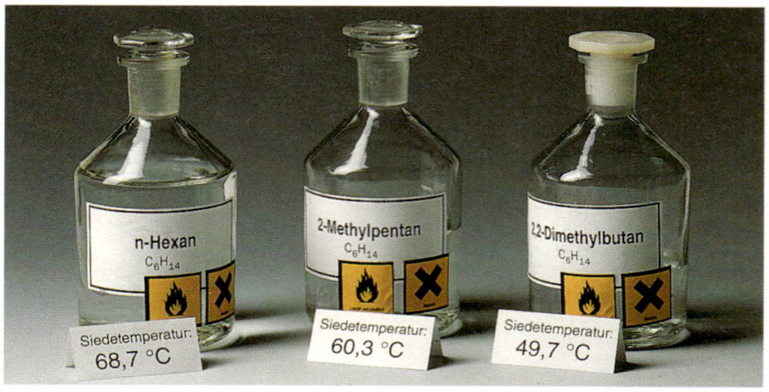

1 Drei Stoffe mit gleicher Summenformel, aber unterschiedlichen Siedetemperaturen …

V 11 *(Lehrerversuch)* Wir vergleichen die Siedetemperatur von n-Hexan [F, Xn] mit der eines Hexan-Isomers (z. B. 2-Methylpentan [F, Xn]). Dazu geben wir etwa 2 ml der Flüssigkeiten in Reagenzgläser und stellen sie in ein Becherglas mit etwa 80–90 °C heißem Wasser (Abzug!).

V 12 *(Lehrerversuch)* Zunächst werden 50 ml Trichlormethan [Xn] mit wenigen Tropfen Brom [C, T+] versetzt, bis die Flüssigkeit leicht gelb gefärbt ist.

Von dieser Flüssigkeit geben wir jeweils 2 ml in Reagenzgläser, die 10 ml Iso-Octan bzw. n-Octan [F] enthalten. Die Reagenzgläser werden gleichzeitig in ein Becherglas mit heißem Wasser (ca. 60 °C) gestellt. Wir messen die Zeiten bis zur Entfärbung der Flüssigkeiten.

Isomerie und Benennungsregeln

Hexan hat die *Summenformel* C_6H_{14} – das ist eindeutig. Für Hexan gibt es jedoch *verschiedene Strukturformeln*, da neben der unverzweigten Kohlenstoffkette auch **Verzweigungen** möglich sind. Die verzweigten Strukturformeln stellen die Moleküle ganz unterschiedlicher Verbindungen dar.

Tatsächlich gibt es fünf Verbindungen, die die gleiche Summenformel C_6H_{14} haben, sich aber in ihren Schmelz- und Siedetemperaturen und in ihrer Dichte unterscheiden.

In der unverzweigten Kette ist jedes Kohlenstoffatom mit mindestens zwei Wasserstoffatomen verbunden. In den verzweigten Ketten kann das Kohlenstoffatom ganz unterschiedlich mit anderen Atomen verbunden sein.

Verbindungen mit gleicher Summenformel aber unterschiedlicher Strukturformel heißen **Isomere** (griech. *isos:* gleich; *meros:* Teil). Die Tatsache, dass Verbindungen mit gleicher Summenformel verschiedene Strukturen bilden können, nennt man **Isomerie**; die Stoffe sind dann zueinander *isomer.*

Die Alkane mit unverzweigten Molekülketten heißen *Normal-Alkane (n-Alkane)*; die mit verzweigten Molekülketten nennt man *Iso-Alkane (i-Alkane).*

Anstelle der Strukturformeln der Isomere verwendet man oft eine vereinfachte Schreibweise, z. B.:

n-Hexan	**i-Hexan**
Strukturformel:	
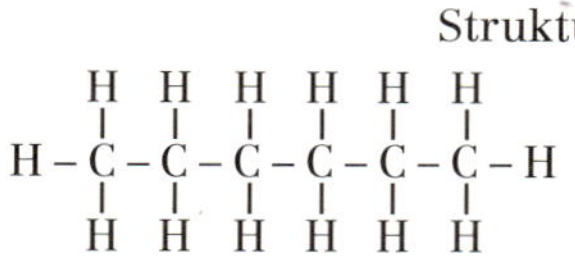	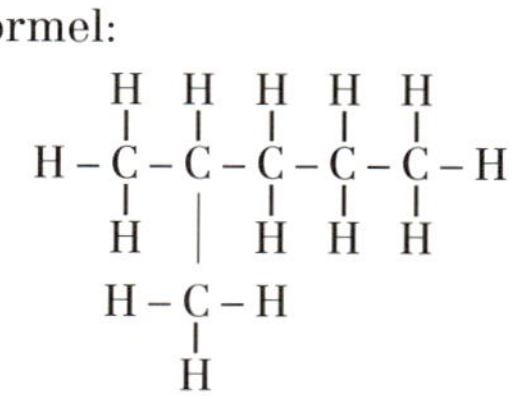
vereinfachte Strukturformel:	
$CH_3–CH_2–CH_2–CH_2–CH_2–CH_3$	$CH_3–CH(CH_3)–CH_2–CH_2–CH_3$

Je länger die Kohlenstoffkette eines Moleküls ist, desto größer wird die Zahl der möglichen Isomere (du brauchst nur an die homologe Reihe der Alkane zu denken):

Zahl der C-Atome	4	5	6	7	8	9	10	20	30
Zahl der Isomere	2	3	5	9	18	35	75	366 319	4 111 846 763

Damit die **Benennung** der Isomere stets eindeutig ist, wurden international gültige **Benennungsregeln** entwickelt:

1. Die längste unverzweigte Kette der Kohlenstoffatome im Molekül (Hauptkette) wird ermittelt und nach dem entsprechenden Alkan benannt (Grundname) – im Beispiel *Hexan.*

2. Die Seitenketten werden analog zur Alkanreihe benannt. Dabei wird die Endung -an durch -yl ersetzt. Man spricht deshalb von Alkylgruppen – in unserem Beispiel *Methyl…* (Die Alkylgruppen haben jeweils 1 Wasserstoffatom weniger als das entsprechende Alkan.)

3. Die Anzahl der jeweils gleichen Alkylgruppen wird mit griechischen Zahlwörtern benannt und vor den Namen der Alkylgruppe gesetzt – in unserem Beispiel *Di…*

4. Vor diese Angabe setzt man die Nummern der Kohlenstoffatome, an die die Alkylgruppen gebunden sind. Dabei beginnt man mit dem Nummerieren der C-Atome grundsätzlich an dem Ende der Hauptkette, dem die Alkylgruppe am nächsten ist. In unserem Beispiel beginnt man links; die Alkylgruppen befinden sich an den Kohlenstoffatomen *2 und 4.*

Benennung einer Verbindung mit verzweigter Kohlenstoffkette am Beispiel eines Octan-Isomers:

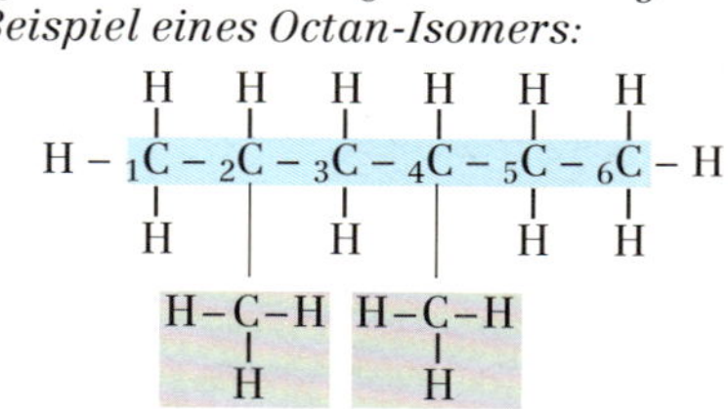

1. längste Kette	**Hexan**
2. Alkylgruppen	**Methyl**hexan
3. Zahl der Alkylgruppen	**Di**methylhexan
4. Nummern der Kohlenstoffatome mit einer Alkylgruppe (niedrigste Zahl)	**2,4-**Dimethylhexan

Das Iso-Octan in diesem Beispiel heißt also **2,4-Dimethylhexan**.

8552R

Fragen und Aufgaben zum Text

1 Wie kannst du den Begriff *isomer* übersetzen? Was sagt er aus?

2 Was haben Isomere gemeinsam und worin unterscheiden sie sich?

3 Zeichne alle Strukturformeln der Isomere von Hexan. Die Namen in der Tabelle rechts helfen dir dabei.

4 Vergleiche Eigenschaften der Isomere des Hexans (→ Tabelle). Berücksichtige auch die Zahl der Verzweigungen.

5 Zeichne die Strukturformeln aller Isomere von Propan und Butan.

6 Baue mit Hilfe eines Molekülbaukastens drei Isomere des Pentans.

Eigenschaften der Isomere des Hexans

Name	Siedetemp.	Schmelztemp.	Dichte
n-Hexan	69,0 °C	−95 °C	0,6603 g/cm³
2-Methylpentan	60,3 °C	−154 °C	0,6532 g/cm³
3-Methylpentan	63,3 °C	−118 °C	0,6645 g/cm³
2,2-Dimethylbutan	49,7 °C	−100 °C	0,6485 g/cm³
2,3-Dimethylbutan	58,0 °C	−129 °C	0,6616 g/cm³

3 Ungesättigte Kohlenwasserstoffe

2 Ein seltsamer Verwendungszweck für ein Gas! Welche Eigenschaften hat Ethen?

V 13 *(Lehrerversuch)* Man gibt einige Tropfen Brom [C,T+] in einen Standzylinder (Abzug!). Das Gefäß wird mit einer Glasplatte verschlossen. Ein zweiter Standzylinder wird mit Ethen [F] gefüllt und ebenfalls verschlossen.

Sobald das Brom verdampft ist, werden beide Standzylinder mit ihren Öffnungen aufeinander gesetzt (der mit Brom gefüllte oben) und die Glasplatten entfernt. Beschreibe deine Beobachtungen.

Was kannst du beobachten, wenn man nach Abschluss der Reaktion noch etwas Wasser in den Standzylinder schüttet?

V 14 *(Lehrerversuch)* Wenn man einen Tropfen Brom [C,T+] in etwa 5 ml Wasser gibt, entsteht eine hellbraune Bromlösung (*Bromwasser,* [T]). Da hinein wird etwas *Hexen* [F] getropft und geschüttelt (Abzug!).

Beschreibe und vergleiche mit der Reaktion von Versuch 13.

V 15 Dies ist ein **Nachweis** für *ungesättigte* Kohlenwasserstoffe: Sie entfärben eine Bromlösung [T].

3 ml Bromlösung (→ Versuch 14) und einige Milliliter der zu untersuchenden Flüssigkeit werden in einem Reagenzglas kräftig geschüttelt.

Gasförmige Proben werden durch die Bromlösung hindurchgeleitet.

Auf diese Weise können Erdgas [F], Methan [F+], Propan [F], Butan [F], Heptan [F,Xn], Benzin [F], Dieselöl, Paraffinöl sowie die entstandenen Stoffe aus den Versuchen 13 und 14 untersucht werden.

Ordne die Proben anschließend.

V 16 Wir lernen einen weiteren **Nachweis** für ungesättigte Kohlenwasserstoffe kennen: die *Baeyer-Probe.* Ungesättigte Kohlenwasserstoffe entfärben diese Lösung unter Bildung eines braunen Reaktionsprodukts.

Baeyer-Reagenz ist ein Gemisch aus einer Lösung (10 %) von Natriumcarbonat [Xi] und etwas Kaliumpermanganatlösung [Xn]. Einige Milliliter davon werden mit 1 ml Hexen [F] gemischt und geschüttelt. Beschreibe!

V 17 Zu einigen Stücken Calciumcarbid [F] geben wir in ein Reagenzglas nach und nach 8–10 ml Wasser.

Das entstehende Gas heißt *Ethin* [F]. Wir entzünden es an der Öffnung des Reagenzglases (Abzug!).

Wenn die Reaktion beendet ist, tropfen wir etwas Phenolphthaleinlösung [F] ins Reagenzglas. Was wird dadurch nachgewiesen?

V 18 Wir lassen noch einmal Calciumcarbid [F] mit Wasser reagieren. Das Reagenzglas wird nun jedoch mit einem durchbohrten Stopfen samt Winkelrohr verschlossen. Dieses taucht in ein Reagenzglas, das etwa 5 ml *Bromlösung* [T] enthält.

Was beobachtest du, wenn das entstehende Ethin [F] eine Zeit lang durch die Bromlösung strömt?

Ethen und Ethin

Neben den Alkanen gibt es noch andere Kohlenwasserstoffe. Sie unterscheiden sich von den Alkanen durch den Molekülbau und das Reaktionsverhalten.

Die Verwandtschaft dieser Kohlenwasserstoffe mit den Alkanen ist besonders deutlich an ihrem Molekülbau zu erkennen. Das soll hier am Beispiel eines *Ethanmoleküls* dargestellt werden:

Man kann sich vorstellen, dass (formal) von jedem Kohlenstoffatom des Ethanmoleküls ein Wasserstoffatom abgespalten wird, dann besitzt jedes Kohlenstoffatom nur noch ein *ungepaartes Elektron*.

$$\mathrm{H{-}\overset{H}{\underset{H}{C}}{-}\overset{H}{\underset{H}{C}}{-}H \rightarrow H{-}\underset{H}{\dot{C}}{-}\underset{H}{\dot{C}}{-}H + H{-}H}$$

In diesem Zustand ist das entstandene Teilchen nicht beständig. Das heißt: Die Kohlenstoffatome sind bestrebt wieder ein Oktett zu bilden. Dies wird erreicht, wenn sich die beiden ungepaarten Elektronen zu einem *Elektronenpaar* zusammenfinden.

Beide Kohlenstoffatome besitzen dann zwei Elektronenpaare gemeinsam (Doppelbindung). Es ist ein *Ethenmolekül* entstanden (Bild 1).

1 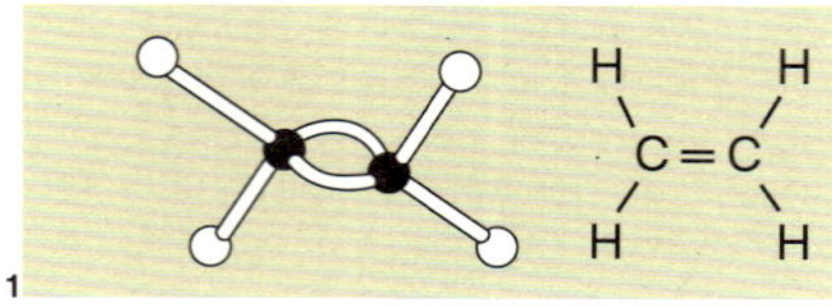

Ein Kohlenwasserstoff mit mindestens einer Doppelbindung ist ungesättigt; dabei sind die Kohlenstoffatome nicht mit der höchstmöglichen Zahl an Wasserstoffatomen verbunden.

Ethen ist das einfachste Beispiel für Stoffe, dessen Moleküle *eine* Doppelbindung haben. Im Ethenmolekül befinden sich die bindenden Elektronenpaare zwischen den beiden Kohlenstoffatomen. Alle Atome liegen in einer Ebene.

Das Ethenmolekül hat zwei Wasserstoffatome weniger als das Ethanmolekül. Die Summenformel des Ethens lautet deshalb C_2H_4.

2 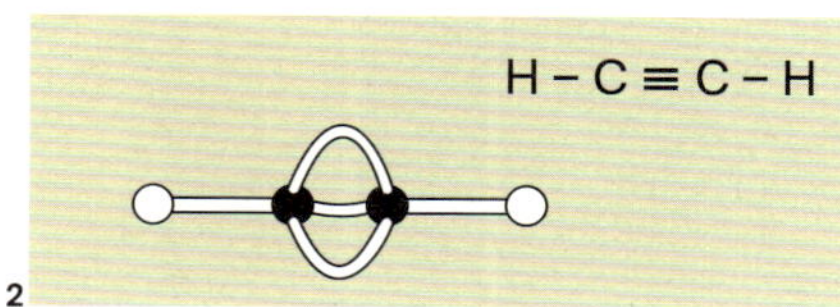

Bei Raumtemperatur ist Ethen ein farbloses, süßlich riechendes Gas.

Kohlenwasserstoffe mit einer Doppelbindung zwischen zwei Kohlenstoffatomen gehören zur Gruppe der **Alkene**. Sie haben alle die Endsilbe **-en**.

Außer den Alkanen und Alkenen gibt es eine weitere Gruppe von Kohlenwasserstoffen. Ihre Moleküle weisen jeweils eine **Dreifachbindung** zwischen zwei Kohlenstoffatomen auf. Diese Kohlenwasserstoffe nennt man **Alkine**. Sie haben alle die Endung **-in**.

Betrachten wir den Molekülbau der Alkine am Beispiel des *Ethins* (Bild 2):

Jedes Kohlenstoffatom ist mit einem Wasserstoffatom durch eine Einfachbindung verbunden. Es bleiben also drei Elektronenpaare für die Bindung zwischen den Kohlenstoffatomen übrig.

Die Dreifachbindung bewirkt, dass die Kohlenstoffatome dichter beieinander liegen als im Ethenmolekül.

Die Alkine gehören – wie die Alkene – zu den *ungesättigten* Kohlenwasserstoffen. Sie entfärben Bromwasser.

Die Gruppe der Alkene

Von jedem Alkan (außer Methan) kann man durch Abspalten von zwei Wasserstoffatomen pro Molekül neue Moleküle mit einer Doppelbindung herleiten. Man kommt so zur Stoffklasse der **Alkene**.

Die Namen der Alkene werden von denen der Alkane abgeleitet, indem man die Endsilbe **-an** durch **-en** ersetzt; so wird Propan zu *Propen*, Butan zu *Buten*.

Wenn die Anzahl der Kohlenstoffatome in einem Alkenmolekül bekannt ist, lässt sich die Zahl der Wasserstoffatome berechnen: Sie ist doppelt so groß.

Die Moleküle der Alkene enthalten weniger Wasserstoffatome, als sie aufgrund der Elektronenpaarbindungen aufnehmen könnten. Daher sind die Alkene **ungesättigte** Verbindungen.

Ungesättigte Kohlenwasserstoffe mit einer Doppelbindung (Alkene)

Name	Molekülmodell	Strukturformel	Summenformel	Aggregatzustand bei 20 °C	Siedetemperatur
Ethen	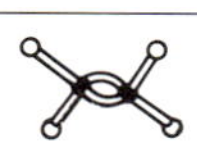	$H_2C{=}CH_2$	C_2H_4	gasförmig	−103,7 °C
Propen	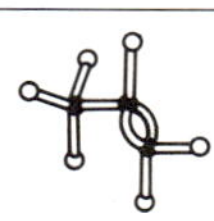	$H_3C{-}CH{=}CH_2$	C_3H_6	gasförmig	−47,4 °C
Buten	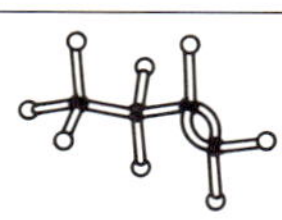	$H_3C{-}CH_2{-}CH{=}CH_2$	C_4H_8	gasförmig	−6,3 °C
Penten	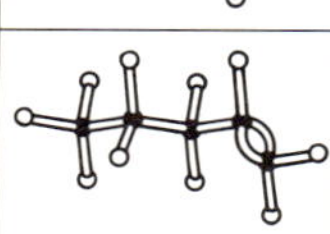	$H_3C{-}CH_2{-}CH_2{-}CH{=}CH_2$	C_5H_{10}	flüssig	30 °C

Das charakteristische Merkmal der Alkene ist ihre Doppelbindung. Sie ist die Ursache dafür, dass sich die Alkene in ihren chemischen Eigenschaften und Reaktionen anders verhalten als die Alkane. Die Doppelbindung ist demnach ein *charakteristisches Strukturmerkmal* der Alkene.

Aufgrund der Doppelbindung sind die Alkenmoleküle energiereicher als die entsprechenden Alkanmoleküle. Die Alkene sind deshalb **reaktionsfreudiger** als die Alkane.

Wenn man z. B. Ethen auf eine Lösung von Brom und Wasser (Bromlösung) einwirken lässt, verschwindet nach kurzer Zeit die braune Farbe des Broms. Ethen und Brom reagieren miteinander; es entsteht *Dibromethan*, eine gesättigte Verbindung.

Die Alkene haben im Wesentlichen die gleichen physikalischen Eigenschaften wie die entsprechenden Alkane: Sie sind z. B. unlöslich in Wasser, lösen sich aber gut in unpolaren Lösemitteln.

Die Siedetemperaturen steigen mit wachsender Zahl an Kohlenstoffatomen in den Molekülketten – also mit zunehmender Molekülmasse – an.

6411R

Addition und Eliminierung

Wenn man z. B. *Ethen* mit gasförmigem Brom vermischt, wird das Gasgemisch nach kurzer Zeit farblos. Als Reaktionsprodukt entsteht *Dibromethan*, eine gesättigte Verbindung. Diese chemische Reaktion wollen wir genauer betrachten:

Da sich außer Dibromethan kein zweites Reaktionsprodukt gebildet hat, müssen sich Ethenmoleküle und Brommoleküle direkt miteinander verbunden haben. Das ist tatsächlich so.

Bei der Reaktion geht die Doppelbindung zwischen den Kohlenstoffatomen in eine Einfachbindung über. Dadurch steht wieder je ein ungepaartes Elektron an jedem Kohlenstoffatom für eine Elektronenpaarbindung zur Verfügung. An dieser Stelle wird nun jeweils ein Bromatom gebunden. Man sagt dazu: Brom wird an Ethen **addiert**.

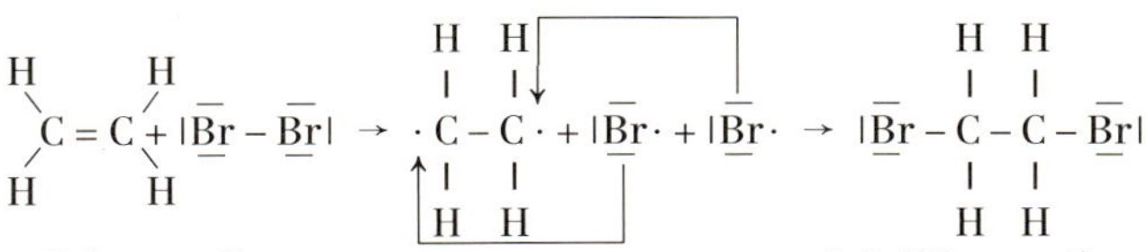

Ethen Brom 1,2-Dibromethan

Die *Anlagerung* von Atomen oder Atomgruppen an eine Doppelbindung heißt **Addition**. Sie ist typisch für **Alkene**.

Die Addition von Brom ist eine *Nachweisreaktion* für ungesättigte Kohlenwasserstoffe. Da zu dieser Stoffgruppe auch die **Alkine** gehören, sind für sie Additionen ebenfalls typisch.

Wenn z. B. Ethin mit Brom reagiert, läuft die Reaktion *langsamer* ab als bei Ethen. Die Dreifachbindung ist etwas „stabiler" gegenüber der Additionsreaktion als die Doppelbindung.

Die Reaktion verläuft in zwei Schritten: Ethin reagiert mit Brom zu 1,2-Dibromethen; dieses reagiert mit weiterem Brom zu 1,1,2,2-Tetrabromethan. Gesamtreaktion:

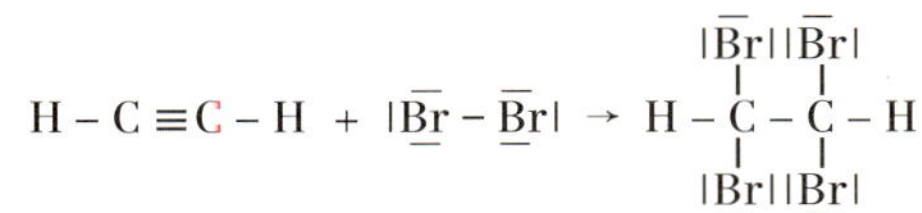

Ethin Brom 1,1,2,2-Tetrabromethan

Die Umkehrung der Addition (*Abspaltung* von Atomen) heißt **Eliminierung**. Es entstehen Moleküle mit Mehrfachbindung.

Aufgaben

1 Alkane, Alkene und Alkine bilden homologe Reihen.

a) Zeichne eine Tabelle und trage nebeneinander jeweils die ersten Glieder der homologen Reihen ein (bei den Alkanen 4 Glieder, bei den Alkenen und Alkinen jeweils 3).

Ergänze dabei die Strukturformeln (Doppel- und Dreifachbindung immer zwischen den beiden ersten C-Atomen). Setze außerdem die Namen der Stoffe darunter.

b) Schreibe die allgemeine Summenformel für jede homologe Reihe auf und vergleiche sie.

2 Kann es ein Alken mit dem Namen *Methen* geben? Begründe deine Antwort.

3 Erkläre (mit Strukturformeln), wieso die Bromfärbung bei der Reaktion von Hexen mit Brom verschwindet.

4 In Bild 3 reagiert Calciumcarbid mit Wasser. Woran kann man erkennen, dass das brennbare Gas *Ethin* und nicht Wasserstoff ist?

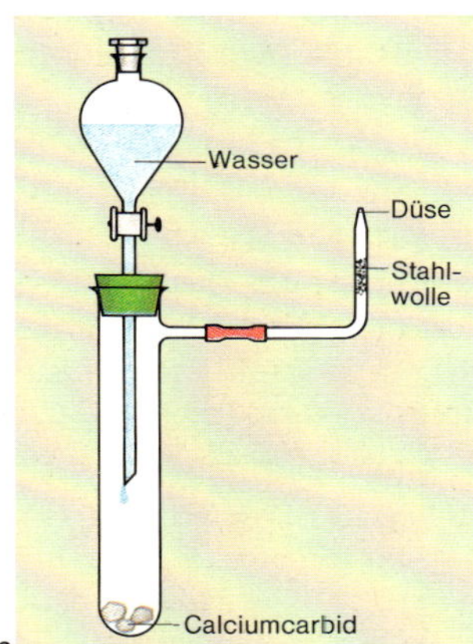

3

5 Wenn man eine sehr heiße Flamme haben will, verbrennt man Ethin und nicht Ethan. Begründe!

6 Ethin wird in der Technik auch zum Schweißen und Schneiden eingesetzt (→ Text auf der folgenden Seite). Wie geht man damit um? Beschreibe!

Aus Umwelt und Technik: **Warum wird die Banane gelb?**

„Bananen werden gelb, weil sie reif werden." So oder so ähnlich wird wohl deine Antwort zunächst lauten.

Vielleicht vermutest du hinter der Frage sogar einen Scherz. Aber so abwegig ist sie doch nicht.

Bananen werden in den Herkunftsländern in noch grünem Zustand geerntet und so in die Kühlräume der Transportschiffe gebracht. Sie kommen bei uns in grünem Zustand an (Bild 1 auf der vorherigen Doppelseite) und werden auch so in Kühlhäusern eingelagert. Je nach Bedarf lässt man die Bananen dann *nach Programm* reifen.

Zur Steuerung der Fruchtreifung setzt man **Ethen** ein. Normalerweise entsteht Ethen in den Bananen selbst und fördert damit die Reifung. Es beeinflusst auch benachbarte Pflanzen und Früchte.

Während der langen Schiffsreise wird die Ethenbildung durch Kühlung bewusst stark verzögert. Geringe Ethenmengen, die sich trotzdem bilden, werden abgesaugt und können deshalb nicht zur Wirkung kommen.

Erst kurz bevor eine Sendung ausgeliefert wird, lässt man die Bananen reifen, indem man sie mit einem Gemisch aus 5 % Ethen und 95 % Stickstoff begast. Schon nach kurzer Zeit werden so die Bananen gelb. In den Geschäften werden sie dann „erntereif" angeboten ...

Auch *Äpfel* entwickeln während ihrer Reifung Ethen. Deshalb dürfen frühreife Äpfel nicht mit spätreifenden Sorten zusammen gelagert werden. Durch ihre Ethenabgabe würden sie sonst die Reifung der späten Sorten stark beschleunigen.

Aus Umwelt und Technik: **Acetylen – Brenngas für die Autogentechnik**

Unter **Autogentechnik** (griech. *autos:* selbst; *gennan:* erzeugen) versteht man heute alle Verfahren, bei denen die Temperatur einer Flamme so hoch ist, dass die Werkstücke an der erhitzten Stelle schmelzen und dort verändert werden können. Dazu gehören das **Gasschweißen** und das **Brennschneiden**.

Das **Acetylen** (Ethin) nimmt unter den Brenngasen eine Sonderstellung ein. Es besitzt alle Eigenschaften, die für ein Brenngas wichtig sind:

1

Bei der Verbrennung in einem Autogenbrenner entsteht die höchste industriell nutzbare *Flammentemperatur* von 3160 °C.

Die Acetylenflamme kann je nach dem Verwendungszweck unterschiedlich eingestellt werden: reduzierend, neutral oder oxidierend (bei Mischungen von Acetylen mit Sauerstoff im Verhältnis 1 : 1,1 bis 1 : 1,5; Bild 1). Da sich die Flammen deutlich unterscheiden, kann ihre Einstellung ohne Messgeräte nach Augenmaß erfolgen.

Die *neutrale* und die *reduzierende* Flamme sind beim **Schweißen** erforderlich um eine unerwünschte Oxidation des geschmolzenen Metalls zu verhindern.

Oxidierend ist die Acetylen-Sauerstoff-Flamme bei einem Überschuss an Sauerstoff. Sie wird beim **Brennschneiden** eingesetzt, und zwar wird das Werkstück damit zunächst auf seine Zündtemperatur erhitzt. Das Schneiden selbst erfolgt dann unter reinem Sauerstoff.

Da Acetylen unter Druck nicht stabil ist und leicht explosionsartig zerfällt, kann es nicht – wie andere Gase – in Stahlflaschen gepresst werden. **Acetylenflaschen** enthalten deshalb eine poröse Füllmasse (Kieselgur), die mit Aceton getränkt ist. Dies ist ein gutes Lösemittel für Acetylen: Ein Raumteil Aceton kann unter geringem Druck 300 Raumteile Acetylen lösen. Beim Öffnen der Stahlflasche wird das Acetylen wieder frei. Acetylen-Stahlflaschen sind zur Kennzeichnung gelb gestrichen (Bild 2).

Acetylen hat eine etwas geringere Dichte als Luft. Wenn es doch einmal unbeabsichtigt entweicht, steigt es schnell in die Atmosphäre auf. Deshalb kann es auch an Stellen eingesetzt werden, die unterhalb der Erdoberfläche liegen.

Acetylen ist ein wichtiger Ausgangsstoff für die chemische Industrie. Die Herstellung von Calciumcarbid (aus dem man Acetylen gewinnt) erfordert jedoch viel Energie. Deshalb hat Acetylen inzwischen zugunsten einiger Alkene (z. B. Ethen und Propen) an Bedeutung verloren.

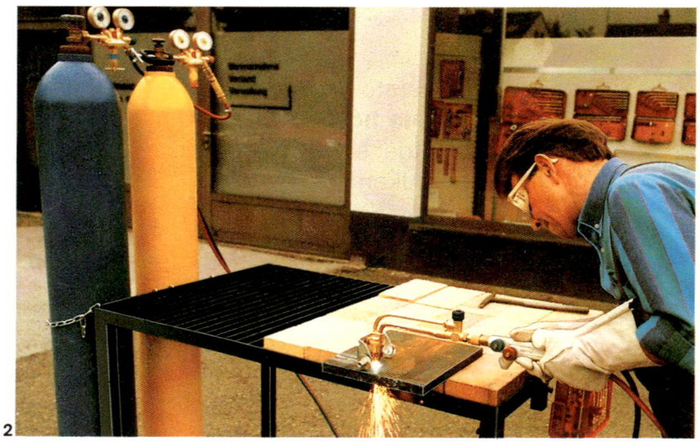

2

Aus der Geschichte: **Die Carbidlampe**

3

Bild 3 zeigt eine Carbidlampe, wie sie etwa seit der Jahrhundertwende z. B. im Erzbergbau unter Tage benutzt wurde. Später verwendete man ganz ähnliche Lampen als Fahrradbeleuchtung. Sie spendeten sehr helles Licht, das durch den Reflektor noch verstärkt wurde.

In eine solche Lampe gab man zunächst einige Brocken Calciumcarbid (Bild 4). Das konnte man damals in jeder Apotheke kaufen. Aus einem kleinen Wasserbehälter ließ man dann langsam Wasser hinzutropfen. Unter Aufbrausen bildete sich Ethin, das dann am Brenner entzündet werden konnte.

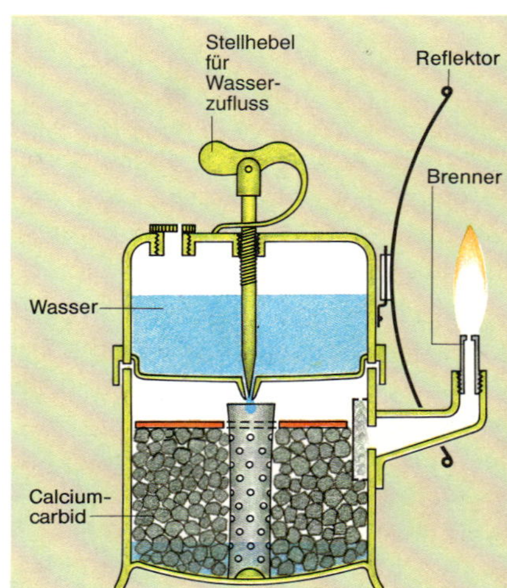

4

6413R

Alles klar?

1 Wodurch unterscheiden sich die ungesättigten Kohlenwasserstoffe von den gesättigten? Erkläre anhand der Molekülstrukturen und der Nachweisreaktion.

2 Zeichne je ein Molekül mit gerader und verzweigter Kette, aber gleicher Zahl an Kohlenstoffatomen. Gib Summenformel und Namen beider Stoffe an.

3 Bild 5 zeigt die Modelle von Alkanmolekülen mit jeweils 6 Kohlenstoffatomen. Welche davon gehören zu *isomeren* Alkanen?

4 Wie lautet die Reaktionsgleichung für die *vollständige Verbrennung* von Butan? Berücksichtige auch die Energie.

5 Welche Stoffe werden bei der unvollständigen Verbrennung von Alkanen frei? Wie kannst du sie nachweisen?

6 Bei allen gasbetriebenen Heizgeräten muß ständig für ausreichende Luftzufuhr und Entlüftung gesorgt werden. Für Campingfahrzeuge sind sogar Boden- und Dachlüftungen vorgeschrieben, die man nicht schließen kann. Begründe!

7 Worauf ist die leuchtende Flamme bei gedrosselter Luftzufuhr eines Gasbrenners zurückzuführen?

8 Acetylen-Stahlflaschen haben „die Sicherheit eingebaut". Was ist mit dieser Aussage gemeint? Woran erkennt man die Flaschen?

9 Sehr reiner Ruß ist in gepreßter Form ein guter elektrischer Leiter; er wird auch für Elektroden verwendet. Man gewinnt ihn durch thermische Spaltung von Ethin. Stelle dazu die Reaktionsgleichung auf.

Auf einen Blick

Gesättigte Kohlenwasserstoffe

Alkane sind *gesättigte Kohlenwasserstoffe.*
Ihre Moleküle haben nur Einfachbindungen.

Alle Kohlenstoffatome sind dadurch mit der höchstmöglichen Anzahl an Wasserstoffatomen verbunden.

Die **Alkane** bilden eine **homologe Reihe**: Jedes Glied dieser Reihe unterscheidet sich vom benachbarten durch eine CH_2-Gruppe. Alle Alkane haben ähnliche aber abgestufte Eigenschaften.

Die Kohlenwasserstoffe können Moleküle mit geraden und verzweigten (bei Butan beginnend) Kohlenstoffketten bilden. Es können auch Ringe entstehen.

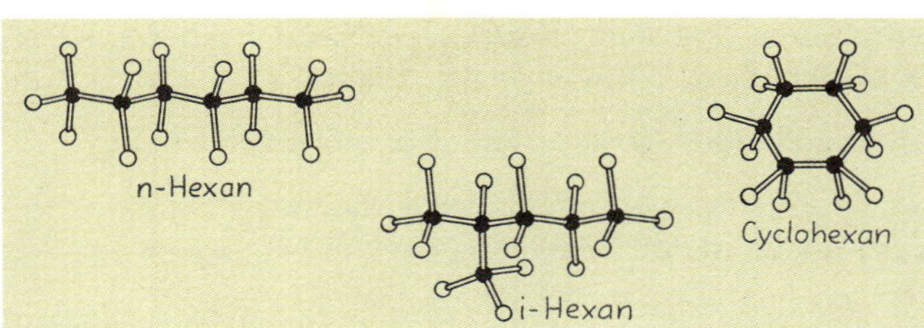

5

Für die Alkane mit unverzweigter oder verzweigter Molekülkette lautet die Summenformel C_nH_{2n+2}.

Von vielen Alkanen gibt es **Isomere**. Diese haben jeweils die gleiche Summenformel und molare Masse wie das entsprechende n-Alkan. Sie unterscheiden sich jedoch von ihm in ihren Eigenschaften und Molekülstrukturen.

Die Moleküle der Alkane sind **unpolar**. Zwischen ihnen treten **Van-der-Waals-Kräfte** auf.

Wegen des unpolaren Charakters ihrer Moleküle sind alle flüssigen Alkane gute Lösemittel für Fette und Öle. Sie selbst lösen sich auch ineinander, jedoch nicht in Wasser. **Alkane** sind also **lipophil** (fettfreundlich) und **hydrophob** (wasserfeindlich).

Ungesättigte Kohlenwasserstoffe

Alkene sind *ungesättigte Kohlenwasserstoffe.*
Ihre Moleküle haben eine **Doppelbindung**.
Alkine sind *ungesättigte Kohlenwasserstoffe.*
Ihre Moleküle haben eine **Dreifachbindung**.

Wie die Alkane, so bilden auch die **Alkene** und **Alkine** *homologe Reihen.* Die allgemeine Summenformel der Alkene lautet C_nH_{2n}, die der Alkine C_nH_{2n-2}.

Ungesättigte Kohlenwasserstoffe lassen sich durch ihre Reaktion mit Brom nachweisen: Brom wird entfärbt.

Das Brom wird z. B. an *Ethen* **addiert**. Dabei geht die Doppelbindung des Alkens in eine Einfachbindung über:

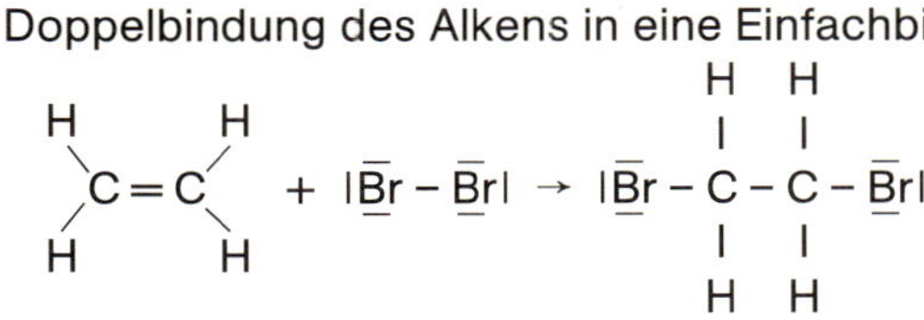

Ethen Brom Dibromethan

Die Anlagerung von Atomen oder Atomgruppen an eine Mehrfachbindung heißt **Addition**. Sie ist die typische Reaktion organischer Stoffe mit Mehrfachbindungen.

6

Alkane reagieren mit Halogenen

Die Halogenkohlenwasserstoffe

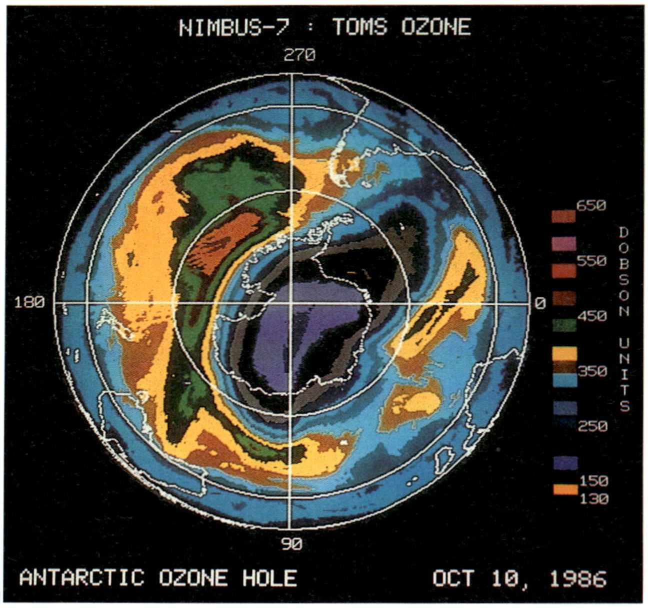

1

Unbrennbar, reaktionsträge, vielfach ungiftig, hervorragend geeignet als Kühlmittel usw. – eine Reihe vorteilhafter Eigenschaften verhalf den Fluorchlorkohlenwasserstoffen (kurz FCKWs genannt) zu einem Spitzenplatz in den verschiedensten Anwendungsbereichen.

Doch der Verdacht hat sich erhärtet, dass Fluorchlorkohlenwasserstoffe (die zu den *Halogenkohlenwasserstoffen* gehören) an der zunehmenden Zerstörung der **Ozonschicht** beteiligt sind. Diese umgibt die Erde und absorbiert einen Teil der ultravioletten Strahlung der Sonne.

Über der Antarktis ist in den vergangenen Jahren allmählich ein „Loch" in der Ozonschicht entstanden. Dieses sog. **Ozonloch** erkennst du an den Farben und Zahlen auf dem nebenstehenden Computerbild (Bild 1):

Die Zahlen an der Farbskala sind die sog. *Dobson-Einheiten*. Eine Dobson-Einheit entspricht einem hundertstel Millimeter und bezieht sich auf die Dicke der Ozonschicht, die entstünde, wenn man das Ozon auf Normalbedingungen (1013 hPa bei 0 °C) bringen könnte.

Die feinen weißen Linien stellen die Konturen der Kontinente auf der Südhalbkugel dar.

Die folgenden Versuche sind *Lehrerversuche*; sie müssen unter dem Abzug durchgeführt werden.

V 1 Ein **Nachweis** für Halogene in Kohlenwasserstoffverbindungen ist die *Beilsteinprobe* (nach dem Chemiker *Friedrich Beilstein* benannt).

Man hält eine kleine Menge eines Halogenkohlenwasserstoffs auf einem ausgeglühten Kupferdrahtnetz oder Kupferblech in die nichtleuchtende Brennerflamme. Die Flamme färbt sich blaugrün (Bild 2).

Wir prüfen z. B. Benzin [F] und Haarspray (jeweils kleine Mengen auf das kalte Kupferblech geben).

2

V 2 Wir untersuchen, wie Alkane mit Halogenen reagieren. Dazu versetzt man 15 ml Hexan [F, Xn] in einem Erlenmeyerkolben mit etwas Brom [C, T+]. Dann wird die Flüssigkeit auf drei Erlenmeyerkolben gleichmäßig verteilt und jeder Kolben mit einem Wattebausch verschlossen.

Den ersten Erlenmeyerkolben lassen wir einfach auf dem Tisch stehen. Den zweiten stellen wir auf den eingeschalteten Tageslichtprojektor. Der dritte Kolben wird mit dem Licht einer UV-Lampe bestrahlt.

a) Beschreibe, wie sich der Kolbeninhalt verändert.

b) Beobachte, wie sich ein angefeuchteter Streifen Indikatorpapier in den Dämpfen über der Flüssigkeit verhält.

Die Substitution – eine typische Reaktion der Alkane

Wenn man bei Raumtemperatur und normalem Tageslicht ein Halogen (z. B. Brom) auf ein Alkan (z. B. Hexan) einwirken lässt, ist in der Regel keine Reaktion zu beobachten. Das liegt daran, dass die Alkane gesättigte Kohlenwasserstoffe und damit reaktionsträge sind.

Bei Zufuhr von Wärme oder vor allem unter Einwirkung von energiereichem Licht (z. B. UV-Licht) reagieren Hexan und Brom jedoch miteinander:

Die Farbe des Broms verschwindet allmählich und es entsteht ein stechend riechendes Gas.

Als Reaktionsprodukte erhält man so Monobromhexan und Bromwasserstoff (Bild 3).

Offensichtlich haben sich in den Molekülen der Ausgangsstoffe je ein Wasserstoffatom und ein Bromatom gegenseitig ersetzt. In der chemischen Fachsprache sagt man dazu *substituiert* (von lat. *substituere:* ersetzen).

3
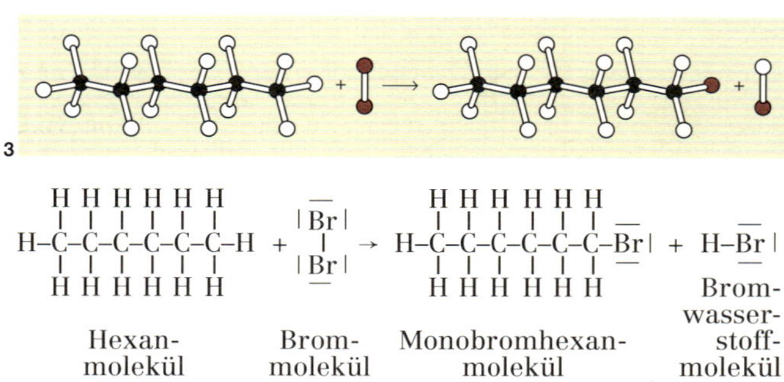

Wenn in einem Molekül einzelne Atome oder Atomgruppen durch andere Atome oder Atomgruppen mit gleicher Wertigkeit ersetzt werden, spricht man von einer **Substitution.** Diese Reaktion ist kennzeichnend für die Alkane.

6880R

Substitutionsreaktionen genauer betrachtet

Bei der Substitution von *Hexan mit Brom* läuft die Reaktion – vereinfacht dargestellt – in mehreren Schritten ab:

1. Das energiereiche Licht spaltet einige Brommoleküle. Dabei entstehen sehr reaktionsfreudige Bromatome, die sog. **Bromradikale.** Sie haben ein *ungepaartes Außenelektron.*

$$|\overline{Br}-\overline{Br}| \xrightarrow{\text{UV-Licht}} |\overline{Br}\cdot + |\overline{Br}\cdot$$

Brommolekül — Bromradikale

2. Die aggressiven Bromradikale greifen Hexanmoleküle an und entreißen ihnen je ein Wasserstoffatom. Neben Bromwasserstoffmolekülen entstehen dadurch **Hexylradikale;** das sind ebenfalls reaktionsfreudige Teilchen.

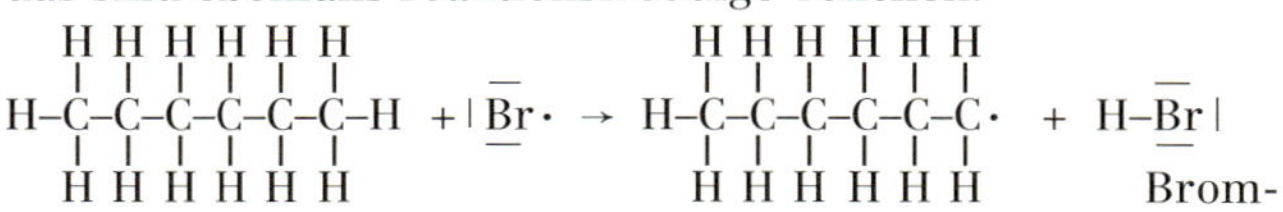

Hexanmolekül — Bromradikal — Hexylradikalmolekül — Bromwasserstoffmolekül

3. Auch die Hexylradikale sind bestrebt ihr ungepaartes Elektron zu einem Elektronenpaar zu ergänzen. Deshalb spalten sie weitere Brommoleküle. Neben Bromradikalen entstehen dabei Moleküle von **Monobromhexan.**

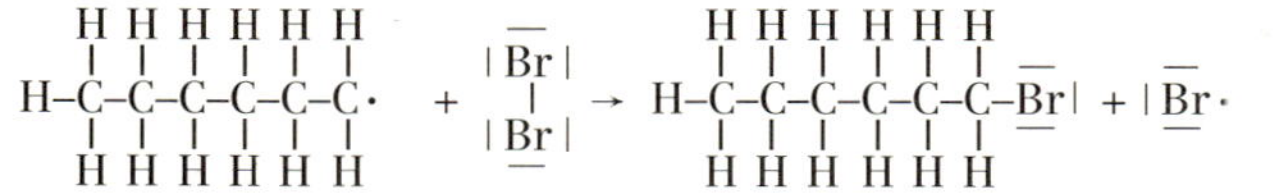

Hexylradikal — Brommolekül — Monobromhexanmolekül — Bromradikal

4. Die Bromradikale reagieren wieder mit Hexanmolekülen (→ Nr. 2). Es kommt zu einer Kettenreaktion, bis entweder alles Brom verbraucht ist oder an den Hexanmolekülen keine Wasserstoffatome mehr ersetzt werden können.

Reagieren Alkane mit Halogenen, so entstehen **Halogenalkane** (→ Übersicht). Dabei können auch *mehrere* Wasserstoffatome eines Alkanmoleküls nach und nach durch Halogenatome ersetzt werden. Wenn z. B. *Chlor* und *Methan* reagiert, entsteht ein Gemisch verschiedener Reaktionsprodukte.

$$CH_4 + Cl{-}Cl \rightarrow H{-}Cl + CH_3Cl \text{ (Monochlormethan)}$$
$$CH_3Cl + Cl{-}Cl \rightarrow H{-}Cl + CH_2Cl_2 \text{ (Dichlormethan)}$$
$$CH_2Cl_2 + Cl{-}Cl \rightarrow H{-}Cl + CHCl_3 \text{ (Trichlormethan)}$$
$$CHCl_3 + Cl{-}Cl \rightarrow H{-}Cl + CCl_4 \text{ (Tetrachlormethan)}$$

Beispiele für Halogenalkane

Name	Strukturformel	Summenformel	Eigenschaften	Verwendung
Monochlorethan	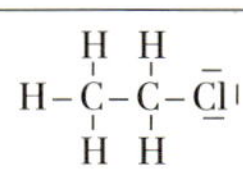	C_2H_5Cl	Siedetemperatur: 12,3 °C; farblose Flüssigkeit	Vereisungsmittel zur örtlichen Betäubung (inzwischen durch andere Mittel ersetzt)
Trichlormethan (Chloroform)	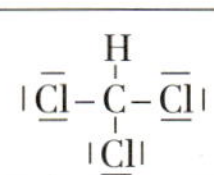	$CHCl_3$	Siedetemperatur: 61,7 °C; farblose Flüssigkeit; giftig; nicht brennbar	Lösemittel für Fette und Harze; früher Narkosemittel (heute ersetzt, da vermutlich Krebs erregend)
Tetrachlormethan (Tetrachlorkohlenstoff)	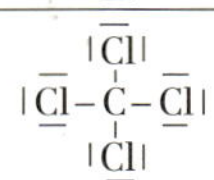	CCl_4	Siedetemperatur: 76,5 °C; farblose Flüssigkeit; nicht brennbar	Löse- und Reinigungsmittel; (Atemgift; schädigt Leber und Nieren; Krebs erregend)
Difluordichlormethan (ein Frigen)	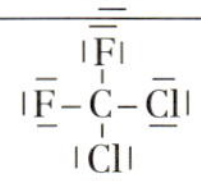	CF_2Cl_2	Siedetemperatur: –29,8 °C; geruchlos; ungiftig; nicht brennbar	Kältemittel im Kühlschrank; (noch) Füllgas von Spraydosen; Verschäumungsmittel für Kunststoffe

Eigenschaften von Halogenalkanen

Jedes **Halogenalkan** hat andere Eigenschaften als das Alkan, aus dem es entstanden ist (→ Beispiele in der Tabelle rechts).

Aus der Tabelle kann man ableiten, dass zum Schmelzen bzw. Verdampfen eines Halogenalkans mehr Energie erforderlich ist als beim entsprechenden Alkan. Es müssen also zwischen den Molekülen des Halogenalkans größere Anziehungskräfte bestehen als zwischen denen des Alkans. Das lässt sich mit Hilfe der *Elektronegativität* erklären:

Die Halogenatome sind stark elektronegativ (→ Tabelle im Anhang); das bedeutet: Sie ziehen jeweils das *gemeinsame Elektronenpaar* stärker zu sich hin als das Kohlenstoffatom. Das führt zu einer *Ladungsverschiebung* im Molekül, zur sog. **Polarisierung**. Moleküle von Halogenalkanen sind oft Dipole.

Zwischen den Dipolen wirken elektrostatische Anziehungskräfte (Dipolkräfte), die es zwischen den unpolaren Alkanmolekülen nicht gibt. Diese Anziehungskräfte müssen durch die höhere Energiezufuhr überwunden werden.

Die Halogenatome im Molekül bestimmen also in hohem Maße das chemische Verhalten des Halogenalkans. Man kann auch sagen: Die Halogenatome sind der „funktionelle" Bestandteil der betreffenden Moleküle. Allgemein werden Atome oder Atomgruppen, die die Eigenschaft einer Verbindung bestimmen, als **funktionelle Gruppe** bezeichnet.

Ethan und Monochlorethan im Vergleich

Name	Ethan	Monochlorethan
Summenformel	C_2H_6	C_2H_5Cl
Schmelztemperatur	–183,3 °C	–136,4 °C
Siedetemperatur	–88,6 °C	+ 12,3 °C
Molekülstruktur	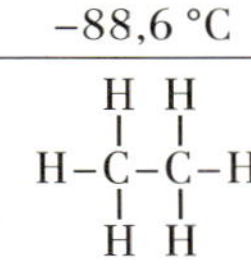 unpolar	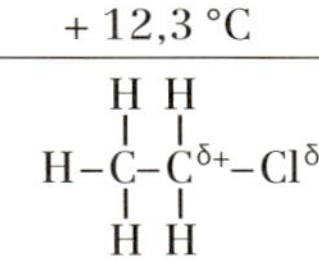 polar
zwischenmolekulare Anziehungskräfte	nur Van-der-Waals-Kräfte	Van-der-Waals-Kräfte und Dipolkräfte

Aus Umwelt und Technik: **Wie das Ozonloch entsteht**

Ozon – eine besondere Form von Sauerstoff – besteht aus dreiatomigen Molekülen (O_3). Ozon ist ein sehr reaktionsfreudiges und giftiges Gas. Obwohl es weniger als ein Millionstel der Atmosphäre ausmacht, absorbiert es fast 99 % der UV-Strahlung aus dem Sonnenlicht.

In der Stratosphäre findet normalerweise ein ständiger Auf- und Abbau von Ozon statt (Bilder 1 u. 2). Beide Vorgänge stehen im Gleichgewicht und verbrauchen den größten Teil der UV-Strahlung.

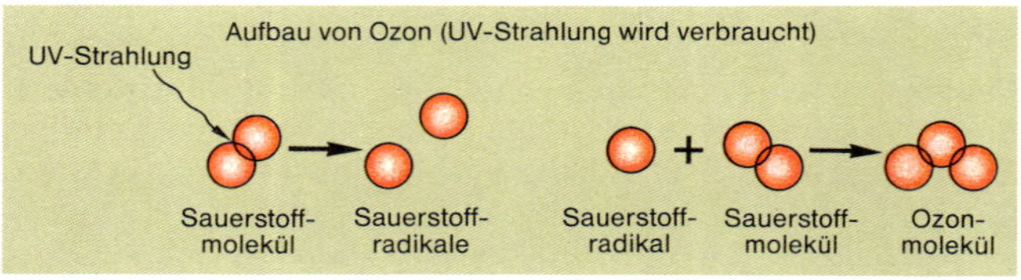

1

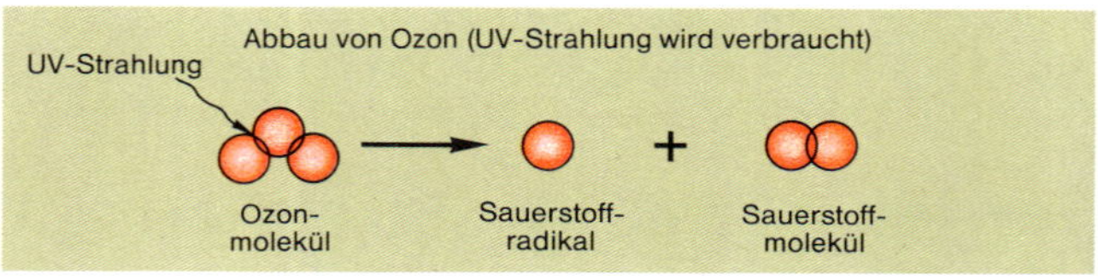

2

Die Fluorchlorkohlenwasserstoffe (FCKWs) stören das Gleichgewicht zwischen Ozonaufbau und -abbau. Sie tragen dazu bei, dass mehr Ozon zersetzt wird als sich neu bilden kann.

Durch Luftbewegungen in der Atmosphäre verteilen sich die FCKWs rund um die Erde. Da ihre Moleküle sehr stabil gegen äußere Einflüsse sind, verändern sie sich beim Kontakt mit anderen Molekülen nicht.

In der Stratosphäre werden jedoch durch die UV-Strahlung aus den FCKWs sehr reaktionsfähige *Chlorradikale* abgespalten. Diese greifen Ozonmoleküle an und bewirken deren Umwandlung in Sauerstoffmoleküle. Dabei entsteht auch das Radikal *Chlormonooxid* (Bild 3).

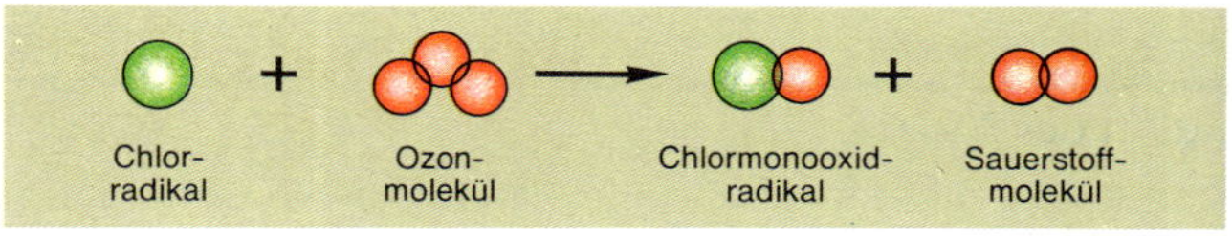

3

Chlormonooxidradikale und Sauerstoffradikale (die bei dem natürlichen Auf- und Abbau von Ozon entstehen) reagieren weiter. Dabei bilden sich Sauerstoffmoleküle (Bild 4). Das Chlorradikal wird wieder frei und kann nun ein weiteres Ozonmolekül spalten. Man vermutet, dass ein einziges Chlorradikal mehrere hunderttausend Ozonmoleküle zerstört, bis es selbst gebunden wird.

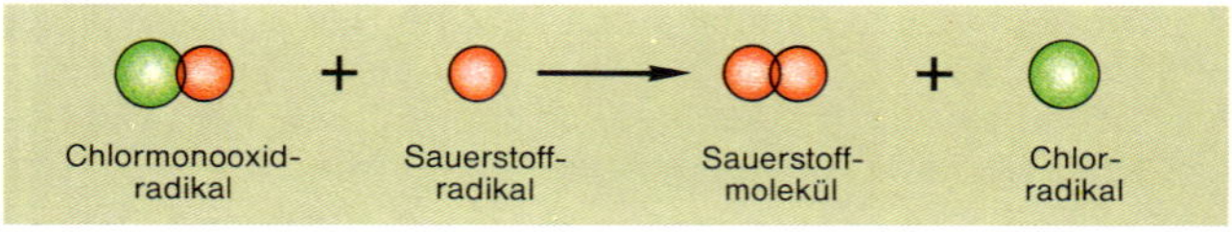

4

Über der Antarktis sind die klimatischen Bedingungen sehr extrem. Aber gerade dadurch wird der Abbau des Ozons anscheinend begünstigt. Dort ist deshalb in den vergangenen Jahren ein **Ozonloch** entstanden.

Genauer betrachtet erfolgt der Ozonabbau dort an der Oberfläche der *Perlmutterwolken*. Das sind farbig schimmernde Wolken in der Stratosphäre, die aus winzigen Eiskristallen bestehen, in die Salpetersäuremoleküle eingebunden sind. Damit sich diese Eiswolken bilden, muss sich die Stratosphäre stark abkühlen (unter −80 °C).

Diese Abkühlung beschleunigt sich in letzter Zeit: Normalerweise absorbiert das Ozon ja die UV-Strahlung aus dem Sonnenlicht und wandelt sie in IR-Strahlung – also in Wärme – um; das führt dann zu einer Erwärmung der Stratosphäre. Durch die zunehmende Konzentration an FCKW wird die Ozonschicht jedoch „ausgedünnt", wodurch diese Wärmequelle entfällt.

Außerdem kühlt sich die Stratosphäre aufgrund des **Treibhauseffekts** ab. Man beobachtet deshalb, dass die stratosphärischen Eiswolken zunehmen. Somit wird der Ozonabbau durch den Treibhauseffekt beschleunigt.

Andererseits wird die Erwärmung der Troposphäre durch die Ausdünnung der Ozonschicht gefördert. Es gelangt nämlich mehr UV-Strahlung zur Erde, und diese wird dort in IR-Strahlung umgewandelt. Somit wird der Treibhauseffekt durch den Ozonabbau verstärkt.

Treibhauseffekt und Ozonabbau schaukeln sich deshalb immer schneller gegenseitig auf.

Aus Umwelt und Technik: **Wohin mit den Ozonkillern?**

FCKWs dienen als Kältemittel – z. B. in Kühlschränken und Kühltruhen. Sie sind unter der Sammelbezeichnung **Frigen** bekannt. Dazu gehören u. a. Difluordichlormethan (CF_2Cl_2) und Difluormonochlormethan (CHF_2Cl). Vor allem CF_2Cl_2 gilt als gefährlicher „Ozonkiller".

Solange die Kühlgeräte in Betrieb sind, ist alles in Ordnung. Das Problem beginnt, wenn die Kühlgeräte ausgedient haben. Wohin mit den für die Atmosphäre gefährlichen Kältemitteln?

Vielerorts hat man deshalb einen kostenlosen Abholservice eingerichtet. Alte Kühlgeräte werden zentral gesammelt und aufbereitet. Das Kältemittel wird abgepumpt und an einige FCKW-Hersteller zurücktransportiert. Dort wird es wieder aufgearbeitet.

Doch auch im isolierenden Schaumstoff des Gehäuses sind FCKWs eingeschlossen – sogar drei- bis viermal so viel wie im eigentlichen Kühlaggregat: Sie befinden sich als kleine Bläschen im Schaumstoff. Diese FCKWs lassen sich nicht so einfach wiedergewinnen.

Hier laufen jedoch bereits Versuche. Dabei wird der Schaumstoff zerkleinert, und durch eine Absauganlage strömen die gasförmigen FCKWs in einen Sammeltank.

8553R

Aufgaben

1 Wenn Alkane mit Halogenen reagieren, laufen *Substitutionsreaktionen* ab. Was versteht man darunter?

2 Pentan wird mit Brom substituiert. Stelle die Reaktionsgleichung auf. Woran kann man erkennen, dass die Reaktion tatsächlich abläuft?

3 Welche Rolle spielt energiereiches Licht (UV-Strahlung) bei Substitutionsreaktionen?

4 Halogenalkane bilden meist Dipolmoleküle. Wie könnte man das bei einem flüssigen Halogenalkan nachweisen?

5 Wie viele verschiedene Moleküle können theoretisch entstehen, wenn Ethan mit Chlor reagiert? Zeichne dazu die Strukturformeln auf.

6 Nenne Beispiele für die Verwendung von Halogenalkanen.

7 Vergleiche den Bau der Moleküle von Ozon und Sauerstoff.

8 Die Fluorchlorkohlenwasserstoffe haben aufgrund ihrer hervorragenden Eigenschaften (unter anderem sind sie unbrennbar, reaktionsträge, oft ungiftig) einen Spitzenplatz in ganz unterschiedlichen Anwendungsbereichen erhalten.

Erkläre, warum man jetzt nach Alternativen für die FCKWs sucht.

Alkane reagieren mit Halogenen

Auf einen Blick

Die Bildung von Halogenalkanen

Wenn sich Alkane mit Halogenen verbinden, entstehen **Halogenalkane**.

In den Molekülen der Alkane werden dabei ein oder mehrere Wasserstoffatome durch eine entsprechende Anzahl Halogenatome ersetzt.

Man sagt dazu, sie werden *substituiert*. Es läuft eine **Substitutionsreaktion** ab.

$$CH_4 + \overline{\underline{Cl}} - \overline{\underline{Cl}}| \rightarrow CH_3\overline{\underline{Cl}}| + H - \overline{\underline{Cl}}|$$

Methan + Chlor → Monochlormethan + Chlorwasserstoff

4 Nach 1 min in gedämpftem Tageslicht.

Allgemein spricht man von einer Substitution, wenn in einem Molekül eines organischen Stoffes einzelne Atome oder Atomgruppen durch andere Atome (Atomgruppen) mit gleicher Wertigkeit ersetzt werden. Bei einer Substitutionsreaktion entstehen immer zwei Endprodukte.

Die Bilder 4 u. 5 zeigen die Reaktion von Hexan mit Brom bei unterschiedlichen Versuchsbedingungen.

Die Substitution ist eine kennzeichnende Reaktion der Alkane.

5 Nach 1 min auf dem Arbeitsprojektor.

Die **Halogenatome** in den Molekülen der Halogenalkane bestimmen in hohem Maße das chemische Verhalten der Stoffe: Sie sind deshalb die *funktionelle Gruppe*.

Als **funktionelle Gruppe** bezeichnet man allgemein Atome oder Atomgruppen, die die Eigenschaften einer Verbindung wesentlich bestimmen.

Die Halogenatome haben eine große *Elektronegativität* (diese ist größer als die der Kohlenstoffatome). Deshalb ziehen sie in den Molekülen der Halogenalkane jeweils das bindende Elektronenpaar zu sich hin.

Es entsteht so eine *Ladungsverschiebung* innerhalb der Moleküle, eine **Polarisierung**.

Die Moleküle von Halogenalkanen sind meist Dipole.

Zur Klasse der Halogenalkane gehören auch die *Fluorchlorkohlenwasserstoffe* (FCKWs). Viele von ihnen werden in der Stratosphäre unter dem Einfluss kurzwelligen Lichts (UV-Strahlung) zerlegt und reagieren anschließend mit Ozonmolekülen. Sie sind daher wahrscheinlich an der Zerstörung der Ozonschicht beteiligt.

Aromatische Verbindungen

1 Benzol – ein besonderer Kohlenwasserstoff

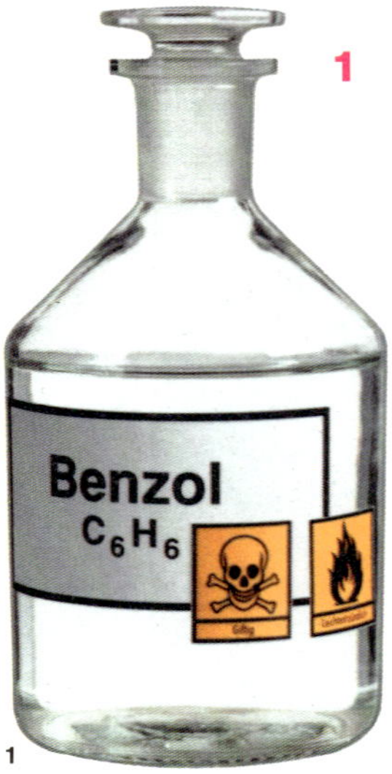

1

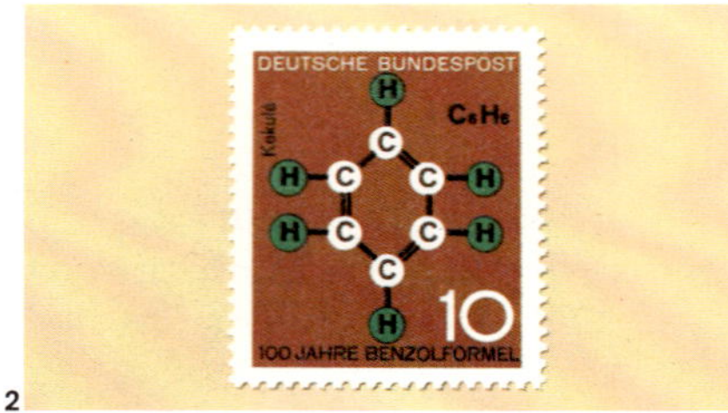

2

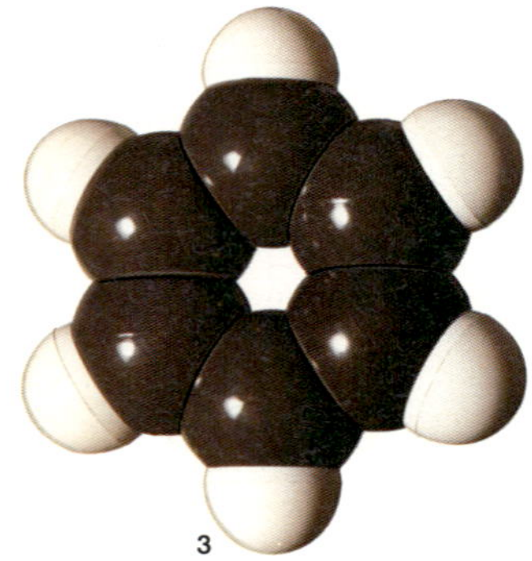

3

Benzol – auch *Benzen* genannt – ist eine farblose Flüssigkeit mit aromatischem Geruch. Seine Summenformel ist C_6H_6. Gehört das Benzol deshalb zu den ungesättigten Kohlenwasserstoffen?

Aus der Geschichte: **Das magische Sechseck – die Benzolformel**

Benzol wurde 1825 von *Michael Faraday* im Steinkohlenteer entdeckt.

Als die Chemiker die Zusammensetzung des Benzols untersuchten, erhielten sie die Summenformel C_6H_6. Sie mussten also annehmen, dass es sich um einen ungesättigten Kohlenwasserstoff handelte. Mit Erstaunen stellten sie jedoch fest, dass dieser Stoff andere Eigenschaften besaß, als man sonst bei ungesättigten Kohlenwasserstoffen beobachten konnte.

Erst 40 Jahre nach der Entdeckung des Benzols gelang es dem deutschen Chemiker *August Kekulé,* die **Molekülstruktur** des Benzols zu klären.

Kekulé erhielt die Anregung, die schließlich zur Erkenntnis der Molekülstruktur führte, auf ganz ungewöhnliche Weise, nämlich im Traum.

Er arbeitete damals gerade an der Universität Gent in Belgien. In seinem halbdunklen Laboratorium überfiel ihn der Schlaf.

Später erzählte er in seiner Rede zum 25-jährigen Jubiläum der Benzolformel von seiner Vision:

„Wieder gaukelten die Atome vor meinen Augen … Lange Reihen vielfach dichter zusammengefügt; alles in Bewegung, schlangenartig sich windend und drehend. Und siehe, was war das? Eine Schlange erfaßte den eigenen Schwanz und höhnisch wirbelte das Gebilde vor meinen Augen. Wie durch einen Blitzstrahl erwachte ich; auch diesmal verbrachte ich den Rest der Nacht, um die Konsequenzen der Hypothese auszuarbeiten."

Nachdem Kekulé die ringförmige Struktur des Benzolmoleküls erkannt hatte, überlegte er, wie die Bindung zwischen Kohlenstoff- und Wasserstoffatomen richtig zu „verteilen" wären:

4

Er stellte das Benzolmolekül als einen Ring aus sechs Kohlenstoffatomen dar, an die je ein Wasserstoffatom gebunden war. Um die Vierwertigkeit des Kohlenstoffs zu berücksichtigen, wechselten die Einfachbindung und die Doppelbindung regelmäßig miteinander ab.

„Normale" Doppelbindungen addieren andere Atome. Das ist aber beim Benzol nicht der Fall. Deshalb dachte sich Kekulé, dass die Bindungen hier wahrscheinlich ständig ihren Platz wechselten.

In einer scherzhaften Darstellung (Bild 4) sind die Vorstellungen Kekulés wiedergegeben: Man dachte sich sechs Affen, die sich mit ihren Armen und Beinen gegenseitig anfassten – mal so und mal so!

Und das war auch der Schüssel zum Verständnis der Struktur des Benzols.

Je nachdem, wo sich die Bindungen im **Benzolring** befinden, ergeben sich zwei mögliche Strukturformeln. Sie unterscheiden sich voneinander nur in der jeweiligen Elektronenanordnung.

Kekulé nahm an, dass Benzolmoleküle in beiden Strukturen abwechselnd vorliegen (Bild 5). Diese Vorstellung vom Bau des Benzolmoleküls ist in den vergangenen Jahrzehnten weiterentwickelt worden.

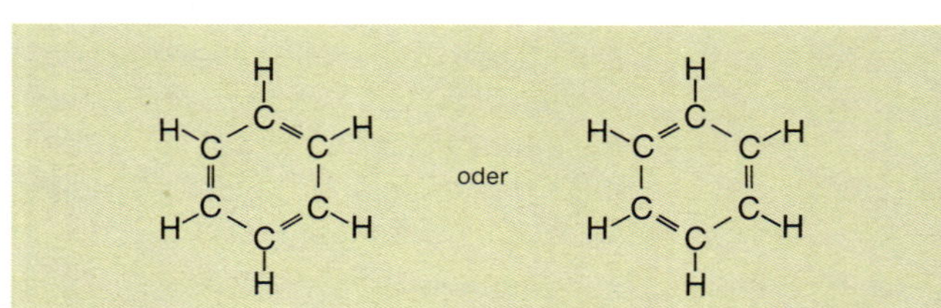

5

Die Molekülstruktur des Benzols

Die Summenformel von Benzol ist C_6H_6. Benzol ist also ein Kohlenwasserstoff. Aus dem Zahlenverhältnis der Atome im Molekül könnte man auf einen ungesättigten Kohlenwasserstoff schließen. *Wie reagiert Benzol mit Brom?*

Wenn man einige Tropfen Brom in Benzol gibt, löst es sich darin auf; die Lösung zeigt die braune Farbe des Broms. Eine Entfärbung ist auch nach längerem Schütteln nicht zu beobachten. Wir können daraus schließen: Benzol reagiert mit Brom nicht so wie die Alkane oder die Alkene. Das Benzolmolekül muss also eine andere Struktur haben als die Kohlenwasserstoffe, die wir schon kennen. Unser Modell von „ungesättigten" Verbindungen hilft uns nicht weiter.

Das Benzolmolekül ist symmetrisch; alle Atome liegen in einer Ebene (Bild 2). **Die Kohlenstoffatome befinden sich an den Ecken eines regelmäßigen Sechsecks.**

Jedes Kohlenstoffatom ist mit den beiden benachbarten Kohlenstoffatomen und einem Wasserstoffatom durch ein Elektronenpaar verbunden (Atombindung). Die sechs übrigen Elektronen sind frei beweglich und gleichmäßig über das Molekül verteilt. Sie bewegen sich in zwei ringförmigen Bereichen, von denen der eine oberhalb und der andere unterhalb des Kohlenstoffringes liegt. Diese Bereiche können wir uns als *ringförmige Elektronenwolken* vorstellen (Bild 6).

Es gibt unterschiedliche Strukturformeln für Benzol. Kekulé entwickelte eine, bei der sich Einfachbindungen und Doppelbindungen zwischen den Kohlenstoffatomen im Ring abwechseln (Bild 5). Es gibt aber auch Vereinfachungen (Bild 7a–d). Der Ring soll andeuten, dass die sechs Elektronen nicht genau zugeordnet werden können.

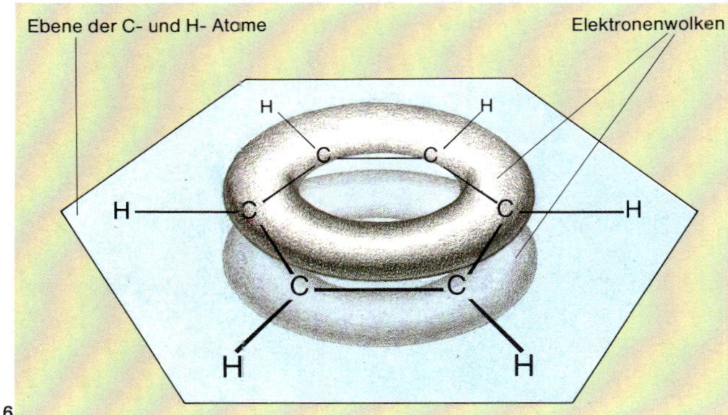

6

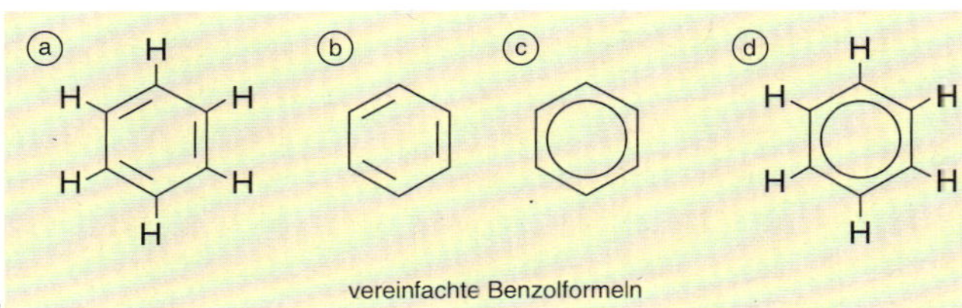

7

Keine Formel kann als *die einzig richtige* bezeichnet werden. Formeldarstellungen haben – wie alle Modelle – Grenzen. Chemiker verwenden deshalb immer die Formel, mit der sie einen Stoff oder eine Reaktion am besten beschreiben können. Für uns reicht meist die einfachste Formel (7c) aus.

Eigenschaften und Reaktionen des Benzols

Benzol wird hauptsächlich aus Erdöl, aber auch aus Steinkohle gewonnen. Es ist farblos und hat einen süßlichen Geruch. Bei Raumtemperatur ist Benzol flüssig.

In der chemischen Industrie wird Benzol als Lösemittel verwendet. Es ist außerdem ein wichtiger Ausgangsstoff für die Herstellung anderer Stoffe.

Benzol lässt sich leicht entzünden und brennt mit stark rußender Flamme (Bild 8). Da Benzol *giftig* ist und mit Sicherheit *Krebs erregend* wirkt, ist beim Umgang damit größte Vorsicht geboten. Weiter Eigenschaften des Benzols sind hier zusammengefasst: Schmelztemperatur 5,5 °C, Siedetemperatur 80,1 °C, Dichte 0,879 g/ml, mischbar mit Alkohol, Ether und Aceton, nicht mischbar mit Wasser.

8

Die besondere Struktur des Benzolmoleküls hat Auswirkungen auf die Reaktionen des Benzols. Die Molekülstruktur erfordert besondere Reaktionsbedingungen:

Bei **Additionsreaktionen** muss die energetisch stabile Struktur zerstört werden; dazu ist viel Aktivierungsenergie erforderlich. **Substitutionsreaktionen** gelingen dagegen leichter, aber nur mit Hilfe von Katalysatoren.

Wenn man Benzol in Gegenwart eines Katalysators (z. B. Aluminiumchlorid) mit Brom reagieren lässt, entsteht außer Monobrombenzol auch Bromwasserstoff. Dabei werden Wasserstoffatome durch Bromatome *substituiert* (Bild 9).

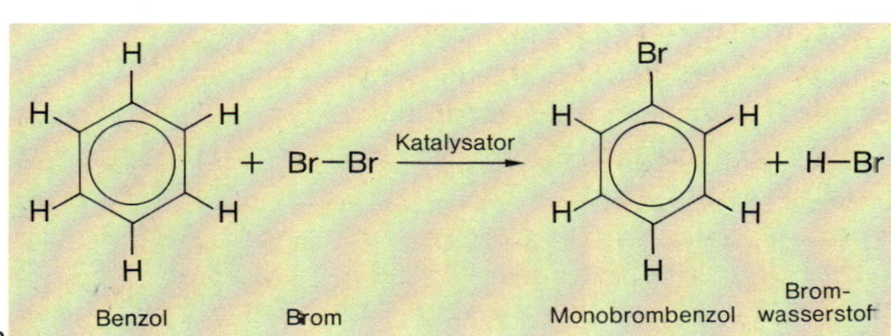

9

Benzol und Verbindungen, die sich auf die Molekülstruktur des Benzols zurückführen lassen und in ihrem chemischen Verhalten dem Benzol ähnlich sind, gehören zur Stoffklasse der **aromatischen Verbindungen**. Der Name hängt mit dem Geruch dieser Stoffe zusammen (griech. *aroma:* Würze).

Aufgaben

1 Bild 1 zeigt ein Molekülmodell von Benzol.

a) Das Modell entspricht zwar der Summenformel von Benzol, es deckt sich aber nicht mit den heute gültigen Erkenntnissen über das Benzolmolekül. Inwiefern?

b) Auch das chemische Verhalten des Benzols passt nicht zu diesem Modell. Erkläre!

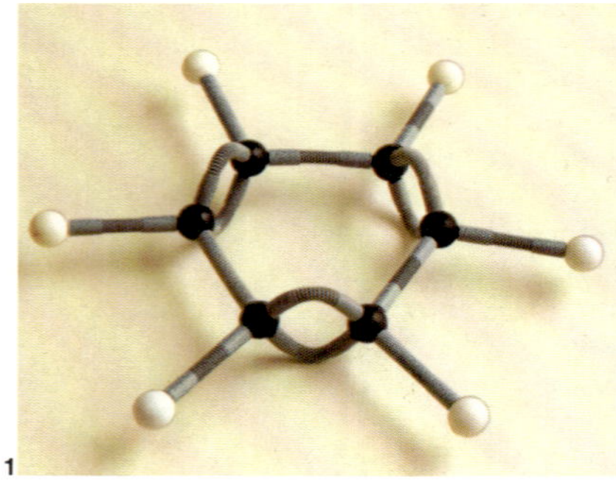
1

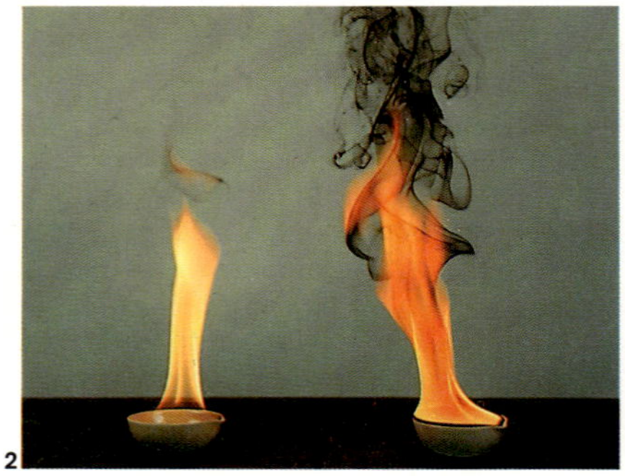
2

2 Worauf ist die unterschiedliche Reaktionsfähigkeit von Benzol im Vergleich mit den Alkenen zurückzuführen?

3 Durch welche chemische Reaktion kannst du Benzol leicht von einem Alken (zum Beispiel von Hexen) unterscheiden?

4 Benzol reagiert mit Brom in Gegenwart von Eisenspänen (als Katalysator). Formuliere die entsprechende Reaktionsgleichung; benenne die entstehenden Stoffe.

5 Wie wird das Löseverhalten von Benzol in Wasser sein? Begründe deine Antwort.

6 Bild 2 zeigt die Verbrennung von Benzol und Hexan.

a) Ordne die beiden Stoffe den Flammen richtig zu. Begründe dann deine Entscheidung.

b) Stelle schließlich zu der Verbrennung von Benzol eine Reaktionsgleichung auf.

2 Weitere aromatische Verbindungen

Molekülbau und Verwendung einiger aromatischer Verbindungen

Wenn man Steinkohle unter Luftabschluss erhitzt, entsteht unter anderem *Steinkohlenteer.* Dieser lässt sich durch besondere chemische Verfahren in eine große Zahl organischer Verbindungen zerlegen:

Eine Tonne Steinkohle liefert etwa 40–50 kg Teer. Daraus kann man z. B. rund 1 kg Benzol, 0,25 kg Toluol, 0,05 kg Xylol, 0,25 kg Phenol und 2,5 kg Naphthalin gewinnen.

In den **Molekülen** dieser Verbindungen findet man als Grundgerüst den *Benzolring.* Die Stoffe gehören also zu den **aromatischen Verbindungen** (kurz *Aromaten* genannt). An jedem Benzolring sind ein oder mehrere Wasserstoffatome durch andere Atome oder Atomgruppen substituiert.

Betrachten wir die Stoffe und ihre Moleküle im Einzelnen:

Toluol (Monomethylbenzol)

Ein Wasserstoffatom ist durch eine Methylgruppe ersetzt.

Toluol dient in der chemischen Industrie als Lösemittel und zur Herstellung von Farb- und Sprengstoffen.

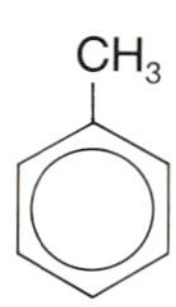

Phenol (Monohydroxybenzol)

Ein Wasserstoffatom ist durch eine Hydroxygruppe (OH-Gruppe) ersetzt.

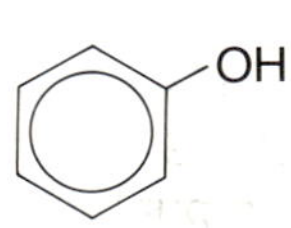

Phenol ist in reiner Form ein farbloser, fester Stoff, der einen charakteristischen Geruch aufweist.

Es ist giftig und wirkt stark desinfizierend. Seine wässrige Lösung wird *Karbolsäure* genannt und diente früher als Desinfektionsmittel. Außerdem ist Phenol wichtiger Ausgangsstoff für die Farbstoff- und Kunststoffherstellung.

Xylol (Dimethylbenzol)

Hier sind zwei Wasserstoffatome durch Methylgruppen ersetzt. Diese Methylgruppen können an unterschiedlichen Stellen im Molekül sitzen. Es gibt deshalb *drei Isomere.*

Xylol ist ebenfalls ein hervorragendes Lösemittel, und zwar für Druckfarben, Lacke und Kautschuk.

Außerdem wird Xylol zur Herstellung von Farben und Lacken verwendet.

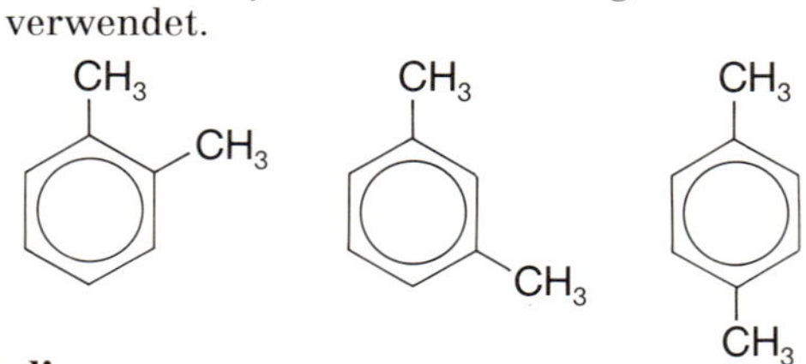

Naphthalin

Das Molekül besteht aus zwei Benzolringen. Diese sind direkt miteinander verbunden:

Sie haben zwei Kohlenstoffatome gemeinsam. Die Verbindung hat deshalb die Formel $C_{10}H_8$.

Naphthalin bildet glänzend weiße Schuppen. Sie haben einen typischen Geruch und sind wasserunlöslich.

Naphthalin wurde früher zur Herstellung von Mottenkugeln verwendet. Heute dient es als Ausgangsstoff für Farbstoffe und Heilmittel.

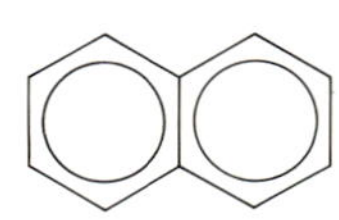

Viele weitere Stoffe, die ein oder mehrere Benzolringe im Grundgerüst ihrer Moleküle besitzen, lassen sich auf *synthetische* Weise herstellen. Ungefähr 30 % aller organischen Verbindungen sind Aromaten.

3813R

Nicht alle ringförmigen Kohlenwasserstoffe sind aromatische Verbindungen

Kohlenstoffatome können sich auch zu ringförmigen Molekülen verbinden, die *keine Benzolstruktur* haben. Ihre Namen erhalten den Zusatz **Cyclo-** (griech. *kyklos:* Kreis).

Häufig kommen Ringe mit fünf bis sieben Kohlenstoffatomen vor. Diese können durch Einfachbindungen, aber auch durch Doppelbindungen verknüpft sein (Bild 3).

Die Kohlenwasserstoffe mit cyclischen Molekülen haben ähnliche Eigenschaften wie die mit geraden Molekülen. Cyclohexen ist z. B. genauso ein ungesättigter Kohlenwasserstoff wie das n-Hexen: Beide entfärben Bromwasser.

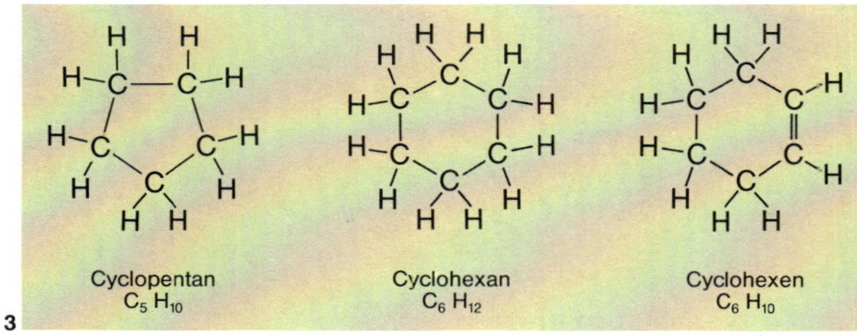

3

Aus Umwelt und Technik: **Dioxin**

Am 10. Juli 1976 kam es in der norditalienischen Kleinstadt Seveso in einem Chemiewerk zu einer Explosion. Als Folge davon entwich eine Dampfwolke, die etwa 2 kg des hochgiftigen **Dioxins** enthielt. Der Niederschlag bedeckte eine Fläche von etwa 2000 ha (das sind 20 km²).

Da man in der Stadt kaum etwas von der Explosion gehört hatte, nahm die Bevölkerung auch keine Notiz von dem weißen Staub, der auf die Stadt niederrieselte. Nach einigen Tagen wurden jedoch bei Kindern, die zur Zeit des Unfalls im Freien gespielt hatten, erste Hautausschläge festgestellt. Erst da wurde man sich des Ausmaßes der Vergiftung durch diesen Unfall bewusst.

Seitdem ist der Begriff *Dioxin* nicht mehr aus den Medien verschwunden. Immer wieder wurde nämlich Dioxin irgendwo in Spuren gefunden und hat eine intensive Diskussion über eine mögliche Gefährdung der Bevölkerung ausgelöst.

Was für ein Stoff ist Dioxin eigentlich?

Dioxin ist eine gebräuchliche, aber ungenaue Bezeichnung für eine *Gruppe* chemischer Verbindungen. Sie alle haben in ihren Molekülen ein gemeinsames Grundgerüst: einen ungesättigten Ring, der aus vier Kohlenstoffatomen und zwei Sauerstoffatomen besteht. Ist dieses Grundgerüst zusätzlich mit zwei Benzolringen verbunden, so spricht man von *Dibenzodioxinen.*

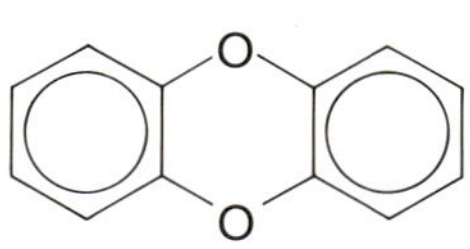
Dibenzodioxin

Kommen noch Chloratome hinzu, entstehen *Polychlordibenzodioxine* (PCDDs). Sie gehören zur Klasse der halogenierten Kohlenwasserstoffe.

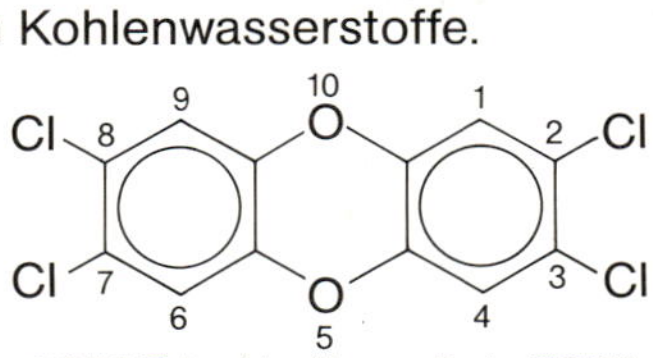
2,3,7,8-Tetrachlordibenzodioxin (TCDD)

Auch das **2,3,7,8-Tetrachloridbenzodioxin** (kurz nur 2,3,7,8-TCDD genannt) gehört zu diesen halogenierten Kohlenwasserstoffen. Es löste die Katastrophe in Seveso aus und wird deshalb in der Öffentlichkeit als *Sevesogift* bezeichnet.

Das TCDD ist unter allen bisher bekannten synthetischen Stoffen der giftigste: Schon 5 mg (= 5/1000 g) können für einen Erwachsenen tödlich sein. Es ist bei Raumtemperatur fest und schmilzt bei Temperaturen von mehr als 300 °C.

TCDD ist fast unlöslich in Wasser, haftet aber fest an Bodenteilchen und kann so z. B. durch Wind verbreitet werden. Es ist äußerst stabil gegenüber Hitze, Säuren oder Laugen und wird erst bei etwa 1500 °C zerstört.

In geringer Konzentration und bei kurzzeitiger Einwirkung führt es beim Menschen vor allem zu Hautveränderungen (Chlorakne). Diese heilen oft erst nach Monaten oder sogar Jahren ab und können hässliche Narben hinterlassen.

In höherer Konzentration verursacht dieses Gift starke Schmerzen und schädigt innere Organe (z. B. Leber, Nieren und Magen) und das Nervensystem. Es ist wahrscheinlich Krebs erregend und ruft Missbildungen beim Embryo hervor.

TCDD tritt in sehr kleinen Mengen als *unerwünschtes Nebenprodukt* bei verschiedenen Produktionsverfahren auf (z. B. bei der Herstellung von Pflanzenschutzmitteln).

Vor einigen Jahren erst hat sich gezeigt, dass Dioxine auch bei unvollständigen Verbrennungsvorgängen entstehen können (z. B. bei zu niedrigen Temperaturen in Müllverbrennungsanlagen), wenn in dem Brennmaterial chlorhaltige und organische Stoffe enthalten sind. Das ist z. B. auch beim Verbrennen von Holz der Fall.

So lässt sich vermuten, dass unsere Umwelt schon von jeher durch Spuren von Dioxinen verschmutzt ist. Sie konnten jedoch erst jetzt nachgewiesen werden, nachdem in den letzten Jahren sehr genaue Analysemethoden entwickelt worden sind.

Die Gesamtmenge an TCDD, die pro Jahr in der Bundesrepublik Deutschland aus allen möglichen Quellen anfällt, wird vom Umweltbundesamt auf etwa 5 g geschätzt. Da diese Menge weiträumig verteilt ist, besteht jedoch vermutlich keine Gefährdung der Bevölkerung durch TCDD.

Aus Umwelt und Technik: **Aromaten aus dem Autotank**

Anfrage eines Lesers an eine bekannte Autozeitschrift:

„Stimmt es, dass durch Entweichen Krebs erregender Benzoldämpfe aus dem Tank direkt in den Innenraum des Autos für Fahrer und Mitfahrer Krebsgefahr besteht?

Die Frage ist berechtigt, riecht es doch tatsächlich manchmal im Auto nach Benzin. Außerdem ist bekannt, dass Benzin bei uns bis zu 5 % Benzol, Toluol, Xylol und andere Aromaten enthält. Davon kann schon mal etwas aus dem Tank, den Treibstoffleitungen oder dem Vergaser entweichen.

1

Der TÜV ist dieser Frage nachgegangen: Vier Autos bekannter Hersteller wurden warmgefahren und dann in einer Spezialkammer getestet. Die Luft in diesem Raum konnte umgewälzt und genau analysiert werden.

Zunächst wurde außerhalb und innerhalb der Autos der Gehalt an aromatischen Kohlenwasserstoffen gemessen. Dann erwärmte man den Fahrzeugtank und prüfte, wie hoch der Gehalt im Fahrzeuginnenraum bei geschlossenen Fenstern und Türen anstieg.

Am besten schnitten die Wagen ab, deren Abgaswerte die US-Abgasnorm erfüllen (2,1 g CO/km, 0,6 g NO_x/km und 0,25 g HC/km). Autos mit „US-Technik" sind mit folgenden Extras ausgestattet: einem Treibstofftank aus Stahl oder besonders dichtem Kunststoff, einem Dreiwegekatalysator, einem geschlossenen Be- und Entlüftungskreislauf und einem Aktivkohlefilter, der Treibstoffdämpfe auffängt. Auf diese Weise gelangen praktisch keine schädigenden Stoffe in die Umwelt.

Beim Tanken gelangen kettenförmige Kohlenwasserstoffe, Benzol und andere Aromaten in die Luft. Während des Tankvorgangs werden bei uns jährlich etwa 40 000 t Benzindämpfe durch Verdrängung aus den Fahrzeugtanks gedrückt: allein an Benzol etwa 500 t.

Durch eine neue Technik der *Gasrückführung* werden diese entweichenden Benzindämpfe in den unterirdischen Tank der Tankstelle zurückgeführt. Dazu dienen ein Doppelschlauch und ein besonderes Zapfventil (Bild 1). Eine Gummimanschette am Zapfventil dichtet den Autotank ab, durch den Doppelschlauch strömen die entweichenden Dämpfe zurück in den Erdtank.

Die Gasrückführung (Bild 2) entlastet die Umwelt und hilft auch Treibstoff zu sparen. Sie ist aber nicht unumstritten, denn die Umrüstung der Tankstellen auf die neue Technik ist sehr kostspielig. Außerdem können – je nach Autotyp – nur 11–88 % der Benzindämpfe zurückgeführt werden.

Grundsätzlich sollte man folgende Hinweise beachten um die Gefährdung unserer Gesundheit zu verringern:

1. Wenn es im Auto anhaltend nach Benzin riecht, eine Werkstatt aufsuchen!
2. Beim Kauf eines Autos darauf achten, dass der Tank außerhalb der Fahrgastzelle liegt und zum Innenraum hin völlig abgedichtet ist!
3. Das Auto sollte die US-Abgasnorm erfüllen!
4. Beim Tanken keine Treibstoffdämpfe einatmen!

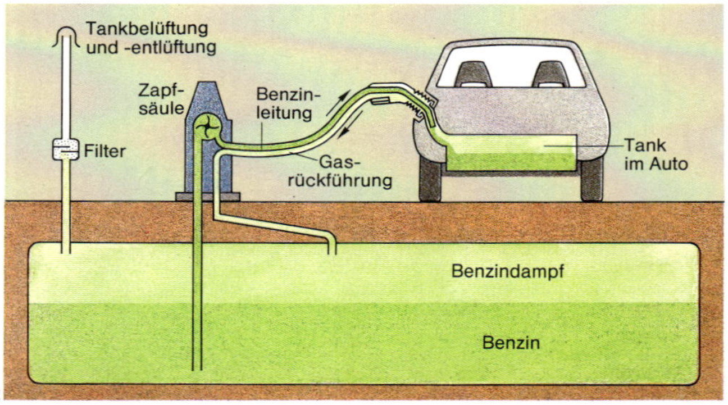

2

Aufgaben

1 Das Benzol ist ein ringförmiger Kohlenwasserstoff. Aber es zählt weder zu den cyclischen Alkanen noch zu den cyclischen Alkenen. Erkläre!

2 Was bedeutet der Begriff *aromatischer Kohlenwasserstoff*?

3 Nenne zwei Verbindungen, die mit dem Benzol verwandt sind. Gib ihre Strukturformeln und je eine Verwendungsmöglichkeit an.

4 Aus welchen Stoffen gewinnt man aromatische Verbindungen?

5 Für welche Produkte werden aromatische Verbindungen als Rohstoffe gebraucht?

6 Versuche einmal zu begründen, warum aromatische Verbindungen meist schwer abbaubar sind.

7 Welche Wirkung hat *Dioxin*?

8 Mottenkugeln aus Naphthalin sind im Laufe eines Jahres verschwunden, wenn sie nicht luftdicht verpackt sind. Auf welche Eigenschaft von Naphthalin weist das hin?

9 Warum sollte man darauf achten, dass man beim Tanken keine Treibstoffdämpfe einatmet?

10 Was versteht man unter *Gasrückführung* an der Tankstelle?

3815R

Aus Umwelt und Technik: **Aromaten – vielfältig verwendet, aber gefährlich**

Aromatische Verbindungen sind von großer Bedeutung für die chemische Industrie.

So sind z. B. *Benzol* und *Toluol* nicht nur gute Lösemittel, sondern auch Benzinzusätze, die als Antiklopfmittel wirken. Diese Aromaten werden jedoch vor allem zur Herstellung von Farbstoffen und Arzneimitteln, aber auch von Pestiziden (Mittel zur Vernichtung von Schädlingen) verwendet.

Eine wichtige Rolle spielen diese Aromaten auch als Bausteine vieler Kunststoffe. Ein Beispiel dafür ist das *Bakelit*®, ein Phenolharz. *Polystyrol* und der Hochleistungskunststoff *Kevlar*® (Bild 3) enthalten ebenfalls gebundene Benzolringe.

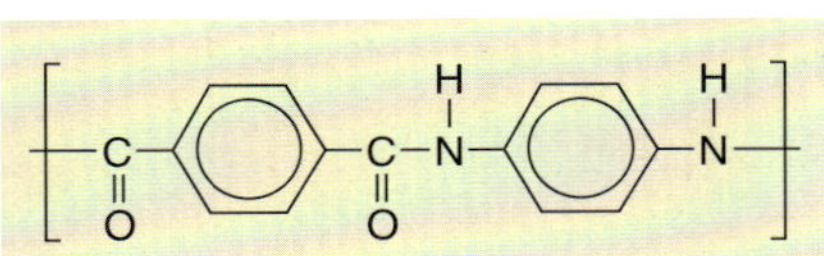

3

Auch einige Indikatoren, die wir im Chemieunterricht verwenden, sind aromatische Verbindungen. Dazu gehört z. B. das *Phenolphthalein*.

Viele Medikamente sind aus Aromaten aufgebaut, z. B. das *Aspirin*® (Bild 4).

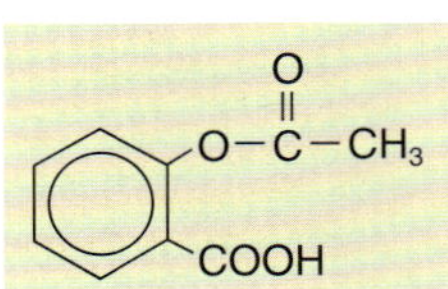

4

Obwohl die Aromaten vielfältig verwendet werden, haben sie erhebliche Nachteile: Die meisten von ihnen sind nicht ungefährlich. Dazu betrachten wir einige Beispiele.

Früher stellte man aus Aromaten z. B. waschaktive Substanzen *(Tenside)* her. Diese erwiesen sich jedoch als biologisch nicht abbaubar und brachten das Wasser mancher Flüsse zum Schäumen. Deshalb wurden sie inzwischen verboten und durch andere Stoffe ersetzt.

Auch gegen Insekten oder Pflanzen gerichtete Gifte (*Insektizide* und *Herbizide*) werden meist nur sehr langsam abgebaut und können deshalb ins Grundwasser gelangen. Wenn sie bei der Aufbereitung des Grundwassers zu Trinkwasser nicht entfernt werden, nehmen wir sie beim Trinken mit auf. Die Gifte können sich dann im menschlichen Körper anreichern.

Das war besonders beim *DDT* (Bild 5) der Fall.

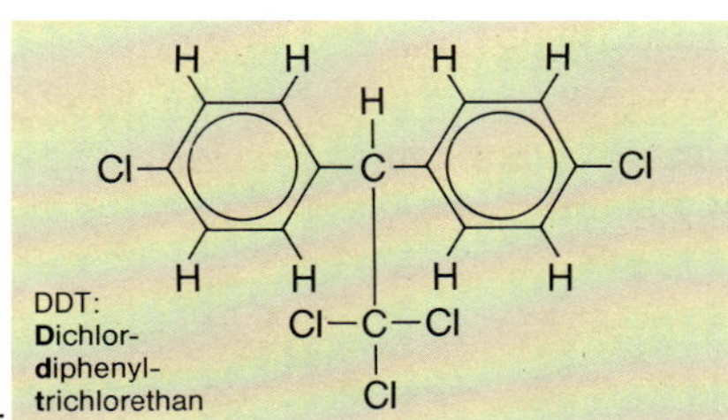

5 DDT: **Dichlordiphenyltrichlorethan**

Dieses Insektizid ist zwar hochwirksam, es sammelt sich jedoch durch die Nahrungskette im menschlichen Fettgewebe und in den Nerven an.

DDT wirkt, wie auch die Dioxine, als Stoffwechselgift. Deshalb wurde es 1972 bei uns verboten. In Entwicklungsländern wird es immer noch billig hergestellt und versprüht.

Wenn man *Kohle* bei der Verkokung erhitzt, entstehen besonders viele Aromaten. Dazu gehören die *polykondensierten aromatischen Kohlenwasserstoffe* (kurz PAKs). Die Vertreter dieser Gruppe befinden sich vor allem im hochgiftigen und Krebs erregenden *(cancerogenen)* Steinkohlenteer (lat. *cancer:* Krebs).

Auch beim Erhitzen von Nahrungsmitteln entstehen diese Verbindungen – besonders, wenn Nahrungsmittel verkohlen. Manches z. B. auf dem Grill leicht angebrannte Fleischstück enthält sehr viel davon. Wer also häufig scharf gebratene Speisen vom Grill isst, kann an Magen- oder Darmkrebs erkranken.

Beim Glimmen einer Zigarette bildet sich z. B. *Benzpyren*, ein besonders gefährlicher Vertreter der PAKs. Mit dem Tabakrauch gelangt er in den Körper und ist Hauptverursacher für den typischen Raucherkrebs, der Mund, Kehlkopf und Lunge befällt.

Aromatische Verbindungen

Auf einen Blick

Benzol

Benzol hat die Summenformel C_6H_6. Seine Moleküle sind sehr stabil; das liegt an ihrer besonderen Molekülstruktur, dem Benzolring.

Benzol reagiert nicht – wie andere ungesättigte Kohlenwasserstoffe – mit Bromlösung. Da die Benzolmoleküle *keine Doppelbindung* aufweisen, gehen sie auch *keine Additionsreaktionen* ein.

Die typischen Reaktionen des Benzols sind **Substitutionen**.

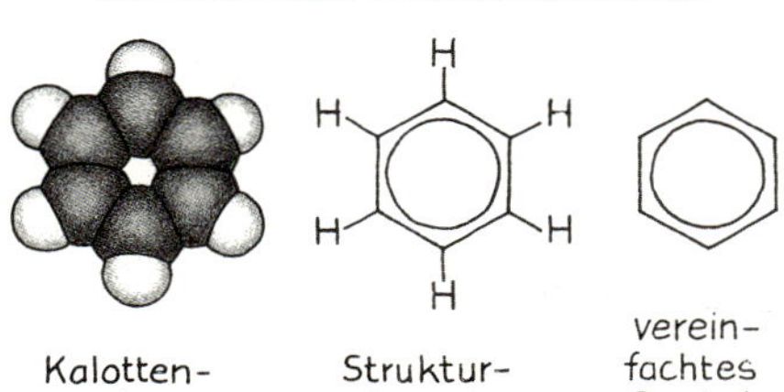

6

Benzol und andere Kohlenwasserstoffe, die in ihren Molekülen einen oder mehrere Benzolringe haben, gehören zur Stoffklasse der **aromatischen Verbindungen**.

Sie sind giftig und zum Teil sogar Krebs erregend!

Viele aromatische Verbindungen sind wichtige Ausgangsstoffe für die chemische Industrie.

Erdöl und seine Verarbeitung

1 Wir untersuchen Erdöl

1

Achtmal Erdöl – aus unterschiedlichen Lagerstätten!

Alle Versuche mit Erdöl und Erdöldestillaten sind *Lehrerversuche*!

V 1 Erdöl [F,T] und Wasser werden zusammen in einem Reagenzglas geschüttelt. Anschließend bleibt die Flüssigkeit ruhig stehen.

Was kannst du beobachten?

V 2 Ein Stück Kreide wird mit Erdöl [F,T] gut getränkt und entzündet.

Die Verbrennungsgase werden mit Hilfe eines Trichters und der Wasserstrahlpumpe abgesaugt und dabei durch ein U-Rohr mit blauem Cobalt(II)-chloridpapier sowie durch Kalkwasser geleitet. Beschreibe deine Beobachtungen.

V 3 Etwas Erdöl [F,T] wird in eine Porzellanschale gegossen. Unter dem Abzug soll versucht werden, das Erdöl mit einer Streichholzflamme zu entzünden (Vorsicht!).

Dann wird das Erdöl etwas erwärmt und der Zündversuch wiederholt. Wie erklärst du das Ergebnis?

V 4 Bild 2 zeigt eine Möglichkeit einige Bestandteile des Erdöls voneinander zu trennen.

Im Kolben befinden sich 100 ml Erdöl [F,T] und einige Siedesteinchen. Erst wird das Erdöl nur langsam erhitzt, später stärker, bis auf 250 °C.

Das entstehende Destillat wird in mehreren Reagenzgläsern aufgefangen: Dazu werden die Gläser bei ca. 80 °C, 120 °C, 170 °C und 230 °C ausgetauscht. Sie werden sofort mit einem Stopfen verschlossen; ihr Inhalt soll untersucht werden.

a) Die Inhalte der Reagenzgläser werden als *Fraktionen* (lat. *fractio:* Bruch) bezeichnet. Vergleiche die entstandenen Mengen und Farben.

Beschreibe auch den Rückstand im erhitzten Reagenzglas.

b) Jede Fraktion [F,T] wird in eine Porzellanschale gegossen. Vergleiche dabei das Fließverhalten.

c) Es wird versucht, die Fraktionen [F,T] mit einer Streichholzflamme zu entzünden. Was stellst du fest?

d) Wie brennen die Fraktionen [F,T]? Vergleiche Flammen und „Abgase".

e) Vergleiche diese Destillation mit der von 100 ml Wasser.

V 5 Ein Bestandteil des Erdöls ist das *Heptan* [F].

Beschreibe Farbe und Geruch dieses Kohlenwasserstoffs.

Lässt sich das Heptan mit einer Streichholzflamme entzünden?

Wir bestimmen schließlich die Siedetemperatur nach Bild 3.

V 6 Feste Erdölbestandteile lösen sich in flüssigen.

Um das zu zeigen, lösen wir in 5 ml Heptan [F], Petrolether [F] oder Reinigungsbenzin [F] einige kleine Stücke Kerzenwachs oder Paraffin. Dabei müssen wir die Flüssigkeiten zunächst in einem Wasserbad bei 30–40 °C erwärmen.

Beschreibe, was sich beim Abkühlen mit Eiswasser bildet.

V 7 Wir stellen zunächst eine gesättigte Lösung von Natriumchlorid in Wasser her. Davon werden 3 ml in ein Reagenzglas gegeben und mit 1 ml Erdöl [F,T] kräftig geschüttelt.

Beschreibe! Vergleiche auch mit einer Öl-in-Wasser-Emulsion.

2

3
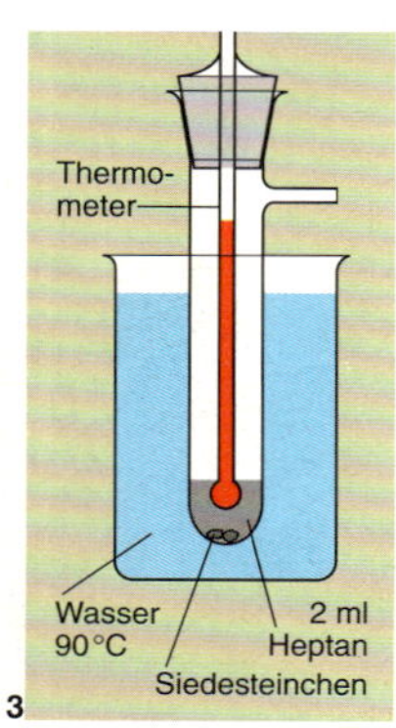

7140R

Wie Erdöl zusammengesetzt ist

Erdöl (Rohöl) sieht „schmutzig" aus und riecht abstoßend „nach Petroleum" (griech. *petros:* Stein, Felsen; lat. *oleum:* Öl), also nach „Steinöl".

Es ist in Wasser nicht löslich, sondern bildet eine Schicht, die auf dem Wasser schwimmt. Folglich muss Erdöl hydrophobe Eigenschaften besitzen und seine Dichte muss kleiner sein als die des Wassers (unter dem Wert 1 g/cm^3 bzw. 1 kg/l).

Erdöl brennt; dabei entstehen Kohlenstoffdioxid und Wasser. Erdöl muss also eine Verbindung mindestens aus Kohlenstoff und Wasserstoff sein. Tatsächlich ist es – abgesehen von Verunreinigungen – nur aus diesen beiden Elementen aufgebaut. Damit gehört es zur Gruppe der **Kohlenwasserstoffe**.

Allerdings lässt sich Erdöl nicht ohne weiteres entzünden, sondern erst, wenn man es erwärmt. Es besteht aus Stoffen mit unterschiedlichen Siedetemperaturen. Die niedrig siedenden Bestandteile lassen sich durch Erwärmen so weit verdampfen, dass mit der Luft ein zündfähiges Gemisch entsteht.

Erdöl enthält viele verschiedene, leicht miteinander mischbare Verbindungen: **Erdöl ist ein Vielstoffgemisch.** Das wird auch deutlich, wenn man das Öl destilliert: Anders als beim Destillieren eines Reinstoffs ist keine konstante Siedetemperatur zu beobachten, sondern ein kontinuierliches Ansteigen der Dampftemperatur, also ein *Siedebereich.*

Wenn man die Destillation bei verschiedenen Temperaturen unterbricht, erhält man unterschiedliche **Fraktionen**. Diese unterscheiden sich in Farbe und Konsistenz:

Je niedriger der Siedebereich einer Fraktion ist, desto klarer und heller ist die Flüssigkeit und desto leichter lässt sie sich entzünden. Je höher der Siedebereich einer Fraktion ist, desto höher ist auch ihre Viskosität (also desto „weniger beweglich" ist die Flüssigkeit).

Die im Erdöl enthaltenen Kohlenwasserstoffe, deren **Moleküle** aus *unverzweigten* Ketten mit weniger als fünf Kohlenstoffatomen bestehen, sind gasförmig; die flüssigen Verbindungen haben mittellange Moleküle und die festen Substanzen wie Paraffin sehr lange Molekülketten. Diese sind – wie die gasförmigen – in den flüssigen Kohlenwasserstoffen gelöst.

Außerdem gibt es Kohlenwasserstoffe mit *verzweigten* Molekülketten oder ringförmigen Molekülen. Alle Verbindungen können auch ungesättigt sein, also Doppelbindungen haben.

Typisch ist auch das Auftreten von *aromatischen Verbindungen* wie *Benzol*, *Toluol* oder *Xylol* (Bild 4). Diese Verbindungen spielen in der Technik eine große Rolle. Sie werden unter der Bezeichnung *BTX-Aromaten* zusammengefaßt.

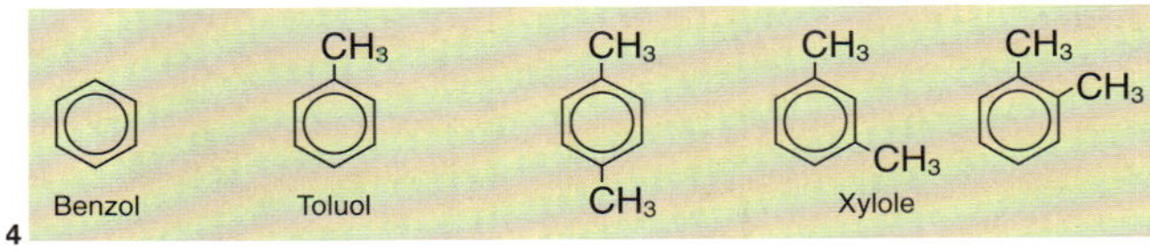

4

Weiter findet man stickstoff- und schwefelhaltige Verbindungen im Öl. Der Anteil an Schwefel kann bis zu 5 % betragen, der von Stickstoff bis zu 2 %.

Die *Zusammensetzung* des Erdöls ist je nach Herkunftsland anders. Daher unterscheiden sich die Rohöle auch in ihren Eigenschaften wie z. B. Farbe, Fließverhalten, Dichte und Siedebereich (→ die Erdölproben von Bild 1 und die folgende Übersicht).

Die Erdölsorten von Bild 1

Herkunft	Eigenschaften und Verwendung
1. Erdöl Kaukasus	Es ist klar, sehr leicht, schwefelfrei und so rein, dass man es in der Medizin verwenden kann.
2. Erdöl Naher Osten (Arabien)	Dichte (0,8545 kg/l) und Schwefelgehalt erreichen mittlere Werte. Man gewinnt daraus Dieseltreibstoff, Heizöle und Schmieröle.
3. Erdöl Australien	Leichtes Öl; deshalb lassen sich aus ihm vor allem leichte Treibstoffe (Benzin) gewinnen.
4. Erdöl Nordsee	Es ist mittelschwer, enthält wenig Schwefel, aber Benzin, Heizöle und Bitumen.
5. Erdöl Frankreich	Es enthält kaum Schwefel, aber einen großen Anteil an flüssigen Kohlenwasserstoffen.
6. Erdöl Frankreich	Es wird in der Nähe von Nr. 5 gefunden. Wegen seines höheren Bitumengehalts ist es schwerer.
7. Erdöl Venezuela	Es ist eines der schwersten Erdöle der Welt (Dichte 0,9995 kg/l) und enthält kaum Benzin oder Heizöl. Man gewinnt daraus Bitumen.
8. Erdöl Sumatra	Es ist sehr reich an langkettigen Kohlenwasserstoffen und damit fest. Es ist praktisch schwefelfrei und kann wie Holz verbrannt werden.

Aufgaben

1 Hier geht es noch einmal um den Versuchsaufbau von Bild 2:

a) Weshalb muss das lange Glasrohr ständig gekühlt werden?

b) Muss man das Glasrohr während des gesamten Versuchsablaufs kühlen? Begründe deine Antwort.

c) Warum sollte man das Reagenzglas, in dem die erste Fraktion aufgefangen wird, sofort verschließen?

d) Im Glaskolben links befindet sich Glaswolle, die mit Erdöl getränkt wurde. Warum nimmt man nicht einfach nur Erdöl?

2 Vergleiche das Siedeverhalten von Wasser und Erdöl. Berücksichtige dabei die Temperaturen und die „Endprodukte".

5
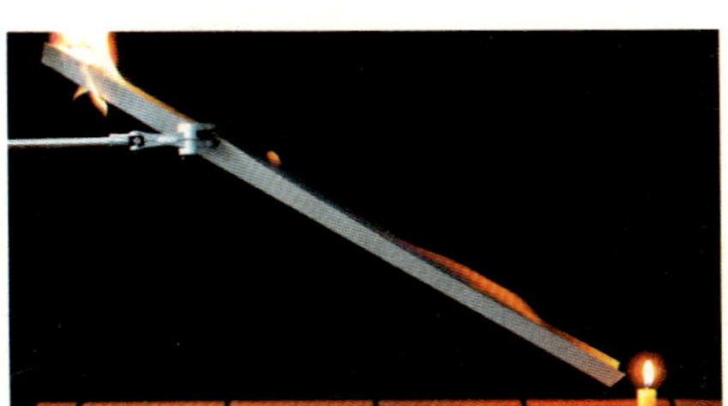

3 Begründe, warum es für Erdöl keine einheitliche Formel gibt.

4 Bei dem Versuch von Bild 5 wurde ein Wattebausch mit Benzin getränkt und fest ausgedrückt. Trotzdem entzündete sich etwas. Die Flamme „lief" dann schnell die Rinne hinauf bis zum Wattebausch.

Was wurde entzündet? Welche Eigenschaften hat das Benzin?

8556R

Aus Umwelt und Technik: Vom Erdöl zum Rohöl

Erdöl wird durch Bohrungen auf dem Land oder im Meer gewonnen. Es ist zunächst ein Gemisch aus Öl, Gasen, Salzwasser und Verunreinigungen. Dieses Gemisch wird nicht über längere Strecken transportiert, sondern bereits innerhalb des Erdölförderbetriebs in Aufbereitungsanlagen (Bild 1) zerlegt und gereinigt.

Die Trennung der Bestandteile des Gemisches erfolgt in mehreren Stufen (→ Schema von Bild 2): Zunächst einmal leitet man das Gemisch in einen **Gasabscheider**, der unter geringem Druck steht.

Hier wird das Gas-Öl-Salzwasser-Gemisch kräftig verwirbelt. Dadurch vergrößert man die Oberfläche der Flüssigkeit stark und die Gase können leichter entweichen.

Die Gase sammeln sich im Kopf des Gasabscheiders, das Öl-Salzwasser-Gemisch am Boden.

Die Gase saugt man kontinuierlich ab und führt sie im Allgemeinen sofort einem Verbrauchersystem zu. Vereinzelt werden noch die darin enthaltenen wertvollen Kondensate abgetrennt.

Auf dem Boden des Gasabscheiders sammelt sich das Öl-Salzwasser-Gemisch. Es wird von dort aus in einen **Nassöltank** geleitet.

Der größte Teil des Salzwassers setzt sich aufgrund seiner höheren Dichte unten im Nassöltank ab; es wird ständig abgezogen und in einem **Salzwassertank** zwischengelagert. Es wird einem besonderen, geschlossenen Reinigungs- und Ableitungssystem zugeführt.

Der Rest des salzhaltigen Wassers bildet mit dem Öl eine *Emulsion*; dabei liegt das Wasser im Öl fein verteilt in Form kleinster Tröpfchen vor.

Das Wasser würde bei der Weiterverarbeitung in den Raffinerien Störungen hervorrufen sowie unnötig hohe Transportkosten verursachen. Deshalb wird die Salzwasser-Öl-Emulsion in einer **Entwässerungs- und Entsalzungsanlage** getrennt.

Die Schwierigkeit der Trennung von Öl und Salzwasser besteht darin, dass die Emulsion sehr stabil ist. Aufgrund der geringen Grenzflächenspannung zwischen den beiden Bestandteilen der Emulsion trennen sie sich spontan kaum.

Man muss deshalb ein wenig nachhelfen. Dazu gibt es drei Möglichkeiten: Erwärmen, Zusatz bestimmter Chemikalien und Anwendung elektrischer Felder. Hier werden nacheinander alle drei genutzt:

Zunächst erwärmt man die Emulsion in einem Erhitzer auf 80–100 °C um sie dünnflüssiger zu machen. Außerdem wird durch Zusatzstoffe, sog. **Spalter**, die Grenzflächenspannung zwischen dem Öl und dem Salzwasser heraufgesetzt.

Zusätzlich wird noch Süßwasser in das Gemisch eingeleitet. Es soll das Salzwasser verdünnen und das restliche Salz aus dem Öl lösen.

Das auf diese Weise vorbehandelte Gemisch fließt nun durch die eigentliche Entwässerungs- und Entsalzungsanlage. Dort wird es einem elektrischen Wechselspannungsfeld ausgesetzt.

Dadurch bilden die winzigen Salzwassertröpfchen der Emulsion zunehmend größere Tropfen. Diese haben dann eine größere Dichte als das Öl: Sie sinken auf den Boden der Anlage; die Emulsion entmischt sich.

Die Verweilzeit des Gemisches im elektrischen Feld ist so eingerichtet, dass Öl und Salzwasser fast vollständig getrennt werden.

Dann zieht man das Salzwasser vom Boden der Anlage ab und leitet es in einen Salzwassertank.

Das gereinigte Öl wird **Rohöl** genannt. Es wird in **Rohöltanks** bis zum Abtransport zur Raffinerie gelagert.

1

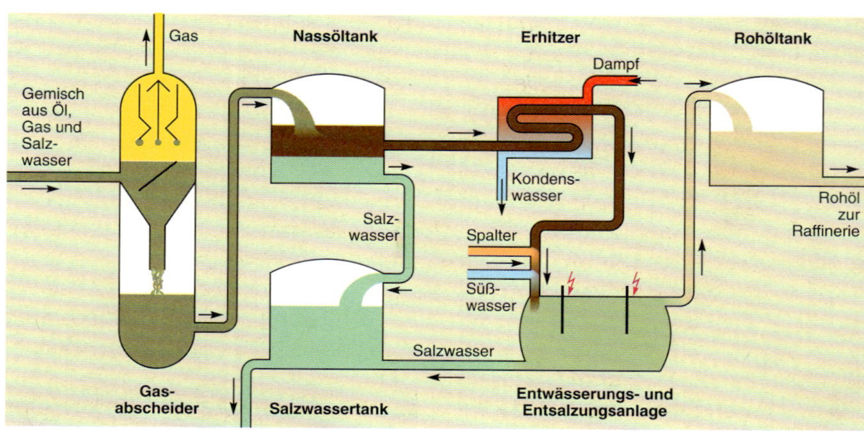

2

Fragen und Aufgaben zum Text

1 Erläutere die Unterschiede zwischen Erdöl und Rohöl.

2 Bevor das Erdöl in einer Raffinerie verarbeitet werden kann, muss es aufbereitet werden. Warum ist diese Maßnahme notwendig?

3 Welche Kohlenwasserstoffe werden als Gase abgetrennt?

4 Was ist eine Emulsion?

5 Könnte man zum Spalten der Erdöl-Wasser-Emulsion Seife verwenden?

6 Beschreibe die wichtigsten Schritte der Aufbereitung, die das Erdöl in einer Trennanlage durchläuft.

7142R

3

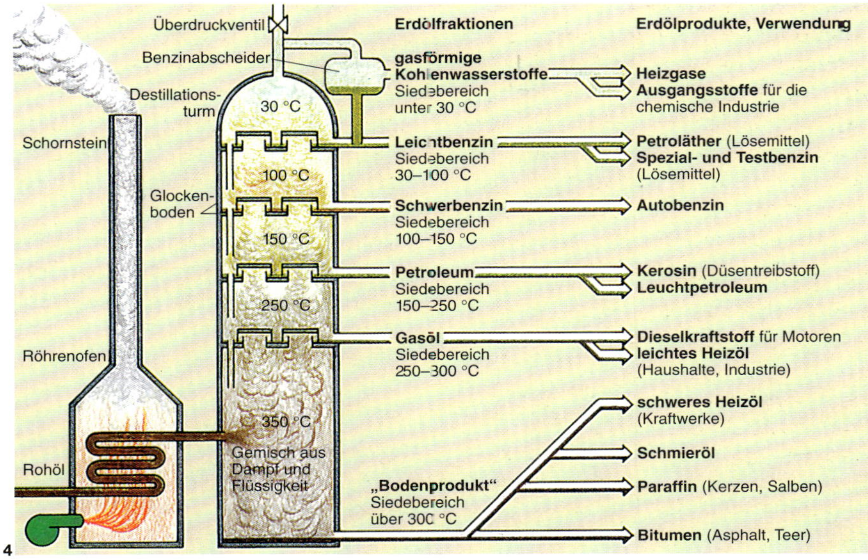

4

Erdöl ist ein Gemisch verschiedener Kohlenwasserstoffe. Da diese aus unterschiedlich großen Molekülen aufgebaut sind, unterscheiden sie sich auch in ihren Eigenschaften. Sie haben z. B. umso höhere Siedetemperaturen, je länger ihre Molekülketten sind.

Gemische verschiedener Flüssigkeiten lassen sich durch **Destillation** voneinander trennen. Dabei nutzt man die unterschiedlichen Siedetemperaturen der Flüssigkeiten.

In der **Erdölraffinerie** (Bilder 3 u. 4) geschieht das Destillieren im *Destillationsturm* bei normalem Luftdruck *(atmosphärische Destillation)*.

Das Erdöl wird zunächst durch einen Röhrenofen geleitet und auf ca. 350 °C erhitzt. Dabei verdampft es größtenteils, sodass ein Gemisch aus Flüssigkeit und Dampf seitlich unten in den Destillationsturm eintritt. Die bei dieser Temperatur noch flüssigen Kohlenwasserstoffe fließen nach unten; am Boden sammeln sie sich als sog. *Bodenprodukt.*

Die verdampften Bestandteile des Erdöls steigen nach oben. Dabei durchströmen sie die Zwischenböden, die sog. *Glockenböden* (Bild 5).

Wie du in Bild 4 siehst, nimmt die Temperatur im Destillationsturm und damit auf den Glockenböden von unten nach oben ab. Die Kohlenwasserstoffe steigen unterschiedlich weit nach oben. Dort, wo die jeweilige Siedetemperatur unterschritten wird, kondensieren sie. Die Flüssigkeiten sammeln sich auf den Glockenböden. Ein Teil von ihnen wird laufend nach außen abgeleitet.

Je niedriger ihre Siedetemperaturen sind, desto höher steigen die Kohlenwasserstoffe – ganz oben kommen die mit den niedrigsten Siedetemperaturen als Gasgemisch an. Dieses wird in einem weiteren Destillationsverfahren getrennt (so z. B. in Methan, Ethan, Butan und Propan).

Da die Siedetemperaturen der Kohlenwasserstoffe sehr nahe beieinander liegen, erhält man auf jedem Glockenboden ein Gemisch mehrerer Kohlenwasserstoffe mit ähnlichen Molekülgrößen. Diese unterschiedlichen Gemische bezeichnet man als **Fraktionen**.

Die Trennung des Erdöls in einzelne Fraktionen wird deshalb auch **fraktionierte Destillation** genannt.

Eine besondere Form der fraktionierten Destillation ist die **Vakuum-Destillation**. Das bei der normalen Destillation entstehende Bodenprodukt wird hierbei in einen Destillationsturm geleitet, in dem *verminderter Druck* herrscht. Man nutzt hierbei die Tatsache, dass Flüssigkeiten unter verringertem Druck bereits bei niedrigeren Temperaturen sieden.

5

Bei normalem (atmosphärischem) Druck und Temperaturen von über 350 °C würden viele langkettige Kohlenwasserstoffe zerfallen. Im Vakuumturm verdampfen sie aber bei deutlich geringerer Temperatur ohne sich zu zersetzen. Sie kondensieren auf den verschiedenen Glockenböden und werden so voneinander getrennt.

Fragen und Aufgaben zum Text

1 Nenne die wesentlichen Unterschiede bei der fraktionierten Destillation im Schulversuch und in der Erdölraffinerie.

2 Wasser und Alkohol haben ganz bestimmte Siedetemperaturen. Bei den Fraktionen des Erdöls spricht man dagegen von *Siedebereichen.* Warum?

3 Was wird bei der Erdöldestillation als Fraktion bezeichnet?

4 Sieh dir Bild 4 an. Welche Fraktionen entstehen, wofür werden sie verwendet?

5 Benzin lässt sich leichter entzünden als Petroleum. Begründe!

6 Welche Fraktionen sammeln sich am Boden des Destillationsturmes?

2 Die Erdöldestillate werden veredelt

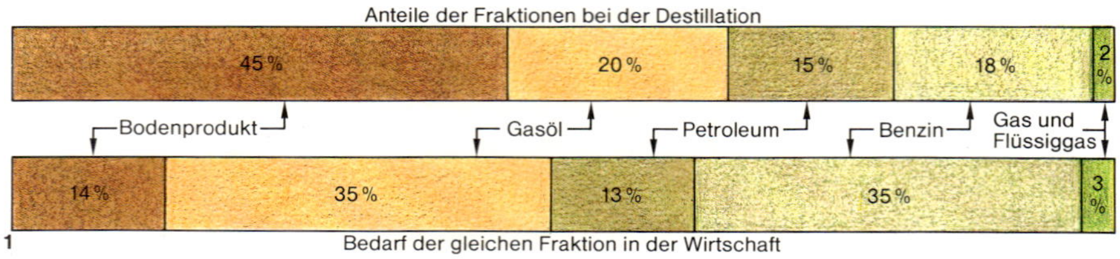

1

Bei der Destillation des Rohöls fallen die Fraktionen in bestimmten Mengen an. Der Bedarf der Wirtschaft an diesen Fraktionen sieht jedoch ganz anders aus (Bild 1). Findest du eine Lösung für dieses Problem?

V 8 Wir können Paraffinöl (oder Octadecan) oder auch die letzte Fraktion von Versuch 4 (Siedetemperatur über 230 °C) in andere Verbindungen umwandeln.

Der Versuch wird nach Bild 2 aufgebaut. Wir erhitzen erst vorsichtig, dann kräftig, bis das Paraffinöl fast vollständig verdampft ist.

a) Nun versuchen wir das entstandene Gas zu entzünden.

b) Dann prüfen wir 1–2 ml des Destillats auf Geruch und Entzündbarkeit. Vergleiche mit Heptan.

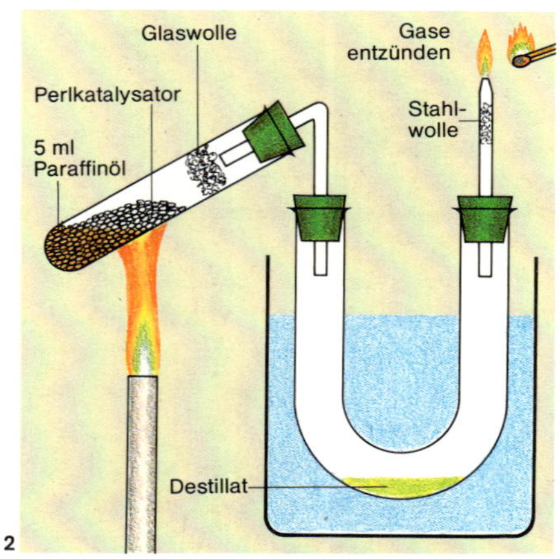

2

V 9 Einige Tropfen Bromwasser [T] (oder Baeyer-Reagenz [Xi]) werden in ein Reagenzglas gegeben, das etwas Destillat von V 8 enthält. Es muss gut geschüttelt werden.

a) Beschreibe das Versuchsergebnis. Was kannst du daraus schließen?

b) Wir tropfen nun etwas Benzin in Bromwasser [T]. Vergleiche mit dem Ergebnis, das wir beim Destillat erhalten haben.

Gehören Benzin und das Destillat in die gleiche Gruppe von Kohlenwasserstoffen?

Aufgaben

1 Von welchen Erdölfraktionen wird in der Wirtschaft mehr benötigt, als bei der fraktionierten Destillation des Erdöls entsteht (Bild 1)? Wie kann man den Bedarf decken?

2 Die Zusammensetzung des Erdöls aus verschiedenen Fundorten ist unterschiedlich (Bild 3).

Aus welchem Erdöl lassen sich vor allem Schmierstoffe herstellen? Und aus welchem wird man vor allem Heizöl (Gasöl) gewinnen?

3 Beim Cracken eines langkettigen Kohlenwasserstoffs bleibt die Anzahl der Kohlenstoff- und der Wasserstoffatome erhalten. Prüfe das bei den Crackprodukten des Decans (→ Info rechts und Bild 4) nach.

4 Gib an, ob die einzelnen Crackprodukte des Decans gesättigte

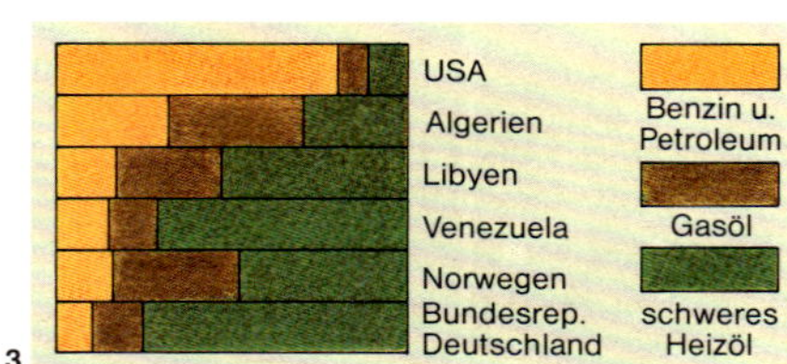

3

oder ungesättigte Kohlenwasserstoffe sind.

Welche Reaktionen würden sie demnach mit Bromwasser zeigen?

5 Bild 4 zeigt, dass beim Cracken auch Kohlenstoffatome entstehen können, die sich zu schwarzem Kohlenstoff zusammenlagern.

Das war auch in Versuch 9 zu beobachten. Wo setzte sich dort der Kohlenstoff ab?

6 In jeder Erdölraffinerie wird destilliert, reformiert und raffiniert. Beschreibe das am Beispiel des Weges vom Rohöl zum Benzin.

7 Vergleiche die Vorgänge beim Cracken und Reformieren.

8 Christian meint: „Was bei der Veredelung des Erdöls geschieht, sind eigentlich nur physikalische Vorgänge. Chemische Vorgänge spielen sich dabei nicht ab; es werden ja keine Stoffe hinzugefügt, die eine Reaktion bewirken könnten."

Dagegen protestiert Birgit. Wer hat Recht? Begründe!

9 Aus Erdöl gewinnt man z. B. Benzin. Lass dir je einen Tropfen Wundbenzin (aus der Apotheke) und Wasser nebeneinander auf die Hand tropfen. Blase dann Luft darüber und beschreibe, was du fühlst. Erkläre den Vorgang.

8557R

Am Anfang jeder Rohölverarbeitung steht die *fraktionierte Destillation* bei atmosphärischem Luftdruck. Dabei entstehen unterschiedliche Gruppen von Kohlenwasserstoffen.

Die meisten dieser Fraktionen müssen noch weiterverarbeitet werden. Dazu gehört die Reinigung, eventuell eine weitere verfeinerte Trennung ihrer Bestandteile durch Vakuumdestillation sowie die Umwandlung zu Produkten, die in der Industrie gerade gebraucht werden. Alle dazu notwendigen Verfahren nennt man **Veredelungsverfahren**.

Hier werden die wichtigsten *chemischen Vorgänge*, die dabei ablaufen, näher dargestellt:

Das Cracken

Die bei der fraktionierten Destillation von Rohöl anfallenden Mengen an Benzin reichen nicht aus um den großen Bedarf zu decken (Bild 1). Du brauchst nur daran zu denken, wie groß die Nachfrage allein an Autobenzin ist!

Um dieses Problem zu lösen, wurden in der chemischen Industrie **Crackverfahren** (engl. *to crack:* zerbrechen, spalten) entwickelt. Das Wesentliche dabei ist, dass Kohlenwasserstoffe mit langkettigen Molekülen in solche mit kurzkettigen Molekülen aufgespalten werden.

Bild 4 zeigt an einem Decanmolekül, dass beim Cracken sowohl *gesättigte Kohlenwasserstoffe* (ihre Moleküle haben nur Einfachbindungen) als auch *ungesättigte Kohlenwasserstoffe* (Moleküle mit Doppelbindungen) und Ruß entstehen können.

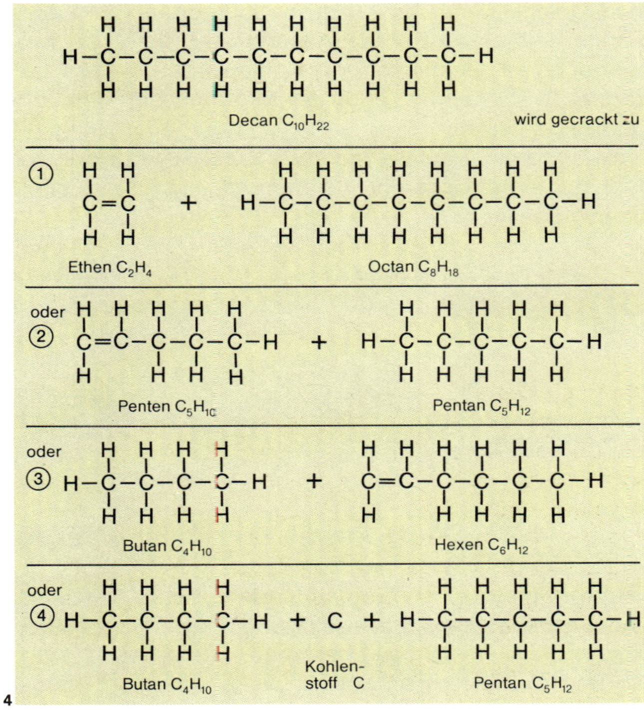

4

Das Reformieren (Reforming)

Die Qualität des durch Destillation oder Cracken erzeugten Benzins reicht in der Regel für moderne Hochleistungsautomotoren noch nicht aus; sie muss also verbessert werden. Das erreicht man z. B. durch das katalytische **Reformingverfahren** (lat. *reformare:* umgestalten, umbilden).

Dabei werden die im Rohbenzin enthaltenen langen Kettenmoleküle sowie wasserstoffreiche, ringförmige Verbindungen in verzweigte Moleküle bzw. ringförmige Moleküle mit Doppelbindungen und vor allem Aromaten überführt. Produkte mit solchem Molekülbau sind „motorfreundlicher".

Beispiele für die chemischen Vorgänge, die beim Reformieren ablaufen können, zeigen die Bilder 5 u. 6.

Das Raffinieren

Häufig enthalten die durch die verschiedenen Verarbeitungsverfahren gewonnenen Produkte noch Schwefelverbindungen. Diese müssen entfernt werden, bevor die Produkte zum Verbraucher gelangen.

Das gilt vor allem für Benzine, Heizöl und Dieselöl. Bei ihrer Verbrennung würden sonst große Mengen Schwefeldioxid entstehen und unsere Umwelt noch stärker belasten. Bei den **Raffinationsverfahren** (franz. *raffiner:* verfeinern) befreit man Kohlenwasserstoffe von unerwünschten Bestandteilen.

Die schwefelhaltigen Erdölprodukte werden zunächst mit Wasserstoff vermischt und erhitzt. Das Gemisch kommt in einen Reaktor mit einem Katalysator. Bei Temperaturen von 300–350 °C reagiert dort der Schwefel aus den Kohlenwasserstoffen mit dem Wasserstoff zu Schwefelwasserstoff.

Ein Beispiel dafür ist die Reaktion des typischen Erdölbestandteils *Thiophen*:

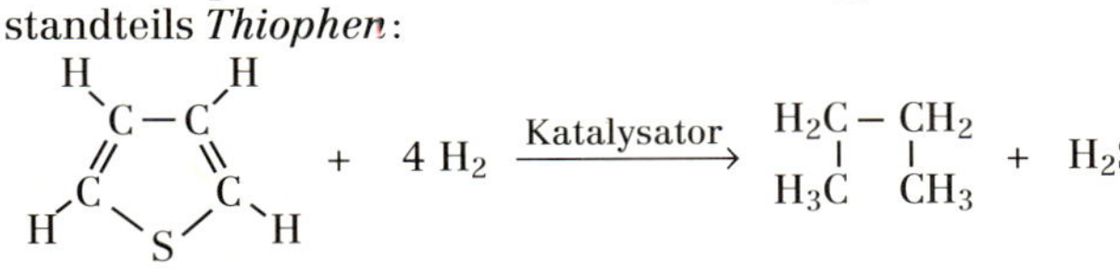

Thiophen — Wasserstoff — Butan — Schwefelwasserstoff

Das entschwefelte Produkt, der entstandene Schwefelwasserstoff sowie übrig gebliebener Wasserstoff durchlaufen dann einen Trennturm.

Der Wasserstoff wird anschließend erneut bei der Raffination eingesetzt, das entschwefelte Produkt nun weiterverwendet. Der übel riechende und sehr giftige Schwefelwasserstoff wird in einer weiteren Anlage (dem *Clausofen*) in unschädliche Stoffe (Schwefel und Wasser) umgewandelt.

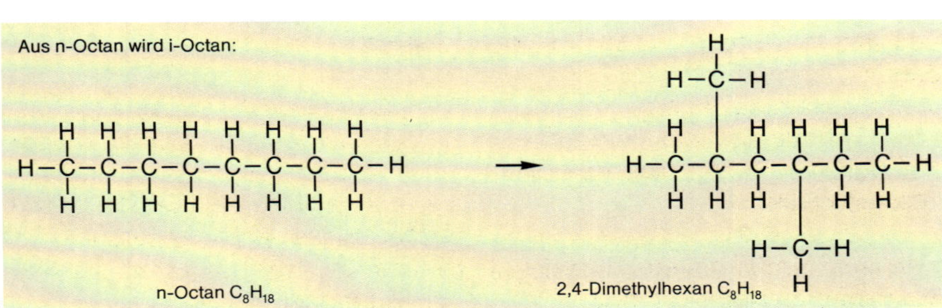

5

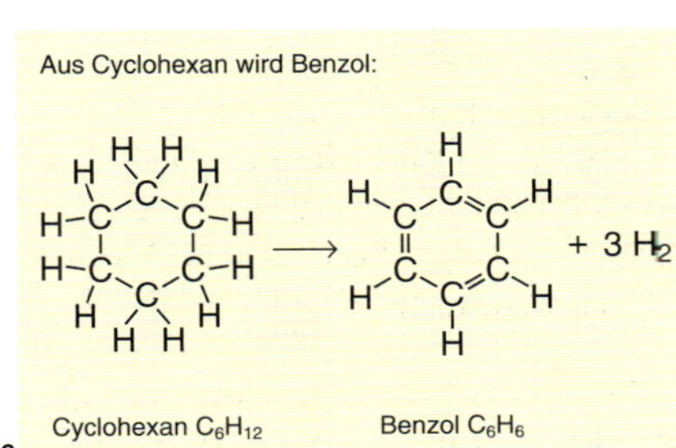

6

3 Erdölprodukte für die Petrochemie

Die *Erdölchemie* umfasst verschiedene Bereiche. In dem bereits bekannten Bereich werden aus Rohöl die verschiedensten Gemische von Kohlenwasserstoffen gewonnen. Dazu gehören auch die Verfahren zum Veredeln der Erdöldestillate.

Ein anderer, ebenfalls wichtiger Bereich der Erdölchemie ist die **Petrochemie** – treffender eigentlich *Petrolchemie* genannt.

Diese Bezeichnung bedeutet „Chemie des Petroleums und der Petroleumprodukte". Sie beschäftigt sich mit den Chemikalien, die aus Petroleum hergestellt werden. *Petroleum* ist ein alter Name für Erdöl (griech. *petros:* Stein; lat. *oleum:* Öl).

Die aus dem Erdöl gewonnen Grundchemikalien dienen wiederum als Ausgangsstoffe für die chemische Industrie. Bild 1 zeigt einige Beispiele dazu.

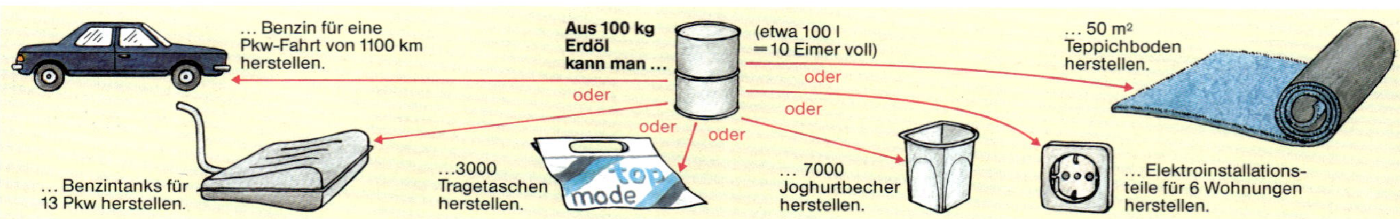

1

Aus Umwelt und Technik: **Erdöl – zum Verbrennen zu schade!**

Hauptprodukte einer *Erdölraffinerie* sind zweifellos Heizöl, Dieselöl und Benzin. Sie sind wichtige Energieträger und werden ausschließlich wegen ihres Energiegehaltes genutzt; das heißt, sie werden verbrannt.

Den meisten großen Erdölraffinerien sind auch Fabrikationsanlagen der *Petrochemie* angegliedert. Hier werden aus Erdölprodukten *Chemikalien für die chemische Industrie* produziert. Dabei spielt der Energiegehalt der Kohlenwasserstoffe eine untergeordnete Rolle. Vielmehr werden hier Verbindungen wegen ihrer Molekülstruktur hergestellt.

Heute können grundsätzlich alle Fraktionen des Rohöls als Ausgangsstoffe für die Petrochemie eingesetzt werden. Meist sind es jedoch Benzinfraktionen mit einem Siedebereich von 40–170 °C. Dazu gehört sowohl das bei der Erdöldestillation anfallende *Rohbenzin* als auch das *Reformatbenzin*, das beim Reformieren von Rohbenzin entsteht.

Beide Benzinsorten werden zuerst gecrackt. Dabei entstehen die „Primärchemikalien" – beim Rohbenzin sind es Ethen, Propen und ein Gemisch von Kohlenwasserstoffen mit je 4 Kohlenstoffatomen im Molekül. Aus Reformatbenzin gewinnt man so vor allem Toluol, Xylol und Benzol.

Diese Stoffe werden gereinigt und dann weiterverarbeitet.

Wenn du die Bilder 1 u. 2 genauer ansiehst, kannst du vielleicht verstehen, dass *Erdöl* eigentlich *zum Verbrennen zu schade* ist. Trotzdem dienen nur ca. 7 % der Erdölprodukte als Ausgangsstoffe für die Petrochemie.

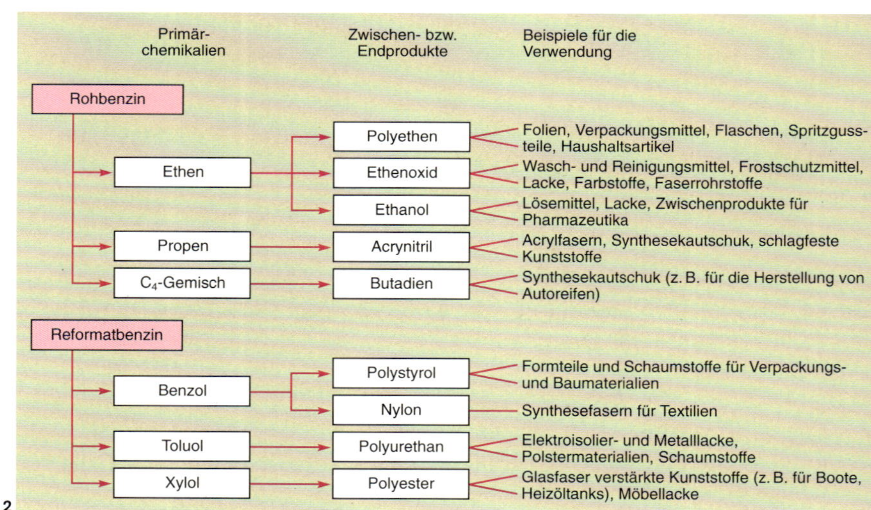

2

Fragen und Aufgaben zum Text

1 Erläutere die Bedeutung des Erdöls als Ausgangsstoff für die chemische Industrie.

2 Was verstehst du unter *Petrochemie*? Welche Bedeutung hat sie?

3 Was sind *Primärchemikalien*?

4 Ethen und Propen sind „Schlüsselverbindungen" zur Herstellung wichtiger chemischer Verbindungen.

Begründe das anhand der Eigenschaften dieser beiden Alkene.

5 Zur Erzeugung von Energie wird auch Erdöl verbrannt. Erläutere an Beispielen, warum es dazu eigentlich zu schade ist.

6 Durch welche Maßnahmen könnte man den Anteil der Erdölprodukte, die zur Energiegewinnung dienen, reduzieren?

7 Nenne Möglichkeiten um Erdöl als Brennstoff zu ersetzen. Erörtere Vor- und Nachteile.

8 Vergleiche *Ethen* mit *Polyethen.*

7150R

Aus Umwelt und Technik: **Eine Tragetasche aus Kohlenwasserstoffen**

Ähnliche Aufdrucke wie den in Bild 3 kann man häufig auf Tragetaschen aus Kunststoff lesen.

Der Ausgangsstoff für **Polyethylen** (auch als *Polyäthylen* oder *Polyethen* bezeichnet) ist **Ethen**, eine wichtige Primärchemikalie der Petrochemie.

Ethenmoleküle sind aufgrund ihrer Doppelbindung zwischen den Kohlenstoffatomen sehr reaktionsfähig; sie können sogar miteinander reagieren. Die Doppelbindungen gehen dabei in Einfachbindungen über.

3

Durch fortwährende Verknüpfung mit weiteren Ethenmolekülen entstehen langkettige (oder auch verzweigte) *Makromoleküle* aus 10 000 bis 100 000 Bausteinen (Monomeren): Aus Ethen wird Polyethen. Diese Reaktion heißt *Polymerisation*.

Jede Tragetasche aus Polyethylen ist also ein Kohlenwasserstoffprodukt. Das Material verbrennt zu Kohlenstoffdioxid und Wasser. Durch Zusätze kann es sogar unter Lichteinfluss nach und nach zerfallen.

Erdöl und seine Verarbeitung

Alles klar?

1 Man unterscheidet *Erdöl* von *Rohöl*. Worin bestehen die Unterschiede?

2 Weshalb muss beim Destillieren von Erdöl die Temperatur *langsam* ansteigen?

3 Wie erklärst du die unterschiedlichen Siedetemperaturen der Fraktionen?

4 Erkläre das Prinzip der Vakuumdestillation.

5 Bild 4 zeigt das Modell einer Fraktionierkolonne.
Wie viele „Glockenböden" findest du? Wie viele Fraktionen kann man mit diesem Gerät gewinnen?
In welchem der drei Bechergläser wird die Fraktion mit dem höchsten Siedebereich aufgefangen?

6 Nenne Produkte, die beim Cracken von Hexadecan $C_{16}H_{34}$ entstehen.
Wie kann man Alkene in den Crackprodukten nachweisen?

Auf einen Blick

Erdöl und seine Verarbeitung

Erdöl wird zunächst zu Rohöl verarbeitet, indem man Wasser, Salze und Gase entfernt.

Rohöl ist ein **Gemisch** verschiedener Kohlenwasserstoffe.

Die Bestandteile des Rohöls lassen sich durch **fraktionierte Destillation** voneinander trennen.

Dabei nutzt man die unterschiedlichen Siedetemperaturen der einzelnen Kohlenwasserstoffe aus. Deren Werte hängen z. B. von Molekülform und -masse und dem Luftdruck ab.

Die entstehenden **Fraktionen** sind Gemische von Kohlenwasserstoffen, deren Siedetemperaturen jeweils in einem bestimmten Bereich liegen.

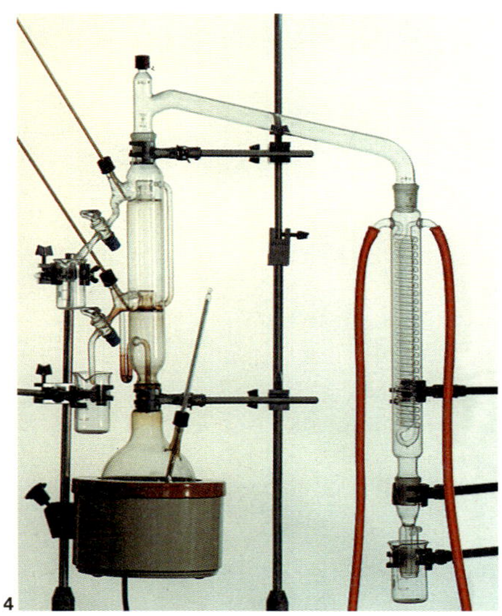
4

Die *Rohöldestillate* werden anschließend durch **Veredelungsverfahren** weiterverarbeitet:

Beim **Cracken** *spaltet* man langkettige Moleküle in kurzkettige. Dabei entstehen neben niedrig siedenden gesättigten Kohlenwasserstoffen auch ungesättigte.

Beim **Reformieren** (Reforming) werden die langkettigen Moleküle in kleinere, oft verzweigte oder ringförmige *umgewandelt*. Aus letzteren entstehen durch Dehydrierung aromatische Kohlenwasserstoffe.

Bei der **Raffination** *reinigt* man die Kohlenwasserstoffe. So werden z. B. schwefelhaltige Erdölfraktionen entschwefelt.

Erdöl ist nicht nur ein bedeutender Energieträger,
sondern auch ein wichtiger Rohstoff für die chemische Industrie.

Erdöl und Erdöldestillate als Energieträger

1 Energie aus Erdöl und Erdölfraktionen

V 1 Der Versuch zeigt, wie aus Benzin die zum Antrieb eines Fahrzeugs notwendige Energie gewonnen wird.

a) Vom Lehrer werden auf je ein Uhrglas 2 Tropfen Benzin [F,T] und Wasser gegeben. Was stellst du nach wenigen Minuten fest? (Der Vorgang lässt sich auch gut beobachten, wenn je ein Tropfen Wasser und Benzin auf den Tageslichtprojektor geträufelt werden.)

b) Was wird passieren, wenn der Lehrer Benzin auf ein Uhrglas gibt und eine Streichholzflamme nähert? (Vorsicht, Benzinflasche vorher schließen und wegstellen!)

c) Bild 1 zeigt den sog. „Pappröhrenversuch". Beschreibe ihn. Welches Ergebnis erwartest du?

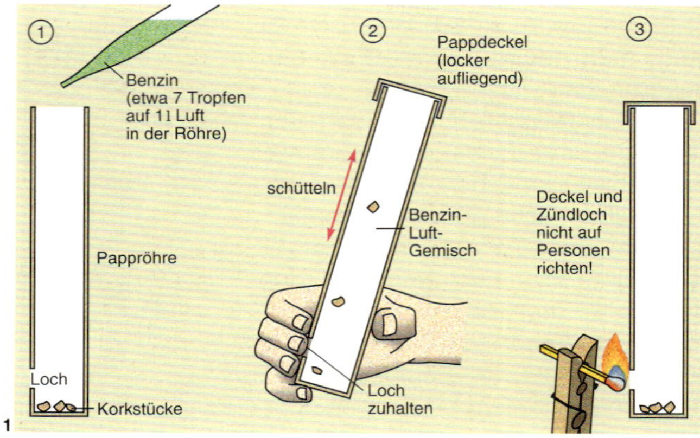

1

Wenn der Motor „klopft" oder „klingelt"...

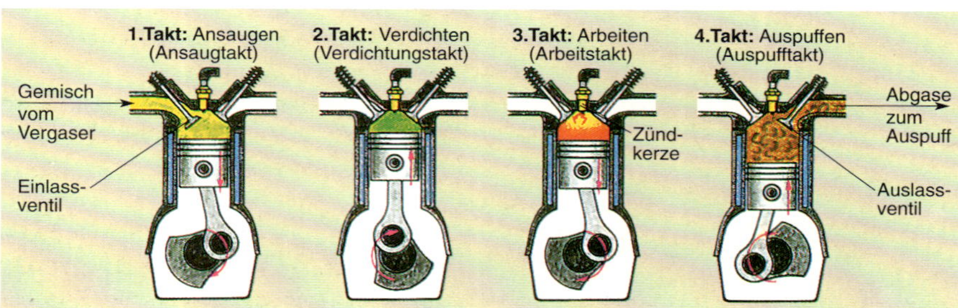

2

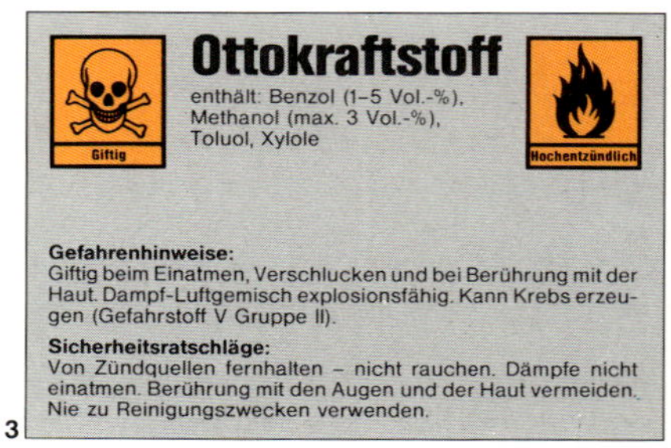

3

Im Verbrennungsmotor wird ein Benzin-Luft-Gemisch durch den Funken der Zündkerze im Zylinder gezündet (Bild 2). Das geschieht normalerweise, wenn der Kolben seinen höchsten Stand erreicht hat. Durch die hohe Verbrennungstemperatur dehnen sich die Verbrennungsprodukte stark aus und bewegen den Kolben nach unten.

Das Benzin-Luft-Gemisch im Zylinder erwärmt sich aber schon, wenn es verdichtet wird. Die dabei erreichte Temperatur kann es schon zur Zündung bringen, bevor noch ein Funke aus der Zündkerze kommt. Dann entsteht im Motor ein besonderes Geräusch, das sog. **Klopfen** oder **Klingeln**.

So etwas hat negative Auswirkungen: Der Motor verbraucht mehr Benzin, seine Leistungsfähigkeit wird verringert (weil der Kolben nicht mehr im richtigen Moment angetrieben wird) und der Motor wird viel schneller abgenutzt.

Um das Klopfen zu verhindern, macht man das Benzin durch besondere Zusätze (Bild 3) *klopffester*. So erreicht man, dass es sich beim Verdichten nicht mehr von selbst entzündet.

Die Oktanzahl (OZ) ist ein Maß für die Klopffestigkeit des Benzins. Der Begriff *Oktanzahl* ist von dem Kohlenwasserstoff Iso-Octan (2,2,4-Trimethylpentan) abgeleitet worden (Bild 4). Ihm wird die Oktanzahl 100 zugeordnet.

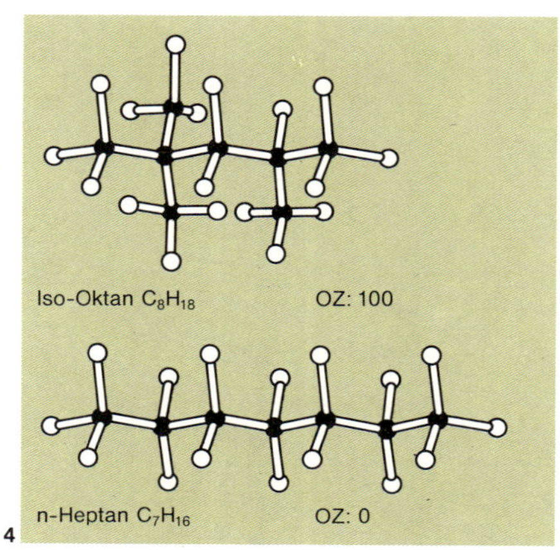

4

Iso-Octan ist ein besonders klopffester, also *zündträger* Kohlenwasserstoff. Dagegen ist z. B. n-Heptan stark klopfend, also *zündfreudig*. Man hat ihm die Oktanzahl 0 zugeordnet (Bild 4).

Wenn man nun die Oktanzahl eines bestimmten Treibstoffs angeben will, vergleicht man ihn mit einem Gemisch aus Iso-Octan und n-Heptan beim Betrieb eines Testmotors.

„OZ 92" bedeutet z. B.: Das *Zündverhalten* des Treibstoffs entspricht dem eines Gemisches aus 92 % Iso-Octan und 8 % n-Heptan.

Welchen Treibstoff ein Auto benötigt, legt der Autohersteller fest: Normalbenzin (OZ 92), Superbenzin (OZ 95), Super plus (OZ 98) oder verbleites Superbenzin (OZ 98).

Die Auspuffgase von Benzinmotoren enthalten neben den ungiftigen Verbrennungsprodukten Wasser und Kohlenstoffdioxid auch giftige Stoffe: Kohlenstoffmonooxid (CO), Stickstoffoxide (NO_x), unverbrannte Kohlenwasserstoffe (CH-Verbindungen) und oft Blei.

Nach heutigem Stand der Technik lassen sich die Schadstoffe durch einen **geregelten Katalysator** vermindern: Auf der Oberfläche seiner feinen Kanälchen befinden sich Platin und Rhodium. In ihrer Gegenwart reagieren Schadstoffe zu ungiftigen Produkten, z. B.:

$$2\,NO_2 + 4\,CO \rightarrow 4\,CO_2 + N_2$$

Ein Katalysator muss vor Ablagerungen geschützt werden; Blei würde sich nämlich auf den Edelmetallen absetzen und damit den Katalysator unwirksam machen. Deshalb muss der Motor mit **bleifreiem Treibstoff** betrieben werden.

8558R

Aufgaben

1 Was geschieht im Ottomotor mit dem Benzin-Luft-Gemisch während der vier Takte (Bild 2)? Beschreibe!

2 Was bedeutet: „Ein bestimmtes Benzin hat die Oktanzahl 95“?

3 Was geschieht, wenn ein Motor, der für Superbenzin gebaut ist, mit Normalbenzin betrieben wird? Was geschieht im umgekehrten Fall?

4 Zündträges Benzin – ist das nicht für einen Verbrennungsmotor vollkommen ungeeignet? Begründe deine Meinung.

5 Erkläre die Aussage: „Benzin ist klopffest.“

6 Welche Abgase und Schadstoffe entstehen bei der Verbrennung von Benzin?

7 Stelle die Reaktionsgleichung zur Verbrennung von n-Octan auf.

8 Warum stoßen Verbrennungsmotoren Stickstoffoxide aus, obwohl im Benzin kein Stickstoff ist?

9 Durch *Benzol* kann man die Klopffestigkeit von Benzin verbessern. Warum setzt man es trotzdem nur sparsam ein?

Aus Umwelt und Technik: **Umweltbewusst fahren**

Um sparsam und umweltbewusst zu fahren, muss man keineswegs wie eine Schnecke durch den Verkehr schleichen. Man sollte jedoch unnötig hohe Drehzahlen des Motors vermeiden. Hier einige Tipps:

1. Den ersten Gang nur zum Anfahren benutzen. Schon bei Schritttempo in den zweiten Gang schalten. Auch diesen nicht „hochjubeln“ lassen, sondern möglichst bald in den dritten Gang schalten (Bild 5).
2. Auf Landstraßen und Autobahnen immer im höchsten Gang fahren, wenn es die Verkehrsverhältnisse zulassen, aber nicht mit durchgetretenem Gaspedel (Bild 6).
3. Auch im Stadtverkehr einen möglichst hohen Gang benutzen.
4. Nicht ständig beschleunigen und wieder bremsen; vielmehr durch vorausschauende Fahrweise das Auto möglichst gleichmäßig rollen lassen (Bild 7).
5. Am Berg und beim Beschleunigen nur so viel Gas geben, wie der Motor annimmt. Wer mehr Gas gibt als nötig, erhöht nur den Benzinverbrauch, erhält aber nicht mehr Leistung des Wagens.
6. Bei längeren Pausen (z. B. vor Bahnschranken oder im Stau) Motor abstellen. Bei 3 Minuten Leerlauf verbraucht der Wagen etwa soviel Benzin wie bei 1 km Fahrt.
7. Nach dem Starten den Motor nicht erst warm laufen lassen.
8. Kurzstreckenfahrten vermeiden. Erst nach 4 km Fahrt hat sich der Benzinverbrauch normalisiert (Bild 8).

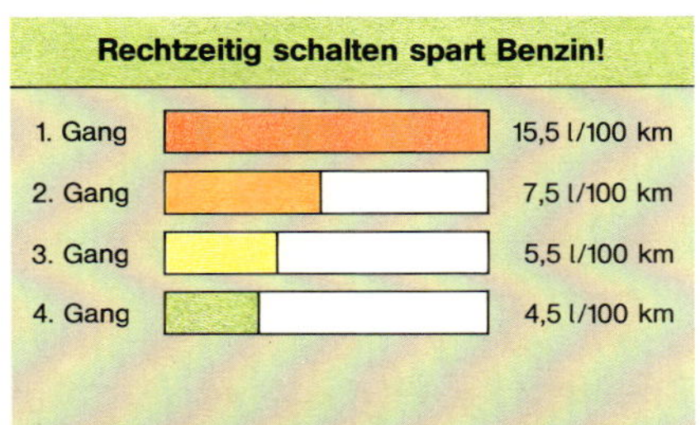

5 Benzinverbrauch bei je 50 km konstanter Fahrt im selben Gang

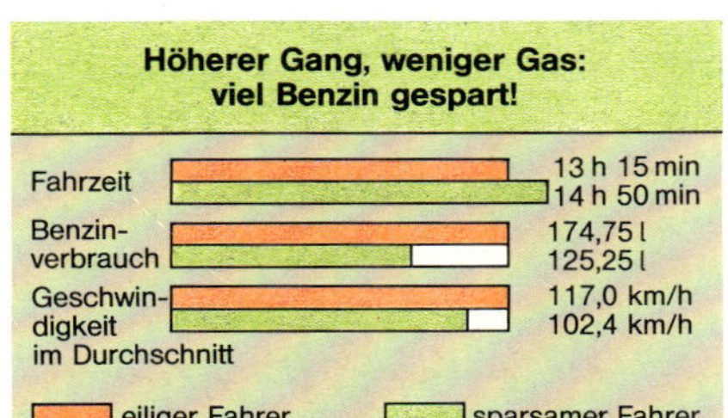

6 Benzinverbrauch auf 1550 km Streckenlänge bei unterschiedlicher Fahrweise

Moderne Automotoren müssen nicht dauernd mit hohen Drehzahlen gefahren werden; bei wenig Gas vertragen sie auch niedrigere Drehzahlen. Solange der Motor „rund“ läuft, ist alles in Ordnung.

Bei schnellen Fahrten auf der Autobahn entscheidet die Geschwindigkeit über den Benzinverbrauch (Bild 9). Mit der Geschwindigkeit des Autos steigt nämlich auch der Luftwiderstand; und zu dessen Überwindung braucht man mehr Benzin. Zudem nimmt der Ausstoß schädlicher Stickstoffoxide dabei zu.

Wer vernünftig mit dem Gaspedal umgeht, spart also Geld; außerdem tut er etwas für den Umweltschutz.

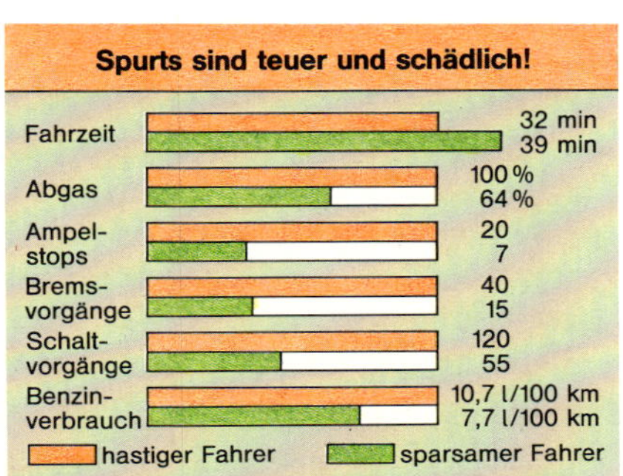

7 Unterschiede bei hastiger und vorausschauender Fahrweise auf einer Strecke von 28 km

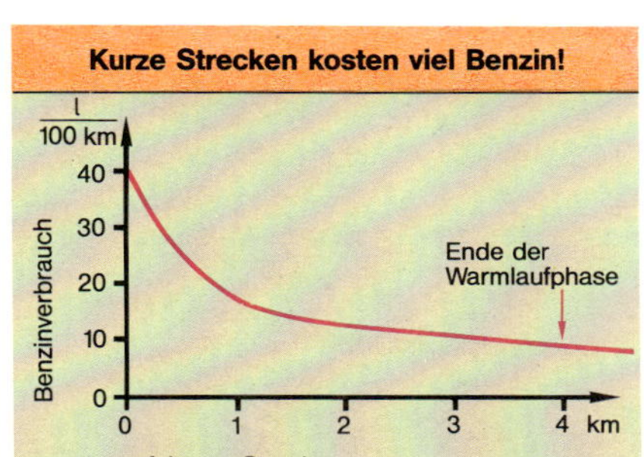

8 Benzinverbrauch eines 1,6-l-Wagens auf den ersten Kilometern jeder Fahrt (Außentemperatur 0 °C)

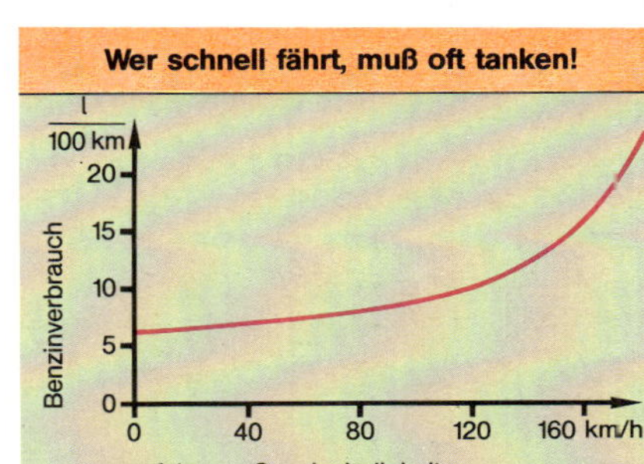

9 Steigender Benzinverbrauch bei wachsender Geschwindigkeit

2 Heizöl

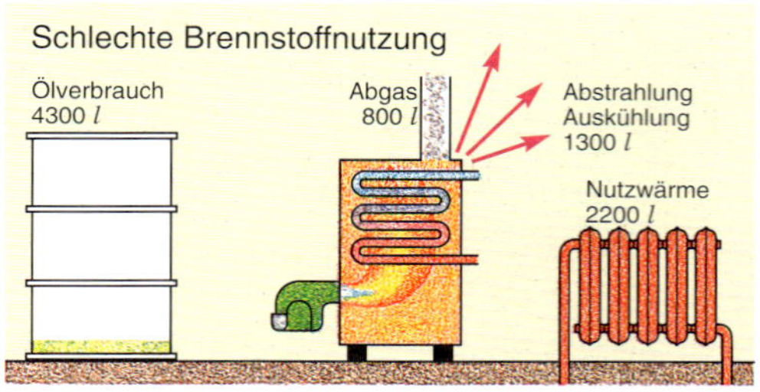

1

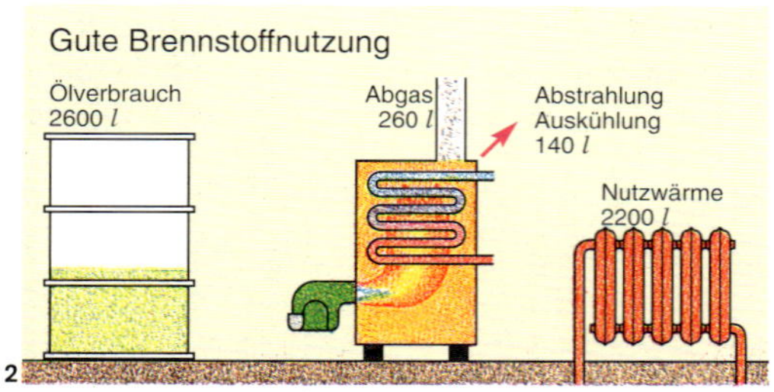

2

Unterschiedlicher Heizölverbrauch bei gleicher Nutzwärmeabgabe!
(alle Zahlen in Liter Heizöl pro Jahr)

V 2 Durch eine richtige Flammeneinstellung (Bild 3) kannst du die Abgasverluste verringern.

Überlege, wie du dazu die Flamme einstellen musst.

Halte eine Porzellanschale über die nichtrauschende Flamme eines Brenners.

Wiederhole den Versuch mit rauschender Brennerflamme.

Erkläre den Unterschied.

3

4

V 3 An einem „Zerstäubungsbrenner" (Bild 4) siehst du, dass zerstäubtes Öl vollständig verbrennen kann.

Die Öffnung einer mit Petroleum [F] gefüllten Zerstäuberflasche wird im Abstand von 20–30 cm schräg von unten gegen eine Kerzenflamme gerichtet.

Mit kräftigem Druck sprüht man einen Schuss Petroleum in die Flamme (Vorsicht, Stichflamme!).

Aus Umwelt und Technik: **So funktioniert der Ölbrenner für die Ölheizung**

Ein großer Teil der Erdöldestillate mit dem Siedebereich 200–350 °C wird als Heizöl verkauft. Die Primärenergie soll hier also nur in Wärme umgewandelt werden.

Die Konstrukteure der Brenner tun alles um die Energie optimal zu nutzen; sie bemühen sich um einen hohen Wirkungsgrad der Brenner.

Damit der erreicht wird, muss das Heizöl möglichst vollständig verbrennen. Das erreicht man auf zweierlei Weise: Erstens sorgt man dafür, dass die Luftzufuhr stimmt. Und zweitens wird der Brennstoff, bevor er gezündet wird, möglichst fein zerteilt.

Ein zu geringes oder schlecht verteiltes Luftangebot würde einen Teil des Brennstoffs nur zu Kohlenstoffmonooxid reagieren lassen; dabei könnten auch unverbrannte Kohlenwasserstoffe oder Ruß entstehen.

Der Brennstoff verbrennt nur dann vollständig, wenn er vorher in die Gasphase überführt wurde. Deshalb werden flüssige Brennstoffe zunächst vorbereitet – d. h., die Brennstoffe werden entweder *verdampft* oder *zerstäubt.* Das geschieht im **Brenner** für die Ölheizung (Bild 5).

Um das Öl durch Zerstäubung vorzubereiten, wird der Ölstrom durch ein Rohr gepresst. Rings um das Rohr herum, das mit einer Verengung abschließt, verläuft ein Luftkanal.

Das Öl tritt an dem in besonderer Weise konstruierten Ende des Öl führenden Rohres aus. Dabei wird es regelrecht in kleine Tröpfchen zerrissen. Als Ölnebel schwebt es dann in der Verbrennungsluft, die vom Ventilator zugeführt wird.

So kann das Heizöl leicht entzündet werden. Je feiner das Heizöl zerstäubt ist, desto vollkommener verbrennt es.

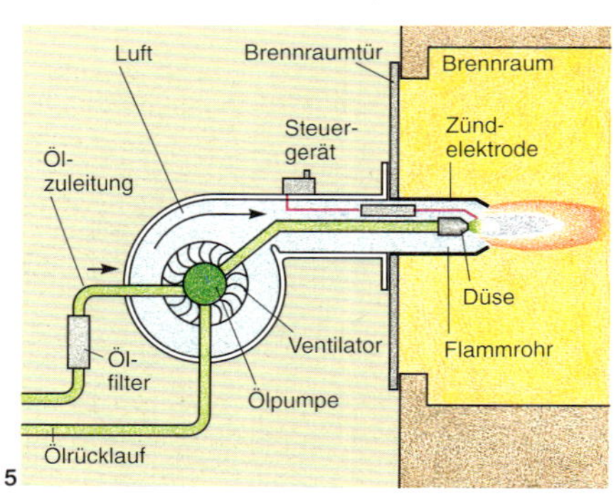

5

Der Brenner ist mit einem Steuerungsgerät versehen, das den Brennvorgang freigibt, überwacht sowie gegebenenfalls abschaltet.

Wenn der Brenner den Brennvorgang freigibt, wird der Brennstoff mit Hilfe der Zündelektrode gezündet.

Das leichte und dünnflüssige Heizöl ist besonders gut geeignet. Für die Gebäudeheizung und andere Ölfeuerstätten im Haushalt nimmt man nur leichtes Heizöl.

Bevor Heizöl in den Handel kommt, färbt man es rot.

Außer dieser Kennzeichnung hat der Gesetzgeber einen Zusatz von Furfurol vorgeschrieben. Damit will man verhindern, dass leichtes Heizöl missbräuchlich in Dieselmotoren verwendet wird.

Der Grund dafür ist der, dass leichtes Heizöl nichts anderes als Dieselöl ist – nur kostet es (wegen der Steuer, mit der Treibstoffe belegt sind) erheblich weniger als Dieselöl.

8559R

Aus Umwelt und Technik: **Ärger mit der Ölheizung**

Das gibt es gar nicht so selten: Die Ölheizung rußt und an der Hauswand am Schornstein schlägt Nässe durch (Bild 6). Hat es etwa in den Schornstein hineingeregnet?

Der Schornsteinfeger wird zu Rate gezogen und stellt fest, dass die Nässe im Schornstein „hausgemacht" ist: Sie wird durch die Ölheizung selbst verursacht. Das ist so zu erklären:

6

Das Heizöl ist (wie das Dieselöl) ein Gemisch kettenförmiger Kohlenwasserstoffe mit einem Siedebereich von 200 °C bis 350 °C.

Geht man von einem Stoff mittlerer Kettenlänge aus (z. B. von *Pentadecan* mit 15 Kohlenstoffatomen im Molekül), so ergibt sich bei vollständiger Verbrennung die folgende Reaktion:

$$C_{15}H_{32} + 23\,O_2 \rightarrow 15\,CO_2 + 16\,H_2O \quad | \text{ exotherm.}$$

Die Reaktionsgleichung zeigt, dass bei der Verbrennung neben Kohlenstoffdioxid auch reichlich Wasser entsteht.

Wie viel Wasser sich bildet, lässt sich genau berechnen: Verbrennt man 1 l Heizöl, entsteht 1,127 l Wasser.

Wenn der Schornstein schlecht „zieht", kondensiert mindestens ein Teil dieses Wassers an den Wänden; daher die Nässe im Schornstein.

Wenn innerhalb eines Jahres zum Beispiel 4000 Liter Heizöl verbrannt werden, entstehen auf diese Weise 1,127 Liter Wasser · 4000 = 4508 Liter Wasser. Das entspricht dem Inhalt von mehr als 32 Badewannen mit jeweils 140 Liter Wasser!

Zur Erklärung der Rußbildung musst du etwas über den Luftverbrauch bei der Verbrennung von Heizöl wissen:

Bei der vollständigen Verbrennung von 1 l Heizöl sind rund 10 000 l Luft (= 10 m^3) erforderlich. Wenn diese Luftmenge nicht voll zur Verfügung steht, verläuft die Verbrennung *unvollständig*: Die Flamme rußt. Umweltbelastung und Energieverschwendung sind die Folgen.

Aus Umwelt und Technik: **Was misst der Schornsteinfeger?**

Moderne Heizungsanlagen sollen die Brennstoffe optimal nutzen. Ziel ist dabei, die chemische Energie des Brennstoffs (die *Brennstoffenergie*) durch vollständige Verbrennung in Wärme umzuwandeln und diese dann möglichst ohne Verluste dem Heizungssystem zuzuführen. Saubere Brenner und eine richtige Einstellung der Flamme sind dazu unbedingte Voraussetzungen.

Schornsteinfeger haben die Aufgabe alle Heizungsanlagen regelmäßig einmal im Jahr zu überprüfen und darüber einen *Meßbericht* anzulegen. Welche Messungen dabei vorgenommen werden müssen, kannst du dem Messbericht in Bild 7 entnehmen.

Die *Rußzahl* bestimmt der Schornsteinfeger an der Stelle mit der höchsten Abgastemperatur. Dazu lässt er mehrmals hintereinander ein bestimmtes Gasvolumen durch ein Filterpapier strömen. Den Schwärzungsgrad des Filterpapiers vergleicht er dann mit einer genormten Skala und liest an ihr den entsprechenden Messwert ab. Aus drei Messwerten bildet er den Mittelwert.

Ölderivate – das sind unverbrannte Bestandteile des Heizöls – dürfen in den Abgasen nicht enthalten sein.

Der Gehalt an *Kohlenstoffdioxid* in den Abgasen wird mit Hilfe einer Testlösung ermittelt. Er liegt umso höher, je vollständiger das Heizöl verbrannt wird.

Die *Lufttemperatur* wird in der Nähe der Ansaugöffnung des Brenners gemessen. Die Luft strömt von dort in den Brenner hinein und dient als „Verbrennungsluft".

Die *Abgastemperatur* sollte möglichst gering sein, eine bestimmte Temperatur aber nicht unterschreiten (sonst „zieht" der Schornstein schlecht). Je höher dieser Wert ist, desto mehr Wärme geht mit den Abgasen verloren.

Der *Abgasverlust* wird nach einer bestimmten Formel aus der gemessenen Abgastemperatur berechnet.

Man versteht darunter den Prozentsatz an Brennstoffenergie, der mit den Abgasen verloren geht. Für die Abgasverluste gibt es Grenzwerte, deren Einhaltung kontrolliert wird. Werte von 8–10 % gelten als gut.

Für die **Auswertung** der Messergebnisse und die Beurteilung der Heizungsanlage ist der *Abgasverlust* besonders wichtig: Je geringer er ist, desto besser ist nämlich der feuerungstechnische **Wirkungsgrad** der Anlage.

Je höher die Abgastemperatur, desto mehr Wärme geht verloren und desto kleiner ist der Wirkungsgrad. Deshalb sind moderne Heizungsanlagen so gebaut, dass die Abgase möglichst viel Wärme abgeben, *bevor* sie in den Schornstein gelangen. Allerdings dürfen in den meisten Heizungsanlagen Abgastemperaturen von ca. 160 °C nicht unterschritten werden. Sonst kondensiert das in den Abgasen enthaltene Wasser, was zu Schäden am Heizkessel oder im Schornstein führen kann.

Messergebnis

Rußzahl 1. 1 2. 1 3. 1 Mittelwert 1

Ölderivate ja ☐ nein ☒ | Lufttemperatur in °C 20

Abgastemperatur in °C 221

Kohlendioxid, Volumengehalt in % 12 | Abgasverlust in % 9,8

Druckdifferenz in mbar 0,05

Das Messergebnis entspricht der Verordnung. ja ☒ nein ☐

7

Aus Umwelt und Technik: **Wie Flugzeugtriebwerke funktionieren**

1

2

3

Vielleicht hast du dich beim Anblick eines Jumbojets (Bild 1) schon gefragt: Wie wuchtet der Jumbo eigentlich seine riesige Masse in die Luft und wie kann er sich so lange oben halten? Die Anwort lautet: Durch Verbrennen riesiger Mengen von **Treibstoff** in einem Hochleistungsverbrennungsmotor, nämlich im **Turbinentriebwerk** (Bild 2).

Das Triebwerk ist eine Vorrichtung zur gleichmäßigen Verbrennung von Treibstoff. Ähnlich wie bei einer Ölheizung wird darin ständig Luft mit Treibstoff vermischt und fortlaufend verbrannt – allerdings unter wesentlich extremeren Bedingungen.

Zunächst ein paar Zahlen:

Flugzeuge wie der Jumbojet oder der Airbus produzieren 25 und mehr „Tonnen Schub" pro Triebwerk. Die Leistung eines Triebwerks beträgt 37 000 kW (das sind 50 000 PS) und mehr! Ein Jumbojet ist mit vier solcher Triebwerke ausgestattet.

Sie verbrauchen unvorstellbare Mengen an Treibstoff: Ein 300 t schwerer Jumbojet benötigt zu einem siebenstündigen Flug von London nach New York im Durchschnitt 85 t Treibstoff (also etwa 110 000 Liter insgesamt oder 15 720 Liter pro Stunde). Die Fluggeschwindigkeit beträgt dabei rund 900 km/h.

Dabei ist der Jumbojet vergleichsweise sparsam. So ist z. B. der Treibstoffverbrauch des Überschallflugzeugs *Concorde* ungünstiger. Die Concorde legt zwar pro Stunde eine weitere Strecke zurück, ist aber nur halb so schwer und kann weniger Passagiere und Güter transportieren. Für Start und Überschallflug braucht sie den Nachbrenner. Den dabei entstehenden „Feuerstrahl" kennst du vielleicht von Startbildern der Concorde oder von Düsenjägern (Bild 3).

Und so funktioniert ein Triebwerk (Bild 4):

Im **Verdichter** wird zunächst Luft „angesaugt" und komprimiert. Dabei wird aus 30 Kubikmeter Luft ein einziger Kubikmeter! Die Luft wird dann mit Treibstoff (Kerosin) vermischt und gelangt in die **Brennkammer**. Wie in einer Ölheizung brennt hier eine Flamme, in der das kontinuierlich einströmende Luft-Kerosin-Gemisch bei etwa 1800 °C verbrannt wird.

Die heißen Abgase lässt man nicht einfach in die Umgebung entweichen, sondern zieht sie noch zur Arbeit heran. Sie müssen nämlich eine **Turbine** passieren, ähnlich wie die eines Kraftwerks.

Diese Turbine ist mit dem Verdichter am Eingang des Triebwerks verbunden. Dessen Schaufelräder drehen sich mit, „saugen" Luft an und komprimieren sie. Die Luft strömt in die Brennkammer ... und so weiter. (Einmal angeworfen und gut mit Treibstoff versorgt, hält sich ein Triebwerk somit selbst am Laufen. Gestartet wird es mit Pressluft, die zunächst die Turbinen antreibt.) Nun erst werden die Verbrennungsgase ausgestoßen; daraus resultiert der Schub, der das Flugzeug antreibt.

Der Schub hängt unter anderem von der Masse und von der Geschwindigkeit des ausströmenden Gases ab. Um beides zu erhöhen, kann man in die heißen Abgase noch einmal Treibstoff einspritzen; dieser verbrennt dann außerhalb der Turbine im **Nachbrennerrohr** und erhöht den Schub um etwa 20 %.

Wenn diese Triebwerke laufen, sind sie vor allem aufgrund des Geräusches der ausströmenden Abgase sehr laut. Deshalb erzeugt man mit einem großen Gebläse (engl. *fan*) einen Kaltluftstrom um das eigentliche Triebwerk herum (Bild 4). Diese Mantelströmung legt sich geräuschdämpfend um den heißen Abgasstrahl und schirmt so den Fluglärm ab.

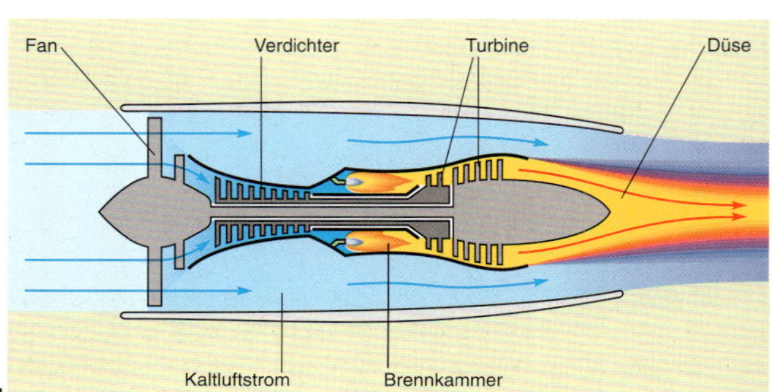

4

7170R

Zehn Liter Benzin – was wird daraus?

Ein Mittelklassewagen verbraucht für eine Fahrstrecke von 100 km etwa 10 l Benzin.

Bei der Verbrennung entstehen im Motor neben Kohlenstoffdioxid noch wechselnde Mengen Kohlenstoffmonooxid. Durch die hohen Temperaturen bilden sich außerdem Stickstoffoxide. Kohlenstoffmonooxid und auch die Stickstoffoxide reagieren am Katalysator zu Kohlenstoffdioxid und Stickstoff. Durch den Dreiwegekatalysator werden in modernen Automotoren bis zu 90 % dieser Schadstoffe beseitigt.

Mit Hilfe der folgenden Berechnungen zu „unserem Mittelklassewagen" wollen wir verdeutlichen, wie stark unsere Umwelt durch das Autofahren beeinflusst wird.

Anstelle von Benzin gehen wir von **n-Octan** als Grundlage für die Berechnungen aus (Dichte von n-Octan: ρ = 0,703 g/ml; molare Masse M = 114 g/mol).

1. Wie viel Sauerstoff wird zur vollständigen Verbrennung von 10 l Benzin (n-Octan) benötigt?

Die Reaktion für die vollständige Verbrennung von n-Octan lautet:

$$2\ C_8H_{18} + 25\ O_2 \rightarrow 16\ CO_2 + 18\ H_2O$$

Zunächst berechnen wir die Stoffmenge n von 10 l n-Octan. Dazu benutzen wir die Definitionsgleichungen für die *Dichte* und die *Stoffmenge*:

$$\rho = \frac{m}{V} \quad \text{und} \quad n = \frac{m}{M}$$

m(n-Octan) = 0,703 g/ml · 10 000 ml
m(n-Octan) = 7030 g
$$n(C_8H_{18}) = \frac{7030\ g}{114\ g/mol}$$
$n(C_8H_{18})$ = 61,67 mol

Die Stoffmenge von 10 l n-Octan beträgt also:
$n(C_8H_{18})$ = 61,67 mol.

Die Reaktionsgleichung zeigt, dass zur vollständigen Verbrennung von 1 mol n-Octan 12,5 mol Sauerstoff nötig sind. Die Masse des verbrauchten Sauerstoffs zur Verbrennung von 1 mol n-Octan beträgt demnach:
m(Sauerstoff) = 12,5 mol · 32 g/mol
m(Sauerstoff) = 400 g

Bei der vollständigen Verbrennung von 61,67 mol n-Octan werden folgende Mengen Sauerstoff verbraucht:
m(Sauerstoff) = 61,67 · 400 g
m(Sauerstoff) = 24668 g ≈ 24,67 kg

Ergebnis: Zur vollständigen Verbrennung von 10 l n-Octan werden 24,67 kg Sauerstoff benötigt.

2. Wie viel Luft muss der Motor zur Verbrennung von 10 Liter n-Octan (Benzin) „ansaugen"?

Zur Verbrennung von 10 l n-Octan sind
61,67 · 12,5 mol = 770,87 mol ≈ 771 mol
Sauerstoff nötig.

Das Volumen beträgt bei V_m = 22,4 l/mol:
V(Sauerstoff) = 771 mol · 22,4 l/mol
V(Sauerstoff) = 17 270,4 l ≈ 17,3 m^3

Da der Sauerstoffanteil der Luft etwa ein Fünftel beträgt, muss das Ergebnis noch mit 5 multipliziert werden.

Ergebnis: Der Motor muss für die vollständige Verbrennung von 10 l n-Octan 86,5 m^3 Luft „ansaugen".

3. Wie viel Liter Kohlenstoffdioxid entstehen bei der Verbrennung von 10 l n-Octan?

Die Reaktionsgleichung zeigt, dass bei der Verbrennung von 1 mol n-Octan 8 mol Kohlenstoffdioxid frei werden.

Da die molare Masse von Kohlenstoffdioxid $M(CO_2)$ = 44 g/mol beträgt, ist die Masse des entstehenden Kohlenstoffdioxids:
m(Kohlenstoffdioxid) = 8 mol · 44 g/mol
m(Kohlenstoffdioxid) = 352 g

Bei der vollständigen Verbrennung von 61,67 mol n-Octan entstehen:
m(Kohlenstoffdioxid) = 61,67 · 352 g
m(Kohlenstoffdioxid) = 21 707,84 g ≈ 21 708 g ≈ 21,71 kg

Dessen Volumen beträgt:
V(Kohlenstoffdioxid) = 61,67 · 8 mol · 22,4 l/mol
V(Kohlenstoffdioxid) = 11 051,26 l ≈ 11 051 l ≈ 11,1 m^3

Ergebnis: Bei der vollständigen Verbrennung von 10 l n-Octan entstehen etwa 11,1 m^3 Kohlenstoffdioxid.

4. Wie viel Liter Wasser entstehen?

Die Reaktionsgleichung zeigt, dass bei der Verbrennung von 1 mol n-Octan 9 mol Wasser entstehen. Die Masse des insgesamt entstehenden Wassers lässt sich so errechnen:
m(Wasser) = 9 mol · 18 g/mol
m(Wasser) = 162 g

Bei der Verbrennung von 61,67 mol n-Octan entstehen dann:
m(Wasser) = 61,67 · 162 g
m(Wasser) = 9990,54 g ≈ 9991 g ≈ 10 kg

Ergebnis: Bei der vollständigen Verbrennung von 10 l n-Octan entstehen 10 kg ≈ 10 l Wasser.

Fragen und Aufgaben zum Text

1 Wie viel Luft wird beim Verbrennen von 1000 l (1 m^3) Methan benötigt?

Geh bei der Berechnung von der folgenden Reaktionsgleichung aus.

$$CH_4 + 2\ O_2 \rightarrow CO_2 + 2\ H_2O$$

2 Beim Verbrennen von Heizöl entsteht sehr viel Wasserdampf, der sich bei einem schlecht ziehenden Schornstein als Problem herausstellen kann. Zur Berechnung dieser Wassermenge nimm an, dass das Heizöl aus *n-Pentadecan* besteht.

Die Reaktionsgleichung zur Verbrennung von n-Pentadecan lautet:

$$C_{15}H_{32} + 23\ O_2 \rightarrow 15\ CO_2 + 16\ H_2O$$

3 Ein Jumbojet benötigt für einen Flug von London nach New York etwa 85 t Kerosin. Nimm als mittlere Kettenlänge der Moleküle im Kerosin 13 C-Atome an. (*Tridecan*: M = 0,184 kg/mol; 85 t entsprechen dann 461 957 mol Tridecan; Dichte ρ = 0,757 g/l.)

a) Berechne – wie oben für das Beispiel „Auto" –, wie viel Sauerstoff (bzw. Luft) dabei verbraucht wird.

Gib außerdem an, wie viel Kohlenstoffdioxid und Wasser(dampf) bei diesem Flug entstehen.

b) Ein Jumbojet kann etwa 400 Passagiere transportieren. Nimm einmal an, du bist einer dieser Passagiere.

Welche Mengen der verbrauchten und entstandenen Stoffe gehen dann „auf deine Kosten"?

Das Erdgas

1 Wir untersuchen Erdgas

1

2

Ein großer Teil des in Deutschland verbrauchten Erdgases stammt aus Westsibirien. Die Pipelines, die von dort bis zu uns führen, sind über 5000 km lang.

Zwar ruft das Verlegen von Pipelines zunächst Umweltschäden hervor, doch diese halten sich in Grenzen. Das zeigen z. B. die obigen Bilder aus der Oberpfalz: Nachdem die Rohre sorgfältig verlegt worden sind, kann der Boden über der Pipeline wieder genutzt werden.

V 1 In die leuchtende Flamme eines Bunsenbrenners halten wir ein kaltes, trockenes Glas. Dann erhöhen wir die Luftzufuhr am Brenner und halten für kurze Zeit ein anderes kaltes Becherglas über die Flamme.

Außerdem halten wir ein Becherglas, das zuvor mit etwas Kalkwasser [C] (samt einem Tropfen Spülmittel zur besseren Benetzung) ausgespült wurde, feucht über die nichtleuchtende Flamme des Brenners. Auf welche *Elemente* im Gas weisen deine Beobachtungen hin?

V 2 *(Lehrerversuch)* Ein mit Methan [F+] gefüllter Standzylinder wird mit der Öffnung nach oben aufgestellt. Nach ca. 10 s senkt man eine auf einem Verbrennungslöffel befestigte Kerze in den Zylinder (Bild 3).

V 3 *(Lehrerversuch)* Ein mit Methan [F+] aus einem Druckbehälter gefüllter Standzylinder wird mit der Öffnung nach unten senkrecht an einem Stativ befestigt.

Von unten her wird dann eine an einer Stange befestigte, brennende Kerze in die Zylinderöffnung geführt.

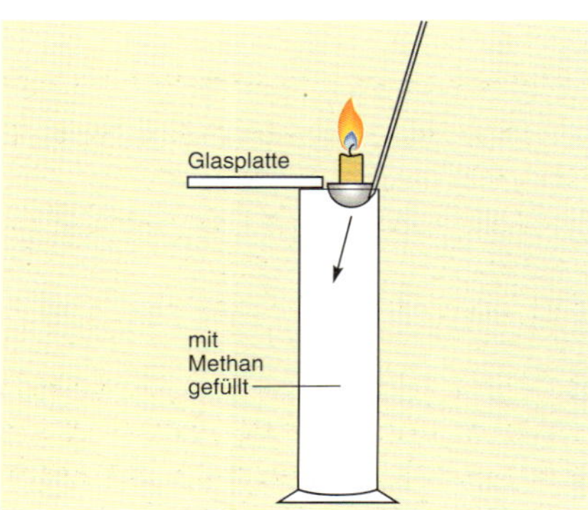

3

4

Der Versuch wird mit Erdgas [F+] aus der Stadtgasleitung anstelle von Methan wiederholt.

V 4 Auf einfache Weise können wir die *Dichte* und die *molare Masse* eines Gases bestimmen. Wir untersuchen Methan [F+] und Butan [F].

Dazu ermitteln wir die *Masse* eines kleinen Druckvorratsbehälters, der das betreffende Gas enthält. Dann fangen wir aus diesem Behälter etwa 250 ml Gas in einer pneumatischen Wanne auf. (Beim Ablesen des *Volumens* muss auf gleiche Wasserhöhe in Standzylinder und Wanne geachtet werden.) Nach dem Abtrocknen bestimmen wir erneut die Masse des Gasbehälters.

Berechne aus den Masse- und Volumenwerten die Dichte und die molare Masse des jeweiligen Gases.

Untersuche so auch Flüssiggas aus Gasfeuerzeugen. Um welches Gas handelt es sich wohl dabei?

V 5 Zu frischem Aluminiumcarbid [F] geben wir etwas Wasser. Falls keine Reaktion festzustellen ist, erwärmen wir die Mischung etwas.

Das entstehende Gas fangen wir in einer pneumatischen Wanne über Wasser auf.

Vergleiche die Eigenschaften des entstandenen Gases mit denen von Methan [F+].

V 6 Dieser Versuch zeigt eine Möglichkeit die Leuchtstärke von Leuchtgas zu verbessern (nach einem Verfahren von *Carl Auer von Welsbach*).

Wir setzen einen Leuchtaufsatz auf einen Butangas-Campingkocher (Bild 4) und setzen ihn in Betrieb.

Beschreibe das Licht. Vergleiche es mit einer „normalen" Butangasflamme [F].

7172R

Erdgas ist nicht nur Methan

Das **Erdgas** ist aus den Elementen *Kohlenstoff* und *Wasserstoff* aufgebaut; es ist also ein **Kohlenwasserstoff**.

Die Vermutung, dass es sich hierbei um *Methan* handelt – wie man manchmal hört –, ist jedoch nicht richtig. Das zeigt schon ein Vergleich der Dichten: Während Methan die Dichte 0,72 g/l hat, ist die von Erdgas aus der Stadtgasleitung größer (z. B. 0,796 g/l).

Dafür gibt es nur eine Erklärung: Erdgas ist kein reines Methan, sondern ein **Gasgemisch**. Es besteht hauptsächlich aus niedrig siedenden Kohlenwasserstoffen, die bis zu sechs Kohlenstoffatome in ihren Molekülen haben, also aus *Methan*, *Ethan*, *Propan*, *Butan*, *Pentan* und *Hexan*. Zusätzlich enthält Erdgas noch elementaren Stickstoff, und zwar etwa 10 % seines Volumens.

Beim Erdgas unterscheidet man die beiden folgenden Arten:

1. Die sog. *nassen Erdgase*
Nasse Erdgase lagern als „Gaskappe" über Erdöllagerstätten oder sie sind im Erdöl gelöst. Sie enthalten beträchtliche Mengen an Kohlenwasserstoffen, die ohne großen Aufwand zu verflüssigen sind. Ein typisches nasses Erdgas hat z. B. folgende Zusammensetzung: 37 % Methan, 41 % Ethan, 10 % Propan, 8 % Butan sowie 4 % Pentan und Hexan.

2. Die sog. *trockenen Erdgase*
Trockene Erdgase entstammen reinen Gaslagerstätten, in denen sich kein Erdöl befindet. Sie enthalten fast ausschließlich *Methan*, andere Kohlenwasserstoffe sind nur in Spuren vorhanden.

Bevor man das Erdgas in die Gasleitungen einspeist, wird es entwässert und gereinigt. Das auf diese Weise entstehende *Roherdgas* enthält noch unterschiedliche Mengen *Schwefelwasserstoff* und in Spuren *Wasser, Quecksilber, Helium* und *Argon*. Es muss also noch weiter aufbereitet werden.

Der Schwefelwasserstoff z. B. wird ausgewaschen und dann zu Schwefel verarbeitet. Das Helium (die am niedrigsten siedende Komponente des Gasgemisches) wird durch Ausfrieren der anderen Gasbestandteile abgetrennt.

Es gibt aber auch Erdgase (wie das aus Westsibirien), die so rein sind, dass sie den Verbrauchern ohne jede Aufbereitung zugeleitet werden können.

Die unterschiedliche Zusammensetzung der Erdgasarten wirft die Frage nach der **Entstehung von Erdgas** auf:

Da Methan zumindest beim nassen Erdgas zusammen mit Erdöl und Kohle auftritt, ist anzunehmen, dass es wie diese entstanden ist – also durch Abbau von Biomasse unter Luftabschluss.

Das erklärt aber noch nicht das Vorkommen von Erdgas auch ohne andere fossile Energieträger. So vermutet man heute, dass sich ein großer Teil des Methans in sehr langen Zeiträumen auch unter „anorganischen Bedingungen" gebildet haben kann – und zwar bei hohem Druck und hoher Temperatur aus fein verteiltem Kohlenstoff und Wasser. Dabei mögen bestimmte Gesteinstypen als Katalysator gewirkt haben.

Im Labor hat man diese Vorgänge inzwischen nachvollzogen. Und auch Versuch 5 hat gezeigt, dass Methan aus anorganischen Substanzen (wie Aluminiumcarbid) gebildet werden kann.

$$Al_4C_3 + 12\ H_2O \rightarrow 4\ Al(OH)_3 + 3\ CH_4$$

Eigenschaften von Methan

Methan ähnelt in seinen **Eigenschaften** dem Wasserstoff. So hat es z. B. – wie Wasserstoff – eine geringere Dichte als Luft (1,293 g/l).

Ebenfalls wie Wasserstoff reagiert Methan knallgasartig mit Luft.

Wenn genügend Luft zugeführt wird, verbrennt Erdgas mit bläulicher Flamme, ohne zu rußen.

$$CH_4 + 2\ O_2 \rightarrow CO_2 + 2\ H_2O \quad |\ \text{exotherm}$$

Der **Heizwert** von Methan ist der höchste aller Kohlenwasserstoffe. Er beträgt ungefähr ein Drittel des Heizwertes von Wasserstoff.

5

Der hohe Heizwert macht das Erdgas, das ja hauptsächlich aus Methan besteht, zu einem sehr begehrten und wichtigen **Energieträger**. Er kann aufgrund seines gasförmigen Zustands leicht bereitgestellt werden.

Die Siedetemperatur von Methan liegt bei –162 °C. Es kann unter Druck und Kühlung leicht verflüssigt werden.

Das ist für die Technik von Bedeutung. Deshalb kann nämlich Methan bzw. Erdgas von weiter entfernt liegenden Lagerstätten im flüssigen Zustand mit speziellen Gastankern auf dem Seeweg transportiert werden (Bild 5).

Aufgaben

1 Vergleiche das Verhältnis von Wasserstoffatomen zu Kohlenstoffatomen in den Molekülen von Methan und Butan. Welche Folgen hat das für die Verbrennung?

Stelle die Reaktionsgleichungen für die vollständige Verbrennung auf.

2 Dort, wo keine Erdgasleitungen hinführen, verwendet man Propan und Butan. Beide sind als *Flüssiggase* allgemein bekannt.

a) Vergleiche die Heizwerte der beiden Gase mit dem von Erdgas.

Was kannst du aus dem Ergebnis dieses Vergleichs schließen?

b) Wo siehst du Vorteile und wo Nachteile bei der Versorgung mit Erdgas bzw. mit Flüssiggas?

3 Erdgasvorkommen enthalten oft Schwefelwasserstoff (H_2S).

Warum muss der Schwefelwasserstoff vor der Verbrennung des Erdgases entfernt werden?

4 Dem gereinigten Erdgas werden Geruchsstoffe beigemischt. Wäre ein geruchloses Gas nicht viel angenehmer? Begründe deine Antwort

2 Die Nutzung des Erdgases

Aus Umwelt und Technik: **Wie Erdgas gewonnen und gelagert wird**

Das bei uns verwendete Erdgas stammt vor allem aus Russland (30 %), aus den Niederlanden (26 %), aus Norwegen (15 %) sowie aus inländischer Förderung (28 %).

Von den 66 **Erdgasfeldern** in Deutschland sind die niedersächsischen Lagerstätten am bedeutendsten. Auch im Alpenvorland gibt es kleinere Vorkommen.

Sehr häufig findet man das Erdgas in Tiefen von 2000 bis 5000 m. Es wird durch **Bohrungen** erschlossen.

Aus diesen *Förderbohrungen* strömt das Erdgas unter hohem Druck aus. Es wird durch Rohrleitungen zu zentralen **Aufbereitungsanlagen** geleitet. Das dort aufbereitete Erdgas wird anschließend in das westeuropäische **Erdgas-Verbundnetz** eingespeist. Der deutsche Teil dieses Netzes weist eine Länge von über 8000 km auf.

Erdgas setzt man überwiegend zum **Heizen** ein. Außerdem wird es bei der **Erzeugung von elektrischer Energie** in Kraftwerken verwendet.

Die Menge des zum Heizen verbrauchten Erdgases ist stark von jahreszeitlich bedingten Temperaturschwankungen abhängig: Im Winter ergibt sich stets eine „Verbrauchsspitze", im Sommer ein „Tief". Doch das Erdgas wird immer in gleicher Menge gefördert und geliefert.

Solche Unterschiede zwischen regelmäßiger Lieferung und unregelmäßigem Verbrauch werden durch die **Speicherung** des Erdgases ausgeglichen. Sie findet entweder in *Kavernen-* oder in *Porenspeichern* statt, die in Tiefen von 800–3000 m unter der Erdoberfläche liegen (Bilder 1 u. 2).

Die *Kavernenspeicher* (Bild 1) sind Hohlräume, die man in ehemaligen Steinsalzlagern findet. Sie sind beim „Aussolen" der Salzlagerstätte entstanden. Bei Verwendung von *Porenspeichern* (Bild 2) wird das Erdgas in den Poren eines „Speichergesteins" gelagert.

Damit das Erdgas nicht nach oben hin entweichen kann, muss sich über dem Speichergestein unbedingt eine überdeckende und gasundurchlässige Gesteinsschicht befinden.

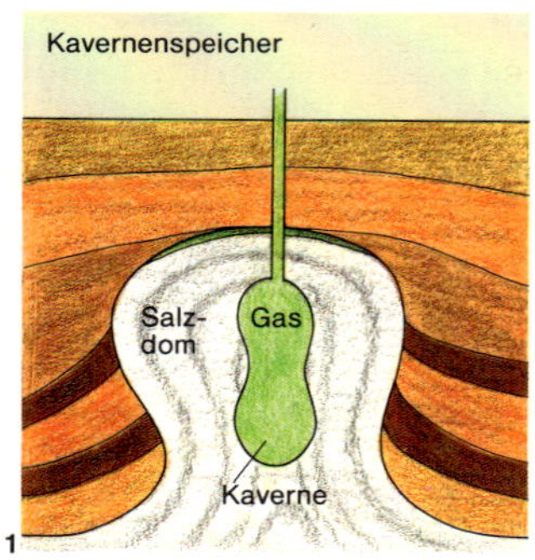

1

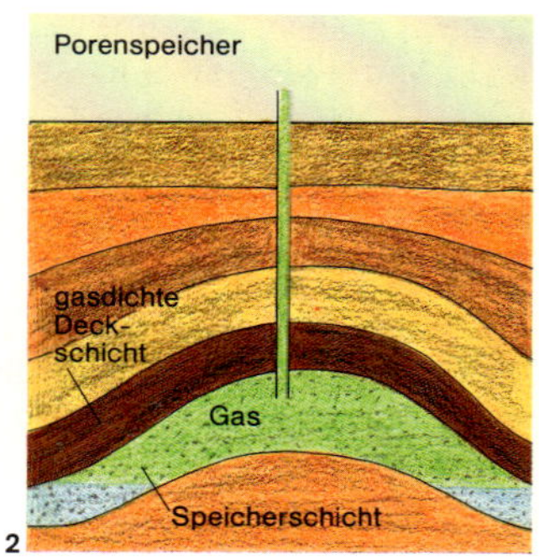

2

Aus Umwelt und Technik: **Erdgas – zum Verbrennen zu schade!**

Die Vorteile von Erdgas – große, noch für Jahrzehnte reichende Vorkommen, gute Transportmöglichkeiten und ständige Verfügbarkeit – machen Erdgas nicht nur als *Brennstoff* interessant. Auch als **Rohstoff für vielerlei chemische Produkte** ist es nicht mehr wegzudenken. Hier sollen nur einige wenige Beispiele genannt werden:

Die unvollständige Verbrennung von Erdgas hat eine große technische Bedeutung für die Gewinnung von **Ruß**. Den Ruß braucht man zur Herstellung von Druckfarben und Tinten. Hauptsächlich wird er jedoch als Füllstoff für Kautschuk genutzt; so rührt z. B. die schwarze Farbe der Autoreifen von Ruß her.

Aus dem Kohlenwasserstoff *Ethan*, einem Bestandteil des Erdgases, stellt man *Ethen* her. Das wiederum ist Ausgangsstoff z. B. für den **Kunststoff** *Polyethen*.

Die Erdgasbestandteile *Propan* und *Butan* lassen sich leicht verflüssigen; dadurch kann man sie leichter transportieren. Deshalb werden sie in Gasdruckbehältern als „flüssiger" **Brennstoff**, z. B. für Campinggasbrenner, angeboten. (Propan wird dabei in roten, Butan in blauen Druckbehältern geliefert.)

Ein Gemisch der beiden Gase wird heute vielfach als **Treibgas** in Spraydosen – anstelle von Fluorchlorkohlenwasserstoffen (FCKWs) – verwendet.

Auch als **Kältemittel** haben Propan und Butan die FCKWs längst verdrängt, z. B. in Kühlschränken.

Aus Butan gewinnt man *Butadien*, einen Ausgangsstoff für **synthetischen Kautschuk** *(Buna)*.

Es gibt sogar eine Möglichkeit, mit Hilfe von Erdgas Ernährungsprobleme zu lösen. Man kann nämlich aus Erdgas stickstoffhaltige **Düngemittel** herstellen.

Bei der Rußgewinnung oder beim Cracken von Erdgas oder Erdöl fällt stets auch Wasserstoff an:

$$CH_4 \rightarrow C + 2\,H_2 \quad | \text{ endotherm.}$$

Dieser wird bei der Synthese von Ammoniak, der Schlüsselsubstanz von Stickstoffdüngern, eingesetzt:

$$N_2 + 3\,H_2 \rightarrow 2\,NH_3 \quad | \text{ exotherm.}$$

In den Ländern der sog. Dritten Welt werden solche Ammoniakfabriken betrieben. Daher trifft ein Anstieg der Öl- und Erdgaspreise diese Länder in besonderem Maße.

Du siehst: Erdgas ist eigentlich viel zu schade um verbrannt zu werden – genau wie die anderen fossilen Brennstoffe. Was in der Natur in langen Zeitperioden hervorgebracht wurde, darf nicht auf uneffektive Weise von wenigen Menschengenerationen zunichte gemacht werden!

8561R

Aus Umwelt und Technik: **Erdgas – ein Energieträger mit Zukunft**

3

Lange Zeit sah man im **Erdgas** nicht mehr als ein Abfallprodukt der Erdölförderung. Man wusste nichts damit anzufangen und fackelte es einfach ab (Bild 3). Noch heute wird weltweit jährlich doppelt so viel Erdgas abgefackelt, wie in der Bundesrepublik in einem Jahr verbraucht wird!

Das ist eine ungeheure Energieverschwendung, denn Erdgas ist ja ein wertvoller **Energieträger**. Auch wird so die Umwelt unnötig belastet.

Anhand der folgenden Punkte wird deutlich, wo die Besonderheiten und Vorteile des Erdgases liegen:

○ Die Zusammensetzung des Erdgases ist – je nach Fördergebiet – unterschiedlich (→ die betreffende Tabelle im Anhang). *Methan* ist sein Hauptbestandteil.

Da im Methanmolekül auf je ein Kohlenstoffatom *vier* Wasserstoffatome kommen, ist das Erdgas der „wasserstoffreichste" Brennstoff.

○ Erdgas ist ein *idealer Brennstoff*. Bei der Verbrennung vermischt es sich sehr gut mit Luft; dadurch verbrennt es in der Regel vollständig.

○ Verglichen mit Erdöl und Kohle, *verbrennt* Erdgas ausgesprochen *schadstoffarm*. Als Verbrennungsprodukte entstehen nämlich vor allem Kohlenstoffdioxid und Wasser.

Da gereinigtes Erdgas praktisch schwefelfrei ist, entstehen im Vergleich zu Erdöl und Kohle nur geringe Mengen an Schwefeldioxid.

Da Erdgas keinen gebundenen Stickstoff enthält, ist die Menge an Stickstoffdioxid in den Abgasen um etwa ein Drittel geringer als die beim Verbrennen von Erdöl.

Feste Rückstände – wie Asche, Ruß, Staub oder Schwermetalle – entstehen überhaupt nicht.

○ Auch im Vergleich der *Heizwerte* schneidet das Erdgas recht günstig ab (→ die folgende Übersicht).

Einige Heizwerte in MJ/kg

Braunkohlenbriketts	20
Biogas	22
Koks	29
Erdgas	30
Steinkohle	32
Heizöl	42

○ Ein Vorteil des Erdgases ergibt sich auch bei der Gewinnung von elektrischer Energie:

Wenn man in einem Kraftwerk eine moderne Gasturbine mit einem Dampferzeuger kombiniert, der auch die gut 500 °C heißen Abgase zum Betrieb einer Dampfturbine nutzt, wird ein Wirkungsgrad von über 50 % erreicht. Ein Kohlekraftwerk hat dagegen nur einen Wirkungsgrad von weniger als 40 %.

Außerdem ist ein Gasturbinenwerk erheblich billiger als ein entsprechendes Kohlekraftwerk.

○ Erdgas ist *geographisch weiter verbreitet* als Erdöl; sein Vorkommen ist nicht an das Erdöl gebunden. Erdgas tritt auch in Gegenden auf, in denen es gar kein Erdöl gibt. Zur Zeit verfügen etwa 100 Länder über gesicherte und nutzbare Erdgasvorkommen (Bild 4).

○ Das Erdgas erhöht die Sicherheit unserer Energieversorgung (eigene Vorkommen z. B. in Niedersachsen; Bild 5). Die Lieferungen für Deutschland kommen hauptsächlich aus Westeuropa.

○ Der Verbraucher erhält das Erdgas stets bedarfsgerecht „aus der Leitung". Er benötigt keinen Lagerraum oder Tank um seinen Brennstoff aufzubewahren.

Erdgas ist also wirklich ein Energieträger mit Zukunft. Es könnte fast ein Drittel des europäischen Energiebedarfs decken und so zur wichtigsten Primärenergiequelle werden.

Die gesicherten Vorkommen an Erdgas reichen noch für mehr als 60 Jahre, und weitere Vorkommen für etwa 100 Jahre sind möglich.

Fragen und Aufgaben zum Text

1 Nenne Gründe, warum Erdgas ein idealer Energieträger ist.

2 Erdgas verbrennt schadstoffarm. Beschreibe, woran das liegt.

3 Wie kann man Erdgas – außer zur Energiegewinnung – noch nutzen?

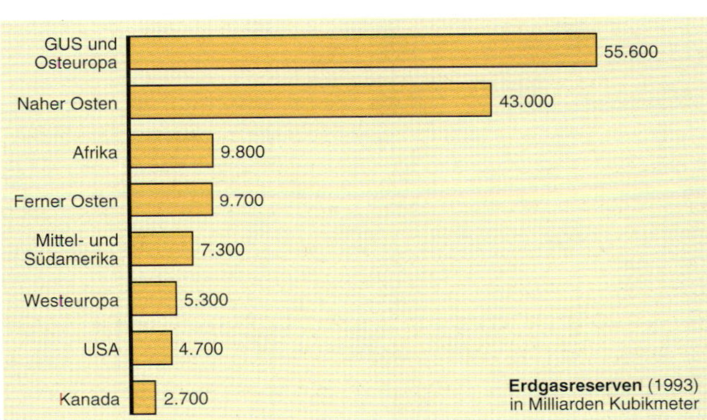

4

5

8562R

Die Kohle

Rund um den Brennstoff Kohle

1

Es gibt verschiedene Kohlenarten:
Braunkohle (Bild 1)
und **Steinkohle** (Bild 2).
Beide Kohlenarten lassen sich in „Unterarten" einteilen.
Von der Steinkohle kennen wir z. B. *Flammkohle, Fettkohle* und *Anthrazit.*
Einige Kohlenarten sehen aus wie Graphit.

Sind denn Kohle und Kohlenstoff dasselbe?

2

V 1 Mit dem Gasbrenner erhitzen wir ein Stück Kohle, bis es kräftig glüht. Dann nehmen wir es aus der Flamme und halten es unter ein umgestülptes Becherglas, das vorher mit Kalkwasser Ⓒ ausgespült wurde. Erkläre das Versuchsergebnis.

V 2 Wenn Steinkohle (am besten Fettkohle) wie in Bild 3 kräftig erhitzt wird, entstehen verschiedene Stoffe.

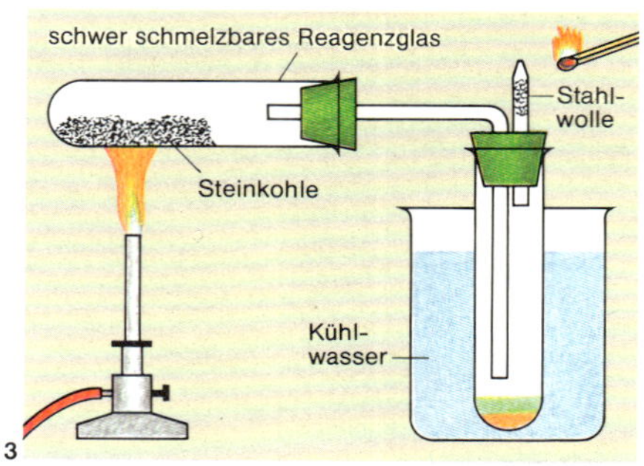

3

Versuche die Gase mit einer Streichholzflamme zu entzünden.

Tauche in die Flüssigkeit, die sich im Reagenzglas sammelt, ein Indikatorpapier. Welche Stoffe können insgesamt nachgewiesen werden?

V 3 Untersuche auf gleiche Weise wie in Versuch 2 einige Stückchen Holz, Holzkohle und Graphit. Vergleiche die Ergebnisse miteinander.

Kohle – mehr als nur Kohlenstoff

Kohle ist mehr als nur Kohlenstoff. Das zeigt schon der Dünnschliff eines Kohlenstücks (Bild 4). Hier erkennt man auch Anteile, die nicht schwarz (wie Kohle), sondern farblos, gelb oder rot aussehen.

Beim Erhitzen der Kohle unter Luftabschluss erhält man brennbare Gase, außerdem ein Kondensat, das eine Reihe von **Kohlenstoffverbindungen** enthält.

Kohle ist ein *Gemisch* chemischer Verbindungen mit riesigen Molekülen. Sie sind vor allem aus Kohlenstoff und Wasserstoff aufgebaut, zu einem geringeren Teil auch aus Sauerstoff, Stickstoff und Schwefel. So entspricht die Zusammensetzung der Kohle der von *Biomasse* – daraus wurde sie auch gebildet.

Die „Bausteine" der Kohle sind vor allem untereinander „verbrückte" cyclische Verbindungen. Einen typischen Ausschnitt aus einem „Kohlemolekül" zeigt Bild 5. Als Strukturelemente fallen vor allem aromatische Kohlenwasserstoffe und mit ihnen verwandte Verbindungen auf. Beim Erhitzen von Kohle werden die Bindungen zwischen den Strukturelementen gespalten; die nun kleinen Moleküle destillieren ab. Dabei wird auch Wasser frei sowie Schwefelwasserstoff und vor allem Ammoniak.

Es wurden viele hundert organische Verbindungen im Steinkohlendestillat bzw. -teer festgestellt, z. B. Benzol, Toluol, Naphthalin, Phenol und Anilin.

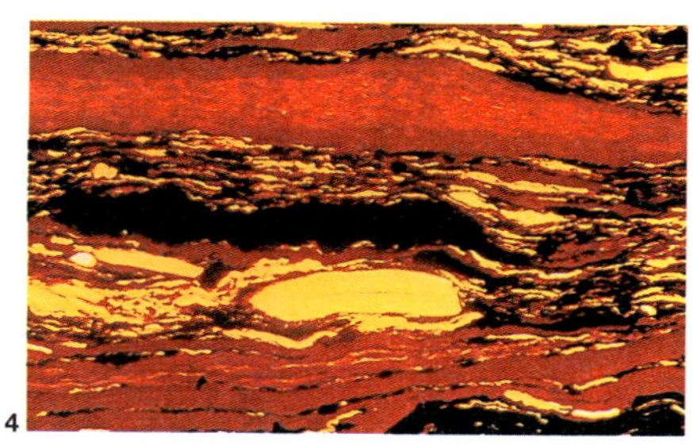

4

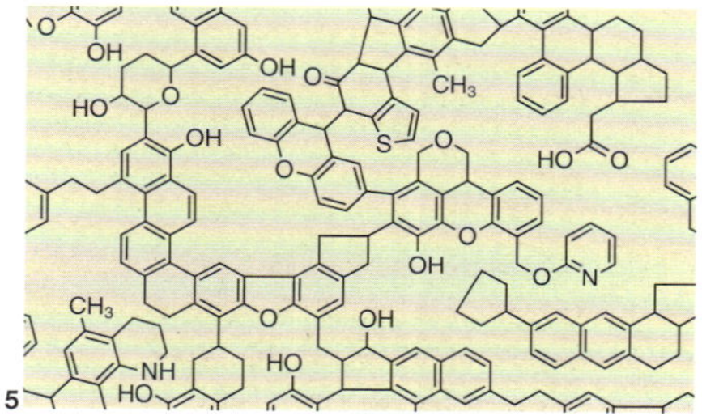

5

Das aus Steinkohlenteer gewonnene Anilin war früher ein wichtiger Ausgangsstoff für die Farbstoffindustrie.

Da diese Verbindungen stark Krebs erregend sind, gilt das auch für den Steinkohlenteer. Solche Verbindungen entstehen auch aus Tabak und beim Destillieren von Biomasse.

Neben organischen Bestandteilen enthält die Kohle auch **anorganische** Stoffe. Einige (z. B. Kaliumverbindungen) waren von vornherein schon im Pflanzenmaterial gespeichert. Andere (vor allem Quecksilber- und Cadmiumverbindungen) wurden durch Humusstoffe, die sich als Erste aus den Pflanzen bildeten, gebunden und dann mit eingebettet.

Während des Inkohlungsprozesses (→ folgende Seite) gelangten manche Mineralstoffe aus dem umliegenden Gestein in die Kohle. Die typischen „Goldflitter" in manchen Kohlenarten bestehen aus Pyrit (FeS_2), vom Bergmann „Katzengold" genannt.

Diese anorganischen Bestandteile bilden beim Verbrennen die weiße Asche, die vor allem aus Kaliumcarbonat („Pottasche") besteht.

Quecksilber und Cadmium bzw. dessen Oxid (CdO) dampfen mit den Verbrennungsgasen ab; sie können – wenn die Abgase nicht gereinigt werden – die Umwelt belasten. Daher sind die vielen Kohleöfen im Haushalt mit ihren ungereinigten Abgasen noch gefährlicher für die Umwelt als ein Kohlekraftwerk.

7745R

Aus der Geschichte: **Der Inkohlungsprozess**

6

7

Von der Entstehungsgeschichte der Kohle haben die Forscher heute recht genaue Vorstellungen – im Gegensatz zur Entstehung des Erdöls.

Während zwischen den Entstehungsorten und den Fundorten von Erdöl erhebliche Entfernungen liegen können, dürften die meisten Steinkohle- und Braunkohlevorkommen dort „gewachsen" sein, wo man sie heute findet. Man weiß auch über die Pflanzen, die in Kohle umgewandelt wurden, recht genau Bescheid.

Heute geht man davon aus, dass vor etwa 270–350 Millionen Jahren *„Steinkohlenwälder"* in einem subtropischen, feuchten Klima wuchsen. Geologen nennen dieses Zeitalter deshalb **Karbon** (lat. *carbo:* Kohle).

In diesen Moor- und Sumpfwäldern (Bild 6) wuchsen baumhohe *Bärlappgewächse* – sie heißen wegen ihrer schuppigen Rinden (Bild 7) *Siegelbäume* – sowie riesige *Farne* und *Schachtelhalme.* Diese übertrafen bei weitem die Größe ihrer heutigen Verwandten.

Wie kam es nun zur Bildung der Kohlenarten (Bilder 8–11)?

Die Pflanzen wuchsen auf Sumpfböden in breiten Tälern, die von Gebirgszügen gebildet wurden. Hier fand ein „Wettlauf" zwischen Wachstum und Absterben der Pflanzen statt. Während einer langen Zeit ging dieser Wettlauf unentschieden aus: Die Pflanzendecke wuchs gerade so schnell, wie ihre absterbenden Teile im Sumpf versanken.

Diese absterbenden Pflanzenteile gerieten unter Luftabschluss und konnten nicht (unter Bildung von Kohlenstoffdioxid und Wasser) verwesen; sie blieben als *Torf* erhalten.

Je mächtiger die Torfschicht anwuchs, desto größer wurde der Druck auf die unteren Lagen. Er verstärkte sich noch durch Ablagerungen von Sand und Gestein, die von den umliegenden Gebirgen kamen.

Allmählich wurde so das Wasser aus dem Torf teilweise herausgepresst. Schließlich entstand – nach chemischen Umwandlungen – die *Weichbraunkohle* mit 40–70 % Wasser.

Durch geologisch bedingte Absenkungen der Schichten gelangten die Braunkohlenlager in mehrere hundert Meter Tiefe.

Unter dem dort herrschenden hohen Gebirgsdruck wurde die Weichbraunkohle zunächst in *Hartbraunkohle* mit etwa 20 % Wasser und anschließend in *Steinkohle* mit ca. 8 % Wasser umgewandelt.

Wenn in der Nähe unterirdische Wärmeherde vorhanden waren, ging diese sog. **Inkohlung** weiter: Es bildete sich *Anthrazit* mit einem Wassergehalt von nur 1 %. Bei diesem Vorgang schrumpfte das ursprüngliche Volumen der Kohle, und der Gehalt an Sauerstoff, Schwefel und Stickstoff nahm stark ab.

Diese Vorgänge – die Bildung von Mooren samt anschließender Überflutung und Überdeckung mit Sedimenten – wiederholten sich viele Male. Die Folge war, dass sich in der ca. 1 km mächtigen Schichtenfolge des westdeutschen Steinkohlengebirges mehrere hundert Schichten Kohle und Sedimente befinden.

8

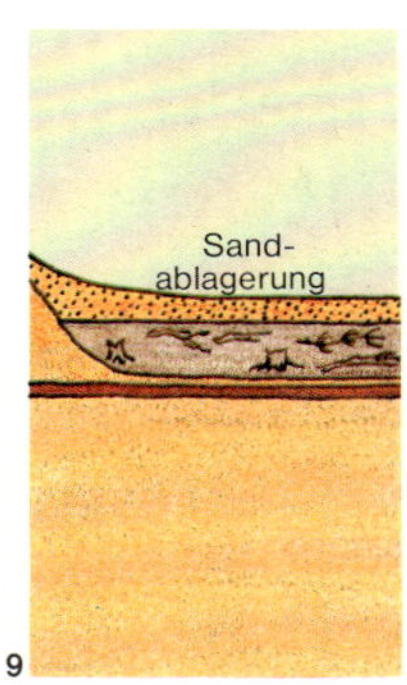

9

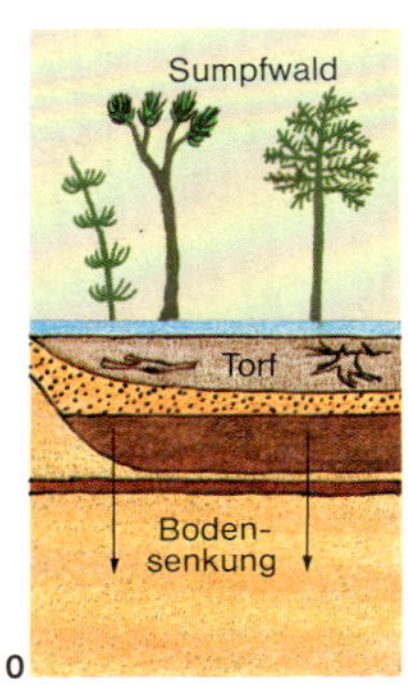

10

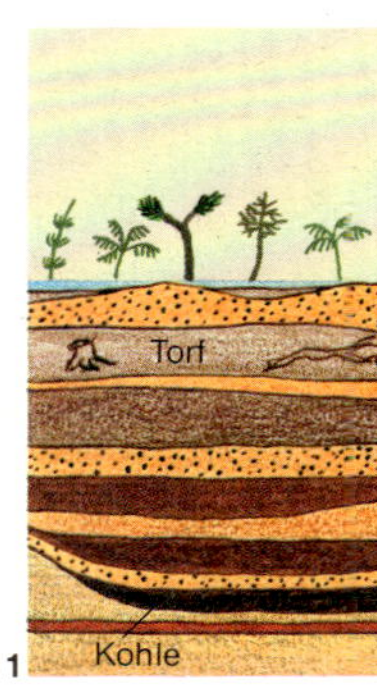

11

Aufgaben

1 Sind Kohle und Kohlenstoff ein und dasselbe? Begründe deine Meinung.

2 Woran könnte es liegen, dass der Kohlenstoffgehalt von Brennstoffen unterschiedlich hoch ist? Begründe deine Antwort.

(Benutze dazu die Tabelle im Anhang, die Auskunft über die Zusammensetzung und den Heizwert einiger Brennstoffe gibt.)

3 Die Kohle ist manchmal mit Pyrit (FeS_2) verunreinigt. Beim Verbrennen der Kohle trägt diese Verbindung zur Luftverschmutzung bei.

Suche nach einer Erklärung für diese Aussage.

Aus Umwelt und Technik: **Der Braunkohlentagebau**

Etwa 30 % des elektrischen Stroms stammt in Deutschland aus **Braunkohle**. In den neuen Bundesländern sind es sogar noch etwa 85 %.

Die gesamten Braunkohlevorkommen in Deutschland belaufen sich auf ca. 78 Gt. Etwa 43 Gt sind zur Zeit wirtschaftlich abbaubar. Damit ist abzusehen, dass die Braunkohle auch in Zukunft eine wichtige Rolle als Energieträger spielen wird. Und das trotz vieler Nachteile, die sich bei Abbau und Nutzung ergeben.

Die größten Vorkommen lagern im Rheinischen Revier, im Mitteldeutschen und im Lausitzer Revier.

Im Rheinischen Revier liegt die Braunkohle in etwa 400 m Tiefe. Der Abbau lohnt sich aber trotzdem, da die Flöze sehr mächtig sind. Im Mitteldeutschen und Lausitzer Revier liegt die Kohle unter Deckschichten von nur etwa 60 m Mächtigkeit, aber die Flöze sind im Durchschnitt nur 13 m dick.

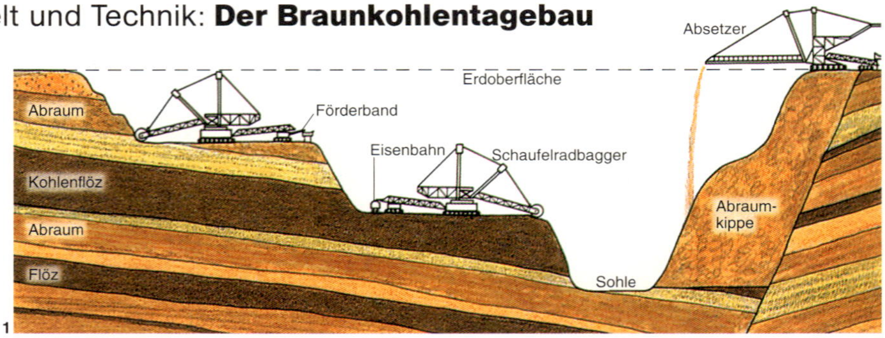

1

2

Der **Abbau** erfolgt in Deutschland fast ausschließlich *im Tagebau* (Bilder 1 u. 2).

Riesige Schaufelradbagger in Verbindung mit Förderbändern und Absetzern tragen zunächst den Boden über der Kohle (den sog. *Abraum*) ab. Dann fördern sie die Kohle selbst (Bild 3). Dabei fällt auf, dass die riesigen Maschinen von nur wenigen Menschen bedient werden.

Die Maße der Schaufelradbagger sind sehr eindrucksvoll. Mit bis zu 95 m Höhe sind sie fast so hoch, wie ein Fußballfeld lang ist. Allein das Schaufelrad hat die Höhe eines siebenstöckigen Hauses. Die größten Bagger fördern etwa 240 000 t Kohle oder Abraum pro Tag.

Sowohl die geförderte Braunkohle als auch der Abraum werden mit Förderbändern transportiert.

3

Der Abraum wird außerhalb des Abbaugeländes angehäuft oder über Absetzer in „ausgekohlten" Tagebauräumen „verkippt". Hierzu dienen vor allem im Lausitzer Revier auch *Förderbrücken*, die mehr als 600 m lang sein können. Sie befördern den Abraum über den offenen Tagebauraum hinweg in den bereits kohlefreien Teil (Bild 2).

Um Einbrüche von Wasser zu verhindern, muss vor dem Einrichten des Tagebaus der Grundwasserspiegel gesenkt werden. Das hat erhebliche Auswirkungen auf den Grundwasserhaushalt der ganzen Region.

Meist wird die Braunkohle in der Nähe der Grube (geringe Transportkosten) in Kraftwerken zur Energiegewinnung genutzt oder es werden Briketts daraus hergestellt.

Die Braunkohle enthält – wie die Steinkohle – unterschiedliche Mengen Schwefelverbindungen. Der Schwefelgehalt kann bis zu 4 % betragen, je nachdem, aus welcher Lagerstätte die Braunkohle gefördert wurde.

Die Nutzung dieser schwefelhaltigen Braunkohle zur Energiegewinnung bringt deshalb erhebliche **Umweltbelastungen** mit sich. Diese werden aber durch Rauchgasentschwefelungsanlagen der Kraftwerke verringert.

Viele Braunkohlenarten sind so wasser- und mineralstoffreich, dass ihr Heizwert bei nur 8500 kJ/kg liegt.

Auch getrockneter Braunkohlenstaub ist zur Energiegewinnung geeignet. Er hat einen sehr hohen Heizwert.

Braunkohlenfeuer riechen nicht nur typisch nach Schwefeldioxid, sondern auch nach Teer. Man kann diese Braunkohle bei etwa 450 °C *verschwelen*. Dabei gewinnt man außer Teer einen sehr feinen Koks.

Zur Gewinnung von brennbaren Gasen wird die Braunkohle mit den Teerbestandteilen bei 1200–1800 °C unter Ausschluss von Sauerstoff zersetzt.

Aus besonderen Braunkohlenarten stellt man *Aktivkohle* her. Sie wird z. B. in Reinigungsfiltern verwendet.

8668RD

Aus Umwelt und Technik: **Rekultivierung – z. B. im Lausitzer Revier**

Die Gewinnung von Braunkohle im Tagebau führt zu einer Veränderung der gesamten Landschaft: Nachdem die Kohle abgebaut und der Abraum aufgeschüttet worden ist, muss das Gelände wieder nutzbar gemacht *(rekultiviert)* werden (Bild 4).

So entstehen z. B. zwischen Köln, Aachen und Mönchengladbach sowie im Raum Leipzig und in der Niederlausitz durch **Rekultivierung** neue Flächen. Diese können sowohl landwirtschaftlich als auch forstwirtschaftlich sowie für Freizeitaktivitäten genutzt werden. Das wollen wir am Beispiel **Lausitzer Revier** genauer betrachten.

Von oben gesehen bietet dieser Braunkohlentagebau ein beeindruckendes Bild: Riesige Schaufelradbagger graben eine mehrere Kilometer lange Schneise bis in eine Tiefe von über 60 m und legen die Kohle frei. Bagger schürfen sie und Laufbänder befördern sie in die nahe gelegenen Kraftwerke zur Stromerzeugung.

Doch dieses Bild zeigt nicht die Probleme, die der Tagebau mit sich bringt. So müssen je geförderter Tonne Braunkohle mehr als 4 m^3 Abraum bewegt werden.

Vor dem Freilegen der Kohle hat der Abraum noch keinen Platz in der Tagebaugrube und wird daher zu Hochhalden aufgetürmt. Sie bedecken viele Hektar Kulturland und verwandeln sie zunächst in eine staubige und zerklüftete Wüstenlandschaft.

Wenn der Tagebau dann „ausgekohlt" ist, gibt es zu wenig Abraum, um den Platz der geförderten Kohle zu füllen. So hinterlässt der Tagebau tiefe Restlöcher mit einer Fläche von mehreren Quadratkilometern.

Die zerstörte Landschaft erholt sich jedoch nicht von allein. Deshalb sind umfangreiche Rekultivierungsmaßnahmen erforderlich.

So haben die Bagger z. B. Millionen Jahre alte Sedimente zutage gefördert. Sie enthalten meist Pyrit und Markasit. Das sind Schwefelverbindungen des Eisens, die an der Luft oxidiert werden und mit Wasser Schwefelsäure bilden. Deshalb müssen die Kippen mit meterdicken Schichten aus Kulturboden bedeckt werden, damit darauf wieder Wälder gedeihen und Felder Frucht tragen können.

Die lockeren, zerklüfteten und meist steil abfallenden Böschungen der Restlöcher müssen erst durch viele Sprengungen verfestigt werden. Sonst kommt es zu lawinenartigen Erdrutschen, bei denen tausende Kubikmeter Boden plötzlich zu fließen beginnen und alles unter sich begraben, was sich darauf befindet.

Ehe z. B. aus dem Restloch des ehemaligen Tagebaus Niemtsch der schöne Senftenberger See entstand, waren fast 20 km steile, zerklüftete Böschungen in flach ansteigende Uferzonen umzugestalten. Dabei wurden z. B. am Strand Buchwalde etwa 900 m Wege gebaut, 18 000 m^2 Rollrasen verlegt und über 10 000 Pflanzen gesetzt. Das Resultat kann sich sehen lassen (Bild 5).

4

Der so entstandene künstliche See lud aber noch nicht zum Baden ein. Sein Wasser war nämlich sehr sauer. Deshalb mussten Millionen Kubikmeter Flusswasser eingeleitet werden, bis der pH-Wert von 3 auf 4,5 angestiegen war. Erst danach entwickelten sich Tiere und Pflanzen. Nach etwa 20 Jahren war das Wasser neutral.

Heute ist dieser See mit seiner Umgebung ein anerkanntes Erholungs- und Naturschutzgebiet. An manchen heißen Sommertagen zieht es bis zu 80 000 Menschen an dieses Gewässer und auf einer unter Naturschutz stehenden künstlichen Insel inmitten des Sees finden tausende Vögel Brut- und Rastplätze.

Die Rekultivierung hat jedoch mit dem Tempo der Zerstörung der Landschaft nicht Schritt gehalten. Noch heute dehnen sich in der Lausitz riesige Ödlandflächen aus, die erst allmählich wieder in eine lebenswerte Landschaft umgewandelt werden.

Außerdem ist etwas Unwiederbringliches verloren gegangen: Allein in der Lausitz mussten seit 1920 einhundert Ortschaften der Braunkohle weichen. Seither haben 21 000 Menschen ihre Heimat für immer verlassen. Sie mussten sich anderenorts eine neue Existenz schaffen. Heute erinnern nur noch Mahnzeichen auf wiederbegrünten Flächen daran, wo einmal ihre Heimat war.

5

Aus Umwelt und Technik: **Wie das Grubenwasser gereinigt wird**

experimentell

Bevor die Förderung von Braunkohle in einem Tagebau beginnen kann, müssen langwierige Vorarbeiten durchgeführt werden. So bohrt man z. B. bereits mehrere Jahre zuvor Tausende von Tiefbrunnen, die das zufließende Wasser abfangen sollen. Geschähe dies nicht, so würden Mensch und Technik im Kohlenmorast versinken. Um eine Tonne Braunkohle zu fördern, müssen etwa 7 m^3 Wasser gehoben werden.

Mit Hilfe der Brunnen wird der Grundwasserspiegel in einem Gebiet gesenkt, das etwa dreimal so groß ist wie der eigentliche Tagebau. Wenn der Boden in diesem Gebiet wasserdurchlässig ist, trocknen danach die Flüsse aus, verdorren Wälder und sinken die Ernteerträge in einem weiten Umkreis.

Im Jahr 1992 wurden allein in der Lausitz etwa 1 Milliarde Kubikmeter Grubenwasser gefördert. Das ist mehr als der Inhalt der beiden großen Talsperren am Oberlauf der Saale. Dieses Wasser ist sehr sauer und eisenhaltig. Es muss daher gereinigt werden. Das geschieht in 23 Reinigungsanlagen (Bild 1).

Zunächst neutralisiert man das Wasser mit Kalkmilch, der billigsten Lauge.

Dann müssen die Eisen-Ionen entfernt werden. Dazu verwirbelt man das Wasser mit Luft, um den Sauerstoffgehalt zu erhöhen. In der alkalischen sauerstoffhaltigen Lösung werden die Eisen(II)-Ionen schnell zu Eisen(III)-Ionen oxidiert. Es bildet sich ein brauner Niederschlag von schwer löslichem Eisen(III)-hydroxid. In Absetzbecken flockt der Niederschlag aus und lagert sich am Beckenboden ab. Das abfließende Wasser ist klar und enthält weniger als 5 mg Eisen je Liter.

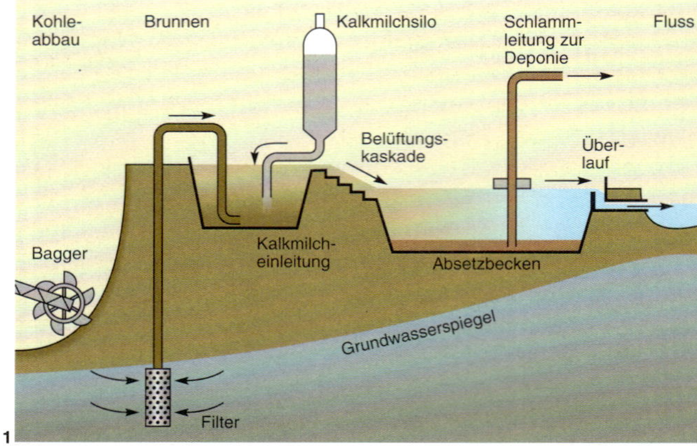

1

Knapp 75 % des gereinigten Wassers wird in Flüsse geleitet – besonders bei Niedrigwasser. So wird z. B. der Spreewald im Sommer vor dem Austrocknen bewahrt.

Etwa 15 % des Wassers verbrauchen die Kraftwerke, und jeweils 6 % werden zu Trinkwasser verarbeitet oder Feuchtbiotopen zugeführt. Und euer Silversterkarpfen ist vielleicht auch in einem neuen Fischteich herangewachsen, der mit Grubenwasser gespeist worden ist.

Versuchsvorschriften:

1. Unterscheiden von Lösungen, die Eisen(II)-Ionen bzw. Eisen(III)-Ionen enthalten

a) Zunächst stellen wir eine Lösung von Eisen(II)-chlorid Xn her, die frei von Eisen(III)-Ionen ist. Dazu tauchen wir in eine verdünnte Eisen(II)-chloridlösung eine kleine Spirale aus Blumendraht. Sie verhindert das Oxidieren der Eisen(II)-Ionen.

In die Lösung wird langsam so lange verdünnte Salzsäure Xi getropft, bis ihr pH-Wert etwa 3 beträgt (Universalindikator verwenden). Diese *Lösung 1* muss sofort gut verschlossen werden.

b) Wir lösen einige Kristalle Eisen(III)-chlorid Xn in Wasser auf und vergleichen die Farbe der entstehenden *Lösung 2* mit der Farbe von Lösung 1.

c) Nun versetzen wir eine Probe der Lösung 1 mit einigen Tropfen verdünnter Natronlauge Xi und verschließen das Reagenzglas sofort wieder.

Beschreibe die Farbe des entstehenden Niederschlags.

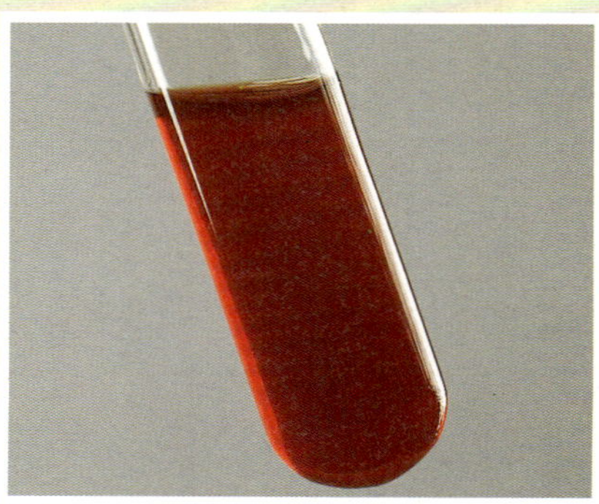

2

Wir versetzen auch eine kleine Probe der Lösung 2 mit verdünnter Natronlauge Xi. Vergleiche!

2. Einleiten von Luft in Eisen(II)-chloridlösung

Wir leiten mit einem Gummigebläse vorsichtig Luft durch eine Probe der sauren Lösung 1.

Einer weiteren Probe der Lösung 1 tropfen wir so lange Natriumhydroxidlösung Xi zu, bis sie alkalisch reagiert. Dann leiten wir ebenfalls Luft hindurch.

Vergleiche den entstehenden Niederschlag mit dem Niederschlag von Versuchsteil 1 c.

3. Ein empfindlicher Nachweis für Eisen(III)-Ionen

Gibt man zu einer sauren Lösung eines Eisen(III)-Salzes einige Tropfen einer Lösung von Ammoniumthiocyanat Xn, so entsteht eine tiefrote Färbung (Bild 2).

Wir prüfen nun das Filtrat des Niederschlags von Versuch 2, ob es Eisen(III)-Ionen enthält.

Dazu versetzen wir es mit verdünnter Salzsäure Xi, bis die Flüssigkeit sauer reagiert (mit Universalindikator feststellen). Dann fügen wir einige Tropfen Ammoniumthiocyanatlösung hinzu.

8670RD

Aus Umwelt und Technik: **Ein Energieträger mit Nachteilen**

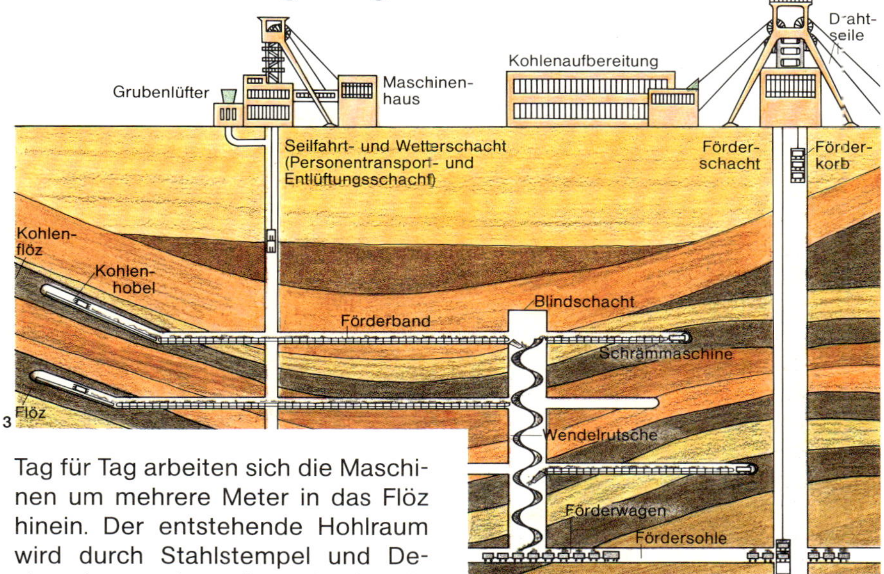

3

Steinkohle liegt meistens in großer Tiefe unter der Erdoberfläche. Ihre Gewinnung ist deshalb in Deutschland nur *unter Tage* möglich.

Der Steinkohlenbergbau (Bild 3) umfasst drei Bereiche: den **Abbau** der Kohle aus dem Flöz (der kohleführenden Schicht), die **Förderung** zur Erdoberfläche und die **Aufbereitung** (Reinigung und Sortierung).

Der Abbau der Kohle erfolgt heute häufig mit Hilfe des *Kohlenhobels* (Bild 4). Er wird durch starke Elektromotoren am Flöz entlanggezogen. Dabei wird eine etwa 10 cm dicke Schicht Kohle abgeschält und auf ein Förderband geschoben.

4

Tag für Tag arbeiten sich die Maschinen um mehrere Meter in das Flöz hinein. Der entstehende Hohlraum wird durch Stahlstempel und Deckenplatten abgestützt, damit kein Gestein von oben herunterbricht.

An bestimmten Stellen wird die Kohle, die auf den Förderbändern liegt, in große *Fördergefäße* umgeladen; so kann sie zum *Schacht* transportiert werden. Dort kommen die Gefäße in den *Förderkorb*, der an einem armdicken Drahtseil nach oben in den *Förderturm* gezogen wird.

Die geförderte Kohle wird nun von Steinen gereinigt und in Siebanlagen nach ihrer Größe sortiert.

Die Bergleute benötigen Frischluft zum Atmen und zur Kühlung. Es dürfen sich auch keine explosiven Gasgemische aus Grubengas und Luft bilden (Gefahr der sog. *schlagenden Wetter*). Deshalb besitzt jede Grube mindestens zwei Schächte: für die Zufuhr von Frischluft und für das Absaugen der verbrauchten Luft.

Der tiefste Förderschacht im deutschen Steinkohlenbergbau hat eine Tiefe von etwa 1500 Meter.

Die Kohle

Auf einen Blick

Kohle als Energieträger und Rohstoff

Kohle ist stets ein Gemisch verschiedener Elemente und Verbindungen.

Hauptbestandteil der Kohle ist der **Kohlenstoff**. Der Gehalt an Kohlenstoff ist aber je nach Kohlensorte unterschiedlich.

Wenn man die Kohle unter Luftabschluss erhitzt, zersetzt sie sich, ohne zu verbrennen.

Dieser Vorgang der Verkokung ist eine *trockene Destillation* (Bild 5). Dabei wird eine große Anzahl organischer und anorganischer Stoffe freigesetzt.

5

Die beim *Verbrennen* zurückbleibende Asche ist ein Gemisch nicht brennbarer Verbindungen (z. B. Metalloxide, Salze).

Kohle ist einer unserer wichtigsten **Brennstoffe**. Sie ist auch **Ausgangsstoff für viele Produkte**, die in der Industrie benötigt werden.

7747R

Energiegewinnung und ihre Folgen

1 Die Situation unserer Atmosphäre

1 

2 

Die Atmosphäre um die Erde – zwar „kilometerdick“, aber doch nur „ein Hauch“ …

Aus Umwelt und Technik: **Wie dick ist die Erdhülle wirklich?**

Immer wieder sieht man Abbildungen der Erde, bei denen die Atmosphäre als dicke Schicht gezeichnet ist (Bild 1). Vor allem gerade dann, wenn es sich um Schriften mit Bezug zum Umweltschutz handelt.

Sind Erdkruste und Atmosphäre wirklich so dick und stabil, wie uns immer suggeriert wird? Immerhin ist die Erdkruste 60 km dick und die *Troposphäre* (d. h. die belebte, untere Luftschicht) reicht 10 km hoch. Danach folgt in 15–50 km Höhe die *Stratosphäre*.

Alle Gewässer (die *Hydrosphäre*) wären bei gleichmäßiger Verteilung etwa 1,5 km dick und würden dabei die Erde völlig bedecken.

Wie dick sind diese die Erde umhüllenden Sphären im Vergleich zum Durchmesser der Erde nun wirklich?

Dazu ein *Vergleich*: Die Erde hat einen Durchmesser von 12 000 km. Wenn man sich ein Modell der Erde im Maßstab 1 : 10 Millionen ($1:10^7$) baut, so erhält man eine ziemlich glatte Kugel von 1,20 m Durchmesser.

Die Erdkruste ist bei diesem Modell nur 6 mm dick, darunter ist der Inhalt der Kugel glühend – teils flüssig, in größeren Tiefen wieder fest. Das *Himalaja*-Gebirge wäre eine etwas erhöhte raue Stelle mit einigen 1 mm hohen „Pickeln“ (z. B. dem *Mount Everest*); es könnte gerade noch ertastet werden.

Wie dick sind in diesem Modell die Wasser- und Luftschichten, wenn man sie sich gleichmäßig um die Kugel herum verteilt denkt? Die Troposphäre reicht nur noch 1 mm hoch. Die Stratosphäre beginnt in diesem Modell 1 mm über der Kugeloberfläche und umfasst nur 4 mm. Die Hydrosphäre ist in diesem Modell gerade einmal 0,15 mm dick!

In Bild 2 kann man diese Sphären deshalb gar nicht mehr sehen – man bemerkt höchstens einen etwas verschwommenen Rand, eine unbedeutende Unschärfe.

Diese dünne Schicht versorgt uns mit Sauerstoff; sie hält hochenergetische Weltraumstrahlung und kleinere Meteoriten von uns ab. Sie „puffert“ die Energie, die von der Sonne kommt. (Sonst wäre es im Licht viel wärmer und im Schatten viel kälter: Der Tag- und Nachtwechsel wäre gleichbedeutend mit dem Wechsel zwischen Sonnenglut und Weltraumkälte.) Die Atmosphäre und die Hydrosphäre garantieren ein gleichmäßiges Klima; in ihnen wird „das Wetter gemacht“.

Treffend beschreibt der russische Kosmonaut *Wladimir Schatalow* nach seinen Raumflügen mit *Sojus* die wahren Verhältnisse:

„Der endlose, blaue Ozean des Himmels, der uns das Atmen ermöglicht und vor abgründiger Weite und Tod schützt, hat sich als ein ganz zartes Häutchen erwiesen.

Wie verhängnisvoll ist es, diese zarte Schutzhülle des Lebens auch nur im geringsten zu schädigen!“

In diese dünne Schutzhülle, die uns so riesig erscheint, entlassen wir die Abgase, die bei der Energiegewinnung anfallen, und hier hinein entsorgen wir die Hauptmasse an Schadstoffen. Es ist bereits so weit gekommen, dass wir unsere Abfälle wieder einatmen, essen und trinken …

7192R

1994 war das bisher wärmste Jahr, seitdem regelmäßige Temperaturmessungen stattfinden. Nun ist kaum noch zu bezweifeln: Die untere Atmosphäre, die *Troposphäre*, wird zunehmend aufgeheizt. Doch wie kommt es dazu?

Das Sonnenlicht ist aus verschiedenen Spektralfarben zusammengesetzt. Im Regenbogen zeigen sich die sichtbaren Farben des Spektrums.

Ein Teil der Sonnenstrahlung ist für unser Auge nicht sichtbar, wie z. B. die *Infrarot-Strahlung* (IR-Strahlung), die sich an das Rot anschließt (Bild 3). Auch die *ultraviolette Strahlung* (UV-Strahlung), die sich an das Violett anschließt, können wir nicht sehen.

Ein Teil der ultravioletten Strahlung wird in der *Stratosphäre* absorbiert. Das ist die Luftschicht, die sich an die Oberseite der höchsten Wolken anschließt (Bild 4). Sie reicht von ca. 10–15 km bis auf 50 km Höhe. Das sichtbare Licht und auch der größte Teil der IR-Strahlung dringen bis zum Erdboden durch und erwärmen ihn.

Der erwärmte Erdboden sendet nun seinerseits Energie aus, und zwar in Form von IR-Strahlung. Größtenteils dadurch wird die Lufthülle erwärmt.

Du weißt, dass die Luft ein Gasgemisch ist. Die Moleküle der Gase absorbieren die IR-Strahlung. Dabei werden die Moleküle in teilweise lang anhaltende, stabile *Schwingungen* versetzt. Dies ist die wichtigste *Speicherform* der Energie. Moleküle sind keine starren Partikel, sondern ständig in sich schwingende Teilchen. In Bild 5 sind einige davon durch Pfeile dargestellt.

Auch insgesamt werden die Moleküle schneller, denn bei Zusammenstößen kann Schwingungsenergie in kinetische Energie umgewandelt werden.

Die Moleküle können Energie auch wieder abgeben, sodass ein Teil davon zur Erde gelangt. Man kann also sagen, dass sich die Spurengase insgesamt ähnlich wie das Glasdach eines Treibhauses verhalten: Sie lassen das Sonnenlicht passieren, behindern aber gleichzeitig die Energieabstrahlung von der Erde in den Weltraum. Dadurch bewirken sie eine Aufheizung der unteren Luftschichten.

Dieser **natürliche Treibhauseffekt** geht zu zwei Dritteln auf Wasserdampf, zu einem Viertel auf Kohlenstoffdioxid und zu etwa einem Zehntel auf andere Gase zurück. Dabei ist wichtig, dass die Wassermoleküle nur einen bestimmten Teil der IR-Strahlung absorbieren.

Wenn wir heute von einer **Verstärkung des Treibhauseffekts** sprechen, ist die Erwärmung der Troposphäre gemeint, die über den natürlichen Treibhauseffekt hinausgeht. Sie beruht auf der Zunahme an sog. *Treibhausgasen*; dazu gehören Kohlenstoffdioxid, Methan, FCKWs, Distickstoffoxid und andere.

Je komplizierter nämlich die Moleküle der Treibhausgase aufgebaut sind, desto mehr Energie können sie speichern und desto größer sind die IR-Bereiche, die sie absorbieren können. Das geht auch aus der folgenden Tabelle hervor: So trägt z. B. ein Molekül Ozon 2000-mal mehr zum Treibhauseffekt bei als ein Molekül Kohlenstoffdioxid.

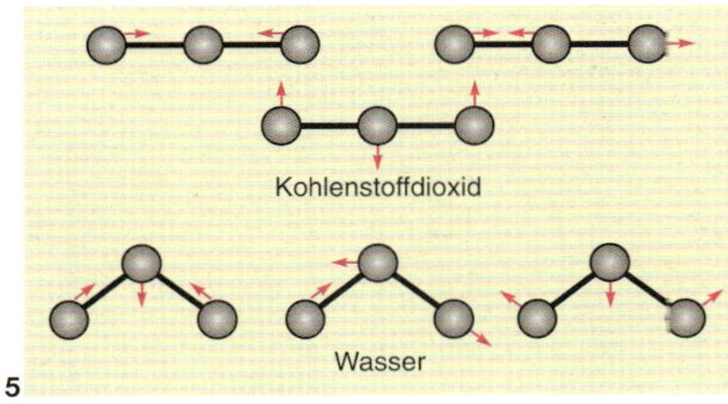

5

Relativer Treibhauseffekt je Molekül

Kohlenstoffdioxid	1
Methan	32
Distickstoffoxid	150
Ozon	2 000
FCKWs	15 000

Hinzu kommt, dass die Moleküle der Treibhausgase genau die Anteile der IR-Strahlung absorbieren, die von den Wassermolekülen nicht absorbiert werden. Durch die Zunahme der Treibhausgase schließt das „Dach des Treibhauses" also immer dichter.

Treibhausgase gibt es sowohl in der Troposphäre als auch in der Stratosphäre.

In der Troposphäre und der unteren Stratosphäre verhindern die Treibhausgase, dass die IR-Strahlung die Troposphäre verlässt (Bild 6). In der oberen Stratosphäre verhindern sie, dass IR-Strahlung von der Sonne hineingelangt.

Auf diese Weise ist die Stratosphäre von jeglicher Wärmezufuhr abgeschnitten: Sie kühlt sich deutlich ab.

Die Temperaturkurve der Atmosphäre (Bild 4) nimmt in der *Stratosphäre* inzwischen einen deutlich anderen Verlauf, nämlich in Richtung auf eine wesentlich geringere Erwärmung hin. In Zukunft wird sie möglicherweise eine kontinuierliche Abkühlung anzeigen.

Die Folge der Abkühlung sind vermutlich Veränderungen unseres Klimas schon in naher Zukunft.

3

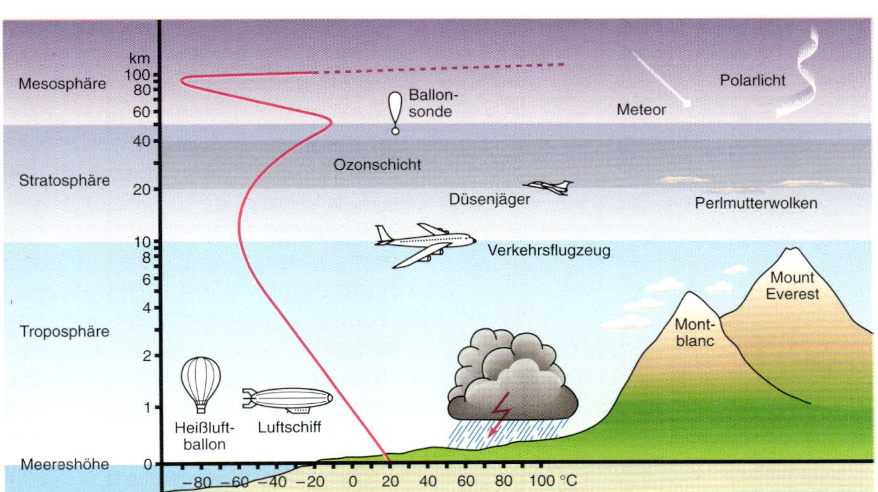

4

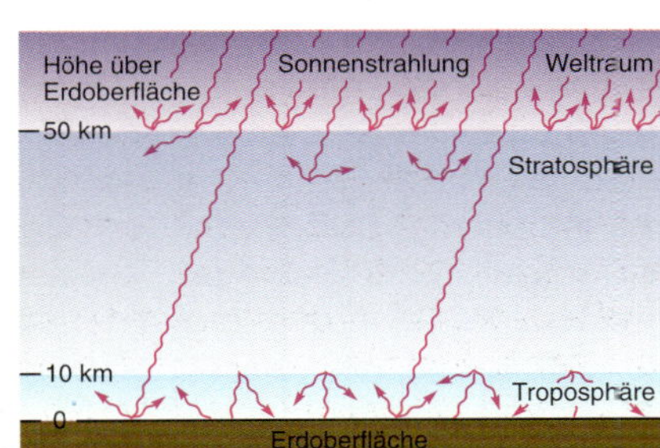

6

2 Die Ressourcen werden knapp

1

Die Ressourcen unserer wichtigsten Primärenergieträger reichen nicht ewig ...

Aus Umwelt und Technik: **Ein natürliches Gleichgewicht wird gestört**

Viele Millionen Jahre lang gab es auf der Erde bezüglich der Bildung und des Abbaus von organischer Materie nur einen *Produzenten-Destruenten*-Kreislauf (Bild 2; lat. *destruere:* vernichten). Dieser befand sich in einem Gleichgewichtszustand: Da immer gerade so viel Kohlenstoffdioxid gebunden wurde, wie die Destruenten freisetzten, blieb die Konzentration dieses Gases in der Atmosphäre ziemlich konstant.

Überschüssige kohlenstoffhaltige Materie wurde über lange Zeit hinweg als Erdöl oder Kohle sowie als Kalkstein oder Dolomit abgelagert.

Dann aber kamen in immer größerer Zahl *Konsumenten* hinzu – vor allem die Menschen. Durch deren Atmung wird mehr Kohlenstoffdioxid freigesetzt, als die Produzenten binden können. Ein Mensch atmet pro Tag etwa 1 kg Kohlenstoffdioxid aus!

Gleichzeitig werden grüne Wälder mit Feuer gerodet und damit der Fotosynthese entzogen; vegetationslose Wüstenflächen breiten sich aus. Das natürliche Gleichgewicht ist gestört.

Aber damit nicht genug: Immer mehr Kohlenstoffdioxid wird aufgrund der technischen Entwicklung in die Atmosphäre geblasen. So wird zunehmend **lebende Biomasse** zur Energiegewinnung verbrannt. Gleiches gilt für **fossile Brennstoffe**.

Das zusätzliche Kohlenstoffdioxid kann durch die grünen Pflanzen nicht mehr gebunden werden. Daher erhöht sich der Überschuss an Kohlenstoffdioxid in der Atmosphäre jährlich um 11 Gigatonnen.

Der weltweite **Verbrauch fossiler Brennstoffe** ist in den vergangenen 100 Jahren um mehr als das 20fache angestiegen. Grund dafür ist im Wesentlichen, dass die Weltbevölkerung in dieser Zeit von etwa 1,5 Milliarden Menschen auf über 5 Milliarden zunahm. Zudem steigerten viele Menschen ihren Lebensstandard und auch das führte (wegen der vermehrten Herstellung von Produktionsgütern) zu einem erhöhten Energiebedarf.

Obwohl die Industriestaaten nur einen Anteil von 26 % an der Weltbevölkerung haben, benötigen sie etwa 70 % der weltweit insgesamt verbrauchten Energie!

Diese wird vor allem durch Kohle, Erdöl und Erdgas (also durch *fossile Energieträger*) bereitgestellt. Doch die Reserven sind begrenzt (Bild 1).

Der Energieverbrauch der Industriestaaten scheint augenblicklich nicht weiter zu steigen. Man muss aber davon ausgehen, dass in einigen bevölkerungsreichen Ländern (z. B. Brasilien, China, Korea und Malaysia) der Verbrauch an Industriegütern wachsen wird – und das wiederum wird einen höheren Energiebedarf bedeuten.

Um auch den Entwicklungsländern ein Mindestmaß an Lebensqualität zu ermöglichen, muss für sie ebenfalls Energie in ausreichendem Maße zur Verfügung gestellt werden.

Bei den meisten Verfahren zur Gewinnung von thermischer Energie werden fossile Energieträger verbrannt. Bei steigendem Energiebedarf heißt das: Künftig wird noch mehr Kohlenstoffdioxid als bisher in die Atmosphäre abgegeben werden.

Als Folge davon wird sich der *Treibhauseffekt* verstärken. (Davon später mehr.) Sogar weltweite Klimaveränderungen sind zu befürchten – ja, sie kündigen sich bereits an.

Aus dieser Erkenntnis heraus versucht man das Verbrennen fossiler Brennstoffe zu reduzieren und künftig **regenerative** (d. h. erneuerbare) **Energiequellen** zu nutzen.

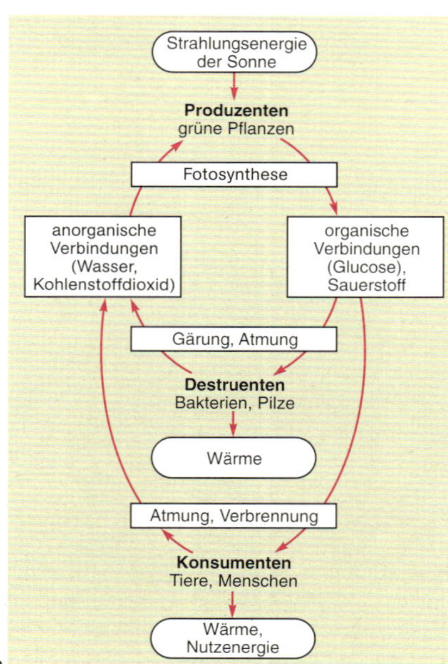

2

7748R

3 Energie aus Biomasse

3

4

5

6

Erneuerbare Energie aus Biomasse. Was verbirgt sich dahinter?

V 1 Wir verbrennen Proben von Holz, Schilf, Stroh und anderen Pflanzen – also *Biomasse*. Dann versuchen wir *frisches* Buchen- und Tannenholz zu entzünden. Vergleiche das Verhalten von trockener und frischer Biomasse.

V 2 *(Lehrerversuch)* Für die *trockene Destillation* von Holz werden in einem Reagenzglas einige Holzstücke erhitzt (Bild 7). Wenn die Luft aus dem Reagenzglas verdrängt ist, wird das entstandene Gas an der Düse des Ableitungsrohres entzündet. Über die Flamme wird ein kaltes, trockenes Becherglas gehalten, dann auch eines, das zuvor mit Kalkwasser ausgespült wurde. Was stellst du in U-Rohr und Waschflasche fest?

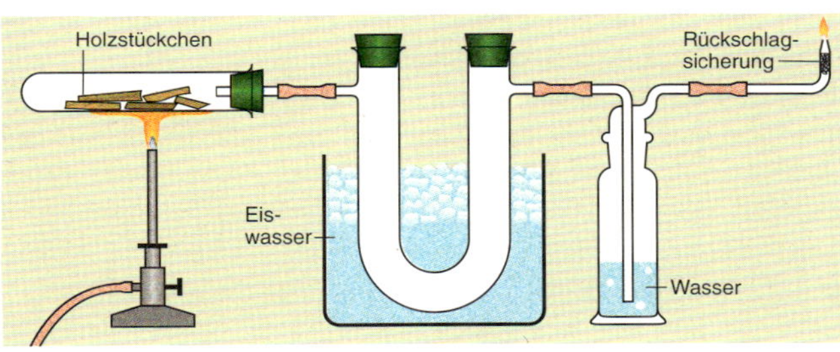

7

V 3 Wir untersuchen die Brennbarkeit von Fetten.

Eine Probe Fett oder fettes Öl (Olivenöl) wird in einer Porzellanschale erhitzt (Abzug!). Versuche mehrmals die Dämpfe mit der Brennerflamme zu entzünden.

Wir versuchen, einige geröstete Erdnüsse oder ein trockenes Stück Kokosnussfleisch zu entzünden. Vergleiche mit dem Entzünden und Brennen von Holzstücken.

V 4 Nun untersuchen wir Harze und Terpene.

a) Wir entzünden ein Stück Harz, ein ätherisches Öl (z. B. das von Limonen) sowie Terpentinöl.

b) In einer Apparatur wie der von Bild 7 destillieren wir kleine Harzstücke. Wir verfahren, wie in V 2 beschrieben.

c) Eine frische Mandarinenschale (oder die Schale einer anderen frischen Citrusfrucht) drücken wir so, dass aus der Schale etwas „Öl" in eine Kerzenflamme spritzt.

Holz und Pflanzenreste als Primärenergieträger

Pflanzen sind brennbar. Dazu tragen vor allem die *Cellulose* und der „Holzstoff" *Lignin* bei. Doch auch andere Inhaltsstoffe – die *Fette* und bestimmte cyclische Kohlenwasserstoffe, die *Terpene* – sind dafür „verantwortlich".

Beim Verbrennen von Pflanzen wird **Energie in Form von Wärme** frei, denn Biomasse ist gespeicherte Sonnenenergie.

Bei der Verbrennung von Pflanzen ist die **Luftbelastung** erheblich; hierbei unterbleibt ja meist eine Abgasreinigung. In Holz und in anderen Pflanzenresten sind mehr Stickstoff und Schwefel gebunden als in Erdgas oder Erdöl. Deshalb entstehen daraus auch mehr Stickstoff- und Schwefeloxide.

Bevor Biomasse mit heller Flamme brennt, bildet sich **Rauch** oder „Qualm". Er setzt sich aus bestimmten Holzgasen, Kondensaten und Teer (Pech) zusammen. Diese Stoffe sind teilweise giftig oder sogar Krebs erregend.

Im Kondensat des Qualms kann man *Alkohole* (z. B. Methanol, historisch „Holzgeist" genannt) nachweisen. Ferner findet man darin *Aldehyde* (Formaldehyd, Acrolein), *Carbonsäuren* (Ameisensäure, Essigsäure) sowie *Kohlenwasserstoffe* (z. B. ungesättigte und aromatische wie Benzol). Außerdem sind darin viele andere niedermolekulare, gut brennbare organische Verbindungen enthalten; dazu gehören *Phenole*, die Alkohole von aromatischen Kohlenwasserstoffen.

Der Holzteer bzw. das Pech im Qualm enthält Krebs erregende *polycyclische aromatische Kohlenwasserstoffe* (PAKs).

Wenn Holz bei fehlender oder unzureichender Luftzufuhr erhitzt wird, verschwelt es; zurück bleibt die **Holzkohle** – ebenfalls ein wertvoller Sekundärenergieträger. Noch heute wird dieses Verfahren in großen Retorten industriell angewandt um den Bedarf an Grillkohle und an Chemikalien zu decken, die im Holzgas und Holzteer enthalten sind.

Wenn man vor dem Verbrennen von Pflanzenresten einzelne Stoffgruppen isoliert, kann man diese zur Energiegewinnung unter sauberen Bedingungen nutzen. Solche Inhaltsstoffe sind **Fette** und **fette Öle** sowie **Harze** und **Terpene**. Letztere kommen insbesondere in Nadelhölzern, in Wolfsmilchgewächsen, im Löwenzahn und in Orangenschalen vor.

7749R

Aus Umwelt und Technik: **Rapsöl – Treibstoff „mit grünem Mäntelchen"?**

Wenn es um *alternative Treibstoffe* geht, wird oft von einer „Wunderpflanze" gesprochen, dem *Raps*. Aus seinem Samen kann nämlich ein fettes Öl, das **Rapsöl**, gewonnen werden. Und damit soll man Motoren umweltschonend antreiben können.

Die Verbrennung von Rapsöl ist allerdings wegen der hohen Siede- und Flammtemperatur nicht ohne weiteres möglich. Sie gelingt nur in einem speziellen Motor, dem *Elsbeth-Motor*. Dieser ist allerdings technisch noch nicht ausgereift.

Aus Rapsöl lässt sich ein Treibstoff gewinnen, der dem Dieselöl ähnlich ist. Dazu muss aber das Rapsöl zunächst in Glycerin und Fettsäuren zerlegt werden. Anschließend werden die Fettsäuren mit Methanol verestert.

Die dabei entstehenden Rapssäure-Methylester bilden den eigentlichen **Biodiesel**.

Was ist nun dran an der Umweltfreundlichkeit dieses Biodiesels?

Ist es wirklich so, dass bei der Verbrennung von Biodiesel der *Kohlenstoffdioxid-Kreislauf* geschlossen ist (Bild 1)? Oder muss man weitere Faktoren in die „Ökobilanz" mit einbeziehen?

Für den Biodiesel spricht, dass er **frei von Schwefelverbindungen** ist und biologisch leicht abgebaut werden kann. Daher dürfte sein Einsatz als Treib- und Schmierstoff z. B. für Motorsägen im Wald durchaus sinnvoll sein.

Gegen den Biodiesel spricht jedoch z. B. der **Bedarf an großen Anbauflächen**: Aus einem Hektar Land sind bei jeder Ernte nur etwa 1,2 t Rapsöl zu erzielen. Zur Bereitstellung von Biodiesel für den Jahresbedarf von etwa 10 Millionen Autos (bei jeweils 14 000 gefahrenen Kilometern) wäre eine Anbaufläche von nicht weniger als 50 000 km^2 erforderlich. Das entspricht einem Viertel der gesamten landwirtschaftlichen Nutzfläche Deutschlands (ohne Wald).

Kritiker führen außerdem an, dass ein intensiver Rapsanbau nicht ohne den Einsatz von **erheblichen Mengen Düngemittel** möglich ist.

Hinzu kommt, dass bei der Ernte nur die ölhaltigen Früchte interessant sind. Nach dem Ausdreschen bleibt also eine **riesige Menge Biomasse** zurück. Diese könnte man zwar kompostieren, dazu wäre aber weitere Bodenfläche nötig.

Ein erheblicher Teil des in der Biomasse sowie im Dünger gebundenen Stickstoffs wird von Bakterien zu Distickstoffoxid (N_2O) umgewandelt. Dieses gehört zu den „Treibhausgasen". Außerdem bildet es andere reaktive Stickstoffoxide, die ebenfalls zur **Schädigung der Atmosphäre** beitragen.

Hinzu kommt, dass Methanol für die Umesterung des Rapsöls bereitgestellt werden muss und dass die Umwelt durch das chemische Verfahren belastet wird.

Nur wenn die *Nebenprodukte* wie Rapsstroh, Rapsschrot und Glycerin schadstofffrei genutzt werden, ist die Bilanz für Rapssäure-Methylester insgesamt besser als die für Dieselöl. Aber davon ist man heute noch weit entfernt.

Das Umweltbundesamt kam deshalb 1992 zu dem Schluss, dass bei der Nutzung von Biodiesel nur im Bereich der Wassergefährdung Vorteile zu erwarten sind. Dagegen sind die Belastungen von Boden, Atmosphäre und Biosphäre – verglichen mit der Nutzung von Dieselöl – deutlich höher einzuschätzen.

Es ist zu befürchten, dass teilweise *nicht ökologische, sondern ökonomische Interessen* hinter der Propagierung von Biodiesel stehen (→ den Zeitungsausschnitt unten). Wahrscheinlich geht es häufig um die Nutzung von verbotswidrig hergestellten Rapsüberschüssen sowie um eine weitere Nutzung von Flächen, die aufgrund der Überproduktion von Lebensmitteln in der EU stillgelegt wurden. Diese Maßnahme war aber von den Gesetzgebern mit dem Ziel des Landschafts-, Natur- und Artenschutzes sowie der Aufforstung getroffen worden.

Vergessen wir nicht: Auch beim Betreiben der Fahrzeuge mit Biodiesel werden die Hauptproblemstoffe, die beim Betrieb von Kraftfahrzeugen auftreten, freigesetzt: die reaktiven Stickstoffoxide (NO_x).

Der beste Schutz für die Atmosphäre ist und bleibt deshalb eine drastische Verringerung des Kraftfahrzeugverkehrs – mit oder ohne Biodiesel!

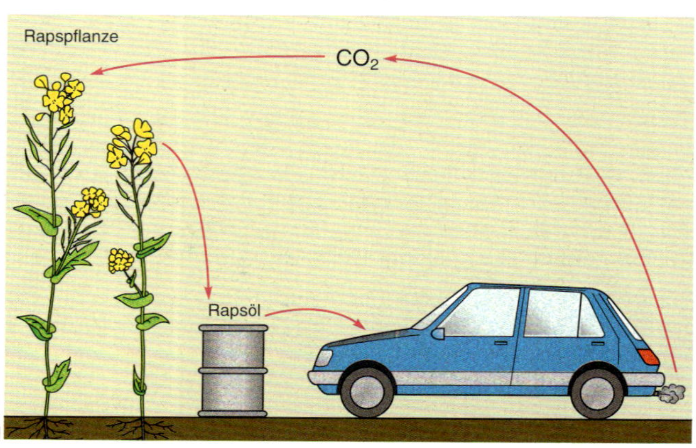

1

Diesel statt Speiseöl

Aus Rapsfeldern, die nach der EU-Verordnung stillgelegt werden mussten, sollte künftig statt Speiseöl Biodiesel gewonnen werden. Das empfahl gestern der Deutsche Bauernverband.

So könnten die Bauern die angedrohten Strafen umgehen, wenn sie die ihnen von der EU zugeteilten Anbauflächen von insgesamt 790 000 Hektar für Raps zur Speiseölgewinnung überschreiten. In Deutschland gibt es Rapsfelder mit insgesamt 1,05 Millionen Hektar.

In der reinen Form sei dieser Kraftstoff von der Mineralölsteuer befreit. Es gelte jetzt, für diese Regelung auch europaweit zu werben. Raps dürfe auch auf stillgelegten Flächen angebaut werden und der Bauer erhalte trotzdem weiterhin die Stilllegungsprämie.

7750R

4 Umweltprobleme

Aus Umwelt und Technik: **Fossile Brennstoffe belasten die Umwelt**

Betrachten wir zunächst Gewinnung und Transport fossiler Brennstoffe. Unter ihnen ist das **Erdgas** am umweltfreundlichsten.

Da das Erdgas ungiftig ist, verursacht es keinerlei gesundheitliche Schäden.

Der *Transport* des Erdgases erfolgt in Pipelines. Die Pipeline, die von Westsibirien (von dort her erhalten wir das meiste Erdgas) zu uns nach Deutschland führt, ist über 5000 km lang!

Die *Verlegung von Pipelines* stellt allerdings einen erheblichen Eingriff in die Umwelt dar. Der Boden ist dabei am meisten belastet. Trotz alledem halten sich aber die Schäden in Grenzen. Nach ungefähr einem Jahr kann der Boden über den Pipelines wieder genutzt werden.

2

Beim **Erdöl** sind die Umweltgefahren bei *Gewinnung und Transport* erheblich größer als beim Erdgas. Immer wieder hört man von Umweltschäden, die z. B. durch Unfälle mit Ölbohrinseln oder Öltankern entstehen (→ dazu auch den folgenden Artikel). Die Folgen sind verschmutzte Gewässer und Küsten (Bild 2).

Auch defekte Ölleitungen und umgestürzte Tankwagen können große Schäden verursachen. Dabei ist die Gefahr, dass das Grundwasser verseucht wird, besonders groß.

Das wird deutlich, wenn man bedenkt, dass nur ein einziger Liter Erdöl etwa *eine Million* Liter Trinkwasser ungenießbar machen kann!

Deshalb müssen bei der *Lagerung* von Erdöl strenge Sicherheitsbestimmungen beachtet werden:

So sind z. B. bei Heizöltanks, die außerhalb des Hauses im Erdboden platziert sind, doppelwandige Behälter vorgeschrieben.

Die *Nutzung* der fossilen Brennstoffe trägt wesentlich zur Luftverschmutzung bei.

Erdöl, Erdgas und Kohle dienen nämlich nur zu einem kleinen Teil als Rohstoffe für die Industrie; der weitaus größte Teil wird verbrannt und dabei entstehen Abgase.

Nicht nur Schwefeldioxid und die Stickstoffoxide schaffen Probleme, sondern auch Kohlenstoffdioxid. Es ist zwar ungiftig (und für die Pflanzen sogar lebensnotwendig), der steigende Gehalt an Kohlenstoffdioxid in der Atmosphäre verstärkt aber den *Treibhauseffekt*.

Aus Umwelt und Technik: **Immer wieder Tankerunfälle ...**

Es wird immer notwendig sein, Energieträger, Rohstoffe, Zwischen- oder Fertigprodukte der chemischen Industrie auch über große Entfernungen hinweg zu transportieren. Dafür gibt es Sicherheitsvorschriften und Sicherheitsmaßnahmen, die einzuhalten sind. Die Menschen, die diese Transporte sicher durchführen sollen, tragen dabei besondere Verantwortung.

Trotzdem kommt es immer wieder zu Unfällen. Hier muss man sich die Frage stellen, wer Schuld daran hat, „die Chemie" oder der verantwortliche Mensch.

Besonders beachtet werden Unfälle von Öltankern. Man weiß nämlich nie so genau, welche Folgen bei einem Tankerunfall vor allem in Küstennähe für die Lebewesen eintreten werden. Das gilt für Meerespflanzen und Tiere ebenso wie für die Menschen. Welche Folgen ein Ölteppich auf dem Meer haben kann, zeigt Bild 3.

Bei rauer See bildet sich aus dem Ölteppich Ölschwamm. Die überwiegend giftigen, wasserlöslichen Bestandteile werden schnell herausgewaschen. Die Hauptmenge des Öls wird nach und nach zersetzt. Dieser Prozess kann jedoch Jahre dauern.

Das schwimmende Öl wird Seevögeln zum Verhängnis, denn ihr Gefieder wird verklebt.

Aber genau so schlimm ist: Dem Plankton fehlt der Gasaustausch mit der Atmosphäre.

Da Ölverschmutzungen vor allem die ortsgebundenen niederen Lebewesen abtöten, ist die gesamte Nahrungskette im Meer bedroht.

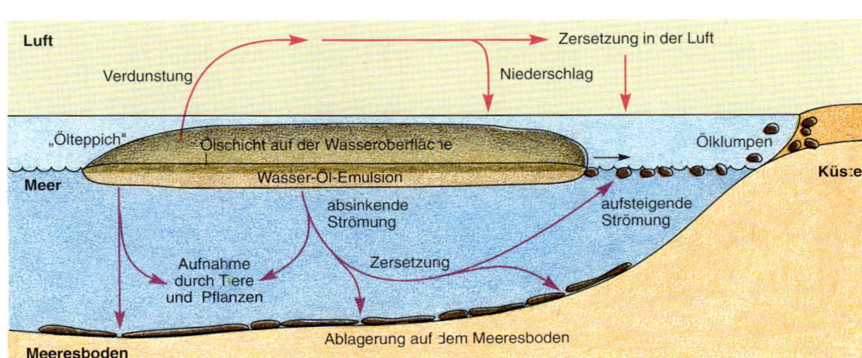

3

Aus Umwelt und Technik: **Ölverschmutzte Gewässer – was man dagegen tut**

experimentell

Wenn Erdöl ins Meer gelangt, breitet es sich großflächig aus, da es auf dem Wasser schwimmt.

Nach kurzer Zeit stellt man eine relativ rasche Auflösung des Ölfilms fest. Es findet eine Destillation bei Temperaturen weit unter dem Siedebereich des Öls statt: Das Öl *verdunstet.*

Verglichen mit dem Destillieren bei hohen Temperaturen, verläuft das Verdunsten langsamer, ist aber im Verlauf der Zeit genauso effektiv. Unterstützt wird der Vorgang noch durch den Wind. Nach etwa einer Woche sind alle flüchtigen Kohlenwasserstoffe „verschwunden".

Die verbleibenden Kohlenwasserstoffe mit größeren Molekülen werden durch Oxidation oder durch Mikroorganismen abgebaut.

Öldämpfe schädigen die Atmosphäre. Erdöl und seine Bestandteile greifen auch bei nur kurzer Verweildauer im Wasser die Meeresorganismen an. Allerdings rufen Reinigungsbemühungen oftmals Schäden hervor.

Auch bei Autounfällen oder Unfällen mit Tanklastzügen verdunstet ein Teil des Treibstoffs oder Öls rasch; der größte Teil versickert jedoch schnell im Boden oder gelangt in die Oberfächengewässer. Und das bringt erhebliche Gefahren für unser Trinkwasser.

Das Öl löst sich in Spuren im Wasser, so wie sich umgekehrt auch etwas Wasser im Öl löst. Wenn man waschaktive Substanzen (Tenside) hinzugibt, so mischt sich noch mehr Öl mit Wasser.

Deshalb darf man in vielen Orten sein Auto nicht mehr vor dem Haus waschen, da dadurch viel Öl in die Regenwasserkanalisation und damit ohne Klärung in Bäche und Flüsse gelangt.

Heizöl oder Dieselöl machen Trinkwasser ungenießbar. Man stellt den Ölgeruch noch in einer Verdünnung von $1:10^6$ bis $1:10^7$ fest. Außerdem ist mit Öl verseuchtes Wasser für alle Lebewesen giftig.

1

Die Feuerwehr sorgt bei Autounfällen nicht nur für Brandbekämpfung, sondern zunehmend auch für den Schutz von Boden und Gewässern.

Wenn Öl ins Wasser gelangt ist, versucht die Feuerwehr zunächst die Ausbreitung des auf der Wasseroberfläche schwimmenden Öls zu verhindern. Dazu baut sie z. B. eine *Ölsperre.* Dann streut sie **Ölbindemittel** auf die Öllache (Bild 1). Das sind hochadsorptiv wirkende Stoffe (z. B. der Kunststoff Polyurethan), die das Öl begierig an sich binden und die – als fester Schaumstoff – über eine riesige Oberfläche verfügen.

Und wenn dennoch Öl ins Grundwasser gelangt? Dann muss man das Öl im Verlauf der Trinkwasseraufbereitung entfernen. Hierzu leitet man das Trinkwasser durch Aktivkohlefilter; Aktivkohle bindet die Kohlenwasserstoffe.

Nach dieser Behandlung ist das Trinkwasser wieder geruchlos und frei von organischen Verbindungen.

Versuchsvorschriften:

1. Wir prüfen den Ölgeruch in verschiedenen Verdünnungen.

In einem Scheidetrichter werden 0,1 ml Dieselöl und 100 ml Wasser geschüttelt. Prüfe den Geruch der Flüssigkeit.

Dann entnehmen wir dieser Ausgangsmischung 1 ml und heben den Rest auf. Wir geben 100 ml Wasser in einen zweiten sauberen Scheidetrichter und fügen das 1 ml der Ausgangsmischung hinzu. Dann schütteln wir. Der Geruch wird erneut geprüft. Wir wiederholen die Prozedur so oft, bis kein Ölgeruch mehr festzustellen ist.

Berechne anschließend den Verdünnungsfaktor.

2. Wie sich Dieselöl in Wasser und mit Tensiden verhält

In einem Reagenzglas werden 5 ml Wasser mit etwa 0,5 ml Dieselöl überschichtet und gut geschüttelt. Was beobachtest du?

Wir wiederholen den Versuch mit 5 ml Seifenlösung statt Wasser.

3. Polyurethanschaum – ein Ölbindemittel?

Ein 50-ml-Becherglas wird zu zwei Dritteln mit Wasser gefüllt. Dann geben wir 2–3 ml Dieselöl hinzu, bis sich eine dünne Schicht bildet.

Wir schneiden aus einem Polyurethanblock ein rundes Stück heraus, das ungefähr in das Glas passt. Dann drücken wir es langsam in die Flüssigkeit. (Die glatte Kunststoffseite soll dabei nicht in Richtung Öl zeigen; Bild 2.)

Bald danach wird das Polyurethan vorsichtig herausgezogen.

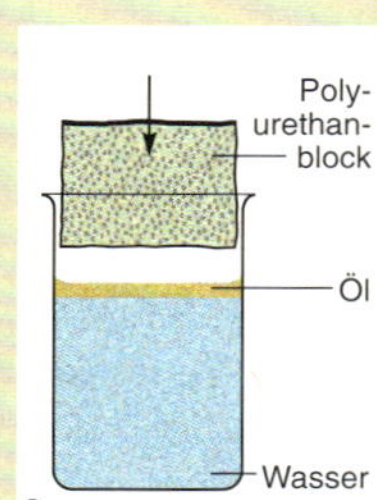

2

4. Aktivkohle – ein Ölbindemittel?

Der Rest der Ausgangsmischung von Versuch 1 wird mit 0,5 g guter Aktivkohle (oder mit einer Kohletablette aus der Apotheke) in einem Erlenmeyerkolben geschüttelt und filtriert. Prüfe den Geruch des Filtrats und vergleiche mit dem der Ausgangsmischung.

7752R

Aus Umwelt und Technik: **Wir alle tragen zur Umweltbelastung bei**

Tankerunfälle, Meldungen von Giftkatastrophen irgendwo in der Welt oder das Ozonloch über der Antarktis – das alles ist doch so weit weg! Das betrifft *uns* doch gar nicht!

So denken viele unserer Mitmenschen. Meist sind wir ja auch *bisher* nicht direkt betroffen gewesen: Weder waren wir daran beteiligt, noch bekamen wir die Auswirkungen hautnah zu spüren.

Und doch sind eine Vielzahl von Produkten, die in der chemischen Industrie hergestellt werden, *für uns – die Verbraucher* – gedacht. Hier einige wenige Beispiele:

Wer will schon gerne auf *Kunststoffe* verzichten: auf die leichten und unempfindlichen Behälter, die bequemen Turnschuhe oder die Kleidungsstücke aus pflegeleichten synthetischen Fasern?

Doch Kunststoffe werden meist aus Erdölprodukten, d. h. aus fossilen Energieträgern, hergestellt. Das Rohöl muss herbeigeschafft werden, die eigene Förderung reicht ja nicht aus. Und dabei kann es dann zu Unfällen mit Tankschiffen, Tankfahrzeugen oder Pipelines kommen. Die Auswirkungen davon sind uns bekannt.

3

Bei der Beseitigung von Kunststoffen gibt es ebenfalls Probleme: Auf den Mülldeponien nehmen sie viel zu viel Platz ein. Und wenn man sie verbrennt, entstehen giftige Abgase, die uns und die Umwelt schädigen können.

Ebenso tragen wir *direkt* zur Umweltbelastung bei, wenn wir nicht sorgfältig mit Chemikalien umgehen – z. B. mit Arzneimitteln, Düngemitteln, Pflanzenschutzmitteln und Reinigungsmitteln – oder wenn wir sie nicht ordnungsgemäß mit dem Sondermüll entsorgen lassen (Bild 3). Oder wenn wir ständig und überallhin mit dem Auto fahren – womöglich mit durchgetretenem Gaspedal und auch noch ohne Kat! Der Ausstoß an schädlichen Abgasen, z. B. der Stickstoffoxide, schnellt dabei in die Höhe. Die Folgen sind uns ebenfalls bekannt: Smog, höhere Ozonwerte …

Die fortschreitende Verschmutzung von Luft und Wasser zieht unausweichlich eine Schädigung unserer Umwelt nach sich. Es sind deshalb große Anstrengungen vonseiten der Industrie, aber auch *unsererseits* erforderlich, um diese negative Entwicklung zu bremsen.

Energiegewinnung und ihre Folgen

Alles klar?

1 Was haben Rohrbrüche, Bedienungsfehler oder Tankerunfälle mit „der Chemie“ zu tun? Erläutere deine Antwort.

2 Beschreibe die Folgen einer Ölverschmutzung im Meer nach Bild 3 auf der vorhergehenden Doppelseite.

3 Stelle in einer Tabelle zusammen, welche Faktoren für die Folgen eines Tankerunfalls von Bedeutung sind. Versuche sie zu begründen.

4 Auf welche Produkte der chemischen Industrie könnte man verzichten? Welche sind jedoch unentbehrlich?

5 Welche konkreten Möglichkeiten gibt es für *dich*, nicht mehr als notwendig zur Umweltbelastung beizutragen?

6 Stelle Forderungen an die Industrie und an jeden Einzelnen auf, durch die die Umwelt geschont werden könnte.

7 Wie kannst du selbst beim Energieverbrauch zu einer möglichst geringen Belastung der Umwelt beitragen?

8 Bei einem Tankerunglück versucht man häufig das auslaufende Öl durch Ausstreuen von Chemikalien zum Sinken zu bringen.
Welche Vorteile und welche Nachteile hat diese Maßnahme?

9 Oft hört man den Satz: „Eine Energiegewinnung ohne Umweltbelastung ist nicht möglich.“ Was meinst du dazu?

10 Die Verbrennungsprodukte des gereinigten Erdgases sind nicht direkt schädlich für die Umwelt. Trotzdem gibt es auch da Bedenken. Worauf beruhen diese?

11 Welche Primärenergien sind umweltfreundlicher als die fossilen Brennstoffe?

12 Warum wäre es für die Umwelt nicht gut, wenn Heizöl und Benzin auf ein niedriges Preisniveau fallen würden?

13 Vergleiche Erdöl und Erdgas hinsichtlich der Umweltbelastung (Gewinnung, Transport, Lagerung, Nutzung) miteinander.

14 Die fossilen Brennstoffe enthalten Schwefelverbindungen. Welche Probleme könnten daraus entstehen?

15 Was versteht man unter umweltbewusstem Autofahren? Ist das nicht ein Widerspruch?

16 Welche Aufgabe hat der geregelte Dreiwegekatalysator, der zwischen Motor und Auspuff montiert wird?

17 Erdgas kann direkt zum Verbraucher geleitet werden. Warum geht das nicht auch mit Erdöl?

Die Alkohole

1 Ethanol und seine Eigenschaften

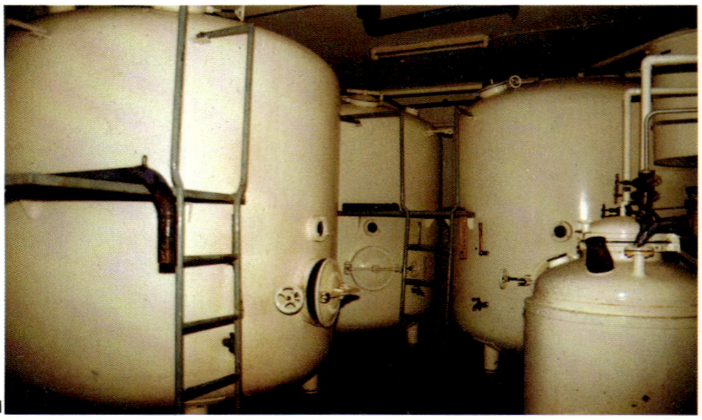
1

2

Alkohol kann auf unterschiedliche Weise hergestellt werden, z. B. in einer *Bioalkoholanlage*. Dort geht man von natürlichen, stärkereichen Produkten aus und gewinnt den Alkohol durch *alkoholische Gärung*.

Das „Herz" einer solchen Anlage sind große Gärbottiche (Bild 1) und hohe Destillationstürme (Bild 2).

Der auf diese oder andere Weise gewonnene Alkohol wird in der chemischen Fachsprache **Ethanol** genannt.

V 1 Mit dem Versuchsaufbau von Bild 3 kann man das Ethanol [F] in Wein oder Apfelwein nachweisen:

Wir beobachten das Steigrohr und versuchen die austretenden Gase zu entzünden.

Wenn wir statt des Steigrohres einen Liebigkühler schräg ansetzen, wird das Ethanol *destilliert* (Bild 5). Das *Destillat* wird aufgefangen.

Anschließend prüfen wir vorsichtig den Geruch des Destillats und seine Brennbarkeit.

V 2 Dieser Versuch zeigt einige Eigenschaften von Ethanol [F].

a) Wir untersuchen zunächst Farbe, Geruch und Brennbarkeit.

b) Nun vermischen wir jeweils 2 ml Ethanol mit unterschiedlichen Mengen Wasser (4 ml, 3 ml, 2 ml, 1 ml).

Dann versuchen wir die Mischungen in einem Tiegel zu entzünden.

c) Wir bestimmen die Siedetemperatur von Ethanol (Bild 4).

V 3 Wir vermischen ca. 2 ml Ethanol [F] mit der gleichen Menge Wasser und prüfen die Flüssigkeit mit Universalindikator.

V 4 Wir prüfen in einem kleinen Becherglas die elektrische Leitfähigkeit von Ethanol [F].

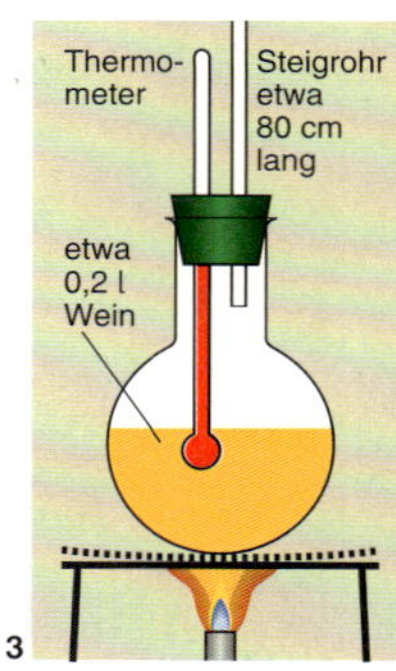

3

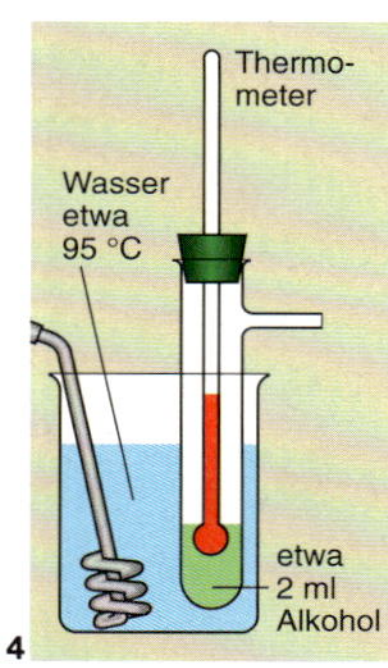

4

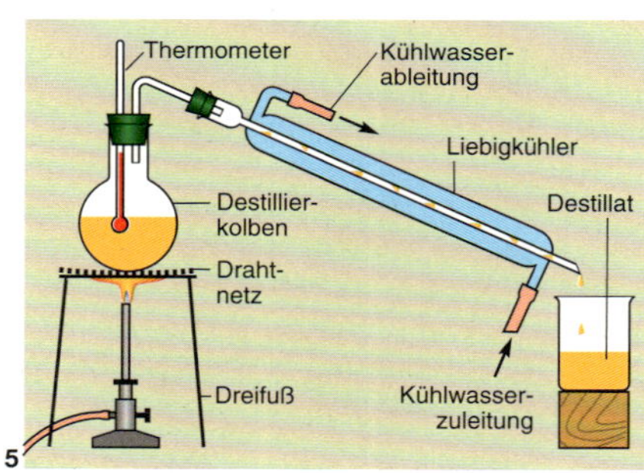

5

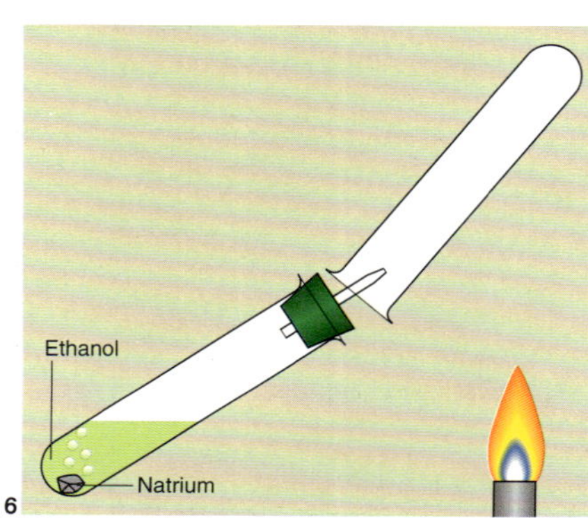

6

V 5 Dies ist ein **Nachweis** für Alkohole: 1 ml Cer(IV)-ammoniumnitrat wird mit 5 ml Wasser verdünnt. Dann geben wir 1 ml Ethanol [F] hinzu.

V 6 *Brennspiritus* enthält 94 % Ethanol; man kann ihn daher oft für Versuche anstelle von Ethanol verwenden.

a) Wir geben Brennspiritus [F] in einen kleinen Verbrennungslöffel. (Die Spiritusflasche sofort schließen und wegstellen!) Dann entzünden wir den Brennspiritus und halten den Löffel in einen kleinen Erlenmeyerkolben. Beobachte die Glaswand.

b) Nun geben wir einige Tropfen Kalkwasser [C] in den Kolben, verschließen ihn und schütteln. Was stellst du fest?

V 7 *(Lehrerversuch)* Ethanol reagiert auch mit Natrium.

Man gibt 2 ml Ethanol [F] in ein Reagenzglas und fügt eine erbsengroße Menge entrindetes Natrium [C,F] hinzu (Bild 6).

Das entstehende Gas wird aufgefangen und mit einer Flamme geprüft. Welches Gas ist es?

V 8 Ethanol [F] kann auch mit Kupferoxid reagieren. Achte dabei auch auf den Geruch vor und nach der Reaktion.

6907R

a) Wir erhitzen eine Spirale aus Kupferdraht (⌀ 2 mm) in der Brennerflamme. Wie sieht die Spirale nach dem Abkühlen aus?

b) Wir erhitzen erneut und tauchen die glühende Spirale in das Ethanol (Bild 7; Abzug!). Versuche zu erklären, was bei der Reaktion geschieht.

V 9 Ethanol ist für bestimmte Stoffe ein Lösemittel. Lege eine Tabelle an und trage die folgenden Versuchsergebnisse ein.

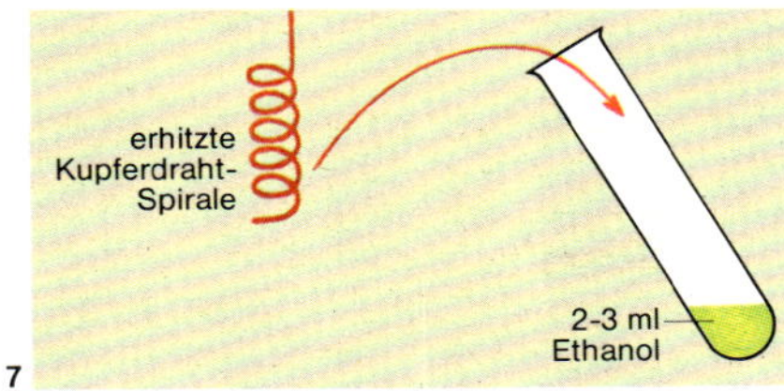

7

a) Wir zerreiben grüne Blätter in einem Mörser. Dann geben wir einen Teil des entstandenen Breies in etwas Wasser, den Rest in Brennspiritus [F]. Die Mischungen werden gut umgerührt und anschließend filtriert. Vergleiche die Filtrate.

b) Diesmal zerreiben wir etwas Orangenschale und übergießen sie mit reinem Ethanol [F]. Dann lassen wir einige Tropfen des Filtrats auf einem Uhrglas verdunsten.

c) Nun prüfen wir nacheinander, ob sich Zucker, Harz (z. B. von Kiefern oder Fichten) und einige Iodschuppen [Xn] in Wasser und in Brennspiritus [F] lösen.

Das Ethanol und sein Molekülbau

Untersuchungen haben ergeben, dass das Ethanol die **Summenformel** C_2H_6O besitzt. Mit dieser Formel lassen sich die folgenden Strukturformeln bilden. Welche davon ist die richtige?

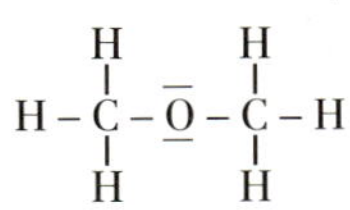

oder

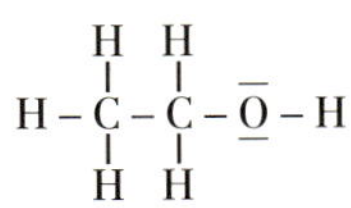

Hier können uns Reaktionen des Natriums weiterhelfen:

1. Natrium reagiert sehr heftig mit Wasser. Dabei wird am Wassermolekül ein Wasserstoffatom, das ja an ein Sauerstoffatom gebunden ist, durch ein Natriumatom ersetzt.

2. Natrium wird in flüssigen Kohlenwasserstoffverbindungen (Paraffine, Petroleum) aufbewahrt. Offensichtlich kann Natrium also Wasserstoffatome, die direkt an Kohlenstoffatome gebunden sind, *nicht* ersetzen.

3. Auch bei der Reaktion von Natrium mit Ethanol wird Wasserstoff frei. Deshalb können wir annehmen, dass auch im Molekül des Ethanols ein Wasserstoffatom an ein Sauerstoffatom gebunden ist. Die untere Strukturformel ist richtig.

Beim Ethanol ist die *OH-Gruppe* durch eine Elektronenpaarbindung im Molekül gebunden. Man bezeichnet *diese* OH-Gruppe als **Hydroxygruppe** (oft auch *Hydroxylgruppe* genannt).

Ethanol gehört zur Stoffklasse der Alkohole. Die **Alkohole** enthalten in ihren Molekülen jeweils eine oder mehrere Hydroxygruppen.

Die *Formel* des Ethanols kann man sich von der des Ethans abgeleitet vorstellen: Ein Wasserstoffatom des Ethanmoleküls wird durch eine OH-Gruppe ersetzt (→ die Übersicht unten).

Solche Stoffe, die von anderen Verbindungen abgeleitet sind, bezeichnet man als **Derivate** *(Abkömmlinge)* dieser Verbindungen. Das Ethanol ist also ein *Sauerstoffderivat des Ethans*.

Die Hydroxygruppe bestimmt in hohem Maße Eigenschaften und Reaktionsverhalten des Ethanols. Deshalb ist sie die **funktionelle Gruppe** des Ethanols.

Um diese bei der Formelschreibweise deutlich zu kennzeichnen, schreibt man für Ethanol meistens

$CH_3–CH_2–OH$ oder auch C_2H_5OH.

Da in der Schreibweise $CH_3–CH_2–OH$ die Struktur des Moleküls deutlich wird, spricht man hier auch von der *vereinfachten Strukturformel*.

Ethanol ist eine farblose und brennbare Flüssigkeit. Dieser Alkohol ist im Trinkalkohol enthalten. Er wird häufig auch *Weingeist* oder *Ethylalkohol* genannt.

Eine Mischung aus Ethanol und Wasser lässt sich durch eine gewöhnliche Destillation nicht vollständig trennen. Der höchste Volumenanteil an Ethanol, der auf diese Weise erreicht werden kann, beträgt etwa 96 %.

Um für bestimmte Zwecke 100%iges, also reines Ethanol („absoluten Alkohol") zu erhalten, muss das restliche Wasser durch aufwendige Verfahren entfernt werden. Dabei liegt die Schwierigkeit darin, dass absoluter Alkohol bestrebt ist, aus der Luft Wasserdampf aufzunehmen; so verdünnt er sich immer wieder selbst, bis der Volumenanteil von 96 % erreicht ist.

Um Dämpfe über einem Ethanol-Wasser-Gemisch entzünden zu können (z. B. zum Flambieren von Speisen), muss der Volumenanteil des Ethanols mindestens 45 % betragen.

Name	Ethan	Ethanol
Molekülmodell	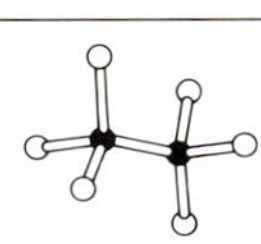	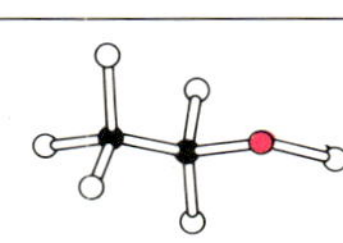
Formeln	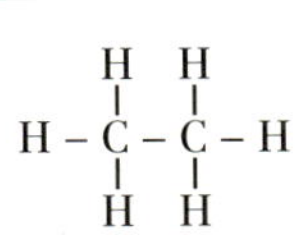 C_2H_6	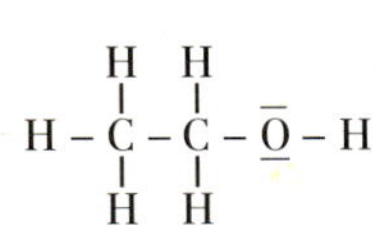 C_2H_5OH

Fragen und Aufgaben zum Text

1 Natrium reagiert mit Wasser, aber nicht mit flüssigen Kohlenwasserstoffverbindungen. Daraus kann man auf den Bau des *Ethanolmoleküls* schließen.
Versuche diesen Zusammenhang zu erklären.

2 Gib die übliche Formelschreibweise des Ethanols an und vergleiche sie mit der Summenformel C_2H_6O.

3 Worin unterscheidet sich die Hydroxygruppe des Ethanols von der Hydroxidgruppe der Laugen?

Einige Eigenschaften von Ethanol

Ethanol ist **in Wasser löslich**. Man kann es praktisch in allen beliebigen Mengenverhältnissen mit Wasser mischen.

Das ist leicht zu erklären, wenn wir die Strukturformeln von Ethanol und Wasser miteinander vergleichen:

Ethanol Wasser

Beide Moleküle sind **Dipole**. Die gegenseitige *gute* Mischbarkeit von Ethanol und Wasser ist dann nach dem Erfahrungssatz *Ähnliches löst sich in Ähnlichem* zu verstehen.

Erstaunlicherweise löst sich Ethanol auch in unpolaren Lösemitteln, z. B. in Hexan.

Hier wirkt sich der lipophile Kohlenwasserstoffrest des Moleküls aus. Das Ethanolmolekül weist einen hydrophilen und einen lipophilen Teil auf.

Die **Siedetemperatur** des *Ethanols* liegt mit 78,5 °C recht hoch, während die von *Ethan* –88,6 °C beträgt.

Eine Erklärung dafür können wir finden, wenn wir die Moleküle beider Stoffe miteinander vergleichen:

In der OH-Gruppe des Ethanols ist das Wasserstoffatom an das stark elektronegative Sauerstoffatom gebunden. Dieses Wasserstoffatom kann nun von dem Sauerstoffatom eines *benachbarten* Ethanolmoleküls angezogen werden. Es bildet dann mit dem freien Elektronenpaar dieses Sauerstoffatoms eine *Wasserstoffbrückenbindung* aus.

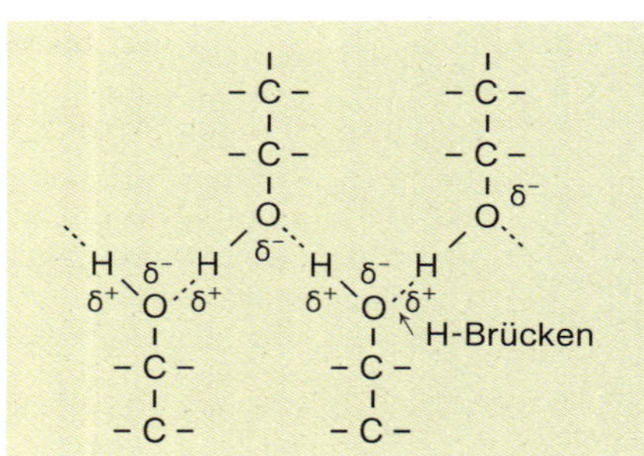

1

Um diese Wasserstoffbrückenbindung beim Übergang in den gasförmigen Zustand zu trennen, muss zusätzliche Energie aufgewendet werden. Das erklärt, warum Ethanol eine vergleichsweise hohe Siedetemperatur hat.

Ethanol ist bei Raumtemperatur flüssig. *Ethan* ist dagegen bei Raumtemperatur gasförmig.

Das Ethanmolekül ist unpolar und bildet daher zu anderen Molekülen keine Wasserstoffbrückenbindungen aus. Deshalb ist die Siedetemperatur des Ethans niedriger als die des Ethanols.

Ethanol kann **mit** einigen **Alkalimetallen reagieren**, z. B. mit Natrium. Bei dieser Reaktion entstehen Natriumethylat und Wasserstoff.

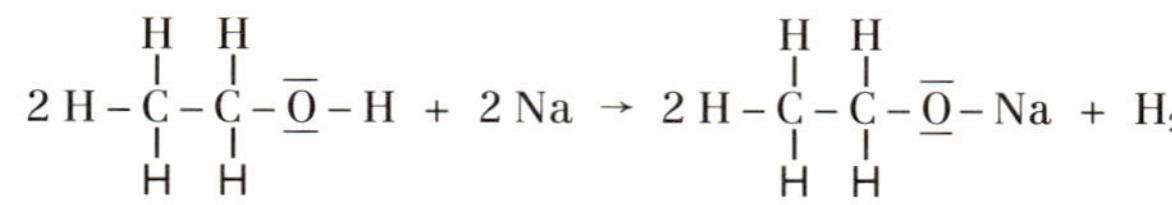

Ethanol Natrium Natriumethylat Wasserstoff

Bei der Bildung von Natriumethylat wird höchstens 1/6 des im Ethanolmolekül enthaltenen Wasserstoffs frei. Es handelt sich dabei um den Wasserstoff aus der Hydroxygruppe.

Das gilt auch für Reaktionen von Ethanol mit anderen Alkalimetallen: Stets wird dabei der Wasserstoff der *funktionellen Gruppe* ersetzt.

Lässt man Ethanol auf erhitztes Kupfer(II)-oxid einwirken, erhält man metallisches Kupfer:

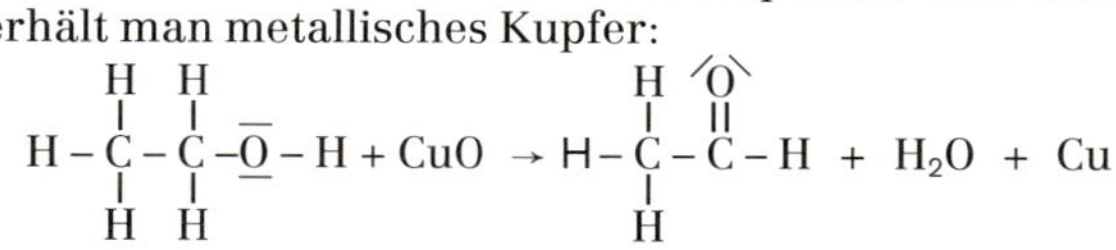

Ethanol Kupfer(II)-oxid Ethanal Wasser Kupfer

Ethanol ist also in der Lage *Kupferoxid* zu *reduzieren*. Dabei läuft eine Redoxreaktion ab:

Ethanol wird zu einem stechend riechenden Stoff (Ethanal) oxidiert, Kupfer(II)-oxid zu Kupfer reduziert. Die Oxidation des Ethanols entspricht dem Entzug von Wasserstoffatomen. Eine solche Reaktion bezeichnet man als **Dehydrierung**.

Aufgaben

1 Vergleiche den Bau des Ethanolmoleküls mit dem Bau des Ethanmoleküls.

2 Erläutere den Begriff *Wasserstoffbrückenbindung* am Beispiel von Ethanol.

3 Durch welche Reaktionen kann man die Elemente nachweisen, aus denen Ethanol besteht?

4 Man kann kleine Mengen Natriumrückstände mit Ethanol (Brennspiritus) beseitigen. Erläutere!

5 Erkläre die Löslichkeit von Ethanol in Wasser und in Benzin. Überlege, ob es elektrischen Strom leitet.

6 Welche Produkte entstehen beim Verbrennen von Ethanol? Stelle dazu die Reaktionsgleichung auf.

7 Ethanol ist in vielen Heilmitteln enthalten, die aus Kräutern gewonnen werden. Begründe!

8 Ethanol reagiert mit Kalium. Stelle die Reaktionsgleichung auf; benenne die Reaktionsprodukte.

9 Ethan ist bei Raumtemperatur gasförmig, Ethanol ist dagegen flüssig. Woran liegt das?

10 Entwickle eine Tabelle, in der du für Ethanol und Ethan folgende Angaben gegenüberstellst:

Summenformel, Strukturformel, Aggregatzustand, Siedetemperatur, Löslichkeit in Wasser und in Benzin.

Wo sind die Unterschiede besonders groß?

11 Schreibe alle Eigenschaften von Ethanol auf, die du kennst.

6909R

Aus Umwelt und Technik: **Ethanol – nicht nur zum Trinken**

2

Ethanol, der Alkohol in Getränken, ist in erster Linie ein Genussmittel – wenngleich ein recht zwiespältiges.

Tatsächlich wird die überwiegende Menge des produzierten Ethanols für *Trinkzwecke* verbraucht. Allein in den ungefähr 120 Mio. Hektolitern Bier, die im Jahr 1992 gebraut wurden, waren (bei einem durchschnittlichen Alkoholgehalt von 5 % des Volumens) 6 Mio. Hektoliter reiner Alkohol enthalten, das sind etwa 470 000 Tonnen.

Doch Ethanol wird nicht nur getrunken. Es ist auch eine wichtige *Industriechemikalie*.

Die **Herstellung** von Ethanol erfolgt heute zum überwiegenden Teil nach dem wohl ältesten biotechnologischen Verfahren: durch *alkoholische Gärung*. Da hierbei ausschließlich natürliche Ausgangsstoffe verwendet werden, kann man Ethanol als einen der bedeutendsten *nachwachsenden Rohstoffe* ansehen.

Weltweit werden aus Agrarprodukten jährlich 5,3 Mio. Tonnen Ethanol für Industriezwecke („Industriealkohol") gewonnen. Das scheint zwar sehr viel zu sein – aber verglichen mit dem Alkohol, der durch menschliche Kehlen rinnt, ist diese Menge nur gering. Das wird auch durch folgende Tatsache deutlich: Zur Gewinnung von Industriealkohol dient ein erheblicher Teil nicht verkaufter alkoholischer Getränke. (Weine sind ja Überschussprodukte, die manchmal vom Markt genommen werden, um die Preise stabil zu halten.)

Industriealkohol wird nicht nur aus Stärke und Malz gewonnen. Man setzt dafür auch verschiedene zuckerhaltige (und damit vergärungsfähige) Abfälle ein. Solche fallen z. B. bei der Gewinnung des Rohrzuckers aus Zuckerrohr an. Eine weitere Quelle sind mit organischen Stoffen belastete Abwässer, die bei der Cellulosegewinnung anfallen. Hier werden vor allem Begleitstoffe der Cellulose im Holz, die sog. *Hemicellulosen*, mit Hilfe speziell gezüchteter Mikroorganismen vergoren.

3

Die **Verwendungsmöglichkeiten** von Ethanol sind vielfältig: So nutzt man es z. B. als Lösemittel bei vielen technischen Verfahren – ja, es ist das bedeutendste *organische Lösemittel* überhaupt.

Mit Ethanol kann man Fette, Öle und Harze lösen. Es spielt daher eine wichtige Rolle bei der Lackproduktion. Ethanol kommt auch im Haushalt vor (Bild 2), z. B. als Fett lösender und dazu noch biologisch abbaubarer Zusatz von Reinigungsmitteln („mit Bioalkohol").

Ethanol dient auch zur *Gewinnung von Extrakten*, z. B. aus Heilkräutern. Deshalb ist Alkohol in vielen Essenzen und flüssigen Arzneimitteln enthalten. (Sieh mal bei euch im Haushalt nach.)

Der manchmal recht hohe Alkoholgehalt macht viele „natürliche Stärkungsmittel" bedenklich – ja, sie erweisen sich oftmals als „versteckte Kräuterliköre". Einige Produkte haben mit bis zu 80 % ihres Volumens einen etwa doppelt so hohen Alkoholgehalt wie Rum oder Whisky!

Wie zahlreiche *Parfüms* überhaupt, so ist z. B. auch *Kölnischwasser* eine Lösung von etherischen Ölen in Ethanol. Seine kühlende Wirkung ist auf die rasche Verdunstung des Ethanols zurückzuführen.

Hochkonzentriert ist Ethanol auch für Mikroorganismen toxisch. Daher wird es in der Medizin als *Desinfektionsmittel* verwendet.

Ethanol verbrennt unter großer Wärmeentwicklung. Deshalb setzt man es auch als *Brennspiritus* ein. Um seinen Missbrauch zu Trinkzwecken auszuschließen, wird der Brennspiritus durch unangenehm riechende Zusätze ungenießbar gemacht („vergällt").

Wegen seines hohen Energiegehalts wird Ethanol auch schon als *alternativer Treibstoff* eingesetzt. In Brasilien z. B. fahren viele Autos mit Biosprit (Bild 3). Um ihn herstellen zu können, hat man riesige Areale mit Zuckerrohr bepflanzt – diesen Plantagen waren aber zuvor auch Regenwälder zum Opfer gefallen.

Die Ablösung von Treibstoff aus Erdöl durch Treibstoff aus nachwachsenden Rohstoffen wurde also mit der Zerstörung von Naturlandschaften erkauft. Hinzu kommt noch eine übermäßige Belastung von Boden, Luft und Grundwasser durch Düngemittel und Pestizide; diese sollen die Zuckerrohrerträge steigern.

Ethanol ist auch ein wichtiger *Baustein für die Synthese chemischer Produkte*. So wird zum Beispiel Essigsäure aus Ethanol gewonnen. Aus Ethanol und Essigsäure zusammen erhält man Essigsäureethylester, ein wichtiges unpolares Lösemittel. Ethanol ist auch Ausgangsstoff für Grundchemikalien in der Kautschukindustrie.

2 Weitere Alkohole

1

Massenvergiftungen aufgeklärt: Methylalkohol als „Killerdrink"

Neu-Delhi (dpa). Die Massenvergiftungen im indischen Bundesstaat Bihar, bei denen vermutlich weit mehr als die offiziell bekannt gegebenen 254 Menschen ums Leben gekommen sind, gehen nach Ermittlungen der Behörde auf illegal als Trinkbranntwein verkauften Methylalkohol zurück.

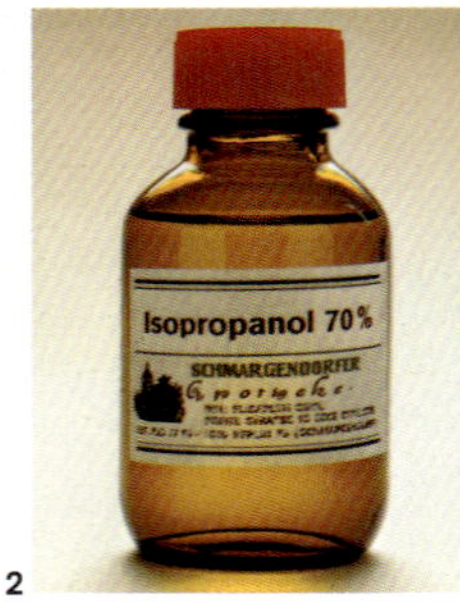

2

Versuche mit Methanol und Pentanol müssen unbedingt unter dem Abzug durchgeführt werden!

V 10 Vergleiche die äußeren Merkmale (z. B. Farbe, Beweglichkeit) von Methanol [F,T], Ethanol [F], Propanol [F] und Pentanol [Xn]. (Vorsicht, diese Stoffe sind zum Teil sehr giftig!) Lege dazu eine Übersicht an.

V 11 Wir entzünden je 1 ml der vier Flüssigkeiten in einer Porzellanschale und vergleichen die Flammen. Beschreibe, was sich zeigt, wenn wir kurz eine Glasplatte in die Flamme halten.

V 12 Wir geben zu je einer Pipettenfüllung der vier Flüssigkeiten die gleiche Menge Wasser.

Anschließend wiederholen wir den Versuch mit Benzin [F].

Entsteht dabei immer eine Lösung? Begründe deine Antwort.

V 13 Nun prüfen wir einen Teil der vier Flüssigkeiten mit Universalindikator. Reagieren die Flüssigkeiten sauer oder alkalisch?

V 14 Je eine Probe der vier Flüssigkeiten bauen wir in einen elektrischen Stromkreis ein.

Welche Flüssigkeit leitet den elektrischen Strom?

V 15 Nun wird ein Stück Kupferdrahtnetz in der Flamme durchgeglüht und danach in ein Reagenzglas mit etwas Propanol [F] getaucht. Was kannst du beobachten?

Auch die Alkanole bilden eine homologe Reihe

Ethanol kann man sich theoretisch dadurch entstanden denken, dass in einem Ethanmolekül ein Wasserstoffatom durch eine Hydroxygruppe ersetzt wird. Alkohole, die von *Alkanen* abgeleitet werden können, heißen **Alkanole**. Sie erhalten den Namen des jeweiligen Alkans mit der Endsilbe **-ol**.

Wie die Alkane, so bilden auch die Alkanole eine **homologe Reihe** (→ Tabelle). **Die allgemeine Formel der Alkanole lautet $C_nH_{2n+1}OH$.**

Die Hydroxygruppe (die OH-Gruppe) ist die funktionelle Gruppe aller Alkanole. Das wird in der allgemeinen Formel der Alkanole deutlich: **R–OH**. (Hierbei bezeichnet der Buchstabe R den restlichen Teil des Moleküls.)

Die OH-Gruppe bewirkt den Dipolcharakter der Alkanolmoleküle. Daher bilden Alkanole auch Wasserstoffbrückenbindungen aus.

Im Vergleich mit Alkanen etwa gleicher Molekülgröße sind die Siedetemperaturen der Alkanole sehr hoch. Das ist eine Folge des größeren Energieaufwands, der zur Überwindung der Wasserstoffbrückenbindungen notwendig ist. Langkettige Alkanole (von $C_{12}H_{25}OH$ an) sind bei Raumtemperatur fest.

Die Hydroxygruppe ist wasserfreundlich *(hydrophil)*; sie bewirkt die gute Wasserlöslichkeit der ersten Alkanole der homologen Reihe. Der Rest jedes Alkanolmoleküls ist die wasserfeindliche *(hydrophobe)* **Alkylgruppe** (auch *Alkylrest* genannt). Mit wachsender Kettenlänge nimmt ihr Einfluss immer mehr zu und überwiegt schließlich gegenüber dem der Hydroxygruppe: Die Alkanole werden daher mit wachsender Molekülkette besser löslich in unpolaren Lösemitteln (z. B. Benzin) und schlechter löslich in Wasser.

Die homologe Reihe der Alkanole

Name	Formeln		Schmelztemp.	Siedetemp.	Löslichkeit in Wasser	Löslichkeit in Benzin
Methanol	$H-\overset{H}{\underset{H}{C}}-OH$	CH_3OH	−97,7 °C	64,5 °C	abnehmend ↓	zunehmend ↓
Ethanol	$H-\overset{H}{\underset{H}{C}}-\overset{H}{\underset{H}{C}}-OH$	C_2H_5OH	−114,1 °C	78,5 °C		
Propanol	$H-\overset{H}{\underset{H}{C}}-\overset{H}{\underset{H}{C}}-\overset{H}{\underset{H}{C}}-OH$	C_3H_7OH	−126,5 °C	97,4 °C		
Butanol	$H-\overset{H}{\underset{H}{C}}-\overset{H}{\underset{H}{C}}-\overset{H}{\underset{H}{C}}-\overset{H}{\underset{H}{C}}-OH$	C_4H_9OH	−89,5 °C	117,3 °C		

8563R

Isomerie bei Alkanolen

Auch bei den Alkanolen tritt Isomerie auf, wie wir sie schon bei den Alkanen kennen gelernt haben.

Die Hydroxygruppe (OH-Gruppe) muss sich nicht immer am *end*ständigen Kohlenstoffatom befinden, wie das beim Methanol und Ethanol gar nicht anders möglich ist. Schon beim *Propanol* z. B. kann die OH-Gruppe auch am mittleren Kohlenstoffatom gebunden sein. Es liegt dann ein Molekül mit gleicher Summenformel, aber anderer Strukturformel vor. Die beiden Stoffe unterscheiden sich auch in ihren Eigenschaften.

Zur eindeutigen Kennzeichnung stellt man dem Namen des Stoffes die Nummer des Kohlenstoffatoms voran, an dem sich die Hydroxygruppe befindet. Dabei beginnt man mit dem Nummerieren der C-Atome an dem Ende der Kette, dem die OH-Gruppe am nächsten ist. Dazu das Beispiel *Propanol*:

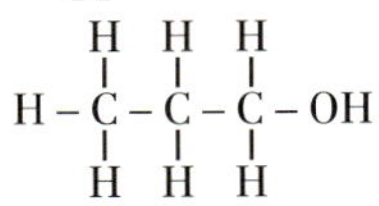

1-Propanol

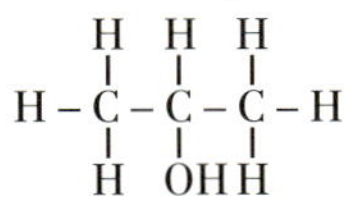

2-Propanol

2-Propanol ist unter dem Namen *Isopropanol* (oder *Isopropylalkohol*) im Handel erhältlich (Bild 2). Da es keiner hohen Besteuerung unterliegt, ist es preiswerter als Ethanol. Isopropanol ist ein sehr gutes Desinfektionsmittel. Es ist oft in Erfrischungstüchern, Gesichtswasser, Haarwasser oder Rasierwasser enthalten. Es befindet sich meist auch in Frostschutzmitteln für die Scheibenwaschanlage der Autos.

Bei den *Alkanen* nimmt die Zahl der Isomere mit wachsender Molekülkette erheblich zu. Das ist bei den *Alkanolen* ebenso: Je länger die Molekülkette ist, desto mehr Isomere sind möglich.

Von *Butanol* gibt es bereits vier Isomere. Um deren Strukturformeln darzustellen, muss man Folgendes berücksichtigen: Das *Butan*, von dem man sich das Butanol abgeleitet vorstellen kann, bildet selbst bereits zwei Isomere: das *n-Butan* und das verzweigte *Isobutan* (2-Methylpropan).

Vom n-Butan leiten sich folgende Alkohole ab:

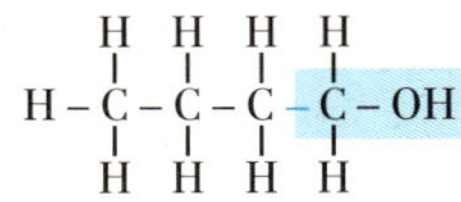

1-Butanol
(primäres Butanol)

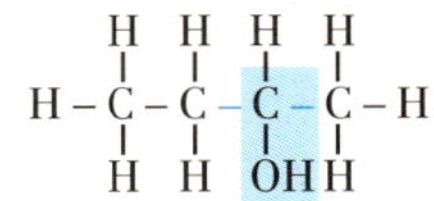

2-Butanol
(sekundäres Butanol)

Vom Isobutan (2-Methylpropan) leiten sich die folgenden Alkohole ab:

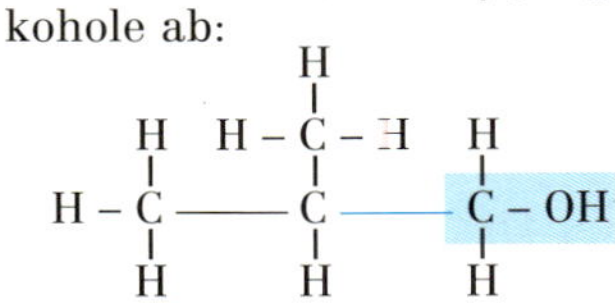

2-Methyl-1-propanol
(primäres Butanol)

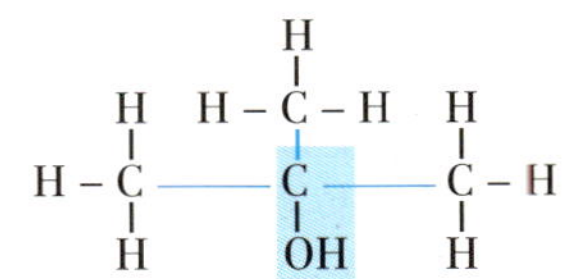

2-Methyl-2-propanol
(tertiäres Butanol)

Befindet sich die OH-Gruppe an einem *endständigen* Kohlenstoffatom, spricht man von einem *primären Alkohol*. Wenn das Kohlenstoffatom, das die OH-Gruppe trägt, jedoch mit *zwei* bzw. *drei* Kohlenstoffatomen verbunden ist, nennt man die Alkohole *sekundäre* bzw. *tertiäre Alkohole*.

Die vier Butanole haben ganz unterschiedliche Eigenschaften. Sie unterscheiden sich z. B. in ihren Dichten sowie den Schmelz- und Siedetemperaturen.

Aufgaben

1 Hier siehst du die Strukturformel eines Alkanolmoleküls. Um welchen Alkohol handelt es sich?

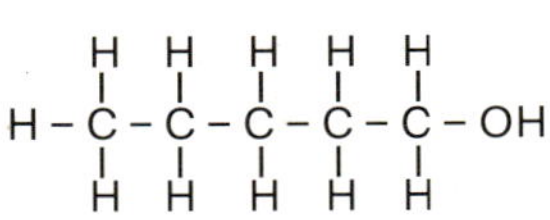

Zeichne ein entsprechendes Molekülmodell und beschrifte es mit den folgenden Begriffen:

Alkylgruppe, Hydroxygruppe, polar, unpolar, hydrophil und *lipophil.*

2 Baue mit Hilfe eines Molekülbaukastens folgende Modelle:

Methan, Ethan, Propan, Methanol, Ethanol und Propanol. Vergleiche sie mit den Strukturformeln.

3 Welche Eigenschaften der Alkanole lassen sich auf die *Alkylgruppe* bzw. die *Hydroxygruppe* zurückführen? Begründe deine Antwort.

4 Beschreibe den Versuch, mit dem wesentliche Unterschiede zwischen Hydroxiden und Stoffen mit der Hydroxygruppe gezeigt werden können. Erkläre das Ergebnis.

5 Wie ändern sich folgende Eigenschaften der Alkanole innerhalb der homologen Reihe: Siedetemperatur, Löslichkeit in Wasser, Löslichkeit in Benzin, Leuchten in der Flamme?

Worauf sind diese Änderungen zurückzuführen?

6 Versuche aus der Tabelle zur homologen Reihe der Alkanole Angaben über den Alkohol *Hexanol* abzuleiten (z.B. Formel, Löslichkeit, Siedetemperatur).

7 Methanol, Ethanol und Propanol sind praktisch unbegrenzt in Wasser löslich. Alkanole mit langen Kohlenwasserstoffketten sind aber in Wasser unlöslich. Erkläre dieses Verhalten mit Hilfe des Molekülbaus.

8 Vergleiche Ethanol und Methanol: In welchen Eigenschaften sind sich beide Stoffe ähnlich, worin unterscheiden sie sich?

9 Vergleiche die Siedetemperatur von Butanol und Pentan.

Beide Stoffe haben etwa die gleiche Molekülmasse. Worauf ist der Unterschied bei den Siedetemperaturen zurückzuführen?

10 Erkläre die Reaktion, die in Versuch 15 abgelaufen ist, und schreibe die Reaktionsgleichung auf.

11 Zeichne die Strukturformel eines Alkohols mit acht Kohlenstoffatomen. Benenne ihn.

Aus Umwelt und Technik: **Wirkung und Gewinnung von Alkoholen**

Wenn man **Ethanol** in alkoholischen Getränken zu sich nimmt, zeigt es eine berauschende Wirkung. In zu großen Mengen genossen kann es negative Auswirkungen auf das körperliche Wohlbefinden haben und sogar eine Alkoholvergiftung hervorrufen.

Alle anderen Alkohole sind sehr viel giftiger als Ethanol! Besonders heimtückisch ist das **Methanol**: Es unterscheidet sich in Geruch und Geschmack kaum von Ethanol und zeigt ebenfalls eine berauschende Wirkung; doch Methanol ist **sehr giftig**. Schon 5 ml Methanol können tödlich sein! (Eine entsprechende Menge an *Ethanol* ist bereits in einem kleinen Glas Likör enthalten.)

Es gab bereits Todesfälle durch Methanol. Kleinere Mengen rufen Übelkeit und Sehstörungen hervor. Diese können zu Blindheit führen, da Stoffwechselprodukte des Methanols die Netzhaut angreifen. Auch Methanol, das auf die Haut gelangt, und seine Dämpfe wirken giftig.

Wie werden nun Methanol, Ethanol und Propanol technisch hergestellt?

Bei der trockenen Destillation von Holz entsteht neben Holzkohle und Holzgas unter anderem auch eine Flüssigkeit: der *Holzgeist*. Darin entdeckte der Chemiker *Robert Boyle* im Jahr 1660 das **Methanol**. Die Methanolgewinnung durch trockene Destillation blieb lange Zeit das wichtigste Verfahren. Erst seit 1923 erzeugt man Methanol auch synthetisch:

Ausgangsstoffe sind dabei Kohlenstoffmonooxid und Wasserstoff. Das Gasgemisch wird mit Hilfe von Kupferkatalysatoren bei etwa 250 °C und einem Druck von 50 bis 100 bar zu Methanol umgesetzt.

$$CO + 2\,H_2 \rightarrow CH_3OH$$

Man kann Methanol auf diese Weise in großen Mengen preiswert herstellen. Es ist inzwischen zu einem der wichtigsten chemischen Rohstoffe der Welt geworden.

Für **Ethanol** ist die Gewinnung durch alkoholische Gärung immer noch bedeutend. Aufgrund des großen Bedarfs wurden auch andere Verfahren entwickelt, z. B. die katalytische Addition von Wasser an *Ethen*.

$$CH_2{=}CH_2 + H_2O \rightarrow C_2H_5OH$$

Isopropanol (2-Propanol) wird aus *Propen* hergestellt.

$$CH_3-CH{=}CH_2 + H_2O \rightarrow CH_3-\underset{\displaystyle OH}{\underset{|}{CH}}-CH_3$$

Isopropanol ersetzt heute oftmals das teure Ethanol.

3 Mehrwertige Alkohole

Glycerin – ein Stoff mit vielen unterschiedlichen Anwendungsbereichen.

Welche Eigenschaften hat das Glycerin?

1 Glycerin – ein viel verwendeter Stoff. Welche Eigenschaften hat das Glycerin?

V 16 Wir vergleichen von Ethanol [F], Ethandiol [Xn], 2-Propanol [F] und Propantriol zunächst die Beweglichkeit (Viskosität), indem wir die Flüssigkeiten in ihren Gefäßen schütteln (oder gleiche Mengen gleichzeitig aus Messpipetten auslaufen lassen).

Dann prüfen wir die Löslichkeit, indem wir jeweils einige Tropfen in Reagenzgläser mit etwas Wasser bzw. Reinigungsbenzin [F] geben.

V 17 Ein Zeichen für die reduzierende Wirkung von Stoffen ist das Entfärben einer schwefelsauren, verdünnten Kaliumpermanganatlösung.

a) Wir füllen ein Reagenzglas 2 cm hoch mit verdünnter Kaliumpermanganatlösung [Xn] und geben 3 Tropfen Ethanol [F] hinzu. Dann erhitzen wir die Flüssigkeit kurz bis zum Sieden (Flamme wegnehmen!). Schließlich fügen wir noch 2 Tropfen verdünnte Schwefelsäure [Xi] hinzu.

b) Der Versuch wird mit den anderen Alkoholen aus V 16 wiederholt. Welcher Alkohol zeigt die größte reduzierende Wirkung, welcher die geringste? Stelle dazu eine Reihe auf.

V 18 Nun erhitzen wir etwa 1 ml Ethandiol [Xn] im Reagenzglas und stellen die Siedetemperatur fest.

V 19 Wir füllen ein Reagenzglas zur Hälfte mit Wasser und ein zweites mit einer Mischung aus gleichen Teilen Ethandiol [Xn] bzw. Propantriol und Wasser. Wir stellen die Gläser in eine Kältemischung (1 Teil Kochsalz, 3 Teile zerkleinertes Eis). Vergleiche!

8565R

Im Ethanolmolekül ist *eine* OH-Gruppe an ein Kohlenstoffatom gebunden. Ethanol besitzt aber noch ein zweites Kohlenstoffatom, das eine OH-Gruppe binden kann. So entsteht ein Stoff mit zwei OH-Gruppen: das **Glykol** (auch Glycol geschrieben) oder **Ethandiol**.

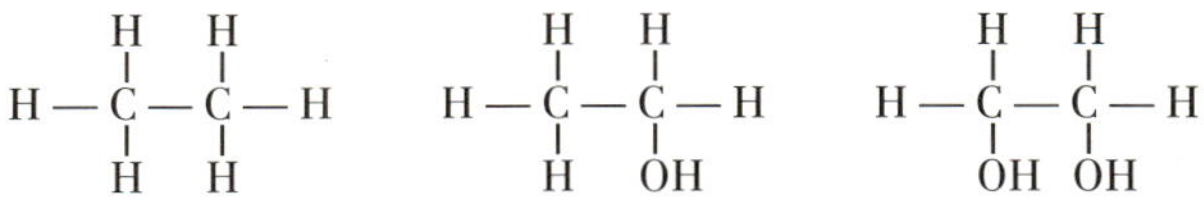

Ethan Ethanol Ethandiol

An jedem Kohlenstoffatom kann nur *eine* OH-Gruppe gebunden sein. Je länger aber die Kohlenstoffketten werden, desto mehr OH-Gruppen können die Moleküle haben. **Alkohole mit mehreren OH-Gruppen heißen mehrwertige Alkohole.**

Der wichtigste mehrwertige Alkohol ist das **Glycerin**, auch *Glycerol* genannt. Man kann sich seine Formel von der des Propans abgeleitet denken, wobei dann alle drei Kohlenstoffatome je eine OH-Gruppe aufweisen. Deshalb heißt das Glycerin in der Fachsprache **Propantriol**.

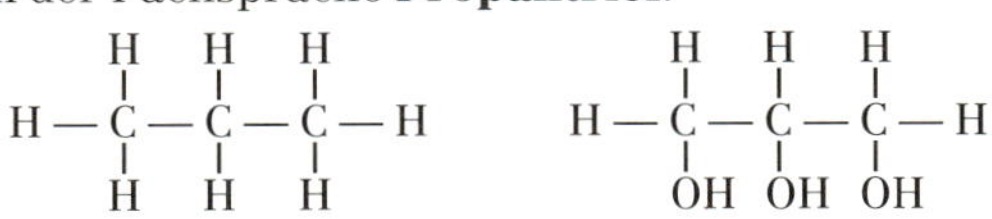

Propan Propantriol

Bei den Alkoholen mit mehreren OH-Gruppen treten deren wasserfreundliche Eigenschaften stärker hervor. Das zeigt die Löslichkeit dieser Stoffe in Wasser bzw. Benzin. Auch können sich mehr Wasserstoffbrücken bilden, wodurch die Siedetemperaturen steigen (Glykol: 198 °C, Glycerin: 290 °C).

Vor allem aber zeigen Alkohole mit mehreren OH-Gruppen deutlich die Reaktionsfähigkeit der Hydroxygruppe: Je mehr OH-Gruppen das Molekül enthält, desto stärker reduzierend wirkt der Stoff. Glycerin wirkt durch die drei OH-Gruppen so stark reduzierend, dass es z. B. dem Kaliumpermanganat den Sauerstoff entreißt und dabei verbrennt (Bild 2).

2

Reines Glycerin ist eine dickflüssige, geruchlose Flüssigkeit. Es schmeckt – wie alle mehrwertigen Alkohole – süß (griech. *glykys:* süß) und ist hygroskopisch (Wasser anziehend). Glycerin ist als „Baustein" tierischer und pflanzlicher Fette von großer Bedeutung und wird großtechnisch daraus gewonnen.

Fragen und Aufgaben zum Text

1 Hier geht es um den Vergleich der Stoffe Propanol, Propandiol und Propantriol.
a) Schreibe die Strukturformeln für diese Stoffe auf.
b) Wie ändern sich innerhalb dieser Reihe die folgenden Eigenschaften: Siedetemperatur, Viskosität, Löslichkeit in Wasser, Löslichkeit in Benzin? Begründe deine Antwort.
c) Von welchen dieser Stoffe gibt es *Isomere*?

2 Man schreibt anstelle von 1,2,3-Propantriol häufig nur *Propantriol.* Warum ist das möglich?

Aus der Geschichte: **Dynamit – Sprengstoff aus Glycerin**

„New Yorker Hotel in die Luft geflogen", „Transportschiff vor der Küste Panamas explodiert", „Nitroglycerinfabrik bei Hamburg durch Explosion zerstört" ...

Solche Zeitungsmeldungen schreckten Mitte des vorigen Jahrhunderts die Leser. Was steckte dahinter?

Im ersten Drittel des 19. Jahrhunderts nahm die Industrialisierung in vielen Ländern einen großen Aufschwung. Eisenbahnlinien, Kanäle und Tunnel wurden gebaut. Dazu war es notwendig, Sprengungen durchzuführen. Doch die Sprengkraft des seit dem Mittelalter bekannten Schießpulvers reichte dazu nicht mehr aus.

Im Jahr 1846 gelang es dem italienischen Chemiker *Ascanio Sobrero*, aus Glycerin und einem Säuregemisch eine ölartige Flüssigkeit herzustellen: das **Nitroglycerin** (Glycerintrinitrat). Reines Nitroglycerin ist eine farblose bis schwach gelbliche, geruchlose Flüssigkeit. Sie ist unbegrenzt haltbar, explodiert jedoch bei Stoß, Schlag oder Überhitzung sehr heftig.

Eine ganze Reihe von Explosionskatastrophen veranlassten auch den Chemiker und Industriellen *Alfred Nobel* (1833–1896) zu überlegen, wie man das Nitroglycerin zu einem zuverlässigen, gefahrlos zu transportierenden und bequem anzuwendenden Sprengstoff machen könnte. Er hatte die Idee das Nitroglycerin durch einen saugfähigen Stoff absorbieren zu lassen. Nach zahlreichen Versuchen (z. B. mit Holzwolle und Ziegelmehl) gelang ihm 1867 die entscheidende Erfindung:

Aus drei Teilen Nitroglycerin und einem Teil Kieselgur stellte er einen festen Sprengstoff her, den er **Dynamit** nannte. (*Kieselgur* ist eine Substanz, die aus Gehäusen abgestorbener Einzeller, den Kieselalgen, entstanden ist.)

Alfred Nobel erwarb durch seine Dynamitfabrik ein riesiges Vermögen. Er bestimmte schließlich in seinem Testament, dass die Zinsen jährlich auf fünf Preise zu verteilen seien, *„um solche Arbeiten zu belohnen, die im Laufe des verflossenen Jahres für die Menschheit die nützlichsten gewesen sind"*.

Alljährlich wird daher seit 1901 für die wichtigsten Entdeckungen auf dem Gebiet der Physik, Chemie und Medizin der *Nobel-Preis* verliehen. Weitere Auszeichnungen gibt es auf dem Gebiet der Literatur und für besondere Verdienste um den Frieden *(Friedensnobelpreis)*.

Aufgaben

1 Glycerin bezeichnet man auch als *dreiwertigen Alkohol*. Was ist damit gemeint?

2 Warum ist Glycerin gut wasserlöslich, aber unlöslich in Benzin?

3 Wenn man Glycerin auf Kaliumpermanganat ($KMnO_4$) gibt, entzündet sich das Gemisch von alleine (Bild 2 auf der Vorseite). Warum?

4 Baue Molekülmodelle für Propanol, Propandiol und Propantriol. Wo kannst du Isomere darstellen?

5 Hier findest du einige Eigenschaften von *Glycerin* und Beispiele für seine Verwendung zusammengefasst. Ordne sie einander zu.

Eigenschaften:

Glycerin ist stark hygroskopisch, ölig, fettfrei, reaktionsfähig, nicht aggressiv und ein gutes Lösemittel. Es verdunstet kaum, hat eine Siedetemperatur von 290 °C, verhindert das Kristallisieren von Stoffen, hält Stoffe feucht und geschmeidig, dringt in die Haut ein.

Verwendungsmöglichkeiten:

Glycerin wird verwendet in Fensterkitt und Kuliminen; in Margarine und Kandis; in Druckfarben und Stempelfarben; in Gummireifen und Klarsichtfolien; in Hautcreme, Zahnpasta, Zäpfchen, Nasentropfen und kosmetischen Präparaten; in der „Wachsschicht“ von Hartkäse; als Schmiermittel von Kühlanlagen und Textilmaschinen; als Ausgangsstoff für Kunststoffe, Nitroglycerin und Dynamit.

6 Viele Eigenschaften von *Glykol* sind denen von Glycerin ähnlich. Glykol wird deshalb z. B. als Lösemittel für viele Farbstoffe und als Gefrierschutzmittel für Autokühler *(Glysantin)* verwendet.

Glykol ist jedoch giftig. Wo darf es deshalb nicht eingesetzt werden? Gehe dabei von den Verwendungsmöglichkeiten von Glycerin aus.

Aus Umwelt und Technik: **Nach Einsatz von Glykol – „startbereit!“**

Franz-Josef-Strauß-Flughafen, München, Mitteilung an die wartenden Fluggäste: *„Der Start nach Rom wird sich voraussichtlich um etwa 30 Minuten verzögern …“*

Ein Kälteeinbruch mit Schneefall und Eisregen ist der Grund dafür. Tragflächen, Rumpf und Leitwerk der Maschine sind völlig vereist. Der Start konnte so nicht freigegeben werden.

Das Flugzeug wird zur **Enteisungsanlage** geschleppt. Von allen Seiten her sprüht hier aus 316 Düsen eine Enteisungsflüssigkeit auf die Maschine (Bild 1). Dampf steigt auf, die verwendete Flüssigkeit ist also heiß.

Die Enteisungsflüssigkeit ist aber nicht heißes Wasser, das würde zu schnell wieder gefrieren; die Eisbildung am Flugzeug wäre danach noch schlimmer. Als Enteisungsdusche wird ein **Glykol-Wasser-Gemisch** eingesetzt.

Nach wenigen Minuten ist es so weit. Die Maschine rollt zum Flugsteig und die Passagiere gehen an Bord. Doch länger als 45 Minuten darf es nun nicht mehr dauern – sonst muss die Enteisung wiederholt werden.

Um ein Flugzeug vom Eis zu befreien, sind – je nach Flugzeugtyp – 500 bis 4000 Liter des heißen Glykol-Wasser-Gemisches erforderlich. Diese Lösung haftet eine Zeit lang am Flugzeug, fließt aber nach dem Start schnell wieder ab; auf diese Weise können die Auftriebskräfte gut und schnell wirksam werden. Bei extremen Witterungsverhältnissen wird dem Gemisch zum Steigern der Haftung noch ein Verdickungsmittel zugesetzt.

Doch *weshalb* ist die Enteisung überhaupt nötig? Aus Sicherheitsgründen! Am Flugzeug haftendes Eis bedeutet zunächst einmal zusätzliches Gewicht und damit erhöhten Treibstoffverbrauch. Das will man vermeiden.

Aber in dem zusätzlichen Gewicht liegt noch keine Gefahr. Sie geht vielmehr von dem Eis aus, das sich an den *Vorderkanten* der Flügel bildet: Du musst wissen, dass der zum Fliegen notwendige Auftrieb unter anderem von der *Flügelform* des Flugzeugs abhängt – und schon Eis von 1 mm Dicke verändert das Tragflächenprofil. Die Umströmung der Tragflächen durch die Luft wird somit gestört, der Luftstrom reißt womöglich ab und das Flugzeug stürzt zu Boden.

Bisher wurde das verbrauchte Enteisungsmittel einfach über die Kanalisation in eine Kläranlage geleitet. Dort wurde es in der biologischen Klärstufe durch Bakterien zu Kohlenstoffdioxid und Wasser abgebaut.

Für den Umweltschutz muss aber mehr getan werden. So wurde inzwischen auf modernen Flughäfen eine **Recycling-Anlage** installiert. Sie sorgt dafür, dass das Enteisungsmittel aufgefangen und stofflich wiederverwertet wird. Dabei trennt man grobe Verunreinigungen, Salz und Wasser vom Glycol-Wasser-Gemisch ab. So können bis zu 70 % des Mittels zurückgewonnen werden.

1

8566RD

Alles klar?

1 Zeichne die Strukturformel des Ethanols. Markiere die funktionelle Gruppe und benenne sie.

2 Ethanol wird mit Universalindikator geprüft. Was erwartest du? Begründe deine Antwort.

3 Vergleiche die elektrische Leitfähigkeit von Ethanol und Natronlauge (Natriumhydroxidlösung). Erkläre das Ergebnis.

4 Vergleiche die Siedetemperaturen von Ethan und Ethanol. Nenne eine Ursache für den Unterschied.

5 Ethanol wirkt reduzierend. Beschreibe dazu einen Versuch. Formuliere die Reaktionsgleichung (in Strukturformeln).

6 Warum ist beim Umgang mit *Methanol* größte Vorsicht geboten?

7 Nenne Eigenschaften der Alkanole, die durch deren funktionelle Gruppe bewirkt werden.

8 Wie verändert sich jeweils der Alkylrest innerhalb der homologen Reihe der Alkanole? Welche Eigenschaften der Alkanole werden dadurch verstärkt?

9 1-Propanol und 2-Propanol sind *isomere* Alkanole. Was versteht man darunter? Zeichne die Strukturformeln für beide Verbindungen.

10 Es gibt primäre, sekundäre und tertiäre Alkanole. Man darf sie nicht mit den mehrwertigen Alkanolen verwechseln. Erkläre die Begriffe noch einmal.

11 Welcher Stoff hat die größere reduzierende Wirkung: Propanol oder Glycerin? Begründe deine Antwort.

12 Erkläre die Eigenschaften von Ethandiol (Glykol) und Propantriol (Glycerin). Suche nach der Erklärung, indem du dir die Struktur ihrer Moleküle klarmachst.

13 Stelle richtig und begründe: Ein zähflüssiger Alkohol hat einen langen/kurzen Alkylrest und/oder viele/wenige Hydroxygruppen.

14 *Hexanhexol* (das *Sorbit*) wird als Süßstoff verwendet. Es hat die folgende Strukturformel.

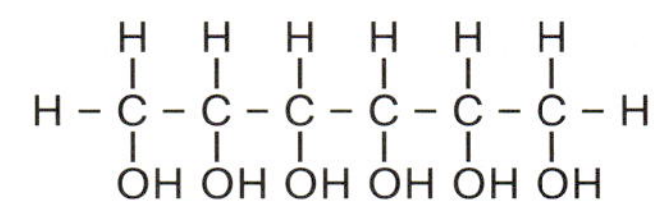

Hexanhexol

Hexanhexol ist ein fester Stoff, der noch süßer schmeckt als Glycerin. Worauf führst du diese Eigenschaften zurück?

Auf einen Blick

Einwertige Alkohole

Derivate der Kohlenwasserstoffe mit mindestens einer **Hydroxygruppe** (OH-Gruppe) im Molekül werden als **Alkohole** bezeichnet.
Alkohole, die sich von den Alkanen ableiten lassen, nennt man auch **Alkanole**.

Auch die Alkanole bilden eine **homologe Reihe**. Ihre allgemeine Formel lautet $\mathbf{C_nH_{2n+1}OH}$.

Methanol (CH_3OH) und **Ethanol** (C_2H_5OH) sind die bekanntesten Alkanole.

Die **Hydroxygruppe** ist die **funktionelle Gruppe** der Alkohole. Sie kann an verschiedenen Stellen an der Kohlenstoffkette gebunden sein. Deshalb gibt es *primäre*, *sekundäre* und *tertiäre* Alkohole.

Die Hydroxygruppe ist stark *polarisiert* und bewirkt den Dipolcharakter der Alkanolmoleküle. Daraus ergeben sich wesentliche **Eigenschaften** der Alkanole:

- ○ Durch die Ausbildung von *Wasserstoffbrückenbindungen* liegen die Siedetemperaturen der Alkanole höher als die der entsprechenden Alkane.
- ○ Durch die *Dipolwirkung* der Moleküle sind die ersten Alkanole der homologen Reihe gut wasserlöslich.
- ○ Mit wachsender Kettenlänge nimmt der Einfluss der hydrophilen OH-Gruppe ab, der Einfluss der hydrophoben Alkylgruppe jedoch zu. Deshalb wächst die Löslichkeit der Alkanole in unpolaren Lösemitteln (z. B. Benzin) mit der Kettenlänge.
- ○ Alkanole wirken *reduzierend.* Wenn man z. B. erhitztes Ethanol eine Zeit lang auf Kupfer(II)-oxid einwirken lässt, erhält man metallisches Kupfer.

Mehrwertige Alkohole

Kohlenwasserstoffe können so viele OH-Gruppen (Hydroxygruppen) binden, wie Kohlenstoffatome im Molekül vorhanden sind.
Alkohole mit mehreren OH-Gruppen im Molekül nennt man **mehrwertige Alkohole**.

Je mehr OH-Gruppen in einem Molekül vorhanden sind, desto mehr verstärkt sich ihr Einfluss auf das Reaktionsverhalten des betreffenden Alkohols.

Der einfachste *zweiwertige* Alkohol ist das **Ethandiol** (Glykol); der einfachste *dreiwertige* Alkohol ist das **Propantriol** (Glycerin).

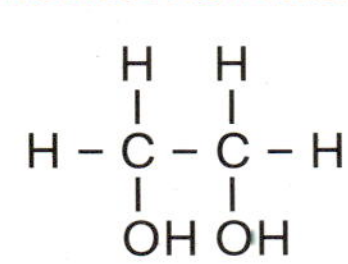

Ethandiol (Glykol)

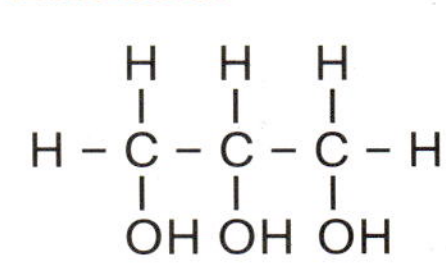

Propantriol (Glycerin)

Alkoholische Getränke

1 Die alkoholische Gärung

1

2

3

Erzeugnisse von Feld und Garten –
und was man durch alkoholische Gärung aus ihnen machen kann.

V 1 Zu Beginn der Stunde wird in einem Stehkolben (1000 ml) eine Lösung von 20 g Glucose oder Saccharose und ca. 250 ml Wasser angesetzt. Hinzu kommt knapp die Hälfte des Inhalts eines Beutelchens Trockenhefe (z. B. *Fermopan*®). Dieser sog. Ansatz wird gut umgerührt.

Dann wird der Kolben mit einem möglichst großen Gärröhrchen verschlossen, das zur Hälfte mit Baryt- oder Kalkwasser Xn gefüllt ist.

Nun muss der Ansatz im Kolben bei etwa 30 °C warm gehalten werden (z. B. in einem Wasserbad).

a) Wir bestimmen nach wenigen Minuten das entstehende Gas.

Danach wird das Gärröhrchen durch einen Wattebausch ersetzt, da im Kolben eine starke Schaumbildung einsetzt.

b) Gegen Ende der Stunde entnehmen wir dem Glaskolben mit einer Pipette eine Probe. Wir filtrieren sie und prüfen das Filtrat mit Cerammoniumnitrat-Reagenz Xi.

Der restliche Ansatz wird wieder verschlossen und bleibt bei Raumtemperatur stehen.

V 2 Für diesen Versuch benötigen wir wieder die Flüssigkeit von Versuch 1 – die Gasentwicklung muss jedoch abgeklungen sein.

Wir dekantieren die Flüssigkeit über dem Heferückstand in einen anderen Stehkolben. Davon destillieren wir zwei Portionen zu jeweils etwa 5 ml ab.

Jetzt können wir die folgenden Untersuchungen durchführen:

a) Wir prüfen die erste Probe auf ihre Brennbarkeit.

b) Die zweite Probe füllen wir in ein Reagenzglas, das durch einen passenden Stopfen mit einem Teströhrchen für Alkohol verbunden ist. Sobald wir die Probe erwärmen, werden aufsteigende Alkoholdämpfe durch das Röhrchen „gedrückt". Beschreibe deine Beobachtungen.

V 3 Kleine Proben von Spirituosen (z. B. Cognac, Whisky, Wodka, Bier und Weißwein) werden jeweils mit etwas Cerammoniumnitrat-Reagenz Xi auf Alkohol hin geprüft.

Wir untersuchen auch Haarwasser, Parfüm und andere Kosmetika auf ihren Gehalt an Alkohol.

V 4 Wir füllen Rotwein und Weißwein etwa 3 cm hoch in Bechergläser. Weitere Proben füllen wir in gut gereinigte Fläschchen, die luftdicht verschlossen werden.

Nach einigen Tagen vergleichen wir jeweils den Geruch und den pH-Wert der verschlossenen und unverschlossenen Proben.

Rezept für einen Bananenwein

Du brauchst:
0,5 Liter handwarmes Wasser,
200 g Zucker,
1 große Banane (150 g),
1 Esslöffel Zitronensaft,
1/8 Würfel Backhefe (zerkrümelt),
1 große Flasche (möglichst 2 Liter),
1 kleinere Flasche (nach 10 Tagen).

So wird's gemacht:
Den Zucker im Wasser auflösen und die Banane zu Brei zerdrücken. Bananenbrei, Zuckerwasser, Zitronensaft und Hefe miteinander vermischen und in die 2-l-Flasche füllen. Wie in Bild 4 oder mit einem *Gäraufsatz* (Bild 5) verschließen und 10 Tage lang ruhig stehen lassen.

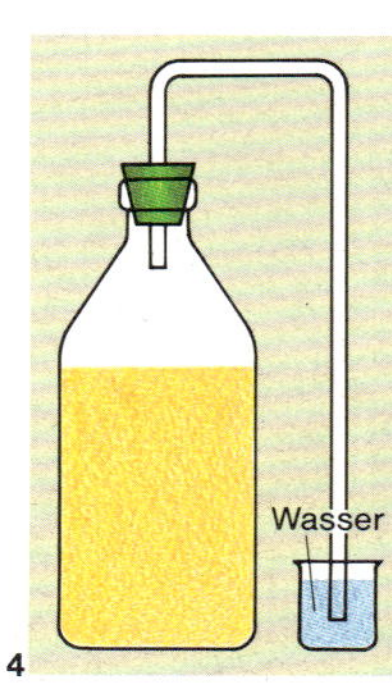

4

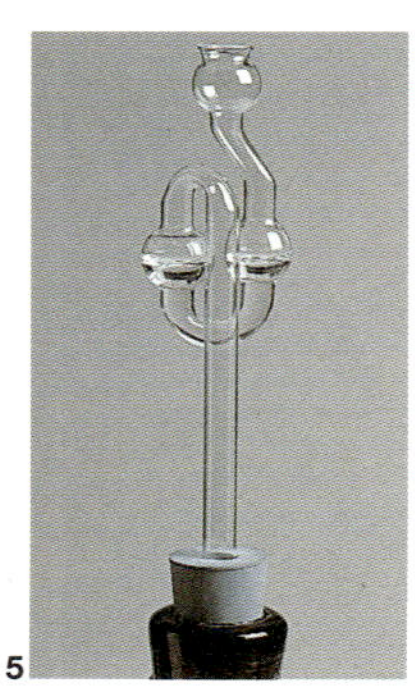

5

Dann den Flascheninhalt durch ein feines Leinentuch (z. B. durch eine Stoffserviette) filtern und das Tuch kräftig auspressen. Das Filtrat anschließend randvoll in die kleine Flasche füllen, wieder wie oben verschließen und noch 2 Wochen lang ruhig stehen lassen.

Danach den Wein vorsichtig vom Bodensatz abgießen und probieren.

6897R

Du kennst schon die Vorgänge, die bei der **Atmung** (der *biologischen Oxidation*) ablaufen. Hierbei handelt es sich um einen Abbau von Glucose in Gegenwart von Sauerstoff – also um einen aeroben Vorgang (griech. *aerob:* mit Luftzutritt). Er führt zu Kohlenstoffdioxid und Wasser. Dabei werden je Mol verbrauchter Glucose 2824 kJ Energie frei.

$$C_6H_{12}O_6 + 6\,O_2 \rightarrow 6\,CO_2 + 6\,H_2O$$

Verschiedene Einzeller wie z. B. die Hefepilze (Bild 6) haben die Fähigkeit entwickelt auch ohne Sauerstoff zu überleben. An die Stelle der Atmung tritt dann die **alkoholische Gärung**. Hierbei wird die Glucose nicht biologisch oxidiert; vielmehr wird sie ohne Zufuhr von Sauerstoff (also *anaerob*) in Ethanol und Kohlenstoffdioxid umgewandelt.

$$C_6H_{12}O_6 \rightarrow 2\,C_2H_5OH + 2\,CO_2$$

Auf diese Weise können Glucose, Fructose und Saccharose vergoren werden.

Und so kommt es zur Gärung: Hefezellen sondern ein Gemisch verschiedener Enzyme ab, das als *Zymase* (griech. *zyme:* Sauerteig) bezeichnet wird. Unter dem Einfluss der Zymase vergären Glucose und Fructose.

Die Gärung beruht auf einem komplizierten Zusammenspiel von Vorgängen, die die Reaktionsgleichung nicht zeigt.

Bei der Gärung wird viel weniger **Energie** frei als bei der Atmung: Je Mol Glucose sind es nur knapp 100 kJ Energie.

Das liegt daran, dass das Endprodukt Ethanol (das bei der Gärung entsteht) energiereicher ist als das Endprodukt Kohlenstoffdioxid (das bei der Atmung entsteht). Deshalb müssen die Hefepilze bei der Gärung viel mehr Glucose umsetzen als bei der Atmung, um ihren Energiebedarf zu decken.

Gärungsvorgänge werden zwar seit langem genutzt, sie blieben aber lange Zeit rätselhaft. Man glaubte an eine geheimnisvolle Lebenskraft, die *vis vitalis*, die die Dinge belebe.

Als *Louis Pasteur* (1822–1895) die Hefe als Ursache für die Gärung erkannte, sah sich mancher Anhänger dieser These bestätigt, denn abgekochte (also abgetötete) Hefe löste keine Gärung aus.

Nun brach ein heftiger Streit darüber aus, ob eine Gärung auch ohne lebende Hefezellen möglich sei. Louis Pasteur verneinte das. Dagegen meinte *Justus von Liebig* (1803–1873) die Gärung laufe auch ohne lebende Zellen ab.

Diese Streitfrage klärte dann *Eduard Buchner* (1860–1917) durch ein Experiment: Er zerrieb Hefezellen mit Quarzsand und presste den so gewonnenen zellfreien Saft ab. Der Saft förderte die Gärung ebenso wie lebende Hefezellen.

Buchner folgerte, dass in dem Presssaft ein Enzym vorhanden sein musste, das die Gärung hervorrief. Er wusste nicht, dass es sich dabei um ein Gemisch von Enzymen handelt, eben die Zymase.

1907 erhielt Buchner für seine Arbeit den Nobelpreis.

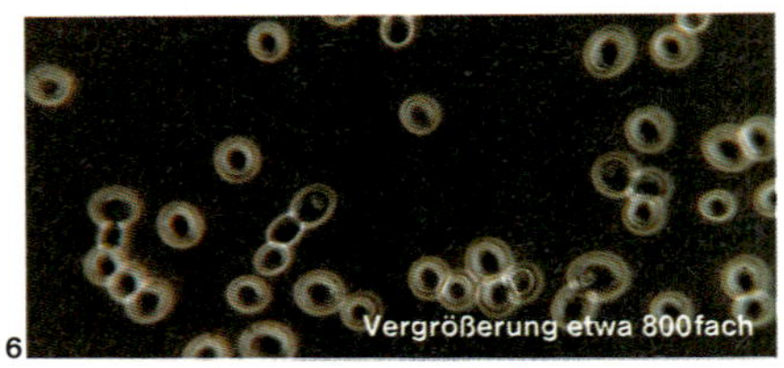
6 Vergrößerung etwa 800fach

Fragen und Aufgaben zum Text

1 Beschreibe die wesentlichen Vorgänge bei der alkoholischen Gärung.

2 Stelle die Reaktionsgleichungen für die Veratmung und die Vergärung von Glucose auf.

3 Ein Versuch zeigt, dass ein vorher erhitzter Ansatz von Traubenzucker und Hefe nicht in Gärung übergeht. Spricht das nicht für Louis Pasteurs Auffassung über die Gärung? Begründe.

4 Wie hat E. Buchner gezeigt, dass das Vorhandensein lebender Hefezellen keine Voraussetzung für die Gärung ist?

Aus Umwelt und Technik: **Vom „Schicksal" der Bakterien**

Kannst du dir vorstellen, dass *Bakterien an ihren eigenen Stoffwechselprodukten zugrunde gehen* können?

Das ist tatsächlich möglich und geschieht folgendermaßen:

Während des Gärungsprozesses kann die Glucose unter Einwirkung der Enzyme von Milchsäurebakterien zu **Milchsäure** vergoren werden.

$$C_6H_{12}O_6 \rightarrow 2\,CH_3CH(OH)COOH$$

Diesen Vorgang nutzt man z. B. bei der Herstellung von Sauermilchprodukten und Sauerkraut sowie beim Einlagern von Futterpflanzen in Silos.

Seit Jahrtausenden wird dieser Gärungsvorgang zur Konservierung von Nahrungsmitteln genutzt. Die entstehende Milchsäure wirkt nämlich wesentlich stärker sauer als Essigsäure gleicher Konzentration.

Da die Milchsäurebakterien säureempfindlich sind, werden sie von einer bestimmten Konzentration an durch ihr eigenes Stoffwechselprodukt – die Milchsäure – abgetötet. Auf dieser Wirkung der Milchsäure beruht die Haltbarkeit eingesäuerter Lebensmittel.

Bei einem Mangel an Sauerstoff kann sich Milchsäure auch im arbeitenden Muskel bilden – und das äußert sich dann auf unangenehme Weise als *Muskelkater*. Wenn Muskelkater auftritt, wird also Glucose nicht „veratmet", sondern unter der Bildung von Milchsäure abgebaut.

7 Vergrößerung 2000fach

Dabei wird je Mol Glucose viel weniger Energie frei als bei der Atmung.

Bakterien können aber auch *vom Alkohol* leben. Dem liegt das **Schnellessigverfahren** zugrunde.

Wenn man Wein in offenen Gefäßen stehen lässt, wird er bekanntlich sauer. „Schuld" daran sind die Essigsäurebakterien (Bild 7), die sich in der Luft befinden und in den Wein fallen. Sie verwerten die bei der Oxidation des Ethanols frei werdende Energie für ihre Lebenstätigkeit.

Im Gegensatz zur alkoholischen Gärung und zur Milchsäuregärung verläuft dieser Vorgang *aerob*, d. h. unter Anwesenheit von Sauerstoff.

$$C_2H_5OH + O_2 \rightarrow CH_3COOH + H_2O$$

Hier handelt es sich also nicht um einen Gärungsprozess, sondern um einen *Atmungsvorgang*.

Aufgaben

1 Informiere dich über die Eigenschaften und über Verwendungsmöglichkeiten des Ethanols.

2 Welches sind die Voraussetzungen für die alkoholische Gärung?

3 Gib die Reaktionsgleichung für die alkoholische Gärung der Glucose an. Erkläre, warum bei der Gärung viel Alkohol entsteht.

4 Warum gärt ein Ansatz aus Traubenzucker und Hefe nicht auch bei Luftzutritt?

5 Beschreibe den Stoffwechsel von Hefepilzen
- ○ in Gegenwart von Sauerstoff,
- ○ in Abwesenheit von Sauerstoff.

6 Etwas Most wurde mit Hefe zum Vergären angesetzt. Beschreibe die ablaufenden Vorgänge. Stelle dazu auch die Reaktionsgleichung auf.

Zu welchen Zeitpunkten dieses Gärungsprozesses würden Analysen die beiden folgenden Ergebnisse aufweisen?
- ○ Cerammoniumnitrat- oder Alcotestprobe verlaufen positiv.
- ○ Glucose-Teststäbchen werden in dem Most grün gefärbt.

Aus Umwelt und Technik: **Alkoholische Gärung – auch ohne Gärbottich**

„Tiere im Alkoholrausch – was für ein übler Scherz!" So wirst du vielleicht denken, wenn du den torkelnden Affen unten auf dieser Seite siehst (Bild 1). Aber niemand hat diesem Affen alkoholische Getränke eingeflößt – er hat nichts anderes als vergorene Früchte genossen (Bild 2)!

2

Bedenke: Die Gärung ist ein Naturphänomen, das nicht erst durch bestimmte Maßnahmen des Menschen herbeigeführt wird. Zucker ist überall zu finden, Hefepilze sind in der Luft weit verbreitet und auch Luftabschluss gibt es an vielen Stellen. So können z. B. reife Früchte bereits am Strauch vergären; sie „atmen" beim Wachsen so stark, dass sich in ihrem Gewebe ein sauerstofffreies Milieu ausbildet.

Wenn nun die Hefezellen dennoch überleben wollen, müssen sie ihren Stoffwechsel wohl oder übel von der aeroben Atmung auf die anaerobe Gärung „umstellen".

Da unter den anaeroben Bedingungen nur wenig Energie gewonnen wird, müssen die Hefezellen – um ihren eigenen Energiebedarf zu decken – besonders viel Glucose umsetzen. Und da pro Molekül Glucose zwei Moleküle Ethanol entstehen, ist die Alkoholproduktion beträchtlich.

So gibt es z. B. auf Sumatra den *Durianbaum* oder in Südafrika den *Marulabaum*. Deren Früchte gären rasch und werden dadurch stark alkoholhaltig.

Der Marulabaum ist das Ziel wahrer Tierwanderungen: Affen, Elefanten, Giraffen und Nashörner geben sich hier ein Stelldichein. Sie verschaffen sich durch den Genuss der Früchte einen gewaltigen Alkoholrausch, den sie am nächsten Tag mit einem zünftigen „Kater" büßen müssen (Bild 1).

Wahrscheinlich wurde die alkoholische Gärung zufällig entdeckt: Vielleicht hat jemand süße Beeren gesammelt. Beim Tragen wurden sie zermatscht, sodass sie bei warmem Wetter in Gärung übergingen. Die Sammler werden die Beeren nicht weggeworfen, sondern – trotz des „merkwürdigen" Geschmacks – gegessen haben; die Folgen können wir uns gut vorstellen …

Das Hochgefühl kurz nach dem Genuss von Alkohol hat seinen Preis. Der Alkohol wird nämlich in der Leber abgebaut: Über Acetaldehyd, der den „Kater" verursacht, wird schließlich Essigsäure gebildet.

Die natürliche Gärung führt zu Nebenprodukten, die teils giftig, teils ungenießbar sind. Deshalb überlässt man die künstlich herbeigeführte Gärung nicht der Wirkung von Wildhefen; man setzt vielmehr speziell gezüchtete Reinzuchthefen ein.

Damit ein solcher künstlich eingeleiteter Gärungsprozess nicht durch natürliche Fremdkeime gestört wird, werden die Gärbottiche vorher desinfiziert. Das geschieht z. B. durch Schwefeldioxid („schwefeln").

1

7756R

2 Die Herstellung alkoholischer Getränke

Aus Umwelt und Technik: **Bierbrauen nach dem Reinheitsgebot**

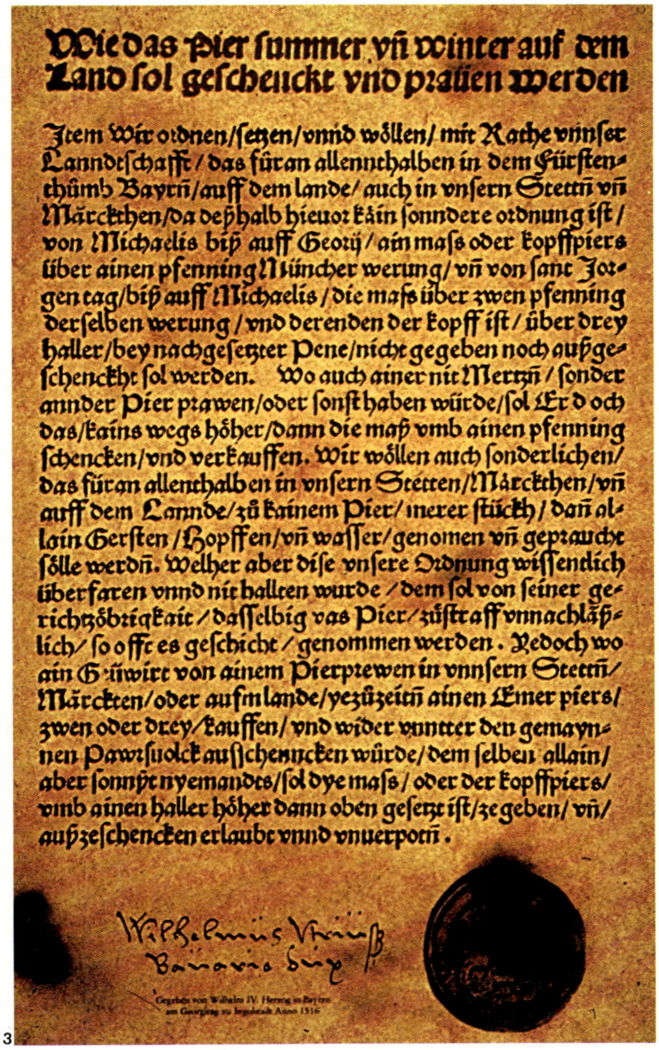

Wie das Pier summer vñ winter auf dem Land sol geschenckt vnd praüen werden

Jtem Wir ordnen/setzen/vnnd wöllen/ mit Rathe vnnser Lanndtschafft/das füran allenthalben in dem Fürstenthumb Bayrn/auff dem lande/ auch in vnsern Stettñ vñ Märckthen/da deßhalb hieuor kain sonndere ordnung ist/ von Michaelis biß auff Georij/ain maß oder kopffpiers über ainen pfenning Müncher werung/vñ von sant Jorgen tag/biß auff Michaelis/die maß über zwen pfenning derselben werung/vnd derenden der kopff ist/über drey haller/bey nachgesetzter Pene/nicht gegeben noch außgeschenckht sol werden. Wo auch ainer nit Mertzñ/sonder annder Pier prawen/oder sonst haben würde/sol Er doch das/kains wegs höher/dann die maß vmb ainen pfenning schencken/vnd verkauffen. Wir wöllen auch sonderlichen/das füran allenthalben in vnsern Stetten/Märckthen/vñ auff dem Lannde/zů kainem Pier/merer stückh/dañ allain Gersten/Hopffen/vñ wasser/genomen vñ gepraucht sölle werdñ. Welher aber dise vnsere Ordnung wissentlich überfaren vnnd nit hallten wurde/dem sol von seiner gerichtzöbrigkait/dasselbig vas Pier/züstraff vnnachläßlich/so offt es geschicht/genommen werden. Yedoch wo ain Gëüwirt von ainem Pierprewen in vnnsern Stettñ/Märckten/oder aufm lande/yezůzeitñ ainen Emer piers/zwen oder drey/kauffen/vnd wider vnnter den gemaynnen Pawrsuolck außschenncken würde/dem selben allain/aber sonnßt nyemandts/sol dye maß/oder der kopffpiers/vmb ainen haller höher dann oben gesetzt ist/zegeben/vñ/außzeschencken erlaubt vnnd vnuerpotñ.

Gegeben von Wilhelm IV. Herzog in Bayern am Georgitag zu Ingolstadt Anno 1516

3

4

Das Reinheitsgebot (Bild 3) wurde bereits 1516 in Bayern erlassen. Es ist in Deutschland heute noch Grundlage für das Bierbrauen. Danach dürfen nur die Naturstoffe **Malz**, **Hefe**, **Hopfen** und **Wasser** verwendet werden.

Um 1 Hektoliter (1 hl = 100 l) Bier zu brauen, braucht man etwa 18 kg Malz, 150–300 g Hopfen, 0,5–0,6 Liter Hefe und 500–800 Liter Wasser.

Der Rohstoff des Bieres ist meist **Gerste**. Diese kann aber nicht unmittelbar zum Bierbrauen verwendet werden; man muss zunächst aus Gerste *Malz* herstellen.

Aus Gerste wird Grünmalz: Nach dem Reinigen werden die Gerstenkörner in Wasser eingeweicht. Sie quellen und beginnen bei etwa 15 °C innerhalb von 1–2 Tagen zu keimen. Da die Gerste zum Keimen Sauerstoff braucht, muss für genügend Frischluft gesorgt werden. Nach etwa sieben Tagen ist aus der Gerste *Grünmalz* geworden.

Aus Grünmalz wird Darrmalz: Das Grünmalz ist noch feucht und befindet sich mitten im Wachstum. Beim Keimen wird ein großer Teil der Stärke durch Enzyme in Malzzucker zerlegt (40 %). Das Malz ist so nicht haltbar. Deshalb wird es auf 80–105 °C erhitzt und getrocknet *(gedarrt)*. Durch mehr oder weniger starkes *Rösten* entsteht das typische *Malzaroma*.

Das fertige Darrmalz ist nun lagerfähig. In der *Malzputzerei* wird es von den Keimen befreit.

Malzschrot und Wasser ergibt Maische: Das Darrmalz wird *geschrotet* (gemahlen und zerquetscht) und als Malzschrot im *Maischbottich* mit Waser vermischt (in der Fachsprache: *gemaischt*). Die Enzyme bleiben im Malzschrot und spalten nach Zugabe von Wasser die restliche Stärke (60 %) zu Malzzucker.

Die Maische wird anschließend filtriert: Das entstehende Filtrat ist die *Würze*. Zurück bleibt der *Treber*, wie die Malzkeime ein gutes Futtermittel.

Hopfen und Malz vereinigen sich zu Bierwürze: Die Würze enthält Eiweißstoffe, Zucker und Aromastoffe. Zusammen mit **Hopfen** wird sie einige Tage in der *Sudpfanne* (Bild 4) gekocht. Dabei gehen die Inhaltsstoffe des Hopfens in die Würze über. Sie machen später das Bier haltbarer, herbwürzig und bekömmlich.

Hefe lässt die Bierwürze gären: Die Bierwürze wird auf 5–10 °C gekühlt und in großen *Gärbottichen* mit **Bierhefe** versetzt. Die Würze beginnt hier zu gären. Innerhalb einer Woche entstehen so auf natürliche Weise aus Malzzucker Alkohol und Kohlenstoffdioxid.

Das Jungbier kommt zur Reife: An die Hauptgärung schließt sich die Nachgärung in geschlossenen Tanks an. Bei einer Temperatur von 1 °C dauert sie 2–3 Monate.

Das fertige Bier wird filtriert und bei ständiger Qualitätskontrolle in Fässer oder Flaschen abgefüllt.

Aus Umwelt und Technik: **Von der Weintraube zum Wein**

1

Die *Weinlese* findet hauptsächlich im Oktober statt. Erst dann enthalten die Trauben genügend Zucker.

Nachdem die geernteten Früchte von den Trauben- und Beerenstielen befreit worden sind, zerquetscht man sie zu einem Brei, der sog. *Maische.*

Wenn die Maische z. B. zu **Weißwein** verarbeitet werden soll, wird sie zunächst für einige Stunden in Silos gelagert. Dabei geben die Fruchtschalen typische Aromastoffe an die Maische ab.

Dann wird die Maische in einer *Kelter* ausgepresst (Bild 1). Dadurch wird der süße Traubensaft, der *Most*, von den Traubenrückständen, dem *Trester*, getrennt.

Aus etwa 115 kg Trauben können 100 Liter Maische gewonnen werden. Daraus macht man dann durchschnittlich 65–85 Liter Most.

Meist leitet man in den Most noch Schwefeldioxid ein, das man durch Verbrennen von Schwefel oder aus schwefliger Säure erhält. So wird der Most „geschwefelt", um unerwünschte Bakterien abzutöten, die den Geschmack beeinträchtigen könnten.

Die *Gärung* findet in Fässern oder Metalltanks statt, die bis zu 80 % mit Traubensaft gefüllt werden.

Die stürmisch verlaufende Hauptgärung erstreckt sich über 6–8 Tage und liefert bis zu 15 % des Volumens an Alkohol.

Außerdem entstehen dabei noch über 400 andere Verbindungen, die den Geschmack und den Geruch des Weines mitbestimmen.

Nach der vollständigen Gärung, etwa Ende Dezember, wird der Wein nochmals geschwefelt.

Vor dem Abfüllen „schönt" man ihn noch. Das heißt: Trübungsstoffe, die noch vorhanden sind, werden mit Hilfe von Bindemitteln gebunden und abfiltriert.

Beim **Rotwein** wird nicht erst der Most, sondern schon die Maische vergoren. Rot wird der Wein dadurch, dass der dabei entstehende Alkohol Stoffe aus den roten Fruchtschalen extrahiert.

Wenn man rote Trauben wie bei der Herstellung von Weißwein verarbeitet, entsteht **Roséwein**.

Aus Umwelt und Technik: **Bioalkohol aus Kartoffeln**

Kartoffeln werden nicht nur zum Verzehr angebaut. Schon seit vor der Wende zum 20. Jahrhundert gewinnt man daraus auch **Ethanol** („Bioalkohol" genannt).

Für die Herstellung des Ethanols verwendet man Kartoffeln mit hohem Stärkegehalt. Sie werden zunächst zu einem dünnen Brei verarbeitet. Das geschieht durch den Einsatz von Wasserdampf unter hohem Druck und bei Temperaturen von 130–150 °C. Dabei werden die Stärkekörnchen aus ihren Hüllen herausgelöst.

Die nächsten Schritte dieses Prozesses haben Ähnlichkeit mit dem Bierbrauen: Die Kartoffelstärke wird *eingemaischt*, und zwar zusammen mit Malzschrot. Es liefert das Enzym *Diastase*, durch das die Kartoffelstärke in Malzzucker abgebaut werden kann.

Die abgekühlte, süße Maische wird mit *Hefe* versetzt. Danach setzt die **alkoholische Gärung** ein: In mächtigen Gärbottichen muss das Gemisch 72 Stunden lang gären; dann sind aus der Kartoffelstärke Ethanol und Kohlenstoffdioxid entstanden.

Um nun reines Ethanol zu erhalten, muss die vergorene Maische destilliert werden. In jedem Destillationsturm befinden sich mehrere Glockenbödenkolonnen, die das Destillat mehrmals durchläuft. Auf diese Weise wird der Ethanolgehalt des Destillats auf 85 % erhöht.

Da die Herstellung und die Verteilung von Ethanol der staatlichen Kontrolle unterliegen (Branntweinmonopol), muss dieser Bioalkohol gesammelt werden. In der Sammelstelle wird er durch Destillation in einen 96%igen Alkohol überführt. Aus einer Tonne Kartoffeln lassen sich auf diese Weise etwa 100 Liter Ethanol gewinnen.

Etwa die Hälfte unseres Ethanolbedarfs wird durch die Produktion von Bioalkohol in Bayern gedeckt. Dabei ist sorgsam zwischen den wirtschaftlichen Interessen der Landwirte, den Bedürfnissen der heutigen Gesellschaft und der Verantwortung für die Natur abzuwägen – schließlich werden ja hierbei Nahrungsmittel eingesetzt um Ethanol für allgemeine Anwendungen zu gewinnen.

Ein weiteres Problem der Bioalkoholgewinnung ist die Weiterverarbeitung der sog. *Schlempe*; das ist der flüssige Rückstand, der nach dem Brennvorgang noch übrig bleibt. Bei der Produktion von 100 Liter Ethanol fallen 800 Liter Schlempe an!

Hier dachte man schon zu Beginn unseres Jahrhunderts ökologisch: Ein Landwirt erhielt nur dann das Brennrecht, wenn er sich verpflichtete, die Schlempe auch an sein eigenes Vieh zu verfüttern. Übrigens musste er sogar die Jauche, die seine Tiere produzierten, auf seinen eigenen Feldern als Dünger ausbringen.

6903R

Aus der Geschichte: **„Lebenswasser entdeckt!“**

So etwa hätte vor ca. 800 Jahren eine Schlagzeile lauten können (wenn es Zeitungen unseres Typs schon gegeben hätte). Und die überraschten Leser hätten Folgendes erfahren:

> Salerno. Wissenschaftler haben soeben den „Geist des Weines“ zu fassen bekommen. Ihrer Destillierkunst ist es zu verdanken, daß aller Wahrscheinlichkeit nach endlich das lang ersehnte Lebenswasser – das aqua vitae – gefunden wurde.

Die hier erwähnte **„Destillierkunst“** war damals schon uralt. So wurde bereits um 100 n. Chr. in Syrien ein Destillationsgerät aus Füllgefäß, Abflussrohr und Vorlage beschrieben.

Bald gelangte die Kunst des Destillierens zu voller Blüte: Duftende Wässer und Öle konnten so gewonnen werden – nur den „Geist des Weines“ bekam man nicht zu fassen.

Das hatte einen Grund: Die kegelförmigen Destillieraufsätze, die *Rosenhüte*, wurden mit Luft gekühlt (Bild 2). Damit konnte man Flüssigkeiten gewinnen, die eine höhere Siedetemperatur als Wasser hatten; niedriger siedende (z. B. Alkohol) entwichen jedoch.

Das blieb so, bis schließlich im 13. Jahrhundert der *schlangenförmige Wasserkühler* die Rosenhüte ersetzte.

2

Sehr gebräuchlich war damals der sog. *Mohrenkopf*, ein Rosenhut mit einem Wassermantel. Mit einem solchen Gerät konnte ein zwar noch wasserhaltiger, aber doch hochprozentiger Alkohol gewonnen werden. Er wurde wegen seiner belebenden und heilenden Wirkung *aqua vitae* genannt.

In diesem „Lebenswasser“ sah man auch eine Wunderdroge gegen die Pest: Wer es sich leisten konnte, suchte der Seuche durch regelmäßigen Alkoholgenuss vorzubeugen. Wenn das nicht half, so nahm der Alkohol doch wenigstens dem Tod seinen Schrecken.

Das „Lebenswasser“ sorgte für noch mehr Aufsehen, als es um 1300 nahezu wasserfrei – und damit brennbar – gewonnen wurde. Dieses Ergebnis widersprach der Lehre des Aristoteles, in der Wasser den Gegensatz zum Feuer bildete. War dieses „gebrannte Wasser“ nun etwa ein weiteres Element? …

Die Kunst der Weindestillation verbreitete sich schnell zu anderen Klöstern. Hier gab es Gewürz- und Heilkräutergärten. Was lag da näher als mit dem „Lebenswasser“ Kräuterauszüge herzustellen.

Die Erinnerung daran lebt heute fort: Namen wie *Benediktinerlikör, Zinnaer Klosterbruder, Karmelitergeist* oder *Klosterfrau Melissengeist* haben immer noch einen guten Klang.

Aus Umwelt und Technik: **Was haben „Oechsle“ mit dem Wein zu tun?**

Wird es ein guter Jahrgang? Diese Frage bewegt Jahr für Jahr die Winzer. Und dabei ist ihnen klar: Ein guter Wein kann nur aus einem guten Most gewonnen werden.

Um diesen „guten Most“ geht es, wenn sich Winzer über „Oechsle“ unterhalten. Dann reden sie nicht etwa über Viehhaltung (kleine Ochsen), sondern über die *Dichte* ihres Mostes – von ihnen auch *Mostgewicht* genannt: Je höher seine Dichte, umso reicher ist er an Zucker und umso mehr Alkohol wird der daraus gewonnene Wein enthalten. Daher messen die Winzer das Mostgewicht.

Für diese Dichtemessung benutzen die Winzer die sog. *Oechslewaage*. Das ist eine Kombination von Aräometer und Thermometer, die gleichzeitig die Dichte und die Temperatur des Mostes anzeigt. Das ist wichtig, denn die Dichte des Mostes hängt auch von seiner Temperatur im Augenblick der Messung ab.

Die Oechslewaage wurde von dem Pforzheimer *Ferdinand Oechsle* (1774–1852) konstruiert; daher hat sie auch ihren Namen.

Die Messwerte gibt man in *Grad Oechsle* an (°Oe) – auch *Oechslegrade* oder kurz *Oechsle* genannt. Man kann die Oechslegrade eigentlich als „abgekürzte Grade“ der gemessenen Dichte ansehen: Wenn z. B. ein Most die Dichte 1,080 g/cm^3 hat, zeigt die Oechslewaage den Wert 80 °Oe an. Es werden also nur die Stellen hinter dem Komma angezeigt.

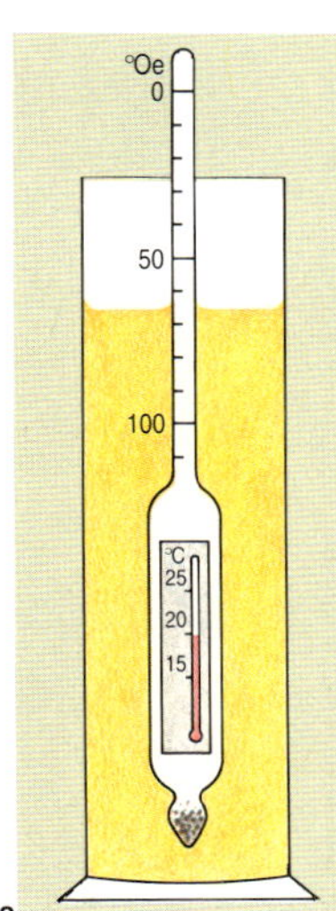

3

Wie arbeitet eine Oechslewaage? Zunächst wird der Most durch ein Leinentuch filtriert um feste Bestandteile zu entfernen. Dann hängt man die Waage in den Most. Je nach Zuckergehalt des Mostes sinkt sie ein, sodass man an dessen Oberfläche die Oechslegrade ablesen kann (Bild 3).

Doch der abgelesene Wert ist nur bei 20 °C richtig. Bei anderen Temperaturen muss er noch nach folgender Regel korrigiert werden:

Je 1 °C über 20 °C: 0,2 °Oe dazuzählen.
Je 1 °C unter 20 °C: 0,2 °Oe abziehen.

Ein Beispiel: Für einen Most von 10 °C wurden 78 °Oe abgelesen. Für 20 °C beträgt der richtige Wert 76 °Oe bzw. 1,076 g/cm^3.

Das deutsche Weingesetz schreibt vor, dass kein Most unter 44 °Oe zu Wein verarbeitet werden darf. (Die höchste bisher gemessene Dichte von Most betrug übrigens 326 °Oe bzw. 1,326 g/cm^3. Zum Vergleich: Honig hat eine Dichte von etwa 1,4 g/cm^3.)

3 Alkohol – Gefahr für den Menschen

Aus Umwelt und Technik: **Alkohol und Straßenverkehr**

Im Jahr 1993 stieg die Zahl derjenigen Kraftfahrer, die „mit 1,6 bis 2 Promille erwischt wurden", im Vergleich zu 1992 um 19,2 %. Die Zahl der Fahrer mit über 2 Promille stieg um 18 %.

Von 150 000 Fahrern, denen man 1993 den Führerschein entzog und die einen medizinisch-psychologischen Test machen mussten, standen 105 000 unter Alkoholeinfluss.

Mindestens 105 000-mal fuhr also der Tod mit: Von den 9913 Todesfällen im Straßenverkehr wurden fast 5000 durch Alkohol am Steuer mitverursacht. Bei 1,5 Promille ist nämlich das Risiko eines tödlichen Verkehrsunfalls 200-mal so groß wie bei einem Fahrer, der nüchtern ist.

Doch auch betrunkene Fußgänger blieben nicht verschont: Von 3164 „Unfällen mit Personenschaden", die sie 1989 selbst verursachten, gehen allein 2985 auf das Konto Alkohol.

Wie viel Leid steckt hinter all diesen nüchternen Zahlen!

Bei uns in Deutschland ist deshalb das Führen von Fahrzeugen aller Art mit einem Alkoholgehalt im Blut von **0,8 Promille** (0,8 ‰) oder mehr gesetzlich verboten.

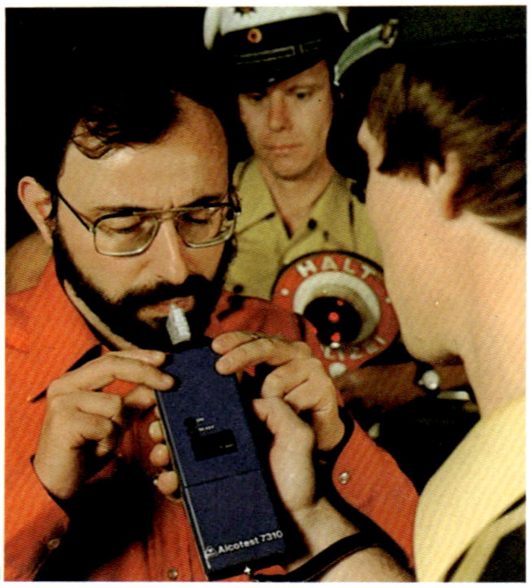

1

Alkohol wird vom Körper kaum ausgeschieden, sondern nur allmählich über die Leber abgebaut (höchstens jedoch 0,15 ‰ pro Stunde). Dieser Vorgang kann nicht beschleunigt werden – auch nicht etwa durch Kaffee oder Aufputschmittel.

Wie aber stellt man fest, ob jemand „zu tief ins Glas geschaut" hat?

Wenn der Alkohol vom Blut durch den Körper transportiert wird, gelangt er auch in die Lunge. Dort wird er zu einem bestimmten Teil – je nach Alkoholgehalt des Blutes – gemeinsam mit der Atemluft ausgeatmet. Und das kann man durch einen **Alkoholtest** nachweisen.

Vor kurzem war noch das „Blasen in die Tüte" (s. u.) ein übliches Testverfahren. Heute setzt die Polizei meist elektronische Geräte dabei ein (Bild 1, *Alcomat*).

Aus Umwelt und Technik: **Unser Alkoholtest – „wir blasen in die Tüte"**

experimentell

Alkoholfahne, torkelnder Gang und vielleicht ein übertriebenes Selbstwertgefühl – wenn du diese Merkmale bei jemandem erkennst, weißt du natürlich sofort Bescheid: Hier hat jemand „über den Durst getrunken".

Bestimmt liegst du mit deiner Schlussfolgerung richtig. Doch diese Anzeichen allein sind kein sicherer Beweis dafür, dass jemand zu viel Alkohol im Blut hat. „Trinkfesten" Personen merkst du äußerlich vielleicht gar nichts an – und dennoch mögen sie die 0,8-Promille-Grenze längst weit überschritten haben.

Wenn solche Personen in eine Verkehrskontrolle geraten, sind also objektivere Nachweise erforderlich.

Du weißt, dass man früher bei Kontrollen „in die Tüte blasen" musste. Dieses Verfahren mit *Alcoteströhrchen* können wir nachahmen: Die Röhrchen enthalten sauerstoffreiches, orangefarbenes *Kaliumdichromat*; darin ist das Chrom sechswertig. Dieses Kaliumdichromat geht mit Alkohol eine Redoxreaktion ein und wird dabei zu dem sauerstoffärmeren, grünen Chromsulfat reduziert; darin ist das Chrom dreiwertig.

Die Farbänderung von Orange nach Grün ist das eindeutige Indiz dafür, dass sich Alkohol in der Atemluft (und damit vor allem im Blut) befindet. Der Alkohol geht bei dieser Reaktion in Ethanal und Ethansäure über.

Versuchsvorschrift:

a) Zunächst stellen wir uns unser **„Teströhrchen"** her: In ein Becherglas geben wir 10 ml konzentrierte Schwefelsäure [C] und 1 ml gesättigte Lösung von Kaliumdichromat [T]. Dann rühren wir 2–3 Löffel Silicagel ein. Die überschüssige Flüssigkeit wird abgegossen.

Das Gemisch wird in mehrere Glasröhrchen gefüllt, die an beiden Seiten offen sind. Wir verschließen die Röhrchen beiderseits durch lockere Glaswollepfropfen.

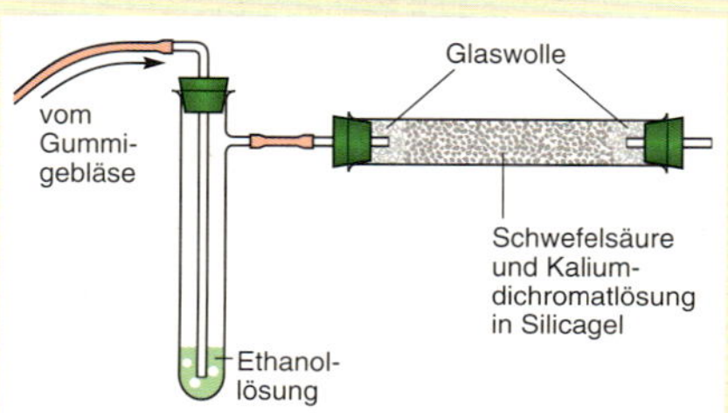

2

b) Wir führen einen **Blindversuch** mit einer stark verdünnten Ethanollösung durch (Bild 2).

c) Nun die **Praxis**: Einer von zwei Schülern hat eine Alkoholpraline gegessen und jeder der beiden bläst einen Luftballon leicht auf. Die Ballons werden an je ein Röhrchen angeschlossen, sodass die Luft langsam über deren Inhalt strömt. Wer war der „Alkoholsünder"?

6905R

Aus Umwelt und Technik: **Wirkungen alkoholischer Getränke**

Alkohol muss nicht erst verdaut werden um wirken zu können. Er gehört zu den wenigen Stoffen, die direkt ins Blut übergehen. So ist es tatsächlich möglich, dass Alkohol schon Sekunden nach dem ersten Schluck „in den Kopf steigt“.

In den nächsten 30 Minuten wird der größte Teil des Alkohols vom Blut aufgenommen und im ganzen Körper verteilt. Der Alkohol verursacht dann eine zunehmende Lähmung der Gehirnzellen. (Wirkungen des Alkohols → nebenstehende Übersicht.)

Der Genuss von zwei Glas Bier kann bei verschiedenen Personen ganz unterschiedliche Wirkungen zeigen – das hast du sicherlich schon beobachtet. Während die eine Person bereits laut über ihre eigenen „Gleichgewichtsstörungen“ lacht, ist die andere noch „stocknüchtern“.

Die Auswirkungen einer bestimmten Alkoholmenge lassen sich nicht genau vorhersagen. Sie hängen z. B. vom Körpergewicht ab, aber auch von der Gewöhnung und von der augenblicklichen Verfassung des Trinkenden. So kann schon eine Alkoholmenge, die normalerweise kaum Wirkungen zeigt, auf nüchternen Magen oder nach körperlichen oder seelischen Belastungen zu schweren Störungen führen.

Eine besondere Gefahr besteht darin, dass die richtige Selbsteinschätzung durch den Alkohol beeinträchtigt wird: Der Angetrunkene nimmt sein verändertes Verhalten oft gar nicht wahr, oder er glaubt, er könne es vertuschen.

Der Alkohol wirkt auch auf die inneren Organe: Wenn regelmäßig pro Tag mehr als 40 ml Alkohol eingenommen wird, dann führt diese Menge bei Jugendlichen schon zu organischen Schäden.

Regelmäßiger Alkoholkonsum ist besonders gefährlich. Durch ihn gewöhnt sich der Körper an bestimmte Alkoholmengen. Allmählich entsteht so ein regelrechtes Bedürfnis nach Alkohol – oft verbunden mit der Enttäuschung über sich selbst, dass man diesem Drang immer wieder nachgeben muss. Es ist dann nur noch ein kleiner Schritt zur völligen Abhängigkeit, zur Alkoholkrankheit.

Stadien der Alkoholwirkung

Stadium wohliger Enthemmung
(weniger als 1,0 Promille;
bis 50 ml Alkohol)

Wärmegefühl, Zwanglosigkeit, Fröhlichkeit, Rededrang, gesteigertes Selbstwertgefühl, Selbstüberschätzung sowie Verlangsamung der Reaktionen und Bewegungsabläufe.

Rauschstadium
(1,0–2,0 Promille;
50–100 ml Alkohol)

Gleichgewichtsstörungen und Störungen der Bewegungsabläufe (unsicheres Gehen und Stehen), ferner Sprachstörungen, Enthemmung und Verlust der Selbstkontrolle.

Betäubungsstadium
(2,0–3,0 Promille;
100–200 ml Alkohol)

Vollrausch, Verwirrtheit, Gedächtnisstörungen, Bewusstseinstrübung, Erbrechen, Ermüdung, Muskelerschlaffung, Atmungsschwierigkeiten.

Lähmungsstadium
(3,0–5,0 Promille;
mehr als 200 ml Alkohol)

Tiefe Lähmung, flache Atmung, Unterkühlung, übergehend in Koma mit Reflexlosigkeit. Bei weiterem Fortschreiten tritt Atemlähmung ein.

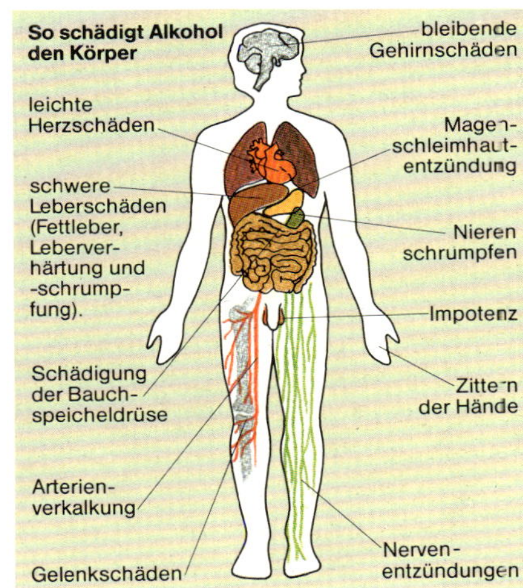

Fragen und Aufgaben zum Text

1 Ein stämmiger Mann hat um Mitternacht 1,9 ‰ Alkohol im Blut. Am nächsten Morgen gerät er gegen 7.00 Uhr in eine Polizeikontrolle, bei der er sich einem Alkoholtest unterziehen muss. Welches Ergebnis erwartest du?

2 Welche Wirkung hätte der Alkohol einer kleinen Flasche Weinbrand (0,5 l und 38 %), die schnell getrunken wird?

3 Jemand behauptet:
„Mit drei Flaschen Bier kann ich noch gut fahren.“
Schätze die Promille ab (→ dazu auch die folgende Übersicht *Alkoholgehalt einiger Getränke*).

Alkoholgehalt einiger Getränke

	 Wein	 Bier		 Apfelwein	 Eierlikör	 Whisky
Alkoholgehalt in %	ca. 10	ca. 4		ca. 5	ca. 30	ca. 42
Volumen eines üblichen Glases	0,25 l	0,3 l	0,5 l	0,25 l	2 cl = 0,02 l	2 cl
1 Glas voll enthält an reinem Alkohol etwa	25 ml (20 g)	12,5 ml (10 g)	20 ml (16 g)	12,5 ml (10 g)	6 ml (5 g)	9 ml (7 g)

1214R

Aus Umwelt und Technik: **Alkohol – eine Droge**

Werner sucht seinen Hausarzt auf und nennt seine Beschwerden: Kopfschmerzen, Schlafstörungen, Appetitlosigkeit und zu nichts mehr Lust …

Der Hausarzt sieht ihn sich nachdenklich an und meint dann: „Könnte nicht Ihr Alkoholkonsum daran schuld sein?" Zunächst ist Werner entrüstet über diese Frage, doch dann denkt er zurück:

Schon mit 14 Jahren hatte er begonnen Alkohol zu trinken: erst unregelmäßig (gelegentlich ein Bier zu Hause beim Fernsehen), dann aber regelmäßig, wenn er mit seinen Freunden unterwegs war. Dort, unter Gleichaltrigen, konnte er sich nicht gut ausschließen und er wollte es auch gar nicht. „Ein richtiger Kerl muss doch ein paar Bier vertragen können", hieß es da immer. Auch „härtere Sachen" kamen dazu.

Außerdem hatte Werner den Eindruck, dass sich mit ein bisschen Alkohol manches Problem von selber löste: Der Umgang mit seinen Klassenkameraden fiel ihm leichter. Selbst mit den Lehrern konnte er locker diskutieren, obwohl ihm gerade das immer schwer gefallen war. Auch die Auseinandersetzungen mit seinen Eltern kamen ihm nicht mehr so unerträglich vor.

Die Folge war: Im Laufe der Zeit suchte Werner immer öfter bei „seinem Freund", dem Alkohol, Trost und Stärkung – trotz schlechten Gewissens.

Inzwischen hatte Werner eine Lehre begonnen: Anfangs war sein Meister zufrieden mit ihm. Doch dann hatte Werner mehrmals nach einer durchzechten Nacht gefehlt und es gab Ärger.

Von da an trank Werner heimlich. Er versteckte sich sogar einen Vorrat an alkoholischen Getränken „für den Notfall". Sein Gewissen beruhigte er, indem er sich vornahm, nur zu bestimmten Tageszeiten zu trinken. Auch wollte er jede Woche einen „alkoholfreien Tag" einlegen.

Aber allmählich wurde ihm bewusst, dass er nicht mehr in der Lage war, seinen Alkoholkonsum zu kontrollieren: Er hatte sich doch fest vorgenommen, vor dem Nachhausegehen „nur ein einziges Bierchen" zu trinken – und dann wachte er am nächsten Tag auf und wusste überhaupt nicht, wie er am Vorabend nach Hause gekommen war.

Solch ein „Kontrollverlust" kam allmählich immer häufiger vor. Die negativen Auswirkungen des Alkoholkonsums verstärkten sich. Zwar dachte Werner über die Worte seines Hausarztes nach – doch ändern wollte er seine Gewohnheiten nicht. Vielleicht schaffte er es schon nicht mehr, sie zu ändern, denn inzwischen war er bereits „alkoholabhängig".

Die Vorhaltungen seiner Eltern wegen des Trinkens nahmen zu. So zog Werner zu Hause aus. Bei einem Freund, den er in der Kneipe kennen gelernt hatte, kam er unter.

Schnell ließen nun seine Leistungen am Arbeitsplatz nach. Häufig kam er nicht einmal zur Arbeit. Schließlich wurde ihm gekündigt. Aber das war ihm inzwischen gleichgültig.

Doch eines Tages packte ihn die Angst: Nach einem Vollrausch „sah" er kleine graue Gestalten vor sich herlaufen und lebhaft auf ihn einreden. Außerdem hatte er das Gefühl, dass winzige Tiere über seine Haut krabbelten.

Ein Notarzt wies ihn ins Krankenhaus ein. Man stellte fest, dass er in ein „Alkoholdelirium" (Alkoholwahn) gefallen war. Man machte ihm klar, dass Alkoholismus eine Krankheit ist, die zum Tode führt – wenn der Kranke nicht selbst etwas dagegen unternimmt.

Nach seiner Entlassung aus dem Krankenhaus wandte sich Werner an eine Selbsthilfegruppe für Alkoholiker. In dieser Gruppe – also inmitten von Leuten, die gleiche Probleme hatten wie er – fühlte er sich einigermaßen wohl. Er sah ja auch ein, dass er endlich etwas gegen seine Abhängigkeit vom Alkohol tun musste.

Ein paar Wochen lang ging alles gut. Doch dann begegnete Werner einem alten Freund, mit dem er schon manches Bierchen getrunken hatte. Mit dem besprach er seine Lage. Der Freund meinte, dass so eine Selbsthilfegruppe doch nichts für einen „richtigen Mann" sein könne. Darauf hätte Werner lieber nicht hören sollen …

Er überlegte sich nun, dass sein Körper nach den Wochen der Entwöhnung so weit erholt sein müsse, dass er wieder einiges vertragen könne. Doch schon nach einem einzigen Glas Bier stellte sich die gleiche Wirkung ein wie vorher nach sechs Gläsern!

(Das ist so zu erklären: Dieser „Zustand der Gewöhnung" – auch als „Toleranz" bezeichnet – nimmt während eines langjährigen regelmäßigen Alkoholgenusses ständig zu. Das heißt: Der Körper braucht immer mehr Alkohol, damit die gleiche Wirkung eintritt wie zuvor. Wenn ein Alkoholiker einige Wochen lang keinen Alkohol genießt, nimmt seine „Toleranz" allmählich wieder ab – und das war bei Werner geschehen.)

Viel schlimmer war aber für Werner Folgendes: Seine Abhängigkeit vom Alkohol setzte mit der gleichen Heftigkeit wieder ein wie vor der Trinkpause – ja, sie verstärkte sich sogar.

Schon bald trat das ein, was ihm seine Eltern und gute Freunde prophezeit hatten: Er war körperlich und finanziell ziemlich am Ende, allein gelassen, isoliert von allen guten Freunden, ein nach Alkohol riechender Penner. In diese Situation war er hineingeschlittert ohne so recht zu wissen wie.

Nach diesen Erinnerungen sieht Werner ein, dass es so nicht weitergehen kann. Der Hausarzt empfiehlt ihm eine Suchtberatungsstelle aufzusuchen. Dort rät man ihm, sich einer „Therapie" (umgangssprachlich: „Entziehungskur") zu unterziehen. Nur so bestehe die Aussicht wieder zu einem normalen Leben zurückzufinden.

Werner stimmt einer Einweisung in ein Krankenhaus für Suchtkranke zu. Hier wird er körperlich entgiftet. Dabei wird ihm schmerzlich bewusst, wie sehr er bereits vom Alkohol abhängig ist: Fast eine Woche lang zittert er am ganzen Körper; er hat überall Schmerzen, kann nicht schlafen und wird von Schüttelfrost geplagt. Aber er hat ein festes Ziel vor Augen und er bietet all seine Willenskraft auf um endgültig vom Alkohol loszukommen.

Wenn die schlimmste Zeit überstanden ist, wird man ihn in einem Therapiezentrum für Alkoholkranke aufnehmen. Dort wird er langsam lernen ein Leben ohne Alkohol zu führen. Das bedeutet ständige Wachsamkeit, denn schon geringste Alkoholmengen – sei es auch nur in Pralinen, Medikamenten oder im Mundwasser – führen zu einem Rückfall in die Abhängigkeit.

Werner hat sich vorgenommen, anschließend doch noch seine Lehre abzuschließen, obwohl er inzwischen einige Jahre älter als die anderen Auszubildenden ist. Seine Eltern halten zu ihm: Sie haben zugesagt, ihn mit Rat und Tat unterstützen zu wollen. Ob er es schafft?

6521R

Alles klar?

1 Vergleiche die Atmung (die biologische Oxidation) mit der alkoholischen Gärung. Ziehe Vergleiche hinsichtlich
- der Ausgangsstoffe,
- der Reaktionsprodukte und
- des Energieumsatzes.

2 Stelle Reaktionsgleichungen für die biologische Oxidation und die alkoholische Gärung der Glucose auf.
Gib für beide Vorgänge an, wie viel kJ Energie freigesetzt werden.

3 Erinnere dich an Versuch 1, in dessen Verlauf ein Gemisch aus Traubenzucker, Wasser und Hefe in einem Stehkolben zum Gären angesetzt wurde.

a) Beschreibe die Funktionsweise eines Gärröhrchens.

b) Was wäre geschehen, wenn man den Kolben mit einem Stopfen statt mit einem Gärröhrchen verschlossen hätte?

4 Sektflaschen sind dickwandig und mit einem Stopfen samt Drahtkörbchen verschlossen. Erkläre!

5 Es kommt immer wieder zu Unfällen mit Todesfolge, wenn Gärbottiche ohne Sicherheitsvorkehrungen betreten werden. Worauf ist das in der Regel zurückzuführen?

6 Lies dir den Zeitungsartikel über den Unfall im Weinkeller durch.

a) Dem Berichterstatter sind hier einige Ungenauigkeiten unterlaufen. Suche sie heraus.

b) Worauf ist die Empfehlung der Polizei zurückzuführen, nur mit einer brennenden Kerze in den Keller zu gehen?

7 Beschreibe, welche Funktion Malz hat
- beim Bierbrauen und
- bei der Herstellung von Alkohol aus Kartoffelstärke.

8 Wozu dient die *Oechslewaage*?

9 Hefepilze können ihren Energiebedarf durch Atmungs- und Gärungsvorgänge decken.
Bei welchen Bedingungen decken sie ihn durch Atmung bzw. Gärung?
Welcher dieser Vorgänge liefert den Hefepilzen die größte Energiemenge je Mol Glucose?

2

10 Warum ist die Bezeichnung „Essigsäuregärung" irreführend?
Warum trifft hingegen der Ausdruck „Milchsäuregärung" zu?

11 Aus dem Etikett von Bild 2 geht hervor, dass der Wein in der Flasche einen Alkoholgehalt von 11,5 Vol.-% hat.
Wie viel Milliliter Alkohol befinden sich also in der Flasche?

Winzer vor dem Weinkeller zusammengebrochen

Ein 46 Jahre alter Winzer aus Hochheim ist gestern Morgen im eigenen Weinkeller ohnmächtig zusammengebrochen und wenig später auf dem Weg ins Krankenhaus gestorben. Die giftigen Gase, die sich beim Gären des frischen Weines entwickelten, wurden dem Winzer zum Verhängnis.

Zwei städtische Beamte, die zufällig in das Haus kamen, fanden den Mann ohnmächtig auf der Kellertreppe, die von der Wohnung zum Weinkeller führt. Aus dem Weinkeller selbst drang ein strenger Geruch.

Die Beamten alarmierten sofort die Polizei in Flörsheim, die unverzüglich mit einem Notarzt und mit der freiwilligen Feuerwehr anrückte.

Trotz sofortiger Wiederbelebungsversuche erlag der Winzer noch während des Transports ins Krankenhaus seinen schweren Vergiftungen durch Kohlenstoffdioxid.

Beim Gären frischen Weines entwickelt sich Kohlenstoffdioxid, das in den Kellern den Fässern entströmt. Da sich das Gas nach unten absenkt, ist vor allem während des Gärungsprozesses der Aufenthalt im Keller gefährlich.

Schon mehrfach ist es in Weinbaugebieten zu ähnlichen Unfällen gekommen. Helfer, die Ohnmächtige retten wollten, fielen nicht selten selbst in Bewusstlosigkeit.

Die Polizei hat daher noch einmal alle Winzer vor den giftigen Gasen gewarnt. Sie hat auch geraten, nach alter Weinbau-Regel den Keller nur mit einer brennenden Kerze zu betreten, die die Gefahr rechtzeitig signalisieren kann.

Auf einen Blick

Die alkoholische Gärung

Der Alkohol in Getränken ist **Ethanol** (C_2H_5OH).
Er entsteht durch die Umwandlung von Zucker bei der **alkoholischen Gärung**.

Gärungen finden unter *anaeroben* Bedingungen (also in Abwesenheit von Sauerstoff) statt.

Bei der alkoholischen Gärung wird z. B. Glucose unter dem Einfluss bestimmter Enzymgemische in Ethanol umgewandelt. Gleichzeitig entsteht Kohlenstoffdioxid. Dabei werden aus 1 mol Glucose 2 mol Ethanol und 2 mol Kohlenstoffdioxid gebildet.

$$C_6H_{12}O_6 \rightarrow 2\,CH_3CH_2OH + 2\,CO_2$$

Außer der Glucose können auch Fructose und Saccharose vergoren werden.

Die Gärung liefert nur etwa halb so viel Energie wie die biologische Oxidation der (gleichen Menge) Glucose. Deshalb setzen die Hefepilze – um ihren Energiebedarf zu decken – besonders viel Glucose um.

Bei der *Milchsäuregärung* zerfällt Glucose in Milchsäure.

$$C_6H_{12}O_6 \rightarrow 2\,CH_3CH(OH)COOH$$

Dieser Vorgang liegt dem Sauerwerden von Milch zugrunde. Außerdem ist darauf der Muskelkater (bei Mangel an Sauerstoff) zurückzuführen.

Aus Alkohol wird Ether

Ether – eines der ersten Narkosemittel

1

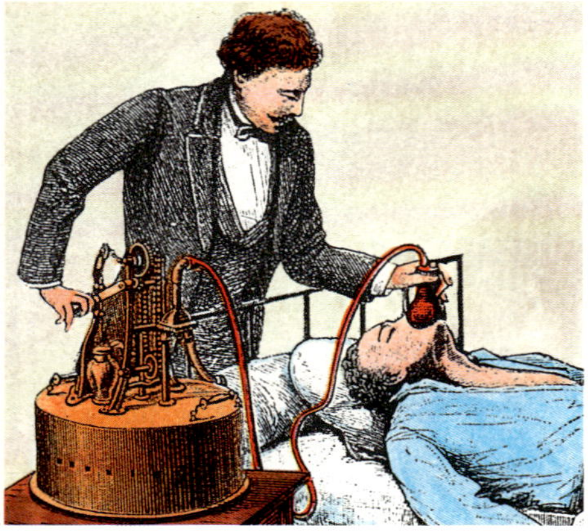
2

Operation ohne Narkose – kannst du dir vorstellen, was das bedeutet? Bild 1 zeigt dazu einen Holzschnitt etwa aus dem Jahr 1540.

Nach Einführung der Narkose (zum Beispiel durch Ether) im 19. Jahrhundert (Bild 2) machte die Chirurgie plötzlich große Fortschritte.

Herstellung und Eigenschaften von Ether

Der bei der Narkose verwendete Ether wird in der chemischen Fachsprache als **Diethylether** bezeichnet. Man kann ihn aus *Ethanol* herstellen (Bild 3):

In einem Kolben wird ein Gemisch aus gleichen Teilen Ethanol und konzentrierter Schwefelsäure auf etwa 140 °C erhitzt. Aus 2 mol Ethanol bilden sich je 1 mol Diethylether und Wasser. Aus dem Tropftrichter wird das Ethanol laufend ersetzt. Die Schwefelsäure wirkt als Katalysator; gleichzeitig bindet sie das entstehende Wasser. In der gekühlten Vorlage sammelt sich als Destillat der Diethylether.

Da bei der Reaktion von je zwei Molekülen Ethanol auch ein Molekül Wasser entsteht, spricht man hier von einer *Kondensationsreaktion*.

$$\begin{array}{ccccccc}
\begin{array}{c} \text{H H} \\ | \;\; | \\ \text{H–C–C–OH} \\ | \;\; | \\ \text{H H} \end{array} & + & \begin{array}{c} \text{H H} \\ | \;\; | \\ \text{HO–C–C–H} \\ | \;\; | \\ \text{H H} \end{array} & \rightarrow & \begin{array}{c} \text{H H} \quad \text{H H} \\ | \;\; | \qquad | \;\; | \\ \text{H–C–C–O–C–C–H} \\ | \;\; | \qquad | \;\; | \\ \text{H H} \quad \text{H H} \end{array} & + & H_2O \\
\text{Ethanol} & + & \text{Ethanol} & \rightarrow & \text{Diethylether} & + & \text{Wasser}
\end{array}$$

Diethylether erkennt man an seinem Geruch, der für ihn typisch ist. Der Diethylether ist sehr leicht entzündbar. Wenn das Gas mit Luft gemischt wird, bildet es schon bei einem Anteil von nur 1,8 % des Volumens ein explosives Gemisch.

Hinzu kommt, dass die Dämpfe des Diethylethers schwerer sind als Luft. Anstatt sich in der Luft schnell zu verteilen, „kriechen" sie über den Boden.

Schon der Funke eines Schalters genügt um eine explosionsartige Reaktion auszulösen. Deshalb ist größte Vorsicht beim Umgang mit Diethylether geboten!

Diethylether ist auch als gutes Lösemittel bekannt. Da er sich mit Wasser nicht mischt, kann man mit ihm viele gelöste Substanzen aus wässrigen Lösungen extrahieren (Bild 4).

Auch aus anderen Alkanolen lassen sich Ether herstellen, z. B. aus *Methanol* der *Dimethylether*. Er hat ähnliche Eigenschaften wie der Diethylether.

Die Bezeichnung *Ether* steht somit für eine **Klasse** ähnlicher Substanzen. Es sind organische Verbindungen mit der allgemeinen Formel $R_1–O–R_2$. Dabei können die beiden Alkylgruppen R_1 und R_2 gleich oder unterschiedlich sein.

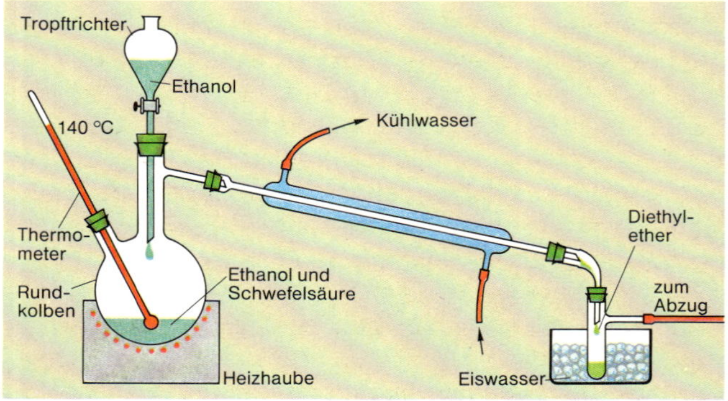

3

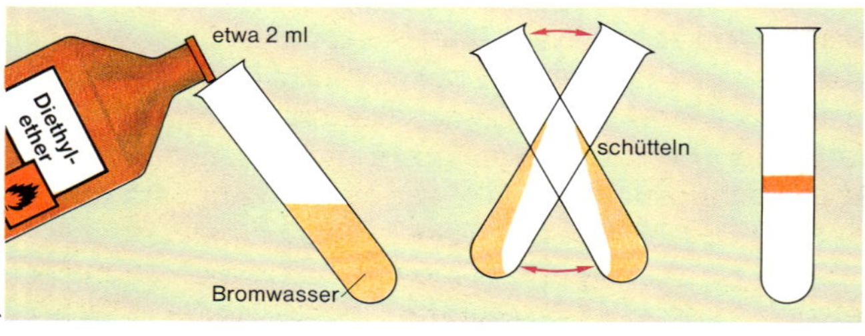

4

2069R

Aufgaben

1 Beschreibe, wie Diethylether experimentell hergestellt werden kann.

2 Ether hat mit Benzin gemeinsame Eigenschaften (Bild 5). Nenne sie.

3 Versuche die Vorgänge in Bild 4 zu erklären. (Es findet keine chemische Reaktion statt.)

4 Diethylether (mit einer Siedetemperatur von +34,5 °C) soll möglichst im Kühlschrank aufbewahrt werden. Begründe das.

5 Stelle die wichtigsten Eigenschaften von Diethylether zusammen.

6 Aus Methanol lässt sich Dimethylether herstellen. Stelle dazu die Reaktionsgleichung auf.

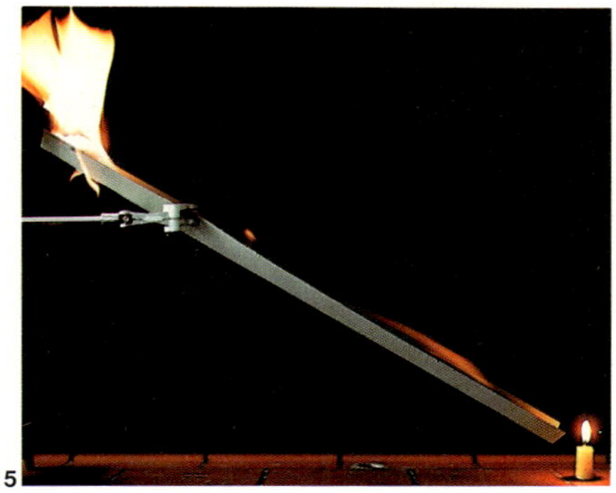

5

7 Vergleiche Diethylether, Dimethylether und Methylethylether.

a) Zeichne ihre Strukturformeln.

b) Weisen diese Ether gleiche oder unterschiedliche Alkylgruppen auf?

c) Baue die Moleküle mit einem Molekülbaukasten nach.

8 *Ether* hat eine umgangssprachliche und eine chemisch-systematische Bedeutung. Welche?

9 Vergleiche die folgenden Strukturformeln. Was haben sie gemeinsam, worin unterscheiden sie sich?

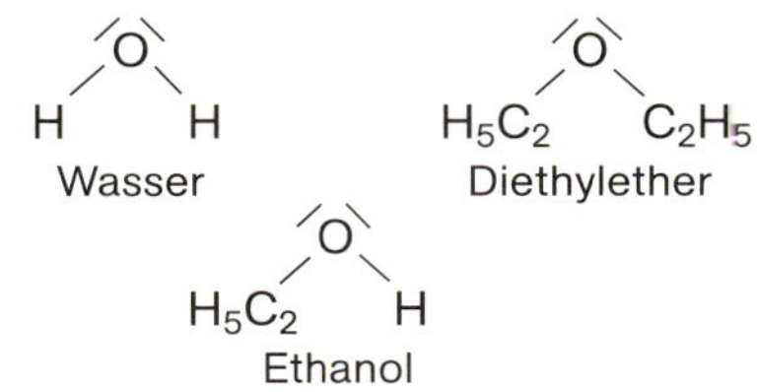

10 Bei Operationen wird zur Steuerung der Atmungsvorgänge reiner Sauerstoff verwendet.

Welche Gefahr besteht, wenn gleichzeitig eine Ethernarkose verabreicht wird?

Aus der Geschichte: **Die ersten Narkosemittel**

Das Jahr 1846 brachte der Chirurgie eine Erfindung, die an Bedeutung alles übertraf, was Forschergeist und Chirurgenkunst der Welt bis dahin beschert hatten: die Allgemeinnarkose zur schmerzlosen Operation.

Frühere Methoden zur Schmerzlinderung bei Operationen vermochten die Patienten nur in Hypnose oder in einen Rausch zu versetzen. Solche Methoden waren z. B. Alkoholrausch, sog. Schlafschwämme mit Opium oder Schierling, Festschnüren der Glieder, Kühlen mit einer Kältemischung aus Eis und Kochsalz, beinahe Bewusstlosigkeit durch Kohlenstoffdioxid – oder man klemmte dem Patienten ein Stück Leder zwischen die Zähne.

Zuerst wurde die schmerzstillende Wirkung von **Lachgas** (Distickstoffmonooxid N_2O) entdeckt. Es wurde damals auch „Lustgas" genannt. Seine lustig machende Wirkung wurde auf Jahrmärkten oder Abendgesellschaften zum Vergnügen benutzt: Man ließ jemand das Gas einatmen und amüsierte sich über dessen Lustigkeit.

Ähnlich verwendete man zunächst auch den **Ether**. Im Jahr 1842 operierte ein Chirurg in Amerika jedoch zum ersten Mal eine Geschwulst im Nacken schmerzlos, indem er dem Patienten ein mit Ether getränktes Handtuch vor Mund und Nase halten ließ.

Der erste Versuch mit Ether im Operationssaal erfolgte am 16. Oktober 1846 im Krankenhaus von Massachusetts. Der Arzt Dr. *Collins Warren* entfernte dabei eine Adergeschwulst. Der Erfolg war eindeutig und so wurde diese Art der Narkose auch in Europa eingeführt.

Etwa gleichzeitig entdeckte man auch die narkotisierende Wirkung von **Chloroform** (Trichlormethan $CHCl_3$).

Mit diesen neuen schmerzfrei machenden Mitteln konnten nun auch Operationen innerhalb des Körpers durchgeführt werden, an die bis dahin niemand zu denken gewagt hatte.

Durch zahlreiche Todesfälle erlitt aber die Verwendung der neuen Narkosemittel zunächst einen Rückschlag. Besonders das Chloroform führte häufig zu Herzlähmungen. Deshalb entwickelte man im Laufe der Zeit Narkosemittel, die aus einem Gemisch von Ether, Lachgas, Cyclopropan und verschiedenen halogenierten organischen Verbindungen bestehen. Durch genaues Dosieren ist die Narkose heute nahezu problemlos.

Diethylether ist eines der wirksamsten Narkosemittel. Wenn die Atemluft etwa 4–5 % davon enthält und etwa 15 g eingeatmet worden sind, tritt beim Erwachsenen eine tiefe Bewusstlosigkeit ein. Dabei wird vorübergehend das Zentralnervensystem gelähmt; die Schmerzempfindung schwindet. Die Atmung und der Blutkreislauf werden jedoch nicht wesentlich gehemmt. Nach etwa 20 Minuten werden 80 % der Ethermenge wieder ausgeatmet.

Etwa 40 g Diethylether können jedoch zum Tode führen. Dabei wird dann das Atmungssystem gelähmt.

Die Narkose mit reinem Diethylether hat einige Nachteile: Weil das Gas die Schleimhäute reizt, kann es vor dem Einschlafen zu unangenehmen Hustenanfällen und Erstickungsgefühlen kommen. Auch treten als Nachwirkungen oft Übelkeit, Erbrechen, Kopfschmerzen und Schwächegefühl auf. Deshalb wird Diethylether heute bei uns nur noch selten als Narkosemittel eingesetzt.

Oxidationsprodukte der Alkanole

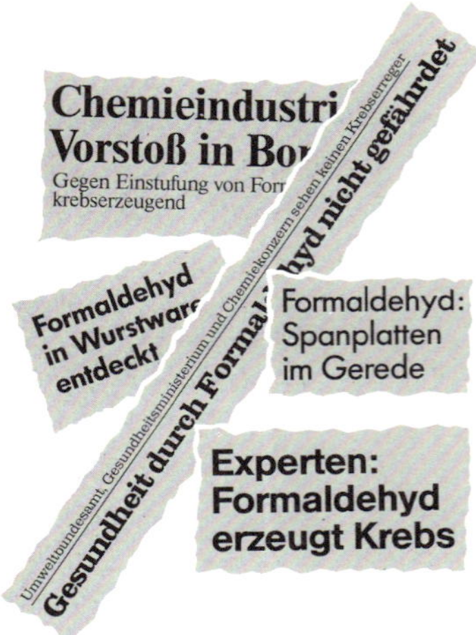

1 Die Alkanale (Aldehyde)

Formaldehyd machte vor einigen Jahren Schlagzeilen und verursachte heftige Diskussionen.

Dieser Stoff entweicht aus reifen Äpfeln und aus manchen Spanplatten. Er ist auch Bestandteil des Zigarettenrauchs. Sei fast hundert Jahren wurde er wegen seiner hervorragenden Eigenschaften verwendet (Bild 1).

Im Jahr 1984 geriet der Formaldehyd jedoch aufgrund von Tierversuchen in Verdacht auch beim Menschen Krebs auszulösen.

Formaldehyd – was ist das für ein Stoff?

1

Die folgenden Versuche sollten unter dem Abzug durchgeführt werden.

V 1 Wir stellen einen Aldehyd her und weisen ihn nach. Dazu füllen wir ein Reagenzglas 2 cm hoch mit Sand und tränken ihn mit Ethanol [F].

Dann stecken wir ein Stückchen Kupferdraht (oder Kupferwolle), das vorher in der Brennerflamme oxidiert wurde, in das Reagenzglas. Der Versuch wird nach Bild 2 aufgebaut.

Nun erhitzen wir das schwarze Kupferoxid kräftig, dann auch den Sand, damit das Ethanol verdampft.

Achte auf den Geruch des Reaktionsprodukts. Wie verändert sich das Kupfer und wie das Nachweismittel *Schiffs Reagenz*? Beschreibe!

Zum Vergleich füllen wir 1 ml Schiffs Reagenz und 2 ml Wasser in

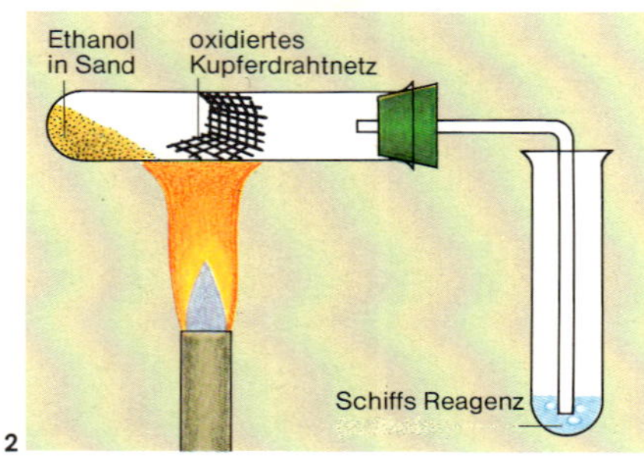

2

ein Reagenzglas. Dann geben wir einige Tropfen eines Aldehyds (Formaldehydlösung über 25 % [T] oder Lösung von Acetaldehyd [F, Xn]) dazu.

V 2 Dies ist ein weiterer Nachweis für Aldehyde: Zu etwa 5 ml *Fehling-Lösung* [C] gibt man einige Tropfen wässrige Lösung von Acetaldehyd [F, Xn] oder von Formaldehyd [Xn].

Die Flüssigkeit wird im Wasserbad erhitzt (Schutzbrille!).

V 3 So wird die sog. *Silberspiegelprobe* durchgeführt:

In ein sauberes (am besten neues) Reagenzglas geben wir 5 ml einer 5%igen Silbernitratlösung [Xi]. Dann fügen wir tropfenweise Ammoniaklösung hinzu, bis sich der gebildete Niederschlag gerade wieder auflöst.

Wir fügen 1–2 ml Formaldehyd [Xn] oder Acetaldehyd [F, Xn] hinzu und rühren gut um. Die Lösung wird im Wasserbad langsam erwärmt.

Aus der Geschichte: **Liebig gibt einem neuen Stoff einen Namen**

Carl Wilhelm Scheele führte 1781 ein Experiment durch, bei dem ein bis dahin unbekannter Stoff entstand: Er destillierte ein Gemisch aus Weingeist (Ethanol), Schwefelsäure und Braunstein. Dabei entstand neben Essigsäure und Kohlenstoffdioxid ein Stoff, den er noch nicht genauer beschreiben konnte. Er kannte nur seinen Geruch und den Aggregatzustand.

Auch *Johann Döbereiner* stellt diesen Stoff dar – es war ein Aldehyd.

Justus Liebig setzte die Untersuchungen der beiden fort. Er konnte den Stoff auf verschiedene Weise darstellen und er erkannte, dass es sich dabei um ein Oxidationsprodukt (Dehydrierungsprodukt) des Alkohols handelt.

Im Jahr 1835 beschrieb Liebig in einem Brief an *Jöns Jacob Berzelius* diesen Stoff:

„Der Aldehyd ist eine farblose Flüssigkeit, welche schon bei 21,8 °C kocht; ganz eigenthümlich ist sein Geruch, welcher im hohen Grad erstickend, krampferregend ist, so daß man auf einige Augenblicke die Fähigkeit verliert, Athem zu schöpfen; … Der Aldehyd wird bei der Einwirkung des Platinschwarz auf Weingeist in beträchtlicher Menge … gebildet. … Da er hier durch eine DEHYDrogenation von ALkoholen entsteht, so habe ich davon seinen Namen entlehnt."

Liebig gab also einem neuen Stoff einen Namen. Später wurde die ganze Stoffklasse so genannt.

Ihm gelang es auch, die Summenformel des Stoffes zu bestimmen. Er sagte weitere Aldehyde voraus, die man aus anderen Alkoholen erhalten könne.

Aldehyde lassen sich durch *Schiffs Reagenz* nachweisen. Dieses Reagenz ist nach dem Chemiker *Hugo Schiff* benannt worden. Es enthält den roten Farbstoff *Fuchsin*, der mit Schwefeldioxid eine farblose Verbindung eingeht. Wenn man einen Aldehyd hinzufügt, färbt sich die Verbindung wieder rot.

8568R

Ethanol wird zu Ethanal oxidiert

Wenn Ethanol vollständig verbrennt, entstehen Kohlenstoffdioxid und Wasser. Oxidert man das Ethanol jedoch langsam und vorsichtig, so bildet sich **Ethanal** (Acetaldehyd).

Die Bildung von Ethanal gelingt z. B. mit Kupfer(II)-oxid – in Bild 2 in Form eines oxidierten Kupferdrahtnetzes.

Bei dieser Oxidation verbindet sich das Sauerstoffatom aus dem Kupfer(II)-oxid mit einem Ethanolmolekül zunächst zu einem unbeständigen Zwischenprodukt. Dieses zerfällt sofort wieder: Es entstehen die stabilen Produkte Ethanal und Wasser. Dabei wird Kupfer frei (→ die folgende Reaktionsgleichung).

Dem Ethanolmolekül werden bei dieser Reaktion zwei Wasserstoffatome entzogen. Eine solche Reaktion bezeichnet man als **Dehydrierung** (Entzug von Wasserstoff). Zugleich wird das Kupfer(II)-oxid zu Kupfer reduziert und das Ethanol wird oxidiert.

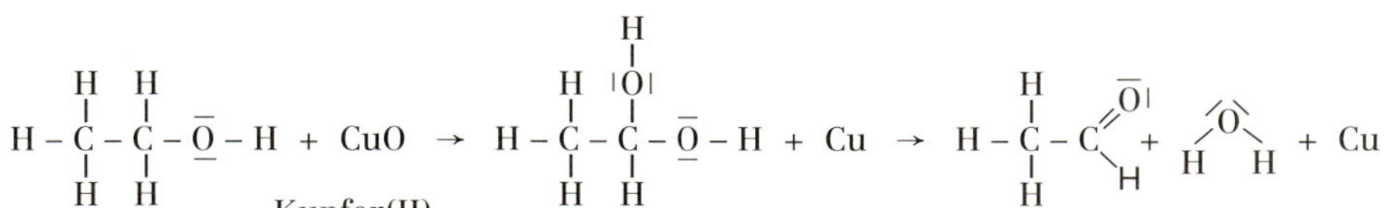

Ethanol — Kupfer(II)-oxid — (Zwischenprodukt) — Kupfer — Ethanal — Wasser — Kupfer

Struktur und Eigenschaften der Alkanale

Das einfachste Alkanal ist das **Methanal**, auch *Formaldehyd* genannt. Es entsteht durch Oxidation von Methanol.

Auch aus anderen Alkanolen mit einer endständigen OH-Gruppe lassen sich Alkanale herstellen (→ Übersicht unten).

Die Bezeichnung *Aldehyd* ist ein Kunstwort, das vom lateinischen *alcoholus dehydrogenatus* abgeleitet wurde. Es bedeutet: Alkohol, dem Wasserstoff entzogen worden ist.

Die Namen der Alkanale werden – wie die der Alkanole – von den Alkanen abgeleitet: Dabei wird die Endsilbe *-al* an den Namen des entsprechenden Alkanals angehängt. Alkane, Alkanole und Alkanale sind also miteinander verwandt.

Alkan	**Alkanol**	**Alkanal**
$R-CH_3$	$R-CH_2OH$	$R-CHO$

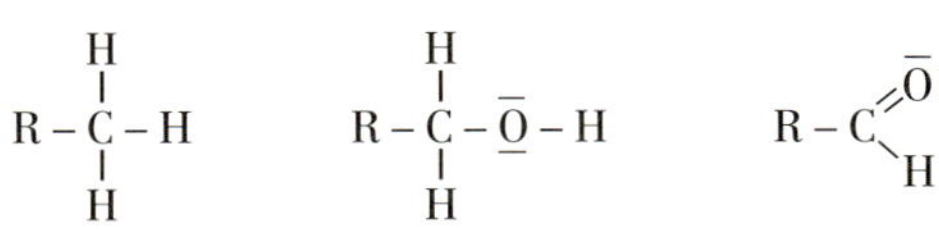

Die allgemeine Formel der Alkanale ist: R–CHO. Dabei bezeichnet R das Restmolekül (den *Alkylrest*) und –CHO die *funktionelle Gruppe* der Alkanale. Sie heißt **Aldehydgruppe**. Ihre Schreibweise –CHO (statt –COH) soll verhindern, dass man sie mit der OH-Gruppe der Alkanole verwechselt.

Die Alkanale gehören zur Gruppe der Carbonylverbindungen; das sind Verbindungen mit einer Kohlenstoff-Sauerstoff-Gruppe im Molekül, der **Carbonylgruppe**.

Die Übersicht unten zeigt einige *Eigenschaften der Aldehyde*. Die einfachen Aldehyde haben niedrige Siedetemperaturen. (Methanal ist sogar gasförmig.) Ihr Geruch ist stechend.

Methanal wurde früher als Krebs erregend eingestuft. Das hat sich nicht bestätigt; es kann aber Allergien auslösen.

Aldehyde sind starke Reduktionsmittel. Darauf beruhen einige ihrer Nachweise. So reduzieren sie Silber-Ionen zu metallischem Silber *(Silberspiegelprobe)*. Diese Reaktion nutzt man in der Technik um Glasspiegel herzustellen. Die vereinfachte Reaktionsgleichung lautet:

$$HCHO + 2\,Ag^+ + 2\,OH^- \rightarrow HCOOH + 2\,Ag + H_2O$$

Formaldehyd — Ameisensäure

Auch *Fehling-Lösung* reagiert mit Aldehyden. In diesem Reagenz sind Kupfer(II)-Ionen enthalten, die zu Kupfer(I)-Ionen reduziert werden. Es bildet sich ein schwer löslicher Niederschlag von erst gelbem, dann tiefrotem Kupfer(I)-oxid Cu_2O.

$$CH_3CHO + 2\,Cu^{2-} + 4\,OH^- \rightarrow CH_3COOH + 2\,Cu_2O + 2\,H_2O$$

Acetaldehyd — Essigsäure

Fragen und Aufgaben zum Text

1 Alkohole lassen sich oxidieren. Was entsteht, wenn Ethanol mit offener Flamme verbrennt? Und was entsteht, wenn das Ethanol vorsichtig mit Kupferoxid oxidiert wird?

2 Die funktionelle Gruppe der Alkanale schreibt man –CHO, obwohl das O-Atom gar nicht an das H-Atom gebunden sein kann. Warum wurde diese Schreibweise trotzdem gewählt?

Einige Alkanale

Name	Formeln		Schmelztemperatur	Siedetemperatur	Löslichkeit in Wasser	Verwendung
Methanal (Formaldehyd)	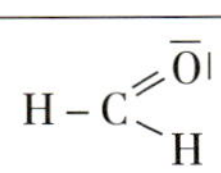	HCHO	– 117,0 °C	– 19,2 °C	abnehmend ↓	zum Desinfizieren und Konservieren, zur Herstellung von Kunststoffen
Ethanal (Acetaldehyd)	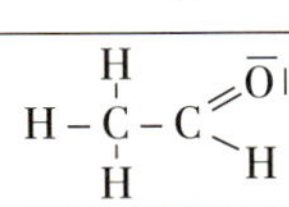	CH_3CHO	– 121,0 °C	20,8 °C		zur Herstellung von Essigsäure, Kunstharzen und Trockenspiritus
Propanal	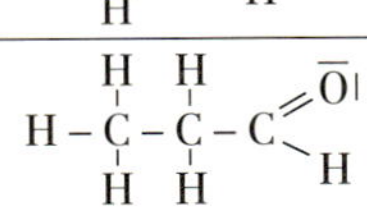	C_2H_5CHO	– 81,0 °C	48,8 °C		zur Herstellung von Kunstharzen

Aus Umwelt und Technik: **Formaldehyd in der Diskussion**

Das Naturprodukt

Der Mensch ist ständig mehr oder weniger stark einer Einwirkung von Formaldehyd ausgesetzt:

Kohl enthält ca. 5 mg/kg (= 5 ppm),
Apfel etwa 20 mg/kg (= 20 ppm),
geräucherter Schinken 100 mg/kg,
Luft über dem Meer 0,005 ppm,
Luft in deutschen Städten 0,016 ppm,
Rauch von Zigaretten 57–115 ppm.

Eine Anreicherung (wie sie z. B. von Schwermetallen bekannt ist) erfolgt in der Umwelt nicht, da Formaldehyd leicht zu Kohlenstoffdioxid und Wasser abgebaut wird.

Die Chemikalie

Formaldehyd ist ein farbloses, stechend riechendes Gas. Es reizt die Schleimhäute und ist wasserlöslich.

Der Formaldehyd ist chemisch und biologisch sehr reaktionsfreudig. Er ist Ausgangsstoff, Zwischenprodukt und Endprodukt zahlreicher chemischer Vorgänge.

Da Formaldehyd brennbar ist, wird er als wässrige Lösung in den Handel gebracht – unter den Handelsnamen *Formalin* oder *Formol* (35–40%ig) und *Lysoform* (7,7%ig).

Neue Verordnung bei Möbeln

Nach der Gefahrstoffverordnung dürfen seit dem 30.6.89 keine Spanplatten, Tischler-, Furnier- und Faserplatten und daraus hergestellte Möbel mehr verkauft werden, die mehr als 0,1 ppm (pro Kubikmeter Raumluft) Formaldehyd abgeben. Diese Platten sind mit E 1 klassifiziert.

Formaldehyd kommt bei der Möbelherstellung im Lack, vor allem aber im Leim vor, mit dem die Holzspäne und Möbel zusammengeklebt werden.

Beim Kauf von Spanplatten – besonders bei Sonderangeboten – sollten sich Heimwerker davon überzeugen, dass alle Flächen – auch die Kanten – vollständig beschichtet sind.

Die Verwendung

Jährlich werden in Deutschland ca. 750 000 t Formaldehyd produziert. Davon dienen

- etwa 55 % als Leim in der Holz verarbeitenden Industrie;
- etwa 38 % zur Herstellung von Lacken (z. B. Autolacken), Kunststoffen und Lösemitteln;
- etwa 4 % für pharmazeutische und chemische Produkte (z. B. Kosmetika);
- etwa 1,5 % als Waschmittelzusatz;
- etwa 1,5 % als Konservierungsstoff (z. B. in der Anatomie, für menschliche Organe und Tierpräparate) oder Desinfektionsmittel (z. B. in Krankenhäusern).

Die Reizwirkung auf den Menschen

Die *maximale Arbeitsplatzkonzentration* MAK (für 8 Stunden) ist 1 ppm (= 1 ml/m^3 oder 1,25 mg/m^3 Luft).

Das Bundesgesundheitsamt empfiehlt für Wohnräume max. 0,1 ppm, da hier mit 24 Stunden Einwirkungsdauer gerechnet werden muss.

Ab 0,05 ppm kann der Mensch Formaldehyd in der Atemluft feststellen.

Eine Reizwirkung auf die Augen stellt sich ab 0,1 ppm ein; ab 0,5 ppm kann man auch ein Reizgefühl im Bereich der Kehle registrieren.

Ab einer Belastung von 0,8 ppm beschleunigt sich die Atmung.

Deutliches Unbehagen und ein Stechen in der Nase empfinden Menschen ab 2 ppm. Ab 4 ppm beginnen die Augen zu tränen.

Zu Atembeschwerden kommt es ab 10 ppm, begleitet von Brennen in Augen, Nase und Kehle.

Ab 30 ppm besteht Lebensgefahr.

Aus Umwelt und Technik: **Ein Aldehyd – verlockend für Heuschrecken**

Du hast sicherlich schon von Heuschreckenschwärmen gehört, die einige Länder Afrikas und Asiens immer wieder heimsuchen. Die Heuschrecken fressen dann in kürzester Zeit vor allem Gras und andere grüne Pflanzen vollständig ab.

Heuschrecken (Bild 1) haben zwar keine Nase, doch ist der Duft von frischem Gras verlockend für sie. Die Duftstoffe aus dem Gras werden von Sinneszellen auf den Fühlern der Tiere wahrgenommen.

Mit folgendem Experiment fand man heraus, auf welche Stoffe im Grasduft Heuschrecken reagieren:

Auf den Fühlern wurden hauchdünne Drähte als Elektroden angebracht, mit denen man die von den

1

Sinneszellen gelieferte elektrische Spannung ableiten konnte. Dann wurden die Heuschrecken mit Luft befächelt, die geringe Spuren verschiedener Stoffe enthielt. Sobald der „richtige Futterduft" ankam, anworteten die Sinneszellen mit einem elektrischen Signal.

Der Aldehyd **Hexenal**, der auch für uns nach frisch geschnittenem Gras riecht, erwies sich als besonders verlockend für die Heuschrecken. Er hat folgende Strukturformel:

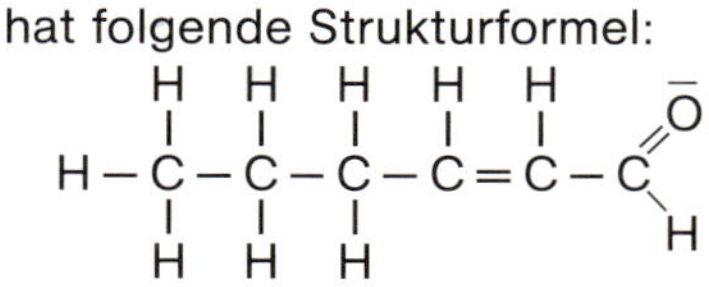

Der Geruchssinn ist noch nicht vollständig erforscht, doch haben die Experimente mit den Sinneszellen der Heuschrecken weitere Schritte zum Verständnis des Riechvorganges geliefert:

Nur wenn der räumliche Bau und die funktionelle Gruppe eines Moleküls „stimmen", wird es von den Sinneszellen als „Duftstoffmolekül" erkannt. So wie ein Schlüssel zum Schloss, muss das Molekül zu den Strukturen der Sinneszellen passen.

6425R

2 Ketone – Oxidationsprodukte sekundärer Alkohole

Aceton ist ein gutes Lösemittel für Styropor® (Bild 2).

2

V 4 Wir führen einen Kontrollversuch nach Bild 2 durch.

V 5 In Reagenzgläsern mischen wir je 1 ml Aceton F mit anderen Lösemitteln (z. B. Wasser, Benzin F, Olivenöl, Ethanol F) und vergleichen.

V 6 Diesmal geben wir auf eine Metall- oder Glasplatte je einen Tropfen Aceton F, Wasser, Ethanol F und Olivenöl. Vergleiche, wie die Platte jeweils benetzt wird und wie die Stoffe verdunsten.

V 7 Aceton war früher Bestandteil von Nagellackentfernern. Wir lassen etwas Nagellack auf einer Glasplatte trocknen. Dann versuchen wir ihn mit Aceton F zu lösen.

Aceton – ein wichtiges Keton

Primäre, sekundäre oder tertiäre Alkohole haben zwar die gleiche Summenformel (z. B. kann mit der Summenformel C_4H_9OH das primäre, das sekundäre oder das tertiäre Butanol gemeint sein), aber sie unterscheiden sich wesentlich in ihren Eigenschaften, besonders bei *Oxidationsvorgängen*.

Wenn sekundäre Alkohole oxidiert werden, entstehen die Ketone, auch Alkanone genannt. Sie haben alle die *funktionelle Gruppe* $>C=O$ (bei Ketonen auch *Keto-Gruppe* genannt) und gehören ebenfalls zu den *Carbonylverbindungen*.

Im Versuch lassen sie sich von den Alkanalen (Aldehyden) unterscheiden, da sie nicht mit *Schiffs Reagenz* reagieren.

Auch die Alkanone bilden – wie die Alkane, Alkanole und Alkanale – eine **homologe Reihe**. Das erste Glied dieser Reihe ist *Propanon*, das unter dem Namen **Aceton** bekannt ist.

Aceton entsteht durch Oxidation des sekundären Alkohols *Propanol*. Dabei entsteht auch Wasser.

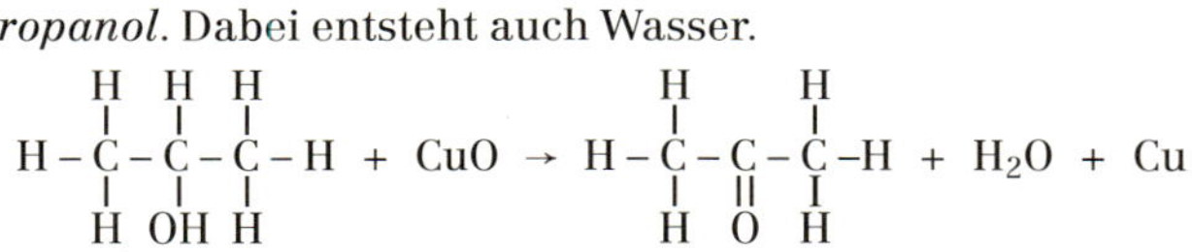

Propanol + Kupfer(II)-oxid → Propanon + Wasser + Kupfer (Aceton)

Aceton ist eine farblose, leicht brennbare und angenehm riechende Flüssigkeit, die bei 56 °C siedet. Sie vermischt sich leicht mit Wasser und Ethanol; außerdem ist sie selbst ein sehr gutes Lösemittel (vor allem für Kunststoffe wie Polystyrol). Deshalb wird Aceton z. B. zur Herstellung von Abbeizmitteln für Öle und Lackfarben verwendet.

Das Aceton entsteht z. B. bei der trockenen Destillation von Holz. In Spuren kommt es außerdem im Blut vor. Bei Zuckerkranken lässt es sich im Harn nachweisen.

Fragen und Aufgaben zum Text

1 Aus welchem Alkanol kann man Aceton herstellen? Zu welcher Gruppe der Alkanole gehört dieser Ausgangsstoff?

2 Zu welcher Gruppe von Verbindungen gehören Aldehyde und Ketone?

3 Vergleiche die funktionellen Gruppen der Alkanole, Alkanale und Alkanone.

4 Sind Propanal und Propanon Isomere? Begründe deine Antwort.

5 Wofür verwendet man Aceton?

Oxidationsprodukte der Alkanole

Auf einen Blick

Bei der Oxidation von Alkanolen entstehen **Carbonylverbindungen**, die *Alkanale* und *Alkanone*. Ihre funktionelle Gruppe ist die **Carbonylgruppe** $>C=O$.

Alkanale (Aldehyde) entstehen aus *primären Alkoholen* durch Oxidation, z. B.:

$C_2H_5\text{-}CH_2OH + CuO \rightarrow C_2H_5\text{-}CHO + H_2O + Cu$

1-Propanol + Kupferoxid → Propanal + Wasser + Kupfer

Grundstruktur:

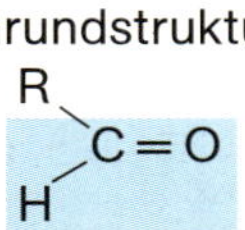

Aldehyde wirken stark reduzierend. Darauf beruhen einige ihrer Nachweise (z. B. die Silberspiegelprobe, der Nachweis mit Schiffs Reagenz).

Der bedeutendste Aldehyd ist der **Formaldehyd** (Methanal). Da er gesundheitsschädigend ist, wird seine Verwendung heute zunehmend eingeschränkt.

Alkanone (Ketone) sind Oxidationsprodukte der *sekundären Alkohole*, z. B.:

$CH_3\text{-}CHOH\text{-}CH_3 + CuO \rightarrow CH_3\text{-}CO\text{-}CH_3 + H_2O + Cu$

2-Propanol + Kupferoxid → Propanon + Wasser + Kupfer

Grundstruktur:

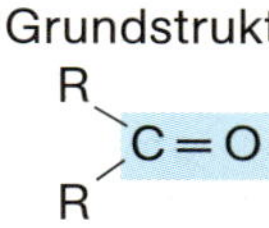

Ketone zeigen nicht die Nachweisreaktionen der Aldehyde.

Das bekannteste Keton ist das Lösemittel **Aceton** (Propanon).

Organische Säuren

1 Säuren im Vergleich

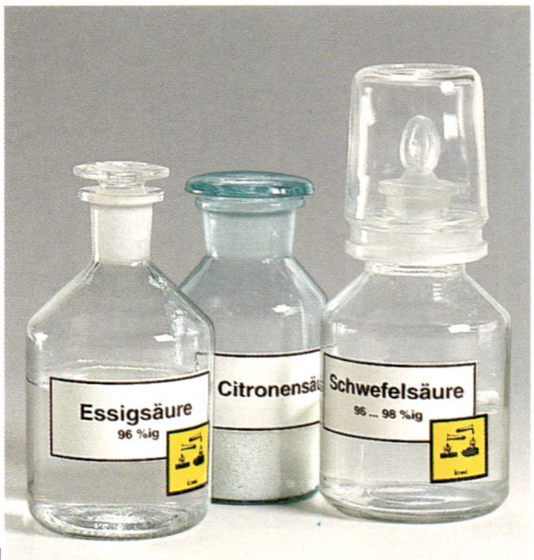

1

„Sauer macht lustig!“,
sagt der Volksmund.

Aber du weißt schon, dass dies – wenn überhaupt – nur für wenige Säuren gelten kann. Viele Säuren (z. B. die Schwefelsäure) sind stark ätzend.

V 1 Wir prüfen jeweils 1%ige Lösungen von Schwefelsäure [Xi], Salzsäure [Xi], Essigsäure und Citronensäure mit den üblichen Indikatoren.

V 2 Die Brennbarkeit von reiner Essigsäure [C], 96%iger Schwefelsäure [C], konzentrierter Salzsäure [C] und reiner Citronensäure wird untersucht (Abzug!).

Dazu erhitzen wir die Säuren in je einer Porzellanschale. Dann versuchen wir den Dampf anzuzünden.

V 3 Wir untersuchen die elektrische Leitfähigkeit von reiner Essigsäure [C] und 1%iger Essigsäure.

V 4 Nun vergleichen wir die elektrische Leitfähigkeit von Essigsäure und Salzsäure. Dazu stellen wir uns Lösungen mit der Stoffmengenkonzentration $c = 1$ mol/l her.

V 5 *(Lehrerversuch)* In je ein Reagenzglas werden einige Milliliter von reiner und 5%iger Essigsäure [C] sowie von 96%iger und 5%iger Schwefelsäure [C] gefüllt.

a) Nun wird je ein Stück Magnesium hineingegeben. Beobachte!

Wie lässt sich das entstehende Gas identifizieren?

b) In die Säuren wird jetzt etwas Kupfer(II)-oxid gegeben. Dann wird vorsichtig erwärmt. Beschreibe die Ergebnisse.

V 6 Wir geben festes, trockenes Natriumacetat auf ein Uhrglas und tropfen mit einer Tropfpipette etwas 50%ige Schwefelsäure [C] darauf. Beschreibe den Geruch.

V 7 Prüfe mit Hilfe von Indikatoren verschiedene Haushaltsreiniger und Lebensmittel, in denen du Säuren vermutest.

V 8 Wir erhitzen reine Essigsäure [C] und reine Weinsäure [Xi] in Reagenzgläsern. Was beobachtest du?

V 9 In diesem Versuch prüfen wir die Brennbarkeit verschiedener organischer Säuren.

In je einer Porzellanschale erhitzen wir reine Essigsäure [C] und Stearinsäure (Abzug!). Wir versuchen den Dampf anzuzünden. Vergleiche!

V 10 In ein trockenes Reagenzglas geben wir etwas Citronensäure und darauf dann 4 cm hoch Kupfer(II)-oxid. Wir erhitzen anfangs vorsichtig, dann kräftig und beginnen in der Mitte des Reagenzglases (Bild 2).

Anschließend wiederholen wir den Versuch mit Stearinsäure.

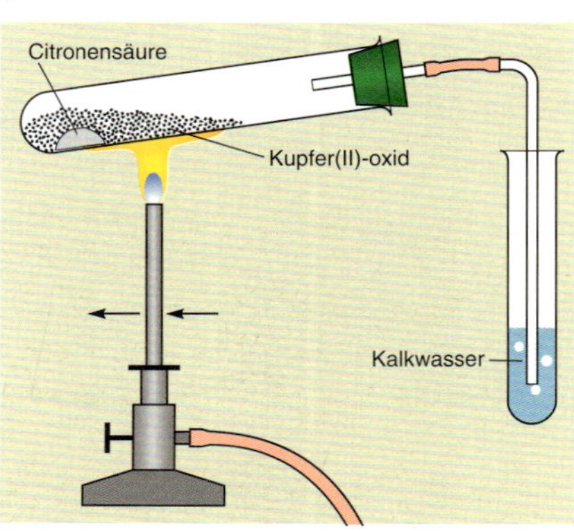

2

V 11 In jeweils zwei Reagenzgläser geben wir Proben von organischen Säuren: Milchsäure [Xi], Citronensäure, Benzoesäure [Xn], Salicylsäure [Xn] und Stearinsäure.

Wir prüfen die Löslichkeit der Proben, indem wir Wasser bzw. 1-Butanol [Xn] hinzufügen und erwärmen. Beschreibe!

V 12 Wir versetzen jeweils in einem Reagenzglas kleine Proben von Benzoesäure [Xn] und Stearinsäure mit Wasser und mit verdünnter Natronlauge [C]. Vergleiche!

V 13 In jeweils ein Reagenzglas füllen wir einige Milliliter etwa 5%iger Lösungen folgender Säuren: Ameisensäure [C], Essigsäure [C], Milchsäure [Xi], Oxalsäure [Xn], Citronensäure und Ascorbinsäure.

a) Wir geben jeweils ein Stück Magnesium hinein und vergleichen die Reaktionen in den einzelnen Reagenzgläsern.

b) In die Säuren geben wir nun Kupfer(II)-oxid und erwärmen eventuell vorsichtig. Was kannst du beobachten? Vergleiche auch mit V 5.

7020R

Organische Säuren haben vielfältige Eigenschaften

Organische Säuren nennt man auch Carbonsäuren. Ihre chemischen Eigenschaften werden durch ihre funktionelle Gruppe, die Carboxylgruppe (–COOH), bestimmt. Diese Gruppe wird auch als Carbonsäuregruppe bezeichnet.

Wenn man eine Carbonsäure in Wasser gibt, reagiert ein Teil ihrer Moleküle mit Wassermolekülen unter Protonenabgabe (Bild 3). Die Carboxylgruppe ist also ein Protonenspender, **Protonendonator** (lat. *donator:* Geber) genannt.

Die so entstehenden Oxonium-Ionen verursachen die sauren Eigenschaften der verdünnten Carbonsäurelösungen. Auf dem Vorhandensein von Ionen beruht auch die *elektrische Leitfähigkeit* dieser Lösungen.

Die organischen Säuren haben grundlegende **gemeinsame Eigenschaften**:

- Organische Säuren sind immer aus den Elementen *Kohlenstoff, Wasserstoff* und *Sauerstoff* aufgebaut.
- Sie reagieren nur in verdünnter Form (in wässriger Lösung) sauer, nicht jedoch, wenn sie rein vorliegen. Deshalb leiten reine Säuren den elektrischen Strom nicht. Sie leiten ihn jedoch, wenn sie in Wasser gelöst sind.
- Sie reagieren in verdünnten Lösungen mit *unedlen* Metallen (z. B. Magnesium). Dabei wird Wasserstoff frei und es entsteht ein *Salz* (z. B. Magnesiumacetat bzw. -ethanat).

  Die Gleichung für die Reaktion einer organischen Säure (Ethansäure) mit einem unedlen Metall (Magnesium) leiten wir her, indem wir die Reaktion in zwei Einzelschritte zerlegen. Zuerst werden die Oxonium-Ionen gebildet (Bild 3).
  $2\ CH_3COOH + 2\ H_2O \rightarrow 2\ CH_3COO^- + 2\ H_3O^+$

  Die Oxonium-Ionen reagieren mit Magnesiumatomen.
  $2\ H_3O^+ + Mg \rightarrow Mg^{2+} + 2\ H_2O + H_2$

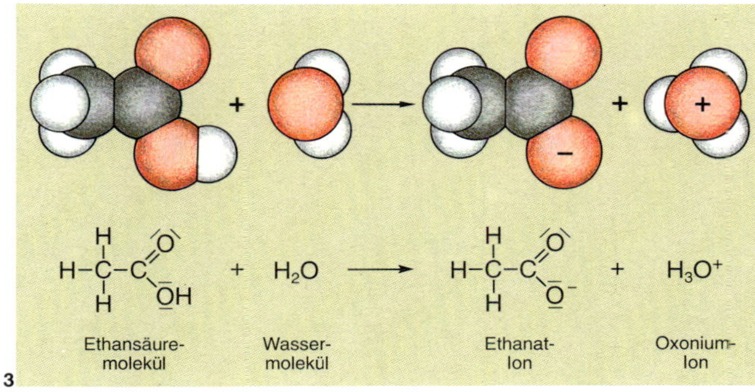

3

- Alle organischen Säuren reagieren mit Natronlauge, wobei sich ihre wasserlöslichen Natriumsalze bilden, z. B.:
  $CH_3COOH + Na^+ + OH^- \rightarrow CH_3COO^- + Na^+ + H_2O$
- Organische Säuren kann man aus ihren Salzen erhalten, wenn man Schwefelsäure hinzufügt. So gewinnt man z. B. Essigsäure aus Natriumethanat (Natriumacetat).
  $2\ CH_3COONa + H_2SO_4 \rightarrow Na_2SO_4 + 2\ CH_3COOH$

  Flüchtige organische Säuren (z. B. die Essigsäure) entweichen als Gas. Wenn die organischen Säuren in Wasser schwer löslich sind (z. B. die Salicylsäure), flocken sie beim Ansäuern ihrer Salzlösungen aus.

Es gibt viele organische Säuren. Die **Unterschiede** werden vor allem bei ihren *physikalischen* Eigenschaften deutlich.

Dies betrifft ihren Aggregatzustand bei Raumtemperatur sowie die Löslichkeit in lipophilen und hydrophilen Lösemitteln. Für diese Unterschiede ist vor allem der sogenannte *Rest* verantwortlich, an dem die Carboxylgruppe hängt.

Worin sich organische und anorganische Säuren unterscheiden

Säuren sind nach *Brönsted* Stoffe, deren Teilchen *Protonen* abgeben können. Dieses Merkmal trifft auf alle Säuren zu.

Trotzdem ist Säure nicht gleich Säure: Du weißt ja bereits, dass sich z. B. Salzsäure und Schwefelsäure voneinander unterscheiden. Noch größer sind die **Unterschiede**, wenn man *organische* und *anorganische* Säuren miteinander vergleicht:

Im Gegensatz zu den anorganischen Säuren (außer der Kohlensäure) sind *organische* Säuren immer aus den Elementen Kohlenstoff, Wasserstoff und Sauerstoff aufgebaut. Deshalb sind organische Säuren stets brennbar, anorganische Säuren dagegen nicht.

Am Beispiel der *Essigsäure* und der *Salzsäure* können wir weitere Unterschiede erkennen:

Eine Salzsäurelösung mit der Stoffmengenkonzentration $c = 1$ mol/l leitet den elektrischen Strom etwa 100-mal besser als eine gleich konzentrierte Essigsäurelösung. Bei der Salzsäurelösung sind *sämtliche* Protonen auf Wassermoleküle übertragen worden, bei der Essigsäurelösung nur ein Teil. Reine Essigsäure leitet den elektrischen Strom gar nicht.

Man bezeichnet deshalb die Salzsäure als *starke Säure*, die Essigsäure als *schwache Säure*.

Das gilt auch für die Reaktionen mit unedlen Metallen und Metalloxiden: Salzsäure reagiert heftiger als Essigsäure.

Fast alle anorganischen Säuren sind in Wasser gut löslich. Für die organischen Säuren gilt das nicht so allgemein, denn viele von ihnen sind in Wasser nur schlecht löslich.

Gut lösen sich dagegen die Natriumsalze der organischen Säuren. Aus deren Lösungen kann man die Säure durch Ansäuern mit stark wirkenden anorganischen Säuren wie Schwefelsäure oder Salzsäure austreiben oder ausfällen.

Fragen und Aufgaben zum Text

1 Welche Säuren findest du in eurem Haushalt?

2 Nenne einige organische Säuren und deren Aggregatzustand.

3 Worauf beruht die saure Wirkung der Carboxylgruppe?

4 Worauf sind die unterschiedlichen Eigenschaften einiger organischer Säuren zurückzuführen?

5 Beschreibe einige Eigenschaften von Salzsäure und Essigsäurelösung. Vergleiche!

6 Nimm Stellung zu der folgenden Aussage: „Fast alle anorganischen Säuren sind letztendlich Produkte der Verbrennung von Nichtmetallen."

7 Welche Säuren wirken im Allgemeinen stärker sauer – organische oder anorganische? Begründe deine Aussage.

8 Warum leitet verdünnte Essigsäure den elektrischen Strom, reine Essigsäure aber nicht?

2 Essig – die älteste bekannte Säure

Wie Essig den Zähnen und der Rauch den Augen thut, so thut der Faule denen, die ihn senden.
Sprüche 10:26

Wer einem betrübten Herzen Lieder singet, das ist wie ein zerrissen Kleid im Winter und Essig auf der Kreide.
Sprüche 25:20

Die Sprüche des Salomon (Altes Testament)

Tricks und Kniffe mit Essig

○ Etwas verdünnten Essig im Topf kochen lassen; das beseitigt den grauen Belag aus Kesselstein.

○ Gegenstände aus Kupfer oder Messing mit einem Brei aus Essig und Kochsalz abreiben; sie werden wieder blank.

○ Zum Fensterputzen einen Schuß Essig in lauwarmes Wasser geben; die Scheiben werden ganz klar.

○ Einen Löffel Essig ins Kochwasser von Eiern geben; das Platzen und Auslaufen der Eier wird verhindert.

○ Grünen Salat oder geschälten Spargel in ein essiggetränktes Tuch einschlagen; das Gemüse bleibt länger frisch.

○ Brotbehälter und Brotmaschine ab und zu mit einem essiggetränkten Lappen abwischen; das Brot schimmelt nicht so leicht.

V 14 Wir beobachten die Reaktion zwischen Essig und Kesselstein oder Kalkstein (Marmor). Den Essig evtl. etwas erwärmen!

V 15 Stelle einen Brei aus Kochsalz und Essig her; reibe damit ein beschlagenes Kupfer-(Messing-)blech ab. Eignet sich auch Essig allein?

V 16 Wie verhält sich Essig gegenüber Metallen?

Um das herauszubekommen, stellen wir einen Streifen Kupferblech zur Hälfte in ein Gefäß mit Essig und lassen ihn einige Tage so stehen.

Außerdem lassen wir den Essig noch auf Eisenspäne und Magnesiumband einwirken.

V 17 Wir gießen etwas Weißwein in ein flaches Gefäß und lassen ihn einige Tage lang offen an einem warmen Ort stehen.

Von Zeit zu Zeit prüfen wir das Aussehen der angesetzten Flüssigkeit und tauchen außerdem jedes Mal ein Stück Universalindikatorpapier hinein.

Die Herstellung der Essigsäure und einige ihrer Eigenschaften

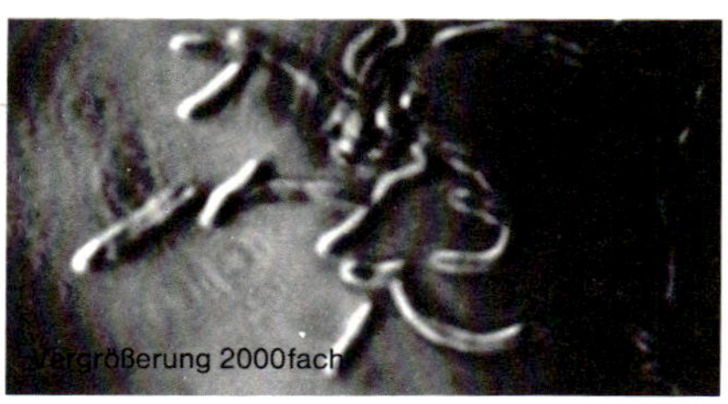

1

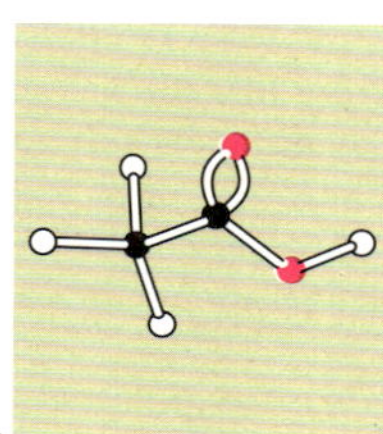
2

3

Überall in der Luft befinden sich Essigsäurebakterien (Bild 1). Lässt man z. B. Wein offen an der Luft stehen, so fallen sie auf den Wein und vermehren sich dort. Dadurch überzieht sich die Oberfläche des Weins langsam mit einem feinen Häutchen.

In Gegenwart von Sauerstoff aus der Luft produzieren die Essigsäurebakterien bestimmte Enzyme (Biokatalysatoren). Unter Mitwirkung dieser Enzyme wird das im Wein enthaltene Ethanol zu **Essigsäure** (Ethansäure) oxidiert. Dabei entsteht aus je einem Ethanolmolekül ein Essigsäuremolekül. Wie bei jeder Oxidation wird auch hier Wärme frei.

$$\text{Ethanol} + \text{Sauerstoff} \xrightarrow{\text{Enzyme}} \text{Essigsäure} + \text{Wasser}$$

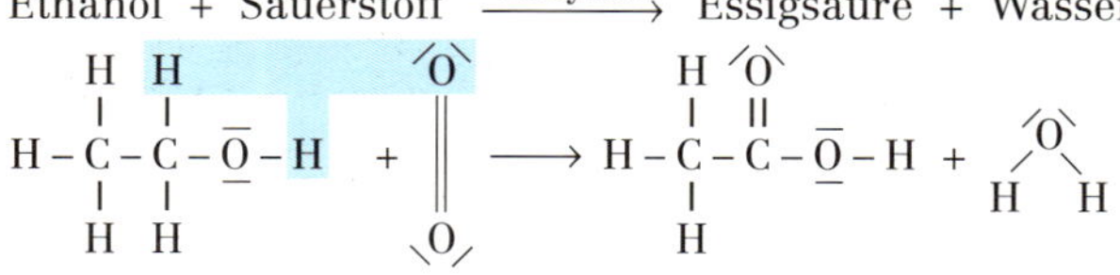

$$C_2H_5OH + O_2 \longrightarrow CH_3COOH + H_2O$$

Die Essigsäure zeigt nur *in verdünnter Form* (in wässriger Lösung) saure Reaktionen. Sie reagiert z. B. mit *unedlen Metallen* wie Magnesium. Dabei entstehen Wasserstoff und ein Salz (Magnesiumethanat, auch *Magnesiumacetat* genannt).

Reine Essigsäure hat eine Schmelztemperatur von 16,6 °C. Da ihre Kristalle eisartig aussehen (Bild 3), nennt man die reine Essigsäure auch *Eisessig*.

Die reine Essigsäure ist gut brennbar. (Daran muss man beim Experimentieren denken!)

Wenn man Essigsäure durch Versäuern von Alkohol herstellt, erhält man nur verdünnte Essigsäurelösungen. Diese kann man als Haushaltsessig verwenden. Haushaltsessig hat meist einen Essigsäuregehalt von 5 %.

Konzentrierte Essigsäurelösungen haben einen Gehalt an Essigsäure von 15,5–25 %. Die 25%ige Lösung wird auch *Essigessenz* genannt.

Essigsäure ist ein wichtiger Rohstoff für die chemische Industrie. Man stellt daraus z. B. Lacklösemittel und Kunststofffolien her (wie Celluloseacetat für Fotofilme) sowie Grundstoffe für Lacke und Klebstoffe (Vinylacetat).

Auch zur Herstellung zahlreicher Medikamente wird reine Essigsäure benötigt. Außerdem ist Essigsäure ein wichtiges polares Lösemittel.

Essigsäurelösungen zu destillieren ist sehr aufwendig. Essigsäure siedet nämlich unter Normaldruck bei 118,1 °C und ist vom Wasser nur schwer zu trennen. Deshalb entwickelte man bald andere Verfahren, um reine Essigsäure in großen Mengen herzustellen. Dabei spielen Katalysatoren eine wichtige Rolle.

So stellt man z. B. aus Ethin Acetaldehyd her und oxidiert ihn dann zu Essigsäure.

Bei einer anderen Methode lässt man Methanol mit Kohlenstoffmonooxid reagieren.

8571R

Aus Umwelt und Technik: **Essigsäureherstellung gestern und heute**

Schon seit mehr als 4000 Jahren ist die Essigherstellung aus Wein bekannt. Das älteste **Rezept** dafür ist ganz einfach:

„Man nehme Wein, fülle ihn in einen offenen Tonkrug oder Holzbottich und lasse ihn 3–4 Wochen lang darin stehen. Dann ist aus dem Wein Essig geworden."

Schon damals diente der Essig zum Würzen von Speisen und zum Haltbarmachen von Lebensmitteln. Er hatte aber noch eine andere Aufgabe: Jeder römische Legionär trug bei den großen Feldzügen stets ein Gefäß mit Weinessig bei sich. Daraus konnte er sich jederzeit durch Verdünnen mit viel Wasser ein Erfrischungsgetränk herstellen.

Der Weinessig wirkte gleichzeitig desinfizierend. Wahrscheinlich ist es ihm zu verdanken, dass damals während der großen Feldzüge nicht mehr Seuchen ausbrachen.

Der grundlegende Vorgang der Essiggewinnung – das Versäuern von Alkohol durch Essigbakterien – ist bis heute erhalten geblieben. Dabei sind zwei Verfahren gebräuchlich: das traditionelle Verfahren im *Essigbildner* und das moderne *Submersverfahren.*

Essigbildner sind riesige Holzbottiche mit einem Fassungsvermögen von bis zu 100 000 Litern; sie sind mit Buchenholz-Rollspänen gefüllt (Bild 4). Diese Holzspäne bieten den Essigsäurebakterien ideale Siedlungsmöglichkeiten.

Oben auf die Holzspäne wird die sog. *Maische* gesprüht (Bild 5). Das ist ein Gemisch aus verdünntem Ethanol mit etwas fertigem Essig und Nährstoffen. Die Maische rieselt bei etwa 30 °C mehrmals über die Holzspäne nach unten. Gleichzeitig wird von unten ständig Luft durch die Holzspäne geblasen, damit die Essigsäurebakterien den lebensnotwendigen Sauerstoff erhalten.

Nach etwa 6 Tagen hat sich der Alkohol in sogenannten *Rohessig* verwandelt. Er muss – genau wie junger Wein – noch lagern um zu reifen. Dazu pumpt man ihn für etwa ein Jahr in große Lagerstätten. Erst dann wird er gefiltert und in Flaschen gefüllt.

Wesentlich schneller als im Essigbildner geht die Essigerzeugung nach dem **Submersverfahren** (lat. *submersus:* untergetaucht). Dabei siedeln die Essigsäurebakterien nicht auf Buchenholzspänen, sondern schwimmen in der Maische. Sie vermehren sich sehr stark und produzieren so reichlich Enzyme, dass der Alkohol bereits nach 24 Stunden zu Essig oxidiert ist. Dann wird automatisch die Hälfte des Essigs abgelassen und frische Maische nachgefüllt. So kann die Essigerzeugung ununterbrochen fortgesetzt werden.

Durch unterschiedliche Ausgangsstoffe und Aromastoffe, die man hinzufügt, entstehen **mehrere unterschiedliche Essigsorten**:

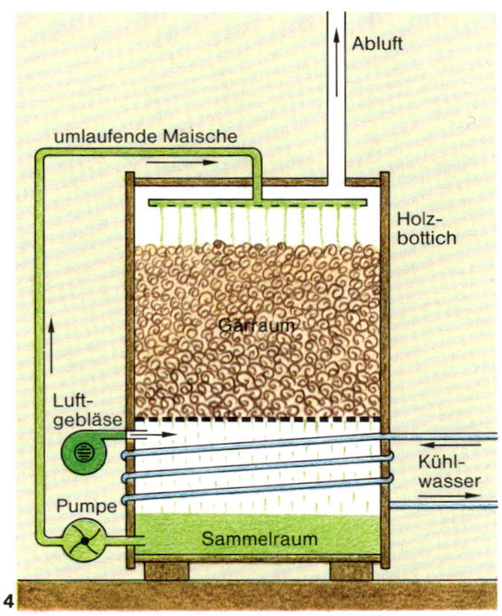

4

5

Weinessig wird nur aus Wein hergestellt. Er enthält 6 % Essigsäure, ist sehr kräftig im Geschmack und wird als Gewürz für feine Speisen besonders geschätzt.

Tafelessig *(Branntweinessig)* enthält 5 % Essigsäure und ist preiswerter als Weinessig. Er wird aus Alkohol hergestellt, der aus Korn, Kartoffeln oder Zuckerrüben gewonnen wird.

Wein-Branntwein-Essig ist eine Mischung aus Weinessig und Tafelessig. Er ist nicht teurer, hat aber das geschätzte Weinaroma.

Kräuteressig entsteht dann, wenn Tafelessig einige Zeit auf bestimmte Kräuter einwirken kann.

Obstessig wird meist aus Apfelwein hergestellt; er enthält dadurch ein fruchtiges Aroma.

Essigessenz ist 25%ige Essigsäure; sie wird *synthetisch* (d. h. künstlich) hergestellt. Daher enthält sie keine natürlichen Aromastoffe. Vor Gebrauch muss die Essigessenz verdünnt werden.

Eisessig ist reine, konzentrierte Essigsäure. Sie ist eine farblose, stechend riechende Flüssigkeit, die bei 16,6 °C schon erstarrt. Reine Essigsäure wirkt stark ätzend.

Fragen und Aufgaben zum Text

1 Was sagt das Etikett einer Essigflasche über ihren Inhalt aus?

2 Welche Unterschiede bestehen zwischen Weinessig und Obstessig?

3 Welche Rolle spielen die Essigsäurebakterien bei der Essigherstellung?

4 Warum haben die Behälter, in denen Essig hergestellt wird, ein Kühlsystem?

5 Woraus wurden die Essigsorten hergestellt, die ihr zu Hause verwendet?

6 In einer Verordnung des Bundesgesundheitsministeriums heißt es:

„Essigsäure, die zur Verwendung im Haushalt bestimmt ist, darf nicht stärker als 25 % sein."

Früher war die Essigsäure in Konzentrationen bis zu 80 % im Handel. Begründe diese Verordnung.

3 Carbonsäuren – mehr als nur eine homologe Reihe

Ameisen (Bild 1) verspritzen eine Säure gegenüber „Eindringlingen". Diese *Ameisensäure* gehört zu den Carbonsäuren. (Sie verursacht die Flecken auf dem Teststreifen.)

1

V 18 Wir untersuchen die Löslichkeit der folgenden Säuren: Ameisensäure [C], Essigsäure [C], Stearinsäure und Benzoesäure [Xn].

Dazu geben wir in je ein Reagenzglas 5 ml Wasser bzw. 5 ml Heptan [F]. Dann versuchen wir darin kleine Proben der reinen Säuren zu lösen.

V 19 Lege ein Taschentuch und angefeuchtetes Universalindikatorpapier auf einen Ameisenhaufen oder eine „Ameisenstraße". Wie riecht das Taschentuch danach? Was kannst du aus dem Ergebnis schließen?

V 20 Wir geben in 1%ige Lösungen von Ameisensäure und Essigsäure einige Tropfen des Indikators *Methylrot.* Dann fügen wir jeweils einige Stückchen Kalkstein hinzu. Vergleiche die Reaktionen.

Das entstehende Gas lassen wir durch Kalkwasser [C] perlen.

V 21 Zu einer Lösung von Entkalker [Xi] (z. B. für Kaffeemaschinen) geben wir einige Stückchen Kalkstein.

Vergleiche die Reaktion mit der von Versuch 20.

V 22 Wir geben zu reiner Essigsäure [C] Wasser bzw. Natronlauge (10 %) [C]. Vergleiche den Geruch der Lösungen. (Man kann auch Propionsäure [C] oder Buttersäure [C] nehmen.)

V 23 In einem Reagenzglas erhitzen wir einige Minuten lang eine kleine Probe Butterfett (oder Butter) zusammen mit etwas Ethanol [F] und einigen Plätzchen Kaliumhydroxid [C] (Schutzbrille!). Dann kühlen wir das Gemisch ab.

Nun geben wir *vorsichtig* einige Tropfen Schwefelsäure (50 %) [C] in das Gemisch. Prüfe den Geruch.

V 24 Lege auf ein heißes Toastbrot frischen Schweizer Käse. Geruch?

V 25 Wir schmelzen in einem Reagenzglas 0,5 g Stearinsäure zusammen mit 1–2 Plätzchen Natriumhydroxid [C]. Dann lassen wir die bräunliche Schmelze abkühlen.

Nun geben wir ein Stückchen davon in ein anderes Reagenzglas, tropfen 5 ml Wasser zu, verschließen das Glas mit einem Stopfen und schütteln kräftig.

Anschließend geben wir einen Tropfen Olivenöl hinzu und schütteln erneut. Wir lassen die Emulsion stehen, um zu sehen, ob sich ihre Bestandteile wieder trennen.

V 26 Zu einer Lösung von Oxalsäure [Xn] tropfen wir eine Lösung von Calciumchlorid [Xi] in Wasser.

Wir wiederholen den Versuch mit filtriertem Rhabarbersaft.

V 27 Wir erwärmen einen rostigen Eisennagel in konzentrierten Lösungen von Oxalsäure [Xn] oder Kleesalz.

Auch Carbonsäuren bilden homologe Reihen

Der Chemiker kürzt die Formeln von organischen Verbindungen gerne so ab, dass er nur die wichtige *funktionelle Gruppe* hinschreibt und den Rest mit dem Buchstaben **R** bezeichnet.

Die Abkürzung **R–COOH** steht also für *alle* Carbonsäuren (→ nebenstehende Übersicht). Mit R = H erhalten wir die Formel der Ameisensäure HCOOH und mit R = C_6H_5 die der Benzoesäure. Der Rest kann auch COOH lauten; dann erhält man die Formel der Oxalsäure, der einfachsten Dicarbonsäure.

Wenn man die Formeln langkettiger Alkansäuren schreibt, setzt man zunächst den sich wiederholenden Teil in Klammern; dann gibt man durch einen Index an, wie viele dieser Teile im Molekül vorkommen.

So wird z. B. die Formel der *Buttersäure* $CH_3CH_2CH_2$–COOH zur Formel $CH_3(CH_2)_2$–COOH vereinfacht. So lassen sich z. B. Formeln aus der **homologen Reihe** gut darstellen.

Bei den Kohlenwasserstoffen haben wir bereits homologe Reihen kennen gelernt. Es gibt sie auch bei den Carbonsäuren. Das kann man bei den Alkansäuren (→ Übersicht) zeigen. Deren allgemeine Formel lautet: $C_nH_{2n+1}COOH$.

Der Zahlenwert von **n** geht von 0 bis ca. 30. Die Anzahl der C-Atome in natürlich vorkommenden längerkettigen Alkansäuren (z. B. Palmitinsäure, Stearinsäure) ist geradzahlig.

Übersicht über wichtige Carbonsäuren

Alkansäuren	
Methansäure *(Ameisensäure)*	H–COOH
Ethansäure *(Essigsäure)*	CH_3–COOH
Propansäure *(Propionsäure)*	CH_3CH_2–COOH
Butansäure *(Buttersäure)*	$CH_3(CH_2)_2$–COOH
Pentansäure *(Valeriansäure)*	$CH_3(CH_2)_3$–COOH
Hexansäure *(Capronsäure)*	$CH_3(CH_2)_4$–COOH
Hexadecansäure *(Palmitinsäure)*	$CH_3(CH_2)_{14}$–COOH
Octadecansäure *(Stearinsäure)*	$CH_3(CH_2)_{16}$–COOH
Alkensäuren	
Hexadiensäure *(Sorbinsäure)*	CH_3–CH=CH–CH=CH–COOH
Octadecensäure *(Ölsäure)*	$CH_3(CH_2)_7$–CH=CH–$(CH_2)_7$–COOH
Weitere Carbonsäuren	
Benzoesäure	C_6H_5–COOH
Oxalsäure	COOH–COOH

7678R

Eigenschaften einiger Carbonsäuren

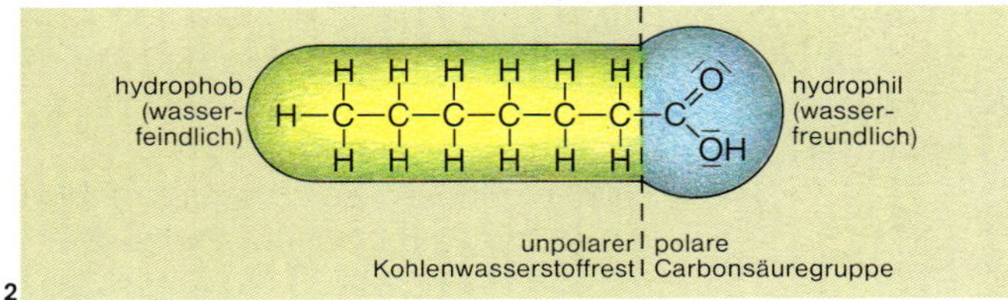

2

Die **Carboxylgruppe** der Carbonsäuren ist nicht nur *Protonendonator*, sondern zudem noch *stark polar*. Sie ist hydrophil und kann deshalb Wasserstoffbrücken bilden.

Folglich müssten die Carbonsäuren in Wasser gut löslich sein. Das ist jedoch nur zum Teil der Fall. Die Löslichkeit wird nämlich auch durch den **Molekülrest** mitbestimmt.

Betrachten wir als Beispiel die **Alkansäuren** mit ihrem hydrophoben Molekülrest (Bild 2):

Innerhalb ihrer homologen Reihe nimmt die *Wasserlöslichkeit* ab. Das heißt: Die unpolare, hydrophobe Kohlenwasserstoffkette der Moleküle gewinnt zunehmend an Einfluss. So sind die ersten vier Alkansäuren der Reihe unbegrenzt mit Wasser mischbar (→ die nebenstehende Tabelle). Langkettige Alkansäuren sind dagegen in Wasser unlöslich.

Umgekehrt sind die Alkansäuren von der Butansäure an mit wachsender Kettenlänge ihrer Moleküle zunehmend besser in Heptan löslich.

Auch der *Aggregatzustand* der Alkansäuren bei Raumtemperatur bzw. deren *Schmelztemperatur* wird durch die Kettenlänge der Moleküle bestimmt:

Methansäure und **Ethansäure** sind bei Raumtemperatur leicht bewegliche Flüssigkeiten, **Butansäure** und **Pentansäure** sind dagegen ölig; **Octadecansäure** ist wachsartig fest.

Bei den langkettigen Alkansäuren sind die zwischenmolekularen Kräfte so groß, dass sich diese Stoffe bei stärkerem Erhitzen zersetzen.

Die flüssigen Alkansäuren haben einen ausgesprochen intensiven *Geruch*. Methansäure und Ethansäure erkennt man an ihrem stechenden Geruch. Propansäure, Butansäure und Hexansäure erinnern an Schweißgeruch. Langkettige, feste Alkansäuren sind wegen ihrer geringen Flüchtigkeit fast geruchlos. Geruchlos sind auch die Salze der Alkansäuren.

Verglichen mit der Ethansäure wirken Propan- und Butansäure ähnlich sauer, Methansäure deutlich stärker sauer.

Mit Natriumhydroxid oder Natronlauge werden die in Wasser sonst unlöslichen Alkansäuren in ihre in Wasser löslichen Anionen überführt.

Alkensäuren sind ungesättigte Carbonsäuren. Die **Hexadiensäure** gehört dazu. Weitere Alkensäuren sind vor allem die in fetten Ölen enthaltene **Ölsäure** und die **Linolsäure**.

Benzoesäure ist die einfachste Carbonsäure des Benzols. Sie ist mittelschwach wirkend und in Wasser schlecht löslich. Besser löslich sind ihre Salze, die sich bei der Reaktion mit Natronlauge bilden.

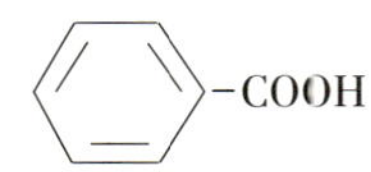

Oxalsäure ist gut löslich in Wasser, in Heptan jedoch nicht. Sie wirkt wesentlich stärker als Ethansäure und kann als einfachste Dicarbonsäure zwei Protonen abgeben. Sie bildet deshalb zwei Reihen von Salzen.

COOH | COOH	COO^-K^+ | COOH	COO^- | Ca^{2+} COO^-
Oxalsäure	Kleesalz	Calciumoxalat

Die homologe Reihe der Alkansäuren

Name in der Fachsprache	Trivialname	Formel	Schmelztemperatur	Löslichkeit in Wasser
Methansäure	Ameisensäure	$HCOOH$	8,4 °C	unbegrenzt
Ethansäure	Essigsäure	CH_3COOH	16,6 °C	unbegrenzt
Propansäure	Propionsäure	C_2H_5COOH	–20,8 °C	unbegrenzt
Butansäure	Buttersäure	C_3H_7COOH	–4,3 °C	unbegrenzt
Pentansäure	Valeriansäure	C_4H_9COOH	–33,8 °C	mäßig
Hexansäure	Capronsäure	$C_5H_{11}COOH$	–2,0 °C	schlecht
Heptansäure	Oenanthsäure	$C_6H_{13}COOH$	–11,0 °C	schlecht
Octadecansäure	Stearinsäure	$C_{17}H_{35}COOH$	70,0 °C	unlöslich

Aufgaben

1 Wie heißt der Stoff mit der folgenden Strukturformel?

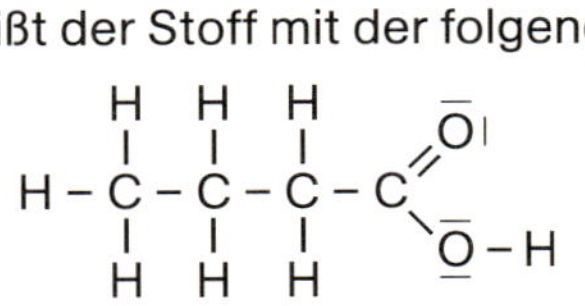

Beschreibe und begründe seine Löslichkeit in Wasser und Hexan sowie seine Reaktion mit Natronlauge.

2 Erkläre die unterschiedliche Löslichkeit von Ameisensäure und Benzoesäure in Wasser.

3 Warum ist Octadecansäure gut in Hexan löslich und Oxalsäure gut in Wasser?

4 Wie ändert sich die Löslichkeit der Alkansäuren innerhalb der homologen Reihe? Begründe!

5 Was stellst du bei den Schmelztemperaturen der Alkansäuren fest (→ die homologe Reihe oben)? Versuche eine Gesetzmäßigkeit zu finden.

6 Woher könnte der Name *Fettsäuren* kommen?

7 Zwischen Alkanen, Alkanolen und Alkansäuren besteht folgender Zusammenhang:

Alkane $\xrightarrow{\text{Oxidation}}$ Alkanole $\xrightarrow{\text{Oxidation}}$ Alkansäuren.

Stelle so die Entstehung von Ethansäure dar.

Aus Umwelt und Technik: **Die Verwendung einiger Carbonsäuren**

Aufgrund ihrer besonderen Eigenschaften finden organische Säuren vielfältige Verwendung in allen Bereichen des täglichen Lebens:

Ameisensäure zersetzt Kalkstein; dabei entstehen eine wasserlösliche Verbindung und Kohlenstoffdioxid. Sie wird deshalb gern zum Entkalken von Haushaltsgeräten genutzt.

Die Verwendung von Ameisensäure als Entkalker hat jedoch einen großen Nachteil: Wenn die Entkalkerlösung wirksam sein soll, muss sie dem Wasser in hoher Konzentration zugegeben werden. Wenn dann die Lösung die Maschine durchläuft, wird sie stark erhitzt. Dabei bildet sich der ätzende, sehr gefährliche Ameisensäuredampf. Ameisensäure und Wasser sieden nämlich gleichermaßen bei 100 °C. Entkalker zählen deshalb zu den gefährlicheren Haushaltschemikalien.

Auch konzentrierte Ameisensäure wirkt stark ätzend. Tropft man sie auf die Haut, bilden sich rasch Blasen.

In der Natur kommt Ameisensäure häufig vor, z. B. im Gift der Ameisen (lat. *formica:* Ameise). Daher stammt auch der Name ihrer Salze: *Formiate*.

Auch im Gift anderer *Insekten* oder in den Nesselkapseln einiger Quallenarten kommt diese Säure vor.

Bei der *Brennnessel* befindet sich die Ameisensäure in den winzigen glasartigen Brennhaaren (Bild 1). Diese zerbrechen bei Berührung und das in ihnen enthaltene Gift gelangt in die Haut. Zusammen mit anderen Stoffen verursacht die Ameisensäure den brennenden Schmerz und die Bildung von Schwellungen.

Da die Ameisensäure Bakterien und manche Pilze abtötet, wird sie auch zum Konservieren von Fruchtsäften, Fisch oder Silofutter verwendet.

Essigsäure dient nicht nur zur Herstellung von Speiseessig. Auch zum Haltbarmachen von empfindlichen Lebensmitteln wird ihre Säureeigenschaft genutzt. Man legt z. B. Gurken, Bohnen, aber auch Eier in Essigsäurelösungen ein. Dadurch sind sie gegen Pilzbefall geschützt.

Bei längerer Einwirkung zerstört Essigsäurelösung Fleischsubstanz – das spielt z. B. bei der Bereitung von Sauerbraten eine wichtige Rolle.

Als medizinische Hausmittel sind Essigsäure und ihre Salze (Acetate) nicht wegzudenken. In der Industrie dient sie auch als Grundstoff, z. B. für die Produktion von Kunstseide.

Die Salze der Essigsäure heißen *Acetate*.

Propionsäure und **Buttersäure** sind natürliche Bestandteile vieler Käsesorten und der Butter. Diese Säuren werden z. B. beim Anwärmen eines Schweizer Käses und beim Ranzigwerden der Butter freigesetzt; sie verursachen dann den typischen Geruch. Die Buttersäure ist auch im *Schweiß* von Menschen und Säugetieren enthalten.

Kurzkettige Alkansäuren riechen, weil sie niedrige Siedetemperaturen haben und daher leicht verdampfen. Ihre Salze sind dagegen geruchlos. Deshalb wirkt Waschen mit alkalischen Seifenlösungen geruchsmindernd: Die Buttersäure z. B. wird dabei in ihr nichtflüchtiges und gut abspülbares Salz umgewandelt.

Einige langkettige Alkansäuren sind Bestandteile pflanzlicher und tierischer Fette. Sie werden deshalb als **Fettsäuren** bezeichnet.

Dazu gehören z. B. die *Stearinsäure* und die *Palmitinsäure*. Beide Säuren sind wachsartig. Sie dienten deshalb früher als wichtige Grundstoffe für die Herstellung von Kerzenwachs (Stearinkerzen).

Die Natrium- und Kaliumsalze der Fettsäuren nennt man **Seifen**. Sie entwickeln in wässrigen Lösungen leicht Schaum und bilden mit Öl Emulsionen.

Bei vielen Nahrungsmitteln werden bestimmte ungesättigte Carbonsäuren als Konservierungsmittel eingesetzt, z. B. die **Sorbinsäure** und die **Benzoesäure** (Bild 2).

Oxalsäure ist für den sauren Geschmack von Sauerklee, Sauerampfer oder Rhabarber verantwortlich. Mit einem Mikroskop kann man die Kristalle in den Zellen sehen (Bild 3).

In der menschlichen Niere bildet das schwer lösliche Calciumoxalat die gefürchteten Nierensteine. Bei ihrer Bildung werden dem Körper auch Calcium-Ionen entzogen; sie sind für Knochenbau sowie Nerven- und Muskelfunktionen wichtig.

Aus diesen Gründen werden die Oxalsäure und ihre Salze insbesondere für Kinder als giftig eingestuft. Kinder sollten deshalb nicht allzu viel Rhabarber essen.

Oxalsäure und ihre Salze zersetzen Rost. Deshalb kann man mit einem wässrigen Brei von Kleesalz aus der Apotheke Rostflecken auf Kleiderstoffen entfernen.

1

2

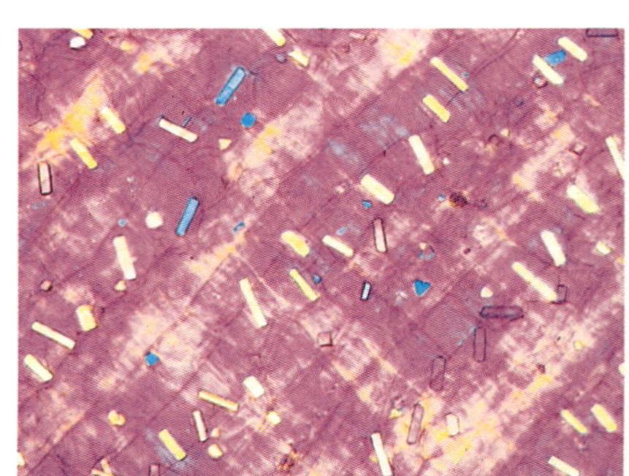
3

7024R

Aus der Geschichte: **Eine zwiespältige Rolle der Essigsäure**

Essig ist wohl eines der ältesten Heilmittel, die es gibt. Schon die alten Ägypter schätzten am Essig seine säuerliche Frische und seine Wirkung gegen Krankheitskeime.

Auch in der Bibel wird Essig erwähnt. Im Neuen Testament wird das Sterben Christi direkt mit dem Genuss von Essig in Verbindung gebracht (Bild 4).

Diese Verabreichung von Essig wird gelegentlich als Verhöhnung gedeutet. Darauf scheint auch ein prophetischer Vers in den Psalmen hinzuweisen (Bild 5).

Aber damit tut man den römischen Soldaten, die Christus den mit Essig getränkten Schwamm reichten, Unrecht: Die Römer pflegten den Essig nämlich zur Erfrischung und aus medizinischen Gründen zu trinken. Jeder Legionär hatte ein Fässchen Essig in seinem Gepäck. In diesem Zusammenhang gewinnt die Szene einen ganz anderen Sinn.

Erstaunlicherweise wurde die Essigsäure damals in Bleitöpfen oder in mit bleihaltigen Glasuren verzierten Keramikgefäßen aufbewahrt.

Essig reagiert jedoch mit Blei – wie auch die Römer wussten; dabei entsteht *Bleiacetat*. Dieses Salz der Essigsäure ist gut in Wasser löslich, schmeckt süß und wird deshalb *Bleizucker* genannt.

4 Da lief einer und füllte einen Schwamm mit Essig und steckte ihn auf ein Rohr und tränkte ihn. (Markus 15:36)

5 Und sie geben mir Galle zu essen und Essig zu trinken in meinem großen Durste. (Psalm 69:22)

Doch Bleizucker ist giftig. Da man in den Skeletten und Zähnen der alten Römer viel Blei gefunden hat, nimmt man heute an, dass eine allgemein verbreitete Bleivergiftung der Bevölkerung mit zum Untergang des Römischen Reiches beigetragen hat.

Noch im Mittelalter wurde Bleizucker zum Süßen verwendet. (Außer dem Honig hatte man einfach keine andere Möglichkeit zum Süßen.)

Dazu ein Text aus einem Dienstbuch der Polizei von 1787:

„Des so gefährlichen Bleyzukers …, das in einer gewissen Menge des saueren Weines, oder auch in blossem Weinessige, aufgelöst wird, bedienten sich die Unglüklichen, um ein ganzes Faß solches saueren unschmakhaften Saftes, in einen süßlichen Trank zu verwandeln, und so … ein wirklich langsames Gift verschlingen zu machen."

Organische Säuren

Auf einen Blick

Aufbau und allgemeine Eigenschaften von organischen Säuren

Organische Säuren sind aus den Elementen **Kohlenstoff, Wasserstoff** und **Sauerstoff** aufgebaut. Ihre *funktionelle Gruppe* ist die **Carboxylgruppe**.

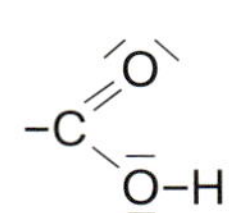

Die Carboxylgruppe ist Bestandteil aller Carbonsäuren. Diese Säuren sind eine äußerst vielseitige Stoffklasse. Die Carboxylgruppe ist der *Protonendonator*.

$$CH_3COOH + H_2O \rightarrow CH_3COO^- + H_3O^+$$

Organische Säuren reagieren nur sauer, wenn sie in wässrigen Lösungen vorliegen. Nur dann leiten sie z. B. den elektrischen Strom. Sie gehören zu den *schwachen Säuren*. In verdünnten Lösungen reagieren sie mit unedlen Metallen. Bei dieser Reaktion bilden sich *Salze* und es wird Wasserstoff frei.

Die anderen Eigenschaften der verschiedenen organischen Säuren können stark variieren. Sie werden sowohl von der Carboxylgruppe als auch durch den Aufbau des sehr variablen Molekülrestes R bestimmt.

So sind viele organische Säuren in Wasser schlecht löslich, da ihre Molekülreste hydrophob sind. Besser in Wasser löslich sind ihre Salze.

Einige wichtige organische Säuren

Einige Carbonsäuren leiten sich von den Alkanen ab. Diese **Alkansäuren** bilben – wie die Alkane – eine homologe Reihe (z. B. Methan-, Ethan-, Propan-, Butansäure usw.).

Da Alkansäuren mit langen Molekülketten auch in Fetten gebunden vorkommen, rechnet man sie zu den *Fettsäuren*.

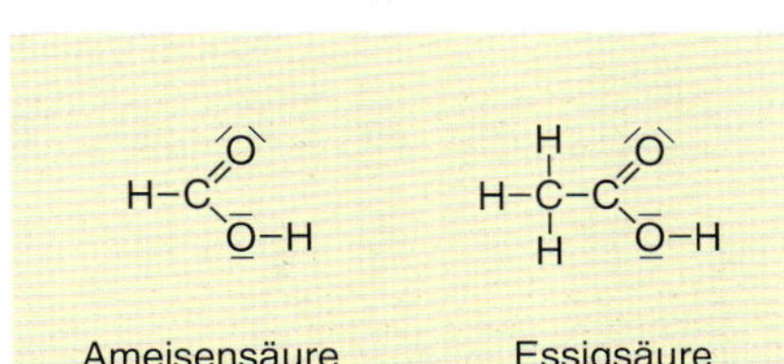

6

Es gibt *gesättigte* Carbonsäuren (z. B. Butansäure, Octadecansäure) und *ungesättigte* (z. B. Ölsäure, Linolsäure).

Die Ester

Bildung, Vorkommen und Verwendung von Estern

1

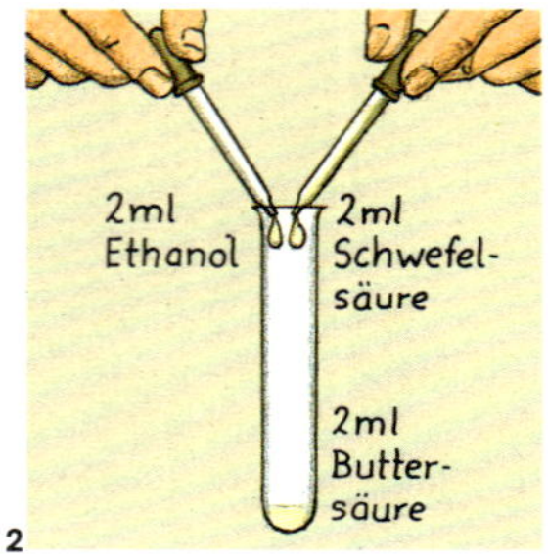

2

3

... und plötzlich riecht's nach Ananas ...

V 1 *(Lehrerversuch)* So können solch überraschende Ergebnisse wie in den Bildern 1–3 erzielt werden: Die Stoffe von a und b werden jeweils vermischt und im Wasserbad erwärmt. (Geruch nach dem Abkühlen prüfen.)

a) Je 2 ml Pentanol [Xn] (Amylalkohol), Ethensäure [C] (Essigsäure) und konzentrierte Schwefelsäure [C].

b) 5 ml Methanol [F,T], eine Spatelspitze Salicylsäure [Xn] und 1 ml Schwefelsäure [C].

V 2 In einem Reagenzglas werden 5 ml Ethanol [F], 5 ml Ethansäure [C] und etwa 1 ml konzentrierte Schwefelsäure [C] vermischt (Schutzbrille, Schutzhandschuhe!). Die Flüssigkeit wird im Wasserbad erwärmt.

Welchen Geruch stellst du nach dem Abkühlen fest? Wie verhält sich der Inhalt des Glases, wenn er in Wasser gegossen wird?

V 3 Wir geben zu 5 ml Essigsäureethylester [F] 5 Tropfen Phenolphthalein und verdünnte Natronlauge [Xi], bis die Flüssigkeit rosa wird. Erwärmt wird im Wasserbad.

V 4 In jeweils 2 ml Essigsäureethylester [F] geben wir etwas Fett, Wachs, Öl und Benzin [F]. Beschreibe!

Alkanole reagieren mit Alkansäuren

Alkanole und Alkansäuren besitzen funktionelle Gruppen, die deutlich *hydrophil* (wasserfreundlich) sind. Insbesondere bei den kurzkettigen Vertretern der homologen Reihe ist der Einfluss der hydrophoben (wasserfeindlichen) Kohlenwasserstoffreste kaum spürbar.

Wenn nun **Alkanole** und **Alkansäuren** miteinander reagieren, entstehen Reaktionsprodukte, die sich nicht mehr im Wasser lösen. Wir können daraus schließen, dass nun *keine hydrophilen* Gruppen mehr vorhanden sind. Dies ist so zu erklären, dass jeweils die OH-Gruppe des Alkanols mit der COOH-Gruppe der Alkansäure reagiert hat.

Diese Reaktion zwischen Alkanolen und Alkansäuren nennt man **Veresterung**; die dabei entstehenden Reaktionsprodukte sind die **Ester**. Zur Bezeichnung der Ester nennt man zuerst den Namen der Säure, dann den des Alkylrests des Alkohols und hängt das Wort „Ester" an.

Bei dieser Reaktion wird Wasser frei. Die Zugabe von konzentrierter Schwefelsäure begünstigt den Reaktionsablauf.

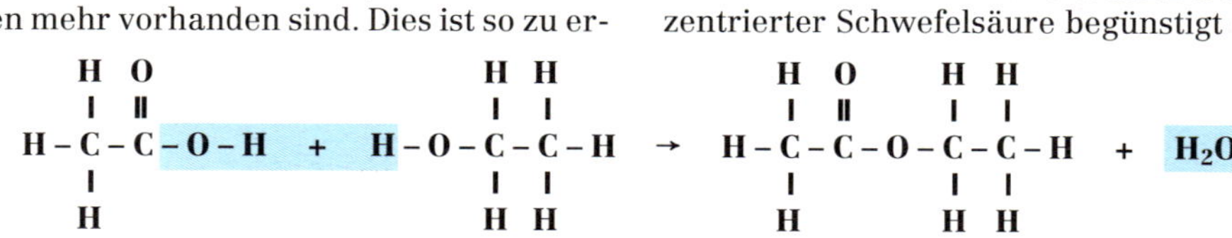

Ethansäure (Essigsäure) + Ethanol → Essigsäure-ethylester + Wasser

Entstehung und Verwendung einiger Ester

Ausgangsstoffe	Beispiel (Zahl der C-Atome)	Verwendung
kurzkettige Alkansäuren kurzkettige Alkanole	Buttersäure (4) Ethanol (2)	Lösemittel, Fruchtaromen
langkettige Alkansäuren langkettige Alkanole	Palmitinsäure (16) Myricyl-alkohol (31)	Wachse (Bienenwachs, Überzüge auf Früchten)
Alkansäuren Glycerin	Ölsäure (18) Glycerin (3)	Fette

Reaktionen, bei denen sich z. B. zwei große Moleküle unter Abspaltung eines kleinen Moleküls verbinden, heißen **Kondensationsreaktionen** (lat. *condensatio:* Verdichtung). Sie kommen in der Chemie sehr häufig vor.

Allgemein lässt sich die Kondensationsreaktion bei der Esterbildung so beschreiben:

$$R-\overset{\overset{O}{\|}}{C}-OH \;+\; R-OH \;\rightarrow\; R-\overset{\overset{O}{\|}}{C}-O-R \;+\; H_2O$$

Säure + Alkanol → Ester + Wasser

Wichtige Ester sind verschiedene Aromastoffe, die Fette und die natürlichen Wachse (→ Übersicht links).

8671R

Die Esterspaltung

Der aus einer Alkansäure und einem Alkanol entstandene Ester kann unter Wasseraufnahme wieder in Säure und Alkanol gespalten werden **(Esterspaltung)**:

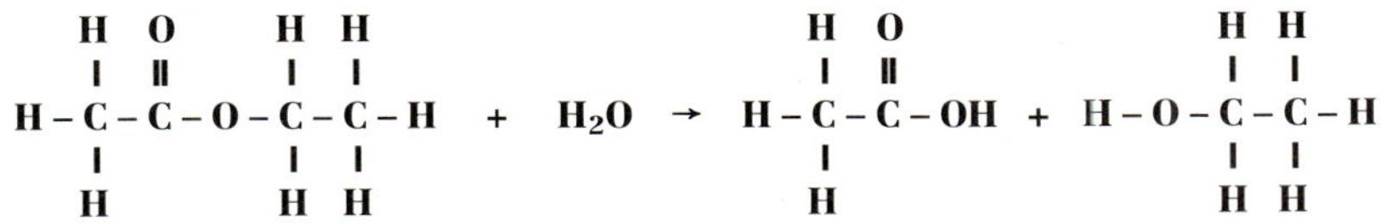

Essigsäureethylester + Wasser → Essigsäure + Ethanol

Eine solche Reaktion, bei der eine Bindung durch Aufnahme von Wasser gespalten wird, nennt man **Hydrolyse**. Die Esterspaltung ist also eine Hydrolyse.

Aus historischen Gründen wird die Esterspaltung oftmals auch **Verseifung** genannt.

Veresterung und Verseifung sind entgegengesetzt verlaufende Reaktionen. Die Bildung von Estern und ihre Spaltung kann *gleichzeitig* ablaufen, sodass sich nach einiger Zeit der Anteil der einzelnen Stoffe im Reaktionsgefäß nicht mehr verändert.

Es liegt hier eine umkehrbare Reaktion vor:

$$\text{Säure} + \text{Alkanol} \underset{\text{Verseifung (Hydrolyse)}}{\overset{\text{Veresterung (Kondensation)}}{\rightleftharpoons}} \text{Ester} + \text{Wasser}$$

Durch Zugabe einer Lauge (z. B. Natronlauge; Versuch 3) wird die bei der Verseifung entstehende Säure neutralisiert (das zeigt eine Veränderung des Indikators). Dadurch wird die Esterspaltung begünstigt.

Aufgaben

1 Wie kannst du erklären, dass aus zwei wasserlöslichen Stoffen (z. B. Ethansäure und Ethanol) eine wasserunlösliche Verbindung entsteht?

2 Estermoleküle bestehen aus zwei Kohlenwasserstoffketten, die durch eine charakteristische Gruppe miteinander verbunden sind. Schreibe diese Gruppe auf.

3 Erkläre die im obigen Info stehende Wortgleichung mit dem doppelten Reaktionspfeil.

4 Was versteht man unter dem Begriff *Hydrolyse*?

5 Erkläre die Begriffe *Kondensation* und *Verseifung* am Beispiel der Reaktion von Ethanol mit Butansäure.

6 *Rumaroma* ist Ameisensäureethylester. Wie kann man ihn herstellen? Gib die Reaktionsgleichung an.

7 Zeichne die Strukturformel von Buttersäureethylester. Ist er wasserlöslich? Begründe deine Antwort.

8 Formuliere eine Esterbildung aus Propansäure und Pentanol.

Aus Umwelt und Technik: **Viele Aromastoffe sind Ester**

Heutzutage leben wir in einer „Welt der guten Düfte" – hygienisch, sauber und wohlriechend. Man verdrängt vergraute Farben und unangenehme Gerüche, obwohl gerade sie für den Verwendungszweck der meisten Waren gar keine Rolle spielen.

So viele Früchte und Kräuter, wie wir für die Herstellung der „guten Düfte" heute brauchten, stehen uns schon lange nicht mehr aus der Natur zur Verfügung. Packungen mit aromatischem Inhalt tragen jedoch manchmal Hinweise auf *natürliche, naturidentische* oder *künstliche* Aromastoffe.

Zwei dieser Begriffe kannst du sicher leicht deuten. Doch was bedeutet **naturidentisch**? Das soll an einem Beispiel erklärt werden:

Eine Firma beabsichtigt Erdbeerbonbons herzustellen. Sie hat aber nicht genügend billige Erdbeeren zur Verfügung um daraus das Erdbeeraroma zu gewinnen. Deshalb untersucht ein Labor zunächst, welche Stoffe der Erdbeere das Aroma verleihen.

Oft ist es sogar möglich einen solchen Stoff im Labor synthetisch herzustellen (z. B. Essigsäurehexylester). Dieser Aromastoff ist dann zwar künstlich hergestellt worden, ist aber dem natürlich gewonnenen völlig gleich: Er ist weder reiner, noch stärker, noch weniger verträglich; er ist *naturidentisch.*

Für die Bonbons mit Erdbeergeschmack nutzt *ein* solcher Stoff jedoch nur wenig. Der gefundene Ester allein riecht und schmeckt nämlich überhaupt nicht nach Erdbeere – er ist erst *ein Bestandteil* des natürlichen Aromas. Um ein gutes Erdbeeraroma herzustellen, werden heute 40–50 naturidentische Aromastoffe gemischt!

Ungefähr 2000 unterschiedliche Aromastoffe werden heute zur *Herstellung* naturidentischer Geschmacks- und Geruchsstoffe verwendet. Etwa 50 % davon sind Ester (→ folgende Übersicht).

Ester als Fruchtaroma

Name	Geruch
Ameisensäureethylester	Rumaroma
Essigsäurepentylester	Birnenaroma
Essigsäure-2-butylester	Bananenaroma
Buttersäuremethylester	Apfelaroma
Buttersäureethylester	Ananasaroma

Die Fette

Fette im Überblick

1

2

Fette (Bild 1) gibt es in vielerlei Sorten. Auf einem Briefbogen können sie Spuren hinterlassen (Bild 2).

Aus welchem Bestandteil des Studentenfutters stammen wohl die Fettflecken auf dem Briefbogen von Bild 2?

V 1 Mit der *Fettfleckprobe* kannst du feststellen, ob alle Fette dauerhafte Spuren hinterlassen.

a) Tupfe mit Hilfe eines Wattestäbchens verschiedene Öle und Fette auf ein Blatt Schreibpapier.

b) Überprüfe einige Nahrungsmittel daraufhin, ob sie Fette enthalten, indem du kleine Proben zwischen Papier zerdrückst.

V 2 Wir geben nacheinander verschiedene Fette in einen Eisentiegel und versuchen sie mit der Brennerflamme von oben her zu entzünden (Vorsicht; Schutzbrille!).

Bei welchen Fetten gelingt das ohne sie vorher zu erwärmen?

V 3 *(Lehrerversuch im Freien)* Hier soll brennendes Fett gelöscht werden (Schutzbrille, großer Abstand!).

In einem flachen Topf oder einer Eisenschale wird auf einer Elektroplatte etwas Fett (oder 50 ml Paraffinöl) erhitzt und entzündet. Dann wird die Elektroplatte abgeschaltet.

Mit einer Spritzflasche wird aus großer Entfernung *etwas* Wasser in die Flamme gespritzt (Bild 3). Gelöscht wird durch Abdecken mit einem feuchten (nicht *nassen*) Tuch.

V 4 Wir beobachten, wie sich 1 ml Speiseöl in Ethanol [F], Reinigungsbenzin [F] und Wasser verhält.

Nach dem Mischen werden die Reagenzgläser geschüttelt und die Flüssigkeiten verglichen. Dann geben wir je einen Tropfen der drei Proben auf ein Blatt Papier und auf eine Glasplatte. Beschreibe!

V 5 Nun stellen wir einen *Fettauszug* her und lernen einen weiteren *Nachweis* für Fette kennen.

a) Dazu zerreiben wir zunächst einige Erdnusskerne möglichst fein in einer Reibschale und fügen etwa 2 ml Brennspiritus [F] hinzu.

Wir filtrieren die Flüssigkeit in ein Reagenzglas ab und geben dann die gleiche Menge Wasser hinzu. Versuche das Ergebnis zu erklären.

b) Zeigt sich das gleiche Ergebnis, wenn man *nur* Brennspiritus mit etwas Wasser vermischt?

c) Wir untersuchen in gleicher Weise auch andere Nahrungsmittel (z. B. Getreide, Brot) daraufhin, ob sie Fett enthalten.

3
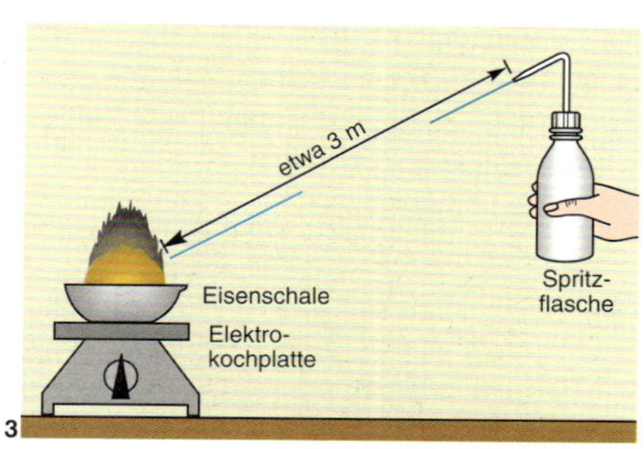

V 6 Dieser Versuch gibt uns einen Hinweis darauf, welche Elemente am Aufbau der Fette beteiligt sind.

a) Wir geben 0,5 cm hoch Olivenöl in ein Reagenzglas, erhitzen es und entzünden die austretenden Dämpfe. Dabei erhitzen wir so, dass nur eine *kleine* Flamme entsteht.

Dann halten wir ein Becherglas über die Flamme.

b) Jetzt erhitzen wir das Öl für kurze Zeit so stark, dass eine recht *große* Flamme entsteht. Was kannst du nun beobachten?

7773R

Gesättigte und ungesättigte Fettsäuren

Fettsäuren sind Bausteine der natürlichen Fette. Es sind geradkettige **Monocarbonsäuren**, die in ihren Molekülen neben *einer* Carbonsäuregruppe ausschließlich Kohlenstoff- und Wasserstoffatome enthalten.

Die Moleküle weisen stets eine gerade Zahl an Kohlenstoffatomen auf; besonders häufig sind 16 oder 18. Die Fettsäuren können aus Fetten gewonnen werden.

Moleküle **gesättigter Fettsäuren** haben in der Kohlenwasserstoffkette nur *Einfachbindungen*. Beispiele sind die Hexadecansäure (Palmitinsäure) und Octadecansäure (Stearinsäure).

Wenn die Fettsäuremoleküle in der Kohlenwasserstoffkette mindestens eine *Doppelbindung* aufweisen, liegen **ungesättigte Fettsäuren** vor. Sie sind reaktionsfreudig.

Der **Nachweis der ungesättigten Fettsäuren** erfolgt durch die Reaktion mit Bromwasser: Wenn man Ölsäure (Octadecensäure) zu einer Lösung von etwas Brom in Wasser gibt, wird die Lösung entfärbt. Dabei läuft eine *Additionsreaktion* ab:

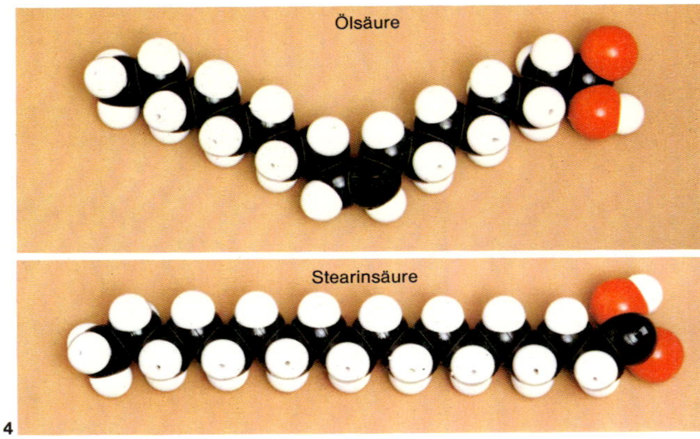

4

$$\underset{\text{Ölsäure}}{CH_3-(CH_2)_7-\underset{H}{C}=\underset{H}{C}-(CH_2)_7-COOH} \;+\; \underset{\text{Brom}}{Br-Br} \;\rightarrow\; \underset{\text{9,10-Dibromstearinsäure}}{CH_3-(CH_2)_7-\overset{Br}{\underset{H}{C}}-\overset{Br}{\underset{H}{C}}-(CH_2)_7-COOH}$$

Die *Ölsäure* gehört zu den wichtigsten ungesättigten Fettsäuren. Sie ist bei Zimmertemperatur flüssig und kommt praktisch in allen natürlichen Fetten vor.

Obwohl das Ölsäuremolekül nur zwei Wasserstoffatome weniger als das Stearinsäuremolekül besitzt (Bild 4), ist die Schmelztemperatur der Ölsäure viel niedriger als die Schmelztemperatur der Stearinsäure. Weshalb?

Ölsäuremoleküle weisen an der Stelle, an der sich die Doppelbindung befindet, einen Knick auf. Sie können sich deshalb nicht so gut aneinander lagern wie die geradkettigen Stearinsäuremoleküle. Deshalb wirken zwischen den Ölsäuremolekülen die Van-der-Waals-Kräfte nur in geringerem Maß; die Schmelztemperatur ist also niedriger.

Es gibt auch **mehrfach ungesättigte Fettsäuren**. Beispiele dafür sind die *Linolsäure* mit zwei Doppelbindungen im Molekül und die *Linolensäure* mit drei Doppelbindungen.

Einige der ungesättigten Fettsäuren, z. B. Linolsäure und Linolensäure, sind für den Ablauf und die Steuerung von Lebensvorgängen im menschlichen Körper unentbehrlich.

Diese Fettsäuren können aber nicht im Körper selbst aufgebaut werden. Man nennt sie **essentielle** (wesentliche, unentbehrliche) **Fettsäuren**.

Essentielle Fettsäuren müssen dem Körper – ähnlich wie die Vitamine – regelmäßig in einer bestimmten Mindestmenge mit der Nahrung zugeführt werden. In der Umgangssprache werden sie deshalb (obwohl sie keine Vitamine sind) unter der Bezeichnung *Vitamin F* zusammengefasst.

Sie kommen vor allem in pflanzlichen Ölen (z. B. Olivenöl und Sonnenblumenöl) in größeren Mengen vor.

In tierischen Fetten sind essentielle Fettsäuren nur in geringen Mengen enthalten.

Ein Mangel an essentiellen Fettsäuren führt zu Hauterkrankungen und Stoffwechselstörungen.

Beispiele für Fettsäuren

	Name	Summenformel	Strukturformel/Gruppenformel	Schmelztemperatur
gesättigt	Butansäure (Buttersäure)	C_3H_7COOH	$H-\overset{H}{\underset{H}{C}}-\overset{H}{\underset{H}{C}}-\overset{H}{\underset{H}{C}}-\overset{O}{\overset{\Vert}{C}}-OH$	–4,3 °C
gesättigt	Dodecansäure (Laurinsäure)	$C_{11}H_{23}COOH$	$H-\overset{H}{\underset{H}{C}}-\overset{H}{\underset{H}{C}}-\overset{H}{\underset{H}{C}}-\overset{H}{\underset{H}{C}}-\overset{H}{\underset{H}{C}}-\overset{H}{\underset{H}{C}}-\overset{H}{\underset{H}{C}}-\overset{H}{\underset{H}{C}}-\overset{H}{\underset{H}{C}}-\overset{H}{\underset{H}{C}}-\overset{H}{\underset{H}{C}}-\overset{O}{\overset{\Vert}{C}}-OH$	44 °C
gesättigt	Hexadecansäure (Palmitinsäure)	$C_{15}H_{31}COOH$	$CH_3-(CH_2)_{14}-COOH$	63 °C
gesättigt	Octadecansäure (Stearinsäure)	$C_{17}H_{35}COOH$	$CH_3-(CH_2)_{16}-COOH$	71,5 °C
ungesättigt	Octadecensäure (Ölsäure)	$C_{17}H_{33}COOH$	$CH_3-(CH_2)_7-\overset{H}{C}=\overset{H}{C}-(CH_2)_7-COOH$	16 °C
ungesättigt	Octadecadiensäure (Linolsäure)	$C_{17}H_{31}COOH$	$CH_3-(CH_2)_4-\overset{H}{C}=\overset{H}{C}-CH_2-\overset{H}{C}=\overset{H}{C}-(CH_2)_7-COOH$	–5 °C
ungesättigt	Octadecatriensäure (Linolensäure)	$C_{17}H_{29}COOH$	$CH_3-CH_2-\overset{H}{C}=\overset{H}{C}-CH_2-\overset{H}{C}=\overset{H}{C}-CH_2-\overset{H}{C}=\overset{H}{C}-(CH_2)_7-COOH$	–11 °C

Die Zusammensetzung der Fette und fetten Öle

Untersuchungen haben gezeigt, dass am Aufbau der **Fette** Glycerin und Fettsäuren beteiligt sind. Fette sind **Fettsäureglycerinester**.

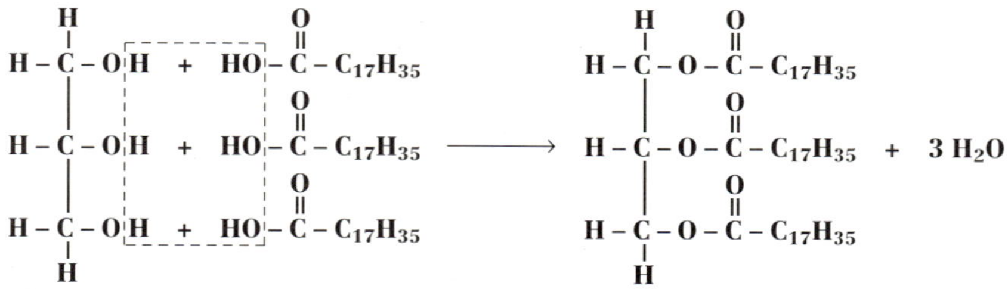

Glycerin (Propantriol) — Stearinsäure — Tristearinsäureglycerinester — Wasser

Glycerin ist ein dreiwertiger Alkohol und hat drei reaktionsfreudige Hydroxylgruppen. In natürlichen Fetten sind diese mit gleichen oder unterschiedlichen Fettsäuren verestert. Dabei können die Fettsäuren gesättigt oder ungesättigt sein.

Chemisch betrachtet sind Fette also **Glycerintriester** (auch *Triglyceride* genannt).

Bei der *Formelschreibweise* der Fettmoleküle ordnet man häufig alle Fettsäuren rechts vom Glycerin an – so wie in der Reaktionsgleichung oben. Dadurch werden die Moleküldarstellungen übersichtlicher.

Bild 1 zeigt das *Modell* eines Fettmoleküls; es gibt an, wie das Fettmolekül tatsächlich aufgebaut ist.

1

In der Natur gibt es mehr als zehn Fettsäuren, deren Moleküle mit Glycerinmolekülen Verbindungen eingehen können. Da die unterschiedlichen Kombinationen jeweils ein anderes Fettmolekül ergeben, ist eine sehr große Zahl unterschiedlicher Fettmoleküle und damit auch Fettarten möglich.

Diese *natürlichen* Fette sind stets **Gemische** von mehreren Fetten. Man kann daher keine genaue Formel für die Fette festlegen.

Die unten stehende Tabelle gibt an, mit wie viel Prozent die einzelnen Fettsäuren *ungefähr* an der Gesamtmasse der verschiedenen Fette beteiligt sind.

Fette sind bei Raumtemperatur feste oder halbfeste Stoffe. Wenn sie bei Raumtemperatur flüssig sind, werden sie als **fette Öle** bezeichnet. Sie enthalten einen hohen Anteil an ungesättigten Fettsäuren.

Nicht zu verwechseln sind die Fette und die fetten Öle mit *Mineralölen*.

Die Mineralöle haben einen ganz anderen chemischen Aufbau als tierische und pflanzliche Fette: Mineralöle sind nämlich Gemische verschiedener Kohlenwasserstoffe; sie sind ungenießbar (→ Übersicht).

Fette Öle und Mineralöle im Vergleich

Bezeichnung	Beschreibung	Beispiele
Fette Öle	Ester aus Glycerin und Fettsäuren	Olivenöl, Sonnenblumenöl, Leinöl
Mineralöle	Gemische verschiedener Kohlenwasserstoffe	Petroleum, Kerosin, Motorenöl, Heizöl

Anteile einzelner Fettsäuren in verschiedenen Fetten
(in Gewichtsprozenten)

Fettsäuren	Butter	Schweineschmalz	Rindertalg	Walöl	Kokosfett	Olivenöl	Sonnenblumenöl	Leinöl
gesättigt:								
Buttersäure C_3H_7COOH	3 %	–	–	–	–	–	–	–
Laurinsäure $C_{11}H_{23}COOH$	3 %	–	–	–	48 %	–	–	–
Palmitinsäure $C_{15}H_{31}COOH$	27 %	27 %	30 %	18 %	9 %	15 %	5 %	7 %
Stearinsäure $C_{17}H_{35}COOH$	10 %	14 %	20 %	1 %	3 %	2 %	2 %	3 %
andere Fettsäuren	18 %	2 %	4 %	10 %	32 %	2 %	1 %	–
ungesättigt:								
Ölsäure $C_{17}H_{33}COOH$	30 %	45 %	39 %	32 %	6 %	71 %	27 %	18 %
Linolsäure $C_{17}H_{31}COOH$	4 %	8 %	3 %	5 %	2 %	8 %	65 %	14 %
Linolensäure $C_{17}H_{29}COOH$	1 %	–	–	–	–	–	–	58 %
andere Fettsäuren	4 %	4 %	4 %	16 %	–	2 %	–	–
Schmelzbereich (in °C)	30 bis 36	27 bis 29	42 bis 49	unter 0	20 bis 23	–2 bis 0	–18 bis +11	–27 bis –16

3920R

Die Eigenschaften von Fetten und fetten Ölen

Fette und fette Öle sind aufgrund ihrer Dichte von etwa 0,9 g/cm^3 spezifisch leichter als Wasser.

Die Schmelztemperaturen der Fette und fetten Öle liegen etwa zwischen –20 °C und +40 °C. Sie hängen ab …

- von der *Art der* am Molekülbau beteiligten *Fettsäuren* (gesättigte oder ungesättigte);
- von der *Anzahl der Doppelbindungen* der Fettsäuren (einfach oder mehrfach ungesättigte);
- von der *Länge der Kohlenwasserstoffketten* in den Fettsäuremolekülen.

Je kürzer die Kohlenwasserstoffketten der Moleküle sind und je mehr ungesättigte Fettsäuren ein Fett enthält, desto niedriger ist sein Schmelzbereich.

Wegen der langen Kohlenwasserstoffketten ihrer Moleküle sind Fette in Wasser unlöslich.

Sie lösen sich jedoch in unpolaren Lösemitteln (z. B. in Hexan, Benzol, Tetrachlormethan).

Da Fette nur sehr langsam verdunsten, hinterlassen sie auf Papier die typischen Flecke. Durch eine solche **Fettfleckprobe** lassen sich Fette erkennen.

Brennendes Fett darf man nicht mit Wasser löschen! Wegen der hohen Temperatur des Fettes verdampft das Wasser sofort. Dabei werden Fettteilchen mitgerissen, das Fett verspritzt und brennt weiter. Brennendes Fett kann man nur löschen, indem man weiteren Zutritt von Sauerstoff verhindert – z. B. durch Abdecken des Gefäßes, in dem das Fett brennt.

Auch wasserhaltige Fette (z. B. Butter und einige Margarinesorten) neigen beim Erhitzen zum Spritzen.

Nach längerer Lagerung werden vor allem wasserhaltige Fette leicht *ranzig*. Sie bekommen dann einen unangenehmen Geruch und sind nicht mehr zum Verzehr geeignet.

Hier findet eine **Fettspaltung** statt: Unter dem Einfluss von Bakterien, Luftfeuchtigkeit und Wärme werden die Fette wieder in ihre Bestandteile (Fettsäuren und Glycerin) gespalten. Da diese Spaltung durch Reaktion mit Wasser erfolgt, handelt es ich um eine **Hydrolyse.**

Der beim Ranzigwerden auftretende unangenehme Geruch ist im Wesentlichen auf die frei werdenden Fettsäuren mit mittleren Kettenlängen (z. B. Buttersäure) zurückzuführen.

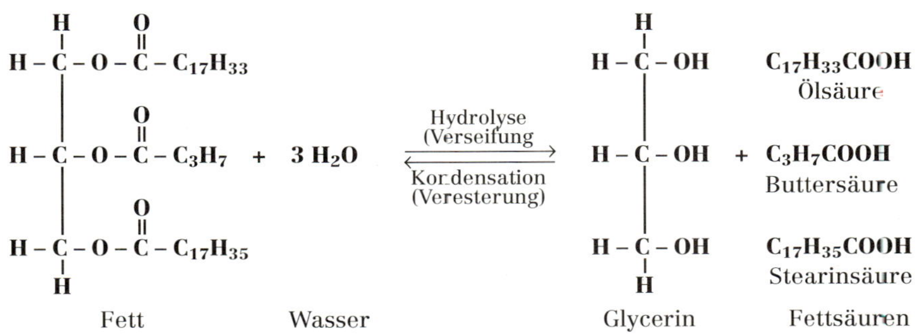

Aufgaben

1 Ordne die Fette von Bild 1 der vorherigen Doppelseite nach folgenden Merkmalen: pflanzlich oder tierisch; flüssig, weich oder fest.

2 Bei dem in Bild 2 dargestellten Versuch wird Fett mit einem Lösemittel aus Erdnüssen „herausgezogen" (extrahiert).

Welche Flüssigkeiten eignen sich dafür?

a) Wozu dient der Kühler?

b) Wie kann man das Fett *und* das Lösemittel gewinnen?

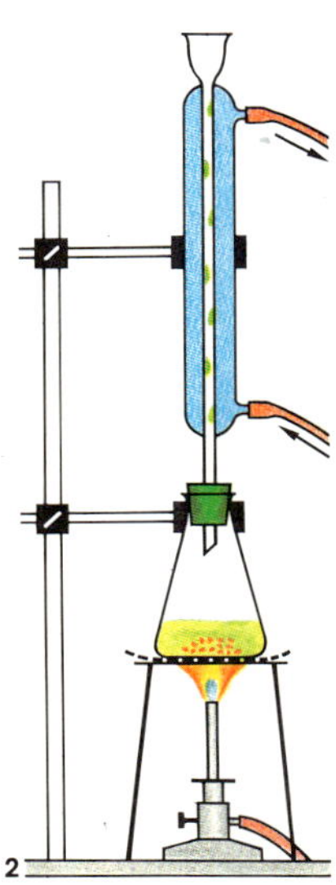
2

3 Fette entzünden sich bei etwa 300 °C. Was geschieht, wenn man Wasser auf brennendes Fett gießt?

Wie kann ein Fettbrand gelöscht werden? Begründe deine Antwort.

4 Beschreibe die Reaktion in Bild 3.

5 Wie viele verschiedene Fettmoleküle wären denkbar, wenn sich Glycerin *nur* mit Palmitin-, Stearin- und Ölsäure verbinden würden?

6 Erkläre an einem Beispiel die Begriffe *Hydrolyse* und *Kondensation.*

7 Erkläre die beiden Begriffe *gesättigte* und *ungesättigte Fettsäure.*

8 Ölsäure schmilzt bei 16 °C, Stearinsäure bei 71,5 °C. Erkläre den Unterschied mit dem Molekülbau.

9 Warum sind langkettige Fettsäuren praktisch unlöslich in Wasser?

10 Was sind *essentielle Fettsäuren*?

11 Wie kannst du durch einen Versuch feststellen, ob ein Fett ungesättigte Fettsäuren enthält?

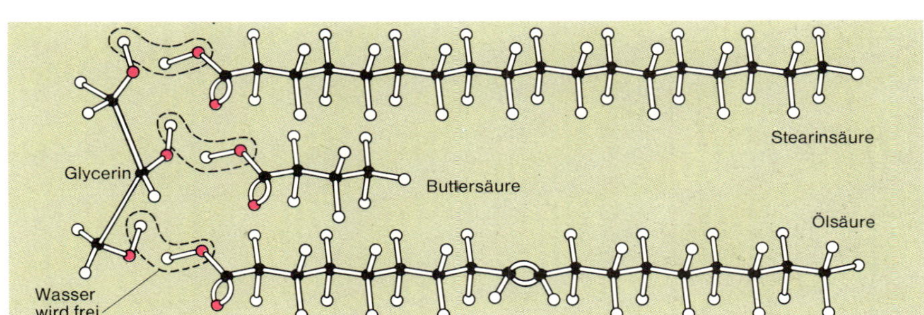

3

Aus Umwelt und Technik: **Die Bedeutung der Fette für den menschlichen Körper**

„Ist das auch wirklich ein ganz mageres Stück?", fragt die Kundin beim Schlachter. „Sie müssen wissen, wir essen nämlich kein Fett. Das soll ja ganz ungesund sein!"

Hat die Kundin Recht? Was weißt *du* über die Fette im Körper?

1

Fette sind in vielen Nahrungsmitteln enthalten, wenngleich sie meistens nicht auf den ersten Blick zu erkennen sind (→ dazu die Übersicht unten). So besteht zum Beispiel eine Haselnuss zu fast zwei Dritteln aus Fett. Damit hat sie einen größeren Fettgehalt als z. B. die sog. Halbfettmargarine (mit ca. 40 % Fett), die als „kalorienarmer Brotaufstrich" bekannt ist.

Fast alle tierischen und pflanzlichen Zellen enthalten geringe Mengen Fett. Der menschliche Körper kann es mit der Nahrung aufnehmen und in **körpereigene Fette** umwandeln.

Nur die *essentiellen Fettsäuren* (sie sind mehrfach ungesättigt) kann der Körper nicht selbst bilden. Sie müssen ihm – ähnlich wie die Vitamine – regelmäßig in bestimmten Mindestmengen zugeführt werden. In der Umgangssprache werden sie deshalb unter der Bezeichnung *Vitamin F* zusammengefasst (obwohl sie keine Vitamine sind). Ein Mangel an essentiellen Fettsäuren führt zu Hauterkrankungen und Stoffwechselstörungen.

Fette sind für den Körper eine wichtige **Energiequelle**. Sie liefern etwa doppelt so viel Energie wie die gleiche Menge Zucker oder Eiweiß.

Im menschlichen Körper gibt es besondere *Fettzellen*. Sie befinden sich vor allem in der Unterhaut. Sie liegen aber auch im Gewebe, das die Organe umgibt.

Diese Fettzellen stellen einen **Schutz** für den Körper dar: Sie schützen ihn vor Wärmeverlust und seine Organe vor Druck und Stoß. Außerdem schützen sie die Haut vor dem Austrocknen und halten sie geschmeidig.

Fette sind auch **Lösemittel für bestimmte Vitamine**, die nicht in Wasser löslich sind (z. B. Vitamin A, D und E). Wir können diese Vitamine also nur mit Hilfe von Fett für den Körper nutzbar machen.

Fette sind für die **Stoffwechselvorgänge** unentbehrlich. Wir sollten etwa 80 g Fett pro Tag verzehren.

Wenn der Körper zu wenig Fett erhält, können Stoffwechselstörungen auftreten. Günstig sind solche Fette, deren Schmelzbereich unterhalb der Körpertemperatur liegt.

Das Problem ist bei uns heute jedoch nicht ein Zuwenig an Fett, sondern das *Zuviel* (Bild 1):

Eine zu fettreiche Ernährung – sowohl mit tierischen als auch mit pflanzlichen Fetten und Ölen – kann das Entstehen verschiedener Krankheiten begünstigen (z. B. Zuckerkrankheit, Gicht, Kreislaufstörungen, Herzinfarkt).

Wie ist es zu erklären, dass Menschen, die gänzlich auf fette Speisen verzichten, dennoch dick werden können?

Es gibt überall sog. **versteckte Fette**. Dazu gehört z. B. das Fett in der Schokolade; es stammt aus dem Kakao. (Du hast vielleicht schon einmal alte Schokolade gesehen, die bereits mit einem feinen weißen Überzug versehen ist. Dabei handelt es sich nicht um Zucker, sondern um auskristallisiertes Fett.)

Versteckte Lipide sind in jedem Lebensmittel vorhanden. Deshalb: Wer abnehmen will, muss insgesamt weniger essen. Auch hier gilt „das chemische Gesetz von der Erhaltung der Masse".

Fett kann sich also nur bilden, wenn entsprechend viel gegessen wird. Dies muss nicht nur Fett sein!

Bekanntlich setzen vor allem diejenigen leicht Fett an, die gern Süßigkeiten essen. Der Grund hierfür ist, dass unser Körper überschüssigen Zucker nicht ungenutzt lässt. Er legt vielmehr Depots an, auf die er in Notzeiten zurückgreifen kann. Dazu wandelt er in komplizierten chemischen Reaktionen den Zucker zunächst teilweise in Glycerin und Fettsäuren und dann in Fette um.

Den Aufbau von Fettpolstern kann man also dadurch verhindern, dass man nicht mehr als nötig isst und sich dazu viel und ausdauernd bewegt; so können die überflüssigen „Kalorien" abgebaut werden.

Aber auch der regelmäßige Genuss von Alkohol führt zur Fettbildung („Bierbauch"). Ein Teil des Ethanols wird nämlich in der Leber zu Fettsäuren umgebaut. Übermäßige Fettablagerungen in der Leber sind deshalb ein Anzeichen von Alkoholmissbrauch.

Durchschnittlicher Fettgehalt in g je 100 g Lebensmittel

Speiseöle	100	Schlagsahne	30
Schweineschmalz	100	Hartkäse	16–28
Butter	82–83	Schweinefleisch mittelfett	21
Margarine	80	Heringsfilet	15
Speck, fett	80	Eier	10
Mettwurst	51	Vollmilch	3,5
Halbfettmargarine	40	Brot	ca. 2
Schokolade	32		

Regeln zum Vermeiden von Fettbildung im Körper

Nicht mehr als nötig essen.
Kein sichtbares Fett essen (Ausnahme: fette Öle mit essentiellen Fettsäuren, am besten mit frischem Salat).
Versteckte Fette meiden.
Übermäßigen Genuss von Zucker vermeiden.
Keinen Alkohol trinken.
Sich viel bewegen und Sport treiben.

6798R

Rezept für eine selbst gemachte Margarine

Du brauchst:

1 Riegel Kokosfett,
1 Esslöffel Speiseöl,
1 Teelöffel Milch,
1 Teelöffel Eidotter,
ein dünnwandiges Glasgefäß,
eine kleine Fettpfanne zum Schmelzen des Kokosfettes,
eine Schüssel zur Herstellung von Eiswasser,
einige Eiswürfel,
einen Schneebesen (oder ein elektrisches Handrührgerät).

3

So wird's gemacht:

Lass das Kokosfett nur ganz langsam schmelzen. Vermische inzwischen Speiseöl, Milch und Eidotter im Glasgefäß. Stelle das Glasgefäß dann in Eiswasser.

Gib nun das geschmolzene Fett nach und nach in die Mischung und rühre so lange, bis sie steif geworden ist.

Die Fette

Alles klar?

1 Versuche zu erklären, warum bei den Pflanzen insbesondere die Samen sehr viel Fett enthalten.

2 Worin sind Mineralöle und fette Öle gleich, worin unterschiedlich?

3 Beschreibe den Aufbau eines Fettes an einem Beispiel.
Erkläre dabei auch die Begriffe *Esterbildung* und *Verseifung*.

4 Wie kannst du feststellen, ob ein Nahrungsmittel Fett enthält?

5 Welche Bedeutung hat Fett für den menschlichen Körper?

6 Warum sollten wir für die Ernährung vor allem Fette verwenden, die auch einen Anteil an ungesättigten Fettsäuren aufweisen?
Begründe deine Antwort.

7 Die Bilder 4 u. 5 (→ unten) zeigen das Kalottenmodell eines Fettmoleküls. Versuche herauszufinden, welche Fettsäuren darin mit dem Glycerin verbunden sind.

8 Wie könnte man aus einem fetten Öl ein festes Fett machen? (→ dazu das Info „Die Zusammensetzung der Fette und fetten Öle" sowie die Übersicht „Anteil einzelner Fettsäuren in verschiedenen Fetten".)

Auf einen Blick

Die Fette

Bei der **Veresterung** des dreiwertigen Alkohols Propantriol (Glycerin) mit Fettsäuren entstehen Fette. Dabei können die *Fettsäuren gesättigt* oder *ungesättigt* sein.

Fette können durch Hydrolyse (Spaltung durch Wasser) in ihre Ausgangsstoffe zerlegt werden. Fettbildung und Fettspaltung sind also umkehrbare Vorgänge, die in beide Richtungen ablaufen können.

$$\text{Glycerin} + \text{Fettsäuren} \underset{\text{Hydrolyse (Verseifung)}}{\overset{\text{Kondensation (Veresterung)}}{\rightleftarrows}} \text{Fett} + \text{Wasser}$$

Aufgrund der großen Zahl an Kombinationsmöglichkeiten von Fettsäuren mit dem dreiwertigen Alkohol gibt es viele unterschiedlich gebaute Fettmoleküle.

Je mehr ungesättigte Fettsäuren ein Fett enthält, desto weicher bzw. flüssiger ist es.

Fette, die bei Raumtemperatur flüssig sind, werden **fette Öle** genannt.

Fette – vor allem mit ungesättigten Fettsäuren – sind für den Körper unentbehrlich als Energiespeicher und als Träger der fettlöslichen Vitamine.

Fette sind Ester aus Glycerin und Fettsäuren. Die allgemeine Formel der Fettbildung lautet:
Glycerin + Fettsäuren → Fett + Wasser.

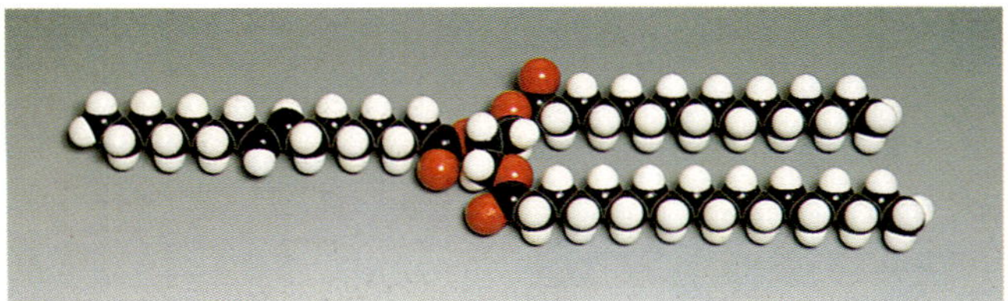
4

5

Sauerstoffderivate des Benzols

1 Das Phenol

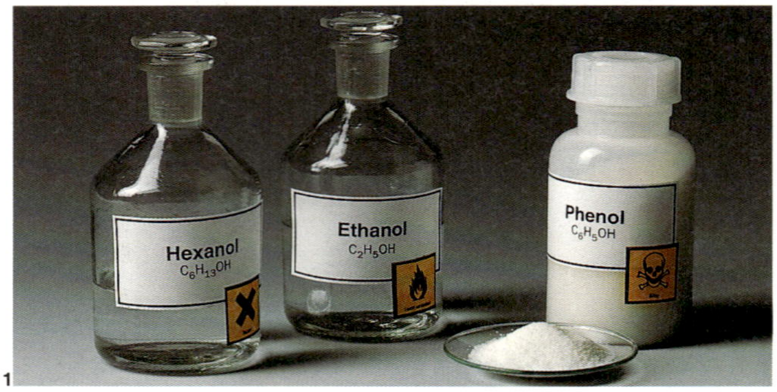

1

Ethanol – Propanol – Hexanol – Phenol ...
Gehört auch das Phenol zu den Alkoholen, so wie es Name und Formel vermuten lassen?

Bei den folgenden Versuchen sollten Schutzhandschuhe getragen werden.

V 1 *(Lehrerversuch)* Etwa 1 g Phenol [T] wird in einem Reagenzglas stark erhitzt (Abzug!). Entweichende Gase werden entzündet.

Der Versuch wird mit einigen Millilitern Ethanol [F] wiederholt. Vergleiche die Flammen.

V 2 Wir vergleichen die Löslichkeit von Phenol [T] und Ethanol [F].

a) Dazu geben wir eine Spatelspitze (ca. 0,3 g) Phenol in etwa 1 ml Wasser und schütteln das Reagenzglas. Dann erwärmen wir das Glas *vorsichtig* in der Brennerflamme.

Nach dem Abkühlen geben wir mehrmals je 1 ml Wasser dazu und schütteln jeweils. Beobachte genau!

b) Zum Vergleich geben wir zu 1 ml Ethanol zunächst 1 ml Wasser, dann nach und nach mehrere Milliliter.

c) Ob sich Phenol in Ethanol löst? Dazu geben wir 1 Spatelspitze Phenol zu 1 ml Ethanol.

V 3 Wir untersuchen die Leitfähigkeit von Phenol [T].

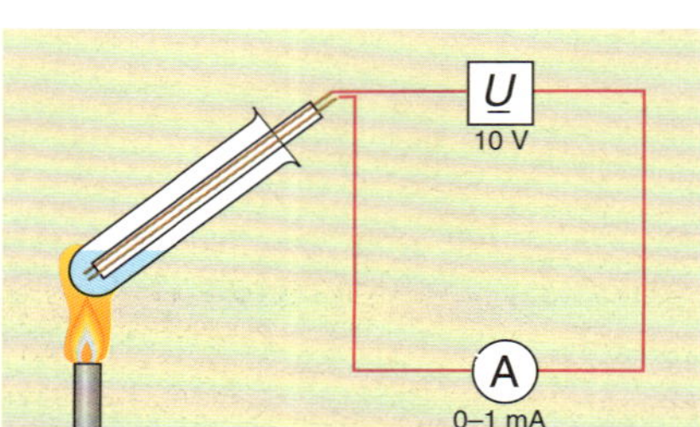

2

Dazu geben wir zunächst etwa 1 g Phenol in 2 ml Wasser und erhitzen das Gemisch vorsichtig, bis eine klare Lösung entsteht. Wir ermitteln die Leitfähigkeit der heißen Lösung mit dem Versuchsaufbau nach Bild 2.

Im Parallelversuch wird die Leitfähigkeit eines Gemisches aus 1 ml Ethanol und 2 ml Wasser ermittelt.

V 4 Wir vergleichen das Verhalten von Phenol und Ethanol gegenüber Indikatoren.

a) Dazu geben wir zu 5 ml Wasser einige Tropfen Lackmuslösung und dann eine Spatelspitze Phenol [T]. Gut schütteln!

In einem Parallelversuch versetzen wir 5 ml Lackmuslösung mit 1 ml Ethanol [F]. Vergleiche!

b) Wir geben zu 10 ml Wasser zwei Tropfen verdünnte Natronlauge [Xi] und zwei Tropfen Phenolphthaleinlösung [F] und schütteln. Die Lösung wird auf zwei Reagenzgläser verteilt.

In das erste Reagenzglas geben wir eine Spatelspitze Phenol [T], in das zweite 1 ml Ethanol [F]. Beobachte genau! Dann geben wir in das zweite Reagenzglas ebenfalls eine Spatelspitze Phenol. Beschreibe!

V 5 Wir untersuchen, wie sich Phenol in einer Lauge und in einer Säure verhält.

In zwei Reagenzgläser geben wir jeweils eine Spatelspitze Phenol [T] und 3 ml Wasser. Hinzu kommen im ersten Reagenzglas zwei Tropfen konzentrierte Natronlauge [C] und im zweiten Reagenzglas zwei Tropfen konzentrierte Salzsäure [C]. Was ist zu beobachten? Beschreibe!

V 6 Wir geben zu 3 ml einer verdünnten Lösung von Phenol [T] einen Tropfen einer 10%igen Lösung von Eisen(III)-chlorid [Xn]. Schütteln!

Der Versuch wird gleichzeitig mit einer Lösung von Ethanol [F] durchgeführt. Vergleiche!

V 7 Wie verhält sich Eisen(III)-chloridlösung [Xn] anderen Stoffen gegenüber?

a) In ein Reagenzglas geben wir einige Milliliter abgekühlten schwarzen Tee. In ein zweites Reagenzglas kommt etwas Galläpfelextrakt oder ein Gerbstoff (Tannin). Hinzu geben wir in beide Gläser einige Tropfen der Eisensalzlösung (Bild 3).

b) Tropfe diese Lösung auch auf ein Stück unbehandeltes Eichenholz. Betrachte es nach einigen Tagen.

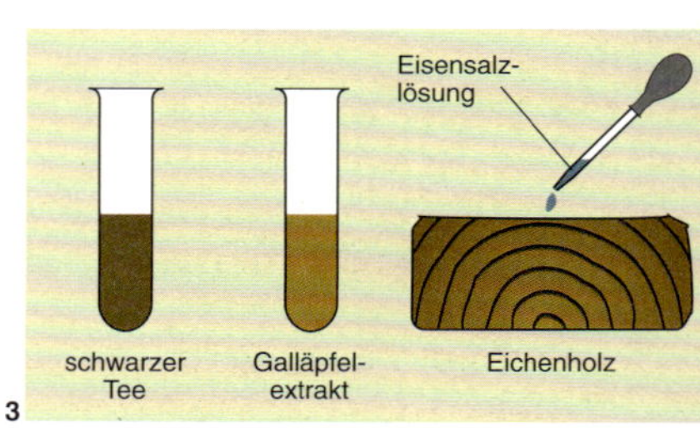

3

8572RD

Das Phenol – ein Alkohol?

In den Molekülen der Alkohole, die wir bisher kennen gelernt haben, sind die Hydroxygruppen an eine Kohlenstoff*kette* gebunden. Es gibt aber auch Stoffe, bei denen die Hydroxygruppe an ein *Kohlenstoffatom des Benzolringes* gebunden ist.

Der vom Molekülbau her einfachste und wichtigste Vertreter dieser Stoffklasse ist das **Phenol** (Monohydroxybenzol).

Phenolmolekül
C_6H_5OH

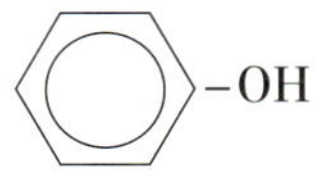

Phenol bildet farblose, nadelförmige Kristalle, die einen typischen Geruch haben. Es ist giftig und wirkt ätzend.

Phenol schmilzt schon bei 41 °C. An der Luft färbt es sich durch Oxidation leicht rosa (Bild 1).

An der Luft verbrennt Phenol wegen seines hohen Kohlenstoffgehalts nur unvollständig mit leuchtender, stark rußender Flamme. Dieses Leuchten hat ihm seinen Namen gegeben (griech. *phainen:* leuchten; zu Phänomen, Erscheinung).

Die Löslichkeit von Phenol in Ethanol ist gut, in Wasser jedoch nur gering: Bei 15 °C lösen sich 8,2 g Phenol in 100 ml Wasser. Mit steigender Temperatur nimmt die Wasserlöslichkeit jedoch stark zu.

Die Lösung von Phenol in Wasser zeigt Eigenschaften, die wir bei Lösungen der bisher bekannten Alkohole nicht festgestellt haben: Sie leitet den elektrischen Strom (nur schwach) und neutralisiert schwache Laugen.

Phenol reagiert in Wasser also als schwache Säure. Dabei läuft die folgende Reaktion ab.

$$C_6H_5OH + H_2O \rightarrow \underset{\text{Phenolat-Ion}}{C_6H_5O^-} + H_3O^+$$

Deshalb wird eine 5%ige Lösung von Phenol in Wasser auch *Carbolsäure* genannt (lat. *carbo:* Kohlenstoff). Sie wurde früher als Desinfektionsmittel eingesetzt.

Allerdings reagieren nur wenige Phenolmoleküle als Säure, sodass die Lösung nur schwach sauer wirkt: Sind z. B. 1 mol Phenolmoleküle in 1 l Wasser gelöst (mehr löst sich nicht bei Raumtemperatur), dann beträgt der pH-Wert 5. Durch einen „Trick" kann man jedoch erreichen, dass *alle* Phenolmoleküle reagieren. Dazu versetzt man Phenol mit einem Überschuss an Natronlauge. Deren OH^--Ionen reagieren mit den OH-Gruppen aller Phenolmoleküle. Es entsteht Natriumphenolat, ein aus Ionen aufgebauter Stoff.

$$C_6H_5OH + Na^+ + OH^- \rightarrow \underset{\text{Natriumphenolat}}{C_6H_5O^- + Na^+} + H_2O$$

Natriumphenolat löst sich gut in Wasser. Versetzt man die Lösung mit einer Säure, reagieren deren H_3O^+-Ionen mit den Phenolat-Ionen. Dabei fällt das schwer lösliche Phenol aus.

$$C_6H_5O^- + H_3O^+ \rightarrow C_6H_5OH + H_2O$$

Dass die OH-Gruppe des Phenolmoleküls so deutlich anders reagiert als die OH-Gruppe z. B. des Ethanolmoleküls, hängt mit der Molekülstruktur zusammen: **Im Phenolmolekül ist die Hydroxygruppe an den „aromatischen Kern" des Benzols gebunden.** Das heißt, am Benzolring wurde ein H-Atom durch eine OH-Gruppe ersetzt.

Phenol zeigt deutlich andere Eigenschaften als ein Alkohol. Es kommt also bei organischen Verbindungen nicht nur darauf an, *welche funktionelle Gruppe enthalten ist*, sondern auch darauf, *wie sie gebunden ist.*

Während mit *Phenol* nur die Verbindung C_6H_5OH gemeint ist, bezeichnet man als **Phenole** alle Verbindungen, in denen eine oder mehrere Hydroxygruppen an einen aromatischen Rest gebunden sind. Sie ergeben mit Eisen(III)-Ionen charakteristische Farbreaktionen und können so nachgewiesen werden.

Viele Naturstoffe enthalten Phenole, z. B. die Bitterstoffe, die man im schwarzen Tee oder in Galläpfeln findet (letztere schmecken „gallebitter"). Da diese Bitterstoffe Eiweiß fällen, verwendet man sie z. B. zum Gerben von Häuten bei der Lederherstellung. Daher heißen sie auch Gerbstoffe (Tannine).

Aus Galläpfeln und Eisenverbindungen stellte man früher eine Tinte her, die *Eisengallustinte*. Aufgrund der Reaktion von Phenolen mit Eisenverbindungen ist diese Tinte blauschwarz.

Aufgaben

1 Phenol verbrennt mit stark rußender Flamme (Bild 4). Woran liegt das? Erkläre!

2 Vergleiche den Bau des Phenolmoleküls mit dem Bau des Ethanolmoleküls. Erkläre dann das unterschiedliche Verhalten beider Stoffe gegenüber Wasser.

3 Phenol reagiert – wie Ethanol – mit Natrium. Stelle die Reaktionsgleichung auf und benenne die dabei entstehenden Stoffe.

4 Was versteht man unter *Carbolsäure*? Erläutere auch die Wörter, aus denen dieser Begriff zusammengesetzt ist. Werte dabei Bild 5 aus.

5 Jemand hat folgenden Versuch durchgeführt: Galläpfel wurden zu einem Brei zerdrückt, dieser mit Wasser verdünnt und ein Eisennagel hineinlegt. Nach einigen Tagen wurde die Lösung schwarz. Was war geschehen? Erkläre!

4

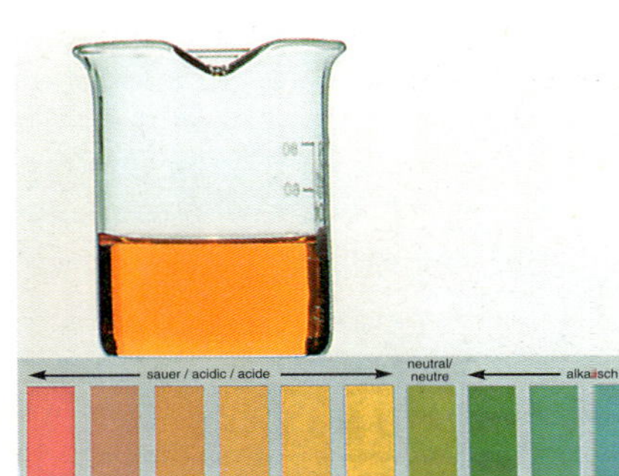

5

Aus der Geschichte: **Phenol im Kampf gegen tödlichen Schmutz**

Noch vor etwa 150 Jahren war es nicht ungefährlich, in ein Krankenhaus zu gehen und sich einer Operation zu unterziehen. Die Operation war dabei gar nicht einmal die Hauptquelle der tödlichen Gefahr. Es war vielmehr mangelnde Sauberkeit vor und nach der Operation.

Man wusste nämlich noch nicht, dass Infektionen durch Bakterien ausgelöst werden, und beachtete deshalb keine der für uns heute so selbstverständlichen Regeln der Hygiene. Die Folgen waren damals erschreckend: Fast jeder zweite Patient starb nach einer Operation an Wundinfektion.

Diese hohe Todesrate machte auch den englischen Chirurgen *Joseph Lister* (1827–1912) sehr nachdenklich. Er arbeitete damals am Krankenhaus von Glasgow.

Im Jahr 1865 hörte er von der Entdeckung des französischen Chemikers *Louis Pasteur*. Dieser hatte herausgefunden, dass Infektionen durch winzige Lebewesen, Bakterien, verursacht werden. Daraufhin versuchte Lister mit allen Mitteln zu verhindern, dass solche Bakterien in die Wunden von frisch Operierten gelangten.

Lister erinnerte sich gehört zu haben, dass **Phenol** zur Reinigung von Abwässern verwendet wurde. So beschloss er Lösungen von Phenol in Wasser zur Bekämpfung von Bakterien einzusetzen: Er wusch die Wunden mit Phenollösung *(Carbolsäure)* aus und tränkte auch die Verbandsstoffe damit. Lister ließ sogar während der Operationen Phenollösung versprühen um die seiner Meinung nach besonders gefährlichen Bakterien in der Luft abzutöten.

Der Erfolg stellte sich schnell ein: Die so behandelten Wunden heilten ohne zu eitern. Bald lag die Zahl der Wundinfektionen bei ihm weit unter denen in anderen Krankenhäusern. Deshalb setzte sich nach und nach die Anwendung von Phenollösung zur Desinfektion allgemein durch.

Heute hat Phenol seine Bedeutung als Desinfektionsmittel weitgehend verloren. Aber das sog. *antiseptische Verfahren*, das Keimfreimachen durch Chemikalien, ist erhalten geblieben und weiterentwickelt worden. Weit wirksamere Mittel haben das Phenol abgelöst.

2 Benzaldehyd und Benzoesäure

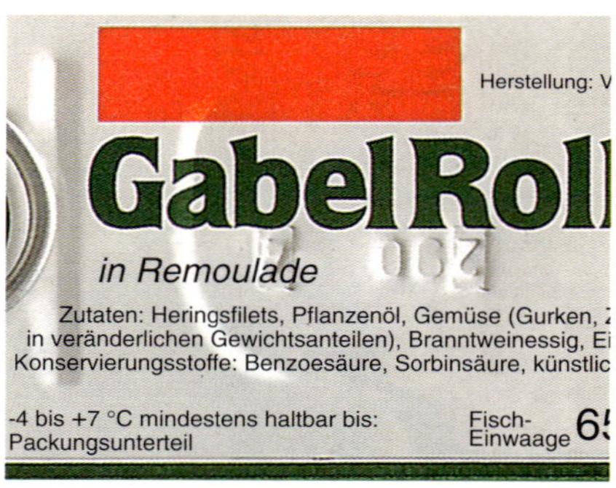

1

2

In vielen Lebensmitteln ist sie als Zusatzstoff enthalten: die *Benzoesäure*.
Was ist das für eine Substanz und was hat sie mit *Benzol* zu tun?

V 8 Hier geht es um die Löslichkeit von Benzoesäure Xn.

a) Wir geben etwa 0,3 g Benzoesäure (eine Spatelspitze) in 10 ml Wasser und schütteln das Reagenzglas vorsichtig. Dann erhitzen wir die Flüssigkeit bis zum Sieden und lassen sie anschließend langsam abkühlen. Beschreibe!

b) Nun untersuchen wir die Löslichkeit von Benzoesäure in Ethanol F und in Ether F+. Dazu geben wir jeweils etwa 0,3 g Benzoesäure in 10 ml Ethanol bzw. Ether.

V 9 Für diesen Versuch benötigen wir das Reagenzglas samt Inhalt von Versuchsteil 8 a.

Wir ermitteln die Leitfähigkeit der Flüssigkeit bei Raumtemperatur und beim Erhitzen (Apparatur von Versuch 3; Messbereich 0–10 mA).

V 10 Wir geben in etwa 10 ml Wasser 2 Tropfen verdünnte Natronlauge Xi und 2 Tropfen Phenolphthalein (gut schütteln!). Dann lösen wir 0,1 g Benzoesäure Xn in 10 ml Wasser und fügen einige Milliliter dieser Lösung der anderen Flüssigkeit zu.

V 11 Wie verhält sich Benzoesäure Xn gegenüber Lackmuslösung?

Dazu versetzen wir ca. 5 ml Wasser mit einigen Tropfen Lackmuslösung und geben eine Spatelspitze Benzoesäure hinzu.

V 12 Nun werden ca. 0,3 g Benzoesäure Xn (das ist etwa eine Spatelspitze) mit 5 ml verdünnter Natronlauge Xi versetzt. Vergleiche mit dem Ergebnis von Versuchsteil 8 a.

Anschließend fügen wir vorsichtig einige Tropfen konzentrierte Salzsäure C hinzu und erwärmen.

8574RD

V 13 So können wir kleine Mengen Benzoesäure [Xn] herstellen:

Wir tropfen auf ein Uhrglas etwa 10 Tropfen Benzaldehyd [Xn]. Das Uhrglas bleibt einige Tage lang ruhig stehen. Beobachte es in der Zeit.

Mit welchem Versuch könnte gezeigt werden, dass tatsächlich Benzoesäure entstanden ist? Plane das Experiment zunächst und führe es anschließend durch.

V 14 So geht die Herstellung von Benzoesäure [Xn] etwas schneller:

Wir lösen eine kleine Spatelspitze (ca. 0,1 g) Kaliumpermanganat [O, Xn] in etwa 5 ml Wasser auf. Der Lösung fügen wir 5–10 Tropfen Benzaldehyd [Xn] hinzu. Das Gemisch wird erhitzt und noch heiß filtriert.

Dann verteilen wir das Filtrat auf zwei Reagenzgläser und lassen sie abkühlen. Was beobachtest du?

Das erste Reagenzglas wird wieder erwärmt. Beschreibe!

In das zweite Reagenzglas geben wir 1 ml verdünnte Natronlauge [Xi].

Aufbau und Eigenschaften von Benzoesäure und Benzaldehyd

Wenn man in der Formel des Benzols ein Wasserstoffatom durch die Carboxylgruppe (COOH-Gruppe) ersetzt, erhält man die Formel der **Benzoesäure** (C_6H_5COOH). Sie ist die einfachste aromatische Säure.

Benzoesäure
C_6H_5COOH

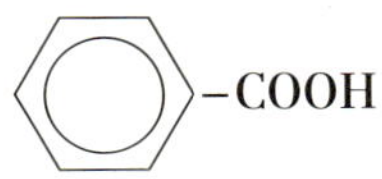

Benzoesäure ist bei Raumtemperatur fest und bildet dann farblose Nadeln oder Blätter.

Ihre Löslichkeit ist in kaltem Wasser sehr gering: Bei 17 °C lösen sich in 100 ml Wasser nur 0,27 g. In heißem Wasser löst sie sich besser.

In Ether und Ethanol ist Benzoesäure leicht löslich: Die hydrophobe Wirkung des Benzolrestes (C_6H_5-Gruppe) überwiegt gegenüber der hydrophilen Wirkung der Carboxylgruppe (COOH-Gruppe).

Die **wässrige Lösung der Benzoesäure** leitet den elektrischen Strom. Sie reagiert schwach sauer, etwa so wie die Essigsäure (Ethansäure, CH_3COOH).

Ein Teil der Benzoesäuremoleküle reagiert mit Wasser nach der schon bekannten Gleichung.

$$C_6H_5COOH + H_2O \rightarrow \underset{\text{Benzoat-Ion}}{C_6H_5COO^-} + H_3O^+$$

Eine Lösung von 0,025 mol Benzoesäure pro Liter (mehr löst sich nicht bei Raumtemperatur) hat den pH-Wert 3.

Wenn man erreichen will, dass alle Benzoesäuremoleküle reagieren, versetzt man die Säure mit einem Überschuss an Natronlauge. Deren OH^--Ionen reagieren mit allen Carboxylgruppen. Dabei entsteht *Natriumbenzoat*, ein aus Ionen aufgebauter Stoff.

$$C_6H_5COOH + Na^+ + OH^- \rightarrow \underset{\text{Natriumbenzoat}}{C_6H_5COO^- + Na^+} + H_2O$$

Natriumbenzoat ist also ein Salz der Benzoesäure. Es löst sich gut in Wasser. Wenn man diese Lösung mit einer stärker wirkenden Säure als der Benzoesäure versetzt, reagieren deren H_3O^+-Ionen mit den Benzoat-Ionen: Die schwer löslichen Kristalle der Benzoesäure fallen wieder aus.

$$C_6H_5COO^- + H_3O^+ \rightarrow C_6H_5COOH + H_2O$$

Die Eigenschaft der Carboxylgruppe (COOH-Gruppe) wird also nicht dadurch verändert, dass sie mit einem Benzolrest (C_6H_5-Gruppe) verbunden ist anstatt mit einer Alkyl-Gruppe. Im Gegensatz dazu reagiert ja die Hydroxygruppe (OH-Gruppe) an einem Benzolrest deutlich anders als an einem Alkylrest.

Die Benzoesäure kommt in freier Form oder als Ester in verschiedenen Pflanzen und Harzen vor. Sie verhindert die Gärung und die Fäulnis von Lebensmitteln. Daher wird sie in Form ihres Natriumsalzes als Konservierungsmittel genutzt.

Um Benzoesäure im Experiment herzustellen, kann man nicht einfach ein Wasserstoffatom des Benzols durch eine Carboxylgruppe ersetzen (substituieren). Man muss von komplizierteren Verbindungen ausgehen, z. B. von **Benzaldehyd** (C_6H_5–CHO). Das ist eine farblose, nach bitteren Mandeln riechende Flüssigkeit (deshalb auch „Bittermandelöl" genannt). Sie siedet bei 179 °C.

Wie bei der Carboxylgruppe (COOH-Gruppe) bleiben auch bei der Aldehydgruppe (CHO-Gruppe) deren Eigenschaften erhalten, wenn diese mit dem aromatischen Kern verbunden sind. Benzaldehyd ist deshalb z. B. ein Reduktionsmittel und wird leicht zu Benzoesäure oxidiert.

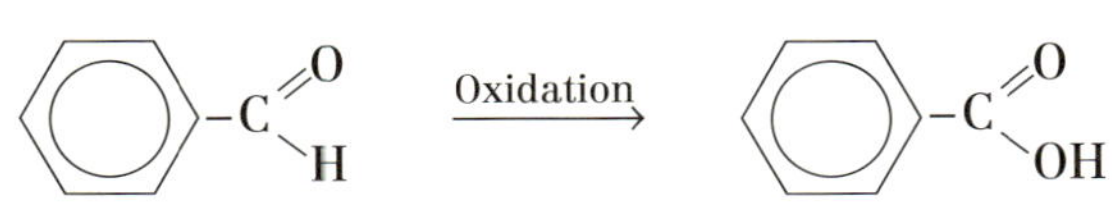

Benzaldehyd   Benzoesäure

Benzoesäure im Vergleich mit Heptansäure

Benzoesäure hat mit 122 °C eine recht hohe *Schmelztemperatur.* Im Gegensatz dazu schmilzt die **Heptansäure** ($C_6H_{13}COOH$; ebenfalls mit sieben Kohlenstoffatomen im Molekül) schon bei –8 °C.

3

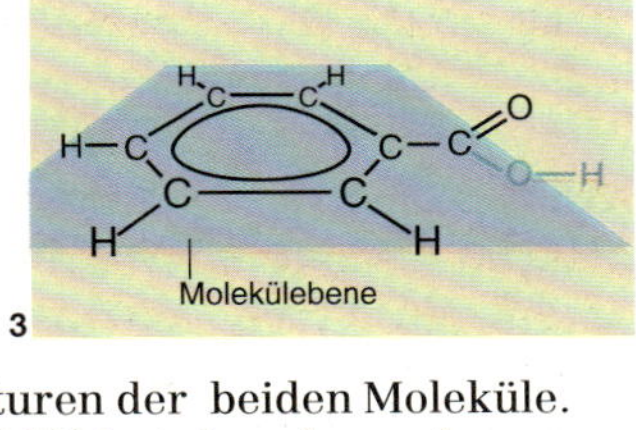

Um das verstehen zu können, vergleichen wir die Strukturen der beiden Moleküle.

Das *Benzoesäuremolekül* (Bild 3) hat einen bemerkenswerten Aufbau. Alle Atome – außer dem Wasserstoffatom der Carboxylgruppe – befinden sich nämlich in einer Ebene. Diese Anordnung ermöglicht den Aufbau eines besonders stabilen Kristallgitters, das erst bei höheren Temperaturen zusammenbricht.

In den *Heptansäuremolekülen* ist die Carboxylgruppe an je eine lange „Zickzackkette" von Kohlenstoffatomen gebunden. Diese verknäulen sich leicht ineinander und ordnen sich erst bei tiefen Temperaturen zu einem Kristallgitter.

Die *Siedetemperaturen* beider Stoffe liegen eng beieinander: Benzoesäure: 249 °C, Heptansäure: 223 °C.

Dafür sind im Wesentlichen die Van-der-Waals-Kräfte entscheidend und die hängen mit den ähnlichen Molekülmassen zusammen: Benzoesäure: 122,12 u, Heptansäure: 130,18 u.

3 Aspirin

Essigsäure und Salicylsäure – die Grundlage für Aspirin

Für die Synthese verschiedener Medikamente ist **Essigsäure** unverzichtbar. So ist z. B. das Aspirin® eine Verbindung aus Essigsäure und Salicylsäure (→ dazu die Strukturformel in Bild 1). Auf der Briefmarke (Bild 2) ist ebenfalls die Struktur von Aspirin dargestellt.

Auch die **Salicylsäure** (Hydroxybenzoesäure) ist ein medizinischer Wirkstoff (von lat. *salix:* Weide). Die Säure bildet farblose, in Wasser schlecht lösliche Kristalle. Sie reagiert stärker sauer als die Benzoesäure.

Besser löslich sind ihre Salze. Aus deren Lösungen kann man die Säure durch Ansäuern mit Salzsäure ausfällen. So lässt sie sich leicht aus dem Weidenrindenextrakt gewinnen.

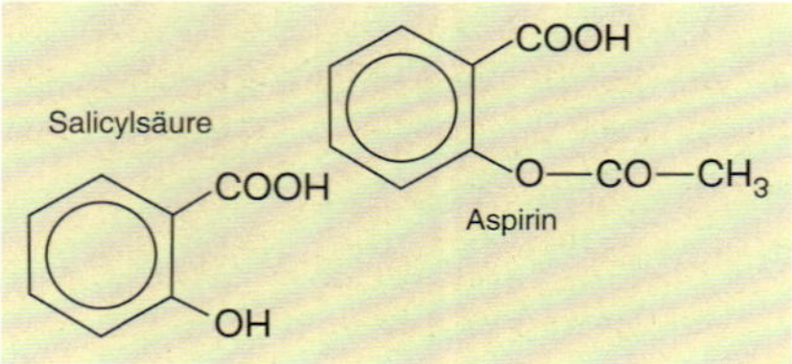

1

2

Früher streute man Salicylsäurepulver z. B. über Marmelade um Pilzwachstum zu verhindern. Ihre Verwendung zur Konservierung von Lebensmitteln ist heute verboten, da sie sich im Nervengewebe der Menschen anreichert.

Eine blauviolette Farbreaktion mit Eisen(III)-salzlösung in stark saurer Lösung ist für Phenole und damit auch für die Salicylsäure typisch.

Der **Ester** aus Salicylsäure und Essigsäure ist unter der Bezeichnung *Aspirin* bekannt. Aspirin reagiert weniger sauer als die Salicylsäure. Mit Eisen(III)-chloridlösung bleibt die Färbung aus.

In stark alkalischen Lösungen wird Aspirin wieder in Salicylsäure und Essigsäure (bzw. in deren Salze) zerlegt.

Aus der Geschichte: **Die Erfolgsstory des Aspirins**

Eines der ersten synthetischen und immer noch erfolgreichen Medikamente ist Aspirin® (Bild 3). Schon 1899 wurde es von den Farbenfabriken *Bayer* zum Patent angemeldet.

Der Name *Aspirin* ist ein Kunstwort, das auf den alten Namen *Spirsäure* für *Salicylsäure* zurückgeht. Die Spirsäure wurde nach dem Spierstrauch benannt – einer Pflanze, in der die Salicylsäure vorkommt. Bei uns ist die Pflanze auch unter dem Namen *Mädesüß* bekannt.

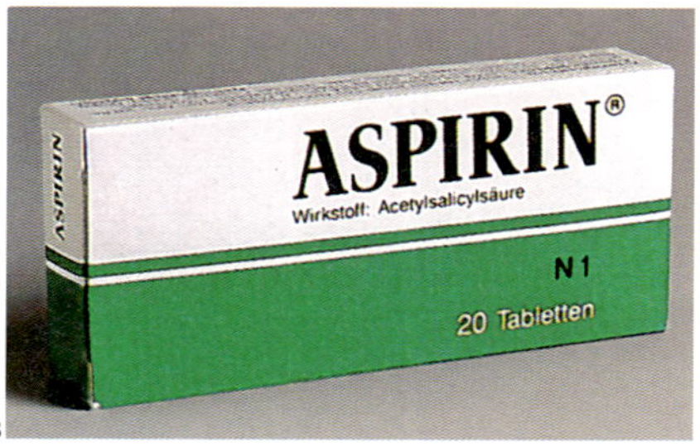

3

Extrakte von Weidenrinde (lat. *salix:* Weide), in der die Salicylsäure enthalten ist, wurden schon früh als Rheuma- oder Schmerzmittel verwendet:

Erstmals erwähnte *Hippokrates* (460–377 v. Chr.) dieses Heilmittel. Im Mittelalter geriet es allerdings in Vergessenheit. Grund hierfür war unter anderem, dass die Korbflechter gegen die schädliche Entrindung der Weiden Einspruch erhoben. Nur in der Volksmedizin blieb das Wissen erhalten. Kräuterweiblein, als Hexen verschrien, sorgten dafür, dass dieses Heilmittel weiter verwendet wurde.

Die eigentliche Erfolgsstory von Aspirin begann im Jahr 1897: Der Vater des Chemikers *Felix Hoffmann* litt unter Rheuma. Er vertrug aber die als Rheumamittel übliche Salicylsäure nicht. Sie ist schrecklich bitter (wie alle Phenole) und reizt zum Erbrechen; außerdem wirkt sie ätzend auf die Magenschleimhäute.

Daher versuchte Felix Hoffmann die Substanz für seinen Vater verträglicher zu machen: Sie musste so umgewandelt werden, dass sie nicht mehr so bitter schmeckte und weniger ätzend (stark sauer) wirkte.

Das gelang Hoffmann dadurch, dass er die OH-Gruppe des Salicylsäuremoleküls durch eine Acetylgruppe ($O{-}CO{-}CH_3$) „ersetzte“. So entstand die *Acetylsalicylsäure.*

Diese Säure war bereits seit 1853 bekannt, sie lag bis dahin allerdings nur in verunreinigter Form vor.

Hoffmann experimentierte so lange, bis es ihm gelang, ein vollkommen reines Präparat darzustellen, das weitgehend frei von Nebenwirkungen war.

Die Erprobung ergab, dass dieses Mittel *„gegen Rheuma hilft, schmerzstillend auch bei Kopf-, Zahn- und Nervenschmerzen wirkt, dazu fiebersenkend und entzündungshemmend ist und auch in jedem Klima haltbar ist. Die Substanz scheint gegen alles zu helfen, was mit Schmerzen, Fieber und Entzündungen verbunden ist.“* So beschrieb es damals eine Firmenschrift.

Vor allem die erfolgreiche Bekämpfung der Grippeepidemien zu Beginn des 20. Jahrhunderts verhalfen der Substanz zum Siegeszug.

Neuerdings sagt man dieser „Wundersubstanz“ nach, dass sie die Durchblutung des Herzmuskels fördert und deshalb Herzerkrankungen vorzubeugen vermag. Vor allem Thrombosen (Gefäßverschlüsse durch Blutgerinnung) sollen dadurch verhindert werden; sie lösen im Herzen den Infarkt aus. Daher wird Aspirin sicher noch für lange Zeit eine wichtige heilende Substanz bleiben.

Weil Aspirin nicht rezeptpflichtig ist, muss man vor Missbrauch warnen: Da Aspirin die Gerinnungsfähigkeit des Blutes herabsetzt, kann es bei übermäßigem Gebrauch zu Beschwerden führen, z. B. zu Magenbluten.

8576RD

Alles klar?

1 Das Wort *Phenol* leitet sich vom griech. Wort *phainen:* hell leuchten, erscheinen ab. Beschreibe einen Versuch, mit dem wir diese Namengebung begründen können.

2 Die „phenolische" OH-Gruppe (d. h., die an einen Benzolrest gebundene) unterscheidet sich ganz besonders in *einer* Reaktion von der „alkoholischen" OH-Gruppe (an einen Alkylrest gebunden).

Welche Reaktion ist gemeint? Beschreibe sie. Begründe das unterschiedliche Reaktionsverhalten am Beispiel von Phenol und Ethanol.

3 Ändert sich die Reaktionsweise der Carboxylgruppe (COOH-Gruppe), wenn sie mit dem aromatischen Kern statt mit einem Alkylrest verbunden ist? Nenne auch Beispiele.

4 Vergleiche die Löslichkeit von Essigsäure und Benzoesäure und begründe den Unterschied.

5 Sven behauptet: „Benzoesäure löst sich in Natronlauge besser als in Wasser."

Was meinst du dazu? Ist die Formulierung korrekt? Begründe deine Antwort.

6 Ändert sich die Reaktionsweise der Aldehydgruppe (CHO-Gruppe), wenn sie mit dem aromatischen Kern statt mit einem Alkylrest verbunden ist? Begründe!

7 Du weißt, wie man Aldehyde herstellen kann. Schreibe die Formel der Substanz auf, aus der man Benzaldehyd gewinnen kann.

Baue die Formel mit einem Molekülbaukasten nach. Konstruiere auch die dazugehörigen isomeren Verbindungen.

Durch welche Reaktionen unterscheiden sich diese Isomere vom Ausgangsstoff des Benzaldehyds?

8 Eine bestimmte aromatische Verbindung enthält sowohl die Carboxylgruppe als auch die Hydroxygruppe. Nenne Namen und Formel.

Vergleiche die Stärke dieser Säure mit der von Benzoesäure.

Wie lässt sich zeigen, dass die Säure eine „phenolische" OH-Gruppe enthält?

Erläutere auch die Bedeutung dieses Stoffes in der Medizin.

Auf einen Blick

Sauerstoffderivate des Benzols

Wenn man im Benzolring ein Wasserstoffatom ersetzt, entstehen **Derivate** (Abkömmlinge) des Benzols; z. B.: **Phenol** (C_6H_5OH), **Benzaldehyd** (C_6H_5CHO) und **Benzoesäure** (C_6H_5COOH).

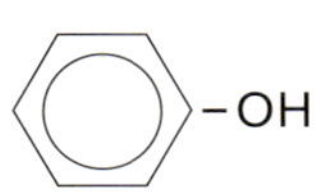
Phenol

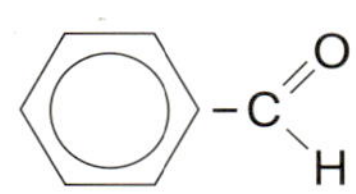

Benzaldehyd

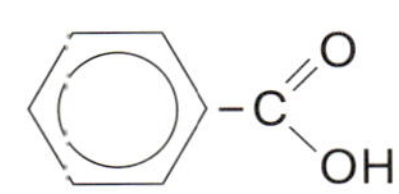

Benzoesäure

Phenol (C_6H_5OH) bildet bei Raumtemperatur farblose Kristalle, die sich an der Luft leicht rosa färben. In kaltem Wasser löst es sich wenig, in heißem sehr gut.

Die *wässrige Lösung* reagiert schwach sauer, weil ein Teil der Phenolmoleküle mit Wasser reagiert.

$$C_6H_5OH + H_2O \rightarrow \underset{\text{Phenolat-Ion}}{C_6H_5O^-} + H_3O^+$$

Im *Phenolmolekül* ist am Benzolring ein Wasserstoffatom durch die **Hydroxygruppe** (OH-Gruppe) ersetzt.

Die Hydroxygruppe am Benzolrest reagiert anders als eine an einen Alkylrest gebundene Hydroxygruppe.

Im Gegensatz dazu ändern die **Aldehydgruppe** und die **Carboxylgruppe** ihre Eigenschaften nicht, wenn sie mit einem Benzolrest verbunden sind.

Benzaldehyd (C_6H_5CHO) ist der einfachste aromatische Aldehyd. Im seinem Molekül wurde am Benzolring ein Wasserstoffatom durch die **Aldehydgruppe** (CHO-Gruppe) ersetzt. Benzaldehyd ist eine farblose, nach bitteren Mandeln riechende Flüssigkeit. Er zeigt die typischen Reaktionen eines Aldehyds und lässt sich leicht zu *Benzoesäure* oxidieren.

Benzoesäure (C_6H_5COOH) bildet farblose, nadelförmige Kristalle. In ihrem Molekül wurde am Benzolring ein Wasserstoffatom durch die **Carboxylgruppe** (COOH-Gruppe) ersetzt.

Die Benzoesäure ist in kaltem Wasser schlecht löslich, dagegen gut löslich in Ethanol und Ether. Dabei überwiegt der Einfluss des hydrophoben C_6H_5-Restes gegenüber der hydrophilen COOH-Gruppe.

Die Benzoesäure reagiert als schwache Säure (etwas stärker als die Essigsäure) entsprechend der für Carbonsäuren typischen Reaktionsgleichung.

$$C_6H_5COOH + H_2O \rightarrow \underset{\text{Benzoat-Ion}}{C_6H_5COO^-} + H_3O^+$$

Salicylsäure (Hydroxybenzoesäure) reagiert stärker sauer als die Benzoesäure. Wenn man deren am Phenolrest gebundene Hydroxygruppe mit Essigsäure verestert, erhält man **Acetylsalicylsäure**. Dieser Stoff ist als **Aspirin** das wohl bekannteste Arzneimittel überhaupt.

Organische Chemie – ein Überblick

1 Kohlenwasserstoffe

Die Vielfalt der Kohlenwasserstoffe

Kohlenwasserstoffe sind Verbindungen ausschließlich aus den Elementen Kohlenstoff und Wasserstoff. Die Vielfalt der Kohlenwasserstoffe beruht darauf, dass sich die Kohlenstoffatome ganz unterschiedlich miteinander verbinden können. Man teilt die Kohlenwasserstoffe nach der Struktur ihrer Moleküle ein.

Kohlenwasserstoffe mit kettenförmigen Molekülen			**Kohlenwasserstoffe mit ringförmigen Molekülen**		
Anordnung der Kohlenstoffatome im Molekül in unverzweigten oder verzweigten Ketten			ringförmige Anordnung der Kohlenstoffatome in den Molekülen		
gesättigte kettenförmige Moleküle	ungesättigte kettenförmige Moleküle		gesättigte ringförmige Moleküle	ungesättigte ringförmige Moleküle	aromatische Moleküle
nur C–C-Einfachbindungen im Molekül	mindestens eine C–C-Mehrfachbindung im Molekül		nur C–C-Einfachbindungen im Molekül	C–C-Mehrfachbindung im Molekül	aromatische Elektronenanordnung
Alkane z. B. Hexan C_6H_{14}	Alkene z. B. Hexen C_6H_{12}	Alkine z. B. Hexin C_6H_6	Cycloalkane z. B. Cyclohexan C_6H_{12}	Cycloalkene z. B. Cyclohexen C_6H_{10}	Aromaten z. B. Benzol C_6H_6
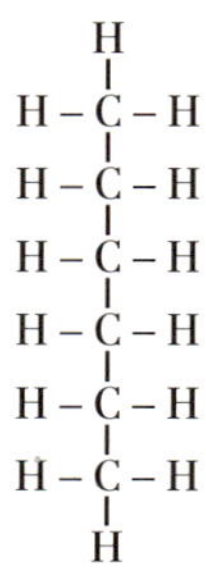	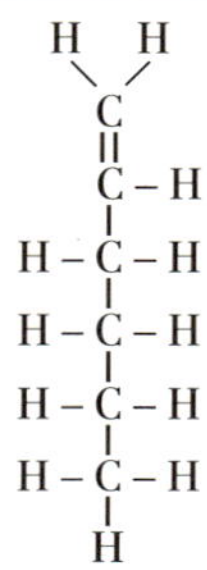	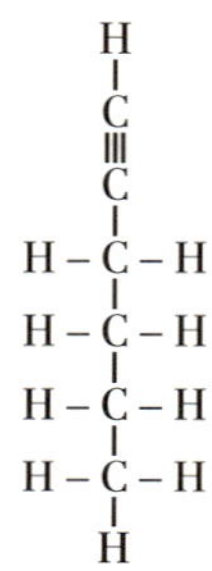	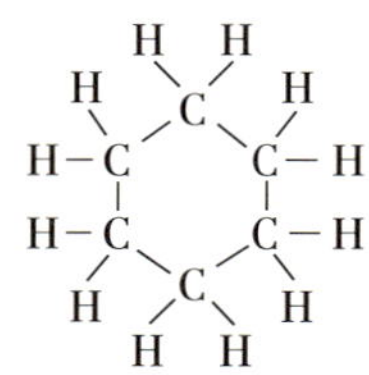	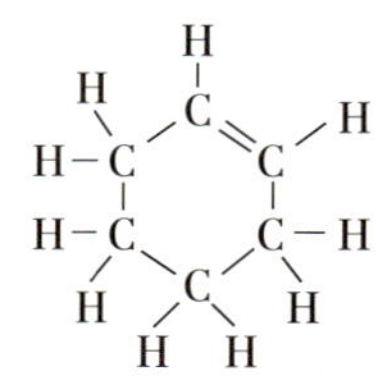	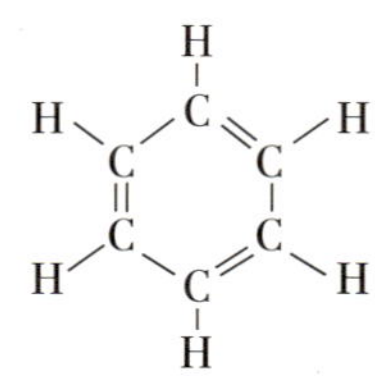

2 Einige organische Verbindungen

Alkane, Alkanole und Oxidationsprodukte der Alkanole

Alkane, Alkene und Alkine bilden homologe Reihen, ebenso die Alkanole und deren Oxidationsprodukte. Die aufeinander folgenden Glieder dieser Reihen unterscheiden sich voneinander jeweils durch eine CH_2-Gruppe.

Alkane	**Alkanole**	**Alkanale**	**Alkanone**	**Alkansäuren**
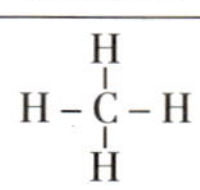 CH_4 Methan	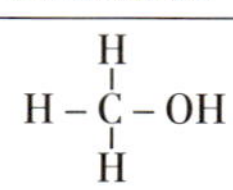 CH_3OH Methanol	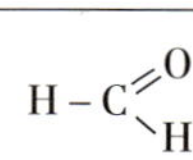 HCHO Methanal	–	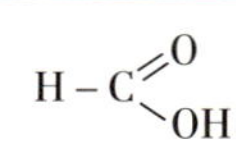 HCOOH Methansäure
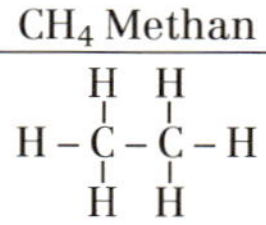 C_2H_6 Ethan	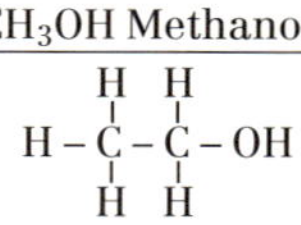 C_2H_5OH Ethanol	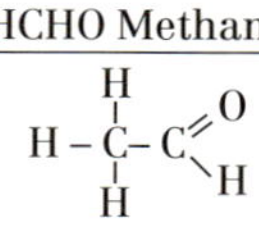 CH_3CHO Ethanal	–	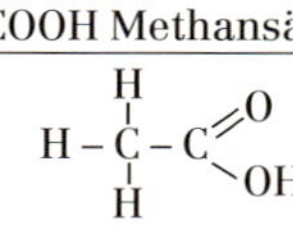 CH_3COOH Ethansäure
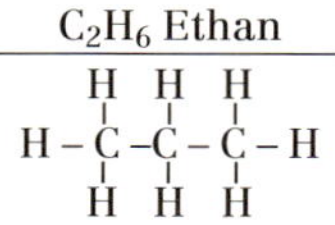 C_3H_8 Propan	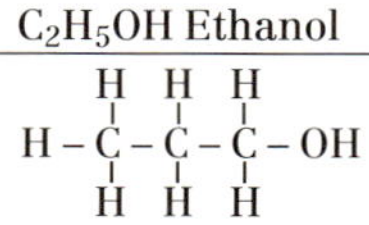 C_3H_7OH Propanol	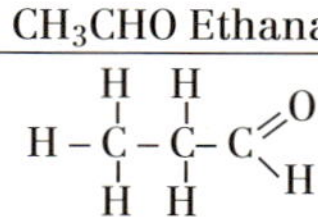 C_2H_5CHO Propanal	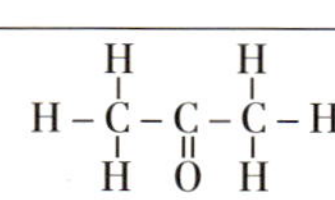 Propanon	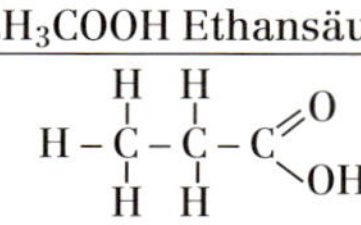 C_2H_5COOH Propansäure
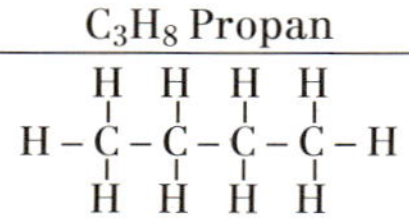 C_4H_{10} Butan	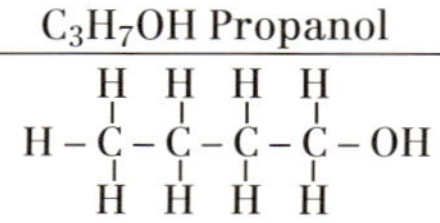 C_4H_9OH Butanol	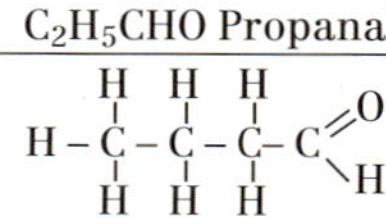 C_3H_7CHO Butanal	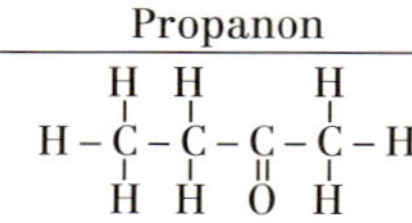 Butanon	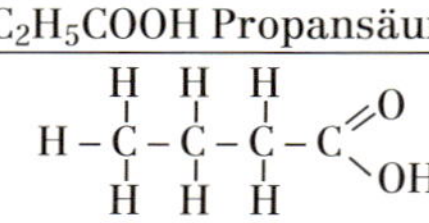 C_3H_7COOH Butansäure
…	…	…	…	…

8578R

Strukturmerkmale organischer Verbindungen

Strukturmerkmal		Beispiel		
Bezeichnung	Symbolik	Stoffklasse	Strukturformel	Name
a) Arten der Atombindung zwischen Kohlenstoffatomen				
Einfachbindung	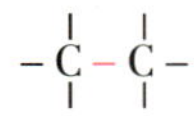	Alkane	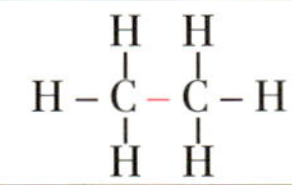	Ethan
Doppelbindung	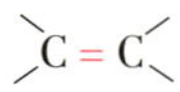	Alkene	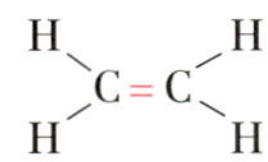	Ethen
Dreifachbindung	– C ≡ C –	Alkine	H – C ≡ C – H	Ethin
aromatische Bindung	 oder 	Aromaten	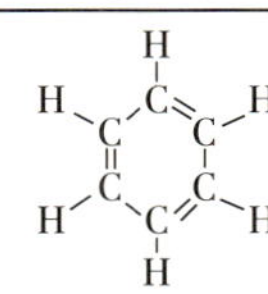	Benzol
b) Funktionelle Gruppen				
Hydroxygruppe (Hydroxylgruppe)	– O – H (– OH)	Alkanole	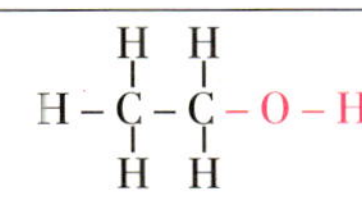 $(CH_3 – CH_2 – OH)$	Ethanol
Aldehydgruppe	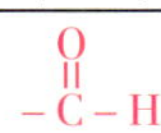 (– CHO)	Alkanale	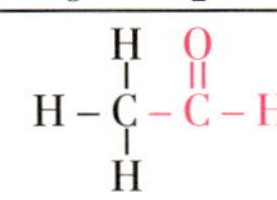 $(CH_3 – CHO)$	Ethanal (Acetaldehyd)
Ketogruppe (Carbonylgruppe)	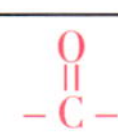 (– CO –)	Alkanone	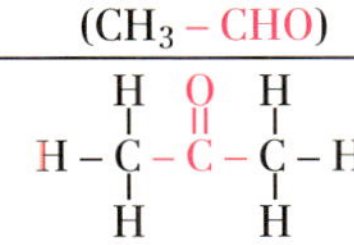 $(CH_3 – CO – CH_3)$	Dimethylketon (Pentanon, Aceton)
Carboxylgruppe (Carbonsäuregruppe)	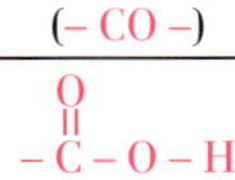 (– COOH)	Alkansäuren	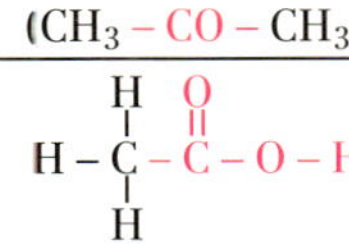 $(CH_3 – COOH)$	Ethansäure (Essigsäure)
Aminogruppe	 $(– NH_2)$	Aminoverbindungen	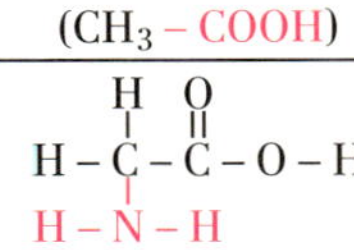 $(NH_2 – CH_2 – COOH)$	2-Amino-ethansäure (Glycin)
c) Charakteristische Atomgruppierungen				
Estergruppe	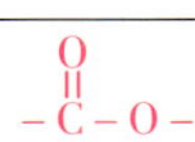 (– COO –)	Ester	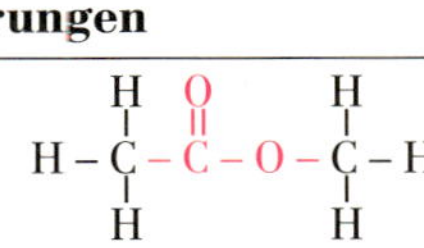 $(CH_3 – COO – CH_3)$	Essigsäure-methylester
Ethergruppe	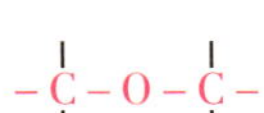 (– COC –)	Ether	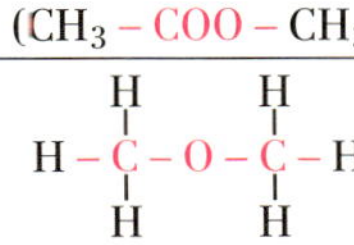 $(CH_3 – O – CH_3)$	Dimethylether
Peptidbindung	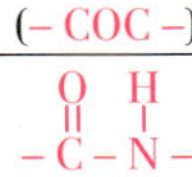 (– CO – NH –)	Peptide	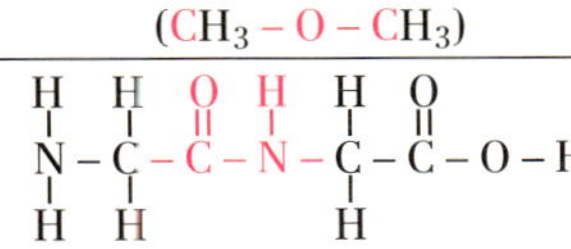 $(NH_2–CH_2–CO–NH–CH_2–COOH)$	Glycyl-Glycin (ein Dipeptid)

3 Reaktionen einiger organischer Stoffe

Typische Reaktionen von gesättigten und ungesättigten Kohlenwasserstoffen

Substitutionsreaktionen

Wenn zwischen zwei Molekülen gleichwertige Atome oder Atomgruppen ausgetauscht werden, spricht man von einer **Substitution**. Diese Reaktion ist z. B. typisch für Alkane und Benzol.

Bei jeder Substitution entstehen aus mindestens zwei Ausgangsstoffen wenigstens zwei Reaktionsprodukte.

Beispiel: Hexan reagiert mit Brom (Bilder 1 u. 2; Bild 2 zeigt die Reaktion bei unterschiedlichen Versuchsbedingungen).

1

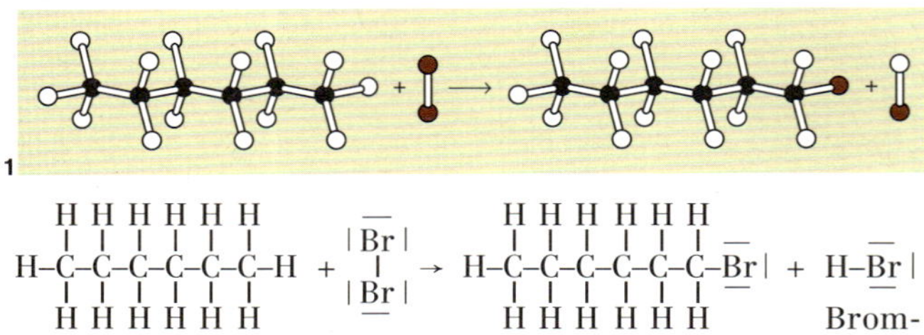

Hexanmolekül | Brommolekül | Monobromhexanmolekül | Bromwasserstoffmolekül

2

nach 1 min in gedämpftem Tageslicht | nach 1 min auf dem Arbeitsprojektor

Auch andere **Halogene** können mit Alkanen reagieren; es entstehen **Halogenalkane** (Bild 3). Dabei können auch *mehrere* Wasserstoffatome eines Alkanmoleküls schrittweise gegen Halogenatome ausgetauscht werden.

Beispiel: Wenn Chlor mit Methan reagiert, entsteht ein Gemisch verschiedener Reaktionsprodukte:

$CH_4 + Cl{-}Cl \rightarrow H{-}Cl + CH_3Cl$ (Monochlormethan)
$CH_3Cl + Cl{-}Cl \rightarrow H{-}Cl + CH_2Cl_2$ (Dichlormethan)
$CH_2Cl_2 + Cl{-}Cl \rightarrow H{-}Cl + CHCl_3$ (Trichlormethan)
$CHCl_3 + Cl{-}Cl \rightarrow H{-}Cl + CCl_4$ (Tetrachlormethan)

3

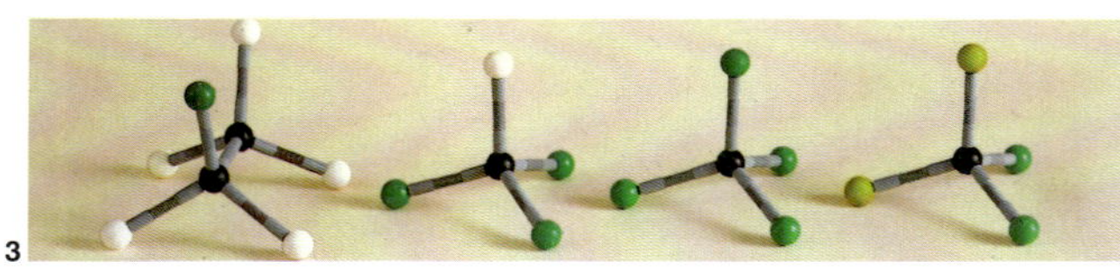

Auch die Esterbildung und die Esterspaltung kann man den Substitutionsreaktionen zuordnen. Bei der **Esterbildung** werden Atomgruppen der Alkoholmoleküle und der Säuremoleküle gegeneinander ausgetauscht. Ein Reaktionsprodukt ist dabei Wasser.

Reaktionen, bei denen jeweils aus zwei großen Molekülen (z. B. Alkohol- und Säuremolekül) ein noch größeres Molekül (Estermolekül) und ein kleines Molekül (Wassermolekül) entstehen, bezeichnet man als **Kondensationsreaktion**. Kondensationsreaktionen sind Substitutionsreaktionen.

Auch die Umkehrung dieser Reaktion, die **Esterspaltung** durch Reaktion mit Wasser, ist eine Substitution. Reaktionen, bei denen chemische Bindungen durch die Einwirkung von Wasser gespalten werden, bezeichnet man als **Hydrolyse**.

Die Umkehrbarkeit von Kondensationsreaktion und Hydrolyse wird in der Reaktionsgleichung durch den Doppelpfeil gekennzeichnet.

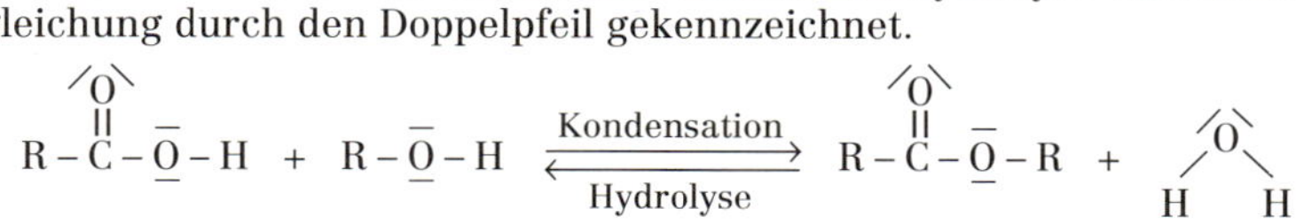

Säure | Alkohol | Ester | Wasser

Wenn mehrwertige Alkohole mit mehrwertigen Carbonsäuren reagieren, entstehen Makromoleküle und Wasser. Diese Reaktion ist eine **Polykondensation**. Durch Polykondensation entstehen z. B. Polyester; das sind sehr feste Kunststoffe.

Beispiel: Phthalsäure reagiert mit Glycerin zu einem Polyester und Wasser. Da sich für den Polyester keine exakte Formel angeben lässt, wird hier nur die Wortgleichung zu dieser Reaktion formuliert.

Phthalsäure + Glycerin → Polyester + Wasser

Additionsreaktionen

Die Anlagerung von Atomen und Atomgruppen an eine Mehrfachbindung nennt man **Addition**. Sie ist die typische Reaktion organischer Stoffe mit Mehrfachbindungen. Dabei entsteht aus zwei Ausgangsstoffen nur ein Reaktionsprodukt.

Reaktionen von Alkenen

Beispiel: Ethen reagiert mit Brom oder anderen Halogenen.

Bei dieser Reaktion geht eine Doppelbindung zwischen den Kohlenstoffatomen unter Addition von Brom in eine Einfachbindung über. (Die Entfärbung von Brom ist ein Nachweis für ungesättigte Kohlenwasserstoffe.)

Die Reaktion verläuft entsprechend der folgenden Reaktionsgleichung.

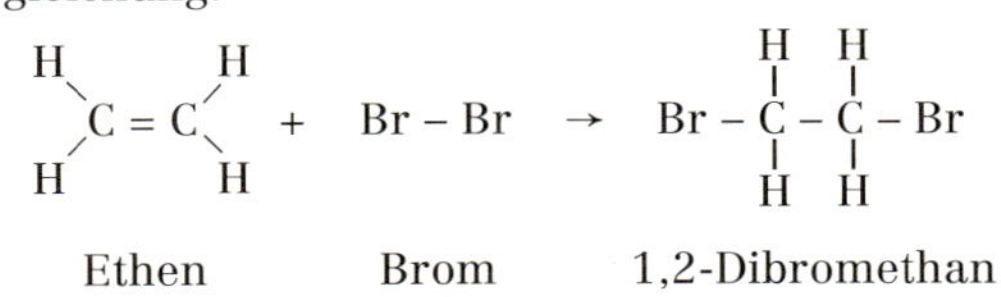

Reaktionen von Alkinen

Beispiel: Ethin reagiert mit Chlor oder anderen Halogenen.

Bei dieser Reaktion geht die Dreifachbindung des Ethins zunächst in eine Doppelbindung und schließlich ebenfalls in eine Einfachbindung über.

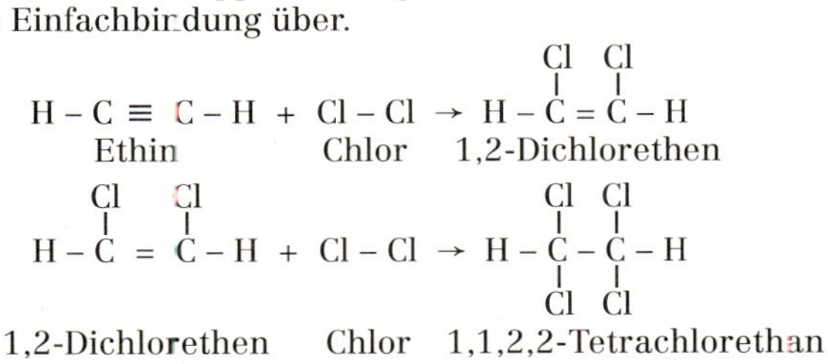

Ungesättigte Kohlenwasserstoffe können auch **Halogenwasserstoffe** addieren. Man erhält dann **Halogenkohlenwasserstoffe**.

Beispiel: Ethen reagiert mit Chlorwasserstoff.

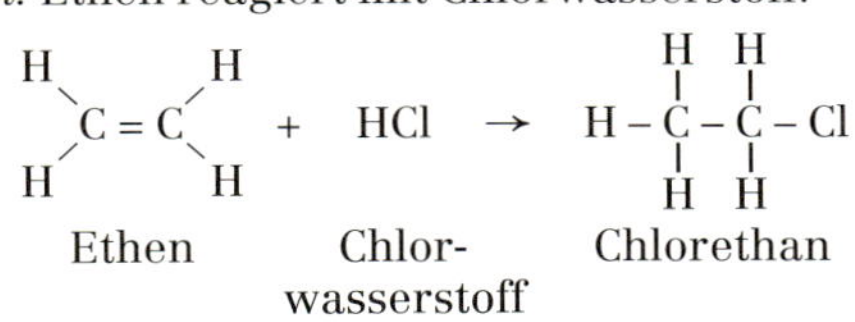

Beispiel: Ethin reagiert mit Chlorwasserstoff.

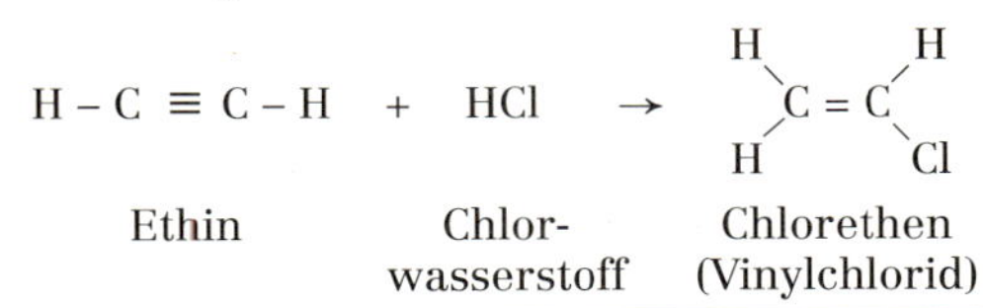

Ungesättigte Kohlenwasserstoffe können auch **Wasserstoff** anlagern. Eine solche Addition nennt man **Hydrierung**. Sie führt z. B. von den Alkenen oder Alkinen zu den Alkanen.

Beispiel: Ethen reagiert mit Wasserstoff.

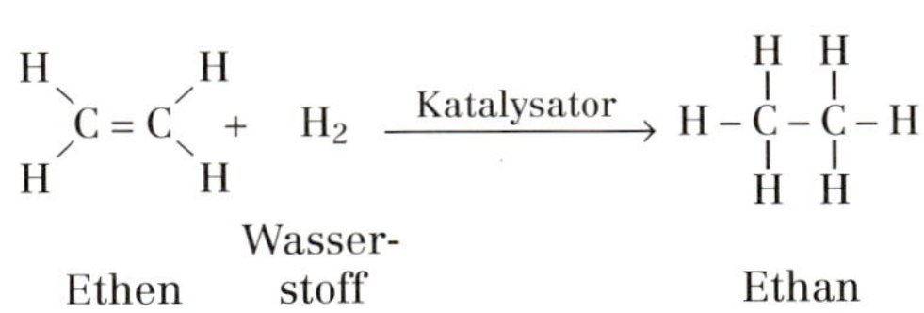

Beispiel: Ethin reagiert mit Wasserstoff.

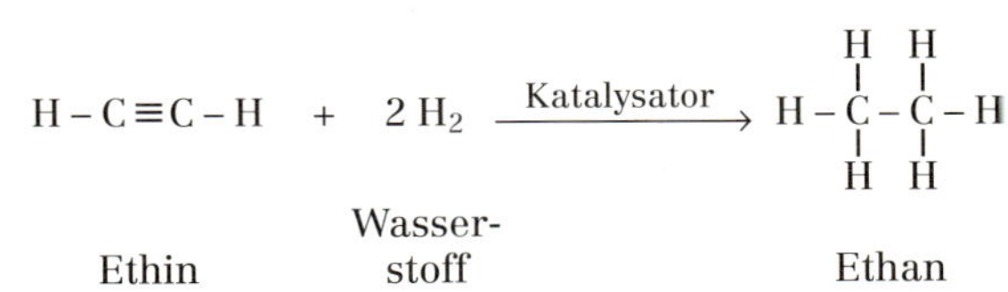

Die **Polymerisation** ist ebenfalls eine Addition: Zahlreiche Einzelmoleküle (Monomere) eines ungesättigten Kohlenwasserstoffs lagern sich zu Makromolekülen (Polymere) zusammen. Dabei gehen Doppelbindungen in Einfachbindungen über, ohne dass Nebenprodukte entstehen.

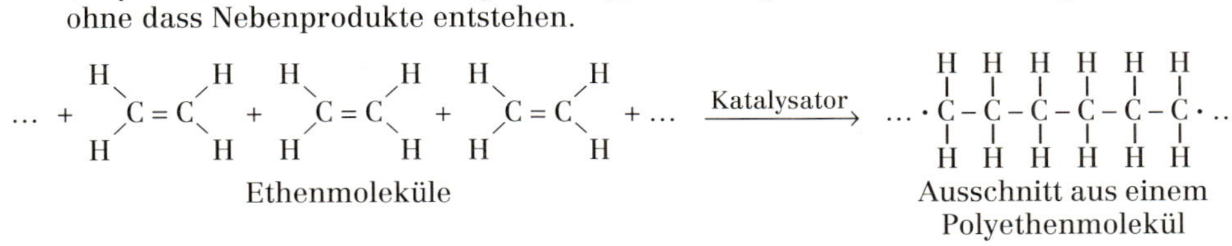

Eliminierungsreaktionen

Die Umkehrung der Addition ist die Eliminierung. Dabei werden Atome oder Atomgruppen unter Bildung einer Mehrfachbindung im Molekül abgespalten. Bei einer solchen Reaktion kann z. B. Wasserstoff abgespalten werden.

Beispiel: Aus Ethan wird Ethen.

Bei dieser Reaktion entsteht aus einem Alkan ein Alken. Dabei wird Wasserstoff frei.

Die Abspaltung von Wasserstoff wird als **Dehydrierung** bezeichnet. Es ist die Umkehrung der Hydrierung.

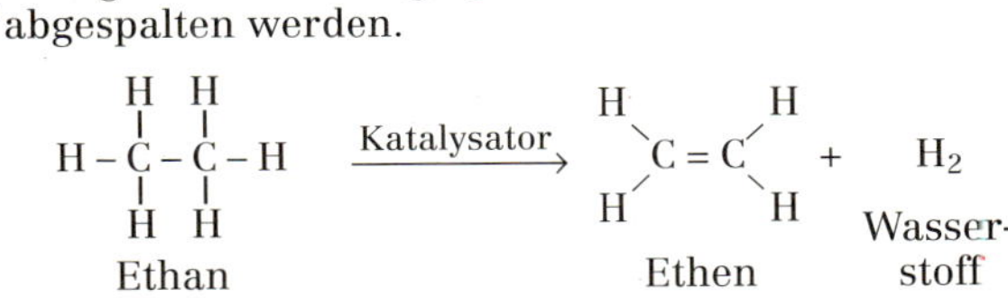

Zum Nachschlagen

Schmelztemperatur, Siedetemperatur und Dichte

Feste Stoffe, Flüssigkeiten	Schmelztemperatur in °C	Siedetemperatur in °C	Dichte (20 °C) in $\frac{g}{cm^3}$
Alkohol	−115	78,3	0,789
Aluminium	660	2467	2,70
Benzin		60…95	ca. 0,7
Benzol	5,5	80	0,879
Blei	327	1744	11,34
Eisen	1535	2750	7,87
Gold	1064	2807	19,32
Holz	590		0,4 …1,2
Iod	114	184	4,93
Kochsalz	801	1413	2,16
Kohlenstoff			
Diamant	3550	4827	3,52
Graphit	3650	4827	2,24
Kupfer	1083	2567	8,29
Magnesium	649	1107	1,74
Meerwasser	1,6	104	ca. 1,03
Messing, MS 72	920	1160	8,56
Paraffin	54…60		0,8 …0,9
Phosphor (rot)	590		2,4
Platin	1769	4300	21,45
Quecksilber	−39	357	13,55
Schwefel	119	445	1,96
Silber	961	2200	10,5
dest. Wasser	0	100	0,998
Wolfram	3380	5500	19,3
Zink	420	907	7,14
Zinn	232	2260	7,29
Gase	**Schmelztemperatur in °C**	**Siedetemperatur in °C**	**Litergewicht (0 °C) in $\frac{g}{l}$**
Helium	−272,1	−269	0,1785
Kohlenstoffdioxid		−79 (sublimiert)	1,9768
Krypton	−157	−153	3,744
Luft			1,293
Sauerstoff	−219	−183	1,429
Stickstoff	−210	−196	1,2505
Wasserstoff	−259	−253	0,0899

Die chemischen Elemente

Element	Symbol	Element	Symbol	Element	Symbol
Actinium	**Ac**	Hahnium	**Hn**	Quecksilber	**Hg**
Aluminium	**Al**	Hafnium	**Hf**	Radium	**Ra**
Americium	**Am**	Helium	**He**	Radon	**Rn**
Antimon	**Sb**	Holmium	**Ho**	Rhenium	**Re**
Argon	**Ar**	Indium	**In**	Rhodium	**Rh**
Arsen	**As**	Iod	**I**	Rubidium	**Rb**
Astat	**At**	Iridium	**Ir**	Ruthenium	**Ru**
Barium	**Ba**	Joliotium	**Jl**	Rutherfordium	**Rf**
Berkelium	**Bk**	Kalium	**K**	Samarium	**Sm**
Beryllium	**Be**	Kohlenstoff	**C**	Sauerstoff	**O**
Bismut	**Bi**	Krypton	**Kr**	Scandium	**Sc**
Blei	**Pb**	Kupfer	**Cu**	Schwefel	**S**
Bohrium	**Bh**	Lanthan	**La**	Selen	**Se**
Bor	**B**	Lawrencium	**Lr**	Silber	**Ag**
Brom	**Br**	Lithium	**Li**	Silicium	**Si**
Cadmium	**Cd**	Lutetium	**Lu**	Stickstoff	**N**
Caesium	**Cs**	Magnesium	**Mg**	Strontium	**Sr**
Calcium	**Ca**	Mangan	**Mn**	Tantal	**Ta**
Californium	**Cf**	Meitnerium	**Mt**	Technetium	**Tc**
Cer	**Ce**	Mendelevium	**Md**	Tellur	**Te**
Chlor	**Cl**	Molybdaen	**Mo**	Terbium	**Tb**
Chrom	**Cr**	Natrium	**Na**	Thallium	**Tl**
Cobalt	**Co**	Neodym	**Nd**	Thorium	**Th**
Curium	**Cm**	Neon	**Ne**	Thulium	**Tm**
Dubnium	**Db**	Neptunium	**Np**	Titan	**Ti**
Dysprosium	**Dy**	Nickel	**Ni**	Uran	**U**
Einsteinium	**Es**	Niob	**Nb**	Vanadium	**V**
Eisen	**Fe**	Nobelium	**No**	Wasserstoff	**H**
Erbium	**Er**	Osmium	**Os**	Wolfram	**W**
Europium	**Eu**	Palladium	**Pd**	Xenon	**Xe**
Fermium	**Fm**	Phosphor	**P**	Ytterbium	**Yb**
Fluor	**F**	Platin	**Pt**	Yttrium	**Y**
Francium	**Fr**	Plutonium	**Pu**	Zink	**Zn**
Gadolinium	**Gd**	Polonium	**Po**	Zinn	**Sn**
Gallium	**Ga**	Praseodym	**Pr**	Zirconium	**Zr**
Germanium	**Ge**	Promethium	**Pm**		
Gold	**Au**	Protactinium	**Pa**		

Gefahrensymbole und Gefahrenbezeichnungen auf Gefäßen mit Chemikalien

T+: sehr giftig
T: giftig

Xn: gesundheitsschädlich
Xi: reizend

E: explosionsgefährlich

F+: hochentzündlich
F: leicht entzündlich

C: ätzend

O: brandfördernd

N: umweltgefährlich

(Symbole nach DIN 58 126 Teil 2 und Gefahrstoffverordnung)

Erklärung der Kennbuchstaben:

T+: Totenkopf *(extremly toxic)*
T: Totenkopf *(high toxic)*
Xn: Andreaskreuz (n: *noxius*)
Xi: Andreaskreuz (i: *irritating*)
E: detonierende Bombe *(explosive)*
F: Flamme *(flammable)*
C: Hand, Material *(corrosive)*
O: Flamme über Ring *(oxidizing)*
N: toter Baum, toter Fisch *(nature)*

8584R

Nachweis einiger Stoffe

Chlor T	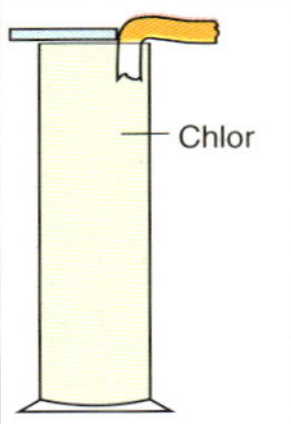	a) Angefeuchtetes *Universalindikatorpapier* wird durch Chlor *rot*, dann *farblos*. b) Kaliumiodid-Stärke-Papier wird blau.
Sauerstoff O	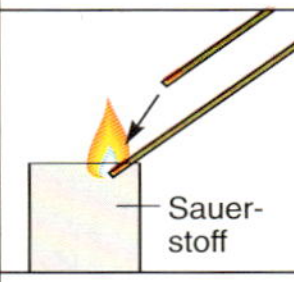	In reinem Sauerstoff *flammt ein glimmender Holzspan auf.*
Wasserstoff F		Mit Luft vermischt *verbrennt* Wasserstoff *explosionsartig.* Diese „Knallgasprobe" darf nur in offenen Gefäßen durchgeführt werden.
Stickstoff, Kohlenstoffdioxid	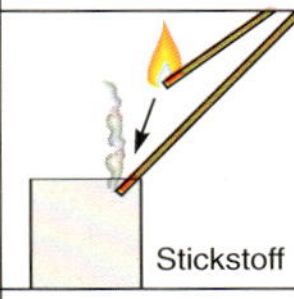	Ein brennender *Holzspan erlischt.*
Kohlenstoffdioxid, Kohlensäure	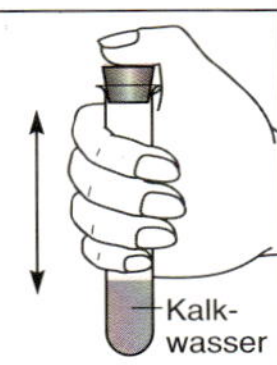	Wenn man Kohlenstoffdioxid durch eine *Calciumhydroxidlösung (Kalkwasser* C) leitet oder wenn man Kohlensäure mit Kalkwasser schüttelt, bildet sich eine *weiße Trübung.*
Wasser	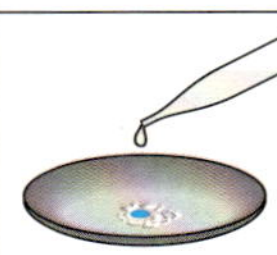	a) *Weißes Kupfersulfat* wird durch Wasser *hellblau.* b) *Blaues Cobalt(II)-chlorid-Papier* wird *rot.*
Schwefeldioxid T, **Schweflige Säure** T	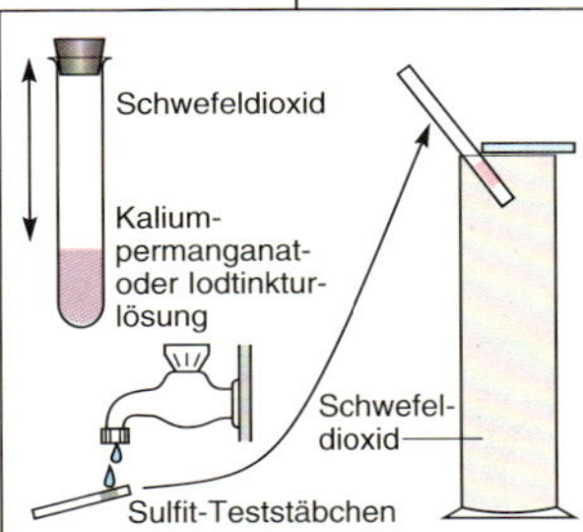	a) Eine schwach violette *Kaliumpermanganatlösung* Xn wird beim Schütteln mit *Schwefeldioxid* bzw. mit *Schwefliger Säure entfärbt.* b) Bei *Sulfit-Teststäbchen* wird die Testzone *rosa* gefärbt: je kräftiger die Färbung, desto höher die Konzentration. c) Ein mit *Iod-Kaliumiodidlösung* Xn getränktes, feuchtes Papier wird *entfärbt.*
Stickstoffdioxid T	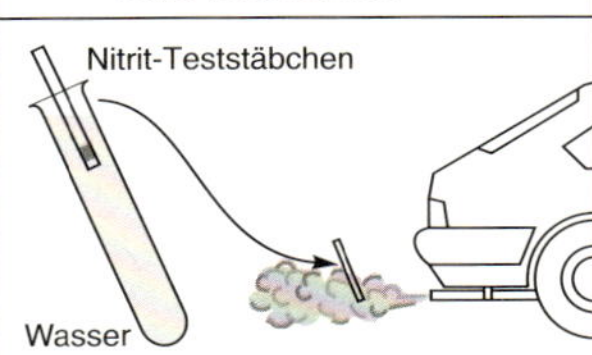	Stickstoffdioxid kann mit einem *Teststäbchen* nachgewiesen werden; die Testzone färbt sich *violett*: je dunkler die Färbung, desto höher die Konzentration.
Säuren allgemein C **Laugen allgemein** C		a) *Universalindikatorpapier* zeigt mit **Säuren** – je nach dem pH-Wert – eine *Rot- bis Gelborange-Färbung.* b) *Universalindikatorpapier* zeigt mit **Laugen** – je nach dem pH-Wert – eine *grüne bis blaue Färbung.*
Einige Metalle und deren Verbindungen		Einige Metalle und deren Verbindungen *färben eine Flamme („Flammenfärbung"):* **Natrium** *gelb,* **Lithium** *rot,* **Calcium** *ziegelrot,* **Kupfer** *blaugrün* und **Kalium** *blassviolett* (Flamme durch Cobaltglas hindurch betrachten!).

Nährstoffe in Lebensmitteln

Fette: Auf Papier entsteht ein *Fettfleck.* Ein *Fettauszug* (mit Brennspiritus F) ergibt bei *Wasserzugabe* eine *Trübung*

Eiweißstoffe: Feste Eiweißstoffe zeigen mit *konzentrierter Salpetersäure* C eine *Gelbfärbung.*

Eiweißstoffe: Zusammen mit *Fehling-Reagenz* C oder *Benedict-Lösung* Xi entsteht ein *orangeroter Niederschlag.*

Stärke: Mit *Iod-Kaliumiodidlösung* Xn tritt eine kräftige *Blaufärbung* auf.

Elemente in organischen Verbindungen

Kohlenstoff: Beim Verbrennen der Probe entsteht *Ruß* oder *Kohlenstoffdioxid* – nachzuweisen durch eine Trübung von Natriumhydroxid (Kalkwasser C).

Wasserstoff und **Sauerstoff:** Beide Elemente bilden beim Erhitzen der Probe (unter Luftabschluss) *Wasser.* Es schlägt sich an der Wand des Reaktionsgefäßes nieder.

Stickstoff: Beim Erhitzen der Probe mit festem *Natriumhydroxid (Kalkwasser* C) entsteht *Ammoniak*; es färbt *feuchtes Universalindikatorpapier blau.*

Einige Anionen

Carbonat-Ionen: Tropft man etwas *Salzsäure* C auf Carbonate oder Hydrogencarbonate (oder in eine entsprechende Lösung), ist eine Gasentwicklung festzustellen. Es entsteht *Kohlenstoffdioxid* – nachzuweisen durch eine Trübung von Natriumhydroxid (Kalkwasser C).

Chlorid-Ionen: Eine salpetersaure Chloridlösung Xi (z. B. von Natriumchlorid) wird mit einer Lösung von *Silbernitrat* C,O versetzt. Es entsteht ein *flockiger, weißer Niederschlag* aus Silberchlorid.

Nitrat-Ionen: Eine Mischung gleicher Mengen je einer *Lösung von Eisen(II)-sulfat* Xn und *verdünnter Salpetersäure* C wird mit *konzentrierter Schwefelsäure* C unterschichtet. Es bildet sich an der Grenzfläche ein *brauner Ring.*

Phosphat-Ionen: Verdünnte Phosphorsäure (oder Phosphatlösung) Xi wird *mit einer salpetersauren Ammoniummolybdatlösung* Xi versetzt. Es entsteht *ein tiefgelber Niederschlag.*

Sulfat-Ionen: Eine salzsaure Sulfatlösung Xi wird mit einer *Lösung von Bariumchlorid* Xn versetzt. Daraufhin bildet sich langsam ein *weißer Niederschlag.*

Ausschnitt Hauptgruppen

Perioden	Hauptgruppen Ia	IIa		IIIa	IVa	Va	VIa	VIIa	VIIIa
1	1,00797 H 1								4,0026 He 2
2	6,939 Li 3	9,0122 Be 4		10,811 B 5	12,011 C 6	14,007 N 7	15,999 O 8	18,998 F 9	20,183 Ne 10
3	22,990 Na 11	24,312 Mg 12		26,982 Al 13	28,086 Si 14	30,974 P 15	32,064 S 16	35,453 Cl 17	39,948 Ar 18
4	39,102 K 19	40,08 Ca 20		69,72 Ga 31	72,59 Ge 32	74,922 As 33	78,96 Se 34	79,909 Br 35	83,80 Kr 36
5	85,47 Rb 37	87,62 Sr 38		114,82 In 49	118,69 Sn 50	121,75 Sb 51	127,60 Te 52	126,90 I 53	131,30 Xe 54
6	132,90 Cs 55	137,34 Ba 56		204,37 Tl 81	207,19 Pb 82	208,98 Bi 83	(209) *Po 84	(210) *At 85	(222) *Rn 86
7	(223) *Fr 87	(226) *Ra 88							

Relative Atommasse (Bezugsgröße: 1/12 der Masse des Kohlenstoffisotops C 12) → 1,00797
H ← Symbol
Ordnungszahl → 1

Pu Symbol in Kursivschrift: künstliches Element

* radioaktive Elemente

( ) Massenzahl des langlebigsten Isotops

Metalle: Hauptgruppen; Nebengruppen; Lanthanoide, Actinoide

Halbmetalle (Elemente mit metallischen **und** nichtmetallischen Eigenschaften)

Nichtmetalle

Edelgase

Aggregatzustand unter Normalbedingungen:

C fest

Br flüssig

O gasförmig

Gesamtdarstellung

Schalen	Perioden	Hauptgruppen Ia	IIa	Nebengruppen IIIb	Lanthanoide (6. Periode) und Actinoide (7. Periode)													
K	1	1,00797 H 1																
L	2	6,939 Li 3	9,0122 Be 4															
M	3	22,990 Na 11	24,312 Mg 12															
N	4	39,102 K 19	40,08 Ca 20	44,956 Sc 21														
O	5	85,47 Rb 37	87,62 Sr 38	88,905 Y 39														
P	6	132,90 Cs 55	137,34 Ba 56	138,91 La 57	140,12 Ce 58	140,91 Pr 59	144,24 Nd 60	145 *Pm 61	150,35 Sm 62	151,96 Eu 63	157,25 Gd 64	158,92 Tb 65	162,50 Dy 66	164,93 Ho 67	167,26 Er 68	168,93 Tm 69	173,04 Yb 70	174,97 Lu 71
Q	7	(223) *Fr 87	(226) *Ra 88	(227) *Ac 89	232,04 *Th 90	(231) *Pa 91	238,03 *U 92	(237) *Np 93	(244) *Pu 94	(243) *Am 95	(247) *Cm 96	(247) *Bk 97	(251) *Cf 98	(254) *Es 99	(257) *Fm 100	(258) *Md 101	(259) *No 102	(260) *Lr 103

Ausschnitt Hauptgruppen und Nebengruppen

Perioden	Hauptgruppen Ia	IIa	Nebengruppen IIIb		IVb	Vb	VIb	VIIb	VIIIb			Ib	IIb	IIIa	IVa	Va	VIa	VIIa	VIIIa
1	1,00797 H 1																		4,0026 He 2
2	6,939 Li 3	9,0122 Be 4												10,811 B 5	12,011 C 6	14,007 N 7	15,999 O 8	18,998 F 9	20,183 Ne 10
3	22,990 Na 11	24,312 Mg 12												26,982 Al 13	28,086 Si 14	30,974 P 15	32,064 S 16	35,453 Cl 17	39,948 Ar 18
4	39,102 K 19	40,08 Ca 20	44,956 Sc 21		47,90 Ti 22	50,942 V 23	51,996 Cr 24	54,938 Mn 25	55,847 Fe 26	58,933 Co 27	58,71 Ni 28	63,54 Cu 29	65,37 Zn 30	69,72 Ga 31	72,59 Ge 32	74,922 As 33	78,96 Se 34	79,909 Br 35	83,80 Kr 36
5	85,47 Rb 37	87,62 Sr 38	88,905 Y 39		91,22 Zr 40	92,906 Nb 41	95,94 Mo 42	(97) *Tc 43	101,07 Ru 44	102,90 Rh 45	106,4 Pd 46	107,87 Ag 47	112,40 Cd 48	114,82 In 49	118,69 Sn 50	121,75 Sb 51	127,60 Te 52	126,90 I 53	131,30 Xe 54
6	132,90 Cs 55	137,34 Ba 56	138,91 La 57		178,49 Hf 72	180,95 Ta 73	183,85 W 74	186,2 Re 75	190,2 Os 76	192,2 Ir 77	195,09 Pt 78	196,97 Au 79	200,59 Hg 80	204,37 Tl 81	207,19 Pb 82	208,98 Bi 83	(209) *Po 84	(210) *At 85	(222) *Rn 86
7	(223) *Fr 87	(226) *Ra 88	(227) *Ac 89		(261) *Db 104	(262) *Jl 105	(263) *Rf 106	(262) *Bh 107	(265) *Hn 108	(266) *Mt 109									

										IIIa	IVa	Va	VIa	VIIa	VIIIa	Perioden	Schalen
															4,0026 He 2	1	K
										10,811 B 5	12,011 C 6	14,007 N 7	15,999 O 8	18,998 F 9	20,183 Ne 10	2	L
										26,982 Al 13	28,086 Si 14	30,974 P 15	32,064 S 16	35,453 Cl 17	39,948 Ar 18	3	M
47,90 Ti 22	50,942 V 23	51,996 Cr 24	54,938 Mn 25	55,847 Fe 26	58,933 Co 27	58,71 Ni 28	63,54 Cu 29	65,37 Zn 30		69,72 Ga 31	72,59 Ge 32	74,922 As 33	78,96 Se 34	79,909 Br 35	83,80 Kr 36	4	N
1,22 Zr 0	92,906 Nb 41	95,94 Mo 42	(97) *Tc 43	101,07 Ru 44	102,90 Rh 45	106,4 Pd 46	107,87 Ag 47	112,40 Cd 48		114,82 In 49	118,69 Sn 50	121,75 Sb 51	127,60 Te 52	126,90 I 53	131,30 Xe 54	5	O
78,49 Hf 2	180,95 Ta 73	183,85 W 74	186,2 Re 75	190,2 Os 76	192,2 Ir 77	195,09 Pt 78	196,97 Au 79	200,59 Hg 80		204,37 Tl 81	207,19 Pb 82	208,98 Bi 83	(209) *Po 84	(210) *At 85	(222) *Rn 86	6	P
261) *Db 04	(262) *Jl 105	(263) *Rf 106	(262) *Bh 107	(265) *Hn 108	(266) *Mt 109											7	Q

Übersicht über die Größenordnung von Gegenständen und Entfernungen, vom Atomkern (10^{-12} cm) bis zum Radius des Weltalls (10^{27} cm)

4042R

Benennungen organischer Stoffe im Vergleich

Die Namen der Elemente und Verbindungen richten sich nach international festgelegten Regeln. Meist liegen die von der *Internationalen Union für Reine und Angewandte Chemie* (IUPAC) veröffentlichten Regeln zugrunde.

Die Benennung einer chemischen Verbindung ist dabei nach mehreren Systemen möglich. Daher gibt es oft für die gleiche chemische Verbindung verschiedene IUPAC-Bezeichnungen.

Die ältesten Namen („Trivialnamen"), die oft auch heute noch in Gebrauch sind, lassen sich häufig auf die chemischen Eigenschaften oder die Herkunft der betreffenden Stoffe zurückführen.

In der folgenden Übersicht sind einige Stoffe aufgeführt, von denen sowohl die Trivialnamen als auch ihre Bezeichnungen aus der chemischen Fachsprache gebräuchlich sind.

Name im Alltag („Trivialname")	IUPAC-Name	englische Bezeichnung
Benzol	Benzen	Benzene
Toluol	Toluen	Toluene
Xylol	Xylen	Xylene
Styrol	Styren	Styrene
Glycerin	Glycerol	Glycerol
Resorcin	Resorcinol	Resorcinol

Zusammensetzung einiger Reagenzien

Ammoniakalische Silbernitratlösung (Tollens-Reagenz)
Silbernitratlösung (2 %) wird mit einem Zehntel seines Volumens Natriumhydroxidlösung (10 %) [C] versetzt. Dazu wird unter ständigem Schütteln so viel Ammoniaklösung (10 %) gegeben, bis sich der beim Eintropfen entstehende Niederschlag eben wieder löst. Die Lösung ist stets frisch zu bereiten und darf nicht aufbewahrt werden, da sich bei längerem Stehen Silberazid (Explosionsgefahr!) bilden kann.

Baeyer-Reagenz
Lösung 1: 6 g Kaliumpermanganat [Xi] in 100 ml Wasser.
Lösung 2: 10 g Natriumcarbonat [Xi] in 100 ml dest. Wasser.
Das Lösungsgemisch ist für die Versuche aus je einem Teil Kaliumpermanganatlösung und 10 Teilen Natriumcarbonatlösung frisch zu bereiten.

Benedict-Lösung
Lösung 1: 173 g Natriumcitrat und 100 g Natriumcarbonat [Xi] in 700 ml warmem dest. Wasser lösen.
Lösung 2: 17,3 g Kupfer(II)-sulfat in 200 ml dest. Wasser lösen.
Beide Lösungen unter Rühren zusammengießen und auf 100 ml auffüllen. Die Lösung ist haltbar.

Cerammoniumnitrat-Reagenz
10 g Cer(IV)-ammoniumnitrat werden in 25 ml Salpetersäure (13 %) unter schwachem Erwärmen gelöst. Das Reagenz darf nur kalt verwendet werden.

Fehling-Reagenz
Lösung 1: 7g kristallisiertes Kupfer(II)-sulfat [Xn] in 100 ml dest. Wasser lösen.
Lösung 2: 35 g Kaliumnatriumtartrat (Seignettesalz) und 10 g Natriumhydroxid [C] in 100 ml dest. Wasser lösen.

Fuchsinschweflige Säure (Schiffs Reagenz)
0,25 g Fuchsin werden in 1000 ml heißem dest. Wasser gelöst und abgekühlt. In die Lösung wird bis zur Entfärbung Schwefeldioxid eingeleitet.
Oder: 0,1 g Fuchsin wird in 100 ml Wasser gelöst und abgekühlt. Unter Rühren werden 1 g Natriumsulfit [Xi] und 1 ml konzentrierte Salzsäure [C] zugegeben. Die Lösung muss sich entfärben.

Iod-Zinkchloridlösung
In 10 ml dest. Wasser werden 20 g wasserfreies Zinkchlorid [C] gelöst und mit einer weiteren Lösung vermischt, die aus 2,1 g Kaliumiodid und 0,5 g Iod [Xn] in 5 ml dest. Wasser besteht. Nachdem man die Flüssigkeit vom Bodensatz dekantiert hat, werden noch zwei kleine Iodkristalle zur Lösung gegeben.

Lugolsche Lösung (Iod-Kaliumiodid-Lösung)
1 g Iod [Xn] und 2 g Kaliumiodid in etwa 4 ml dest. Wasser lösen. Danach mit dest. Wasser auf 300 ml auffüllen.

Schweizers Reagenz
Aus einer Kupfer(II)-sulfatlösung (25 g Kupfer(II)-sulfat [Xn] in 500 ml Wasser) wird Kupfer(II)-hydroxid mit etwa 80 ml frischer Natriumhydroxidlösung [C] (carbonatfrei, 10 %) ausgefällt.
Die Flüssigkeit wird auf 1 l aufgefüllt. Nach einiger Zeit wird die Flüssigkeit über dem blauen Niederschlag dekantiert. Der Niederschlag wird zwei- bis dreimal mit kaltem Wasser gewaschen. Danach wird der Niederschlag abgesaugt und in einen Becher gegeben. Nun wird so viel konzentrierte Ammoniaklösung [C] hinzugetropft, bis sich das Kupfer(II)-hydroxid gerade mit tiefblauer Farbe zu Kupfertetraamminhydroxid (Schweizers Reagenz) [C] löst.

Tillman-Reagenz
0,1 g 2,6-Dichlorphenolindophenol-Natriumsalz in 100 ml dest. Wasser unter leichtem Erwärmen und Umrühren lösen. Danach die tiefblaue Lösung filtrieren.

Sach- und Namenverzeichnis

8585R